中国国家标准汇编

2006 年修订-6

中国标准出版社　编

中国标准出版社
北京

图书在版编目（CIP）数据

中国国家标准汇编：2006 年修订．6/中国标准出版社编．—北京：中国标准出版社，2007

ISBN 978-7-5066-4587-4

Ⅰ．中…　Ⅱ．中…　Ⅲ．国家标准-汇编-中国-2006　Ⅳ．T-652.1

中国版本图书馆 CIP 数据核字（2007）第 102606 号

中国标准出版社出版发行
北京复兴门外三里河北街 16 号
邮政编码：100045
网址 www.spc.net.cn
电话：68523946　68517548
中国标准出版社秦皇岛印刷厂印刷
各地新华书店经销
*
开本 880×1230　1/16　印张 39.25　字数 1 167 千字
2007 年 8 月第一版　2007 年 8 月第一次印刷
*
定价 180.00 元

ISBN 978-7-5066-4587-4

出 版 说 明

1.《中国国家标准汇编》是一部大型综合性国家标准全集，自1983年起，按国家标准顺序号以精装本、平装本两种装帧形式陆续分册汇编出版。《汇编》在一定程度上反映了我国建国以来标准化事业发展的基本情况和主要成就，是各级标准化管理机构，工矿企事业单位，农林牧副渔系统，科研、设计、教学等部门必不可少的工具书。

2. 由于标准的动态性，每年有相当数量的国家标准被修订，这些国家标准的修订信息无法在已出版的《汇编》中得到反映。为此，自1995年起，新增出版在上一年度被修订的国家标准的汇编本。

3. 修订的国家标准汇编本的正书名、版本形式、装帧形式与《中国国家标准汇编》相同，视篇幅分设若干册，但不占总的分册号，仅在封面和书脊上注明"2006年修订-1，-2，-3，……"等字样，作为对《中国国家标准汇编》的补充。读者配套购买则可收齐前一年新制定和修订的全部国家标准。

4. 修订的国家标准汇编本的各分册中的标准，仍按顺序号由小到大排列(不连续)；如有遗漏的，均在当年最后一分册中补齐。

5. 2006年度发布的修订国家标准分27册出版。本分册为"2006年修订-6"，收入新修订的国家标准51项。

中国标准出版社

2007年6月

目 录

ICS 29.060.20
K 13

中华人民共和国国家标准

GB/T 5013.8—2006/IEC 60245-8:1998

额定电压450/750 V及以下橡皮绝缘电缆 第8部分:特软电线

Rubber insulated cables of rated voltages up to and including 450/750 V—Part 8:Cords for applications requiring high flexibility

(IEC 60245-8:1998,IDT)

2006-04-30 发布　　2006-12-01 实施

中华人民共和国国家质量监督检验检疫总局
中国国家标准化管理委员会　发布

前　言

《额定电压450/750 V及以下橡皮绝缘电缆》分为8个部分：

——GB 5013.1—1997　额定电压450/750 V及以下橡皮绝缘电缆　第1部分：一般要求(idt IEC 60245-1:1994)。

——GB 5013.2—1997　额定电压450/750 V及以下橡皮绝缘电缆　第2部分：试验方法(idt IEC 60245-2:1994)。

——GB 5013.3—1997　额定电压450/750 V及以下橡皮绝缘电缆　第3部分：耐热硅橡胶绝缘电缆(idt IEC 60245-3:1994)。

——GB 5013.4—1997　额定电压450/750 V及以下橡皮绝缘电缆　第4部分：软线和软电缆(idt IEC 60245-4:1994)。

——GB 5013.5—1997　额定电压450/750 V及以下橡皮绝缘电缆　第5部分：电梯电缆(idt IEC 60245-5:1994)。

——GB/T 5013.6—1997　额定电压450/750 V及以下橡皮绝缘电缆　第6部分：电焊机电缆(idt IEC 60245-6:1994)。

——GB 5013.7—1997　额定电压450/750 V及以下橡皮绝缘电缆　第7部分：耐热乙烯-乙酸乙烯酯橡皮绝缘电缆(idt IEC 60245-7:1994)。

——GB/T 5013.8—2006　额定电压450/750 V及以下橡皮绝缘电缆　第8部分：特软电线(IEC 60245-8:1994,IDT)。

本部分为第8部分，等同采用国际电工委员会(IEC)标准IEC 60245-8:1998《额定电压450/750 V及以下橡皮绝缘电缆　第8部分：特软电线》。

本部分所覆盖的产品适用于使用场合要求特别柔软的电器设备用的电源连接电线。

本部分为国内首次制定的国家标准。

本部分的附录A和附录B都是规范性附录，附录C是资料性附录。

本部分由中国电器工业协会提出。

本部分由全国电线电缆标准化技术委员会归口。

本部分负责起草单位：上海电缆研究所。

本部分参加起草单位：江阴华明特种线缆有限公司、顺德华声电器实业有限公司。

本部分主要起草人：刘旌平、金友友、熊康、吴曾权。

额定电压450/750 V及以下橡皮绝缘电缆 第8部分:特软电线

1 概述

1.1 范围

本部分详述了额定电压300/300 V、要求特别柔软场合(如电熨斗)使用的橡皮或交联聚氯乙烯绝缘和橡皮或交联聚氯乙烯护套特软电线的技术要求。

1.2 规范性引用文件

下列文件中的条款通过本部分的引用而成为本部分的条款。凡是注日期的引用文件,其随后所有的修改单(不包括勘误的内容)或修订版均不适用于本部分,然而,鼓励根据本部分达成协议的各方研究是否可使用这些文件的最新版本。凡是不注日期的引用文件,其最新版本适用于本部分。

GB/T 2951.1—1997 电缆绝缘和护套材料通用试验方法 第1部分:通用试验方法 第1节:厚度和外形尺寸测量——机械性能试验(idt IEC 60811-1-1:1993)

GB/T 2951.2—1997 电缆绝缘和护套材料通用试验方法 第1部分:通用试验方法 第2节:热老化试验方法(idt IEC 60811-1-2:1985)

GB/T 2951.4—1997 电缆绝缘和护套材料通用试验方法 第1部分:通用试验方法 第4节:低温试验(idt IEC 60811-1-4:1985)

GB/T 2951.5—1997 电缆绝缘和护套材料通用试验方法 第2部分:弹性体混合料专用试验方法 第1节:耐臭氧试验——热延伸试验——浸矿物油试验(idt IEC 60811-2-1:1986)

GB/T 2951.6—1997 电缆绝缘和护套材料通用试验方法 第3部分:聚氯乙烯混合料专用试验方法 第1节:高温压力试验——抗开裂试验(idt IEC 60811-3-1:1985)

GB/T 2951.7—1997 电缆绝缘和护套材料通用试验方法 第3部分:聚氯乙烯混合料专用试验方法 第2节:失重试验——热稳定试验(idt IEC 60811-3-2:1985)

GB/T 3956—1997 电缆的导体(idt IEC 60228:1978)

GB 5013.1—1997 额定电压450/750 V及以下橡皮绝缘电缆 第1部分:一般要求(idt IEC 60245-1:1994)

GB 5013.2—1997 额定电压450/750 V及以下橡皮绝缘电缆 第2部分:试验方法(idt IEC 60245-2:1994)

GB/T 18380.1 电缆在火焰条件下的燃烧试验 第1部分:单根绝缘电线或电缆的垂直燃烧试验方法(GB/T 18380.1—2001,idt IEC 60332-1:1993)

IEC 60719:1992 额定电压450/750 V及以下圆形铜导体电缆平均外形尺寸下限和上限的计算

2 橡皮绝缘和护套特软电线

2.1 型号

60245 IEC 86(RQ)。

2.2 额定电压

300/300 V。

2.3 结构

2.3.1 导体

芯数:2芯或3芯。

导体应符合 GB/T 3956—1997 第 6 种导体规定的要求。单线可以不镀锡或镀锡。

2.3.2 隔离层

每芯导体外面可包覆一层由合适材料制成的隔离层(见 GB 5013.1—1997 中的 5.1.3 规定的要求)。

2.3.3 绝缘

包覆在每芯导体上的绝缘应是 IE1 型橡皮混合物。

如果不采用挤包,绝缘应至少由两层组成。

绝缘厚度应符合表 1 第 2 栏的规定值。

2.3.4 绝缘线芯和填充(若有)绞合成缆

绝缘线芯应绞合在一起。

绞合最大节距见表 1 第 3 栏规定,导体和绝缘线芯的绞合方向应同向。

可以在成缆线芯中间放置填充。

2.3.5 护套

包覆在成缆线芯上的护套应是 SE3 型橡皮混合物。

护套厚度应符合表 1 第 4 栏的规定值。

护套应一次挤出,并应填满成缆绝缘线芯的间隙。

护套应能剥离而又不损伤绝缘线芯。

2.3.6 外径

平均外径应在表 1 第 5 栏和第 6 栏规定的范围内。

表 1 60245 IEC 86(RQ)型特软电线尺寸

1	2	3	4	5	6
芯数及导体标称截面 mm²	绝缘厚度 规定值 mm	绝缘线芯 最大绞合节距 mm	护套厚度 规定值 mm	平均外径[a]	
				下限 mm	上限 mm
2×0.75	0.6	35	0.8	5.7	7.4
2×1	0.6	35	0.8	5.9	7.8
2×1.5	0.7	40	0.8	6.8	8.9
3×0.75	0.6	35	0.8	6.0	7.9
3×1	0.6	40	0.8	6.3	8.3
3×1.5	0.7	45	0.9	7.2	9.4

a 电缆的外形尺寸按 IEC 60719:1992 进行计算。

2.3.7 标志

特软电线的外表面应印有 60245 IEC 86(RQ)标志,标志应符合 GB 5013.1—1997 中 3.1.1、3.1.2 和 3.1.3 的规定。

2.4 试验

应按表 2 规定的检测和试验检查,并应符合 2.3 的规定。

应按 2.3.4 检查绞合节距,即测量试样 10 个节距长度,将此值除以 10 的计算值记为成缆线芯的绞合节距。

2.5 使用导则

在正常使用时,导体最高温度为 60℃。

注:其他导则正在考虑中。

表 2 60245 IEC 86 (RQ)型特软电线试验

1	2	3	4	
序号	试 验 项 目	试验种类	试 验 方 法	
			GB (GB/T)	条文号
1	电气性能试验			
1.1	导体电阻	T,S	5013.2—1997	2.1
1.2	绝缘线芯按规定绝缘厚度的电压试验			
1.2.1	0.6 mm 及以下为 1 500 V	T	5013.2—1997	2.3
1.2.2	0.6 mm 以上为 2 000 V	T	5013.2—1997	2.3
1.3	成品电缆 2 000 V 电压试验	T,S	5013.2—1997	2.2
2	结构尺寸检查		5013.1—1997、5013.2—1997 和 5013.8—1997	
2.1	结构检查	T,S	5013.1—1997	检查和手工试验
2.2	绝缘厚度测量	T,S	5013.2—1997	1.9
2.3	护套厚度测量	T,S	5013.2—1997	1.10
2.4	外径测量			
2.4.1	平均值	T,S	5013.2—1997	1.11
2.4.2	椭圆度	T,S	5013.2—1997	1.11
2.5	绝缘线芯绞合节距测量	T,S	5013.8—1997	2.4
3	绝缘机械性能			
3.1	老化前拉力试验	T	2951.1—1997	9.1
3.2	空气烘箱老化后拉力试验	T	5013.2—1997	4
3.3	氧弹老化后拉力试验	T	5013.2—1997	4
3.4	热延伸试验	T	2951.5—1997	9
4	护套机械性能			
4.1	老化前拉力试验	T	2951.1—1997	9.2
4.2	空气烘箱老化后拉力试验	T	2951.2—1997	8.1.3.1
4.3	热延伸试验	T	2951.5—1997	9
5	成品电缆机械强度试验			
5.1	三轮曲挠试验及试验后的绝缘线芯浸水电压试验,试验电压见上述 1.2	T	5013.2—1997	3.5 和 2.3
5.2	扭结试验及试验后的绝缘线芯浸水电压试验,试验电压见上述 1.2	T	5013.2—1997	3.6 和 2.3

3 橡皮绝缘交联聚氯乙烯(XLPVC)护套特软电线

3.1 型号

60245 IEC 87 (RQVJ)。

3.2 额定电压

300/300 V。

3.3 结构

3.3.1 导体

芯数:2 芯或 3 芯。

导体应符合 GB/T 3956—1997 第 6 种导体规定的要求。单线可以不镀锡或镀锡。

3.3.2 隔离层

每芯导体外面可包覆一层由合适材料制成的隔离层(见 GB 5013.1—1997 中的 5.1.3 规定的要求)。

3.3.3 绝缘

包覆在每芯导体上的绝缘应是 IE1 型橡皮混合物。

如果不采用挤包,绝缘至少由两层组成。

绝缘厚度应符合表 3 第 2 栏的规定值。

3.3.4 绝缘线芯和填充(若有)绞合成缆

绝缘线芯应绞合在一起。

绞合最大节距见表 3 第 3 栏规定,导体和绝缘线芯的绞合方向应同向。

可以在成缆线芯中间放置填充。

3.3.5 护套

包覆在成缆线芯上的护套应是附录 A 规定的 SX1 型交联聚乙烯(XLPVC)混合物。

护套厚度应符合表 3 第 4 栏的规定值。

护套应一次挤出,并应填满成缆绝缘线芯的间隙。

护套应能剥离而又不损伤绝缘线芯。

3.3.6 外径

平均外径应在表 3 第 5 栏和第 6 栏规定的范围内。

3.3.7 标志

特软电线的外表面应印有 60245 IEC 87(RQVJ)标志,标志应符合 GB 5013.1—1997 中 3.1.1、3.1.2 和3.1.3 的规定。

3.4 试验

应按表 4 规定进行检测和试验,检验是否符合 3.3 要求。

3.3.4 绞合节距应测量试样的 10 个节距,并将其和除以 10 来确定。其计算值作为成缆线芯的绞合节距。

3.5 使用导则

在正常使用时,导体最高温度为 60℃。

注:其他导则正在考虑中。

表 3 60245 IEC 87(RQVJ)型特软电线尺寸

1	2	3	4	5	6
芯数及导体标称截面 mm^2	绝缘厚度 规定值 mm	绝缘线芯 最大绞合节距 mm	护套厚度 规定值 mm	平均外径[a] 下限 mm	 上限 mm
2×0.75	0.6	35	0.8	5.7	7.4
2×1	0.6	35	0.8	5.9	7.8
2×1.5	0.7	40	0.8	6.8	8.9
3×0.75	0.6	35	0.8	6.0	7.9
3×1	0.6	40	0.8	6.3	8.3
3×1.5	0.7	45	0.9	7.2	9.4

[a] 电缆的外形尺寸按 IEC 60719:1992 进行计算。

表 4　60245 IEC 87 (RQVJ)型特软电线试验

1	2	3	4	
序号	试　验　项　目	试验种类	试　验　方　法	
			GB (GB/T)	条文号
1	电气性能试验			
1.1	导体电阻	T,S	5013.2—1997	2.1
1.2	绝缘线芯按规定绝缘厚度的电压试验			
1.2.1	0.6 mm 及以下为 1 500 V	T	5013.2—1997	2.3
1.2.2	0.6 mm 以上为 2 000 V	T	5013.2—1997	2.3
1.3	成品电缆 2 000 V 电压试验	T,S	5013.2—1997	2.2
2	结构尺寸检查		5013.1—1997、5013.2—1997 和 5013.8—1997	
2.1	结构检查	T,S	5013.1—1997	检查和手工试验
2.2	绝缘厚度测量	T,S	5013.2—1997	1.9
2.3	护套厚度测量	T,S	5013.2—1997	1.10
2.4	外径测量			
2.4.1	平均值	T,S	5013.2—1997	1.11
2.4.2	椭圆度	T,S	5013.2—1997	1.11
2.5	绝缘线芯绞合节距测量	T,S	5013.8—1997	3.4
3	绝缘机械性能			
3.1	老化前拉力试验	T	2951.1—1997	9.1
3.2	空气烘箱老化后拉力试验	T	5013.2—1997	4
3.3	氧弹老化后拉力试验	T	5013.2—1997	4
3.4	热延伸试验	T	2951.5—1997	9
4	护套机械性能			
4.1	老化前拉力试验	T	2951.1—1997	9.2
4.2	空气烘箱老化后拉力试验	T	2951.2—1997	8.1.3.1
4.3	热延伸试验	T	2951.5—1997	9
4.4	失重试验	T	2951.7—1997	8.2
5	绝缘和护套相容性(非污染)试验	T	2951.2—1997	8.1.4
6	高温压力试验			
6.1	护套	T	2951.6—1997	8.2
7	低温试验			
7.1	护套低温弯曲试验	T	2951.4—1997	8.2
7.2	低温冲击试验	T	2951.4—1997	8.5
8	热冲击试验			
8.1	护套	T	2951.6—1997	9.2
9	成品电缆机械强度试验			
9.1	三轮曲挠试验及试验后的绝缘线芯浸水电压试验,试验电压见上述 1.2	T	5013.2—1997	3.5 和 2.3
9.2	扭结试验及试验后的绝缘线芯浸水电压试验,试验电压见上述 1.2	T	5013.2—1997	3.6 和 2.3
10	阻燃试验	T	18380.1	—

4 交联聚氯乙烯(XLPVC)绝缘和护套特软电线

4.1 型号

60245 IEC 88 (RQVJVJ)。

4.2 额定电压

300/300V。

4.3 结构

4.3.1 导体

芯数:2芯或3芯。

导体应符合GB/T 3956—1997第6种导体规定的要求。单线可以不镀锡或镀锡。

4.3.2 绝缘

包覆在每芯导体上的绝缘应是附录A规定的XP1型交联聚氯乙烯(XLPVC)混合物。

绝缘应采用挤包工艺。

绝缘厚度应符合表5第2栏的规定值。

4.3.3 绝缘线芯和填充(若有)绞合成缆

绝缘线芯应绞合在一起。

绞合最大节距见表5第3栏规定,导体和绝缘线芯的绞合方向应同向。

可以在成缆线芯中间放置填充。

4.3.4 护套

包覆在成缆线芯上的护套应是附录A规定的SX1型交联聚氯乙烯(XLPVC)混合物。

护套厚度应符合表5第4栏的规定值。

护套应一次挤包在成缆绝缘线芯上、构成圆形。成缆间隙可用合适的材料填充,但应与绝缘和护套相容。

护套应能剥离而又不损伤绝缘线芯。

4.3.5 外径

平均外径应在表5第5栏和第6栏规定的范围内。

4.3.6 标志

特软电线的外表面应印有60245 IEC 88(RQVJVJ)标志,标志应符合GB 5013.1—1997中3.1.1、3.1.2和3.1.3的规定。

4.4 试验

应按表6规定的检测和试验检查,并应符合4.3的规定。

应按4.3.3检查绞合节距,即测量试样10个节距长度,将此值除以10的计算值记为成缆线芯的绞合节距。

4.5 使用导则

在正常使用时,导体最高温度为70℃。

注:其他导则正在考虑中。

表5 60245 IEC 88 (RQVJVJ)型特软电线尺寸

1	2	3	4	5	6
芯数及导体标称截面 mm²	绝缘厚度 规定值 mm	绝缘线芯 最大绞合节距 mm	护套厚度 规定值 mm	平均外径[a] 下限 mm	 上限 mm
2×0.75	0.6	35	0.8	5.7	7.4
2×1	0.6	35	0.8	5.9	7.8
2×1.5	0.7	40	0.8	6.8	8.9
3×0.75	0.6	35	0.8	6.0	7.9
3×1	0.6	40	0.8	6.3	8.3
3×1.5	0.7	45	0.9	7.2	9.4

[a] 电缆的外形尺寸按IEC 60719:1992进行计算。

表 6　60245 IEC 88（RQVJVJ）型特软电线试验

1	2	3	4	
序号	试验项目	试验种类	试验方法	
			GB (GB/T)	条文号
1	电气性能试验			
1.1	导体电阻	T,S	5013.2—1997	2.1
1.2	绝缘线芯按规定绝缘厚度的电压试验			
1.2.1	0.6 mm 及以下为 1 500 V	T	5013.2—1997	2.3
1.2.2	0.6 mm 以上为 2 000 V	T	5013.2—1997	2.3
1.3	成品电缆 2 000 V 电压试验	T,S	5013.2—1997	2.2
2	结构尺寸检查		5013.1—1997、5013.2—1997 和 5013.8—1997	
2.1	结构检查	T,S	5013.1—1997	检查和手工试验
2.2	绝缘厚度测量	T,S	5013.2—1997	1.9
2.3	护套厚度测量	T,S	5013.2—1997	1.10
2.4	外径测量			
2.4.1	平均值	T,S	5013.2—1997	1.11
2.4.2	椭圆度	T,S	5013.2—1997	1.11
2.5	绝缘线芯绞合节距测量	T,S	5013.8—1997	4.4
3	绝缘机械性能			
3.1	老化前拉力试验	T	2951.1—1997	9.1
3.2	空气烘箱老化后拉力试验	T	2951.2—1997	8.1.3.1
3.3	失重试验	T	2951.7—1997	8.1
3.4	热延伸试验	T	2951.5—1997	9
4	护套机械性能			
4.1	老化前拉力试验	T	2951.1—1997	9.2
4.2	空气烘箱老化后拉力试验	T	2951.2—1997	8.1.3.1
4.3	热延伸试验	T	2951.5—1997	9
4.4	失重试验	T	2951.7—1997	8.2
5	高温压力试验			
5.1	绝缘	T	2951.6—1997	8.1
5.2	护套	T	2951.6—1997	8.2
6	低温试验			
6.1	绝缘低温弯曲试验	T	2951.4—1997	8.1
6.2	护套低温弯曲试验	T	2951.4—1997	8.2
6.3	低温冲击试验	T	2951.4—1997	8.5
7	热冲击试验			
7.1	绝缘	T	2951.6—1997	9.1
7.2	护套	T	2951.6—1997	9.2
8	成品电缆机械强度试验			
8.1	三轮曲挠试验及试验后的绝缘线芯浸水电压试验，试验电压见上述 1.2	T	5013.2—1997	3.5 和 2.3
8.2	扭结试验及试验后的绝缘线芯浸水电压试验，试验电压见上述 1.2	T	5013.2—1997	3.6 和 2.3
9	阻燃试验	T	18380.1	—

附 录 A
(规范性附录)
交联聚乙烯(XLPVC)非电性试验要求

表 A.1 交联聚氯乙烯(XLPVC)非电性试验要求

1	2	3	4	5	6
序号	试 验 项 目	单位	混合物型号 XP1 SX1	试 验 方 法 GB (GB/T)	条文号
1	抗张强度和断裂伸长率				
1.1	交货状态原始性能			2951.1—1997	9.1 或 9.2
1.1.1	抗张强度				
	——中间值,最小	N/mm^2	10.0		
1.1.2	断裂伸长率				
	——中间值,最小	%	150		
1.2	空气烘箱老化后性能			2951.2—1997	8.1.3.1
1.2.1	老化条件				
	——温度	℃	100±2		
	——处理时间	h	7×24		
1.2.2	抗张强度				
	——中间值,最小	N/mm^2	10.0		
	——变化率[a],最大	%	±25		
1.2.3	断裂伸长率				
	——中间值,最小	%	150		
	——变化率[a],最大	%	±20		
2	失重试验			2951.7—1997	8.1 或 8.2
2.1	老化条件				
	——温度	℃	100±2		
	——处理时间	h	7×24		
2.2	失重				
	——最大值	mg/cm^2	2.0		
3	相容性试验[b]			2951.2—1997	8.1.4
3.1	老化条件				
	——温度	℃	80±2		
	——处理时间	h	7×24		
3.2	老化后机械性能		同 1.2.2 和 1.2.3		
4	热冲击试验			2951.6—1997	9.1 或 9.2
4.1	试验条件				
	——温度	℃	150±2		
	——处理时间	h	1		
4.2	试验结果		不开裂		

表 A.1（续）

1	2	3	4	5	6
序号	试验项目	单位	混合物型号 XP1 SX1	试验方法	
				GB (GB/T)	条文号
5	高温压力试验				
5.1	试验条件				
	——刀口上施加的压力			2951.6—1997	8.1.4 或 8.2.4
	——载荷下加热时间	h	4	2951.6—1997	8.1.5 或 8.2.5
	——温度	℃	90±2		
5.2	试验结果				
	——压痕深度中间值，最大	%	50		
6	低温弯曲试验			2951.4—1997	8.1 或 8.2
6.1	试验条件				
	——温度	℃	−15±2		
	——施加低温时间			2951.4—1997	8.1.3 或 8.2.3
6.2	试验结果		不开裂		
7	低温冲击试验			2951.4—1997	8.5
7.1	试验条件				
	——温度	℃	−15±2		
	——施加低温时间			2951.4—1997	8.5.5
	——落锤重量			2951.4—1997	8.5.4
7.2	试验结果			2951.4—1997	8.5.6
8	热稳定试验			2951.7—1997	9
8.1	试验条件				
	——温度	℃	200±0.5		
8.2	试验要求				
	——最小热稳定时间	min	60		
9	热延伸试验			2951.5—1997	9
9.1	处理条件				
	——温度	℃	200±3		
	——载荷时间	min	15		
	——机械应力	N/mm^2	0.20		
9.2	试验要求				
	——载荷下的最大伸长率	%	100		
	——载荷卸去后的最大伸长率	%	25		

[a] 变化率：老化后中间值与老化前中间值差与老化前中间值之比，以百分比表示。

[b] 如果适用，则做该项试验。

附 录 B
（规范性附录）
产品型号表示法

本部分所包括的各种电缆型号用二个数字命名，放在本部分号后面。第一个数字表示电缆的基本分类；第二个数字表示在基本分类中的特定型式。

分类和型号如下：

8——特殊场合应用的软电缆

86——橡皮绝缘和护套特软电线

87——橡皮绝缘交联聚氯乙烯(XLPVC)护套特软电线

88——交联聚氯乙烯(XLPVC)绝缘和护套特软电线

附 录 C
(资料性附录)
产品型号表示方法对照表

C.1 电线电缆产品型号中各字母代表意义

C.1.1 系列代号

移动式电气设备等用电缆 …… Y

家用电器设备用电缆 …… R

C.1.2 按材料特征分

铜导体 …… 省略

绝缘天然丁苯胶混合物 …… 省略

绝缘交联聚氯乙烯(XLPVC) …… VJ

护套天然丁苯胶混合物 …… 省略

护套交联聚氯乙烯(XLPVC) …… VJ

C.1.3 按结构特征分

轻型 …… Q

中型 …… Z

重型 …… C

圆形 …… 省略

C.2 型号对照表

表 C.1 型号对照表

序号	名 称	GB/T 5013.8—2006	GB/T 5013.8—2006 括号内的表示法
1	橡皮绝缘和护套特软电线	60245 IEC 86	(RQ)
2	橡皮绝缘交联聚氯乙烯(XLPVC)护套特软电线	60245 IEC 87	(RQVJ)
3	交联聚氯乙烯(XLPVC)绝缘和护套特软电线	60245 IEC 88	(RQVJVJ)

ICS 29.060.20
K 13

中华人民共和国国家标准

GB/T 5023.6—2006/IEC 60227-6:2001
代替 GB 5023.6—1997

额定电压 450/750 V 及以下聚氯乙烯绝缘电缆 第 6 部分:电梯电缆和挠性连接用电缆

Polyvinyl chloride insulated cables of rated voltages up to and including 450/750 V—Part 6: Lift cables and cables for flexible connections

(IEC 60227-6:2001,IDT)

2006-04-30 发布　　2006-12-01 实施

中华人民共和国国家质量监督检验检疫总局
中国国家标准化管理委员会　发布

前　言

《额定电压450/750 V及以下聚氯乙烯绝缘电缆》分为7个部分：

——GB 5023.1—1997 额定电压450/750 V及以下聚氯乙烯绝缘电缆　第1部分：一般要求(idt IEC 60227-1:1993)。

——GB 5023.2—1997 额定电压450/750 V及以下聚氯乙烯绝缘电缆　第2部分：试验方法(idt IEC 60227-2:1979)；

——GB 5023.3—1997 额定电压450/750 V及以下聚氯乙烯绝缘电缆　第3部分：固定布线用无护套电缆(idt IEC 60227-3:1993)。

——GB 5023.4—1997 额定电压450/750 V及以下聚氯乙烯绝缘电缆　第4部分：固定布线用护套电缆(idt IEC 60227-4:1992)。

——GB 5023.5—1997 额定电压450/750 V及以下聚氯乙烯绝缘电缆　第5部分：软电缆(软电线)(idt IEC 60227-5:1979)。

——GB/T 5023.6—2006 额定电压450/750 V及以下聚氯乙烯绝缘电缆　第6部分：电梯电缆和挠性连接用电缆(IEC 60227-6:2001,IDT)。

——GB 5023.7—1997 额定电压450/750 V及以下聚氯乙烯绝缘电缆　第7部分：芯或多芯屏蔽软电缆(idt IEC 60227-7:1995)。

本部分为第6部分，等同采用国际电工委员会(IEC)标准IEC 60227-6:2001《额定电压450/750 V及以下聚氯乙烯绝缘电缆　第6部分：电梯电缆和挠性连接用电缆》。

本部分是第一次修订，并增加圆形电梯电缆和挠性连接用电缆部分。

本部分从实施之日起，同时替代GB 5023.6—1997。

本部分的附录A和附录B都是规范性附录，附录C是资料性附录。

本部分由中国电器工业协会提出。

本部分由全国电线电缆标准化技术委员会(SAC/TC 213)归口。

本部分负责起草单位：上海电缆研究所。

本部分参加起草单位：上海老港申菱电子电缆有限公司、天津金山电线电缆股份有限公司、中山市电线电缆有限公司。

本部分主要起草人：刘旌平、顾友明、郑国俊、朱革、吴曾权。

额定电压 450/750 V 及以下
聚氯乙烯绝缘电缆
第 6 部分:电梯电缆和挠性连接用电缆

1 范围

本部分详细规定了额定电压 450/750 V 及以下扁形和圆形电梯电缆和挠性连接用电缆的技术要求。

2 规范性引用文件

下列文件中的条款通过本部分的引用而成为本部分的条款。凡是注日期的引用文件,其随后所有的修改单(不包括勘误的内容)或修订版均不适用于本部分,然而,鼓励根据本部分达成协议的各方研究是否可使用这些文件的最新版本。凡是不注日期的引用文件,其最新版本适用于本部分。

GB/T 2951.1—1997 电缆绝缘和护套材料通用试验方法 第 1 部分:通用试验方法 第 1 节:厚度和外形尺寸测量——机械性能试验(idt IEC 60811-1-1:1993)

GB/T 2951.2—1997 电缆绝缘和护套材料通用试验方法 第 1 部分:通用试验方法 第 2 节:热老化试验方法(idt IEC 60811-1-2:1985)

GB/T 2951.4—1997 电缆绝缘和护套材料通用试验方法 第 1 部分:通用试验方法 第 4 节:低温试验(idt IEC 60811-1-4:1985)

GB/T 2951.6—1997 电缆绝缘和护套材料通用试验方法 第 3 部分:聚氯乙烯混合料专用试验方法 第 1 节:高温压力试验——抗开裂试验(idt IEC 60811-3-1:1985)

GB/T 2951.7—1997 电缆绝缘和护套材料通用试验方法 第 3 部分:聚氯乙烯混合料专用试验方法 第 2 节:失重试验——热稳定试验(idt IEC 60811-3-2:1985)

GB/T 3956—1997 电缆的导体(idt IEC 60228:1978)

GB 5023.1—1997 额定电压 450/750 V 及以下聚氯乙烯绝缘电缆 第 1 部分:一般要求(idt IEC 60227-1:1993)

GB 5023.2—1997 额定电压 450/750 V 及以下聚氯乙烯绝缘电缆 第 2 部分:试验方法(idt IEC 60227-2:1979)

GB/T 11322.1—1997 射频电缆 第 0 部分:详细规范设计指南 第一篇:同轴电缆(idt IEC 60096-0-1:1990)

GB/T 12706.1-2002 额定电压 1 kV(U_m=1.2 kV)到 35 kV(U_m=40.5 kV)挤包绝缘电力电缆及附件 第 1 部分:额定电压 1 kV(U_m=1.2 kV)到 3 kV(U_m=3.6 kV)电缆(eqv IEC 60502-1:1997)

GB/T 18380.1 电缆在火焰条件下的燃烧试验 第 1 部分:单根绝缘电线或电缆的垂直燃烧试验方法(GB/T 18380.1—2001,idt IEC 60332-1:1993)

3 扁形聚氯乙烯护套电梯电缆和挠性连接用电缆

3.1 型号

60227 IEC 71f(TVVB)。

3.2 额定电压

——导体标称截面 1 mm² 及以下的电缆:300/500 V;

——导体标称截面大于 1 mm² 的电缆:450/750 V。

3.3 结构

3.3.1 导体

芯数:3、4、5、6、9、12、16、18、20或24芯。

导体标称截面和芯数的组合见表1:

表1 导体标称截面和芯数

导体标称截面/mm^2	芯 数
0.75和1	(3)、(4)、(5)、6、9、12、(16)、(18)、(20)或24
1.5和2.5	(3)、4、5、6、9或12
4、6、10、16和25	4或5

括号内为非优先芯数。

导体应符合GB/T 3956—1997中第5种导体规定的要求。

扁形电缆两侧绝缘线芯的导体可由铜线和钢线组成。这些导体的标称几何截面应与其他导体截面相等,其最大电阻应不大于相同标称截面铜导体最大电阻的两倍。

3.3.2 绝缘

挤包在每芯导体上的绝缘应是PVC/D型聚氯乙烯混合物。

绝缘厚度应符合表4第2栏的规定值。

绝缘电阻应不小于表4第3栏的规定值。

3.3.3 绝缘线芯和承拉元件(若有)的排列

绝缘线芯应平行排列。但也允许先把2芯、3芯、4芯或5芯绞合成组后再平行排列,在这种情况下,每组绝缘线芯内可以夹一根撕裂线。绝缘线芯应可分离而又不损伤绝缘。

单股或多股承拉元件可以使用织物材料。

单股或多股承拉元件也可以使用金属材料,但应包覆一层非导电的耐磨材料。

如果绝缘线芯绞合后分组排列,则应按表2规定分组:

表2 绝缘线芯分组

绝缘线芯数	5	6	9	12	16	18	20	24
分组	2+1+2	2×3	3×3	3×4	4×4	4+5+5+4	5×4	6×4

组间间距的标称值e_1列于表5第2栏(见图1)。

对间距e_1的平均值不作规定,但线芯组与组之间的任一间距e_1可小于标称值,且应不小于标称值的80%-0.2 mm。

3.3.4 护套

挤包在绝缘线芯上的护套应是PVC/ST5型聚氯乙烯混合物。

护套应紧密挤包以避免形成空隙,且应不粘连绝缘线芯。扁形电缆的边缘应成圆角。

护套厚度应符合表5第3栏的e_2和e_3的规定值(见图1)。

e_2和e_3的平均值应不小于相应的规定值,但任一处的厚度可小于规定值,且应不小于相应规定值的80%-0.2 mm。

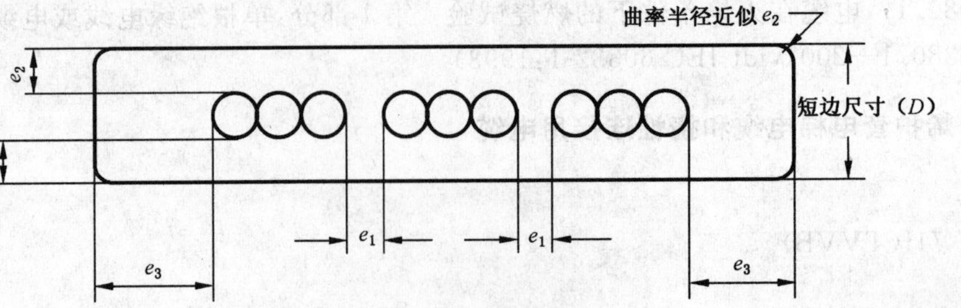

注:本图是表5列出的护套厚度和间距的示意图,它不代表实际尺寸。

图1 电缆断面图

3.4 试验

按表 6 规定的检测和试验检查，应符合 3.3 的规定。但是，由于电缆的断面是矩形，应该考虑下列修正和补充。按适用情况，应将 3.4.1～3.4.5 的内容与表 6 规定的有关试验结合起来使用。

3.4.1 护套高温压力试验

如果电缆短边的形状完全是圆形，则试验应按 GB/T 2951.6—1997 中 8.2 的规定在短边上进行。

压力计算：

D 为电缆短边尺寸；

δ 为护套平均厚度 e_3，按 GB/T 2951.1—1997 的 8.2.4 测定。

如果短边如图 1 所示为扁平形或近似扁平形，则试验按 GB/T 2951.6—1997 的 8.2 进行，并作如下修正。

a) 试片制备

沿着电缆的轴线方向，在电缆的宽边上切取一窄条，窄条内侧的凸脊应磨平或削平。被试窄条的宽度应至少为 10 mm，但不大于 20 mm，试片厚度应在施加压力 F 处测量。

b) 试片在试验装置中的位置

窄条试片应卷绕在直径近似等于电缆绝缘线芯直径的芯棒上，窄条的纵轴与芯棒轴线垂直，而且其内表面与芯棒圆周的接触面应至少有 120°(见图 2)。

试验装置的金属刀架应置于试件中间。

c) 压力计算

d 为加压力处的窄条试片厚度，单位 mm。见 GB/T 2951.6—1997 的 8.2.4。

D 为芯棒直径与 2 d 之和，单位 mm。

d) 压痕

压痕深度与上述的原始值 d 相关。

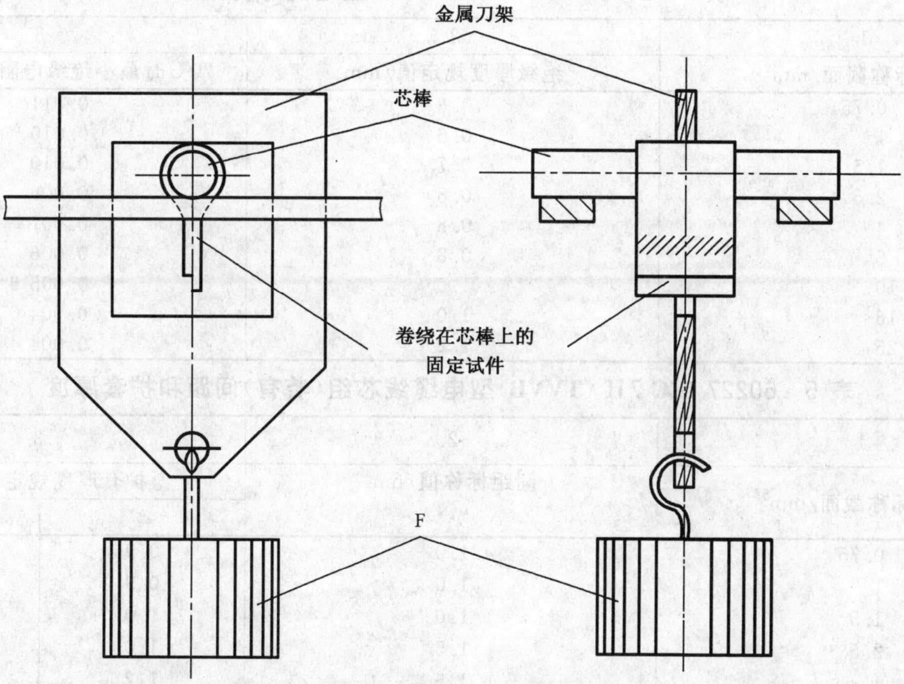

图 2 压痕试验装置

3.4.2 成品电缆低温冲击试验

低温冲击试验时的落锤质量应按 GB/T 2951.4—1997 的 8.5.4 规定，根据扁电缆的短边尺寸选取。

3.4.3 曲挠试验

该试验不适用于电梯电缆(更适合电梯电缆的试验方法正在考虑中)。

试验只适用于导体标称截面为 0.75 mm^2、1 mm^2、1.5 mm^2、2.5 mm^2 或 4 mm^2 和 5 芯及以下的挠性连接用电缆。

电缆两端挂锤的质量及滑轮 A 和 B 的直径按表 3 规定。

表 3 曲挠试验

软电缆类型	挂锤质量/kg	滑轮直径/mm
扁形聚氯乙烯护套挠性连接用电缆的导体标称截面		
0.75 mm^2 和 1 mm^2	1.0	80
1.5 mm^2 和 2.5 mm^2	1.5	120
4 mm^2	2.0	200

3.4.4 静态曲挠试验

试验按 GB 5023.2—1997 中的 3.5 规定进行。

试验后的合格距离 l' 应不大于 0.70 m。

3.4.5 阻燃试验

试验时,火焰应施加在电缆宽边的中部。

3.5 使用导则

扁形电梯电缆预定用于安装在自由悬挂长度不超过 35 m 及移动速度不超过 1.6 m/s 的电梯和升降机,当电缆使用范围超过上述限制时,应由买方和制造厂之间协商解决,例如增加承拉元件等。

本规范不适用于在温度 0℃以下使用的电缆。

在正常使用时,导体最高温度为 70℃。

注:其他导则正在考虑中。

表 4 60227 IEC 71f (TVVB)型电缆综合数据

1	2	3
导体标称截面/mm^2	绝缘厚度规定值/mm	70℃时最小绝缘电阻/(MΩ·km)
0.75	0.6	0.011
1	0.6	0.010
1.5	0.7	0.010
2.5	0.8	0.009
4	0.8	0.007
6	0.8	0.006
10	1.0	0.005 6
16	1.0	0.004 6
25	1.2	0.004 4

表 5 60227 IEC 71f (TVVB)型电缆线芯组(若有)间距和护套厚度

1	2	3	
导体标称截面/mm^2	间距标称值/mm	护套厚度规定值/mm	
	e_1	e_2	e_3
0.75	1.0	0.9	1.5
1	1.0	0.9	1.5
1.5	1.0	1.0	1.5
2.5	1.5	1.0	1.8
4	1.5	1.2	1.8
6	1.5	1.2	1.8
10	1.5	1.4	1.8
16	1.5	1.5	2.0
25	1.5	1.6	2.0

表 6　60227 IEC 71f (TVVB)型电缆的试验项目

1	2	3	4	
序号	试验项目	试验种类	试验方法	
			GB (GB/T)	条文号
1	电气性能试验			
1.1	导体电阻	T,S	5023.2—1997	2.1
1.2	绝缘线芯按额定电压进行电压试验			
1.2.1	U_0/U:300/500 V,绝缘厚度≤0.6 mm 试验电压:1 500 V	T	5023.2—1997	2.3
1.2.2	U_0/U:450/750 V,绝缘厚度＞0.6 mm 试验电压:2 500 V	T	5023.2—1997	2.3
1.3	成品电缆按额定电压进行电压试验	T,S	5023.2—1997	2.2
1.3.1	U_0/U:300/500 V,试验电压:2 000 V			
1.3.2	U_0/U:450/750 V,试验电压:2 500 V			
1.4	70℃时绝缘电阻	T	5023.2—1997	2.4
2	结构尺寸检查			
2.1	结构检查	T,S	5023.1—1997	检查和手工试验
2.2	绝缘厚度测量	T,S	5023.2—1997	1.9
2.3	护套厚度测量	T,S	5023.2—1997	1.10
3	绝缘机械性能			
3.1	老化前拉力试验	T	2951.1—1997	9.1
3.2	老化后拉力试验	T	2951.2—1997	8.1.3
3.3	失重试验	T	2951.7—1997	8.1
4	护套机械性能			
4.1	老化前拉力试验	T	2951.1—1997	9.2
4.2	老化后拉力试验	T	2951.2—1997	8.1.3
4.3	失重试验	T	2951.7—1997	8.2
5	高温压力试验			
5.1	绝缘	T	2951.6—1997	8.1
5.2	护套	T	2951.6—1997 5023.6—1997	8.2 3.4.1
6	低温弹性和冲击强度			
6.1	绝缘低温弯曲试验	T	2951.4—1997	8.1
6.2	护套低温弯曲试验	T	2951.4—1997	8.2
6.3	护套低温拉伸试验	T	2951.4—1997 2951.4—1997	8.4 8.5
6.4	成品电缆低温冲击试验	T	5023.6—1997	3.4.2
7	热冲击试验			
7.1	绝缘	T	2951.6—1997	9.1
7.2	护套	T	2951.6—1997	9.2
8	成品电缆机械强度			
8.1	曲挠试验	T	5023.2—1997 5023.6—1997	3.1 3.4.3
8.2	静态曲挠试验	T	5023.2—1997 5023.6—1997	3.5 3.4.4
9	阻燃试验	T	18380.1 5023.6—1997	3.4.5

4 圆形聚氯乙烯护套电梯电缆和挠性连接用电缆

4.1 型号

60227 IEC 71c (TVV)。

4.2 额定电压

——导体标称截面 1 mm^2 及以下的电缆:300/500 V;

——导体标称截面大于 1 mm^2 的电缆:450/750 V。

4.3 结构

4.3.1 导体

导体标称截面和优先选用的芯数组合见表 7:

表 7 导体标称截面和芯数

导体标称截面/mm^2	优先选用的芯数[a]
0.75、1、1.5 和 2.5	6、9、12、18、24 或 30
4、6、10、16 和 25	4 或 5
a 表列为优先选用的芯数,但也允许有其他芯数或更多芯数的电缆结构。	

导体应符合 GB/T 3956—1997 中第 5 种导体规定的要求,但 2.5 mm^2 及以下导体的最大电阻应增加 5%。单线可以不镀锡或镀锡。

在电缆的任一绞层中可以放置下列通信单元:

——光缆;

——同轴电缆;

——屏蔽通信线对和导体标称截面至少为 0.5 mm^2 的多根屏蔽单芯线。

通信线对和单芯线的导体应符合 GB/T 3956—1997 中第 5 种导体规定的要求。

任一通信单元应挤包一层合适的非金属包覆层或缠绕扎带。

4.3.2 控制和动力线芯的绝缘

挤包在每芯导体上的绝缘应是 PVC/D 型聚氯乙烯混合物。

绝缘厚度应符合表 8 第 2 栏的规定值。

绝缘电阻应不小于表 8 第 3 栏的规定值。

表 8 60227 IEC 71c (TVV)型电缆综合数据

1	2	3
导体标称截面/mm^2	绝缘厚度规定值/mm	70℃时最小绝缘电阻/(MΩ·km)
0.75	0.6	0.011
1	0.6	0.010
1.5	0.7	0.010
2.5	0.8	0.009
4	0.8	0.007
6	0.8	0.006
10	1.0	0.005 6
16	1.0	0.004 6
25	1.2	0.004 4

4.3.3 绝缘线芯、中间填芯和通信单元及填充(若有)绞合成缆

电梯电缆的绝缘线芯应与任选的填充或通信单元绞合在中间填芯的周围。

中间填芯应由如下材料构成:

a) 大麻、黄麻或类似材料;

b) 承拉元件；

c) 上述 a)和 b)的组合。

承拉元件应由非金属材料或包覆非导电、耐磨材料的金属材料组成。

注：包覆层的用途是防止承拉元件的股线断裂而损伤绝缘线芯。

填充(若有)应由干的棉纱或其他合适的纤维材料构成。

对不是用于电梯电缆场合的其他电缆，中间填芯和/或承拉元件可任选。

成缆时，6 芯、9 芯和 12 芯电缆应绞合在同一层上，12 芯以上至 30 芯则可绞合在一层或二层上。

只要相应增加绞合层数，也可以制造 30 芯以上的电缆(见表 7 注)。绝缘线芯成缆后应基本上构成圆形截面。

成缆线芯的节距应不大于绞合绝缘线芯层心圆直径的 11 倍。

4.3.4 绝缘线芯成缆后的包覆层

绝缘线芯成缆后可施加一层编织或带子组成的包覆层。

编织层应由天然材料(如棉纱或经处理的棉纱)或合成材料(如人造丝)为基材组成，编织层应均匀、无结点或间隙。

绕包带应以天然或合成材料为基材制成，并应以合适的搭盖、螺旋形地绕包在成缆线芯上。绕包带应与绝缘和护套材料相容。

4.3.5 屏蔽

屏蔽可以施加在绝缘线芯成缆后的包覆层上。

屏蔽应由裸的或镀锡的退火铜单线对称编织而成，屏蔽层单线最大直径为 0.21 mm。

屏蔽编织应由铜线编织或铜线与适用的织物股线(如聚酯)交错编织构成。

屏蔽编织的覆盖率(对铜线部分而言)按适用的方法(如 GB/T 11322.1)计算，应不小于 85%。

4.3.6 护套

挤包在缆芯包覆层或屏蔽层(若有)上的护套应是 PVC/ST5 型聚氯乙烯混合物。

护套应能剥离而又不损伤除 4.3.4 中规定的编织层以外的其他内层。

护套厚度应符合表 9 的规定值：

表 9 护套厚度

缆芯包覆层的假定直径[a]/mm	护套厚度规定值/mm
不大于 9.0	1.0
9.1～14.0	1.3
14.1～18.0	1.6
18.1～22.0	2.0
大于 22.0	2.4

a 包括屏蔽层(若有)。

4.4 试验

按表 11 规定的检测和试验检查，并应符合 4.3 的规定。

4.4.1 曲挠试验

4.4.1.1 电梯电缆曲挠试验

4.4.1.1.1 试验装置

机械曲挠机构由两个装在同一高度、能水平地前后、相互协调运动的小车组成。小车的瞬时速度是相等的，其最大相对加速度能达到 4 m/s^2、且在 1 h 内完成(1 500±10)次循环(小车从最外端位置移动到最内端位置，然后，返回到原始的最外端位置算一次循环)。

每辆小车支撑一个摇管，在摇管处的电缆引入端装有两块带锥形的木制压块组成的电缆夹具。对于有承拉元件的电缆试样，夹具还应能扣紧这些承拉元件。

小车在最外端位置时，电缆夹具轴尖间的距离是（1 700±10）mm，而在最内端位置时的间距是（760±10）mm（见图3）。

4.4.1.1.2　**试验设备安装**

先把小车放置在最外端位置，计长电缆试样后剪断，使得能夹住试样的两端，并应在试样的中心有（40±5）mm的静挠距（绝缘线芯应有足够的长度，应使得伸出部分超过两个端头，便于按图3所示进行电气连接）。然后，小车移到最内端位置，把电缆的两端和所有的承拉元件夹紧在每辆小车上，再用环氧或聚氨酯混合物填满夹具的锥形部分。

注：夹具紧扣时应稍微有一些伸缩弹性，以免导体的先期故障发生在电缆的夹具内。

4.4.1.1.3　**电缆的电气连接**

把电缆的各芯连接在一起形成连续的串联回路。电路的两端连接12V D.C.电源，以便能连续监视电缆绝缘线芯的连续性。且当电缆的绝缘线芯一旦出现断路时，试验装置应能自动停机。在试验进行期间，每周应对电缆进行一次高压试验（A.C.1.5 kV/5 min或D.C.2.5 kV/5 min）。

4.4.1.1.4　**试验要求**

电缆应能经受住3 000 000次循环曲挠试验。除每周一次需停机进行高压试验外，曲挠试验应连续进行。在整个试验期间，应连续监视每根绝缘线芯的连续性。

在规定的曲挠试验周期内，导体应不发生断路。在高压试验时，应不发生闪络或绝缘击穿。

尺寸单位为毫米

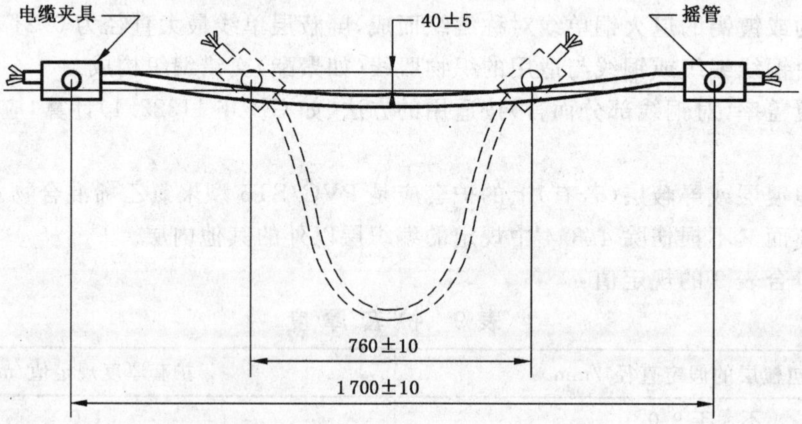

图3　曲挠试验装置

4.4.1.2　**挠性连接用电缆的曲挠试验**

挠性连接用电缆的曲挠试验应按表10进行。

表10　曲挠试验

软电缆类型	重锤质量/kg	滑轮直径/mm
挠性连接用圆形聚氯乙烯护套电缆		
导体标称截面≤1 mm²	1.0	80
导体标称截面：1.5 mm² 和 2.5 mm²	1.5	120
导体标称截面：4 mm²	2.0	200

4.4.2　**静态曲挠试验**

试验按GB 5023.2—1997的3.5规定要求进行。

两根铅锤线之间的距离 l' 应不大于被试电缆测量外径的30倍。

4.4.3　**承拉元件的抗拉强度**

除非制造商与用户另有协议，由承拉元件构成的中间填芯的抗拉强度应按GB 5023.2—1997的

3.6规定要求进行试验。

中间填芯或承拉元件在试验期间应不断裂。

4.4.4 其他试验

其他试验项目和要求可根据制造商和用户的协议另行增加。

4.5 使用导则

圆形电梯电缆预定用于安装在自由悬挂长度不超过45 m及移动速度不超过4.0 m/s的电梯和升降机。

当电缆使用范围超出上述导则规定时，其最大允许悬挂长度和其他要求应参照地方、地区、国家和其他法规。

本规范中的电缆不适于在温度0℃以下使用。

在正常使用时，导体最高温度为70℃。

表11 60227 IEC 71c（TVV）型圆形软电缆的试验项目

1	2	3	4	
序号	试验项目	试验种类	试验方法	
			GB（GB/T）	条文号
1	电气性能试验			
1.1	导体电阻	T,S	5023.2—1997	2.1
1.2	绝缘线芯按额定电压进行电压试验			
1.2.1	U_0/U:300/500 V,绝缘厚度≤0.6 mm 试验电压:1 500 V	T	5023.2—1997	2.3
1.2.2	U_0/U:450/750 V,绝缘厚度>0.6 mm 试验电压:2 500 V	T	5023.2—1997	2.3
1.3	成品电缆按额定电压进行电压试验	T,S	5023.2—1997	2.2
1.3.1	U_0/U:300/500 V,试验电压:2 000 V			
1.3.2	U_0/U:450/750 V,试验电压:2 500 V			
1.4	70℃时绝缘电阻	T	5023.2—1997	2.4
2	结构尺寸检查			
2.1	结构检查	T,S	5023.1—1997	检查和手工试验
2.2	绝缘厚度测量	T,S	5023.2—1997	1.9
2.3	护套厚度测量	T,S	5023.2—1997	1.10
3	绝缘机械性能			
3.1	老化前拉力试验	T	2951.1—1997	9.1
3.2	老化后拉力试验	T	2951.2—1997	8.1.3
3.3	失重试验	T	2951.7—1997	8.1
4	护套机械性能			
4.1	老化前拉力试验	T	2951.1—1997	9.2
4.2	老化后拉力试验	T	2951.2—1997	8.1.3
4.3	失重试验	T	2951.7—1997	8.2
5	高温压力试验			
5.1	绝缘	T	2951.6—1997	8.1
5.2	护套	T	2951.6—1997	8.2
6	低温弹性和冲击强度			
6.1	绝缘低温弯曲试验	T	2951.4—1997	8.1
6.2	护套低温弯曲试验	T	2951.4—1997	8.2
6.3	护套低温拉伸试验	T	2951.4—1997	8.4
6.4	成品电缆低温冲击试验	T	2951.4—1997	8.5

表 11（续）

1	2	3	4	
序号	试验项目	试验种类	试验方法	
			GB (GB/T)	条文号
7	热冲击试验			
7.1	绝缘	T	2951.6—1997	9.1
7.2	护套	T	2951.6—1997	9.2
8	成品电缆机械强度			
8.1	有承拉元件中间填芯的抗拉强度	T	5023.2—1997 5023.6—1997	3.6 3.4.3
8.2	曲挠试验			
8.2.1	电梯电缆	T	5023.6—1997	4.4.1.1
8.2.2	其他电缆	T	5023.2—1997 5023.6—1997	3.1 4.4.1.2
8.3	静态曲挠试验	T	5023.2—1997 5023.6—1997	3.5 4.4.2
9	阻燃试验	T	18380.1	

附　录　A
（规范性附录）
确定护套尺寸的假定计算方法

A.1　总则

确定护套尺寸的假定计算方法应按 GB/T 12706.1—2002 中附录 A 的规定，并补充如下：

A.2　导体

GB/T 12706.1—2002 表 A.1 中的值仍适用，并补充下表 A.1 列出值：

表 A.1　导体假定直径

导体标称截面/mm^2	d_L/mm
0.75	1.0
1	1.1

A.3　绝缘线芯成缆外径

GB/T 12706.1—2002 表 A.2 中的值仍使用，并补充下表 A.2 列出值：

表 A.2　绞合线芯的成缆系数 k

芯　　数	成缆系数 k
24	6.00
24[a]	9.00
30	7.00
30[a]	11.0

a　绝缘线芯成缆在同一层。

A.4　内包覆层

非金属缆芯包覆层厚度忽略不计。

A.5　同心式导体和金属屏蔽

直径增加值是编织单线直径的 4 倍。

附　录　B
（规范性附录）
产品型号表示方法

本部分所包含的各种电缆型号用二个数字命名，放在本部分后面。第一个数字表示电缆的基本分类；第二个数字表示在基本分类中的特定型式。

分类和型号如下：

7——特殊用途护套软电缆

71f——扁形聚氯乙烯护套电梯电缆和挠性连接用电缆(60227 IEC 71f)

71c——圆形聚氯乙烯护套电梯电缆和挠性连接用电缆(60227 IEC 71c)

附 录 C
（资料性附录）
产品型号表示方法和对照表

C.1 电线电缆产品型号中各字母代表意义

C.1.1 按用途分

电梯电缆 …… T

C.1.2 按材料特征分

铜导体 …… 省略

绝缘聚氯乙烯 …… V

护套聚氯乙烯 …… V

C.1.3 按结构特征分

圆形 …… 省略

扁形（平形） …… B

C.1.4 按耐热特性分

70℃ …… 省略

C.2 型号对照表

表 C.1 型号对照表

序号	名 称	GB/T 5023.6—2006	GB/T 5023.6—2006 括号内的表示方法
1	扁形聚氯乙烯护套电梯电缆和挠性连接用电缆	60227 IEC 71f	(TVVB)
2	圆形聚氯乙烯护套电梯电缆和挠性连接用电缆	60227 IEC 71c	(TVV)

ICS 43.040.10
T 36

中华人民共和国国家标准

GB/T 5053.1—2006/ISO 1185:2003
代替 GB/T 5053.1—1985

道路车辆　牵引车与挂车之间电连接器 7芯24 V标准型(24 N)

Road vehicles—Connectors for the electrical connection of towing and towed vehicles-7-pole connector type 24 N (normal) for vehicles with 24 V nominal supply voltage

(ISO 1185:2003,IDT)

2006-12-19 发布　　　　2007-08-01 实施

中华人民共和国国家质量监督检验检疫总局
中国国家标准化管理委员会　发布

前　言

本部分等同采用 ISO 1185:2003《道路车辆　牵引车和挂车之间电连接器　24 V 标称电压的 7 芯 24 N 型电连接器(标准型)》(英文版)。

本部分与 ISO 1185:2003 相比,进行了以下编辑性修改:

a)　“本部分”代替“本国际标准”;

b)　增加了我国标准的前言;

c)　引用的标准中凡有等同采用国际标准的国家标准的,均改为相应国家标准;

d)　用小数点“.”代替作为小数点的逗号“,”;

e)　5.1 及图 3 中增加了 a)、b)的标注与说明;

f)　6.1 中对试样的选取及编号作了说明;

g)　增加了参考文献。

本部分代替 GB/T 5053.1—1985《道路车辆　牵引车和挂车之间电连接器　7 芯 24 V 标准型(24 N)》。本部分与 GB/T 5053.1—1985 比较,主要差异是增加了试验和要求(第 6 章)。

本部分由中华人民共和国交通部提出。

本部分由全国汽车标准化技术委员会挂车分技术委员会(SAC/TC 114/SC 13)归口。

本部分起草单位:交通部公路科学研究院、中集车辆(集团)有限公司、江苏省交通科学研究院、吉林大学、积架宝威汽车配件(深圳)有限公司、江苏省公路学会。

本部分主要起草人:张学利、李永福、马凯、金明新、李显生、谢秋华。

本部分历次发布版本情况为:GB/T 5053.1—1985。

ISO 前言

ISO(国际标准化组织)是由各国标准团体组成的世界性组织(ISO 成员团体)。制定国际标准的工作通常由 ISO 技术委员会提出。在此委员会上,各成员团体都有派出代表的权利,每个成员负责一门学科,所有学科都是由技术委员会建立的。无论是政府还是非政府的国际组织,凡与 ISO 有关系的都可参与工作。在所有关于电气技术标准的事务上,ISO 与国际电工技术委员会(IEC)密切合作。

国际标准是按照 ISO/IEC 的指令和第二部分中的有关规则起草的。

技术委员会的主要任务是制定国际标准。标准起草工作由技术委员会接受后,提交各成员投票表决,通过后的标准在成员国内通用。国际标准需要至少 75%的成员国投赞成票才可发布。

应注意,本文件的部分内容可能是专利权的主题。ISO 没有责任识别任何一个或所有这样的专利权。

ISO 1185 由 ISO/TC 22 道路车辆技术委员会的 SC 3 电气和电子装置分委会制定。

第三版取消代替了第二版(ISO 1185:1997),对第二版从技术上进行了修正。

道路车辆　牵引车与挂车之间电连接器 7 芯 24 V 标准型(24 N)

1　范围

本部分规定了牵引车和挂车之间 24 V 标称电压的 7 芯标准型(24 N)电连接器的尺寸、应用、试验和要求。

注：在 7 芯电连接器不能满足使用要求的情况下，可以使用 ISO 12098 规定的 15 芯电连接器替代本部分及 ISO 3731规定的 7 芯电连接器的组合。

2　规范性引用文件

下列文件中的条款通过 GB/T 5053 的本部分的引用而成为本部分的条款。凡是注日期的引用文件，其随后所有的修改单(不包括勘误的内容)或修订版均不适用于本部分，然而，鼓励根据本部分达成协议的各方研究是否可使用这些文件的最新版本。凡是不注日期的引用文件，其最新版本适用于本部分。

GB/T 5053.3—2006　道路车辆　牵引车与挂车之间电连接器　定义、试验方法和要求(ISO 4091:2003,IDT)

GB/T 5054.3—2006　道路车辆　多芯电缆线　第 3 部分：无屏蔽护套低压电缆线的结构、尺寸和标记 (ISO 4141-3:1998,IDT)

ISO 3731　道路车辆　牵引车和挂车之间的电连接器　24 V 标称电压的 7 芯 24S(辅助)型电连接器

ISO 4009　牵引车和挂车之间电连接和气连接的定位

ISO 4141-1:1998　道路车辆　多芯电缆线　第 1 部分：普通护套电缆线的性能要求和试验方法

ISO 4141-2:1998　道路车辆　多芯电缆线　第 2 部分：高性能护套电缆线的性能要求和试验方法

ISO 4141-4:2001　道路车辆　多芯电缆线　第 4 部分：螺旋电缆线总成的性能要求和试验方法

3　术语和定义

GB/T 5053.3—2006 中确立的术语和定义适用于本部分。

4　尺寸

4.1　一般要求

本部分未指定的详细内容由制造商决定。

4.2　插头

插头的尺寸如图 1 所示。

插头上共有 7 个弹性套管，其中 6 个(序号 2 至 7)分别与插座上同序号的 6 个插销相对应，另一个较大的弹性套管(序号 1)与插座上的 1 号插销相对应。

4.3　插座

插座的尺寸如图 2 所示。插座应有六个插销(序号 2～7)和一个较大的插销(序号 1)。

单位为毫米

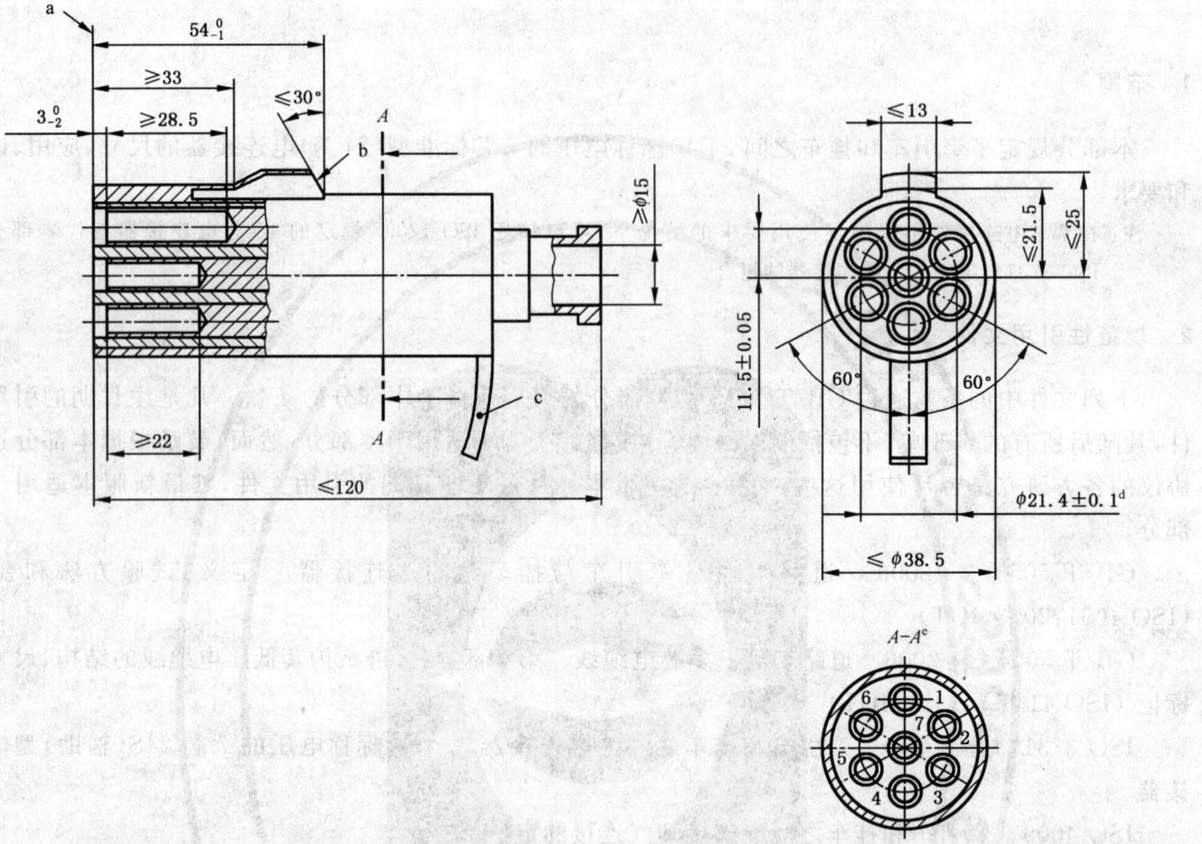

a——基准平面；

b——锁扣；

c——向下、左或右的手柄；

d——节圆直径；

e——接线柱视图。

图 1　插头

单位为毫米

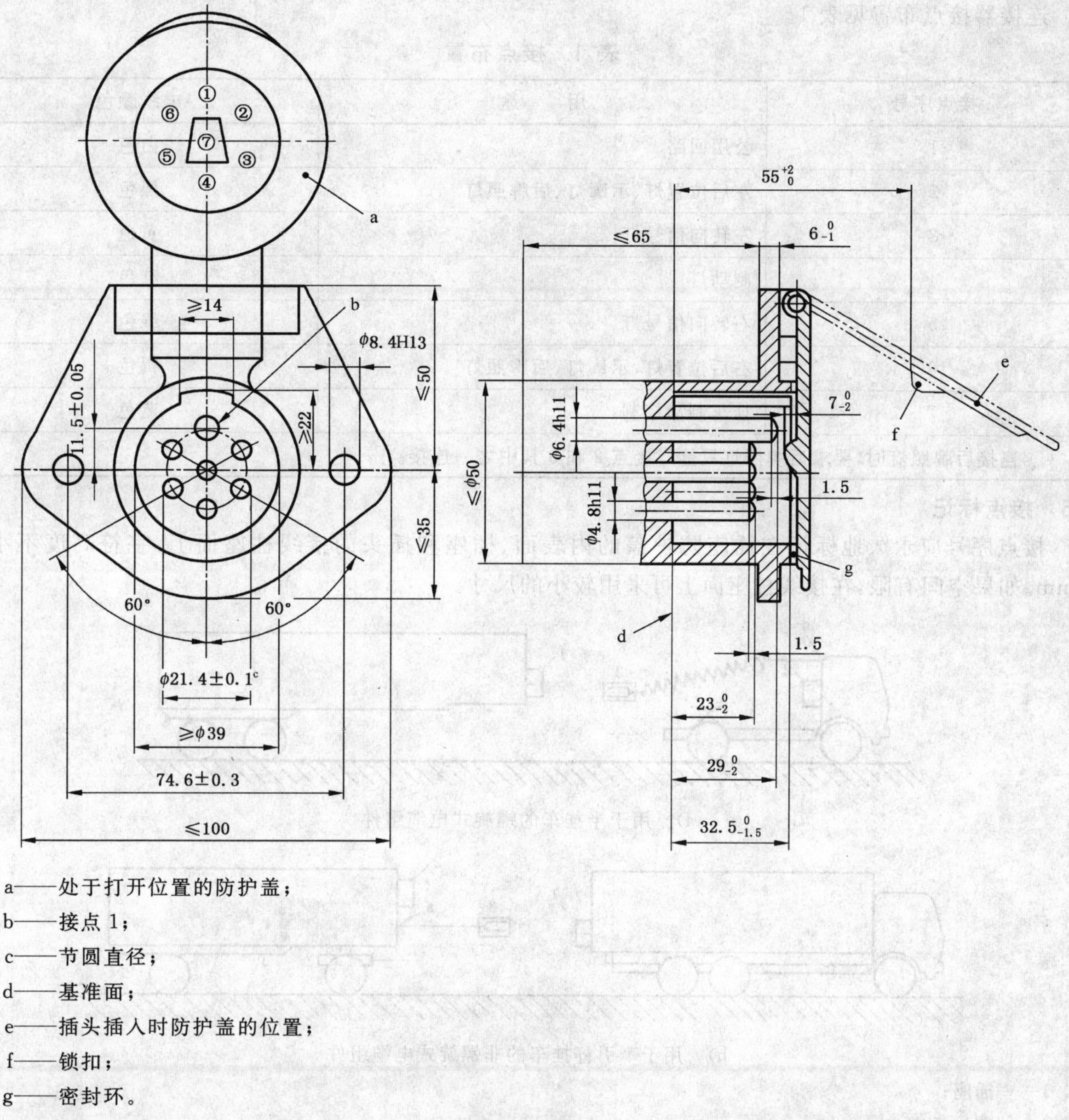

a——处于打开位置的防护盖；

b——接点 1；

c——节圆直径；

d——基准面；

e——插头插入时防护盖的位置；

f——锁扣；

g——密封环。

图 2　插座

5　连接器的应用

5.1　一般要求

螺旋式电缆组件用于半挂牵引车上，无论牵引车是否与半挂车相连，电缆组件都应与牵引车的电路相连接，见图 3a)。

非螺旋式电缆组件用于牵引杆挂车，其插座应安装于牵引车的后部，见图 3b)。

5.2　识别标记

连接器的绝缘部分应通过不同的颜色区分标准型(24N)与辅助型(24S，见 ISO 3731)。在 24N 型连接器上应采用深而耐久的颜色，如黑色。

5.3　连接器安装位置和自由空间

连接器的安装位置及其周围的自由空间应符合 ISO 4009 的规定。

5.4 接点布置

连接器接点布置见表1。

表1 接点布置

接点序号	用 途	电线颜色
1	公用回路	白色
2	左后位置灯、示廓灯、后牌照灯[a]	黑色
3	左转向信号灯	黄色
4	制动灯	红色
5	右转向信号灯	绿色
6	右后位置灯、示廓灯、后牌照灯[a]	褐色
7	挂车制动控制	蓝色

a 连接后牌照灯时，要求后牌照灯只能与接点2和6其中之一连接。

5.5 接点标记

接点序号应永久地标记在插座防护盖的内表面、插座和插头的接线柱座面上，字符高度不小于2 mm。如果空间有限，在接线柱座面上可采用较小的尺寸。

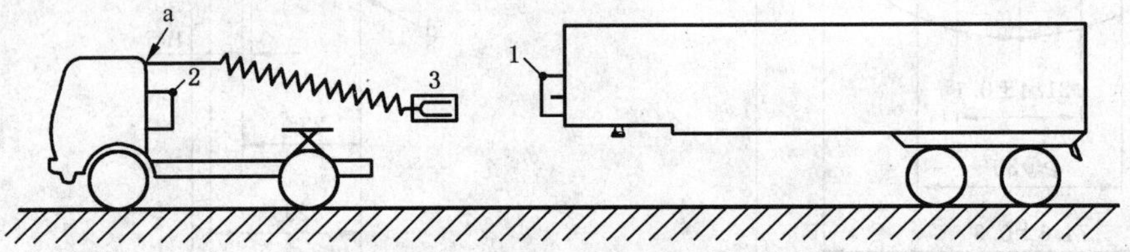

a) 用于半挂车的螺旋式电缆组件

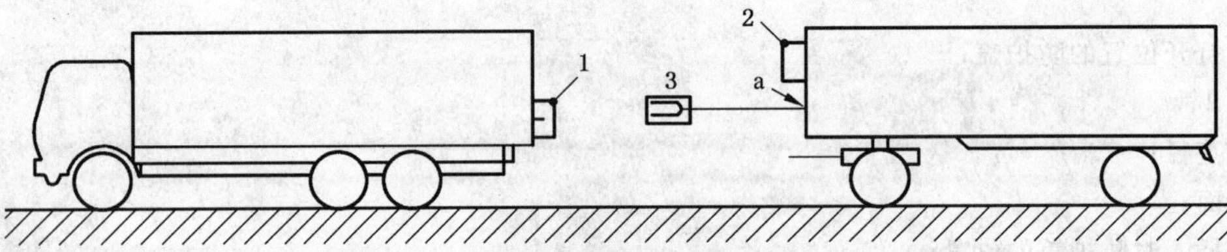

b) 用于牵引杆挂车的非螺旋式电缆组件

1——插座；

2——存放插座；

3——插头；

a——参见5.1。

图3 电连接器位置

5.6 接线柱

插销和套管尾部的接线柱应能够与具有以下额定横截面积的电缆线连接。

——接点1：2.5 mm^2；

——接点2到7：1.5 mm^2。

5.7 连接电缆线

连接电缆线应分别满足GB/T 5054.3—2006、ISO 4141-1：1998、ISO 4141-2：1998、ISO 4141-4：2001的要求。

5.8 拔下插头的保护

为使插头防水、防尘及避免损坏，应在车辆上提供存放已拔下插头的装置。

6 试验和要求

6.1 一般要求

选取5组(编号A到E)电连接器作为试样。

各组试样按表2中的顺序号进行各项试验;试验方法见GB/T 5053.3—2006。试验要求除了本部分特别规定之外,应满足GB/T 5053.3—2006的规定。

表2 试验顺序

试验	试样组及顺序号				
	A	B	C	D	E
外观检查	1,9	1,11	1,8	1,10	1,11
尺寸测量	2				
防错接合试验	3				
插入试验	4	2	2	2	2
拔出试验	8	10	7	9	9
锁止装置和电缆线固定强度试验	5	3,9		3,8	3,8
低温剪切强度试验	7				
载流能力试验			4		
连接电阻试验		4,7	3,6	4,7	4,7
电流循环试验			5		
绝缘介电强度试验		5,8		6	5,10
静载荷试验	6				
耐久性试验					6
温度/湿度循环试验		6			
盐雾试验				5	

6.2 防错接合试验

6.2.1 试验

用插座的接点1分别进行以下2种接点的连接试验:

a) 24 N型插头上的接点2~7;

b) 24 S型(见ISO 3731)插头上的接点2~7。

6.2.2 要求

上述插头上的接点2~7均不能插入插座的接点1。

6.3 锁止装置和电缆线固定强度试验

按照GB/T 5053.3—2006的要求进行锁止装置和电缆线固定强度试验。对未与插座连接的插头施加495 N到505 N的力,进行电缆线固定强度试验。

6.4 插入和拔出试验

按照GB/T 5053.3—2006的要求进行插入和拔出试验,插入力和拔出力为100 N~200 N。

6.5 盐雾试验

按照GB/T 5053.3—2006的要求进行盐雾试验,但下述情况不进行。

a) 配对插合的插头和存放插座;

b) 防护盖闭合的插座。

6.6 温度/湿度循环试验

按照 GB/T 5053.3—2006 的要求进行温度/湿度循环试验，但对 GB/T 5053.3—2006 中 5.18 的 d)到 g)步骤作如下更改：

——d)在 2.5 h 内将温度 t_c 降低到(−25±2)℃；

——e)将温度 t_c 在(−25±2)℃保持 2 h；

——f)在 1.5 h 内将温度 t_c 升高到(75±2)℃；

——g)将温度 t_c 在(75±2)℃保持 2 h。

6.7 耐久性试验

按照 GB/T 5053.3 的要求进行耐久性试验，其循环次数为 1 000 次。

参 考 文 献

[1] GB/T 20717 道路车辆 牵引车和挂车之间的电连接器 24 V15 芯型

ICS 43.040.10
T 36

中华人民共和国国家标准

GB/T 5053.2—2006/ISO 1724:2003
代替 GB/T 5053.2—1985

道路车辆　牵引车与挂车之间电连接器 7芯12 V标准型(12 N)

Road vehicles—Connectors for the electrical connection of towing and towed vehicles—7-pole connector type 12 N (normal) for vehicles with 12 V nominal supply voltage

(ISO 1724:2003,IDT)

2006-12-19 发布　　　　2007-08-01 实施

中华人民共和国国家质量监督检验检疫总局
中国国家标准化管理委员会　发布

前　言

本部分等同采用ISO 1724:2003《道路车辆　牵引车和挂车之间电连接器　12 V标称电压的7芯12 N型电连接器(标准型)》(英文版)。

本部分进行了以下编辑性修改:

a) 修改了标准名称;

b) “本部分”代替“本国际标准”;

c) 增加了我国标准的前言;

d) 引用的标准中凡有等同采用国际标准的国家标准的,均改为相应国家标准;

e) 6.1中对试样的选取及编号作了说明;

f) 增加了参考文献。

本部分代替GB/T 5053.2—1985《汽车与挂车之间12 N型电连接器》,本部分与GB/T 5053.2—1985比较,主要差异是增加了试验和要求(第6章)。

本部分由中华人民共和国交通部提出。

本部分由全国汽车标准化技术委员会挂车分技术委员会(SAC/TC 114/SC 13)归口。

本部分起草单位:交通部公路科学研究院、中集车辆(集团)有限公司、江苏省交通科学研究院、吉林大学、积架宝威汽车配件(深圳)有限公司、江苏省公路学会。

本部分主要起草人:李永福、张学利、马凯、金明新、李显生、谢秋华。

本部分历次发布版本情况为:GB/T 5053.2—1985。

ISO 前言

ISO(国际标准化组织)是由各国标准团体组成的世界性组织(ISO 成员团体)。制定国际标准的工作通常由 ISO 技术委员会提出。在此委员会上,各成员都有派出代表的权利。每个成员负责一门学科,所有学科都是由技术委员会建立的。无论是政府还是非政府国际组织,凡与 ISO 有关系的都可参与工作。在所有关于电气技术标准的事务上,ISO 与国际电工技术委员会(IEC)密切合作。

国际标准是按照 ISO/IEC 指令和第二部分中的有关规则起草的。

技术委员会的主要任务是制订国际标准。标准起草工作由技术委员会接受后,提交各成员投票表决,通过后的标准在成员国内通用。国际标准需要至少 75%的成员国投赞成票才可发布。

应注意,本文件的部分内容可能是专利权的主题。ISO 没有责任识别任何一个或所有这样的专利权。

ISO 1724 由 ISO/TC 22 道路车辆技术委员会的 SC 3 电气和电子装置分委会制定。

第四版取消并替代第三版(ISO 1724:1997),对第三版从技术上进行了修正。

道路车辆　牵引车与挂车之间电连接器 7 芯 12 V 标准型(12 N)

1　范围

本标准规定了牵引车和挂车之间 12 V 标称电压的 7 芯标准型(12 N)电连接器的尺寸、应用、试验和要求。

注：在 7 芯电连接器不能满足使用要求的情况下，可以使用 GB/T 20718 规定的 13 芯电连接器替代本标准及 ISO 3732规定的 7 芯电连接器的组合。

2　规范性引用文件

下列文件中的条款通过本标准的引用而成为本标准的条款。凡是注日期的引用文件，其随后所有的修改单(不包括勘误的内容)或修订版均不适用于本标准，然而，鼓励根据本标准达成协议的各方研究是否可使用这些文件的最新版本。凡是不注日期的引用文件，其最新版本适用于本标准。

GB/T 5053.3—2006　道路车辆　牵引车与挂车之间电连接器　定义、试验方法和要求(ISO 4091:2003,IDT)

GB/T 5054.3—2006　道路车辆　多芯电缆线　第 3 部分：无屏蔽护套低压电缆线的结构、尺寸和标记 (ISO 4141-3:1998,IDT)

ISO 1103　道路车辆　旅居车和轻型挂车的球铰接　尺寸

ISO 3732　道路车辆　牵引车和挂车之间电连接器　12 V 标称电压的 7 芯 12 S(辅助)型电连接器

ISO 4141-1:1998　道路车辆　多芯电缆线　第 1 部分：普通护套电缆线的性能要求和试验方法

ISO 4141-2:1998　道路车辆　多芯电缆线　第 2 部分：高性能护套电缆线的性能要求和试验方法

ISO 4141-4:2001　道路车辆　多芯电缆线　第 4 部分：螺旋电缆线总成的性能要求和试验方法

3　术语和定义

GB/T 5053.3—2006 中确立的术语和定义适用于本标准。

4　尺寸

4.1　一般要求

插座和插头中的插销应设中开缝，长度最小为 8.5 mm，以保证插头和插座的弹性配合。

4.2　插头

插头尺寸如图 1 所示。插头有四个弹性插销(序号 1、3、4 和 6)和三个套管(序号 2、5 和 7)。

4.3　插座

插座尺寸如图 2 所示。插座应有四个套管(序号 1、3、4 和 6)和三个弹性插销(序号 2、5 和 7)。图中所示为防护盖处于打开位置，当插头拔出后，防护盖应自动闭合。

单位为毫米

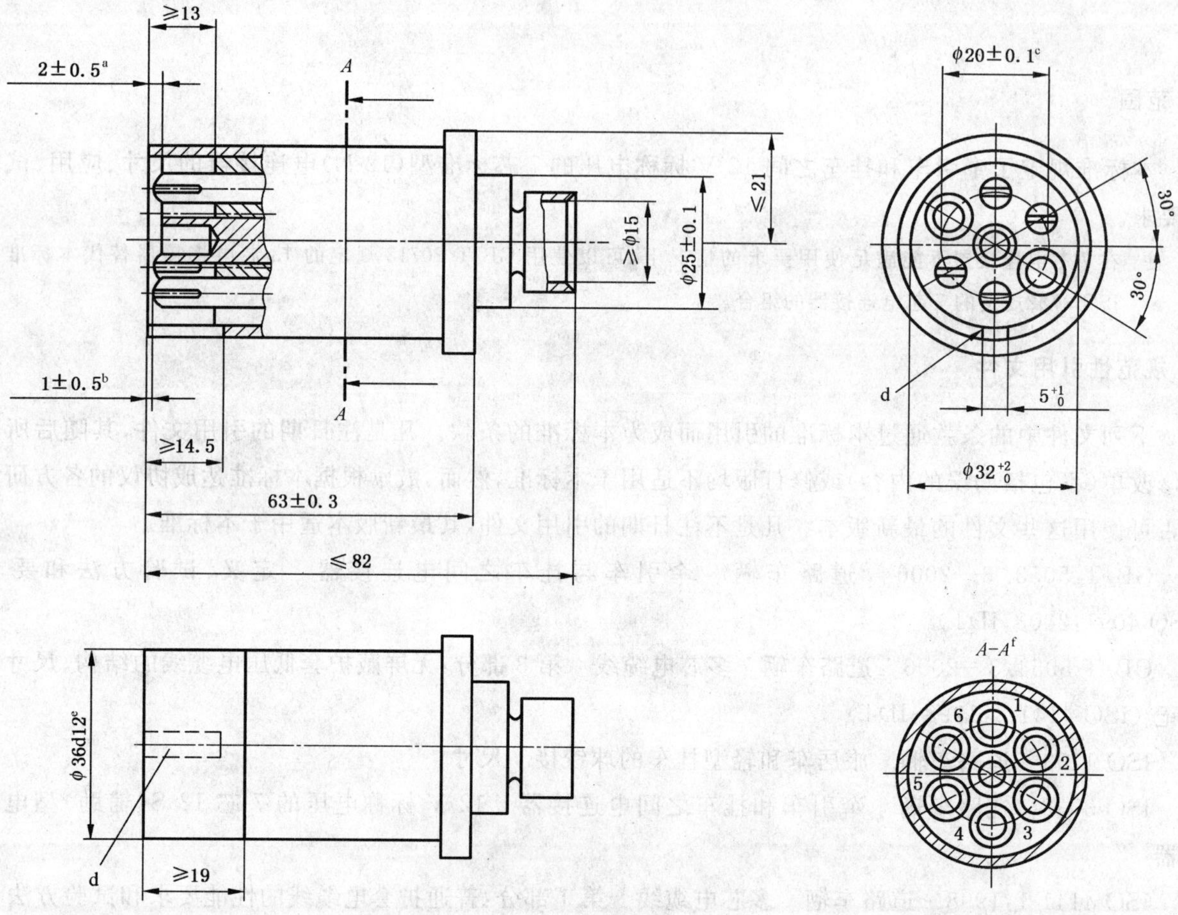

a 套管；

b 插销；

c 节圆直径；

d 键槽；

e 最小尺寸 19；

f 接线柱视图。

图 1 插头

单位为毫米

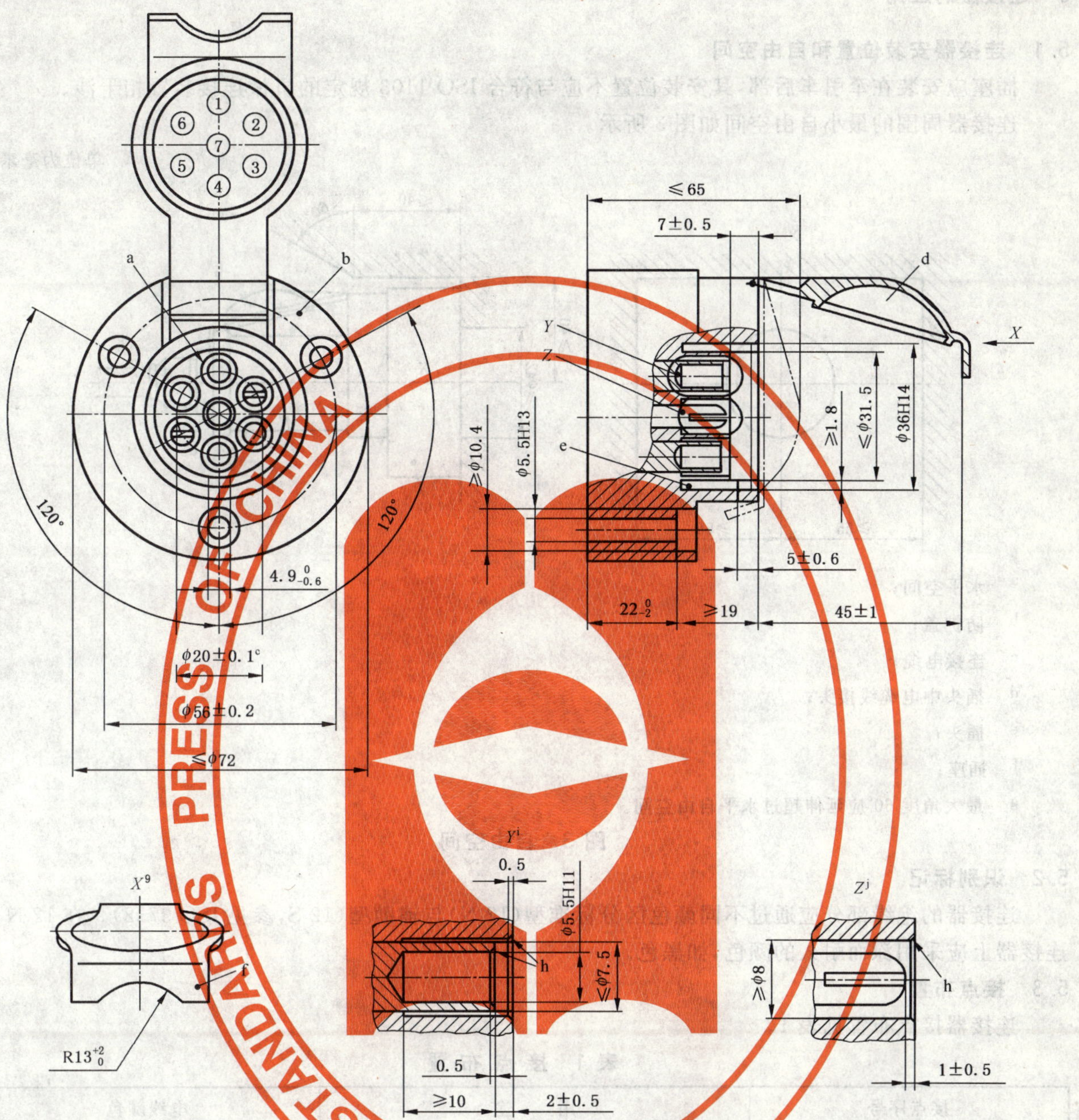

a 接点 1；

b 若尺寸在最大直径范围内，允许其他外壳设计；

c 节圆直径；

d 插头插入时防护盖的位置；

e 键；

f 插头固定口；

g 防护盖视图；

h 60°到 90°倒角；

i 套管；

j 插销。

图 2 插座

5　连接器的应用

5.1　连接器安装位置和自由空间

插座应安装在牵引车后部，其安装位置不应与符合 ISO 1103 规定的机械连接装置相干涉。

连接器周围的最小自由空间如图 3 所示。

单位为毫米

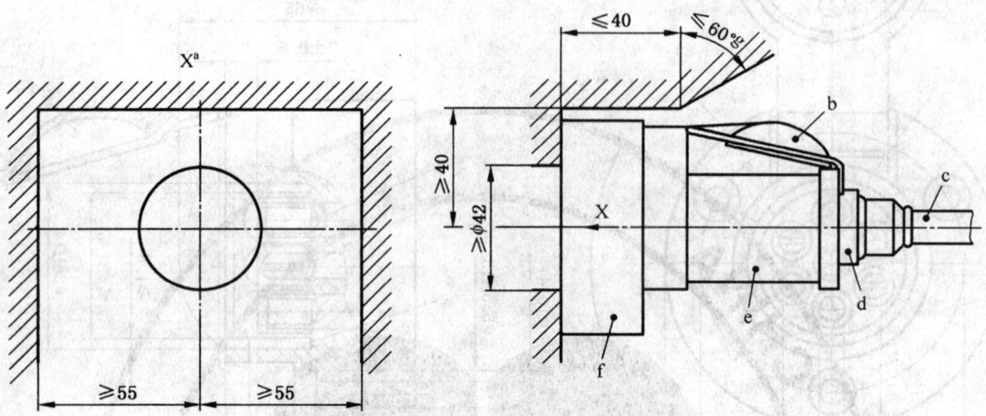

a　水平空间；

b　防护盖；

c　连接电缆；

d　插头中电缆线接头；

e　插头；

f　插座；

g　最大角度 60°应延伸超过水平自由空间。

图 3　自由空间

5.2　识别标记

连接器的绝缘部分应通过不同颜色区分标准型(12 N)与辅助型(12 S，参见 ISO 3732)。在 12 N 型连接器上应采用深而耐久的颜色，如黑色。

5.3　接点布置

连接器接点布置见表 1。

表 1　接点布置

接点序号	用　途	电线颜色
1	左转向信号灯	黄色
2	后雾灯	蓝色
3	公用回路	白色
4	右转向信号灯	绿色
5	右后位置灯、示廓灯、后牌照灯[a]	褐色
6	制动灯	红色
7	左后位置灯、示廓灯、后牌照灯	黑色

a　连接后牌照灯时，要求后牌照灯只能与接点 5 和 7 其中之一连接。

5.4　接点标记

接点序号应永久地标记在插座防护盖的内表面、插座和插头的接线柱座面上，字符高度不小于

2 mm。如果空间有限，在接线柱座面上可采用较小的尺寸。

5.5 接线柱

插销和套管尾部的接线柱应能够与具有以下额定横截面积的电缆线连接。

——接点 1、2、4、5、6 和 7：1.5 mm^2；

——接点 3：　　　　　　　　2.5 mm^2。

5.6 连接电缆线

连接电缆线应分别满足 GB/T 5054.3—2006、ISO 4141-1：1998、ISO 4141-2：1998、ISO 4141-4：2001 的要求。

5.7 拔下插头的保护

为使插头防水、防尘及避免损坏，应在车辆上提供存放已拔下插头的装置。

6 试验和要求

6.1 一般要求

选取 5 组(编号 A 到 E)电连接器作为试样。

各组试样按表 2 中的顺序号进行各项试验；试验方法见 GB/T 5053.3—2006。试验要求除了本标准特别规定之外，应满足 GB/T 5053.3—2006 的规定。

表 2 试验顺序

试验项目	试样组及顺序号				
	A	B	C	D	E
外观检查	1,8	1,11	1,8	1,10	1,11
尺寸测量	2				
插入试验	3	2	2	2	2
拔出试验	7	10	7	9	9
锁止装置和电缆线固定强度试验	4	3,9		3,8	3,8
低温剪切强度试验	6				
载流能力试验			4		
连接电阻试验		4,7	3,6	4,7	4,7
电流循环试验			5		
绝缘介电强度试验		5,8		6	5,10
静载荷试验	5				
耐久性试验					6
温度/湿度循环试验		6			
盐雾试验				5	

6.2 锁止装置和电缆线固定强度试验

按照 GB/T 5053.3—2006 的要求进行锁止装置和电缆线固定强度试验。对未与插座连接的插头施加 245 N 至 255 N 的力，进行电缆线固定强度试验。

6.3 插入和拔出试验

按照 GB/T 5053.3—2006 的要求进行插入和拔出试验，插入力应不大于 200 N，拔出力为 50 N～200 N。

6.4 盐雾试验

按照 GB/T 5053.3—2006 的要求进行盐雾试验，但下述情况不进行：

a） 配对插合的插头和存放插座；

b） 防护盖闭合的插座。

6.5 温度/湿度循环试验

按照 GB/T 5053.3—2006 的要求进行温度/湿度循环试验，但对 GB/T 5053.3—2006 中 5.18 的 d)到 g)步骤作如下更改：

——d)在 2.5 h 内将温度 t_c 降低到(−25±2)℃；

——e)将温度 t_c 在(−25±2)℃保持 2 h；

——f)在 1.5 h 内将温度 t_c 升高到(75±2)℃；

——g)将温度 t_c 在(75±2)℃保持 2 h。

6.6 耐久性试验

按照 GB/T 5053.3—2006 的要求进行耐久性试验，其循环次数为 1 000 次。

参 考 文 献

[1] ISO 11446 道路车辆 牵引车和挂车之间电连接器 12 V标称电压的13芯电连接器

ICS 43.040.10
T 36

中华人民共和国国家标准

GB/T 5053.3—2006/ISO 4091:2003
代替 GB/T 5053.3—1985

道路车辆 牵引车与挂车之间电连接器 定义、试验方法和要求

Road vehicles—Connectors for the electrical connection of towing and towed vehicles—Definitions, tests and requirements

(ISO 4091:2003,IDT)

2006-12-19 发布 2007-08-01 实施

中华人民共和国国家质量监督检验检疫总局
中国国家标准化管理委员会 发布

前言

本部分等同采用ISO 4091:2003《道路车辆 牵引车和挂车之间电连接器 定义、试验方法和要求》(英文版)。

本部分与ISO 4091:2003相比,进行了以下编辑性修改:

a) “本部分”代替“本国际标准”;

b) 增加了我国标准的前言;

c) 引用的标准中凡有等同采用国际标准的国家标准的,均改为相应国家标准;

d) 4.1中对试样的选取及编号作了说明;

e) 5.19中增加了引用的ISO 9227中有关盐雾试验的具体内容。

本部分代替GB/T 5053.3—1985《汽车与挂车之间电连接器的试验方法与要求》。本部分与GB/T 5053.3—1985比较,主要增加了:

a) 术语和定义(第2章);

b) 试验顺序(4.2);

c) 锁止装置检查试验(5.4);

d) 弹出力试验(5.5);

e) 锁止装置和电缆线固定强度试验(5.6);

f) 低温剪切强度试验(5.7);

g) 电流循环试验(5.10);

h) 水影响试验(5.12);

i) 静载荷试验(5.13);

j) 防尘试验(5.14);

k) 耐久性试验(5.15);

l) 盐雾试验(5.19);

m) 附加信息(材料说明)(第6章)。

本部分由中华人民共和国交通部提出。

本部分由全国汽车标准化技术委员会挂车分技术委员会(SAC/TC 114/SC 13)归口。

本部分起草单位:交通部公路科学研究院、中集车辆(集团)有限公司、江苏省交通科学研究院、吉林大学、积架宝威汽车配件(深圳)有限公司、江苏省公路学会。

本部分主要起草人:张学利、李永福、马凯、金明新、李显生、谢秋华。

本部分历次发布版本情况为:GB/T 5053.3—1985。

ISO 前言

ISO(国际标准化组织)是一个世界性国家标准联盟(ISO 成员国)。通常 ISO 技术委员会执行国际标准的制定工作。对于技术委员会已制定的标准,成员国有权利就自己感兴趣的部分提出异议。国际组织、政府、非政府组织等与 ISO 有联系的组织也可参与制定工作。ISO 在电工标准制定方面与国际电工委员会进行紧密合作。

国际标准根据 ISO/IEC 第二部分进行起草。

技术委员会的主要职责是最终颁布的国际标准至少要达到75%的成员组织投票同意,才能获得通过出版。技术委员会起草的标准送交标准成员进行投票表决。

这些文件中的一些因素可能涉及到专利权问题。ISO 组织不负责识别任何一个和所有的专利权。

ISO 4091 由 ISO/TC 22 道路车辆技术委员会的 SC 3 电气和电子装置分委会制定。

第三版取消并替代已修订的第二版(ISO 4091:1992)。

道路车辆　牵引车与挂车之间电连接器 定义、试验方法和要求

1　范围

本部分适用于 GB/T 5053.1—2006、GB/T 5053.2—2006、ISO 3731、ISO 3732、ISO 7638-1、ISO 7638-2、ISO 11446、ISO 12098 规定的用于牵引车和挂车之间的所有电连接器。

2　规范性引用文件

下列文件中的条款通过 GB/T 5053 的本部分的引用而成为本部分的条款。凡是注日期的引用文件,其随后所有的修改单(不包括勘误的内容)或修订版均不适用于本部分,然而,鼓励根据本部分达成协议的各方研究是否可使用这些文件的最新版本。凡是不注日期的引用文件,其最新版本适用于本部分。

GB 4208　外壳防护等级(IP 代码)(GB 4208—1993,eqv IEC 60529:1989)

GB/T 5053.1—2006　道路车辆　牵引车和挂车之间电连接器　7 芯 24 V 标准型(24 N)(ISO 1185:2003,IDT)

GB/T 5053.2—2006　道路车辆　牵引车和挂车之间电连接器　7 芯 12 V 标准型(12 N)(ISO 1724:2003,IDT)

GB/T 20716.1　道路车辆　牵引车和挂车之间的电连接器　第 1 部分:24 V 标称电压车辆的制动系统和行走系的连接(GB/T 20716.1—2006,ISO 7638-1:2003,IDT)

GB/T 20716.2　道路车辆　牵引车和挂车之间的电连接器　第 2 部分:12 V 标称电压的连接(GB/T 20716.2—2006,ISO 7638-2:2003,IDT)

GB/T 20717　道路车辆　牵引车和挂车之间的电连接器　24V15 芯型(GB/T 20717—2006,ISO 12098:2004,IDT)

GB/T 20718　道路车辆　牵引车和挂车之间的电连接器　12 V13 芯型(GB/T 20718—2006,ISO 11446:2004,IDT)

ISO 1817　硫化橡胶　耐液体作用的测定

ISO 3731　道路车辆　牵引车和挂车之间的电连接器　24 V 标称电压的 7 芯 24 S(辅助)型电连接器

ISO 3732　道路车辆　牵引车和挂车之间电连接器　12 V 标称电压的 7 芯 12 S(辅助)型电连接器

ISO 9227　模拟大气环境的腐蚀试验　盐雾试验

3　术语和定义

下列术语和定义适用于本部分。

3.1

连接　connection

一组成对的连接器或接触件的接合。

3.2

连接器　connector

接触件和壳体的总成,其中壳体对实现连接和断开功能的导体起固定作用。

3.3

接触件　contact

连接器上能与对应导电元件构成电路的导电元件(包括电缆接头)。

3.4

接触区　contact area

构成一个电路的两个接触件相互接触的区域。

3.5

插孔　female contact

以内表面与一个插柱式接触件接触实现电路导通的接触件(包括电缆线接头)。例如:套管。

3.6

插柱　male contact

以外表面与一个插孔式接触件接触实现电路导通的接触件(包括电缆线接头)。例如:插销,插片。

3.7

插头　plug

与一个插座配合使用的独立连接器。

3.8

插座　socket

与一个插头配合使用的独立连接器。

3.9

存放插座　park socket

用于存放已拔出插头的插座。

3.10

弹出器　ejector

插座(不包括存放插座)的一部分,在插座锁止装置不起作用时,能使插头从插座上自动脱开。

4　总体要求

4.1　试样说明

选取6组(编号A到F)电连接器作为试样。

4.2　试验顺序

各组试样按表1中的顺序号进行各项试验。只有当试样符合本部分相应的试验要求时,才能进行后续试验。

表1　试验顺序

条款	试验名称	试样组及顺序号					
		A	B	C	D	E	F
5.1	外观检查	1,7,9,14	1,12	1,6,12	1,6	1,14	1,7
5.2	尺寸测量	2					
5.3	插入试验	3	2	2		12	
5.3	拔出试验	12	11	10		13	
5.4	锁止装置检查试验	4,11	3,10	3,9		2,10	
5.5	弹出力试验	13				11	
5.6	锁止装置和电缆线固定强度试验	6					

表 1（续）

条款	试验名称	试样组及顺序号					
		A	B	C	D	E	F
5.7	低温剪切强度试验	8					
5.8	载流能力试验				3		
5.9	连接电阻试验		4,7	4,8	2,5	3,7	2,5
5.10	电流循环试验				4		
5.11	绝缘介电强度试验		5,9	7		4,9	3,6
5.12	水影响试验		8	11		8	
5.13	静载荷试验	5					
5.14	防尘试验					5	
5.15	耐久性试验					6	
5.16	振动试验						4
5.17	跌落试验	10					
5.18	温度/湿度循环试验		6				
5.19	盐雾试验			5			

所有试验应符合下列条件：

——所有连接器、电缆线和试棒都应在温度(23±5)℃、湿度(45～75)%的条件下放置 24 h。

——试验中应使用未使用过的、同一类型的插座和插头。

——除非有特殊规定，周围环境温度应保持在(23±5)℃。

在整个试验过程中，不允许添加润滑油或其他辅助材料以达到更好的试验效果。然而，生产过程中残留的润滑油是允许的。

4.3 试样要求

必要时应连接适当的电缆线。

应将未安装接触件的连接器剩余插孔封堵。

5 试验和要求

5.1 外观检查

5.1.1 检查条件

以裸眼在适合的距离和照明下进行目检。

5.1.2 要求

按照有关要求，对试样的标识、外表、工艺和成形状态进行检查。

观察试验过的电连接器试样组（试验顺序见表 1），应确保无裂纹、无变形、无明显的颜色变化及吸水。

5.2 尺寸测量

5.2.1 测量

测量该类型连接器对应的标准规定的所有尺寸。

5.2.2 要求

所有测量尺寸应在该类型连接器标准规定的公差范围内。

5.3 插入和拔出试验

5.3.1 试验

以(25～100)mm/s 之间的某一速度，用专用设备进行插入和拔出试验，并测量其轴向力。

如果被测插座附带弹出器，则拆除弹出器。

测量附带锁止装置的连接器的轴向力时，锁止装置应打开。

5.3.2　要求

测量的力应符合被测类型连接器标准规定的要求。

5.4　锁止装置检查试验

5.4.1　应用

适用于附带锁止装置的连接器。

5.4.2　试验

5.4.2.1　锁扣式

测量锁扣分离所需要的力。

5.4.2.2　旋合式

测量旋合、分离和锁止所需要的力矩。

5.4.3　要求

5.4.3.1　锁扣装置的操纵力应不大于 120 N。

5.4.3.2　旋合装置的操纵力矩应不大于 3.5 Nm。

5.5　弹出力试验

5.5.1　应用

适用于装有弹出器的插座。

5.5.2　试验

测量在整个行程范围中沿着运动方向的插座弹出力。

5.5.3　要求

弹出行程中，测得的弹出力应为(35～75) N。

5.6　锁止装置和电缆线固定强度试验

5.6.1　试验

对一对相互配合的插头和插座进行试验。插头应附装一个试棒，试棒由外径(5±0.5)mm 的金属棒和其上与电缆线同品质的聚氯乙烯包覆层构成，其外径为(12±0.5)mm。对 15 芯 24 V 电连接器，其试棒外径为(15±0.5)mm，试棒的固定方式与电缆线相同。在 10 s 内，在试棒抽出的方向上按线性施加从(0～1 000)N 的作用力，并在(1 000～1 010)N 时保持(10～12)s。

5.6.2　要求

试验后目检，无裂纹或永久变形。

在聚氯乙烯表面测量，试棒位移不得超过 3 mm。

5.7　低温剪切强度试验

5.7.1　试验

在温度为(−40±2)℃的测试箱中，将插座和插头按设计要求安装配对。按 5.6.1 的规定，在插头上安装一个试棒。确保试样达到(−40±2)℃。在互相垂直的四个方向上(见图 1)依次施加力矩 25 Nm，每个方向保持 1 min，开始的方向为平行插座盖的固定轴方向。

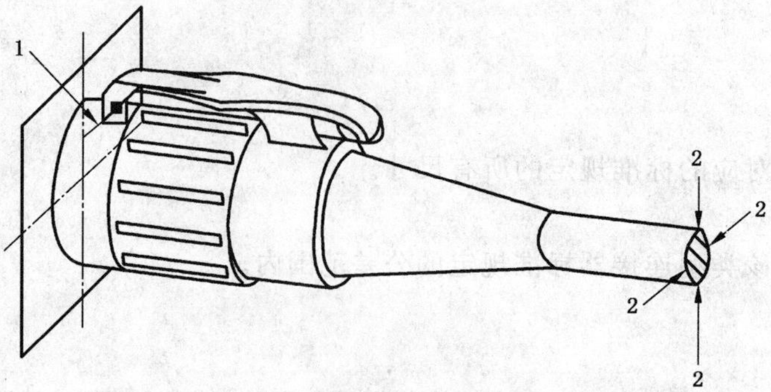

1——插座罩盖铰链；

2——力(力矩)。

图 1　施加力矩

5.7.2　要求

试验后目检，无裂纹或永久变形。

5.8　载流能力试验

5.8.1　试验

依次对相互配对的连接器内的接触件(插柱或套管)，按其连接芯线的额定横截面积进行试验，其他接触件应不通电。

取(500±5) mm 长的试验芯线，其横截面积应符合表 2 的要求，按图 2 分别接上被测的接触件，通电 1 h 后，测量其温度变化。

表 2　载流能力试验值

接触件连接芯线的额定横截面积/mm²	试验芯线的横截面积/mm²	试验电流/A
6	6	30
2×2.5	6	30
4	4	25
2.5	2.5	20
2×1.5	2.5	20
1.5	1.5	15

5.8.2　要求

试验后，每个接触点的温升不得超过 40℃。

这个载流能力不得被用作高温环境下承受能力的指标。

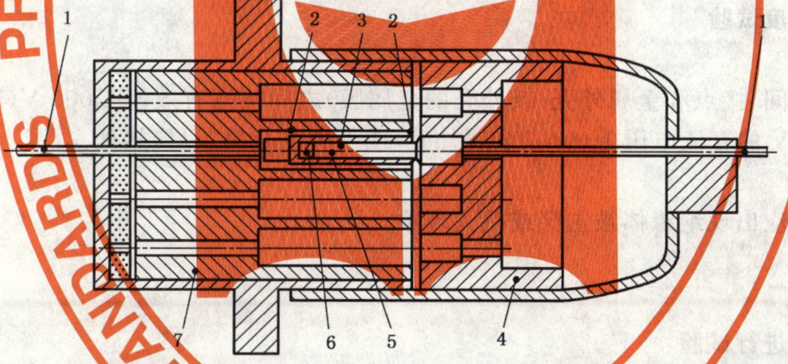

1——电缆芯线；
2——温度测量点；
3——接触区；
4——插头；
5——插柱；
6——插孔；
7——插座。

图 2　接触件温度升高的测量

5.9　连接电阻(电压降)试验

5.9.1　试验

5.9.1.1　应用和电阻测量

对数据线接点以毫伏级电压进行试验，其他接点采用规定的电流。

按照图 3 所示的试验布置方法测量连接电阻。接触区和测量点之间的导线电阻应从测量值中减除。尽量使测量点距接触件最近而又互不接触。

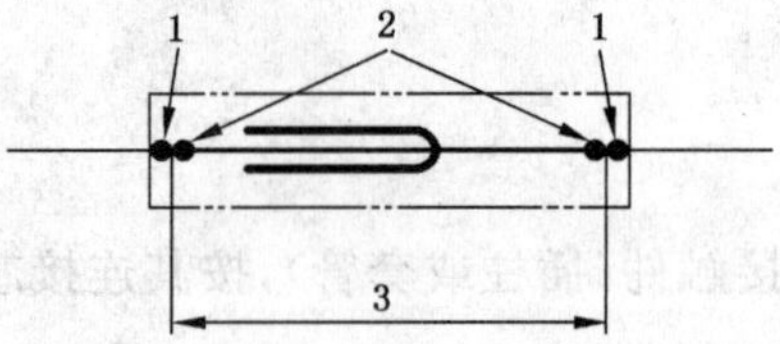

1——测量点；

2——导线固定；

3——连接电阻。

图 3 连接电阻测量

5.9.1.2 以毫伏级电压进行测量

在开路中，接通不超过 20 mV 的直流电或交流电峰值电压进行电压测试，以保护接点间的绝缘薄膜不被击穿。加载电流不超过 100 mA。

5.9.1.3 以规定电流进行测量

接通 10 A 直流电，达到热平衡后进行测量。测点可以在连接器外的导线上。除去绝缘层的导线部分不应影响测试结果。

如果测量导线和测点是焊接的，焊接质量不应影响连接效果。

5.9.2 要求

连接器的每对接触件的连接电阻不可超过 4 mV/A。

5.10 电流循环试验

对于相互配对的连接器，分别对不同额定横截面积的接点进行 500 次电流循环测试。试验电流按表 2 的要求，每个循环应持续通电 45 min、断电 15 min。

连接长(500±5)mm 的试验芯线，其横截面积应符合表 2 的要求。

5.11 绝缘介电强度试验

5.11.1 试验

所有的接点之间、接点和金属外壳(或外壳的金属膜)之间接通有效值 1 000 V(50 Hz 或 60 Hz)的交流电压或 1 600 V 的直流电压 1 min。金属外壳(或外壳的金属膜)应接地。

5.11.2 要求

测试过程中不应出现绝缘体被击穿或跳火现象。

5.12 水影响试验

5.12.1 淋雨试验

对下列连接器进行试验：

a) 对插合的插头和插座；

b) 配对插合的插头和存放插座；

c) 防护盖闭合的插座；

d) 防护盖闭合的存放插座。

试验装置如图 4 所示。

摆动管应钻有直径 0.8 mm 的孔，这些孔在 150°范围内等间隔分布。摆动管应在 360°(即相对两垂直边各为 180°)范围内摆动，摆动角速度为 90°/s。

水压为 0.4 MPa。

按设计要求将试样与电缆线密封连接，并水平放置在摆动管的中心位置。将支撑板钻孔以免影响淋水效果。

对每个试样实施淋雨试验(9～11)min。

5.12.2 高压喷水试验

对 5.12.1 中所列连接器进行试验。

试验装置和喷嘴水流分布应符合图4和图5的要求。

喷出的水应满足：

——温度：(80±5)℃；

——流速：(14～16)L/min；

——压力：(8～10)MPa(尽量在接近喷嘴口处测量)。

单位为毫米

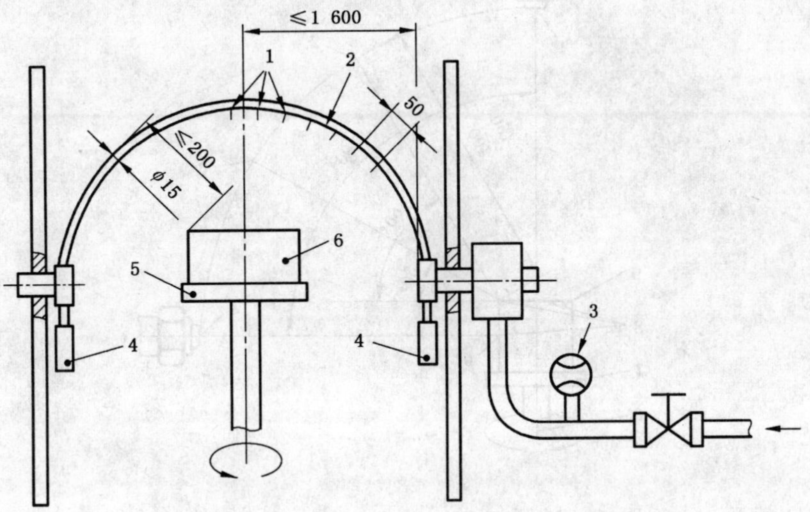

1——孔径0.8毫米；

2——摆动管；

3——流量计；

4——配重；

5——钻孔支撑板；

6——试样。

图4　淋雨试验装置

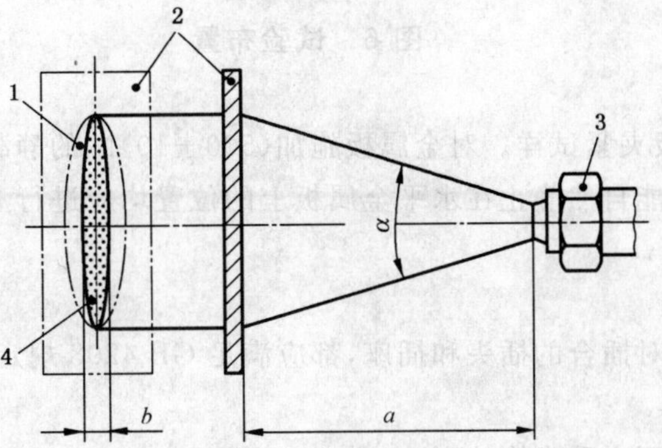

α/ (°)	a/ mm	b/ mm
30±5	100	8±2
30±5	150	10±2

1——喷散区；

2——测量区；

3——喷嘴；

4——喷流核。

图5　喷嘴水流分布

将试验样品安装在支撑板上，并以(5±1) r/min的角速度旋转样品，样品分别在图6所示的1到4的4个位置上承受30 s高压喷水。

喷嘴口相对样品位置的距离应为(100～150) mm(见图6)。

试验结束后，打开有密封盖的插座(含存放插座)的防护盖以排水。

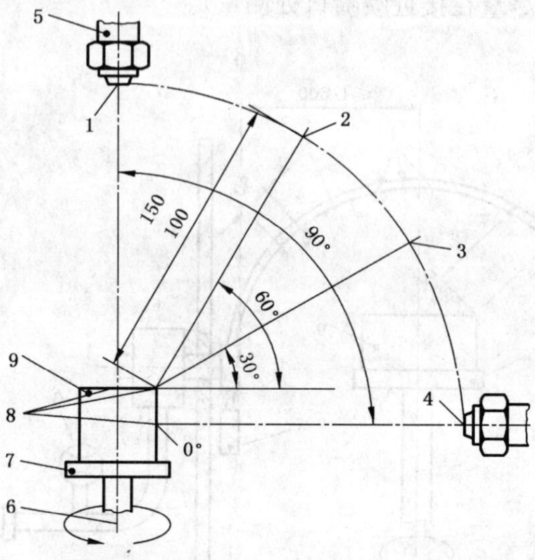

1——位置一；

2——位置二；

3——位置三；

4——位置四；

5——喷嘴；

6——转轴；

7——支撑板；

8——参考点(0°,30°,60°,90°)；

9——试样。

图6 试验布置

5.13 静载荷试验

用上下两块水平金属板夹紧试样。对金属板施加(500±10)N的静载荷。

对同一个试样，在每个能自然静止在水平金属板上的位置均应进行上述试验。

5.14 防尘试验

5.14.1 试验

具有防护盖的插座、配对插合的插头和插座，都应满足GB 4208规定的IP 5X防尘等级要求。

5.14.2 要求

试验后，插入和拔出都不应受尘埃的影响。

5.15 耐久性试验

用未连接电缆线的插头和插座进行5 000次机械循环试验，每个循环包括以下操作：

a) 打开防护盖；

b) 将插头插入插座；

c) 关闭和打开锁止装置；

d) 拔出插头；

e) 关闭插座防护盖。

以(500±100)mm/min的速度插入和拔出插头。每分钟进行四次试验循环。

5.16 振动试验

5.16.1 试验

本试验用于检查配对通电连接器的电导通能力和非配对插座的防护盖关闭弹性。

按正常使用，在插头上连接电缆线。如图 7 所示，在距插座前部 1 m 的位置支撑该电缆线，独立于振动试验台。对于螺旋式电缆线，插头和支撑之间的电缆长度为 4.5 m。

按图 8 所示，串连除数据芯线之外的其他芯线，并将它们与直流电源连接，将初始电流调整到 100 mA，在整个试验过程中监控连接电阻；串连数据芯线，并将它们与直流电源连接，将初始电流调整到 5 mA，在整个试验过程中监控连接电阻。

对配对插合的连接器进行下列正弦曲线振动试验：

——频率在(5～11)Hz 时，进行 10 mm 等幅振动；

——频率在(11～200)Hz 时，进行 50 m/s² 加速振动。

振动频率的变化为 1 oct/min。

在 3 个互相垂直的方向上分别进行 16 h 的振动试验，依次为轴向振动、水平振动、垂直振动。总试验时间是 16 h×3＝48 h。

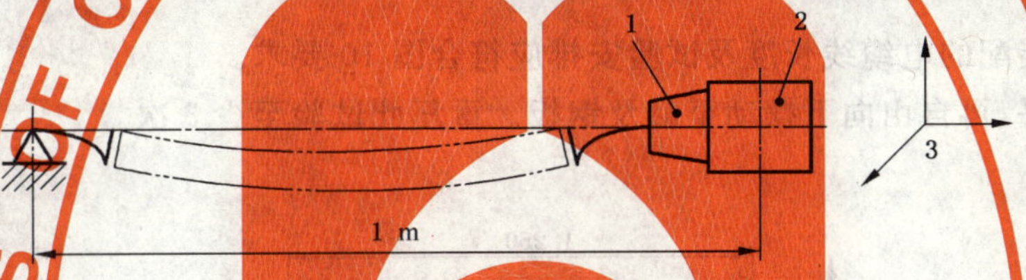

1——插头；

2——插座；

3——振动方向。

图 7 振动试验

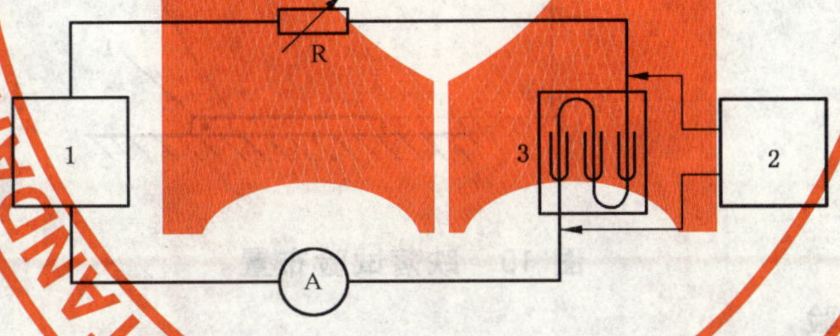

1——电源；

2——监测装置；

3——被测试样。

图 8 连接电阻振动试验的监测

5.16.2 要求

5.16.2.1 配对连接

在振动试验过程中，监测的连接电阻超过 7 Ω(见图 9)的时间不得大于 1 μs。

5.16.2.2 插座和存放插座单独测试

振动试验过程中，插座和存放插座的防护盖弹簧应保证防护盖始终处于闭合状态。

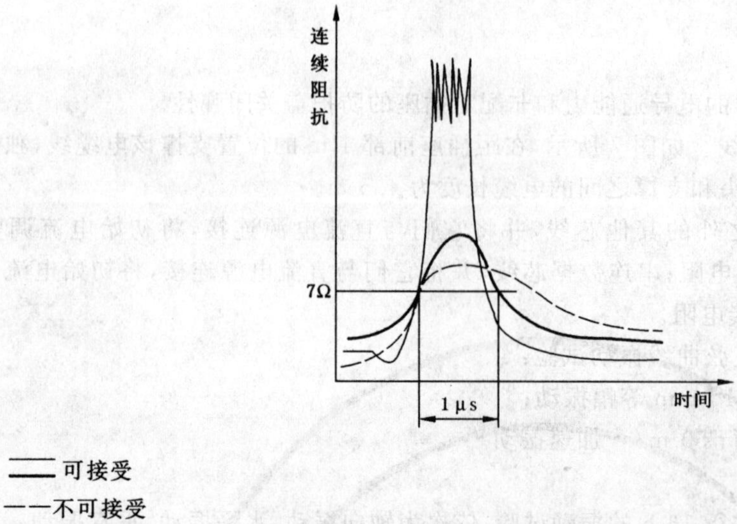

图 9　振动过程中的连接阻抗

5.17　跌落试验

对插头或插座装配的电缆线长度及试验安排应符合图 10 要求。

使样品保持水平，再自由向下摆动至触及钢板。重复此试验至少 3 次。

单位为毫米

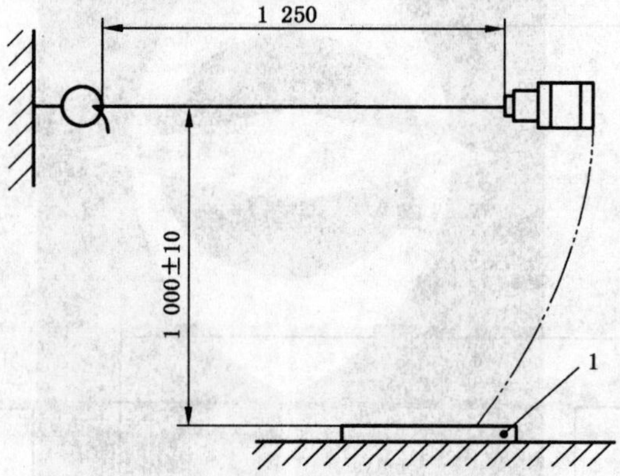

1——钢板(300×500×25)。

图 10　跌落试验布置

5.18　温度/湿度循环试验

对一个配对连接器进行温度/湿度循环试验。将试样放在一个合适的测试箱内进行 5 次循环试验，每次循环试验时间 24 h，每次试验都按照以下步骤进行(见图 11)。

a)　保持测试间温度 t_c 为(23±5)℃，相对湿度(45～75)%，此状态保持 4 h。

b)　在 0.5 h 内将温度 t_c 升高到(55±2)℃，相对湿度(95～99)%。

c)　以温度 t_c 为(55±2)℃和湿度为(95～99)%保持 10 h。

d)　在 2.5 h 内将温度 t_c 降到(−40±2)℃。

e)　以温度 t_c 为(−40±2)℃保持 2 h。

f)　在 1.5 h 内将温度 t_c 升高到(100±2)℃。

g)　以温度 t_c 为(100±2)℃保持 2 h。

h)　在 1.5 h 内将样品温度降低至室温(23±5)℃。

如果测试箱需要多于 1.5 h 才能达到(100±2)℃，则 f)阶段的时间可能会延长。在这种情况下，a)阶段也应相应地缩短。

在一个循环结束后，试验可能会被中断。在中断期间，试验样品应当保持在a)环境状态下。在试验报告中要记下中断的时间。

在d)、e)、f)、g)和h)阶段，不需要控制相对湿度。

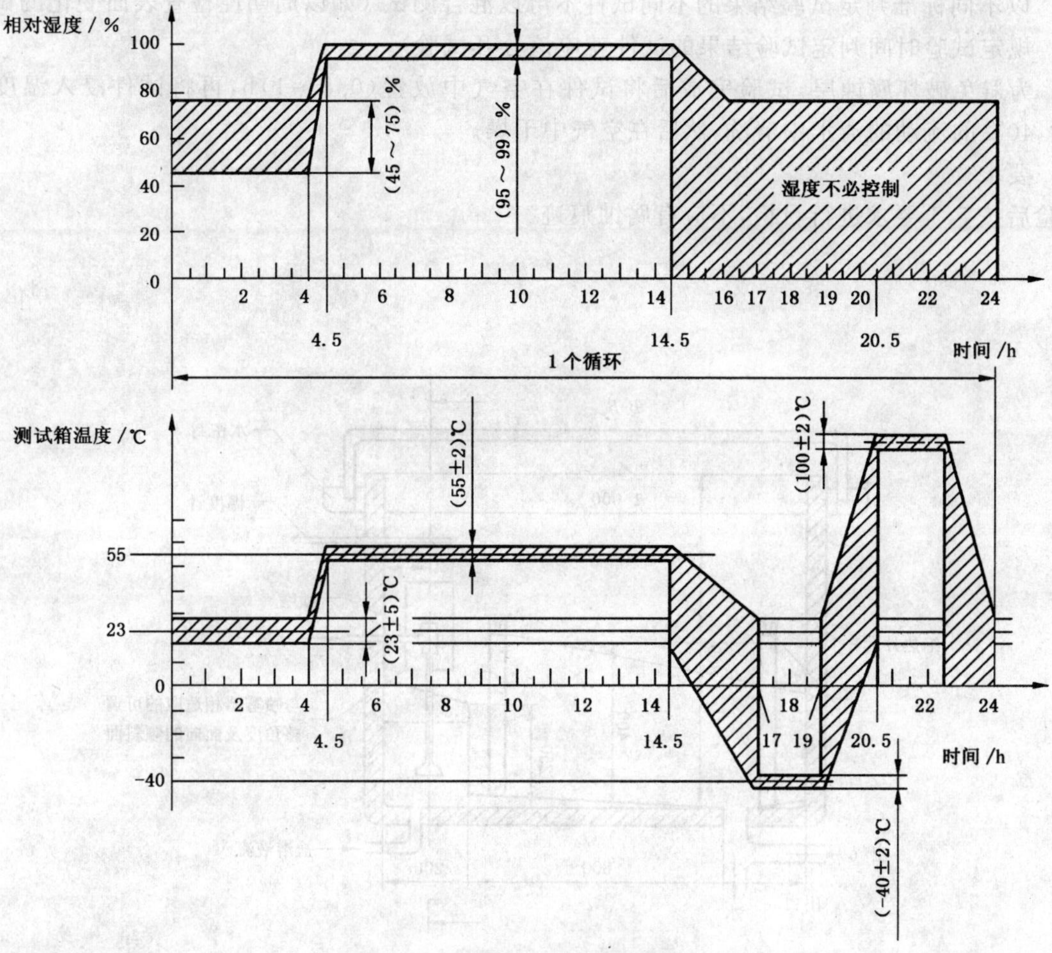

图11 温度/湿度试验循环

5.19 盐雾试验

5.19.1 盐雾试验按照ISO 9227的规定在试验箱(图12)内进行。对5.12.1规定的连接器进行试验。按照实际使用状况，装配连接器的所有附件并连接电缆线，将试样水平放置。

5.19.1.1 试验溶液

在温度为(25±5)℃的条件下配制浓度为(50±5)g/L，pH值为6.5～7.2之间的NaCl溶液，要求过滤掉可能堵塞喷雾孔的细小颗粒。试验溶液不可重复使用。

5.19.1.2 试验设备

可能接触到试验溶液和盐雾的试验仪器及其部件(包括盐雾采集器)必须是防腐蚀的。可采用玻璃或其他惰性原料制作，且不能影响盐雾的腐蚀功能。

盐雾箱要保证体积不小于0.4 m^3，箱内的盐雾浓度要均匀，试验过程中箱体上部的水珠不能滴到试件和盐雾采集器上。

5.19.1.3 试验过程中应保持：

——箱体内温度(35±2)℃；

——箱体内压力(70～170)kPa；

——溶液pH值为6.5～7.2之间；

——溶液浓度(50±5)g/L；

——试验时间持续 96 h。

5.19.1.4　试验

a)　整个试验过程中盐水喷雾不可中断，除检查和加溶液外不可打开盐雾箱。

b)　以不同标准判定试验结果的不同试件不可以混合测试（如以周期性检查表面变化的试件和以规定试验时间判定试验结果的试件就应该分开试验）。

c)　为避免破坏腐蚀层，试验完成后将试件在空气中放置(0.5～1)h，再将试件浸入温度不超过40℃的流动的清水中清洗，然后在空气中干燥。

5.19.2　要求

试验后按 5.1 要求进行目检，不应有腐蚀痕迹。

单位为毫米

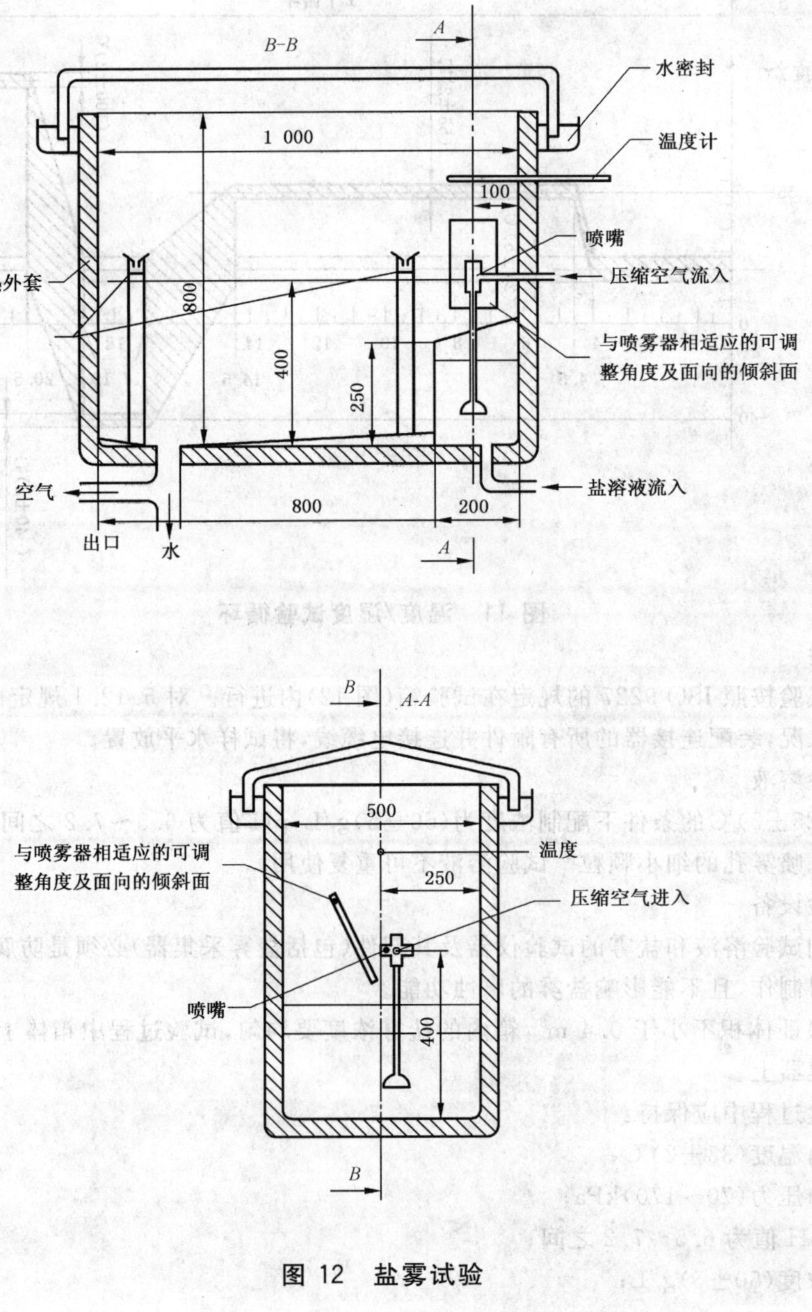

图 12　盐雾试验

6 附加信息(材料说明)

试验记录应包括所用原材料的详细信息。

应检查、验证原材料生产厂所承诺材料特性的说明,特别是下述内容:

——基础材料(5%的 KOH,25%的 K_2CO_3,70%的水);

——试验所用燃料(符合 ISO 1817);

——1 号润滑油(符合 ISO 1817);

——压燃式发动机燃料;

——润滑脂(符合 ISO 1817);

——阳光辐射(正在研究中)。

ICS 43.040.10
T 36

中华人民共和国国家标准

GB/T 5054.3—2006/ISO 4141-3:1998
代替 GB/T 5054—1985

道路车辆　多芯电缆线
第3部分:无屏蔽护套低压电缆线的结构、尺寸和标记

Road vehicles—Multicore connecting cables—
Part 3: Construction, dimensions and marking of unscreened sheathed low-voltage cables

(ISO 4141-3:1998,IDT)

2006-12-19 发布　　　　2007-08-01 实施

中华人民共和国国家质量监督检验检疫总局
中国国家标准化管理委员会　发布

前言

GB/T 5054《道路车辆　多芯电缆线》包括以下4部分：

——第1部分：普通护套电缆线的性能要求和试验方法；

——第2部分：高性能护套电缆线的性能要求和试验方法；

——第3部分：无屏蔽护套低压电缆线的结构、尺寸和标记；

——第4部分：螺旋电缆线总成的性能要求和试验方法。

本部分等同采用ISO 4141-3:1998《道路车辆　多芯电缆线　第3部分：无屏蔽护套低压电缆线的结构、尺寸和标记》(英文版)。

本部分与ISO 4141-3:1998相比，进行了以下编辑性修改：

a) “本部分”代替“本国际标准”；

b) 增加了我国标准的前言；

c) 部分引用的标准改为等同采用国际标准的国家标准。

本部分为GB/T 5054的第3部分，代替GB/T 5054—1985《汽车与挂车的七芯电缆线》。本部分与GB/T 5054—1985相比，主要变化如下：

a) 本部分的适用范围由“七芯电缆线”增加到“多芯电缆线”；

b) 本部分对电缆芯线及护套的结构、尺寸和标记的规定更加详细和完善。

本部分的附录A是资料性附录。

本部分由中华人民共和国交通部提出。

本部分由全国汽车标准化技术委员会挂车分技术委员会(SAC/TC 114/SC 13)归口。

本部分起草单位：交通部公路科学研究院、中集车辆(集团)有限公司、江苏省交通科学研究院、吉林大学、积架宝威汽车配件(深圳)有限公司、江苏省公路学会。

本部分主要起草人：李永福、张学利、马凯、金明新、李显生、谢秋华。

本部分历次发布版本情况为：GB/T 5054—1985。

道路车辆　多芯电缆线
第3部分:无屏蔽护套低压电缆线的结构、尺寸和标记

1　范围

本部分规定了无屏蔽护套低压电缆线的结构、尺寸和标记,该电缆线用于牵引车和挂车之间的电连接,其温度适用范围为－40℃～85℃。

2　规范性引用文件

下列文件中的条款通过GB/T 5054的本部分的引用而成为本部分的条款。凡是注日期的引用文件,其随后所有的修改单(不包括勘误的内容)或修订版均不适用于本部分,然而,鼓励根据本部分达成协议的各方研究是否可使用这些文件的最新版本。凡是不注日期的引用文件,其最新版本适用于本部分。

GB/T 5053.1—2006　道路车辆　牵引车与挂车之间电连接器　7芯24 V标准型(24N)(ISO 1185:2003,IDT)

GB/T 5053.2—2006　道路车辆　牵引车与挂车之间电连接器　7芯12 V标准型(12N)(ISO 1724:2003,IDT)

GB/T 20716.1　道路车辆　牵引车和挂车之间的电连接器　第1部分:24 V标称电压车辆的制动系统和行走系的连接(GB/T 20716.1—2006,ISO 7638-1:2003,IDT)

GB/T 20716.2　道路车辆　牵引车和挂车之间的电连接器　第2部分:12 V标称电压车辆的制动系统和行走系的连接(GB/T 20716.2—2006,ISO 7638-2:2003,IDT)

GB/T 20717　道路车辆　牵引车和挂车之间的电连接器　24 V 15芯型(GB/T 20717—2006,ISO 12098:2004,IDT)

GB/T 20718　道路车辆　牵引车和挂车之间的电连接器　12 V 13芯型(GB/T 20718—2006,ISO 11446:2004,IDT)

ISO 3731　道路车辆　用于牵引车和挂车之间的电连接器　24 V标称电压的7芯24S(辅助)型电连接器

ISO 3732　道路车辆　用于牵引车和挂车之间的电连接器　12 V标称电压的7芯12S(辅助)型电连接器

ISO 4141-1:1998　道路车辆　多芯电缆线　第1部分:普通护套电缆线的性能要求和试验方法

ISO 4141-2:1998　道路车辆　多芯电缆线　第2部分:高性能护套电缆线的性能要求和试验方法

3　综合要求

普通护套电缆线应符合ISO 4141-1:1998的要求。

高性能护套电缆线应符合ISO 4141-2:1998的要求。

4 结构和尺寸

4.1 芯线

芯线应由多股细导线绞合组成，芯线的排布顺序应符合下列标准的电连接器的接点排布：

GB/T 5053.1—2006、GB/T 5053.2—2006、ISO 3731、ISO 3732、GB/T 20716.1、GB/T 20716.2、GB/T 20717 或 GB/T 20718。

注：附录 A 给出了上述标准规定的电缆芯线额定横截面积。

4.1.1 数据芯线的绞合节距

数据芯线的绞合节距最大为 50 mm。

4.1.2 附加材料

根据电缆线结构需要，在封装或内封装下填充非金属带或包装纸。

4.2 护套尺寸

4.2.1 厚度

按照 ISO 4141-1:1998 中 4.6 的测量要求，非螺旋式电缆线护套的最小厚度为 1 mm，螺旋式电缆线护套的最小厚度为 1.2 mm。

4.2.2 外径

按照 ISO 4141-1:1998 中 4.5 的测量要求，多芯电缆线的外径应符合表 1 要求，其椭圆度应不超过 10%。

表 1 多芯电缆线的外径

单位为毫米

标准	GB/T 5053.1—2006 7 芯 24N	GB/T 5053.2—2006 7 芯 12N	ISO 3731 7 芯 24S	ISO 3732 7 芯 12S	ISO 7638 5 芯 制动系统 电连接器	ISO 7638 7 芯 制动系统 电连接器	ISO 11446 13 芯	ISO 12098 15 芯
最大	13.5	13.5	13.5	13.5	13.5	15.5	15	17
最小	8.0	8.0	8.0	8.0	8.0	11.0	10	14

4.3 螺旋式电缆线尺寸

螺旋式连接电缆线的尺寸应符合表 2 和图 1 的规定。

表 2 螺旋式多芯电缆线的尺寸

单位为毫米

螺旋式连接电缆线的长度系列	最大未展开长度 L_B	最大工作长度 L_A	最大允许拉伸长度 $L_{A\ max}$
1	500	1 750	3 000
2	550	2 250	4 000
3	575	2 500	4 500

单位为毫米

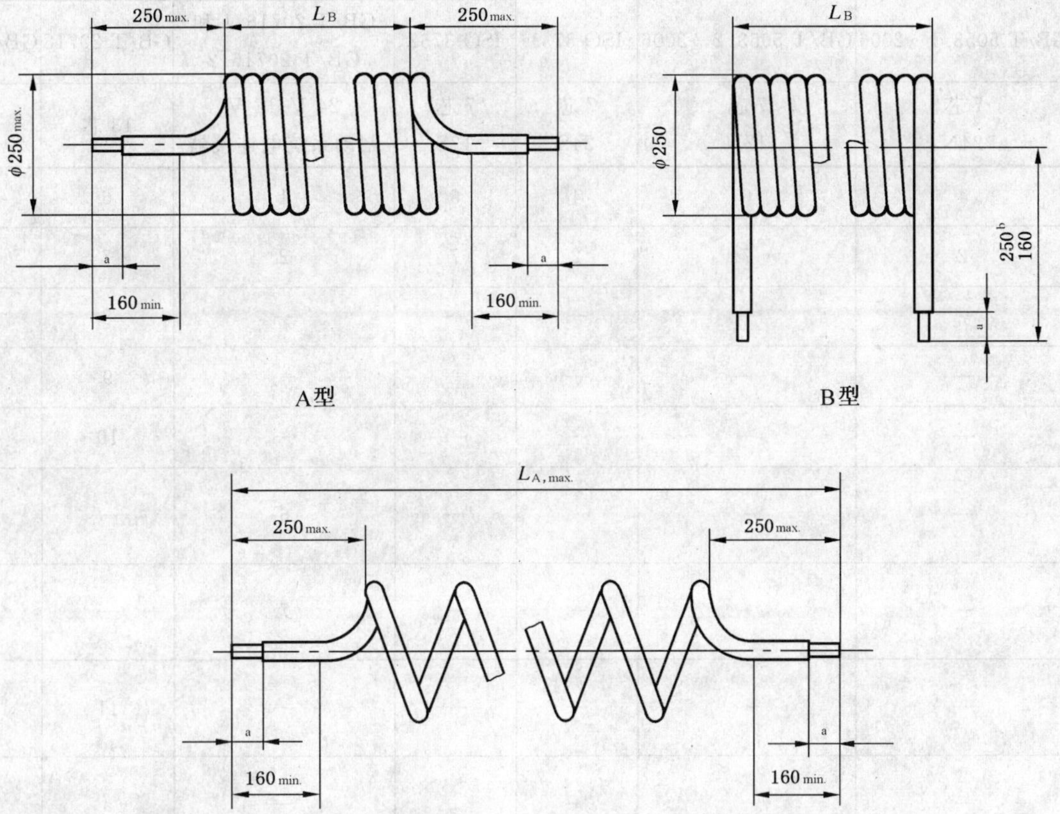

a 自定尺寸。

b 尾部直线最小长度。

图 1　螺旋式连接电缆线的尺寸

5　标记

5.1　芯线

芯线应按以下方式之一进行标识：

a)　根据表 3 中给出的绝缘层颜色；

b)　按照图 2 和表 3 规定数字，在芯线绝缘层上印刷醒目的数字；

c)　用户要求的其他标识方法。

表 3　颜色和电缆芯线标记

标准	GB/T 5053.1—2006 7 芯 24N	GB/T 5053.2—2006 7 芯 12N	ISO 3731 7 芯 24S	ISO 3732 7 芯 12S	GB/T 20716.1 和 GB/T 20716.2 24 V、12 V 制动系统电连接器	GB/T 20718 13 芯	GB/T 20717 15 芯
黄色	3	1	3	1	3	1	1
蓝色	7	2	7	[a]	—	2	3
白色	1	3	1	3	5	3	4
绿色	5	4	5	4	—	4	2
褐色	6	5	6	5	4	5	6

表 3(续)

标准	GB/T 5053.1—2006	GB/T 5053.2—2006	ISO 3731	ISO 3732	GB/T 20716.1 和 GB/T 20716.2	GB/T 20718	GB/T 20717
	7 芯 24N	7 芯 12N	7 芯 24S	7 芯 12S	24 V、12 V 制动系统电连接器	13 芯	15 芯
红色	4	6	4	6	1	6	7
黑色	2	7	2	7	2	7	5
粉红色	—	—	—	—	—	8	8
橙色	—	—	—	—	—	9	9
灰色	—	—	—	—	—	10	10
白色/绿色	—	—	—	—	6	—	14
白色/褐色	—	—	—	—	7	—	15
白色/黑色	—	—	—	—	—	11	11
白色/蓝色	—	—	—	—	—	a	12
白色/红色	—	—	—	—	—	13	13
注：各芯线的用途参见相应的连接器标准。							
[a] 无芯线。							

单位为毫米

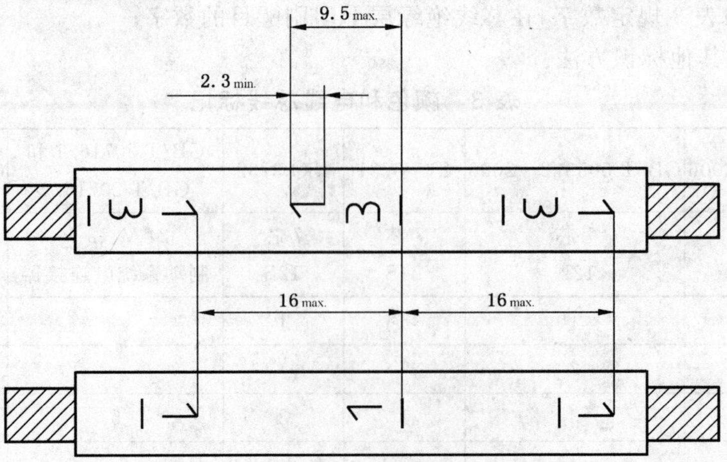

图 2　芯线标识

5.2 护套

应依据图 3 所示的方向、间距和下列规定,在整条电缆线上均匀地进行标识。

12N 型连接器的 7 芯电缆:12N;

12S 型连接器的 7 芯电缆:12S;

24N 型连接器的 7 芯电缆:24N;

24S 型连接器的 7 芯电缆:24S;

防抱制动系统的 5 芯电缆:ABS;

电控制动系统的 7 芯电缆:EBS;

13 芯连接器的 8～12 芯电缆:12—8…12—12;

15 芯连接器的 8～15 芯电缆:24—8…24—15。

对于每端都有插头的电缆线,可省略该标识。

单位为毫米

图 3 护套标识

附 录 A
（资料性附录）
芯线额定横截面积

单位为平方毫米

<table>
<tr><th rowspan="2">接点序号</th><th>GB/T 5053.1—2006</th><th>GB/T 5053.2—2006</th><th>ISO 3731</th><th>ISO 3732</th><th>GB/T 20716.1—2006</th><th>GB/T 20716.2—2006</th><th>GB/T 20718—2006</th><th>GB/T 20717—2006</th></tr>
<tr><th>7芯 24N</th><th>7芯 12N</th><th>7芯 24S</th><th>7芯 12S</th><th>24V 制动系统电连接器</th><th>12V 制动系统电连接器</th><th>13芯</th><th>15芯</th></tr>
<tr><td>1</td><td>2.5</td><td rowspan="2">1.5</td><td>2.5</td><td>1.5</td><td>4</td><td>6</td><td rowspan="2">1.5</td><td rowspan="3">1.5</td></tr>
<tr><td>2</td><td rowspan="6">1.5</td><td rowspan="2">1.5</td><td>[b]</td><td rowspan="2">1.5</td><td rowspan="2">1.5</td></tr>
<tr><td>3</td><td>2.5</td><td rowspan="2">2.5</td><td>2.5</td></tr>
<tr><td>4</td><td rowspan="4">1.5</td><td>2.5</td><td>4</td><td>6</td><td rowspan="5">1.5</td><td>2.5</td></tr>
<tr><td>5</td><td>1.5</td><td>1.5</td><td>1.5</td><td>1.5</td><td rowspan="4">1.5</td></tr>
<tr><td>6</td><td>2.5</td><td rowspan="2">2.5</td><td rowspan="2">1.5[c]</td><td rowspan="2">1.5[c]</td></tr>
<tr><td>7</td><td>1.5</td></tr>
<tr><td>8</td><td rowspan="8" colspan="6"></td></tr>
<tr><td>9</td><td rowspan="3">2.5</td><td>2.5</td></tr>
<tr><td>10</td><td rowspan="3">1.5</td></tr>
<tr><td>11</td></tr>
<tr><td>12</td><td>[b]</td></tr>
<tr><td>13</td><td>2.5</td><td>2.5</td></tr>
<tr><td>14</td><td rowspan="2">[a]</td><td rowspan="2">1.5[c]</td></tr>
<tr><td>15</td></tr>
<tr><td colspan="9">a 无接点。
b 无芯线。
c 数据芯线。</td></tr>
</table>

ICS 17.040.30
J 42

中华人民共和国国家标准

GB/T 5106—2006
代替 GB/T 5106—1985

圆柱直齿渐开线花键　量规

Straight cylindrical involute splines—Gauge

2006-07-05 发布　　2006-12-01 实施

中华人民共和国国家质量监督检验检疫总局
中国国家标准化管理委员会　发布

前　言

本标准依据 ISO/DIS 4156-3：2000《圆柱直齿渐开线花键　米制模数、齿侧配合　第 3 部分：检验》编制，是对 GB/T 5106—1985《圆柱直齿渐开线花键量规》进行的修订。修订时，增加了量规尺寸公差带图、量规测量部分的最小长度、重量、使用规则、结构简图、检验规则、材料、标记、各种止规的磨损极限、非全齿止端量规的齿数、附录 A 等内容。同时扩大了量规的适用范围，增加了工件花键分度圆直径＞180 mm花键量规的最小测量长度、制造公差、位置要素及形位公差。其技术内容与 ISO/DIS 4156-3、GB/T 3478.1、GB/T 3478.5 相协调，补充完善了原标准中的不足。

本标准代替 GB/T 5106—1985。

本标准附录 A 是资料性附录。

本标准由中国机械工业联合会提出。

本标准由全国量具量仪标准化技术委员会归口。

本标准起草单位：机械科学研究院中机生产力促进中心、成都工具研究所、哈航工业集团公司、贵阳工具厂、中国航空工业第一集团公司第一飞机设计研究院。

本标准主要起草人：明翠新、邓宁、常宝印、芦红、张永才。

本标准所代替标准的历次版本发布情况为：GB/T 5106—1985。

圆柱直齿渐开线花键　量规

1　范围

本标准规定了圆柱直齿渐开线花键量规(以下简称量规)的种类、尺寸参数、公差、标记、技术要求、检验规则与包装等内容。

本标准适用于分度圆直径≤180 mm 的花键用量规。

分度圆直径＞180 mm 的量规,可参照使用。

2　规范性引用文件

下列文件中的条款通过本标准的引用而成为本标准的条款。凡是注日期的引用文件,其随后所有的修改单(不包括勘误的内容)或修订版均不适用于本标准,然而,鼓励根据本标准达成协议的各方研究是否可使用这些文件的最新版本。凡是不注日期的引用文件,其最新版本适用于本标准。

GB/T 1031—1995　表面粗糙度　参数及其数值(neq ISO 468:1982)

GB/T 1800.3—1998　极限与配合基础　第3部分:标准公差和基本偏差数值表(eqv ISO 286-1:1988)

GB/T 3478.1—1995　圆柱直齿渐开线花键　模数　基本齿廓　公差(eqv ISO 4156:1981)

GB/T 3478.5—1995　圆柱直齿渐开线花键　检验方法(neq ISO 4156:1992)

3　总则

3.1　量规使用条件

本标准中量规的公差数值是在温度为20℃、检测力为零条件下规定的。

3.2　量规的种类、代号、功能、特征及使用规则

量规的种类、代号、功能、特征及使用规则,见表1。

3.3　代号与术语

标准中采用的其他代号与术语,见表2。

3.4　用量规检验的工件花键齿槽宽和齿厚

工件内花键齿槽宽和外花键齿厚各有四个极限尺寸,按 GB/T 3478.1—1995 和 GB/T 3478.5—1995 规定,其中各有三个极限尺寸($E_{V\max}$、$E_{V\min}$、$E_{\max}$和 $S_{V\max}$、$S_{V\min}$、$S_{\min}$)是用量规检验的,见图1和图2。

3.5　量规使用规则

3.5.1　综合通规

综合通端塞规 T_s 或综合通端环规 T_h,应通过工件花键全长,其检测力不应引起花键损伤或扭曲。

3.5.2　综合止规

综合止端塞规 Z_s 或综合止端环规 Z_h 的使用规则如下:

3.5.2.1　塞规不应进入工件内花键。

3.5.2.2　环规不应进入工件外花键。

表1　量规的种类、代号与功能

量规种类	代　号	功　　能	特　　征	使用规则
综合通端塞规	T_s	控制工件内花键的作用齿槽宽最小值 $E_{V\min}$ 和渐开线终止圆直径最小值 $D_{Fi\min}$	键齿数与工件内花键的齿槽数相同,见图9	见3.5.1

表 1(续)

量规种类	代号	功能	特征	使用规则
综合通端环规	T_h	控制工件外花键的作用齿厚最大值 $S_{V\max}$ 和渐开线起始圆直径最大值 $D_{Fe\max}$	齿槽数与工件花键的键齿数相同,见图 3	见 3.5.1
非全齿止端塞规	Z_{Fs}	控制工件内花键的实际齿槽宽最大值 $E_{\max}$	在相对 180°的两个扇形面上有键齿,见图 10	见 3.5.3
非全齿止端环规	Z_{Fh}	控制外花键实际齿厚最小值 $S_{\min}$	在相对 180°的两个扇形面上有齿槽,见图 5	见 3.5.3
综合止端塞规	Z_s	控制工件内花键的作用齿槽宽最大值 $E_{V\max}$	键齿数与工件内花键的齿槽数相同,见图 11	见 3.5.2.1
综合止端环规	Z_h	控制工件外花键的作用齿厚最小值 $S_{V\min}$	齿槽数与工件外花键的键齿数相同,见图 7	见 3.5.2.2
综合通端环规用校对塞规	J_T	检验综合通端环规的作用齿槽宽最大值和最小值,磨损极限,以及渐开线终止圆直径最小值	键齿数与综合通端环规的齿槽数相同,键齿侧面沿齿长方向有不小于 0.02%的锥度,见图 4	见 3.5.4
综合止端环规用校对塞规	J_Z	检验综合止端环规的作用齿槽宽最大值和最小值、磨损极限,以及渐开线终止圆直径最小值	键齿数与综合止端环规的齿槽数相同,键齿侧面沿齿长方向有不小于 0.02%的锥度,见图 8	见 3.5.4
非全齿止端环规用校对塞规	J_{ZF}	检验非全齿止端环规的实际齿槽宽最小值和最大值,磨损极限,以及渐开线终止圆直径最小值	在相对 180°的两个扇形面上有键齿,键齿数与非全齿止端环规齿槽数相同,键齿侧面沿齿长方向有不小于 0.02%的锥度,见图 6	见 3.5.3 和见 3.5.4

表 2 术语与代号

代号	术语	单位
z	齿数	—
m	模数	mm
α_D	压力角	(°)
D	分度圆直径	mm
$D_{Fe\max}$	渐开线起始圆直径最大值	mm
$D_{Fi\min}$	渐开线终止圆直径最小值	mm
D_{Re}	测量塞规用量棒直径	mm
D_{Ri}	测量环规用量棒直径	mm
D_b	基圆直径	mm
$D_{ee\max}$	工件外花键大径最大值	mm
$D_{ii\min}$	工件内花键小径最小值	mm
E	基本齿槽宽	mm
$E_{\max}$	工件内花键实际齿槽宽最大值	mm
$E_{\min}$	工件内花键实际齿槽宽最小值	mm
$E_{V\max}$	工件内花键作用齿槽宽最大值	mm
$E_{V\min}$	工件内花键作用齿槽宽最小值	mm
F_P	齿距累积公差(分度公差)	μm

表 2(续)

代　号	术　语	单　位
f_f	齿形公差	μm
F_β	齿向公差	μm
S	基本齿厚	mm
S_{max}	工件外花键实际齿厚最大值	mm
S_{min}	工件外花键实际齿厚最小值	mm
$S_{V\,max}$	工件外花键作用齿厚最大值	mm
$S_{V\,min}$	工件外花键作用齿厚最小值	mm
H	齿槽宽和齿厚的制造公差	μm
W、Z、Y	齿槽宽和齿厚的位置要素	μm

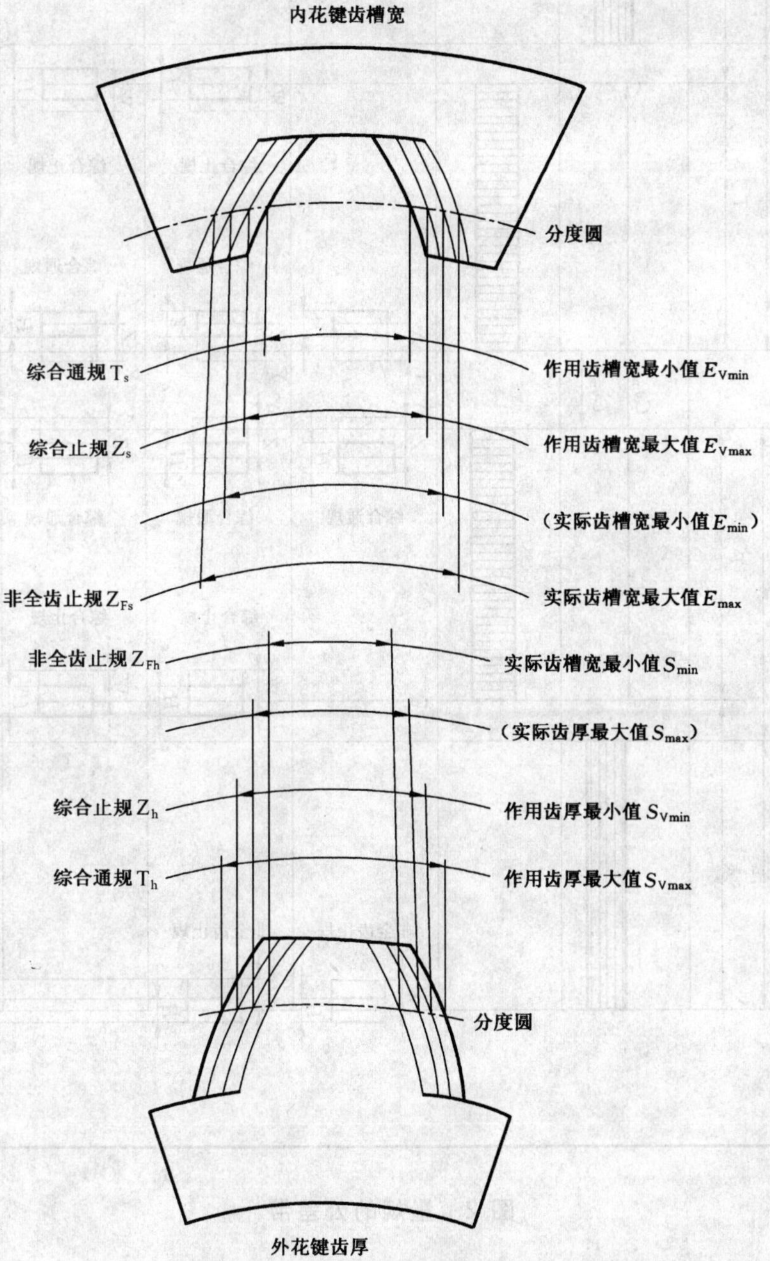

图 1　用量规检验齿槽宽和齿厚的三个极限尺寸

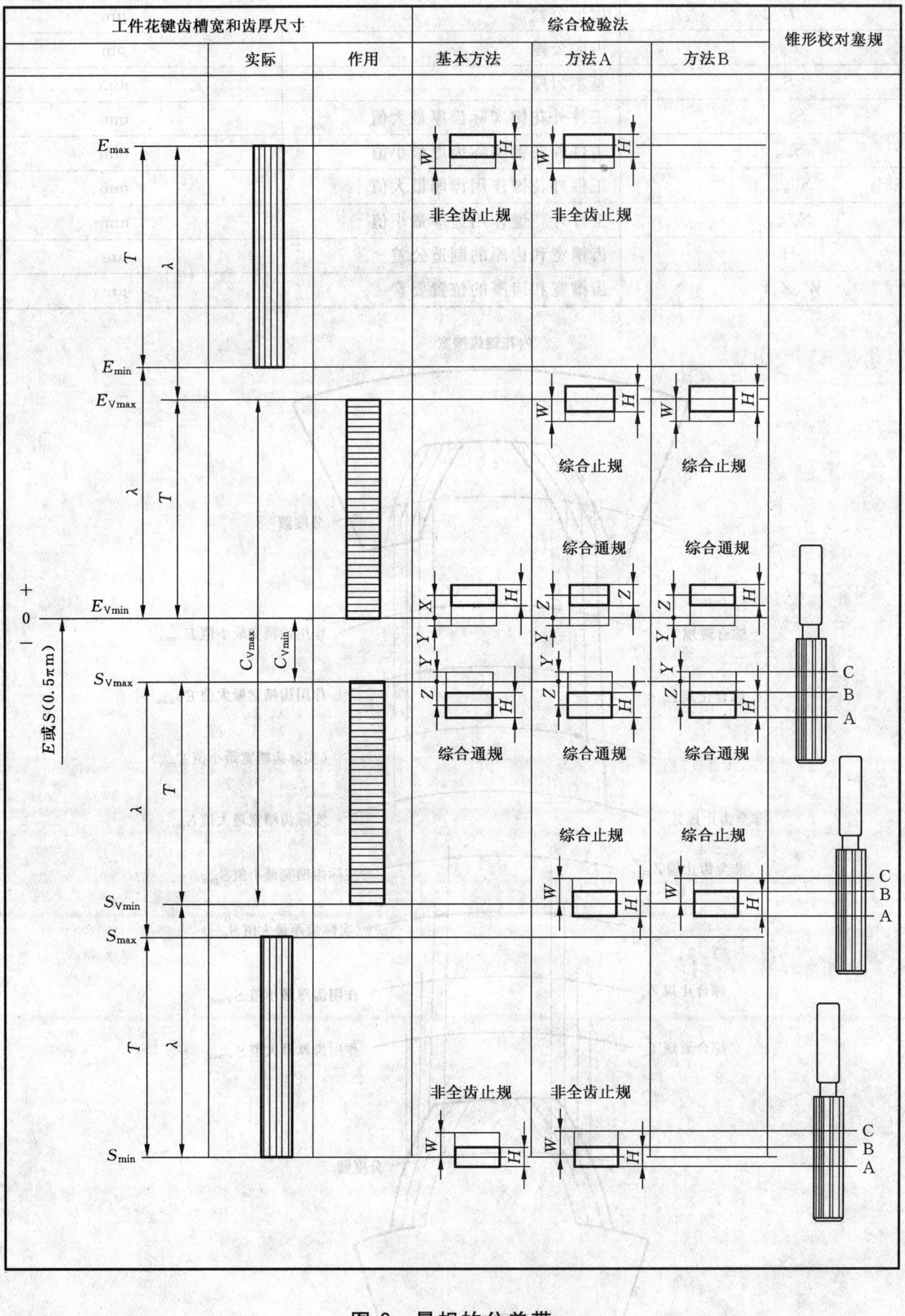
工件花键齿槽宽和齿厚尺寸
实际
作用
综合检验法
基本方法
方法A
方法B
锥形校对塞规
E_{max}
E_{min}
E_{Vmax}
E_{Vmin}
S_{Vmax}
S_{Vmin}
S_{max}
S_{min}
T
λ
C_{Vmax}
C_{Vmin}
E或S(0.5πm)
非全齿止规
综合止规
综合通规
W
H
X
Y
Z
A
B
C

图2 量规的公差带

3.5.3 **非全齿止规**

非全齿止端塞规 Z_{Fs} 或非全齿止端环规 Z_{Fh}，应在工件三个沿圆周均布(或接近均布)的位置上检测，任何位置不得进入。

3.5.4 **校对塞规 J_T、J_Z、J_{ZF}**

综合通端环规、综合止端环规和非全齿止端环规(以下简称环规)用的校对塞规(J_T、J_Z、J_{ZF})，使用规则见图4、图6、图8。

3.5.4.1 新制造的环规前端面，应位于相应校对塞规上标记的环规公差带界线(图4、图6或图8中的A线和B线)之间；

3.5.4.2 使用过的环规前端面，应不超过相应校对塞规上标记的环规磨损界线(图4、图6或图8中的C线)。

3.5.5 **争议与仲裁**

在工件检验中发生争议时，如果判断工件花键为合格的花键量规是符合本标准规定的，则该工件花键应作为合格处理。

3.6 **量规的尺寸与重量**

3.6.1 在一般情况下，量规的分度圆直径应不大于180 mm。如果经供需双方商定同意后，量规直径可以大于180 mm。

3.6.2 量规的重量一般应不超过10 kg。

3.7 **量规检测部分长度**

3.7.1 **通规与止规**

3.7.1.1 量规检测部分的最小长度见表3。

表3 量规测量部分的最小长度

单位为毫米

花键分度圆直径 D	量规测量部分的最小长度			
	通端塞规	止端塞规	通端环规	止端环规
~7	6	4	8	6
>7~12	8	6	10	8
>12~17	12	8	10	8
>17~22	16	10	16	12
>22~30	20	12	16	12
>30~40	25	15	20	15
>40~50	30	18	20	15
>50~70	30	20	25	20
>70~120	35	25	26	20
>120~150	40	25	30	25
>150~180	40	25	30	25

3.7.1.2 如果花键副结合长度大于表3中给出值的1.5倍，花键综合通规(塞规或环规)的长度应增加。通常量规的长度为结合长度的75%，具体长度由用户与制造厂协商。

3.7.1.3 通、止量规可有一个非测量部分(光滑的外圆柱或内孔)。

3.7.2 **校对塞规检测部分长度的确定**

确定校对塞规检测部分长度时，应考虑以下因素：

a) 应有一个引导长度，以便于使用。

b) 校对塞规锥形齿面部分的检测长度，应大于其最小测量长度(环规制造公差与磨损公差之和)。

c) 校对塞规齿面锥度和磨损公差,取决于环规磨损公差。

3.7.3 分度圆直径>180 mm 的量规

分度圆直径>180 mm 的量规检测长度,可选择如下数值:

a) 通规为分度圆直径的 30%;

b) 止规为分度圆直径的 20%。

3.8 整体量规与分体量规的确定

分度圆直径≤50 mm 的量规,其测头与手柄通常是整体的。分度圆直径>50 mm 的量规,其测头与手柄可分开制造,然后组合成一体。

3.9 量规的结构、尺寸参数和标记

各种量规的结构见图 3 至图 11,尺寸参数和标记见表 4 至表 12。表中 k7、h8、JS8、K7、js8 均按 GB/T 1800.3—1998 取值。

3.9.1 综合通端环规

综合通端环规的结构、尺寸参数和公差,见图 3 和表 4。

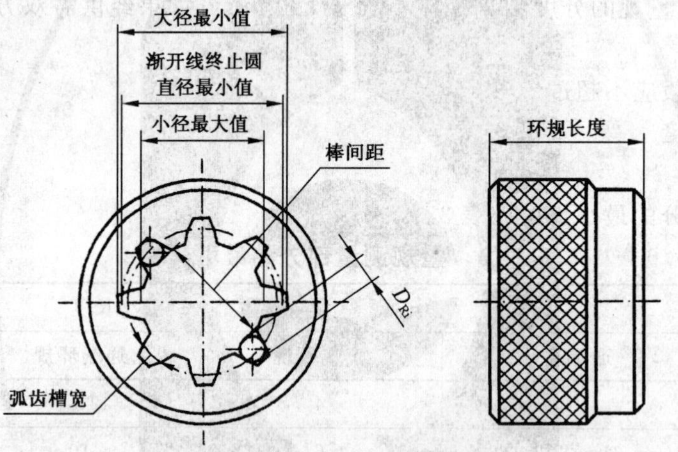

图 3 综合通端环规

表 4 综合通端环规的尺寸参数和公差

量规尺寸参数	计算公式或代号	公 差	相配合的锥形校对塞规
齿数	z		
模数	m		
压力角	α_D		
分度圆直径	mz		
基圆直径	$mz\cos\alpha_D$		
大径	$D_{ee\max}+0.3\,m$	min	
渐开线终止圆直径	$D_{ee\max}+0.2\,m$	min	
小径	$D_{Fe\max}$	K7	
齿槽宽	$S_{V\max}-Z$	$\pm H/2$	刻线 A 处齿厚 $S_{V\max}-Z-H/2$ 刻线 B 处齿厚 $S_{V\max}-Z+H/2$
齿槽宽磨损极限	$S_{V\max}+Y$		刻线 C 处齿厚 $S_{V\max}+Y$
单项公差	见表 15		

标记示例：

检验 EXT 24 z×2.5 m×30 R×5f　GB/T 3478.1—1995　工件外花键的综合通端环规的标记为：

T_h　24 z×2.5 m×30 R×5F　GB/T 5106—2006

3.9.2　综合通端环规用校对塞规

综合通端环规用校对塞规的结构、尺寸参数、公差和标记，见图 4 和表 5。

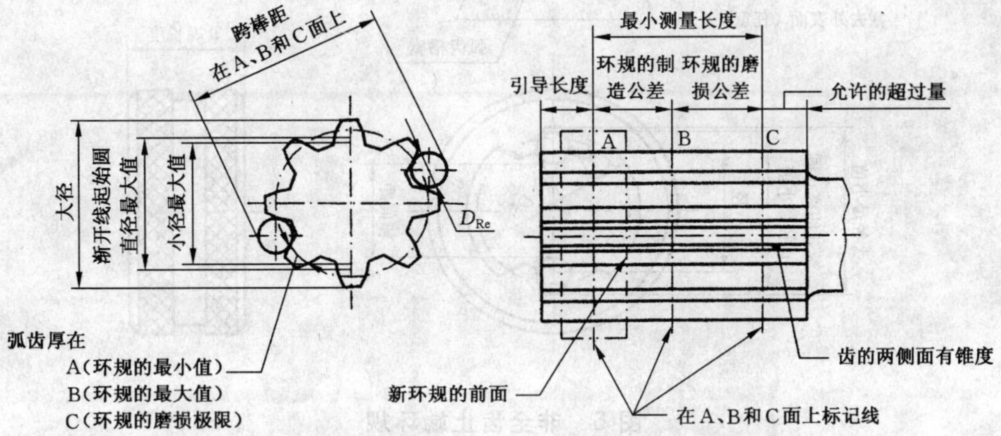

图 4　综合通端环规用校对塞规

表 5　综合通端环规用校对塞规的尺寸参数和公差

量规尺寸参数	计算公式或代号	公　　差
齿数	z	
模数	m	
压力角	α_D	
分度圆直径	mz	
基圆直径	$mz\cos\alpha_D$	
大径	$D_{ee\,max}+0.2\,m$	h8
渐开线起始圆直径	$D_{Fe\,max}-0.1\,m$	max
小径	$D_{Fe\,max}-0.2\,m$	max
A 刻线处齿厚	$S_{V\,max}-Z-H/2$	
B 刻线处齿厚	$S_{V\,max}-Z+H/2$	
C 刻线处齿厚	$S_{V\,max}+Y$	
齿单侧面锥度	0.02%	min
单项公差	见表 15	

标记示例：

检验 EXT 24 z×2.5 m×30 R×5f　GB/T 3478.1—1995　工件外花键的综合通端环规用校对塞规的标记为：

J_T　24 z×2.5 m×30 R×5 f　GB/T 5106—2006

3.9.3 非全齿止端环规

非全齿止端环规的结构、尺寸参数、公差和标记，见图5和表6。

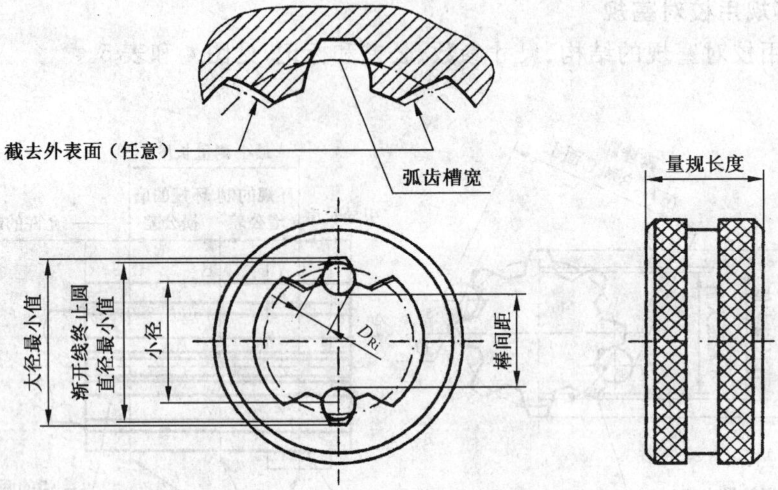

图5 非全齿止端环规

表6 非全齿止端环规的尺寸参数和公差

量规尺寸参数	计算公式或代号	公　差	相配合的锥形校对塞规
齿数	z		
模数	m		
压力角	α_D		
分度圆直径	mz		
基圆直径	$mz\cos\alpha_D$		
大径	$D_{ee\max}+0.3m$	min	
渐开线终止圆直径	$D_{ee\max}+0.2m$	min	
小径	$(D+2D_{Fe\max})/3$	JS8	
齿槽宽	S_{min}	$\pm H/2$	刻线A处齿厚 $S_{min}-H/2$ 刻线B处齿厚 $S_{min}+H/2$
齿槽宽磨损极限	$S_{min}+W$		刻线C处齿厚 $S_{min}+W$
单项公差	见表15		

标记示例：

检验EXT 24 z×2.5 m×30 R×5f　GB/T 3478.1—1995　工件外花键非全齿止端环规的标记为：

Z_F　24 z×2.5 m×30 R×5H　GB/T 5106—2006

3.9.4 非全齿止端环规用校对塞规

非全齿止端环规用校对塞规的结构、尺寸参数和公差，见图 6 和表 7。

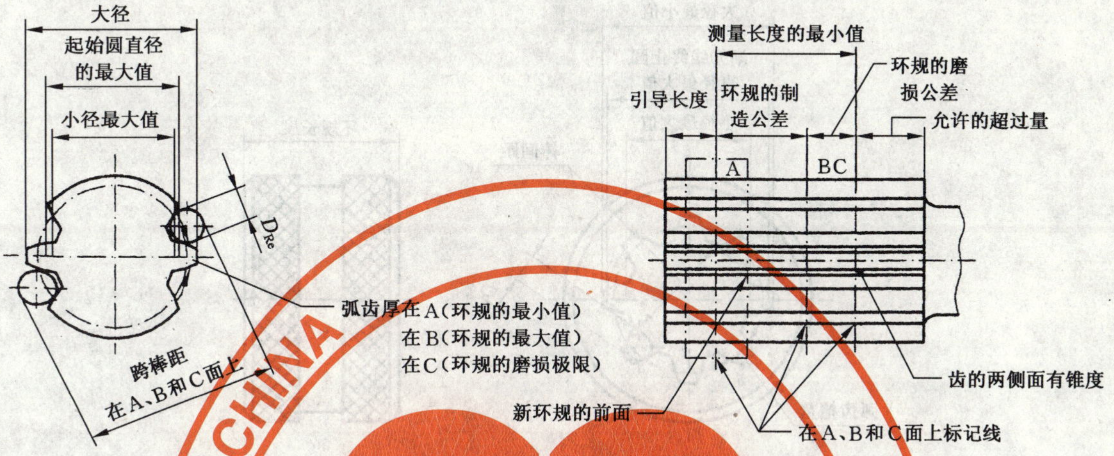

图 6　非全齿止端环规用校对塞规

表 7　非全齿止端环规用校对塞规尺寸和公差

量规尺寸参数	计算公式或代号	公　差
齿数	z	
模数	m	
压力角	α_D	
分度圆直径	mz	
基圆直径	$mz\cos\alpha_D$	
大径	$D_{ee\,max}+0.2\,m$	h8
渐开线起始圆直径	$(D+2D_{Fe\,max})/3-0.1\,m$	max
小径	$(D+2D_{Fe\,max})/3-0.2\,m$	max
A 刻线处齿厚	$S_{min}-H/2$	
B 刻线处齿厚	$S_{min}+H/2$	
C 刻线处齿厚	$S_{min}+W$	
齿单侧面锥度	0.02%	min
单项公差	见表 15	

标记示例：

检验 EXT 24 z×2.5 m×30 R×5f　GB/T 3478.1—1995　工件外花键的非全齿止端环规用校对塞规的标记为：

J_{ZF}　24 z×2.5 m×30 R×5 f　GB/T 5106—2006

3.9.5　综合止端环规

综合止端环规的结构、尺寸参数、公差和标记，见图 7 和表 8。

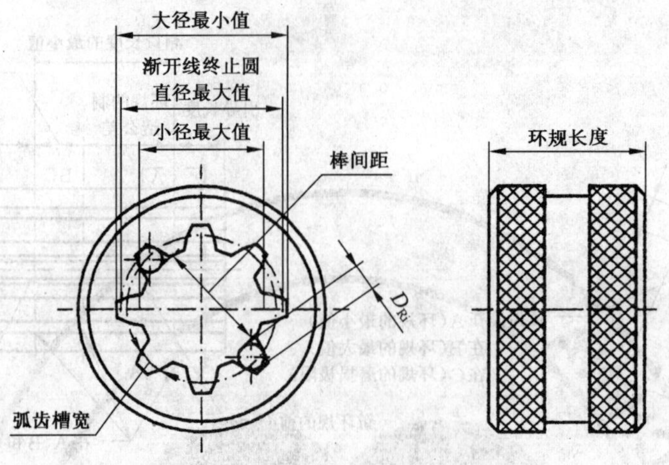

图 7　综合止端环规

表 8　综合止端环规的尺寸参数和公差

量规尺寸参数	计算公式或代号	公　差	相配合的锥形校对塞规
齿数	z		
模数	m		
压力角	α_D		
分度圆直径	mz		
基圆直径	$mz\cos\alpha_D$		
大径	$D_{ee\ max}+0.3\ m$	min	
渐开线终止圆直径	$D_{ee\ max}+0.2\ m$	min	
小径	$(D+2D_{Fe\ max})/3$	JS8	
齿槽宽	$S_{V\ min}$	$\pm H/2$	刻线 A 处齿厚 $S_{min}-H/2$ 刻线 B 处齿厚 $S_{min}+H/2$
齿槽宽磨损极限	$S_{V\ min}+W$		刻线 C 处齿厚 $S_{min}+W$
单项公差	见表 15		

标记示例：

检验 EXT 24 z×2.5 m×30 R×5f　GB/T 3478.1—1995　工件外花键的综合止端环规的标记为：

Z_h　24 z×2.5 m×30 R×5H　GB/T 5106—2006

3.9.6 综合止端环规用校对塞规

综合止端环规用齿侧面带锥度的校对塞规的结构、尺寸参数、公差和标记，见图8和表9。

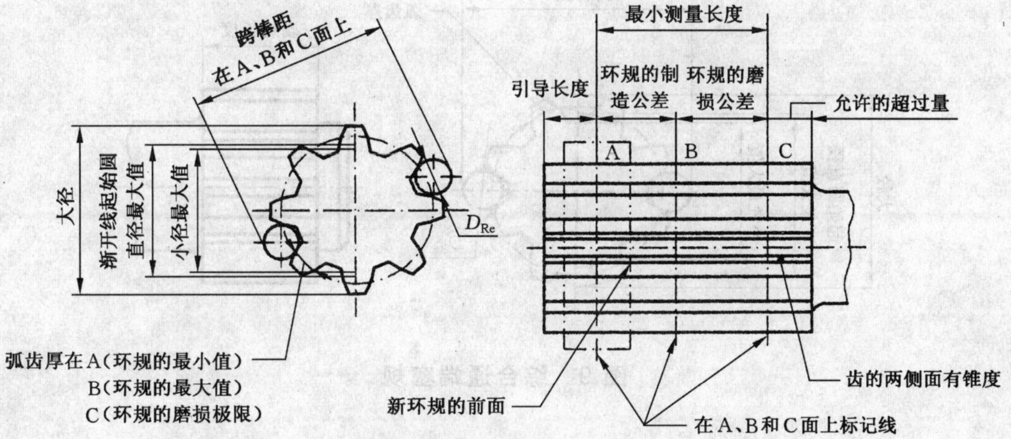

图8 综合止端环规用校对塞规

表9 综合止端环规用校对塞规的尺寸参数和公差

量规尺寸参数	计算公式或代号	公 差
齿数	z	
模数	m	
压力角	α_D	
分度圆直径	mz	
基圆直径	$mz\cos\alpha_D$	
大径	$D_{ee\,max}+0.2\,m$	h8
渐开线起始圆直径	$(D+2D_{Fe\,max})/3-0.1\,m$	max
小径	$(D+2D_{Fe\,max})/3-0.2\,m$	max
A刻线处齿厚	$S_{V\,min}-H/2$	
B刻线处齿厚	$S_{V\,min}+H/2$	
C刻线处齿厚	$S_{V\,min}+W$	
齿单侧面锥度	0.02%	min
单项公差	见表15	

标记示例：

检验 EXT 24 z×2.5 m×30 R×5f GB/T 3478.1—1995 工件外花键的综合止端环规用校对塞规的标记为：

Z_h 24 z×2.5 m×30 R×5 f GB/T 5106—2006

3.9.7 综合通端塞规

综合通端塞规结构、尺寸参数、公差和标记，见图 9 和表 10。

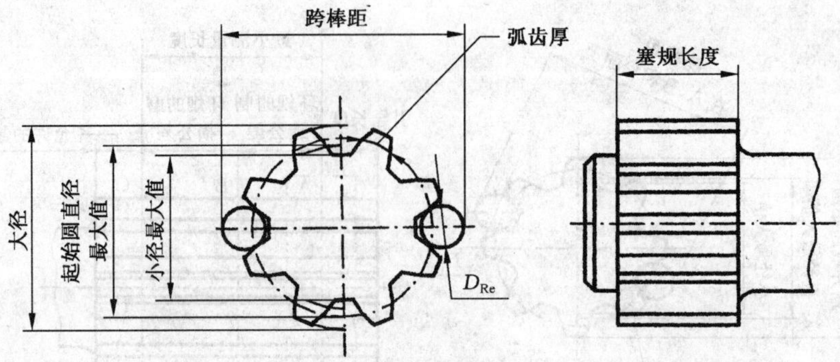

图 9 综合通端塞规

表 10 综合通端塞规的尺寸参数和公式

量规尺寸参数	计算公式或代号	公　　差
齿数	z	
模数	m	
压力角	α_D	
分度圆直径	mz	
基圆直径	$mz\cos\alpha_D$	
大径	$D_{Fi\,min}$	k7
渐开线起始圆直径	$D_{ii\,min}-0.2\,m$	max
小径	$D_{ii\,min}-0.3\,m$	max
齿厚	$E_{V\,min}+Z$	$\pm H/2$
齿厚磨损极限	$E_{V\,min}-Y$	
单项公差	见表 15	

标记示例：

检验 INT 24 z×2.5 m×30 R×5H　GB/T 3478.1—1995　工件内花键的综合通端塞规的标记为：

T_s　24 z×2.5 m×30 R×5f　GB/T 5106—2006

3.9.8 非全齿止端塞规

非全齿止端塞规的结构、尺寸参数、公差和标记，见图 10 和表 11。

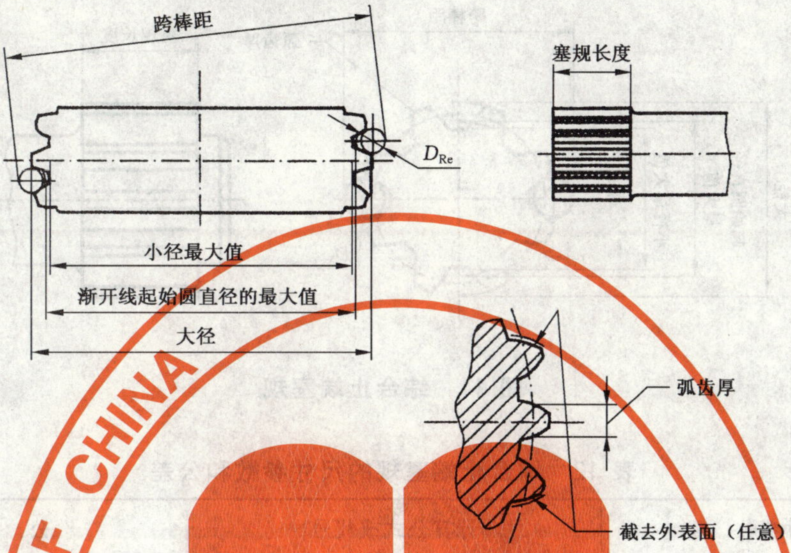

图 10 非全齿止端塞规

表 11 非全齿止端塞规的尺寸参数和公差

量规尺寸参数	计算公式或代号	公 差
齿数	z	
模数	m	
压力角	α_D	
分度圆直径	mz	
基圆直径	$mz\cos\alpha_D$	
大径	$(D+2D_{Fi\,min})/3$	js8
渐开线起始圆直径	$D_{ii\,min}-0.2\,m$	max
小径	$D_{ii\,min}-0.3\,m$	max
齿厚	$E_{max}+Z$	$\pm H/2$
齿厚磨损极限	$E_{max}-W$	
单项公差	见表 15	

标记示例：

检验 INT 24 z×2.5 m×30 R×5H GB/T 3478.1—1995 工件内花键的非全齿止端塞规的标记为：

Z_{Fs} 24 z×2.5 m×30 R×5f GB/T 5106—2006

3.9.9 综合止端塞规

综合止端塞规的结构、尺寸参数、公差和标记,见图 11 和表 12。

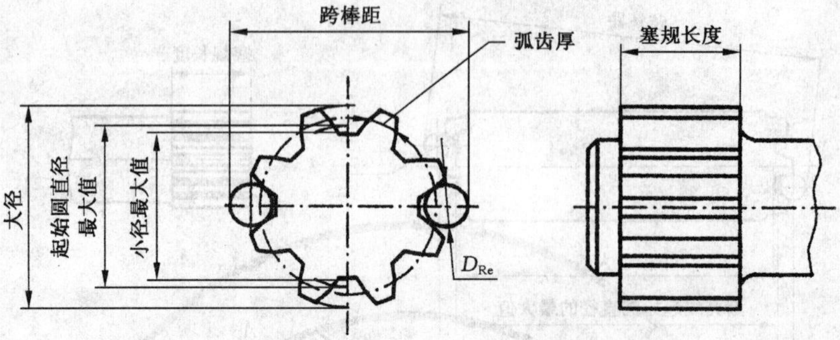

图 11 综合止端塞规

表 12 综合止端塞规的尺寸参数和公差

量规尺寸参数	计算公式或代号	公 差
齿数	z	
模数	m	
压力角	α_D	
分度圆直径	mz	
基圆直径	$mz\cos\alpha_D$	
大径	$(D+2D_{Fi\ min})/3$	js8
渐开线起始圆直径	$D_{ii\ min}-0.2\ m$	max
小径	$D_{ii\ min}-0.3\ m$	max
齿厚	$E_{V\ max}+Z$	$\pm H/2$
齿厚磨损极限	$E_{V\ max}-W$	
单项公差	见表 15	

标记示例:

检验 INT 24 z×2.5 m×30 R×5H GB/T 3478.1—1995 工件内花键的综合止端塞规的标记为:

Z_s 24 z×2.5 m×30 R×5f GB/T 5106—2006

3.9.10 非全齿止端量规的齿数

非全齿止端量规的齿数,见表 13。

表 13 非全齿止端量规齿数

工件花键齿数	≤30	31~44	45~58	59~72	73~86	87~100	>100
非全齿止端量规齿数(每个扇形上)	2	3	4	5	6	7	$0.075\times z$

4 技术要求

量规应符合本标准和产品图样的要求。

4.1 对于公差等级为4、5、6、7级花键用的量规，其齿槽宽和齿厚的制造公差 H 和位置要素 W、Z、Y 的数值，分度圆直径＞180 mm的量规可按分度圆直径＝180 mm取值，见表14。

4.2 对提高公差等级为4、5级高精度花键的加工公差，经供需双方商定可适当压缩量规的制造公差。

表 14 量规的制造公差和位置要素值 单位为微米

分度圆直径 D/mm	公差和位置要素	塞规基本齿厚 S/mm				环规基本齿槽 E/mm			
		～3	＞3～6	＞6～10	＞10～18	～3	＞3～6	＞6～10	＞10～18
～3	H	2				2			
	Z	4	—	—	—	4	—	—	—
	Y	1				1.5			
	W	3				3			
＞3～10	H	2.5				2.5			
	Z	4	—	—	—	4	—	—	—
	Y	1.25				2			
	W	3				3			
＞10～18	H	3	3			3	3		
	Z	4	5	—	—	4	5	—	—
	Y	1.5	1.5			2.5	2.5		
	W	4	4			4	5		
＞18～30	H	4	4	4		4	4	4	
	Z	4	5	5	—	4	5	6	—
	Y	2	2	2		3	3	3	
	W	4	5	6		5	5	6	
＞30～50	H	4	4	4	4	4	4	4	4
	Z	4	5	6	8	4	5	6	8
	Y	2	2	2	2	3.5	3.5	3.5	3.5
	W	4	5	5	6	5	5	6	7
＞50～80	H	5	5	5	5	5	5	5	5
	Z	4	5	6	8	4	5	6	8
	Y	2.5	2.5	2.5	2.5	4	4	4	4
	W	4	5	6	7	5	6	6	7
＞80～120	H	6	6	6	6	6	6	6	6
	Z	4	5	6	8	4	5	6	6
	Y	3	3	3	3	5	5	5	5
	W	5	6	6	7	6	7	7	8
＞120～180	H	8	8	8	8	8	8	8	8
	Z	4	5	6	8	4	5	6	8
	Y	4	4	4	4	6	6	6	6
	W	6	7	7	7	7	8	8	9

4.3 在校对塞规（J_T、J_Z、J_{ZF}）A、B、C截面位置大径上，分别标记刻线。

4.4 量规的单项公差见表 15。

4.5 量规各表面不应有锈蚀、裂纹和毛刺，其测量面不应有黑斑、划痕等影响外观和使用质量的缺陷。

4.6 量规测头的材料应为合金工具钢或其他耐磨材料。

4.7 量规测量面的硬度为 58HRC～64HRC。

4.8 量规测量面的表面粗糙度 Ra 值按 GB/T 1031—1995 取值，其数值不应大于 0.32 μm。

4.9 分体式量规测头与手柄的联接应牢固可靠，在使用中不应松动、脱落。

4.10 量规应进行稳定性处理。

表 15 量规的单项公差

单位为微米

分度圆直径 D/mm	齿形公差 f_f	分度公差 F_P	齿向公差 F_β	
			量规测量部分长度至 25 mm	量规测量部分长度大于 25 mm
1～100	5	5	3	5
＞100～150	5	8	3	5
＞150～180	5	10	—	5

5 检验规则

5.1 型式检验

按产品图样和本标准的要求，检验所有主要尺寸和技术要求，应全部合格。

5.2 出厂检验

检验外观质量，应符合 4.3、4.5 和 4.9 的规定。

6 标记与包装

6.1 在量规的产品包装盒上应标记以下内容：

a) 制造厂名、商标。

b) 量规名称及代号(按 3.9.1～3.9.9 中标记示例)。

c) 出厂年代号。

6.2 在量规手柄或端面上应标注：商标、量规代号。

6.3 量规在包装前应进行防锈处理并妥善包装。

6.4 量规经检定证明符合产品图样和本标准要求，应附有产品合格证。产品合格证上应按 6.1 b)标注量规代号。

附 录 A
（资料性附录）
跨棒距 M_{Re} 和棒间距 M_{Ri} 的计算

A.1 INT 30 z×2 m×30 P×6 H 用的塞规跨棒距 M_{Re} 的计算

A.1.1 由 GB/T 3478.1—1995 表 14 中查得：

$T+\lambda=0.112$ mm，$\lambda=0.043$ mm，故 $T=0.069$ mm，

由 GB/T 3478.2—1995 表 7 中查得：

$m=2$ 时：$E_{V\min}=3.142$ mm

$Z=30$、6 H 时：$E_{\max}=3.253$ mm

由上可求

$$E_{V\max}=E_{\max}-\lambda=3.253-0.043=3.210 \text{ mm}$$

$$E_{\min}=E_{V\min}+\lambda=3.142+0.043=3.185 \text{ mm}$$

A.1.2 由本标准表 14 查得 $D=60$ mm，$S=3.142$ mm 时

$H=0.005$ mm，

$Z=0.005$ mm，

$Y=0.0025$ mm，

$W=0.005$ mm。

A.1.3 按本标准表 10、表 11 和表 12 公式计算

A.1.3.1 综合通端塞规齿厚上极限尺寸

$$T_s=E_{V\min}+Z+H/2$$
$$=3.142+0.005+0.0025=3.1495 \text{ mm}$$

综合通端塞规齿厚下极限尺寸

$$T_i=E_{V\min}+Z-H/2$$
$$=3.142+0.005-0.0025=3.1445 \text{ mm}$$

综合通端塞规齿厚磨损极限尺寸

$$T_u=E_{V\min}-Y$$
$$=3.142-0.0025=3.1395 \text{ mm}$$

A.1.3.2 综合止端塞规齿厚上极限尺寸

$$Z_s=E_{V\max}+H/2=3.210+0.0025=3.2125 \text{ mm}$$

综合止端塞规齿厚下极限尺寸

$$Z_i=E_{V\max}-H/2=3.210-0.0025=3.2075 \text{ mm}$$

综合止端塞规齿厚磨损极限尺寸

$$Z_u=E_{V\max}-W=3.210-0.005=3.2025 \text{ mm}$$

A.1.3.3 非全齿止端塞规齿厚上极限尺寸

$$Z_{Fs}=E_{\max}+H/2=3.253+0.0025=3.2555 \text{ mm}$$

非全齿止端塞规齿厚下极限尺寸

$$Z_{Fi}=E_{\max}-H/2=3.253-0.0025=3.2505 \text{ mm}$$

非全齿止端塞规齿厚磨损极限尺寸

$$Z_{Fu}=E_{\max}-W=3.253-0.005=3.2480 \text{ mm}$$

A.1.3.4 塞规齿厚公差带和工件内花键齿槽宽公差带见图 A.1。

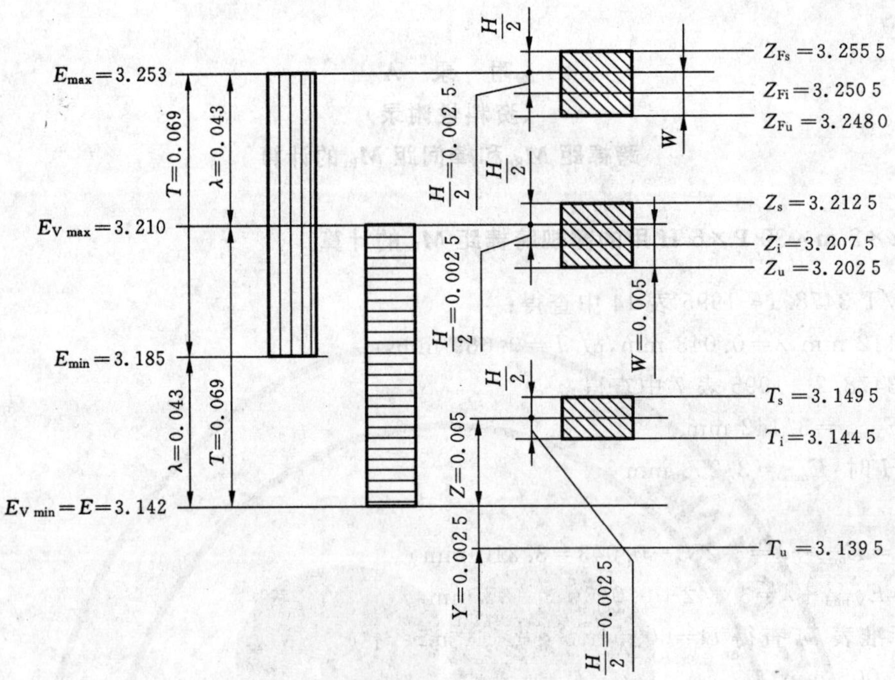

图 A.1

A.1.4 量棒直径的计算(见图 A.2)

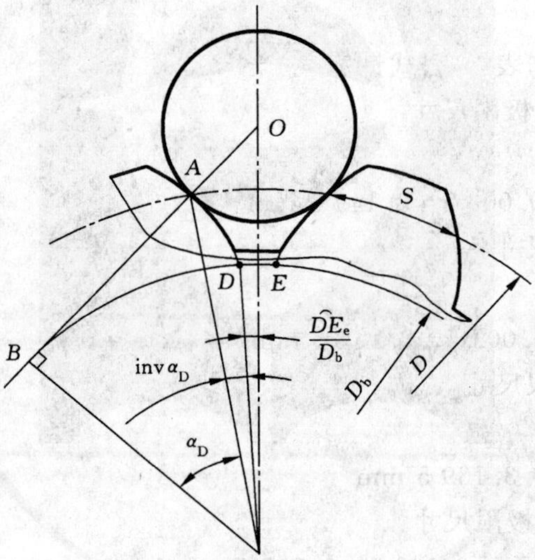

图 A.2

$$\widehat{DE}_e = P_b - (S \cdot \cos\alpha_D + D_b \cdot \text{inv}\,\alpha_D)$$

$$\overline{BA} = \frac{D_b \cdot \tan\alpha_D}{2}$$

$$\overline{BO}_e = \frac{D_b \cdot \tan\left(\alpha_D + \text{inv}\,\alpha_D + \frac{DE_e}{D_b}\right)}{2}$$

$$D_{Re} = 2(\overline{BO}_e - \overline{BA})$$

$$= D_b \left\{ \tan\left[\alpha_D + \text{inv}\,\alpha_D + \frac{P_b - (S \cdot \cos\alpha_D + D_b \cdot \text{inv}\,\alpha_D)}{D_b}\right] - \tan 30^\circ \right\}$$

$$= mz\cos 30^\circ \left\{ \tan\left[0.523\,6 + 0.053\,75 + \frac{2\pi\cos 30^\circ - (3.142 \cdot \cos 30^\circ + 2\times 30\cos 30^\circ \cdot \text{inv}\,30^\circ)}{2\times 30\cos 30^\circ}\right] - \tan 30^\circ \right\}$$

$$= 3.744\,2$$

在优先数系 R40 中取最接近的偏大数值，即选取量棒直径 $D_{Re}=3.75$ mm。

A.1.5　量棒与塞规齿形接触点处压力角 α_x 的计算

根据量棒直径 D_{Re} 和塞规齿厚极限尺寸，由 $\operatorname{inv}\alpha_x=\frac{S}{D}+\left(\operatorname{inv}\alpha_D+\frac{D_{Re}}{D_b}-\frac{\pi}{z}\right)$ 公式计算。

A.1.5.1　综合通端塞规

A.1.5.1.1　齿厚为上极限尺寸 $T_s=3.149\,5$ mm 时

$$\operatorname{inv}\alpha_{T_s}=\frac{3.149\,5}{60}+\left(\operatorname{inv}30°+\frac{3.75}{60\times\cos 30°}-\frac{\pi}{30}\right)=0.073\,69$$

$\alpha_{T_s}=33.032\,66°$

A.1.5.1.2　齿厚为下极限尺寸 $T_i=3.144\,5$ mm 时

$$\operatorname{inv}\alpha_{T_i}=\frac{3.144\,5}{60}+\left(\operatorname{inv}30°+\frac{3.75}{60\times\cos 30°}-\frac{\pi}{30}\right)=0.073\,61$$

$\alpha_{T_i}=33.021\,82°$

A.1.5.1.3　齿厚为磨损极限尺寸 $T_u=3.139\,5$ mm 时

$$\operatorname{inv}\alpha_{T_u}=\frac{3.139\,5}{60}+\left(\operatorname{inv}30°+\frac{3.75}{60\times\cos 30°}-\frac{\pi}{30}\right)=0.073\,53$$

$\alpha_{T_u}=33.010\,98°$

A.1.5.2　综合止端塞规

A.1.5.2.1　齿厚为上极限尺寸 $Z_s=3.212\,5$ mm 时

$$\operatorname{inv}\alpha_{Z_s}=\frac{3.212\,5}{60}+\left(\operatorname{inv}30°+\frac{3.75}{60\times\cos 30°}-\frac{\pi}{30}\right)=0.074\,74$$

$\alpha_{Z_s}=33.174\,19°$

A.1.5.2.2　齿厚为下极限尺寸 $Z_i=3.207\,5$ mm 时

$$\operatorname{inv}\alpha_{Z_i}=\frac{3.207\,5}{60}+\left(\operatorname{inv}30°+\frac{3.75}{60\times\cos 30°}-\frac{\pi}{30}\right)=0.074\,66$$

$\alpha_{Z_i}=33.163\,47°$

A.1.5.2.3　齿厚为磨损极限尺寸 $Z_u=3.202\,5$ mm 时

$$\operatorname{inv}\alpha_{Z_u}=\frac{3.202\,5}{60}+\left(\operatorname{inv}30°+\frac{3.75}{60\times\cos 30°}-\frac{\pi}{30}\right)=0.074\,57$$

$\alpha_{Z_u}=33.152\,2°$

A.1.5.3　非全齿止端塞规

A.1.5.3.1　齿厚为上极限尺寸 $Z_{Fs}=3.255\,5$ mm 时

$$\operatorname{inv}\alpha_{Z_{Fs}}=\frac{3.255\,5}{60}+\left(\operatorname{inv}30°+\frac{3.75}{60\times\cos 30°}-\frac{\pi}{30}\right)=0.075\,46$$

$\alpha_{Z_{Fs}}=33.270\,40°$

A.1.5.3.2　齿厚为下极限尺寸 $Z_{Fi}=3.250\,5$ mm 时

$$\operatorname{inv}\alpha_{Z_{Fi}}=\frac{3.125\,05}{60}+\left(\operatorname{inv}30°+\frac{3.75}{60\times\cos 30°}-\frac{\pi}{30}\right)=0.075\,38$$

$\alpha_{Z_{Fi}}=33.259\,73°$

A.1.5.3.3　齿厚为磨损极限尺寸 $Z_{Fu}=3.248\,0$ mm 时

$$\operatorname{inv}\alpha_{Z_{Fu}}=\frac{3.248\,0}{60}+\left(\operatorname{inv}30°+\frac{3.75}{60\times\cos 30°}-\frac{\pi}{30}\right)=0.075\,33$$

$\alpha_{Z_{Fu}}=33.253\,61°$

A.1.6　M_{Re} 值的计算

A.1.6.1　综合通端塞规

A.1.6.1.1　齿厚为上极限尺寸 T_s 时

$$M_{Re}(T_s)=\frac{60\times\cos 30°}{\cos 33.032\ 66°}+3.75=65.730\ \text{mm}$$

A.1.6.1.2　齿厚为下极限尺寸 T_i 时

$$M_{Re}(T_i)=\frac{60\times\cos 30°}{\cos 33.021\ 82°}+3.75=65.722\ \text{mm}$$

A.1.6.1.3　齿厚为磨损极限尺寸 T_u 时

$$M_{Re}(T_u)=\frac{60\times\cos 30°}{\cos 33.010\ 98°}+3.75=65.715\ \text{mm}$$

A.1.6.2　综合止端塞规

A.1.6.2.1　齿厚为上极限尺寸 Z_s 时

$$M_{Re}(Z_s)=\frac{60\times\cos 30°}{\cos 33.174\ 19°}+3.75=65.830\ \text{mm}$$

A.1.6.2.2　齿厚为下极限尺寸 Z_i 时

$$M_{Re}(Z_i)=\frac{60\times\cos 30°}{\cos 33.163\ 47°}+3.75=65.822\ \text{mm}$$

A.1.6.2.3　齿厚为磨损极限尺寸 Z_u 时

$$M_{Re}(Z_u)=\frac{60\times\cos 30°}{\cos 33.152\ 2°}+3.75=65.815\ \text{mm}$$

A.1.6.3　非全齿止端塞规

A.1.6.3.1　齿厚为上极限尺寸 Z_{Fs}时

$$M_{Re}(Z_{Fs})=\frac{60\times\cos 30°}{\cos 33.270\ 40°}+3.75=65.898\ \text{mm}$$

A.1.6.3.2　齿厚为下极限尺寸 Z_{Fi}时

$$M_{Re}(Z_{Fi})=\frac{60\times\cos 30°}{\cos 33.259\ 73°}+3.75=65.891\ \text{mm}$$

A.1.6.3.3　齿厚为磨损极限尺寸 Z_{Fu}时

$$M_{Re}(Z_{Fu})=\frac{60\times\cos 30°}{\cos 33.253\ 61°}+3.75=65.886\ \text{mm}$$

A.2　EXT 24 z×2.5 m×30 P×6 e 用的环规棒间距 M_{Ri} 的计算

A.2.1　由 GB/T 3478.1—1995 表 15 和表 23 中查得：

$es_V=-0.060$ mm，$T+\lambda=0.117$ mm，$\lambda=0.044$ mm，故 $T=0.073$ mm，

$m=2.5$ 时：$S=0.5\ \pi m=3.927$ mm

由上可求

$$S_{V\max}=S+es_V=3.927-0.060=3.867\ \text{mm}$$

$$S_{\min}=S_{V\max}-(T+\lambda)=3.867-0.117=3.750\ \text{mm}$$

$$S_{V\min}=S_{\min}+\lambda=3.750+0.044=3.794\ \text{mm}$$

$$S_{\max}=S_{V\max}-\lambda=3.867-0.044=3.823\ \text{mm}$$

A.2.2　当 $D=60$ mm，$E=3.927$ mm 时，由本标准表 14 查得：

$H=0.005$ mm，

$Z=0.005$ mm，

$Y=0.004$ mm，

$W=0.006$ mm。

A.2.3　按本标准表 4、表 6 和表 8 公式计算

A.2.3.1 综合通端环规齿槽宽上极限尺寸

$$T_s = S_{V\,max} - Z + H/2$$
$$= 3.867 - 0.005 + 0.0025 = 3.8645\ \text{mm}$$

综合通端环规齿槽宽下极限尺寸

$$T_i = S_{V\,max} - Z - H/2$$
$$= 3.867 - 0.005 - 0.0025 = 3.8595\ \text{mm}$$

综合通端环规齿槽宽磨损极限尺寸

$$T_u = S_{V\,max} + Y$$
$$= 3.867 + 0.004 = 3.871\ \text{mm}$$

A.2.3.2 综合止端环规齿槽宽上极限尺寸

$$Z_s = S_{V\,min} + H/2 = 3.794 + 0.0025 = 3.7965\ \text{mm}$$

综合止端环规齿槽宽下极限尺寸

$$Z_i = S_{V\,min} - H/2 = 3.794 - 0.0025 = 3.7915\ \text{mm}$$

综合止端环规齿槽宽磨损极限尺寸

$$Z_u = S_{V\,min} + W = 3.794 + 0.006 = 3.8000\ \text{mm}$$

A.2.3.3 非全齿止端环规齿槽宽上极限尺寸

$$Z_{Fs} = S_{min} + H/2 = 3.750 + 0.0025 = 3.7525\ \text{mm}$$

非全齿止端环规齿槽宽下极限尺寸

$$Z_{Fi} = S_{min} - H/2 = 3.750 - 0.0025 = 3.7475\ \text{mm}$$

非全齿止端环规齿槽宽磨损极限尺寸

$$Z_{Fu} = S_{min} + W = 3.750 + 0.006 = 3.7560\ \text{mm}$$

A.2.3.4 环规齿槽宽公差带和工件外花键齿厚公差带见图 A.3。

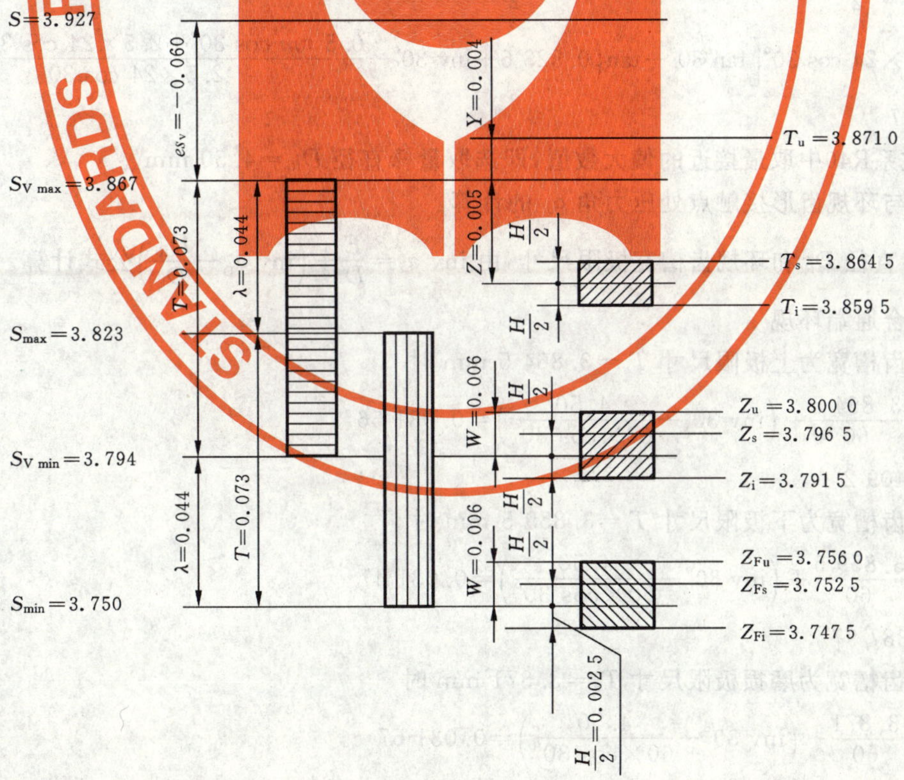

图 A.3

A.2.4 量棒直径的计算(见图 A.4)

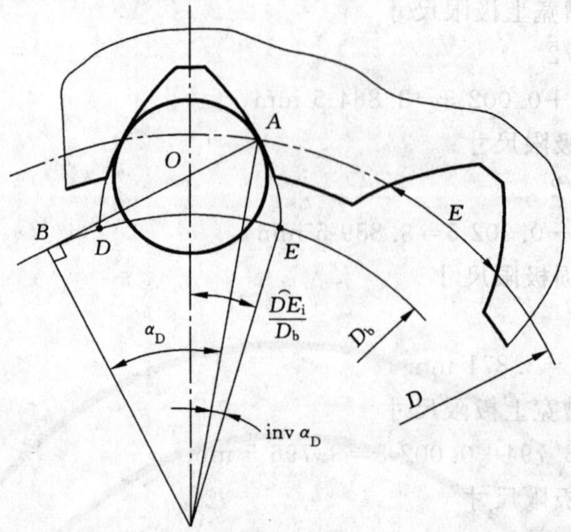

图 A.4

$$\widehat{DE}_i = E \cdot \cos\alpha_D + D_b \cdot \text{inv}\,\alpha_D$$

$$\overline{BA} = \frac{D_b \cdot \tan\alpha_D}{2}$$

$$\overline{BO}_i = \frac{D_b \cdot \tan\left(\alpha_D + \text{inv}\,\alpha_D - \frac{\widehat{DE}_i}{D_b}\right)}{2}$$

$$D_{Ri} = 2(\overline{BA} - \overline{BO}_i)$$

$$= 2\left[\frac{D_b \tan\alpha_D}{2} - \frac{D_b \tan\left(\alpha_D + \text{inv}\,\alpha_D - \frac{E\cos\alpha_D + D_b\,\text{inv}\,\alpha_D}{D_b}\right)}{2}\right]$$

$$= 2.5 \times 24\cos 30^\circ\left[\tan 30^\circ - \tan\left(0.523\ 6 + \text{inv}\,30^\circ - \frac{0.5\ \pi m\cos 30^\circ + 2.5 \times 24\cos 30^\circ \text{inv}\,30^\circ}{2.5 \times 24\cos 30^\circ}\right)\right]$$

$$= 4.37$$

在优先数系R40中取最接近的偏大数值，即选取量棒直径 $D_{Ri} = 4.50$ mm。

A.2.5　量棒与环规齿形接触点处压力角 α_x 的计算

根据量棒直径 D_{Ri} 和环规齿槽宽极限尺寸，由 $\text{inv}\,\alpha_x = \frac{E}{D} + \left(\text{inv}\,\alpha_D - \frac{D_{Ri}}{D_b}\right)$ 公式计算。

A.2.5.1　综合通端环规

A.2.5.1.1　齿槽宽为上极限尺寸 $T_s = 3.864\ 5$ mm 时

$$\text{inv}\,\alpha_{Ts} = \frac{3.864\ 5}{60} + \left(\text{inv}\,30^\circ - \frac{4.50}{60 \times \cos 30^\circ}\right) = 0.031\ 56$$

$$\alpha_{Ts} = 25.409\ 2^\circ$$

A.2.5.1.2　齿槽宽为下极限尺寸 $T_i = 3.859\ 5$ mm 时

$$\text{inv}\,\alpha_{Ti} = \frac{3.859\ 5}{60} + \left(\text{inv}\,30^\circ - \frac{4.50}{60 \times \cos 30^\circ}\right) = 0.031\ 47$$

$$\alpha_{Ti} = 25.387\ 97^\circ$$

A.2.5.1.3　齿槽宽为磨损极限尺寸 $T_u = 3.871$ mm 时

$$\text{inv}\,\alpha_{Tu} = \frac{3.871}{60} + \left(\text{inv}\,30^\circ - \frac{4.50}{60 \times \cos 30^\circ}\right) = 0.031\ 67$$

$$\alpha_{Tu} = 25.438\ 46^\circ$$

A.2.5.2　综合止端环规

A.2.5.2.1 齿槽宽为上极限尺寸 $Z_s=3.7965$ mm 时

$$\text{inv}\,\alpha_{Z_s}=\frac{3.7965}{60}+\left(\text{inv}\,30°-\frac{4.50}{60\times\cos 30°}\right)=0.03042$$

$$\alpha_{Z_s}=25.1176°$$

A.2.5.2.2 齿槽宽为下极限尺寸 $Z_i=3.7915$ mm 时

$$\text{inv}\,\alpha_{Z_i}=\frac{3.7915}{60}+\left(\text{inv}\,30°-\frac{4.50}{60\times\cos 30°}\right)=0.03034$$

$$\alpha_{Z_i}=25.0958°$$

A.2.5.2.3 齿槽宽为磨损极限尺寸 $Z_u=3.800$ mm 时

$$\text{inv}\,\alpha_{Z_u}=\frac{3.800}{60}+\left(\text{inv}\,30°-\frac{4.50}{60\times\cos 30°}\right)=0.03048$$

$$\alpha_{Z_u}=25.13277°$$

A.2.5.3 非全齿止端环规

A.2.5.3.1 齿槽宽为上极限尺寸 $Z_{Fs}=3.7525$ mm 时

$$\text{inv}\,\alpha_{Z_{Fs}}=\frac{3.7525}{60}+\left(\text{inv}\,30°-\frac{4.50}{60\times\cos 30°}\right)=0.02969$$

$$\alpha_{Z_{Fs}}=24.9247°$$

A.2.5.3.2 齿槽宽为下极限尺寸 $Z_{Fi}=3.7475$ mm 时

$$\text{inv}\,\alpha_{Z_{Fi}}=\frac{3.7475}{60}+\left(\text{inv}\,30°-\frac{4.50}{60\times\cos 30°}\right)=0.02961$$

$$\alpha_{Z_{Fi}}=24.9026°$$

A.2.5.3.3 齿厚为磨损极限尺寸 $Z_{Fu}=3.7560$ mm 时

$$\text{inv}\,\alpha_{Z_{Fu}}=\frac{3.7560}{60}+\left(\text{inv}\,30°+\frac{4.50}{60\times\cos 30°}\right)=0.02975$$

$$\alpha_{Z_{Fu}}=24.9402°$$

A.2.6 M_{Ri}值的计算

A.2.6.1 综合通端环规

A.2.6.1.1 齿槽宽为上极限尺寸 T_s 时

$$M_{Ri}(T_s)=\frac{60\times\cos 30°}{\cos 25.4092°}-4.50=53.026\ \text{mm}$$

A.2.6.1.2 齿槽宽为下极限尺寸 T_i 时

$$M_{Ri}(T_i)=\frac{60\times\cos 30°}{\cos 25.38797°}-4.50=53.016\ \text{mm}$$

A.2.6.1.3 齿槽宽为磨损极限尺寸 T_u 时

$$M_{Ri}(T_u)=\frac{60\times\cos 30°}{\cos 25.43846°}-4.50=53.040\ \text{mm}$$

A.2.6.2 综合止端环规

A.2.6.2.1 齿槽宽为上极限尺寸 Z_s 时

$$M_{Ri}(Z_s)=\frac{60\times\cos 30°}{\cos 25.1176°}-4.50=52.887\ \text{mm}$$

A.2.6.2.2 齿槽宽为下极限尺寸 Z_i 时

$$M_{Ri}(Z_i)=\frac{60\times\cos 30°}{\cos 25.0958°}-4.50=52.876\ \text{mm}$$

A.2.6.2.3 齿槽宽为磨损极限尺寸 Z_u 时

$$M_{Ri}(Z_u)=\frac{60\times\cos 30°}{\cos 25.13277°}-4.50=52.894\ \text{mm}$$

A.2.6.3 非全齿止端环规

A.2.6.3.1 齿槽宽为上极限尺寸 Z_{Fs}时

$$M_{Ri}(Z_{Fs})=\frac{60\times\cos 30°}{\cos 24.924\,2°}-4.50=52.796\,2\ \text{mm}$$

A.2.6.3.2 齿槽宽为下极限尺寸 Z_{Fi}时

$$M_{Ri}(Z_{Fi})=\frac{60\times\cos 30°}{\cos 24.902\,6°}-4.50=52.786\ \text{mm}$$

A.2.6.3.3 齿槽宽为磨损极限尺寸 Z_{Fu}时

$$M_{Ri}(Z_{Fu})=\frac{60\times\cos 30°}{\cos 24.940\,2°}-4.50=52.804\ \text{mm}$$

ICS 13.220.20
C 83

GB

中华人民共和国国家标准

GB 5135.9—2006

自动喷水灭火系统 第9部分：早期抑制快速响应(ESFR)喷头

Automatic sprinkler system—Part 9: Early suppression fast response (ESFR) automatic sprinklers

2006-04-07 发布　　　　2006-12-01 实施

中华人民共和国国家质量监督检验检疫总局
中国国家标准化管理委员会　发布

前　言

GB 5135 的本部分的第 6 章、第 8 章内容为强制性。

GB 5135《自动喷水灭火系统》目前已分为 15 个部分：

——第 1 部分：洒水喷头；

——第 2 部分：湿式报警阀、延迟器、水力警铃；

——第 3 部分：水雾喷头；

——第 4 部分：干式报警阀；

——第 5 部分：雨淋报警阀；

——第 6 部分：通用阀门；

——第 7 部分：水流指示器；

——第 8 部分：加速器；

——第 9 部分：早期抑制快速响应(ESFR)喷头；

——第 10 部分：压力开关；

——第 11 部分：沟槽式管接件；

——第 12 部分：扩大覆盖面积洒水喷头；

——第 13 部分：水幕喷头；

——第 14 部分：预作用装置；

——第 15 部分：家用喷头。

………………

本部分为 GB 5135 的第 9 部分。

本部分主要参照 ISO 6182-7《早期抑制快速响应(ESFR)喷头的性能要求和试验方法》、FM2008《早期抑制快速响应(ESFR)喷头》、UL1767《早期抑制快速响应喷头》而制定。

本部分的附录 A 为规范性附录，附录 B、附录 C 为资料性附录。

本部分由中华人民共和国公安部提出。

本部分由全国消防标准化技术委员会第二分技术委员会(SAC/TC 113/SC 2)归口。

本部分起草单位：公安部天津消防研究所。

本部分主要起草人：杨震铭、宋波、啜凤英、李毅、张强、赵永顺。

本部分是首次制订。

自动喷水灭火系统
第9部分:早期抑制快速响应(ESFR)喷头

1 范围

GB 5135 的本部分规定了早期抑制快速响应(ESFR)喷头的性能要求、试验方法、检验规则和标志、包装、运输贮存要求等。

本部分适用于流量系数 $K=161$、$K=202$、$K=242$ 、$K=363$ 的 ESFR 喷头,其他类型的 ESFR 喷头可参照本部分。

2 规范性引用文件

下列文件中的条款通过 GB 5135 的本部分的引用而成为本部分的条款。凡是注日期的引用文件,其随后所有的修改单(不包括勘误的内容)或修订版均不适用于本部分,然而,鼓励根据本部分达成协议的各方研究是否可使用这些文件的最新版本。凡是不注日期的引用文件,其最新版本适用于本部分。

GB/T 7306.1—2000 55°密封管螺纹 第1部分:圆柱内螺纹与圆锥外螺纹(eqv ISO 7-1:1994)

GB/T 7306.2—2000 55°密封管螺纹 第2部分:圆锥内螺纹与圆锥外螺纹(eqv ISO 7-2:1994)

3 术语和定义

下列术语和定义适用于 GB 5135 的本部分。

3.1

洒水喷头 sprinkler

在热的作用下,在预定的温度范围内自行启动,或根据火灾信号由控制设备启动,并按设计的洒水形状和流量洒水的一种喷水装置。

3.2

传导系数 conductivity factor

是喷头的热敏感元件与其固定件之间热传导能力的度量,其符号为 C,单位为$(m/s)^{0.5}$。

3.3

响应时间系数 response time index(*RTI*)

是喷头动作灵敏度的度量,表示为 $RTI=\tau u^{0.5}$,τ 为热敏元件时间常数,单位 s;u 是气体流速,单位为 m/s。响应时间系数的符号缩写为 RTI,单位$(m \cdot s)^{0.5}$。

3.4

A 向 orientation A

气流与水流轴线和喷头轭臂平面垂直,且热敏元件处于轭臂平面的上游。(见图1)

3.5

B 向 orientation B

气流与水流轴线和喷头轭臂平面垂直,且热敏元件处于轭臂平面的下游。(见图1)

3.6

C 向(正对) orientation C(head on)

喷头入口水流轴线平行于气流方向,并且溅水盘与气流方向垂直。(见图1)

注:如果喷头的热敏元件和框架都是几何对称的,不要求“A”向和“B”向两个位置进行试验。

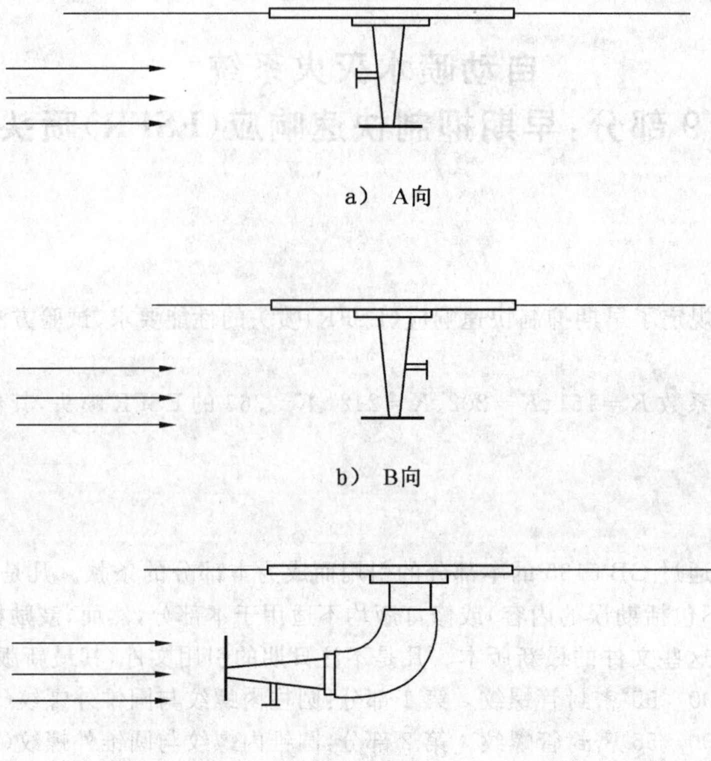

a) A向

b) B向

c) C向

图 1 动态热试验方位

3.7

实际布水密度(*ADD*) actual delivered density (*ADD*)

从开启的喷头洒水到达模拟燃烧装置上端平面单位面积的水量。

3.8

早期抑制 early suppression

自动喷水灭火系统在火灾初期即使只启动少数喷头就能有足够的水迅速作用于火或如果没有扑灭,抑制火至可接受的程度。

3.9

早期抑制快速响应喷头 early suppression fast response automatic sprinkler

在热的作用下,在预定的温度范围内自行启动,使水以一定的形状和密度在设计的保护面积上分布,以达到早期抑制效果的一种喷水装置。缩写为:ESFR 喷头。

3.10

装配载荷 assemble load

当喷头入口处水压为 0 时施加在喷头体上的力。

3.11

工作载荷 service load

喷头入口处施加 1.20 MPa 水压产生的力与喷头的装配载荷施加在喷头体上的力的合力。

3.12

设计载荷 design load

当喷头承受工作载荷时,施加在热敏感元件上的力。

4 分类

4.1 按热敏元件不同的分类

4.1.1 易熔元件喷头:通过易熔元件受热而开启的喷头。

4.1.2 玻璃球喷头:通过玻璃球内充装的液体受热膨胀使玻璃球爆破而开启的喷头。

4.2 按安装方式分类

4.2.1 下垂型喷头:下垂安装,水流向下冲向溅水盘。

4.2.2 直立型喷头:直立安装,水流向上冲向溅水盘。

5 规格型号和型号编制

5.1 公称动作温度和颜色标志

ESFR 喷头的公称动作温度和颜色标志见表 1。

表 1 公称动作温度和颜色标志

玻璃球喷头		易熔元件喷头	
公称动作温度/℃	工作液颜色	公称动作温度/℃	悬臂颜色
68	红	68~74	无色标
93	绿	93~104	白

5.2 型号规格

5.2.1 ESFR 喷头的型号规格由性能代号、公称动作温度、流量系数、安装形式代号等部分组成。

5.2.2 性能代号为 ESFR。

5.2.3 安装形式代号为:

a) 下垂型:Pendent 缩写:P;

b) 直立型:Upright 缩写:U。

5.2.4 型号标记

ESFR 喷头的型号标记如下:

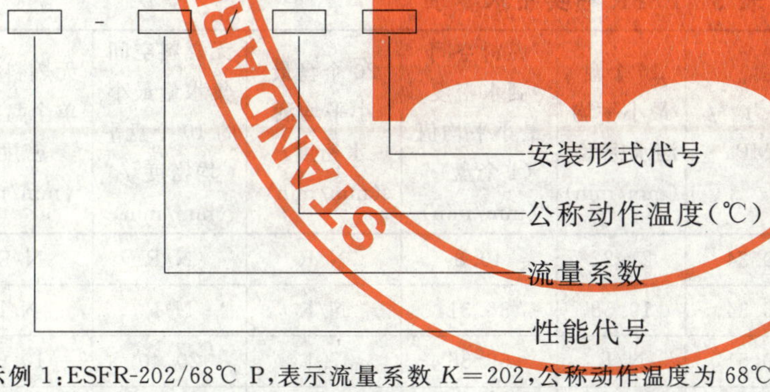

示例 1:ESFR-202/68℃ P,表示流量系数 $K=202$,公称动作温度为 68℃下垂型 ESFR 喷头。

示例 2:ESFR-363/74℃ U,表示流量系数 $K=363$,公称动作温度为 74℃直立型 ESFR 喷头。

6 要求

6.1 整体要求

ESFR 在制造上应确保其产品的一致性,从设计和制造上应保证其不能轻易调整、拆卸和重装。

6.2 外观

6.2.1 ESFR 喷头的外表面应均匀一致,无明显的磕碰伤痕及变形,表面涂镀层应完整美观。

6.2.2 ESFR 喷头的接口螺纹应符合 GB/T 7306.1—2000、GB/T 7306.2—2000 的规定或其他相应标

准的规定。

6.2.3 ESFR 喷头应在溅水盘或喷头体上作永久性标志，标志的内容应符合 9.1 的规定。所有标记应正确、清晰。

6.3 水压密封和水压强度

6.3.1 按 7.2.1 规定的方法进行试验，ESFR 喷头在整个试验过程中应无渗漏。

6.3.2 按 7.2.2 规定的方法进行试验，ESFR 喷头应无变形或破坏。

6.4 流量特性系数

6.4.1 ESFR 喷头的流量系数 K 由下式计算：

$$K=\frac{Q}{\sqrt{10P}}$$

式中：

P——ESFR 喷头入口处压力，单位为兆帕(MPa)；

Q——ESFR 喷头流量，单位为升每分(L/min)。

6.4.2 按 7.3 规定的方法进行试验，ESFR 喷头流量系数 K 应符合表 2 的规定，所有试验数据应在此范围内，且标准偏差与 K 系数平均值的比值应小于 2%。

表 2 流量系数范围

公称流量系数	流量系数范围
K=161	159～166
K=202	195～209
K=242	230～253
K=363	344～382

6.5 布水

6.5.1 K=202 下垂型 ESFR 喷头按 7.4.2 规定的方法进行试验，试验结果应符合表 3 的规定。

6.5.2 K=202 下垂型 ESFR 喷头按 7.4.1 规定的方法采用旋转台上的 10 个集水盘测量单个喷头的布水，记录所有集水盘中集水量，第 10 个盘集水量应不超过 0.8 mm/min。

表 3 ESFR 喷头布水要求

喷头数	喷头间距[d]/m	管道间距/m	吊顶至集水盘距离/m	压力[a,b]/MPa	16 个盘最小平均洒水密度/(mm/min)	燃料空间洒水密度最小平均值(4 个盘)/(mm/min)	20 个盘最小平均洒水密度/(mm/min)	无燃料空间集水量最小的 10 个盘平均密度[c]/(mm/min)	无燃料空间单个盘最小密度/(mm/min)
1	0	0	3.04	0.34	21.22	40.8	N/R	N/R	N/R[e]
1	0	0	4.42	0.34	19.58	36.31	N/R	N/R	N/R
1	0	0	4.42	0.51	N/R	69.36	37.13	20.40	10.61
2	3.04	0	1.27	0.34	24.48	N/R	N/R	N/R	N/R
2	3.04	0	3.04	0.34	22.03	N/R	N/R	N/R	N/R
2	0	3.04	1.27	0.34	23.66	N/R	N/R	N/R	N/R
2	0	3.04	3.04	0.34	23.26	N/R	N/R	N/R	N/R
2	3.66	0	1.27	0.34	17.95	N/R	N/R	N/R	N/R
2	0	3.66	1.27	0.34	18.36	N/R	N/R	N/R	N/R
2	3.04	0	1.27	0.51	N/R	N/R	31.42	24.48	8.16

表 3（续）

喷头数	喷头间距[d]/m	管道间距/m	吊顶至集水盘距离/m	压力[a,b]/MPa	16 个盘最小平均洒水密度/(mm/min)	燃料空间洒水密度最小平均值(4 个盘)/(mm/min)	20 个盘最小平均洒水密度/(mm/min)	无燃料空间集水量最小的 10 个盘平均密度[c]/(mm/min)	无燃料空间单个盘最小密度/(mm/min)
2	0	3.04	1.27	0.51	N/R	N/R	31.42	24.48	8.16
4	3.04	3.04	1.27	0.34	27.74	N/R	N/R	N/R	N/R
4	3.04	3.04	3.04	0.34	35.09	N/R	N/R	N/R	N/R
4	2.44	3.60	1.27	0.34	26.93	N/R	N/R	N/R	N/R
4	3.04	3.04	1.27	0.51	N/R	N/R	28.97	24.48	15.10

a 所有 0.34 MPa 压力试验采用双向供水。

b 0.51 MPa 压力试验采用单向供水，在双向供水系统的单个管道的两个喷头试验情况除外。

c 无燃料空间中集水量最小的 10 个盘的洒水密度平均值。

d 喷头间距表示同一喷头支管上两只喷头之间的距离。

e N/R=无要求。

6.6 静态动作温度

ESFR 喷头按 7.5 规定的方法进行试验，静态动作温度不应超过下列温度范围：

$$X \pm (0.035X + 0.62)℃$$

式中：

X——公称动作温度，单位为摄氏度(℃)。

6.7 功能

6.7.1 ESFR 喷头按 7.6 进行试验时，应启动灵活。

6.7.2 ESFR 喷头在热敏感元件释放后 10 s 内，应清除所有沉积。

6.8 抗水冲击性能

按 7.7 规定的方法进行试验，ESFR 喷头不应出现渗漏和损坏。本项试验后，所有试样进行密封试验应符合 6.3.1 的规定，进行 0.035 MPa 压力下的功能试验，应符合 6.7.1、6.7.2 的规定。

6.9 框架强度

按 7.8 规定的方法进行试验，ESFR 喷头受到 2 倍平均工作载荷后，其框架的永久变形不应大于喷头荷载支承点间距离的 0.2%。

6.10 热敏感元件强度

6.10.1 玻璃球按 7.9.2 规定的方法进行试验，应符合下列要求：

a) 玻璃球的平均破碎载荷不应小于 6 倍的玻璃球平均设计载荷；

b) 对于 99%的样品(p)置信系数(ν)为 0.99 时，计算出的玻璃球破碎载荷的下限误差至少为玻璃球设计载荷上限误差的 2 倍。除非在生产或设计中证实其他分布更适用，应使用正态或高斯分布进行计算。

6.10.2 易熔元件按 7.9.3 规定的方法进行试验，应能承受 15 倍的最大设计载荷 100 h；或满足：

$$L_d \leqslant 1.02L_m^2/L_0$$

式中：

L_d——易熔元件最大设计载荷，单位为牛(N)；

L_m——易熔元件 1 000 h 损坏时的载荷，单位为牛(N)；

L_0——易熔元件 1 h 损坏时的载荷，单位为牛(N)。

6.11 疲劳强度

玻璃球 ESFR 喷头按 7.10 规定的方法进行试验，玻璃球应无任何损坏。本项试验后，所有试样还应进行 0.035 MPa 压力下的功能试验，并应符合 6.7.1、6.7.2 的规定。

6.12 热稳定性

玻璃球 ESFR 喷头按 7.11 规定的方法进行试验，玻璃球应无任何损坏。本项试验后，所有试样还应进行 0.035 MPa 压力下的功能试验，并应符合 6.7.1、6.7.2 的规定。

6.13 抗振动性能

按 7.12 规定的方法进行试验，ESFR 喷头的构成部件应无松动和损坏。本项试验后，所有试样还应进行密封试验应符合 6.3.1 的规定，进行动态热试验（取 A 向或 B 向中能产生较大 *RTI* 值者）*RTI* 应为(28±8)$(m\cdot s)^{0.5}$。

6.14 抗碰撞性能

按 7.13 规定的方法进行试验，ESFR 喷头应无破裂或变形，本项试验后，所有试样还应进行密封试验并符合 6.3.1 的规定，进行动态热试验（取 A 向或 B 向中能产生较大 *RTI* 值者）*RTI* 应为(28±8)$(m\cdot s)^{0.5}$。试验中喷头若发生变形，则需进行布水试验。

6.15 抗翻滚性能

按 7.14 规定的方法进行试验，ESFR 喷头应无破裂、变形或损坏，所有试样进行密封试验应符合 6.3.1的规定，进行动态热试验（取 A 向或 B 向中能产生较大 *RTI* 值者），*RTI* 应为(28±8)$(m\cdot s)^{0.5}$。

6.16 低温性能

按 7.15 规定的方法进行试验，试验后应符合下列 3 种规定中的一种：

a) ESFR 喷头有明显的损坏、破裂；

b) ESFR 喷头无明显损坏，进行密封试验时出现泄漏现象；

c) ESFR 喷头无破裂、变形或损坏，所有试样进行密封试验符合 6.3.1 的规定，进行动态热试验（取 A 向或 B 向中能产生较大 *RTI* 值者），*RTI* 应为(28±8)$(m\cdot s)^{1/2}$。

6.17 耐高温性能

按 7.16 规定的方法进行试验，ESFR 喷头体不应发生严重变形或损坏。

6.18 耐环境温度性能

按 7.17 规定的方法进行试验，ESFR 喷头应无破损。试验后所有的 ESFR 喷头进行密封试验应符合 6.3.1 的规定，一半的试样进行静态动作温度试验，应符合 6.6 的规定。其余的试样进行动态热试验（取 A 向或 B 向中能产生较大 *RTI* 值者），*RTI* 应为(28±8)$(m\cdot s)^{0.5}$。

6.19 动态热性能

6.19.1 按 7.18.1 规定的方法进行试验，在 A 向和 B 向方位进行试验，*RTI* 值应为(28±8)$(m\cdot s)^{0.5}$，在 C 向方位进行试验，*RTI* 值应不大于 138$(m\cdot s)^{0.5}$。

6.19.2 按 7.18.3 规定的方法进行试验确定传导系数 *C*，传导系数 *C* 不应超过 1$(m/s)^{0.5}$。

6.20 耐氨应力腐蚀性能

按 7.19 规定的方法进行试验，ESFR 喷头不应断裂、脱层和损失。本项试验后，半数喷头试样进行密封试验应符合 6.3.1 的规定，其余试样进行动态热试验（取 A 向或 B 向中能产生较大 *RTI* 值者），*RTI* 值应为(28±8)$(m\cdot s)^{0.5}$。

6.21 耐二氧化硫/二氧化碳气体腐蚀性能

按 7.20 规定的方法进行试验，ESFR 喷头不应产生腐蚀损坏。本项试验后，所有喷头进行试验压力为 1.20 MPa 的密封试验，应符合 6.3.1 的规定。半数喷头试样进行静态动作温度试验，应符合 6.6 的规定，其余喷头试样进行动态热试验（取 A 向或 B 向中能产生较大 *RTI* 值者），*RTI* 值应为(28±8)$(m\cdot s)^{0.5}$。

6.22　耐硫化氢气体腐蚀性能

按 7.21 规定的方法进行试验,ESFR 喷头不应产生腐蚀损坏。本项试验后,所有喷头进行试验压力为 1.20 MPa的密封试验,应符合 6.3.1 的规定。半数喷头试样进行静态动作温度,应符合 6.6 的规定,其余喷头试样进行动态热试验(取 A 向或 B 向中能产生较大 *RTI* 值者),*RTI* 值应为$(28\pm8)(m\cdot s)^{0.5}$。

6.23　耐盐雾腐蚀性能

按 7.22 规定的方法进行试验,ESFR 喷头不应产生腐蚀损坏,本项试验后,所有喷头进行试验压力为 1.20MPa 的密封试验,应符合 6.3.1 的规定。并进行动态热试验(取 A 向或 B 向中能产生较大 *RTI* 值者),*RTI* 值应为$(28\pm8)(m\cdot s)^{0.5}$。

6.24　耐潮湿空气腐蚀性能

按 7.23 规定的方法进行试验,ESFR 喷头不应产生腐蚀损坏,本项试验后,所有试样还应进行 0.035 MPa压力下的功能试验,应符合 6.7.1、6.7.2 的规定。

6.25　30 天密封性能

按 7.24 规定的方法在 2.0 MPa 水压下进行 30 天密封试验,ESFR 喷头应无泄漏、变形或其他任何损坏。

6.26　抗真空性能

按 7.25 规定的方法进行试验,ESFR 喷头不应出现扭曲或损坏,本项试验后,进行密封试验,应符合 6.3.1 的规定。

6.27　侧向喷洒

按 7.26 规定的方法进行试验,应无水直接冲击或落在被测的目标点上。

6.28　实际布水密度(*ADD*)

按 7.27 规定进行的方法进行试验,应符合表 4～表 9 的规定。

表 4　*K*=161 直立型 ESFR 喷头 *ADD* 测量

喷头数	喷头间距[a]/m	管道间距/m	吊顶与集水盘距离/m	燃烧热释放率/kW	压力/MPa	供水方向	16 个盘最小 *ADD* 平均值/(mm/min)	燃料空间(4 个盘)最小 *ADD* 平均值/(mm/min)
1	0	0	3.05	500	0.35	双向	22.4	N/R[b]
1	0	0	3.05	500	0.52	双向	26.5	N/R
2	3.05	0	1.52	1 000	0.35	双向	22.4	N/R
2	3.05	0	1.52	1 000	0.52	双向	28.1	N/R
2	0	3.05	1.52	1 000	0.35	双向	22.4	N/R
2	0	3.05	1.52	1 000	0.52	双向	28.1	N/R
4	3.05	3.05	1.52	1 500	0.35	双向	28.5	N/R
4	3.05	3.05	1.52	1 500	0.52	双向	36.7	N/R

a　喷头间距表示同一喷头支管上两只喷头之间的距离。

b　N/R=无要求。

表 5　*K*=202 直立型 ESFR 喷头 *ADD* 测量

喷头数	喷头间距[a]/m	管道间距/m	吊顶与集水盘距离/m	燃烧热释放率/kW	压力/MPa	供水方向	16 个盘最小 *ADD* 平均值/(mm/min)	燃料空间(4 个盘)最小 *ADD* 平均值/(mm/min)
1	0	0	3.05	500	0.35	双向	22.4	N/R[b]
1	0	0	3.05	500	0.52	双向	26.5	N/R
2	3.05	0	1.52	2 000	0.35	双向	22.4	N/R
2	3.05	0	1.52	2 000	0.52	双向	28.1	N/R
2	0	3.05	1.52	2 000	0.35	双向	22.4	N/R
2	0	3.05	1.52	2 000	0.52	双向	28.1	N/R
4	3.05	3.05	1.52	2 500	0.35	双向	28.5	N/R
4	3.05	3.05	1.52	2 500	0.52	双向	36.7	N/R

a　喷头间距表示同一喷头支管上两只喷头之间的距离。

b　N/R=无要求。

表 6　*K*=242 直立型 ESFR 喷头 *ADD* 测量

喷头数	喷头间距[a]/m	管道间距/m	吊顶与集水盘距离/m	燃烧热释放率/kW	压力/MPa	供水方向	20 个盘最小 *ADD* 平均值/(mm/min)	燃料空间(4 个盘)最小 *ADD* 平均值/(mm/min)
1	0	0	3.05	500	0.24	双向	22.4	N/R[b]
1	0	0	3.05	500	0.35	双向	26.5	N/R
2	3.05	0	1.52	2 000	0.24	双向	22.4	N/R
2	3.05	0	1.52	2 000	0.35	双向	28.1	N/R
2	0	3.05	1.52	2 000	0.24	双向	22.4	N/R
2	0	3.05	1.52	2 000	0.35	双向	28.1	N/R
4	3.05	3.05	1.52	2 500	0.24	双向	28.5	N/R
4	3.05	3.05	1.52	2 500	0.35	双向	36.7	N/R

a　喷头间距表示同一喷头支管上两只喷头之间的距离。

b　N/R=无要求。

表 7　*K*=202 下垂型 ESFR 喷头 *ADD* 测量

喷头数	喷头间距[a]/m	管道间距/m	吊顶与集水盘距离/m	燃烧热释放率/kW	压力/MPa	供水方向	16 个盘最小 *ADD* 平均值/(mm/min)	燃料空间(4 个盘)最小 *ADD* 平均值/(mm/min)
1	0	0	4.57	1 318	0.35	双向	13.0	22.2
1	0	0	4.57	2 636	0.35	双向	9.0	12.6
2	3.66	0	1.22	2 636	0.35	单向	12.2	N/R[b]
2	0	3.66	1.22	2 636	0.35	双向	10.2	N/R
4	2.44	3.66	1.22	2 636	0.35	双向	22.8	N/R

a　喷头间距表示同一喷头支管上两只喷头之间的距离。

b　N/R=无要求。

表 8 K=242 下垂型 ESFR 喷头 *ADD* 测量

喷头数	喷头间距[a]/m	管道间距/m	吊顶与集水盘距离/m	燃烧热释放率/kW	压力/MPa	供水方向	16 个盘最小 *ADD* 平均值/(mm/min)	燃料空间(4 个盘)最小 *ADD* 平均值/(mm/min)
1	0	0	4.57	1 318	0.24	双向	13.0	22.2
1	0	0	4.57	2 636	0.24	双向	9.0	12.6
2	3.66	0	1.22	2 636	0.24	单向	12.2	N/R[b]
2	0	3.66	1.22	2 636	0.24	双向	10.2	N/R
4	2.44	3.66	1.22	2 636	0.24	双向	22.8	N/R

a 喷头间距表示同一喷头支管上两只喷头之间的距离。

b N/R=无要求。

表 9 K=363 下垂型 ESFR 喷头 *ADD* 测量

喷头数	喷头间距[a]/m	管道间距/m	吊顶与集水盘距离/m	燃烧对流热释放率/kW	压力/MPa	供水方向	20 个盘最小 *ADD* 平均值/(mm/min)	燃料空间(4 个盘)最小 *ADD* 平均值/(mm/min)
1	0	0	3.2	700	0.21	双向	36.7	N/R[b]
1	0	0	3.2	700	0.28	双向	46.1	N/R
1	0	0	4.7	700	0.14	双向	17.1	N/R
1	0	0	4.7	700	0.21	双向	28.1	N/R
1	0	0	4.7	700	0.28	双向	35.9	N/R
2	3.05	0	1.68	2 600	0.14	单向	26.5	N/R
2	3.05	0	1.68	2 600	0.21	单向	34.2	N/R
2	3.05	0	1.68	2 600	0.28	单向	41.2	N/R
2	0	3.05	1.68	2 600	0.14	双向	21.6	N/R
2	0	3.05	1.68	2 600	0.21	双向	28.9	N/R
2	0	3.05	1.68	2 600	0.28	双向	36.3	N/R
4	3.05	3.05	1.68	3 000	0.14	双向	26.1	N/R
4	3.05	3.05	1.68	3 000	0.21	双向	33.8	N/R
4	3.05	3.05	1.68	3 000	0.28	双向	42.8	N/R
6	3.05	3.05	1.68	2 600	0.14	双向	28.5	N/R
6	3.05	3.05	1.68	2 600	0.21	双向	32.6	N/R
6	3.05	3.05	1.68	2 600	0.28	双向	36.7	N/R

a 喷头间距表示同一喷头支管上两只喷头之间的距离。

b N/R=无要求。

6.29 冲力要求

K=202 下垂型 ESFR 喷头按 7.28 规定的方法进行试验，应符合表 10 的规定。

表 10 冲力要求

压力/MPa	供水方向	吊顶至冲力测量盘距离/m	要求达到的最小冲力/10^{-1} MPa
0.34	双	1.2	0.71
0.34	双	2.1	0.44
0.51	单	2.1	0.99

6.30 灭火性能(*K*=161 直立型 ESFR 喷头)

K=161 直立型 ESFR 喷头按 7.29 的规定进行 3 个实体火灭火试验,应能将火抑制并符合下列规定:

a) 双排架储存标准塑料试验品

1) 吊顶气体最高温度不超过 121℃ ,1 min 内最大平均值不超过 66℃;

2) 嵌入钢板的最高温度不超过 38℃,1 min 内最大平均值不超过 38℃;

3) 向走道跃迁情况:不允许跃迁,火应被限定在点燃的试验货架内;

4) 消耗的等效货物的最大数量为 1 个;

5) 喷头动作的最大数目 1 只。

b) 双排架储存标准塑料试验品

1) 吊顶气体最高温度不超过 468℃,1 min 内最大平均值不超过 274℃;

2) 嵌入钢板的最高温度不超过 107℃,1 min 内最大平均值不超过 93℃;

3) 向走道跃迁情况:不允许跃迁,火应被限定在点燃的试验货架内;

4) 消耗的等效货物的最大数量为 1 个;

5) 喷头动作的最大数目 4 只。

c) 双排架储存标准塑料试验品(堵住一只喷头的情况)

1) 吊顶气体最高温度不超过 677℃ ,1 min 内最大平均值不超过 343℃;

2) 嵌入钢板的最高温度不超过 204℃,1 min 内最大平均值不超过 204℃;

3) 向走道跃迁情况:允许出现跃迁;

4) 消耗的等效货物的最大数量为 12 个;

5) 喷头动作的最大数目 9 只。

注:两个喷头中的一只保持为未启动状态以模拟堵住喷头条件。

6.31 灭火性能(*K*=202 直立型 ESFR 喷头)

K=202 直立型 ESFR 喷头按 7.29 的规定进行 5 个实体火灭火试验,应能将火抑制并符合下列规定:

a) 双排架储存标准聚丙乙烯食品盒

1) 吊顶气体最高温度不超过 121℃,1 min 内最大平均值不超过 66℃;

2) 嵌入钢板的最高温度不超过 52℃,1 min 内最大平均值不超过 52℃;

3) 向走道跃迁情况:不允许跃迁,火应被限定在点燃的试验货架内;

4) 消耗的等效货物的最大数量为 1 个;

5) 喷头动作的最大数目 3 只。

b) 双排架储存标准聚丙乙烯食品盒

1) 吊顶气体最高温度不超过 760℃,1 min 内最大平均值不超过 357℃;

2) 嵌入钢板的最高温度不超过 107℃,1 min 内最大平均值不超过 93℃;

3) 向走道跃迁情况:不允许跃迁,火应被限定在点燃的试验货架内;

4) 消耗的等效货物的最大数量为 2 个;

5) 喷头动作的最大数目 2 只。

c) 双排架储存标准塑料试验品

1) 吊顶气体最高温度不超过 788℃,1 min 内最大平均值不超过 343℃;

2) 嵌入钢板的最高温度不超过 107℃,1 min 内最大平均值不超过 107℃;

3) 向走道跃迁情况:不允许跃迁,火应被限定在点燃的试验货架内;

4) 消耗的等效货物的最大数量为 5 个;

5) 喷头动作的最大数目 7 只。

d) 双排架储存标准塑料试验品

1) 吊顶气体最高温度不超过 107℃,1 min 内最大平均值不超过 52℃;

2) 嵌入钢板的最高温度不超过 38℃,1 min 内最大平均值不超过 38℃;

3) 向走道跃迁情况:不允许跃迁,火应被限定在点燃的试验货架内;

4) 消耗的等效货物的最大数量为 1 个;

5) 喷头动作的最大数目 1 只。

e) 双排架储存标准塑料试验品

1) 吊顶气体最高温度不超过 565℃,1 min 内最大平均值不超过 232℃;

2) 嵌入钢板的最高温度不超过 66℃,1 min 内最大平均值不超过 52℃;

3) 向走道跃迁情况:不允许跃迁,火应被限定在点燃的试验货架内;

4) 消耗的等效货物的最大数量为 1 个;

5) 喷头动作的最大数目 3 只。

6.32 灭火性能(*K*=242 直立型 ESFR 喷头)

K=242 直立型 ESFR 喷头按 7.29 的规定进行 5 个实体火灭火试验,应能将火抑制并符合下列规定:

a) 双排架储存标准聚丙乙烯食品盒(带有托梁障碍物)

1) 嵌入钢板的最高温度不超过 93℃,1 min 内最大平均值不超过 66℃;

2) 向走道跃迁情况:不允许跃迁,火应被限定在点燃的试验货架内;

3) 消耗的等效货物的最大数量为 4 个;

4) 喷头动作的最大数目 12 只。

b) 双排架储存标准聚丙乙烯食品盒

1) 嵌入钢板的最高温度不超过 149℃,1 min 内最大平均值不超过 135℃;

2) 向走道跃迁情况:不允许跃迁,火应被限定在点燃的试验货架内;

3) 消耗的等效货物的最大数量为 6 个;

4) 喷头动作的最大数目 8 只。

c) 双排架储存标准塑料试验品(堵住 1 只喷头)

1) 入钢板的最高温度不超过 177℃,1 min 内最大平均值不超过 163℃;

2) 走道跃迁情况:不允许跃迁,火应被限定在点燃的试验货架内;

3) 消耗的等效货物的最大数量为 5 个;

4) 喷头动作的最大数目 12 只。

注:两个喷头中的一只保持为未启动状态以模拟堵住喷头条件。

d) 双排架储存标准塑料试验品

1) 嵌入钢板的最高温度不超过 79℃,1 min 内最大平均值不超过 66℃;

2) 向走道跃迁情况:不允许跃迁,火应被限定在点燃的试验货架内;

3) 消耗的等效货物的最大数量为 4 个;

4) 喷头动作的最大数目 8 只。

e) 双排架储存标准塑料试验品

1） 嵌入钢板的最高温度不超过121℃，1 min内最大平均值不超过107℃；

2） 向走道跃迁情况：不允许跃迁，火应被限定在点燃的试验货架内；

3） 消耗的等效货物的最大数量为6个；

4） 喷头动作的最大数目8只。

6.33 灭火性能（K=363下垂型ESFR喷头）

K=363下垂型ESFR喷头按7.29的规定进行4个实体火灭火试验，应能将火抑制并符合下列规定：

a） 双排架储存标准塑料试验品（堵住一只喷头的情况）

1） 吊顶气体最高温度不超过732℃，1 min内最大平均值不超过454℃；

2） 嵌入钢板的最高温度不超过177℃，1 min内最大平均值不超过163℃；

3） 向走道跃迁情况：不允许跃迁，火应被限定在点燃的试验货架内；

4） 消耗的等效货物的最大数量为5个；

5） 喷头动作的最大数目12只。

注：两个喷头中的一只保持为未启动状态以模拟堵住喷头条件。

b） 双排架储存标准塑料试验品

1） 吊顶气体最高温度不超过177℃，1 min内最大平均值不超过121℃；

2） 嵌入钢板的最高温度不超过79℃，1 min内最大平均值不超过66℃；

3） 向走道跃迁情况：不允许跃迁，火应被限定在点燃的试验货架内；

4） 消耗的等效货物的最大数量为1.5个；

5） 喷头动作的最大数目1只。

c） 双排架储存标准塑料试验品

1） 吊顶气体最高温度不超过843℃，1 min内最大平均值不超过330℃；

2） 嵌入钢板的最高温度不超过121℃，1 min内最大平均值不超过107℃；

3） 向走道跃迁情况：不允许跃迁，火应被限定在点燃的试验货架内；

4） 消耗的等效货物的最大数量为6个；

5） 喷头动作的最大数目6只。

d） 双排架储存标准塑料试验品

1） 吊顶气体最高温度不超过191℃，1 min内最大平均值不超过93℃；

2） 嵌入钢板的最高温度不超过79℃，1 min内最大平均值不超过66℃；

3） 向走道跃迁情况：不允许跃迁，火应被限定在点燃的试验货架内；

4） 消耗的等效货物的最大数量为3.5个；

5） 喷头动作的最大数目1只。

7 试验方法

标准中除标明的情况外，公差应符合附录A的规定。

7.1 外观检查

对照设计图样等技术文件，通过目测或使用通用量器具进行检查测量，结果应符合6.1和6.2的规定。

7.2 水压密封和强度试验

7.2.1 将至少10只ESFR喷头安装在试验装置上，使管路充满清水，排除管路中的空气，以（0.1±0.025）MPa/s的速率使水压由0升至3.40 MPa，保持压力3 min，然后降压至0。再在5 s内使压力从0升至0.05 MPa，保持压力15 s后，以（0.1±0.025）MPa/s的速率使水压升至1.0 MPa，保持压力15 s后降至0。试验过程中，每只试样均应符合6.3.1的规定。

7.2.2 将水压密封试验后的样品安装在试验装置上，使管路充满清水，排除管路中的空气，以(0.1±0.025) MPa/s的速率使水压由0升至4.80 MPa，保持压力1 min，每只试样均应符合6.3.2的规定。如ESFR喷头释放口出现泄漏使试验无法进行，可采用相应的措施将释放口密封住。

7.3 流量系数测量

流量试验装置如图2所示，将试样除去框架和溅水盘后安装在试验装置上并用手拧紧1.5圈。试验压力从0.10 MPa至1.00 MPa，每间隔0.10 MPa测量ESFR喷头的流量。压力测量精度不应低于0.5级，流量测量精度不应低于1.0级。对于每一个试样，压力先从低升到高，至每一个测量点，再从高降到低，至每一个测量点。

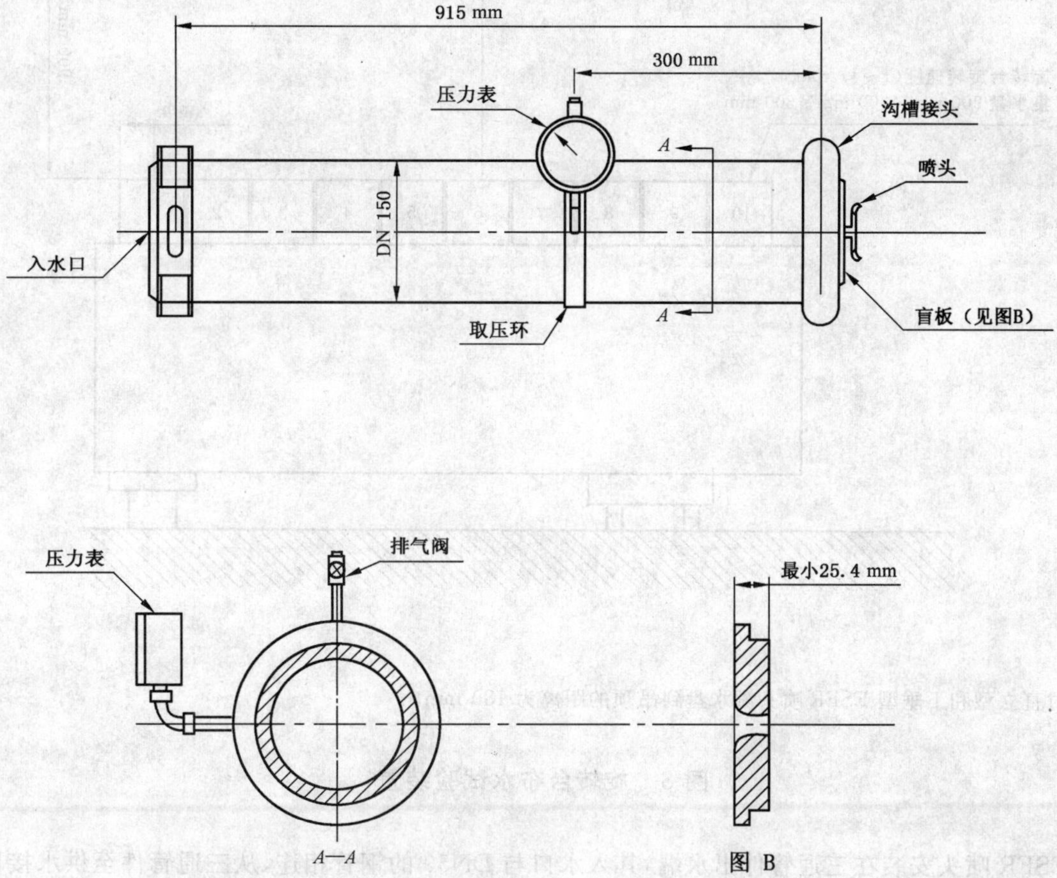

图2 流量试验装置

将所测得的数据代入6.4.1中的公式，计算出每一压力点的K值和K的平均值，试验结果应符合6.4.2的规定。

在试验中应修正自压力表至喷头出口之间的静压差。

7.4 布水试验

7.4.1 单只ESFR喷头布水试验

10个尺寸为(300±5) mm×(300±5) mm的集水盘排列在旋转台上，旋转台的转速为(1～4)圈/min，见图3。试验时喷头前喷水压力为0.34 MPa，压力表安装在距喷头供水管末端至少1.5 m的管道上，试验时间为3 min。

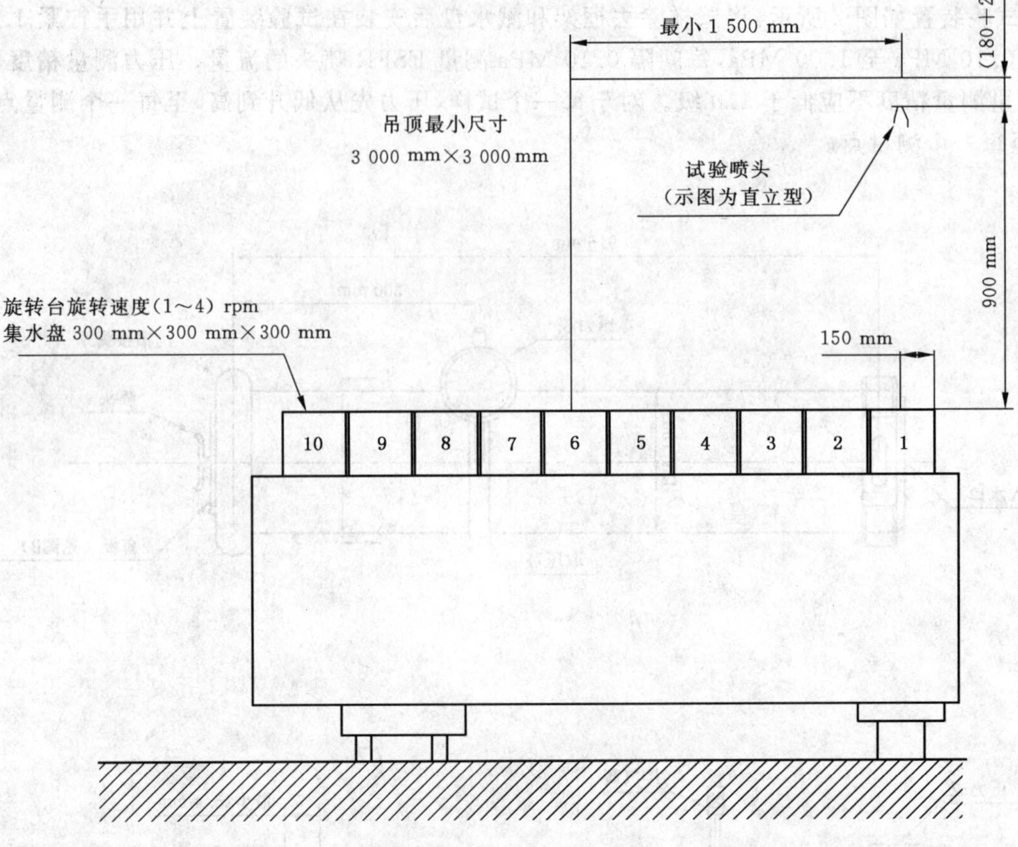

注：对直立型和下垂型 ESFR 喷头溅水盘到吊顶的距离为 180 mm。

图 3　旋转台布水试验装置

将 ESFR 喷头安装在三通管件出水端，其入水口与 DN50 的钢管相连，从三通管件至供水接口的距离至少为 1.5 m。

记录所有集水盒中的水量。

再在 0.70 MPa、1.00 MPa 和 1.20 MPa 水压下重复上述试验并只记录第 10 个集水盘的水量。

7.4.2　多只 ESFR 喷头的布水试验

取 3 组喷头试样按表 4 的要求进行试验。试验前，应去掉热敏感元件。喷头试验区域应符合图 4、图 5、图 6、图 7 的要求。集水盒的布置见图 9。试验装置应安装在容积足够大的房间中。

按图 8 布置安装 ESFR 喷头。试验进行 5 min，试验结果应符合表 3 的规定。

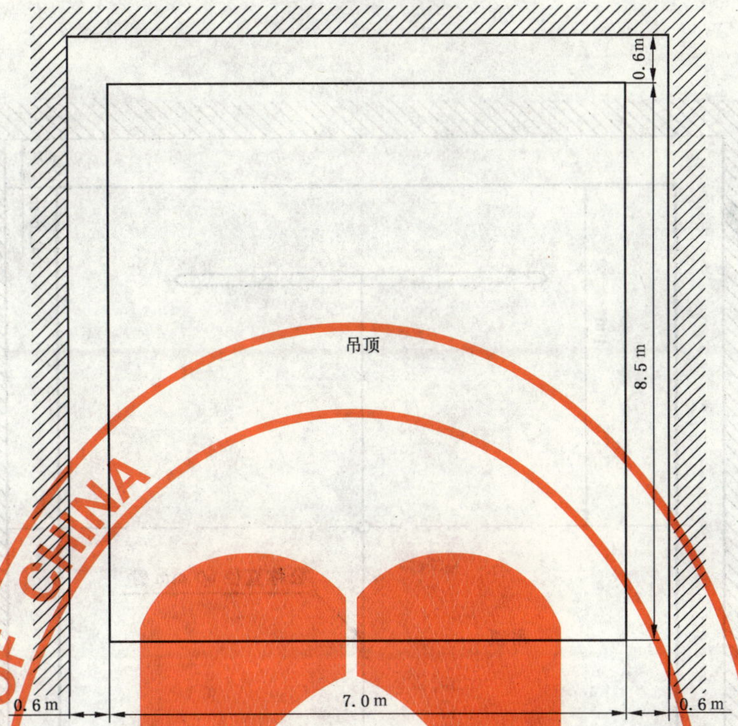

图 4　布水试验装置吊顶

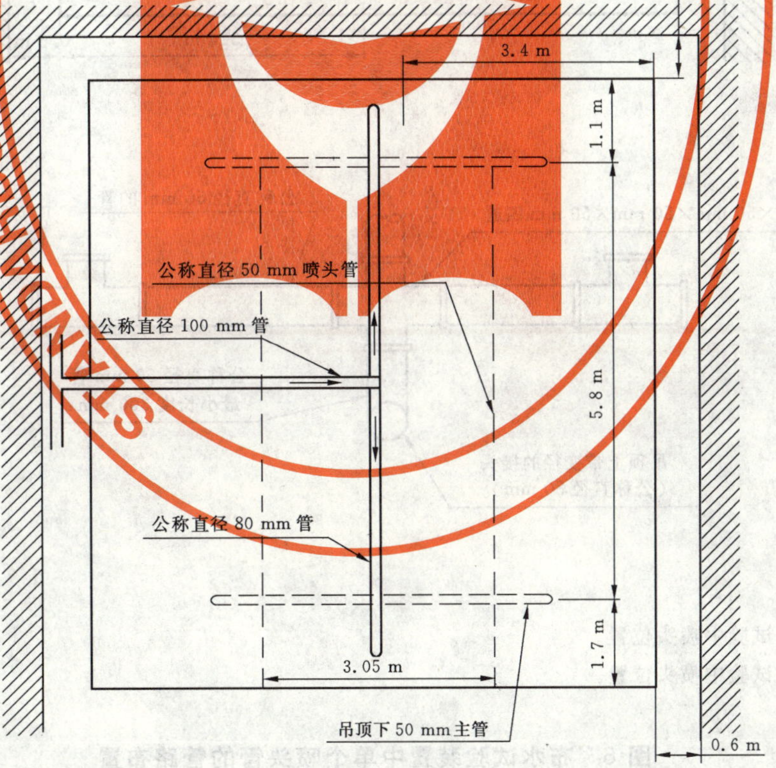

注：------表示为吊顶下的管路。

图 5　布水试验装置中顶部管路布置

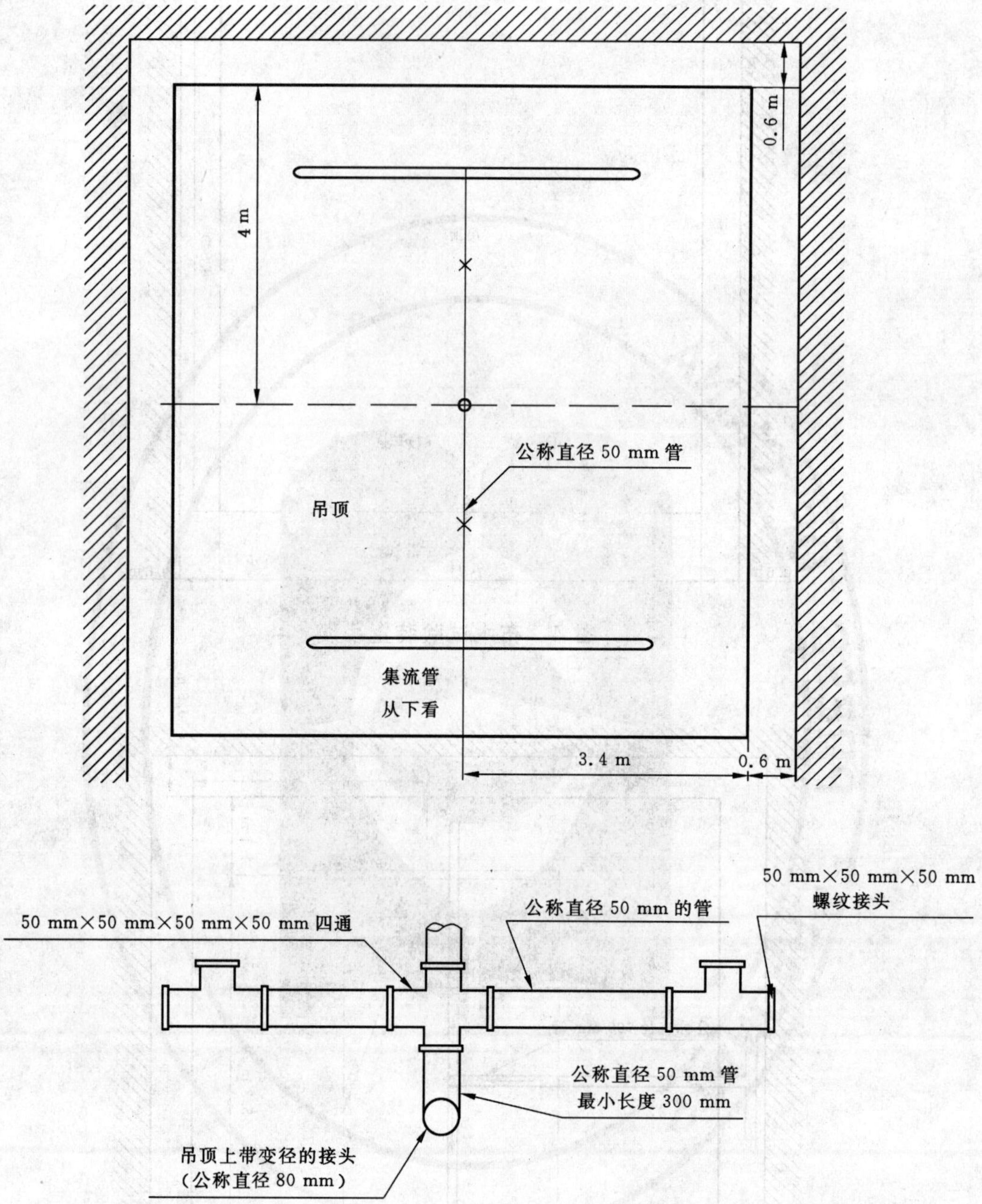

○——单只喷头试验中喷头位置。

×——两只喷头试验中喷头位置。

图 6　布水试验装置中单个喷头管的管路布置

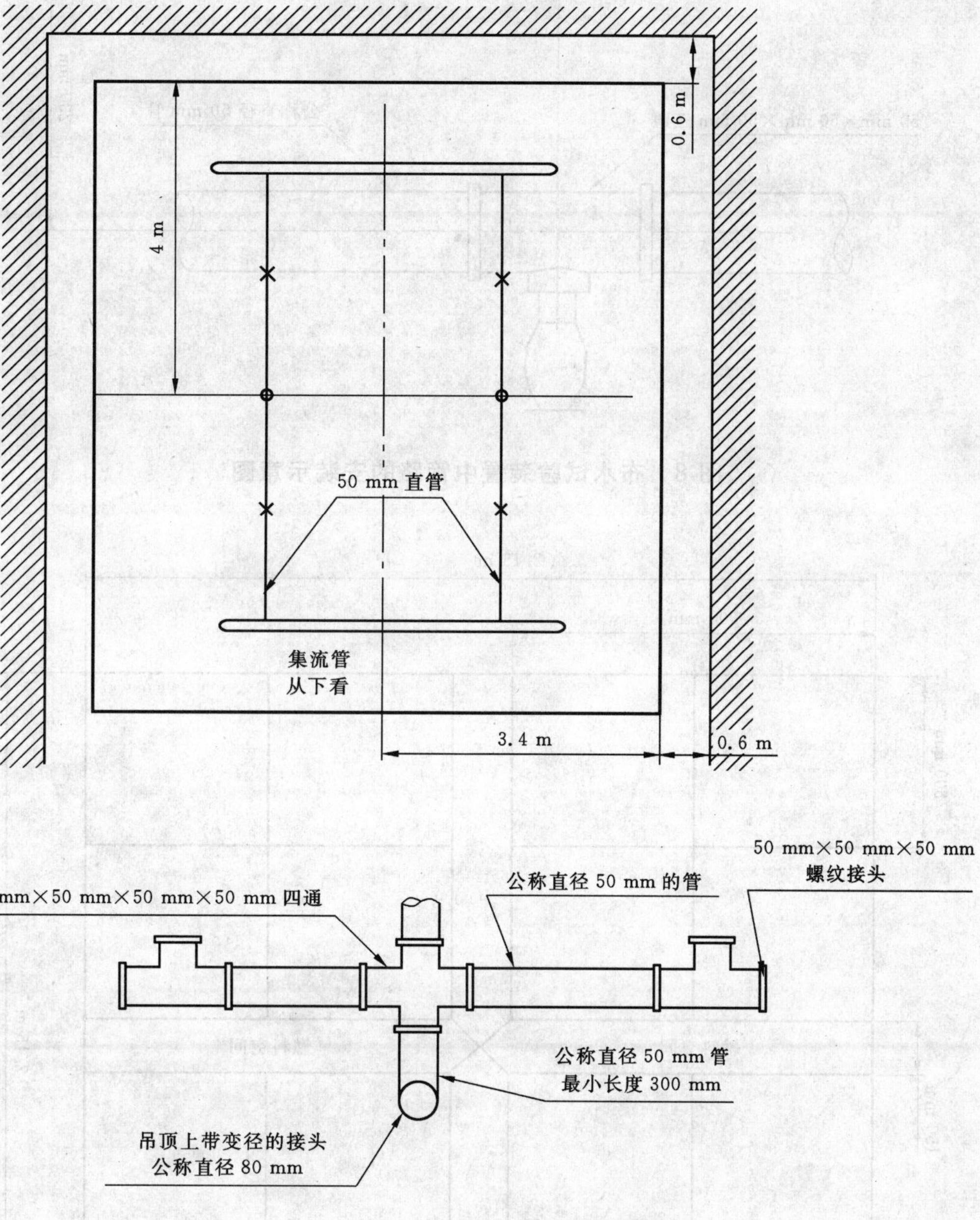

图 7 布水试验装置中多个喷头管的管路布置

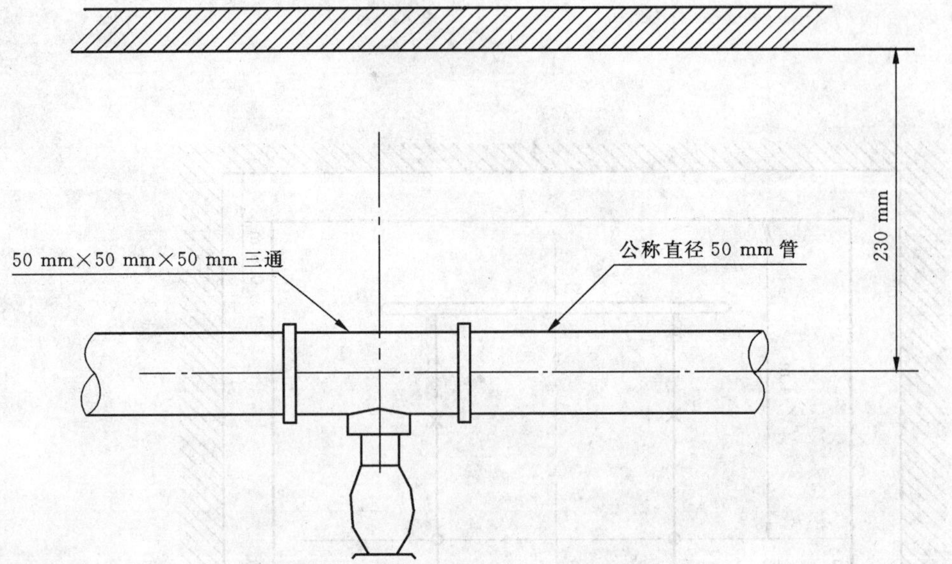

图 8　布水试验装置中管路的安装示意图

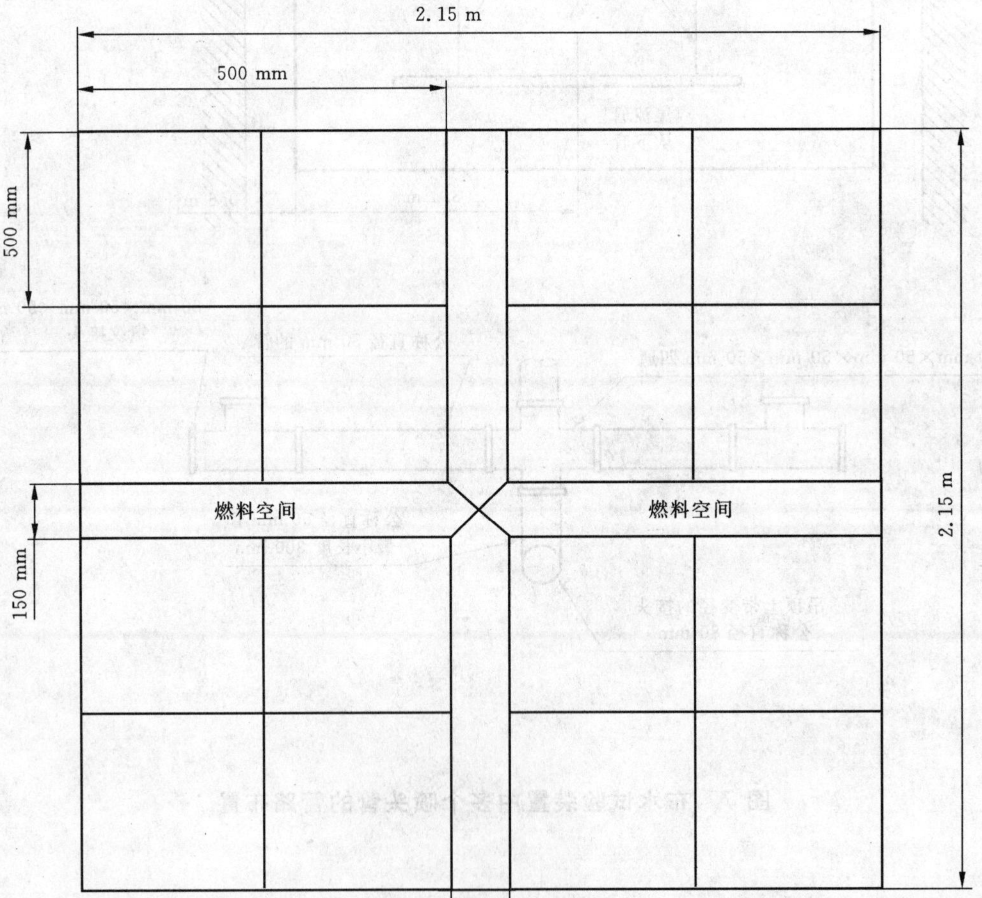

注：集水盒上表面距地面的最小距离为 1 m。

图 9　布水装置中集水盒的布置

7.5　静态动作温度试验

7.5.1　试验在液浴中进行，公称动作温度不高于79℃的喷头在水浴（宜采用蒸馏水）中进行，公称动作温度高于79℃的喷头在油浴（适当的油）中进行。试验液浴的温度应均匀，试验区域内的温度偏差不得超过0.5℃。喷头动作温度的测量采用二级标准玻璃温度计。

7.5.2　将10只玻璃球ESFR喷头和50只玻璃球或10只易熔元件ESFR喷头试样在升温速率不超过20 ℃/min的条件下，从室温加热到低于其公称动作温度20^{+2}_{-0}℃，并保持此温度10 min。然后以（0.5±0.1）℃/min速率升温，直至喷头动作。记录喷头的动作温度，试验结果应符合6.6的规定。

7.6　功能试验

7.6.1　ESFR喷头试样按其正常安装位置进行安装。试验箱的热源采用气体燃料，试验箱内靠近喷头处的温度应能在3 min内达到（400±20）℃。对于公称动作温度超过79℃的ESFR喷头，可使用火炬直接加热启动喷头。

7.6.2　在0.03 MPa、0.17 MPa、0.34 MPa、0.51 MPa、0.68 MPa、0.85 MPa、1.02 MPa和1.20 MPa压力下，分别取10只喷头试样按其正常安装位置进行功能试验。试样启动后，试验的压力应不低于上述启动前压力的75%，试验箱的温度应在靠近喷头位置测量。当一个或多个动作零件滞留在溅水盘框架组件上超过6.7.2规定的时间时，即认为发生沉积现象。试验结果应符合6.7的规定。

7.7　水冲击试验

将5只试样按工作位置安装在试验装置上，向试验管路中充水排出空气，然后进行10 000次压力从（0.40±0.05）MPa至（3.40±0.05）MPa的交变水压试验。每次试验的周期不应大于2 s。

在试验过程中，检查每个试样的渗漏情况。试验后所有喷头试样进行密封试验和0.035 MPa压力下的功能试验，试验结果应符合6.8的规定。

7.8　工作载荷的确定和框架强度试验

7.8.1　至少取15只喷头试样用以测量工作载荷。将试样在室温下牢固地安装于试验装置上，在喷头的入口施加1.20 MPa的压力。

7.8.2　使用分辨率为0.001 mm的变形测量仪表测量喷头承载点间的位移变化。应避免喷头螺纹与固定件之间的移动。

7.8.3　以适当的方法除去喷头的热敏感元件，当喷头温度恢复至室温后，再次测量变形。

7.8.4　以不超过500 N/min的加压速率向喷头施加机械载荷，直至喷头框架变形数值回到加1.2 MPa压力时的数值，此机械载荷即为该试样的工作载荷。计算15只试样的平均工作载荷。

7.8.5　在上述15只喷头试样中任取5只试验，以不超过500 N/min的加压速率给喷头试样施加两倍平均工作载荷的机械载荷，保持此载荷（15±5）s后卸去载荷。记录框架的永久变形，应符合6.9的规定。

7.9　热敏感元件的强度试验

7.9.1　热敏感元件设计载荷的确定

使用在7.8中确定的ESFR喷头工作载荷计算出施加在喷头热敏感元件上的力，即热敏感元件的设计载荷。当热敏感元件的设计载荷不能通过计算得出时，可采用适当的方法直接测量热敏感元件的设计载荷。

7.9.2　玻璃球

7.9.2.1　每种类型、每种温度等级的玻璃球至少取15只试样进行试验。将试样安装于试验装置上，试验装置的玻璃球支撑件可使用喷头上的支撑件或生产商提供的专用支撑件。以150 N/s至250 N/s的加压速率给玻璃球施加平稳载荷，直至玻璃球破碎。

7.9.2.2 每次试验使用新的玻璃球支撑件，可对支撑件进行外部加固以防止试验失败，但不得影响玻璃球原有的受力状况。

7.9.2.3 记录每只玻璃球的破碎载荷，破碎载荷测量值应精确到 1 N。

7.9.2.4 计算玻璃球平均破碎载荷和玻璃球破碎载荷的下限误差 TL1，计算玻璃球设计载荷的上限误差 TL2（参见附录 B），结果应符合 6.10.1 的规定。

7.9.3 **易熔元件**

7.9.3.1 至少取 10 只易熔元件试样，使其承受 15 倍的易熔元件最大设计载荷历时 100 h，试验结果应符合 6.10.2 的规定。与评价易熔元件无关的非正常损坏可不考虑。

7.9.3.2 至少取 10 只易熔元件试样，使其分别承受不同的载荷，载荷值从易熔元件最大设计载荷 L_d 至 15 倍易熔元件最大设计载荷，使易熔元件试样在 1 000 h 之内和之后损坏（参见附录 C），应去除非正常的损坏。用最小二乘法绘制全对数回归曲线，从曲线得出试样 1 h 损坏时的载荷 L_0 和 1 000 h 损坏时的载荷 L_m，试验结果应符合 6.10.2 的规定。

7.10 **疲劳强度试验**

本项试验使用 4 只玻璃球 ESFR 喷头试样，每只喷头试样重复进行 4 次试验。

试验在液浴中进行，公称动作温度不超过 79℃的喷头采用水浴（宜用蒸馏水），公称动作温度高于 79℃的喷头使用油浴（适当的油）进行试验。将试样置于液浴中，升温速率不超过 20℃/min，使温度从（20±5）℃升至低于其公称动作温度（20±2）℃，然后使液浴温度以 1℃/min 的速率升温直至玻璃球的气泡消失或低于公称动作温度 5℃。将喷头从液浴中取出，使其在空气中冷却，直至玻璃球气泡重新出现。在冷却过程中，玻璃球的尖端（封口端）应指向下方。

疲劳强度试验后的所有试样进行 0.035 MPa 压力下的功能试验，试验结果应符合 6.11 的规定。

7.11 **热稳定性试验**

7.11.1 试验前将 5 只玻璃球 ESFR 喷头试样置于（20±5）℃的环境中不少于 30 min。

7.11.2 将喷头浸入液浴内，液浴的温度为低于喷头公称动作温度（10±2）℃，液浴试验区域的温度偏差不得超过±1℃。5 min 后将喷头从液浴中取出，使玻璃球尖端（封口端）朝下，立即浸入（10±1）℃的液浴中。

试验后的所有试样进行 0.035 MPa 压力下的功能试验，试验结果应符合 6.12 的规定。

7.12 **振动试验**

7.12.1 将 5 只喷头试样垂直安装于试验台面上，沿喷头联接螺纹的轴线方向进行正弦振动。振动的频率为 30 Hz 至 60 Hz，振幅为 0.38 mm，连续振动 25 h。然后再以振动频率为 10 Hz 至 30 Hz，振幅为 1.27 mm，连续振动 25 h。每半个循环的周期为（25±5）s（如 10 Hz～30 Hz 或 30 Hz～10 Hz）。如果发现一个或多个共振点，则 ESFR 喷头应以这些共振频率各振动 50 h。

7.12.2 振动试验后，所有试样进行密封试验和动态热试验，试验结果应符合 6.13 的规定。

7.13 **碰撞试验**

使重物沿喷头中心轴线落于溅水盘一端进行碰撞，取 5 只喷头试样进行本项试验。对于带有运输护罩的喷头，只有当喷头安装完毕后才摘掉护罩，则应带着护罩进行碰撞试验。在碰撞点落物的能量应等于与被试喷头同重的物体从 1 m 高度落下时的冲量。对于带有水罩的喷头，落物的重量应等于被试喷头去掉水罩时的重量。应避免落物多次碰撞被试喷头。试验后所有试样进行密封试验和动态热试验应符合 6.14 的规定。见图 10。

单位为毫米

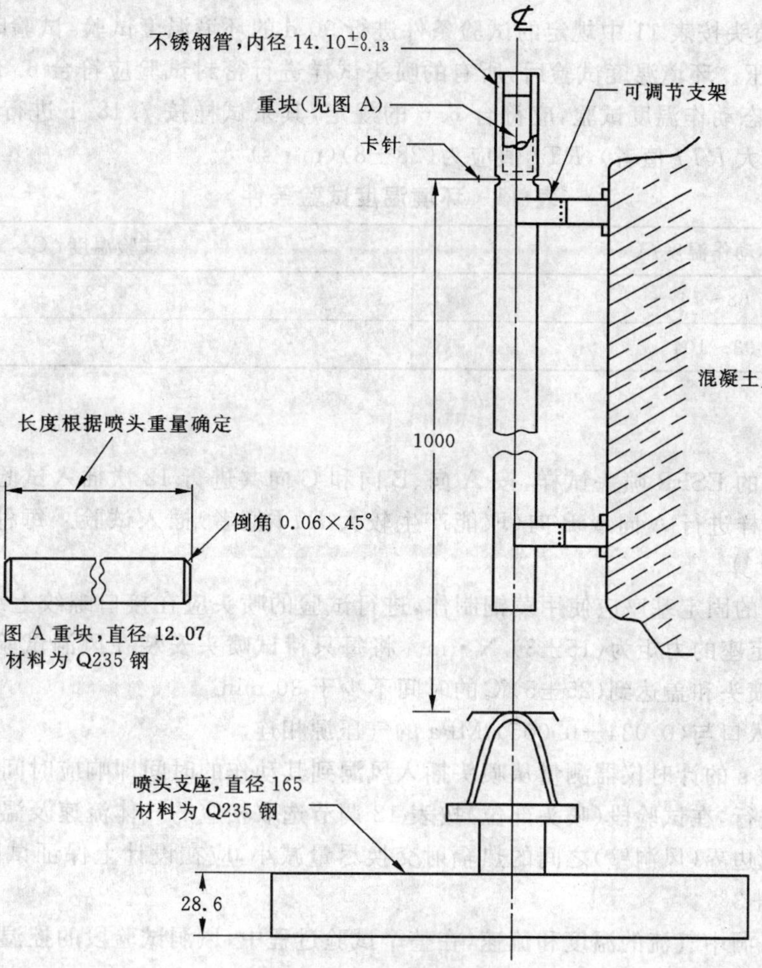

图 10 碰撞试验装置

7.14 翻滚试验

取 5 只 ESFR 喷头逐个进行 3 min 的滚动试验。带有运输护帽的喷头,要带着护帽进行翻滚试验。将每个喷头放入乙烯树脂制成的正六棱柱形鼓中。此鼓沿其回转轴方向长为 254 mm,六边形平面平行边之间相距 305 mm。每一次试验,鼓内装 1 只喷头和 5 个木块。木块为 38 mm×38 mm×38 mm 的硬木立方体。鼓以 1 圈/秒的速率绕其轴旋转。试验后,观察喷头,所有试样进行密封试验和动态热试验应符合 6.15 的规定。

7.15 低温试验

至少 2 只 ESFR 喷头试样进行低温试验,每只喷头与直径为 25 mm、最小长度为 102 mm 的钢管的一端相连接,管中充满水并密封。将钢管组件置于低温试验箱中,箱内的温度保持在(−30±2)℃,历时 24 h。随后将组件取出,检查喷头的损坏情况,如无损坏,应进行密封试验和动态热试验,试验结果应符合 6.16 的规定。

7.16 高温试验

将去掉动作机构的 4 只 ESFR 喷头,按其正常工作位置放入(800±20)℃的试验箱中,历时 15 min。然后夹着喷头的螺纹处将其自试验箱中取出,立即放入(15±2)℃的水中,试验结果应符合 6.17 的规定。

7.17 环境温度试验

试验在环境试验箱中进行。试验温度低于100℃时，控温精度为±2℃；试验温度为100℃～200℃时，控温精度为±3℃。

取12只ESFR喷头按表11中规定的试验条件进行90 d的环境温度试验，试验时对每只喷头试样施加1.20 MPa的水压。环境温度试验后，所有的喷头试样进行密封试验应符合6.3.1的规定；6只喷头试样按7.5进行静态动作温度试验，应符合6.6的规定，其余试样按7.18.1进行动态热试验（取A向或B向中能产生较大*RTI*值者），*RTI*值应为(28±8)$(m\cdot s)^{0.5}$。

表11 环境温度试验条件

公称动作温度/℃	试验温度/℃
68～74	52
93～104	79

7.18 动态热试验

7.18.1 插入试验

用某一温度等级的ESFR喷头试样，按A向、B向和C向共进行12次插入试验，其他温度等级的喷头，每种取10只试样进行A向或B向（取能产生较大*RTI*值者）插入试验。每种方位的*RTI*值按7.18.2规定的方法计算。

插入试验时喷头的固定基座应使用黄铜制作，进行试验的喷头应在接口螺纹上缠1至1.5圈的聚四氟乙烯带，拧入固定座的力矩为(15±3) N·m。将每只待试喷头安装在风洞试验盖上，并将其保存在一恒温箱内，以使喷头和盖达到(25±5)℃的时间不少于30 min。

在试验前，喷头入口与(0.034±0.005) MPa的气压源相连。

用精度为±0.01 s的计时仪器测量从喷头插入风洞到其动作的时间即响应时间。

试验采用风洞进行，在试验段（喷头部位）按表12调节选取相应的气体流速及温度范围。为了使试样（热敏元件）和限流边界（风洞壁）之间的热辐射交换尽量减小，应在设计上保证试验段热辐射效果不超过*RTI*计算值的±3%。

应测量并控制风洞中气流的温度和流速，在整个试验过程中，风洞试验段的控温精度为±2℃，流速的控制精度为±0.03 m/s。

表12 插入试验时试验段（喷头部位）条件范围

公称动作温度/℃	空气温度/℃	气体流速范围/m/s
68～74	197	2.56
93～104	197	2.56

7.18.2 *RTI*值计算

由下式计算*RTI*值：

$$RTI=\frac{-t_r u^{0.5}}{\ln\left[1-\dfrac{\Delta T_{ea}}{\Delta T_g}\right]}$$

式中：

t_r——喷头响应时间，单位为秒(s)；

u——风洞试验段的实际气体速度（取自表12），单位为米每秒(m/s)；

ΔT_{ea}——喷头的平均液浴动作温度减去环境温度，单位为摄氏度(℃)；

ΔT_g——试验段的实际气体温度减去环境温度，单位为摄氏度(℃)。

7.18.3 传导系数(*C*)的确定

传导系数*C*采用7.18.3.1或7.18.3.2所述的方法测量确定。

7.18.3.1 **反复插入试验**

反复插入试验是确定 C 的一个重复过程，应取 10 只 ESFR 喷头进行试验，必须使用未使用过的 ESFR 喷头试样。即使试样在反复插入试验中未动作，也必须换用新试样进行试验。

各种温度级的 ESFR 喷头按 A 向或 B 向(取能产生较大 RTI 值者)进行试验。在试样接口螺纹处缠 1 至 1.5 圈聚四氟乙烯带，将其拧入固定座，扭矩为(15±3) N·m。将每只待试喷头安装于风洞试验盖上，并将其保存在恒温箱内以使喷头和盖达到环境温度的时间不少于 30 min。

试验前，将至少 25 mL 温度为环境温度的水引入喷头入口，并施加 0.05 MPa 的压力。

使用精度为±0.01 s 的计时仪器测量从喷头插入风洞到其动作的时间，即响应时间。

固定座的温度在试验期间应保持在(20±0.5)℃。在风洞试验段喷头位置，气体流速应保持在选择流速的±2%之内。试验期间气体温度的选择和控制精度应符合表 13 的要求。

应选择合适的气流速度，以使试样在两个连续的速度之间启动。即必须选择两个流速，在低速(U_L)时，试样在 15 min 试验期间内不能启动，而在下一个较高的速度(U_H)时，在 15 min 内试样必须启动。如果喷头在最高流速还未动作，应从表 13 中选择下一较高温度级的气流温度。

试验流速的选择应满足：

$$(U_H/U_L)^{0.5} \leqslant 1.1$$

试样的 C 值为使用下列公式在两个速度下计算出的数值的平均值：

$$C = (\Delta T_g/\Delta T_{ea} - 1)U^{0.5}$$

式中：

ΔT_g——实际气体温度减去固定座温度(T_m)，单位为摄氏度(℃)；

ΔT_{ea}——平均液浴动作温度减去固定座温度(T_m)，单位为摄氏度(℃)；

U——试验段实际气流速度，单位为米每秒(m/s)。

表 13 确定传导系数 *C* 时，试验段(喷头部位)的条件

公称动作温度/℃	气体温度/℃	气体温度的控制精度/℃
68～74	82～130	±1.0
93～104	121～199	±3.0

7.18.3.2 **等速率升温试验**

等速率升温试验在风洞试验装置中进行，喷头固定端温度的要求与 7.18.1 反复插入试验相同，喷头试样不需预热。

每种类型的喷头取 10 只试样，在 A 向或 B 向方位(取能产生较大 RTI 值者)进行试验。将喷头插入流速为 1 m/s±0.1 m/s 的气流中，试验初始气流的温度为该喷头的公称动作温度。

气温以(1±0.25)℃/min 的速率上升，直至喷头动作。试验应控制和记录气体的温度、流速、喷头固定端的温度和喷头动作时的温度。

C 值的计算公式与 7.18.3.1 中的公式相同，即：

$$C = (\Delta T_g/\Delta T_{ea} - 1)U^{0.5}$$

式中：

ΔT_g——喷头的动作温度减去固定座温度(T_m)，单位为摄氏度(℃)；

ΔT_{ea}——平均液浴动作温度减去固定座温度(T_m)，单位为摄氏度(℃)；

U——试验段实际气流速度，单位为米每秒(m/s)。

取 10 只试样 C 值测量值的平均值作为 ESFR 喷头的 C 值。

此试验方法适用于所有温度等级的 ESFR 喷头。

7.19 **氨应力腐蚀试验**

取 4 只 ESFR 喷头试样进行试验。每只试样的入口用与氨水溶液不反应的材料(如塑料)制成的盖密封，将试样除去油脂置于试验箱中。将密度为 0.94 g/cm³ 氨水溶液存放在试验箱的底部，距试样的下部约 40 mm。按 0.01 mL/cm³ 向试验箱中加入氨溶液，大约产生如下的气体组分：35%的氨，5%的水蒸气和 60%的空气。

潮湿的氨混合气体应保持在大气压力下，试验箱内温度保持在(34±2)℃。采取适当的措施防止试验箱内压力高于大气压力，喷头试样应有防护罩以防止凝滴落于其上，试验历时 10 d。

试验后将喷头试样冲洗干燥，进行仔细地检查。其中两个 ESFR 喷头进行密封试验，另两个按 7.18.1进行动态热试验，试验结果应符合 6.20 的规定。

7.20 二氧化硫/二氧化碳腐蚀试验

取 4 只 ESFR 喷头试样进行下述腐蚀试验。将喷头试样的入口用与二氧化硫和二氧化碳不反应的材料(如塑料)制成的盖密封。

将喷头试样按其工作位置挂在试验箱内防滴罩的下面，试验箱按体积比每 24 h 加入 1%的二氧化硫和二氧化碳气体，试验箱底部保留少量去离子水。试验箱内温度保持在(25±3)℃，试验进行 10 d。取出试样，在温度不超过 35℃，相对湿度不超过 70%的条件下干燥 1 d～5 d。

干燥后，所有试样进行密封试验，其中两个 ESFR 喷头按 7.18.1 进行动态热试验，另两个按 7.5 进行静态动作温度试验，试验结果应符合 6.21 的规定。

7.21 硫化氢气体腐蚀试验

将 4 只 ESFR 喷头进行 H_2S 气体腐蚀试验。每一喷头入口均注满水，并用不发生反应的密封帽例如塑料帽，将喷头入口封住。

试验装置是用绝热玻璃制成的容器(或试验箱)，其结构可以避免凝结液滴在喷头上，应调整容器内温度以保持其内部温度为(25±3)℃。应有防护罩以免凝结液滴在喷头上。

在容器内喷头将按正常位置安装在试验箱内，试验箱按体积比每 24 h 加入 1%硫化氢气体，试验箱底部保留少量去离子水。试验将进行 10 天。试验后，将喷头从容器中取出在温度低于 35℃，相对湿度不超过 70%的条件下干燥 1 d 至 5 d。所有喷头进行密封试验，其中两个 ESFR 喷头按 7.18.1 进行动态热试验，另两个按 7.5 进行静态动作温度试验，试验结果应符合 6.22 的规定。

7.22 盐雾腐蚀试验

试验在盐雾试验箱中进行。使质量比为 20%的氯化钠盐溶液雾化形成盐雾，盐溶液的密度为 1.126 g/mL～1.157 g/mL，pH 值为 6.5～7.2。

将 8 只 ESFR 喷头试样从入口充入蒸馏水，在螺纹处用与盐雾不反应的材料(如塑料)制成的盖密封，按正常的安装位置支撑或悬挂在盐雾试验箱的试验区，试验区的温度应保持在(35±2)℃，喷雾压力在 0.07 MPa～0.17 MPa 之间。使用过的盐溶液应收集起来，不得循环使用。应将试样蔽护以防凝滴落在其上面。

在试验区内，应至少从两点收集盐雾以确定雾化速率和盐浓度。在连续 16 h 中，收集区内每 80 cm²面积每小时应能收集到 1 mL～2 mL 盐溶液，盐溶液的质量浓度应为(20±1)%。

经过 10 d 的试验后将喷头从盐雾试验箱中取出，在温度为(20±5)℃，相对湿度不超过 70%的条件下干燥 2 d～4 d。干燥后，所有喷头进行密封试验，其中 4 个 ESFR 喷头按 7.18.1 进行进行动态热试验，另 4 个按 7.5 进行静态动作温度试验，试验结果应符合 6.23 的规定。

7.23 潮湿气体腐蚀试验

本项试验在湿热试验箱中进行。将 5 只喷头试样安装在具有多个接口的管段上，管内充装管容积一半的去离子水，将整个管段(及喷头)放入湿热试验箱中。试验箱内的相对湿度为(98±2)%，温度为(95±1.1)℃。可选择同型号、同种形式较高温度等级的喷头进行本项试验以评价较低温度等级的喷头。

经过 90 d 试验后，将喷头从湿热试验箱中取出，在温度为(20±5)℃，相对湿度不超过 70%的条件下，干燥 4 d～7 d。干燥后，所有试样进行 0.035 MPa 压力下的功能试验，试验结果应符合 6.24 的规定。

7.24 30天密封试验

将5只ESFR喷头安装在充水的试验管道上，在2.0 MPa恒压下保持30天。至少每周观察一次喷头泄漏状况。30天后，检查每只喷头，试验结果应符合6.25的规定。

7.25 真空试验

在环境温度为(20+5)℃条件下，取3只喷头从其入口逐渐增加负压至660 mm汞柱，持续1 min。试验后，检查喷头并进行密封试验应符合6.26的规定。

7.26 侧向喷洒试验

将1只已开启的ESFR喷头安装在7.4.1规定的管道上，与ESFR喷头溅水盘尺寸相同的目标安装在吊顶下18 mm并距ESFR喷头2.1 m，试验时喷水压力分别为0.35 MPa、0.70 MPa、1.00 MPa和1.20 MPa，观测目标点浸湿或被喷溅情况，试验结果应符合6.27的规定。

7.27 实际布水密度(*ADD*)试验

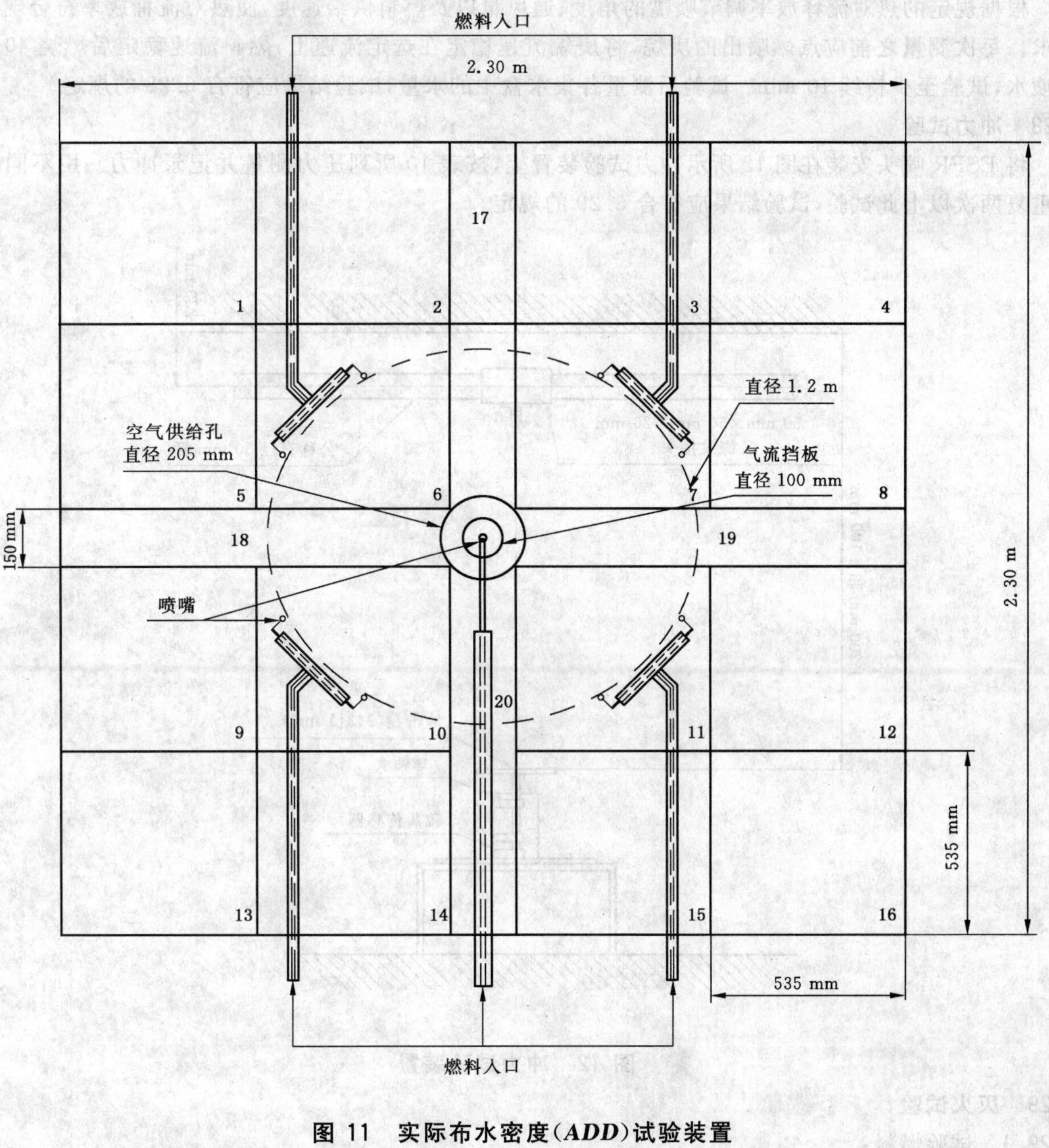

图11 实际布水密度(*ADD*)试验装置

用图11所示的试验装置和3组喷头，测量实际布水密度(*ADD*)。在使用点燃器之前应先校准试验装置。*ADD* 装置主要由两部分组成：火源和模拟的货品。火源由许多均匀分布在圆周上的喷嘴组成，用正庚烷（或其他等效燃料）作燃料。火源上方是模拟货品，其体积和尺寸接近单独堆放的两层货品货架高度和两层货架宽度，间距 15 cm。在模拟货品上面有 16 个集水盘以收集到达货品表面的水。另 4 个集水盘在火源下面收集到达燃料空间的水，集水盘收集到的水汇集到 *ADD* 装置的集水器中，最小尺寸为 11.13 m×10.21 m 的水平天花板悬在 *ADD* 装置上方。试验装置应放在足够大的房间中，在试验区域禁止有风或空气进出流动。

8 个喷嘴等距离地分布在直径为 1.22 m 的圆上，1 个喷嘴位于圆心。通过位于圆心的直径为 203 mm的气孔供给空气。ϕ6.4 的铜管和各个喷嘴相连，使各个喷嘴以相同的速率喷放燃料。ϕ12.7 的水冷套包裹着铜管以冷却集水盒上方的铜管。

应按无火燃烧状况安装喷头，例如溅水盘在吊顶下 35 cm 处，喷头框架臂平行于喷头支管，喷头支管中心线在吊顶下 23 cm 处，喷头管道最小公称直径为 50 mm。

根据规定的热对流释放率调节喷嘴的角度、通风量以及燃料供给速度，使热对流释放率符合规定的要求。每次测量之前应点燃喷出的庚烷，将庚烷流速稳定在选定流速上，燃料流速稳定后燃烧 40 s 开始喷水，试验至少持续 10 min。试验后测量各集水盒中的水量，试验结果应符合 6.28 的规定。

7.28 冲力试验

将 ESFR 喷头安装在图 12 所示冲力试验装置上，按表 10 所列压力测量并记录冲力。用不同的喷头重复两次以上此试验，试验结果应符合 6.29 的规定。

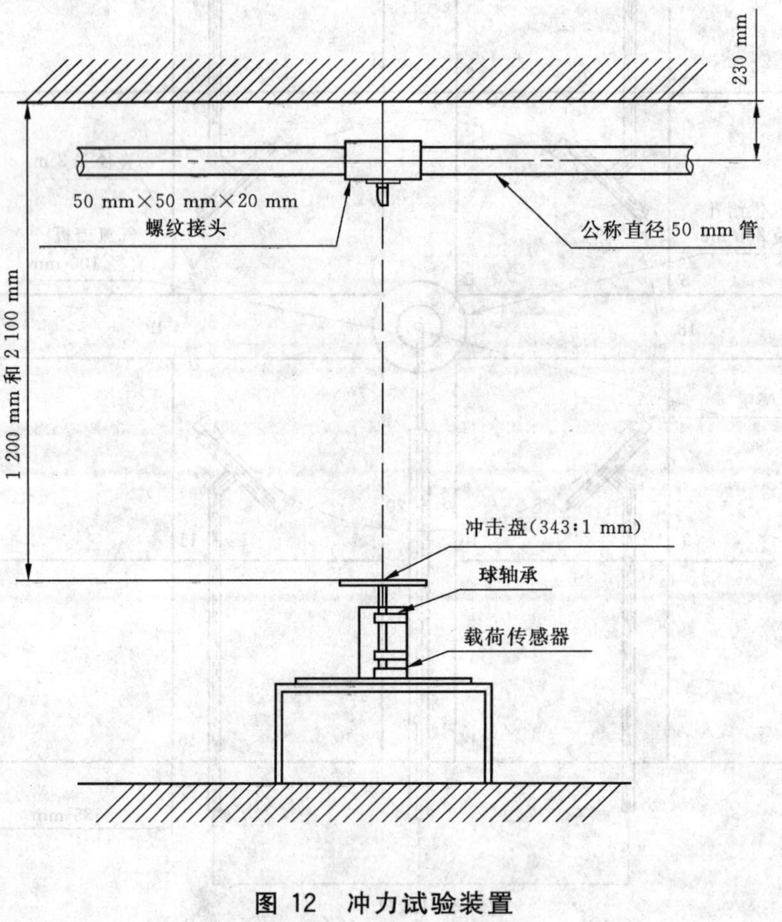

图 12 冲力试验装置

7.29 灭火试验

7.29.1 试验燃料：

a) 标准塑料试验品

标准塑料试验品为瓦垅纸箱，箱中放置聚丙乙烯塑料杯，塑料杯排列5层。纸箱中用以隔离塑料杯的隔离板的厚度为4 mm。每个纸箱中塑料杯的总重为3.67 kg，空纸箱和隔离板的总重为2.72 kg。

8个瓦垅纸箱按2×2×2排列构成一个货架货物，其还包括尺寸为1.07 m×1.07 m×0.13 m的木货架板，木货架板的重量为23.6 kg。一个货架货物(带标准塑料试验体)的总重为74.8 kg，其中40%为聚丙乙烯塑料杯，29%为纸箱，31%为木货架板。

b) Ⅱ型试验货品

Ⅱ型试验货品为双重三层板瓦垅纸箱，外纸箱的尺寸为1.07 m×1.07 m×1.07 m，内外的纸箱的总厚度为2.8 cm。

Ⅱ型试验货品放置在火蔓延的区域以外，放在木货架板上的钢支架上。

7.29.2 点火器

点火器的火源为浸有0.11 L汽油的纤维棉棒，直径为7.6 cm，长7.6 cm。并将纤维棉棒用聚丙乙烯袋包裹。试验时4个聚丙乙烯包裹的纤维棉棒放置在货架最底层四个试验货品相交的一角下，使用浸有丙烷的火炬点燃聚丙乙烯包。

7.29.3 试验空间

试验室尺寸不宜小于30.5 m×30.5 m，高度不小于18 m，吊顶可升降。试验室应能自然通风，以确保不因为通风条件而影响火的发展。通风口距地面大约3.5 m。

7.29.4 喷头布置

将适当数量的ESFR喷头安装在试验管路上，试验时保持供水压力恒定。

7.29.5 试验装置

a) 热电偶或热电阻；

b) 压力传感器；

c) 流量计；

d) 计时器；

e) 红外线摄像机。

7.29.6 试验时记录的数据

a) 吊顶处的气体温度；

用热电偶记录吊顶处的气体温度，热电偶一般位于吊顶下16.5 cm，但在一些试验中，在火灾很可能会蔓延到的区域热电偶放置在吊顶下40.6 cm。

b) 安装在吊顶下角钢的温度；

角钢尺寸5.08 cm×5.08 cm，厚度6.4 mm，长度为1.22 m，将角钢安装在吊顶下，其一平面与吊顶平面直接接触。5只热电偶点焊在角钢表面上，5只热电偶间距15.2 cm，其中中间的热电偶位于角钢的中央并处于点火器的正上方。

c) 火的辐射热；

辐射热测量仪放置在距试验货架1.22 m，距地面的高度为货架高度的一半，试验时记录辐射热的数值，以确认火是否会向走道跃迁而向相邻的货架蔓延。

d) 喷头的启动时间和数目；

e) 货架中货物的损失量。

7.29.7 K=161直立型ESFR喷头的灭火试验

灭火试验在室内进行，点火器应放置在第一层货架下，位于天花板上的热电偶监测温度，按表14中规定的条件进行灭火试验，试验结果应符合6.30的规定。

表 14 *K*=161 直立型 ESFR 喷头灭火试验的条件

试验类型	货架	燃料	货架高度/m	货架顶部到吊顶的距离/m	点火器位置	喷头间距/m	供水压力/MPa	试验时间/min
试验 a 双排架储存标准塑料试验品	双排架（见图 13）	标准塑料试验品	4.4	3.8	在 1 只喷头正下方	3.0	0.35	30
试验 b 双排架储存标准塑料试验品	双排架（见图 14）	标准塑料试验品	5.9	2.2	在 2 只喷头正下方	3.0	0.35	30
试验 c 双排架储存标准塑料试验品（堵住一只喷头的情况）	双排架（见图 15）	标准塑料试验品	5.9	2.2	在 2 只喷头正下方[a]	3.0	0.35	30
注：两个喷头中的一只保持为未启动状态以模拟堵住喷头条件。								

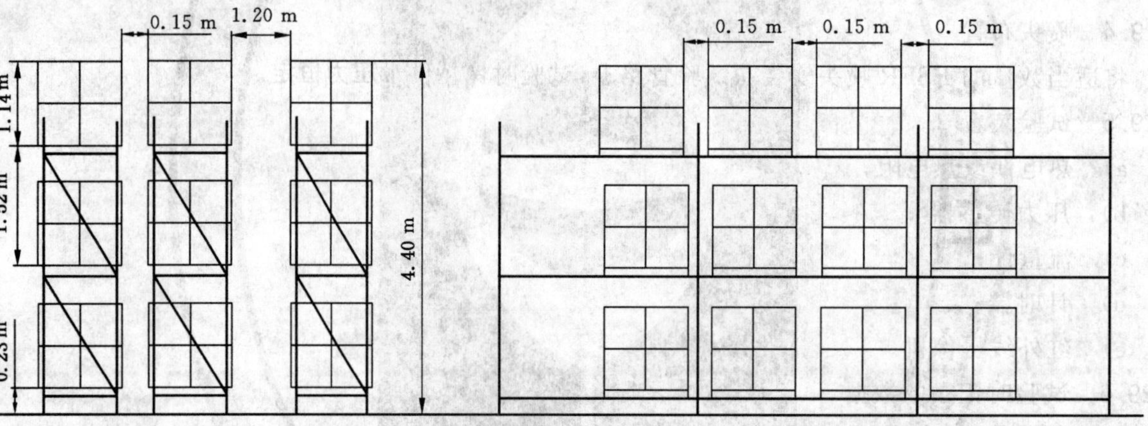

图 13 双排架灭火试验布置 *K*=161 直立型 ESFR 喷头 试验 a

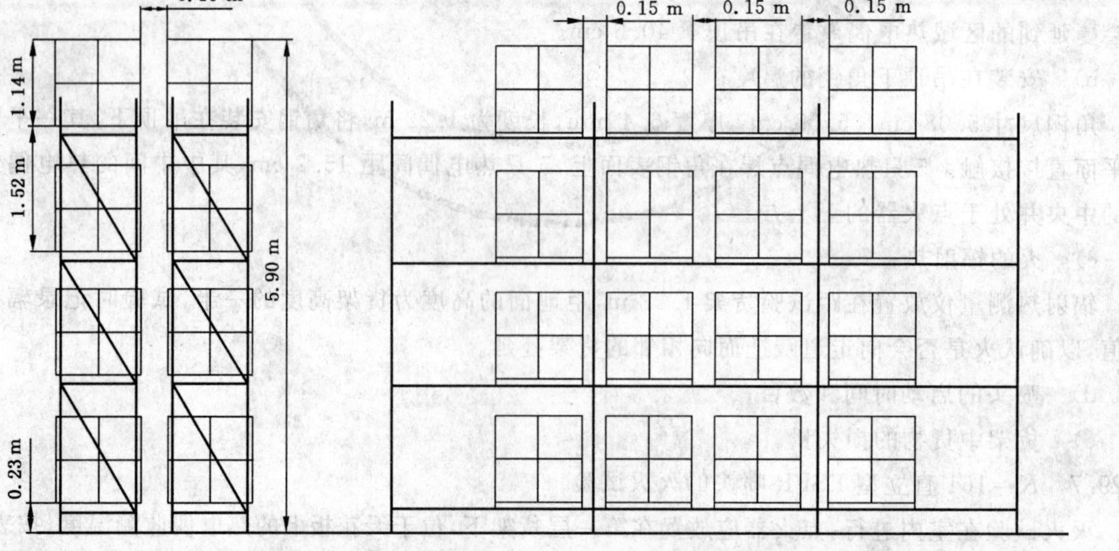

图 14 双排架灭火试验布置 *K*=161 直立型 ESFR 喷头 试验 b

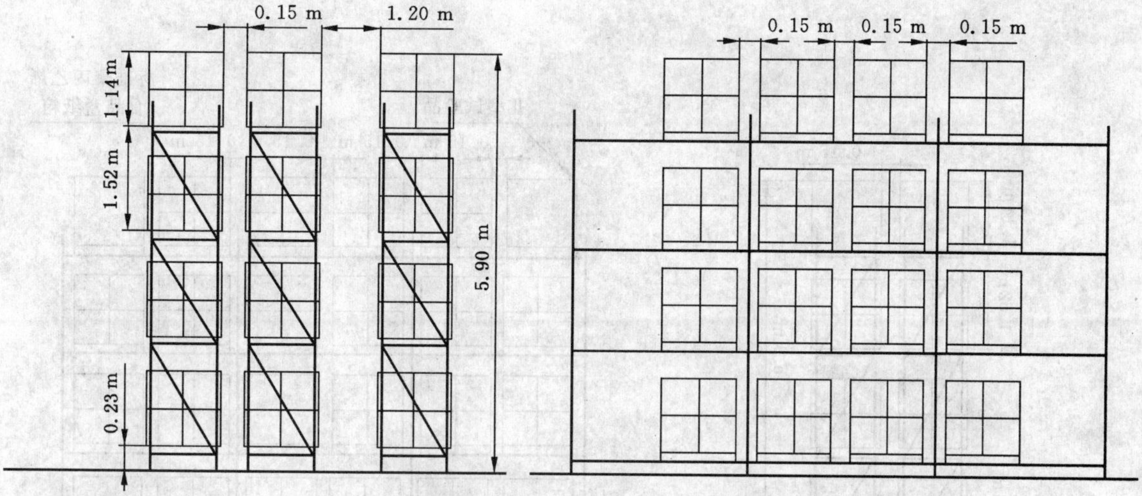

图 15　双排架灭火试验布置 *K*＝161 直立型 ESFR 喷头　试验 c

7.29.8　*K*＝202 直立型 ESFR 喷头的灭火试验

灭火试验在室内进行，点火器应放置在第一层货架下，位于天花板上的热电偶监测温度，按表 15 中规定的条件进行灭火试验，试验结果应符合 6.31 的规定。

表 15　*K*＝202 直立型 ESFR 喷头灭火试验的条件

试验类型	货架	燃料	货架高度/m	货架顶部到吊顶的距离/m	点火器位置	喷头间距/m	供水压力/MPa	试验时间/min
试验 a 双排架储存标准聚丙乙烯食品盒纸箱	双排架 （见图 16）	标准聚丙乙烯食品盒纸箱	5.9	3.2	在 1 只喷头正下方	3.0	0.35	30
试验 b 双排架储存标准聚丙乙烯食品盒纸箱	双排架 （见图 17、图 18）	标准聚丙乙烯食品盒纸箱	7.5	1.7	在 2 只喷头正下方	3.0	0.35	30
试验 c 双排架储存标准塑料试验品（堵住一只喷头的情况）	双排架 （见图 19、图 20）	标准塑料试验品	7.5	1.7	在 2 只喷头正下方	3.0	0.35	30
试验 d 双排架储存标准塑料试验品	双排架 （见图 21）	标准塑料试验品	7.5	3.4	在 1 只喷头正下方	3.0	0.52	30
试验 e 双排架储存标准塑料试验品	双排架 （见图 22）	标准塑料试验品	9.0	1.9	在 2 只喷头正下方	3.0	0.52	30
注：两个喷头中的一只保持为未启动状态以模拟堵住喷头条件。								

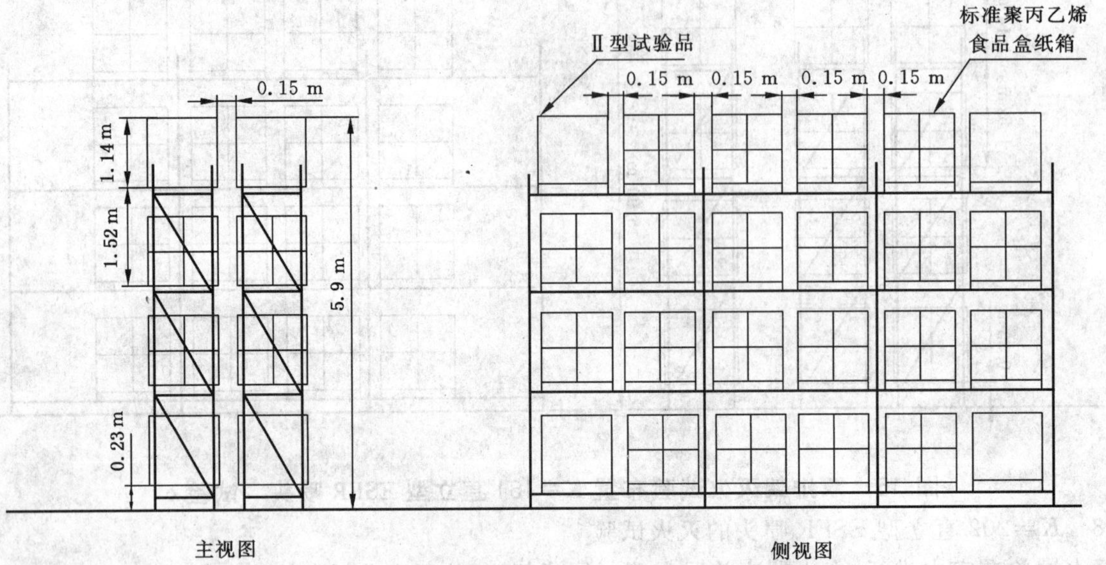

图 16 双排架灭火试验布置 K=202 直立型 ESFR 喷头 试验 a

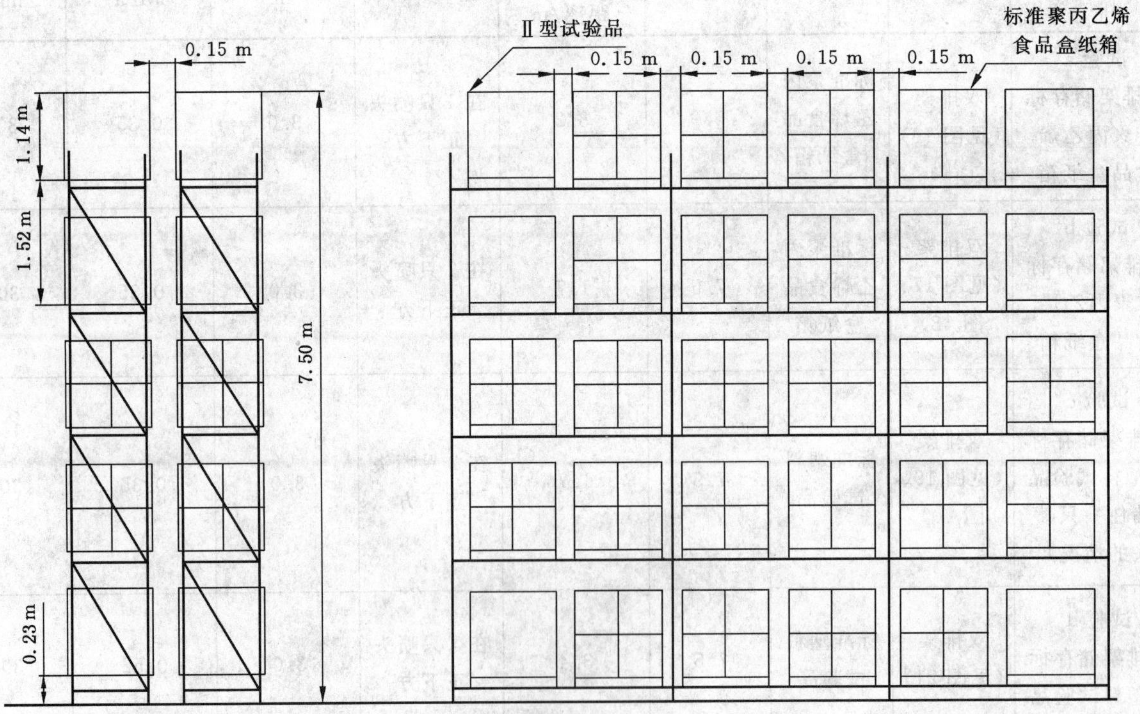

图 17 双排架灭火试验布置 K=202 直立型 ESFR 喷头 试验 b

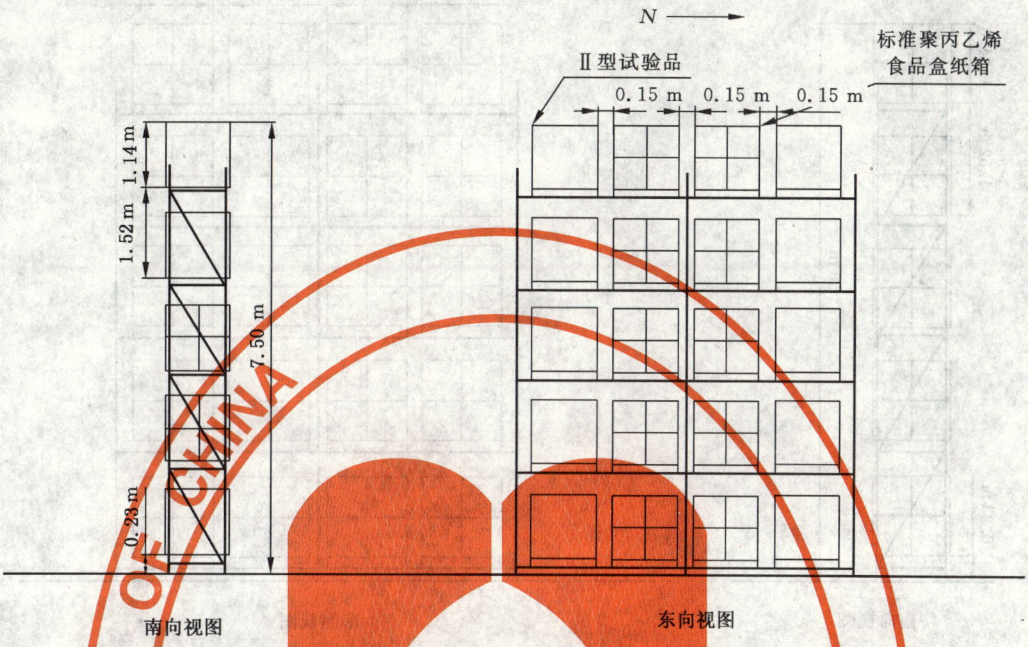

图 18　双排架灭火试验布置 *K*＝202 直立型 ESFR 喷头　试验 b

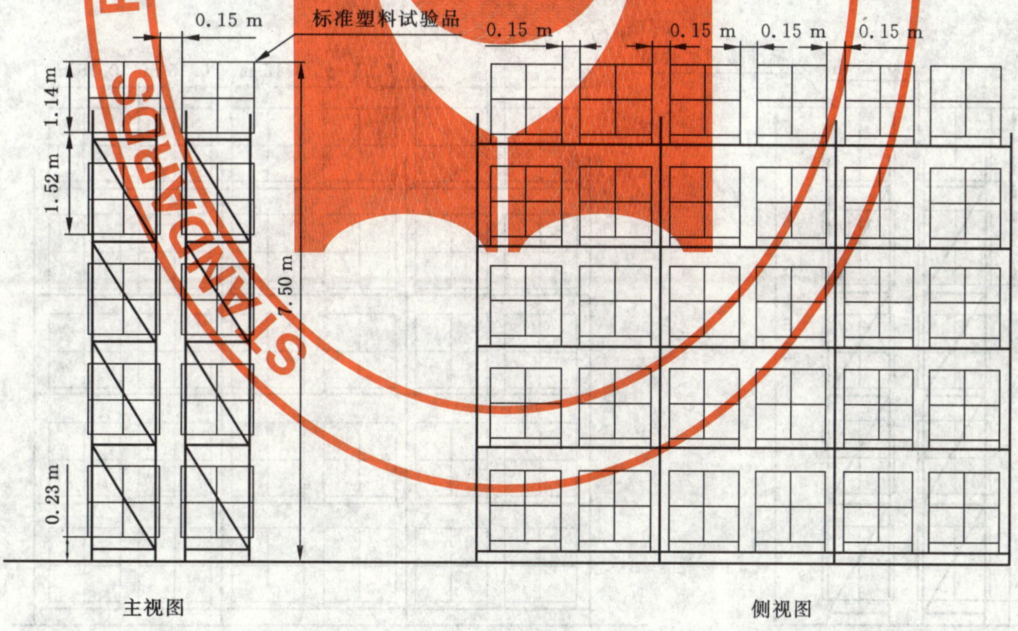

图 19　双排架灭火试验布置 *K*＝202ESFR 直立型喷头　试验 c

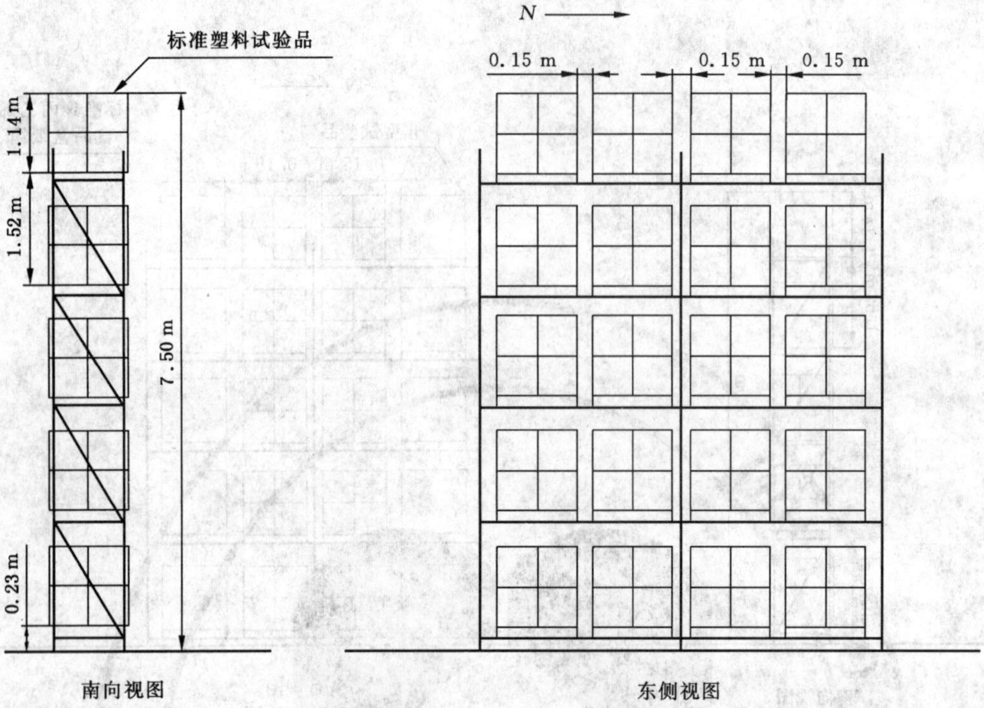

图 20　双排架灭火试验布置 $K=202$ 直立型 ESFR 喷头　试验 c

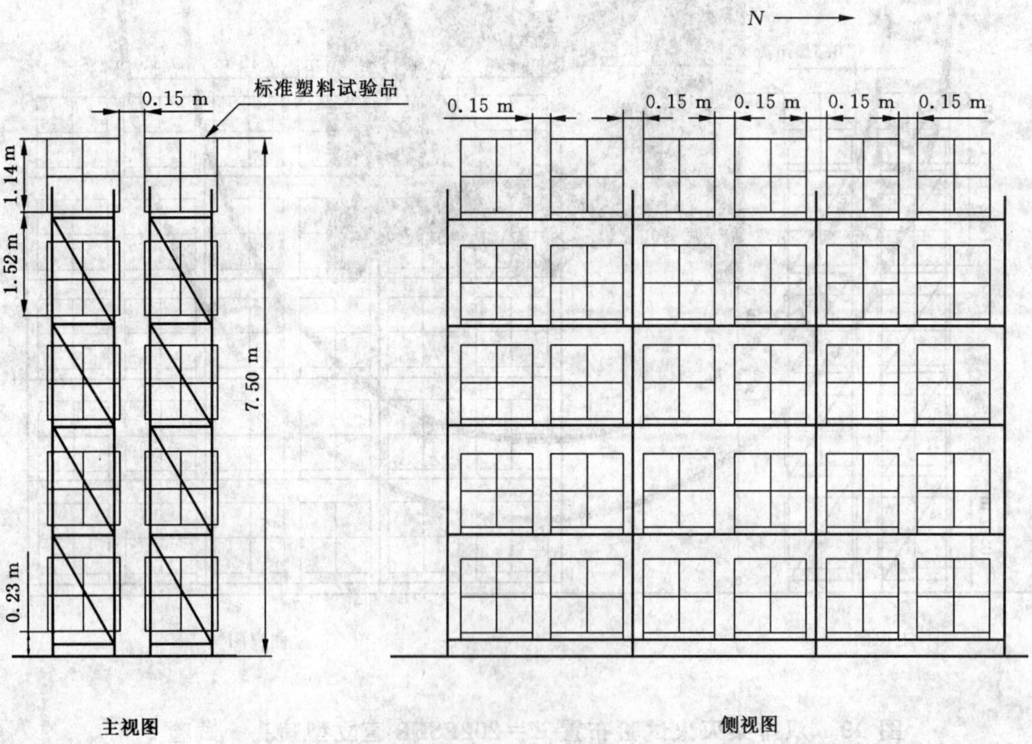

图 21　双排架灭火试验布置 $K=202$ 直立型 ESFR 喷头　试验 d

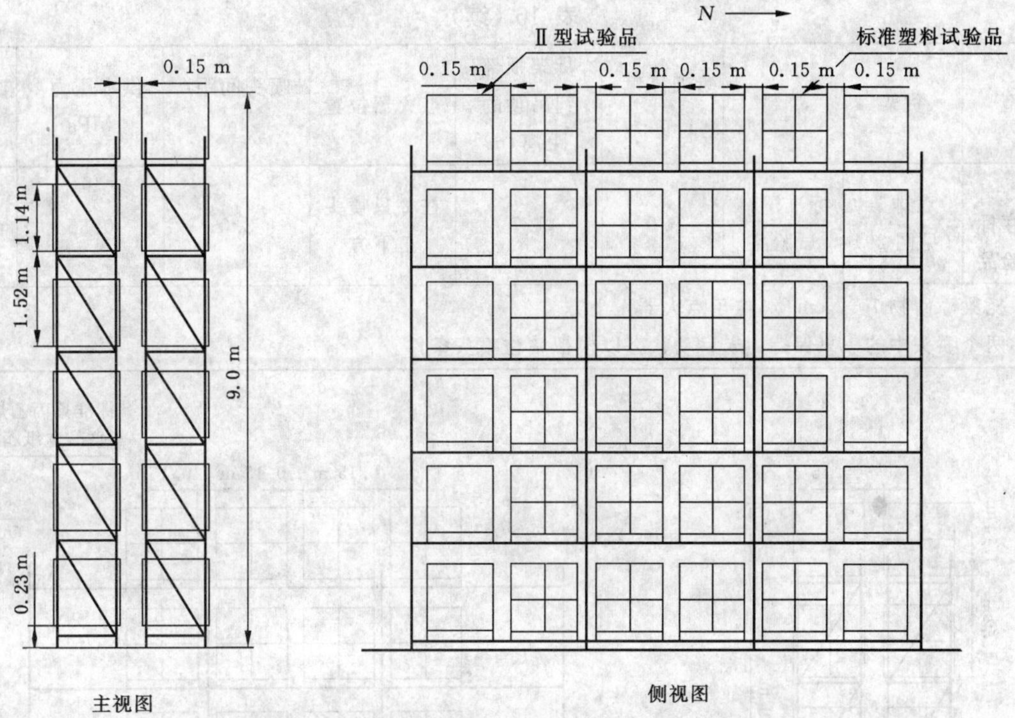

图 22 双排架灭火试验布置 K=202 直立型 ESFR 喷头 试验 e

7.29.9 K=242 直立型 ESFR 喷头的灭火试验

灭火试验在室内进行，点火器应放置在第一层货架下，位于天花板上的热电偶监测温度，按表 16 中规定的条件进行灭火试验，试验结果应符合 6.32 的规定。

表 16 K=242 直立型 ESFR 喷头灭火试验的条件

试验类型	货架	燃料	货架高度/m	货架顶部到吊顶的距离/m	点火器位置	喷头间距/m	供水压力/MPa	试验时间/min
试验 a 双排架储存标准聚丙乙烯食品盒纸箱（带托梁障碍物）	双排架（见图 23）	标准聚丙乙烯食品盒纸箱	5.9	3.2	在 1 只喷头正下方	3.0	0.24	30
试验 b 双排架储存标准聚丙乙烯食品盒纸箱	双排架（见图 24、图 25）	标准聚丙乙烯食品盒纸箱	7.5	1.7	在 2 只喷头正下方	3.0	0.24	30
试验 c 双排架储存标准塑料试验品（堵住一只喷头的情况）	双排架（见图 26、图 27）	标准塑料试验品	7.5	1.7	在 2 只喷头正下方	3.0	0.24	30
试验 d 双排架储存标准塑料试验品	双排架（见图 28）	标准塑料试验品	7.5	3.2	在 1 只喷头正下方	3.0	0.35	30

表 16（续）

试验类型	货架	燃料	货架高度/m	货架顶部到吊顶的距离/m	点火器位置	喷头间距/m	供水压力/MPa	试验时间/min
试验 e 双排架储存标准塑料试验品	双排架（见图 29）	标准塑料试验品	9.0	1.7	在 2 只喷头正下方	3.0	0.35	30
注 1：托梁障碍物 10.2 cm 宽，位于点火器正上方。 注 2：两个喷头中的一只保持为未启动状态以模拟堵住喷头条件。								

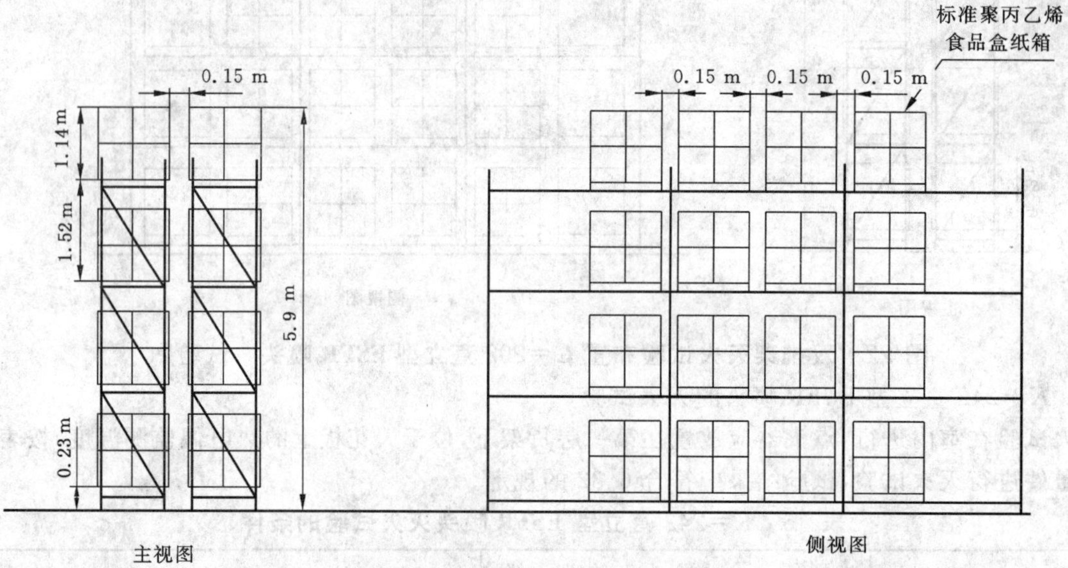

图 23　双排架灭火试验布置 $K=242$ 直立型 ESFR 喷头　试验 a

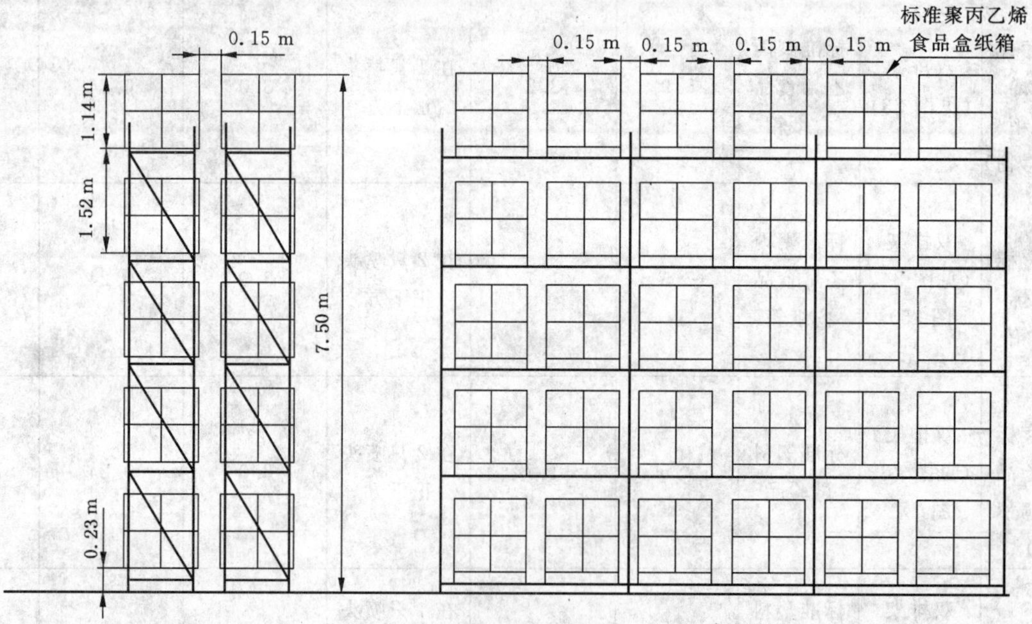

图 24　双排架灭火试验布置 $K=242$ 直立型 ESFR 喷头　试验 b

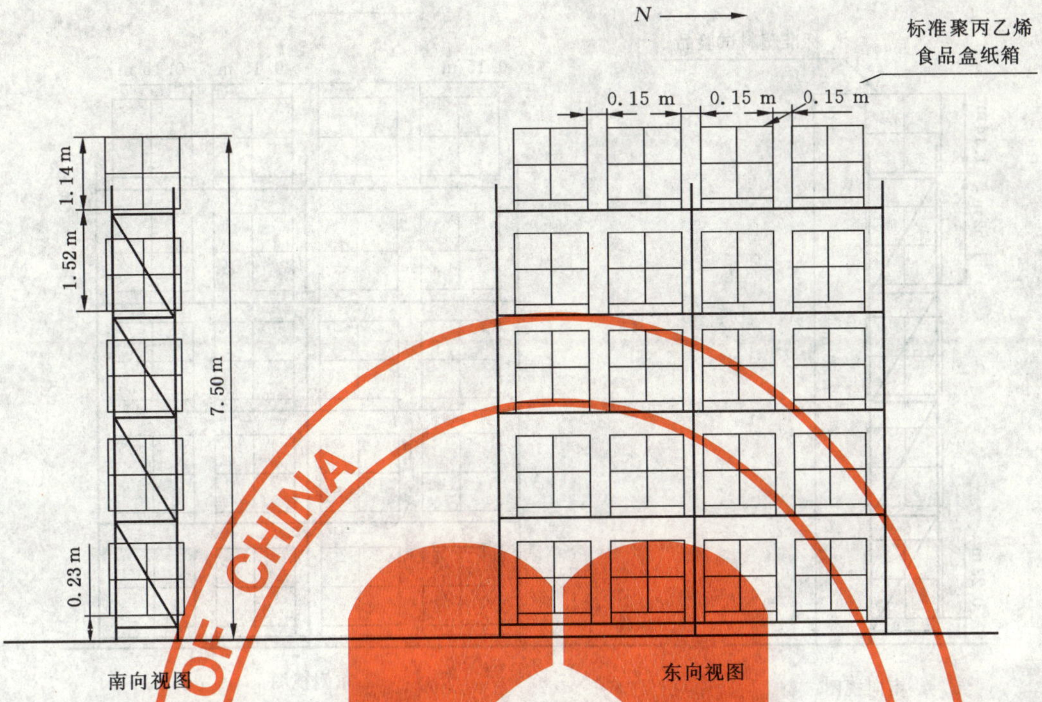

图 25　双排架灭火试验布置 K=242 直立型 ESFR 喷头　试验 b

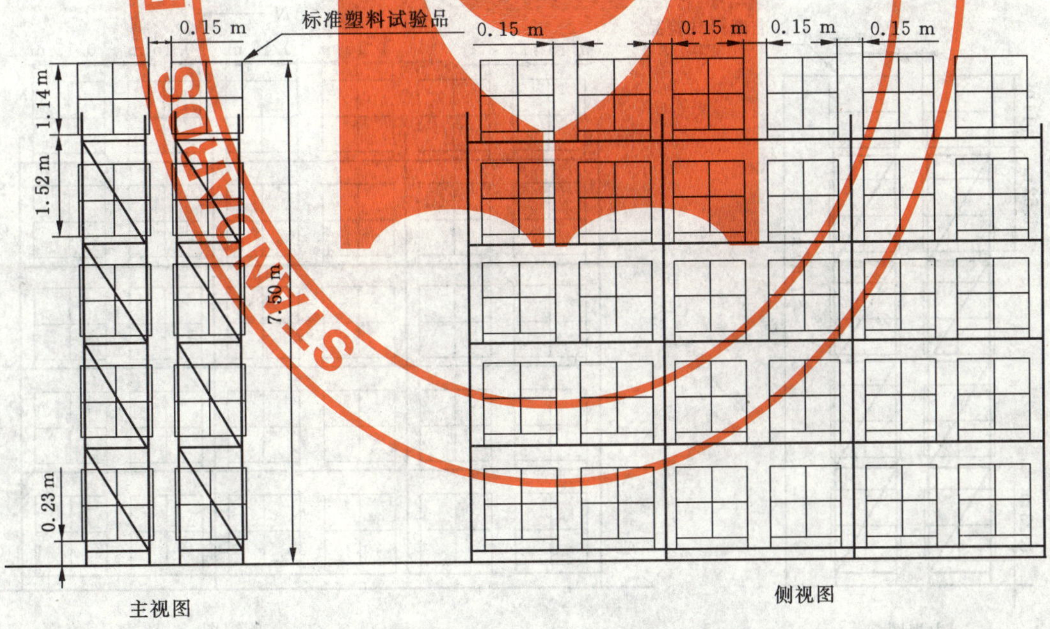

图 26　双排架灭火试验布置 K=242 ESFR 直立型喷头　试验 c

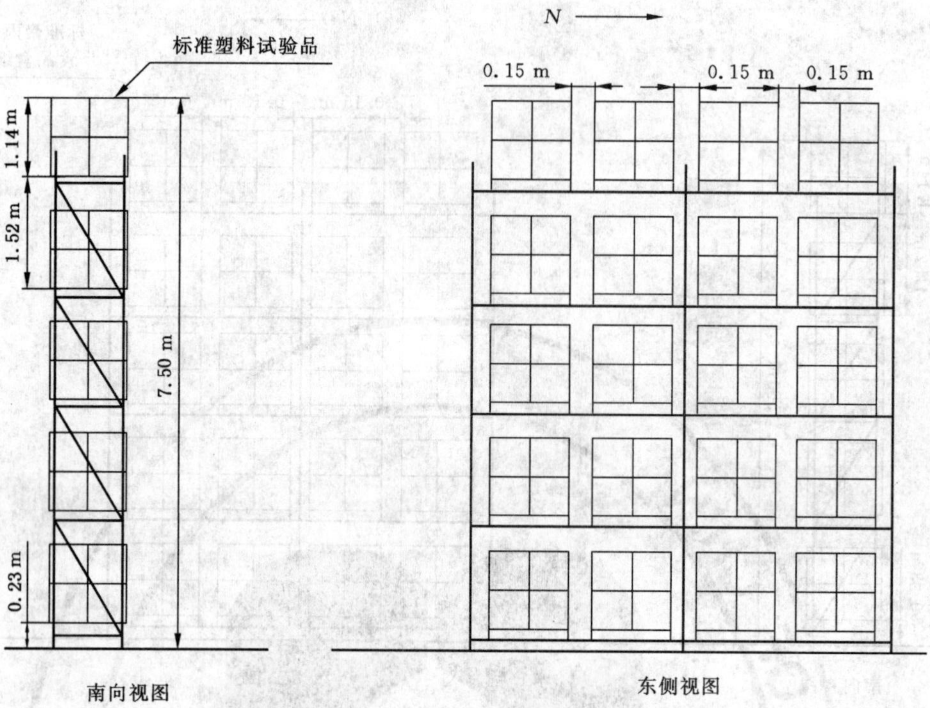

图 27　双排架灭火试验布置 $K=242$ 直立型 ESFR 喷头　试验 c

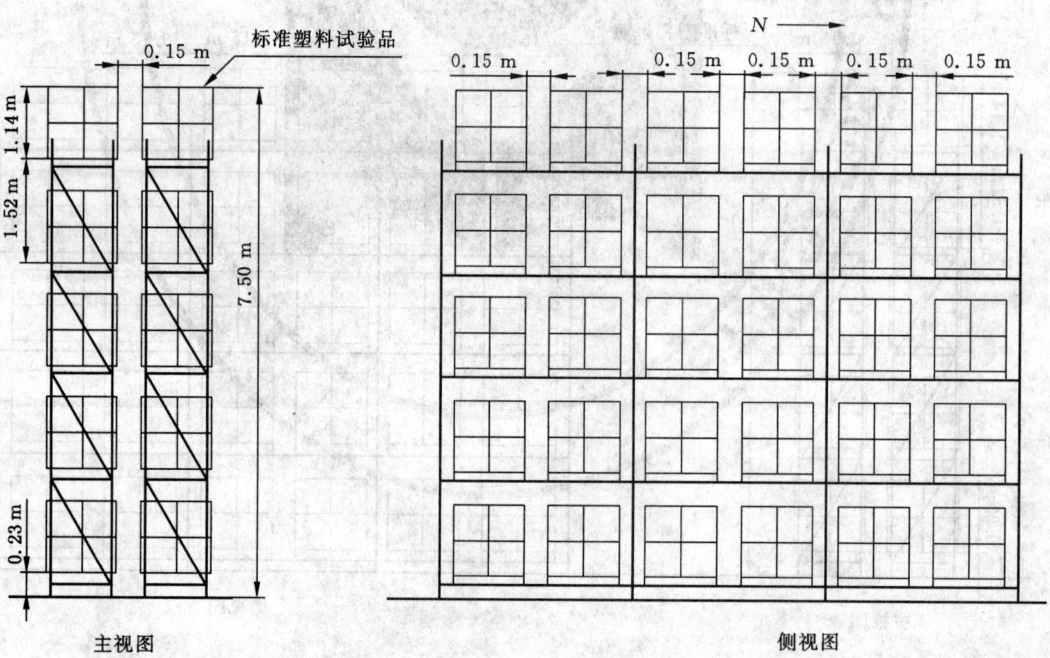

图 28　双排架灭火试验布置 $K=242$ 直立型 ESFR 喷头　试验 d

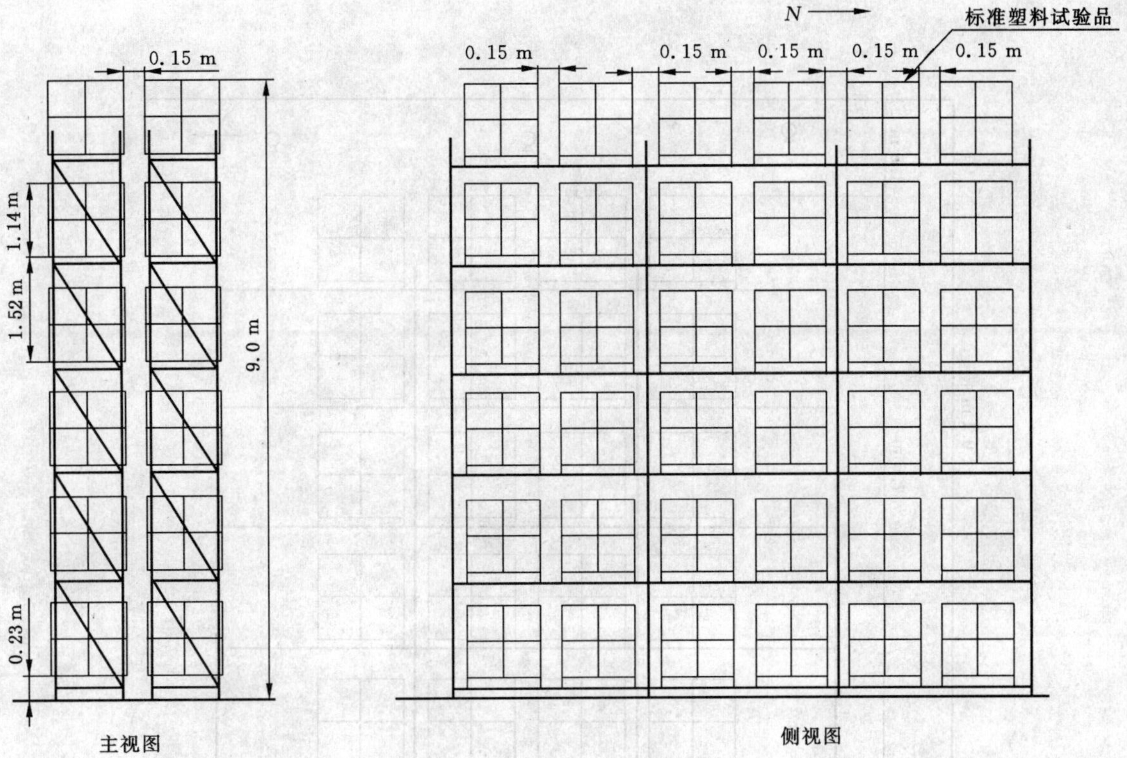

图 29　双排架灭火试验布置 *K*=242 直立型 ESFR 喷头　试验 e

7.29.10　*K*=363 下垂型 ESFR 喷头的灭火试验

灭火试验在室内进行，点火器应放置在第一层货架下，位于天花板上的热电偶监测温度，按表 17 中规定的条件进行灭火试验，试验结果应符合 6.33 的规定。

表 17　*K*=363 下垂型 ESFR 喷头灭火试验的条件

试验类型	货架	燃料	货架高度/m	货架顶部到吊顶的距离/m	点火器位置	喷头间距/m	供水压力/MPa	试验时间/min
试验 a 双排架储存标准塑料试验品（堵住一只喷头的情况）	双排架（见图 30）	标准塑料试验品	7.6	1.5	在 2 只喷头正下方	3.0	0.14	30
试验 b 双排架储存标准塑料试验品	双排架（见图 31）	标准塑料试验品	6.1	3.0	在 1 只喷头正下方	3.0	0.14	30
试验 c 双排架储存标准塑料试验品	双排架（见图 32）	标准塑料试验品	12.2	1.5	在 2 只喷头正下方	3.0	0.35	30
试验 d 双排架储存标准塑料试验品	双排架（见图 33）	标准塑料试验品	10.7	3.0	在 1 只喷头正下方	3.0	0.35	30
注：两个喷头中的一只保持为未启动状态以模拟堵住喷头条件。								

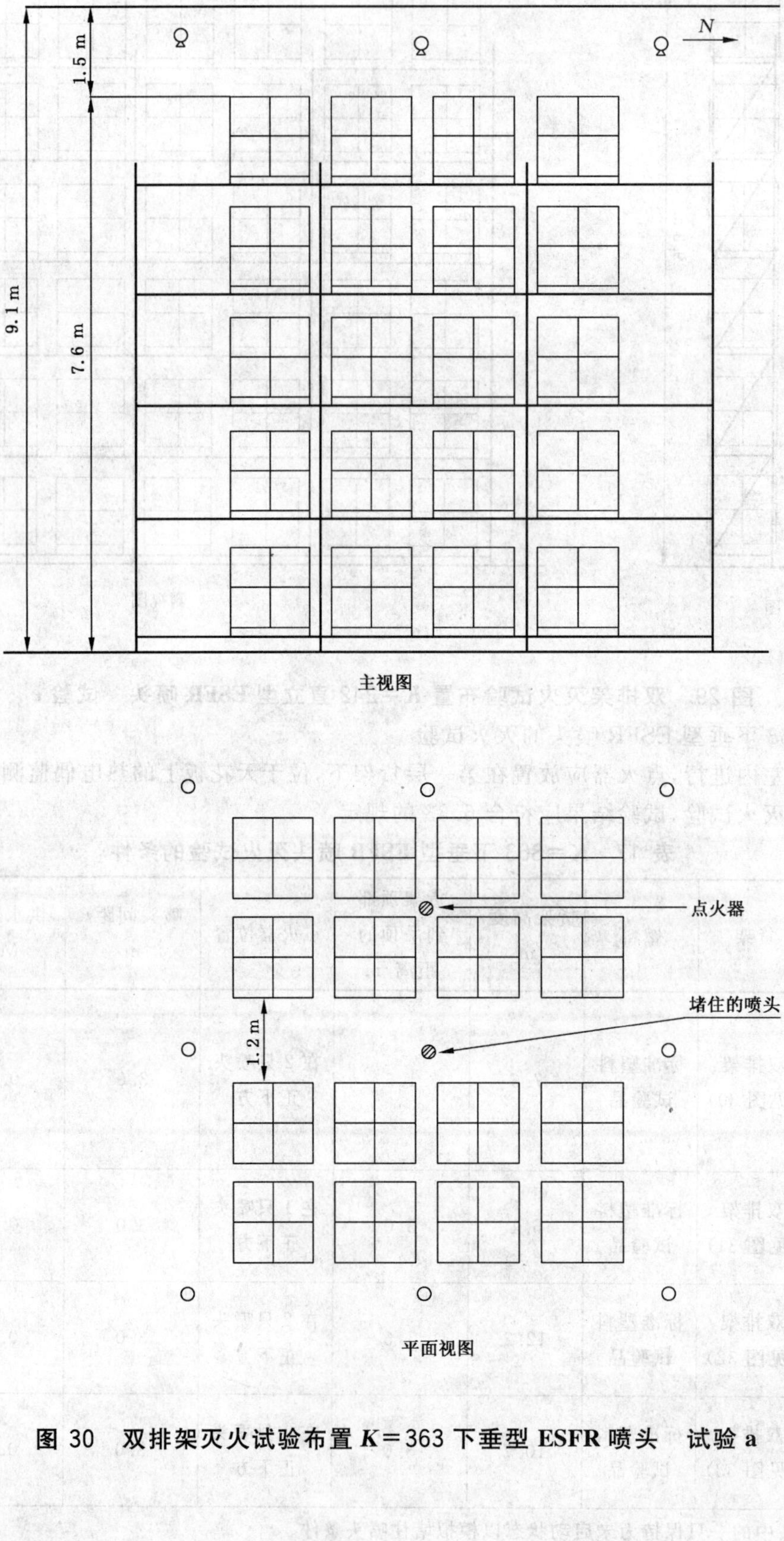

图 30 双排架灭火试验布置 $K=363$ 下垂型 ESFR 喷头 试验 a

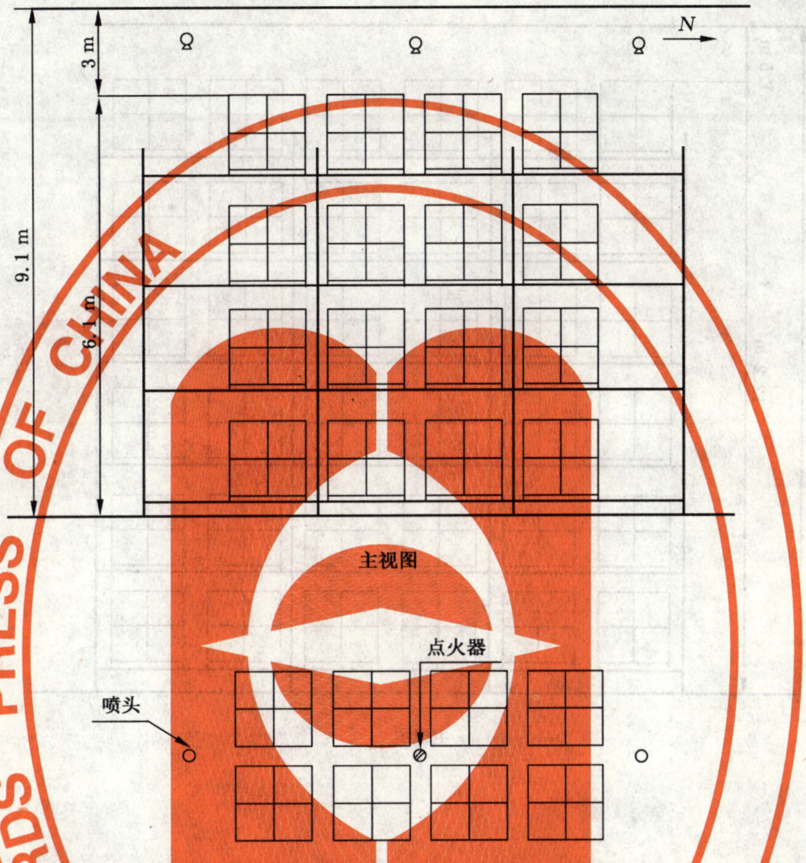

图 31　双排架灭火试验布置 *K*=363 下垂型 ESFR 喷头　试验 b

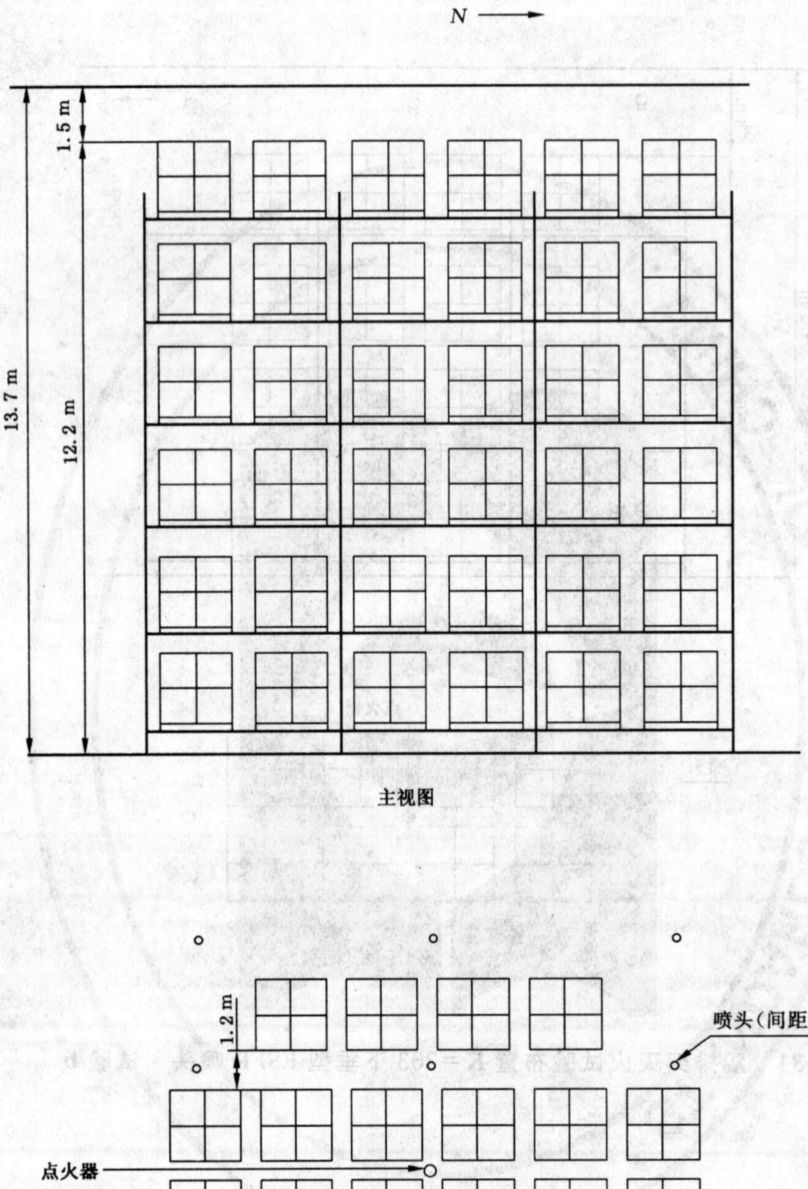

主视图

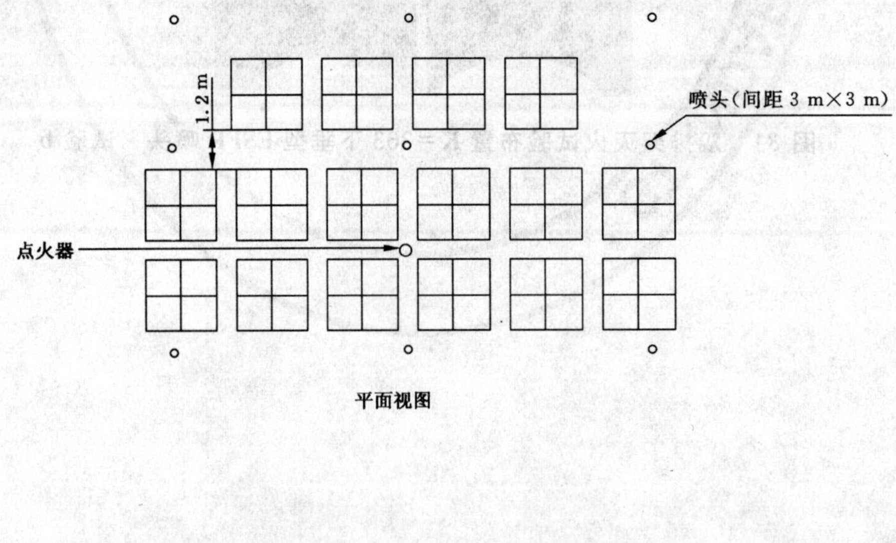

平面视图

图 32 双排架灭火试验布置 $K=363$ 下垂型 ESFR 喷头 试验 c

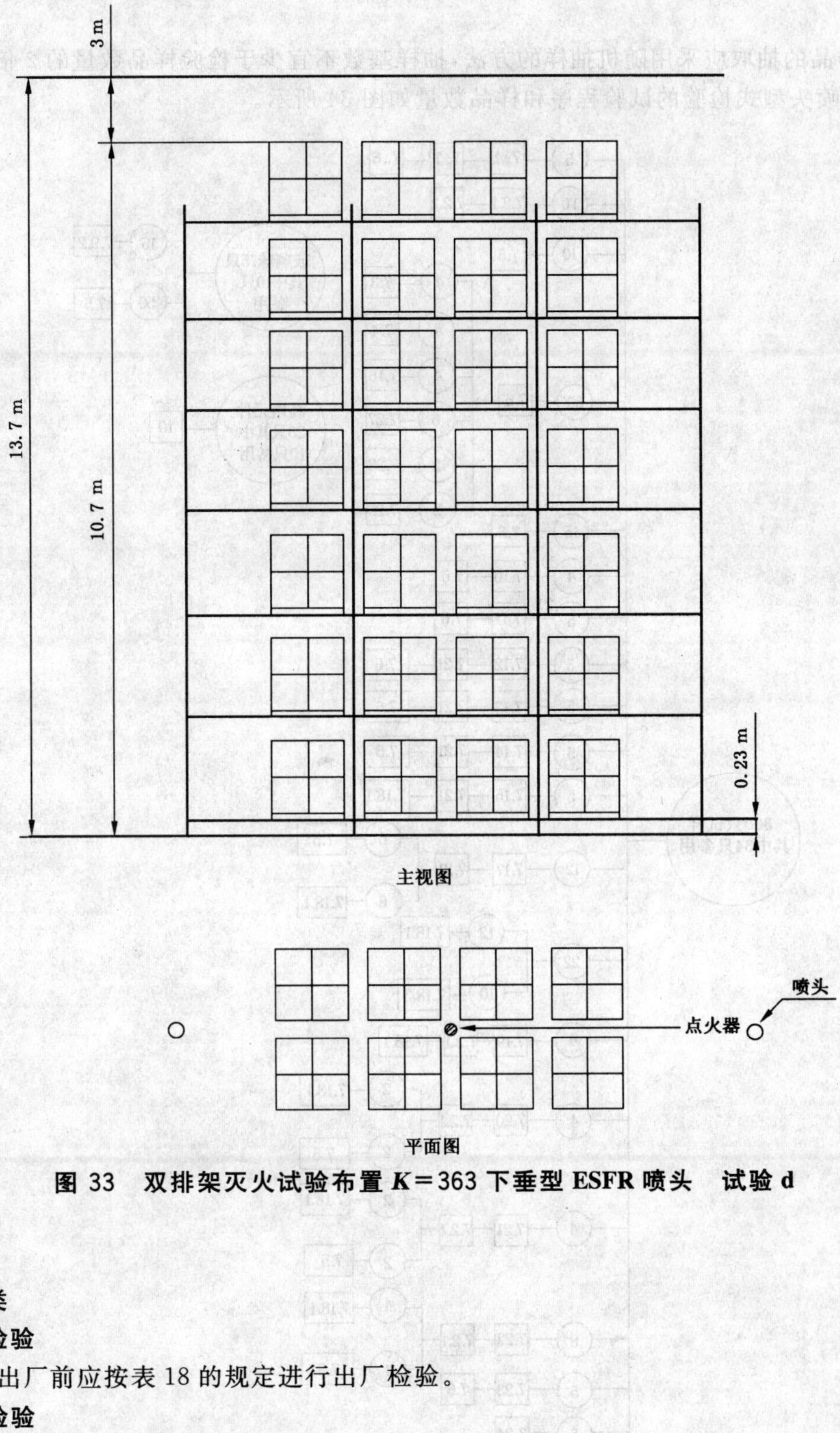

图 33　双排架灭火试验布置 K=363 下垂型 ESFR 喷头　试验 d

8　检验规则

8.1　检验分类

8.1.1　出厂检验

所有成品出厂前应按表 18 的规定进行出厂检验。

8.1.2　型式检验

有下述情况之一者，应按表 18 的规定进行型式检验：

a）　正式生产后，产品的结构、材料、工艺、重要部件中任何一项有较大改变，可能影响产品性能时；

b）　产品停产超过一年恢复生产时；

c）　产品转厂生产或异地搬迁生产时；

d）　国家质量监督机构或管理部门提出进行型式检验要求时。

8.2　组批

同种工艺，相同的材料及配件组装或生产的同型号、同规格的产品为一批。

8.3 抽样

8.3.1 检验样品的抽取应采用随机抽样的方法，抽样基数不宜少于检验样品数量的2倍。

8.3.2 ESFR喷头型式检验的试验程序和样品数量如图34所示。

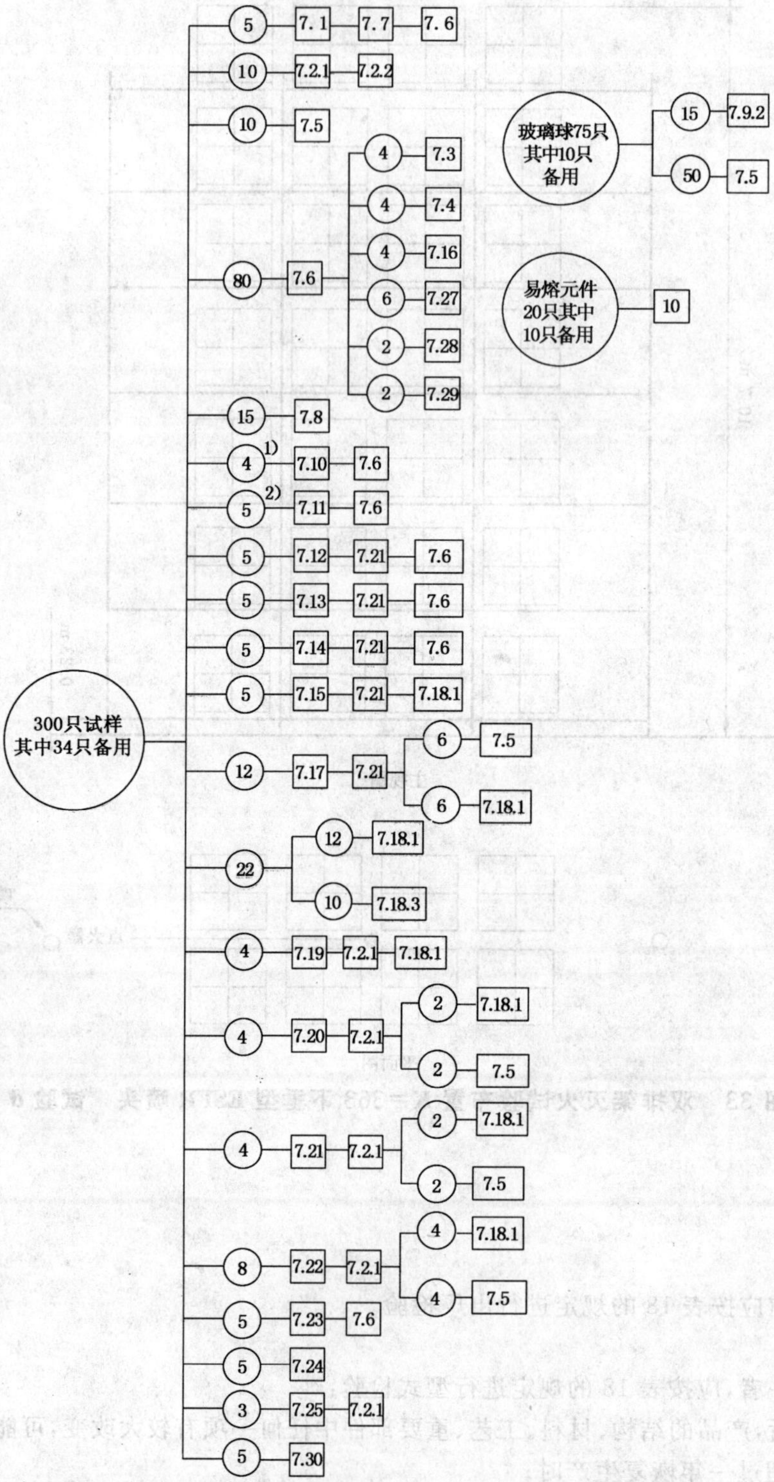

注：圆中数字为试样数量，方框中为试验条款号。

1)、2)为玻璃球型ESFR喷头。

图34 试验程序和样品数量

8.4 判定准则

8.4.1 对于所有类型的 ESFR 喷头，若 6.1、6.3、6.6、6.7、6.18、6.19、6.24、6.25、6.28、6.30、6.31、6.32、6.33 中任一条不合格，则判该批 ESFR 喷头不合格；

8.4.2 若 6.2、6.4、6.5、6.8、6.10、6.11、6.12、6.13、6.15 、6.16、6.17、6.21、6.22、6.23、6.29 各条中有两条或两条以上不合格，则判该批 ESFR 喷头不合格。

8.4.3 若 8.4.2 中规定的条款中有一条不合格，其余各条款中有两条以上不合格，则判该批 ESFR 喷头不合格。

8.4.4 除 8.4.2 中规定的条款外第 6 章各条中有 4 条或 4 条以上不合格，则判该批 ESFR 喷头不合格。

8.4.5 其余情况可判该批 ESFR 喷头合格。

表 18 出厂检验和型式检验项目

检验项目	标准条款号	型式检验项目			出厂检验项目	
		主检	不同温度等级	不同安装形式	全检	抽检
整体要求	6.1	★	★	★	★	
外观	6.2	★	★	★	★	
水压密封和耐水压强度性能	6.3	★	★	★	★[a]	
流量特性系数	6.4	★		★		★
布水性能	6.5	★		★		★
静态动作温度	6.6	★	★			★
功能	6.7	★	★			★
抗水冲击性能	6.8	★				
框架强度	6.9	★		★		★
热敏感元件强度	6.10	★	★			★
疲劳强度	6.11	★	★			
热稳定性	6.12	★	★			
抗振动性能	6.13	★				
抗碰撞性能	6.14	★		★		
抗翻滚性能	6.15	★		★		
耐低温性能	6.16	★				
耐高温性能	6.17	★				★
耐环境温度性能	6.18	★	★			
动态热性能	6.19	★	★			
耐氨应力腐蚀性能	6.20	★		★		★
耐二氧化硫/二氧化碳腐蚀性能	6.21	★				
耐硫化氢气体腐蚀性能	6.22	★				
耐盐雾腐蚀性能	6.23	★				
耐潮湿气体腐蚀性能	6.24	★				
30 天密封性能	6.25	★				★

表 18（续）

检验项目	标准条款号	型式检验项目			出厂检验项目	
		主检	不同温度等级	不同安装形式	全检	抽检
抗真空性能	6.26	★				★
侧向喷洒	6.27	★		★		
实际布水密度	6.28	★		★		
冲力要求	6.29	★		★		
灭火性能	6.30 6.31 6.32 6.33	★	★	★		

[a] 全检指水压密封性能。

9 标志、使用说明书

9.1 标志

ESFR 喷头应标记如下内容：

a) 生产厂商的名称(代号)或商标；

b) 型号规格；

c) 生产年代；

d) 用彩色标记表明喷头公称温度范围以识别公称动作温度。对易熔元件喷头，应在轭臂上可以看到色标；玻璃泡喷头色标应与其玻璃泡内液体颜色一样。所有喷头应压印、铸印、刻印或标上颜色，应保证这些标记即使在喷头动作之后也能识别其公称动作温度。应按表 1 的要求制作。

9.2 使用说明书

ESFR 喷头产品在其基础包装中应附有使用说明书，使用说明书中至少应包括产品名称、型号规格、动作元件的类型和规格、使用环境条件、贮存的环境条件、生产年代、产品生产所依据的标准、必要的使用参数、使用说明、注意事项、生产厂商的名称、地址和联络信息等。

10 包装、运输、贮存

10.1 包装

10.1.1 ESFR 喷头在包装箱内应单独固定，防止相互间的磕碰。

10.1.2 产品包装中应附有说明书和合格证。

10.1.3 在包装箱外应注明放置方向、堆放件数限制、贮存防护条件等。

10.2 运输

ESFR 喷头在运输过程中，应防雨、防晒、减震，装卸时防止撞击。

10.3 贮存

ESFR 喷头应贮存在－15℃～40℃的干燥环境中。

附 录 A
（规范性附录）
公 差

标准中未标明公差时，按以下规定执行：

1. 角度	±2°	
2. 频率(Hz)	测量值的±5%	
3. 长度	测量值的±2%	
4. 容积	测量值的±5%	
5. 压力	测量值的±3%	
6. 温度	测量值的±5%	
7. 时间	s	$^{+5}_{-0}$
	min	$^{+0.1}_{-0}$
	h	$^{+0.1}_{-0}$
	d	$^{+0.25}_{-0}$

附　录　B
（资料性附录）
误差限的计算方法

7.9.2 所述的玻璃球破碎载荷和误差限的计算方法如下：

1）　计算非偏标准偏差 S

$$S=\left[\sum_{i=1}^{n}(x_i-x)^2/n-1\right]^{0.5}$$

式中：

x——载荷的平均值，单位为牛(N)；

x_i——每一个测得的载荷值，单位为牛(N)；

n——试样的数量。

2）　计算玻璃球破碎载荷下限误差 TL_1

$$TL_1=Z_1-\Gamma\cdot S_1$$

式中：

Z_1——玻璃球破碎载荷的平均值，单位为牛(N)；

Γ——从表 B.1 中查得的系数；

S_1——玻璃球破碎载荷的非偏标准偏差，单位为牛(N)。

3）　计算玻璃球设计载荷上限误差 TL_2

$$TL_2=Z_2+\Gamma\cdot S_2$$

式中：

Z_2——玻璃球设计载荷的平均值，单位为牛(N)；

Γ——从表 B.1 中查得的系数；

S_2——玻璃球设计载荷的非偏标准偏差，单位为牛(N)。

表 B.1　正态分布单边误差限的系数

[$\nu=0.99$，$p=0.99$(试样的 99%)]

n	Γ	n	Γ
10	5.075	21	3.776
11	4.828	22	3.727
12	4.633	23	3.680
13	4.427	24	3.638
14	4.336	25	3.601
15	4.224	30	3.446
16	4.124	35	3.334
17	4.038	40	3.250
18	3.961	45	3.181
19	3.892	50	3.124
20	3.832		

附 录 C
（资料性附录）
易熔元件强度试验的分析

6.10.2 中给出的公式的目的是为了使易熔元件在承受了相当长时间的工作载荷后，仍不容易因蠕变应力而损坏。因为喷头的使用寿命受其他许多因素的影响，因此，876 600 h(100 年)这个时间的选择仅仅是一个带有保险系数的数据值，而无其他特殊含义。

造成蠕变损坏的载荷(而不是不必要的高初始扭曲应力)被施加在试样上并记录施加的时间，给定的要求近似于通过下述分析得到的全对数回归曲线的推论。

使用最小二乘法，利用观察到的数据来确定 1 h 时的载荷 L_0 和 1 000 h 时的载荷 L_m。一种确定这个载荷的方法如下：

在全对数坐标纸上作出曲线，由 L_0 和 L_m 所确定的直线的斜率应大于或等于由 100 年时最大设计载荷 L_d 和 L_0 所确定的直线的斜率。

即

$$(\ln L_m-\ln L_0)/\ln 1\,000 \geqslant (\ln L_d-\ln L_0)/\ln 876\,600$$

可化简为：

$$\begin{aligned}\ln L_m &\geqslant [(\ln L_d-\ln L_0)\cdot \ln 1\,000]/\ln 876\,600+\ln L_0\\ &\geqslant 0.504\,8(\ln L_d-\ln L_0)+\ln L_0\\ &\geqslant 0.504\,8(\ln L_d-\ln L_0)+\ln L_0(1-0.504\,8)\\ &\geqslant 0.504\,8\ln L_d+0.495\,2\ln L_0\end{aligned}$$

当允许误差为 1% 的时，以上公式可近似表示为：

$$\ln L_m \geqslant 0.5(\ln L_d-\ln L_0)$$

经误差补偿后表示为：

$$L_m \geqslant 0.99(L_d\cdot L_0)^{0.5} \quad 或 \quad L_d \leqslant 1.02\,L_m^2/L_0$$

ICS 13.220.20
C 83

中华人民共和国国家标准

GB 5135.10—2006

自动喷水灭火系统
第10部分:压力开关

Automatic sprinkler system—Part 10: Pressure switch

2006-04-07 发布　　2006-12-01 实施

中华人民共和国国家质量监督检验检疫总局
中国国家标准化管理委员会　发布

前言

GB 5135 的本部分的第 5、6、8 章的内容为强制性，其余为推荐性。

GB 5135《自动喷水灭火系统》目前已分为 15 部分：

——第 1 部分：洒水喷头；

——第 2 部分：湿式报警阀、延迟器、水力警铃；

——第 3 部分：水雾喷头；

——第 4 部分：干式报警阀；

——第 5 部分：雨淋报警阀；

——第 6 部分：通用阀门；

——第 7 部分：水流指示器；

——第 8 部分：加速器；

——第 9 部分：早期抑制快速响应(ESFR)喷头；

——第 10 部分：压力开关；

—— 第 11 部分：沟槽式管接件；

—— 第 12 部分：扩大覆盖面积洒水喷头；

—— 第 13 部分：水幕喷头；

—— 第 14 部分：预作用装置；

—— 第 15 部分：家用喷头。

……………………………

本部分为 GB 5135《自动喷水灭火系统》的第 10 部分。

本部分在 GA 29—1992《消防用压力开关的性能要求及试验方法》的基础上制定。

本部分与 GA 29—1992 相比主要变化如下：

——标准适用于自动喷水灭火系统中的压力开关；

——对压力开关的型号编制进行了统一；

——对压力开关动作压力值的规定更加详细；

——腐蚀试验增加了 SO_2 腐蚀试验；

——对压力开关的标志要求放入了第 6 章；

——增加了压力开关的连接方式；

——出厂检验和型式检验的试验程序以表格给出。

本部分自实施之日起，GA 92—1992 废止。

本部分由中华人民共和国公安部提出。

本部分由全国消防标准化技术委员会第二分技术委员会(SAC/TC 113/SC 2)归口。

本部分起草单位：公安部天津消防研究所。

本部分主要起草人：李习民、高云升、刘连喜、白殿涛。

本部分为首次制定。

自动喷水灭火系统
第 10 部分：压力开关

1 范围

GB 5135 的本部分规定了自动喷水灭火系统压力开关的型号编制、分类、要求、试验方法及检验规则、标志、包装、运输和贮存。

本部分适用于自动喷水灭火系统中压力开关。

本部分不适用于气体灭火系统的压力开关和易燃易爆危险场合下使用的防爆型压力开关。

2 规范性引用文件

下列文件中的条款通过 GB 5135 的本部分的引用而成为本部分的条款。凡是注日期的引用文件，其随后所有的修改单(不包括勘误的内容)或修订版均不适用于本部分，然而，鼓励根据本部分达成协议的各方研究是否可使用这些文件的最新版本。凡是不注日期的引用文件，其最新版本适用于本部分。

GB/T 191 包装储运图示标志

GB 9969.1 工业产品使用说明书 总则

3 术语和定义

下列术语和定义适用于 GB 5135 的本部分。

3.1

压力开关 pressure switch

自动喷水灭火系统中的一个部件，其作用是将系统的压力信号转换为电信号。

3.2

记忆式压力开关 pressure switch of remember

当压力信号撤除后，在人为复位前，仍能维持动作状态的压力开关。

3.3

动作压力 action pressure

压力开关动作时的最低压力值。

3.4

额定工作压力 rated working pressure

压力开关在伺应状态或工作状态下允许的最大工作压力。

4 分类

4.1 按产品在自动喷水灭火系统中的应用形式可分为：

a) 普通型压力开关，用符号 P 表示；

b) 预作用装置压力开关，用符号 Y 表示；

c) 特殊型压力开关，用符号 T 表示。

4.2 按压力开关的结构形式可分为：

a) 可调式压力开关，用符号 K 表示；

b) 不可调式压力开关，用符号 B 表示；

c) 记忆式压力开关，用符号 J 表示。

5 型号编制

5.1 编制方法

ZSJY □ □ □

- 应用形式
- 结构形式
- 额定工作压力(MPa)
- 压力开关

5.2 标记示例

ZSJY1.2KY 表示预作用装置用，可调式，额定工作压力为 1.2 MPa 的自动喷水系统压力开关型号。

6 要求

6.1 外观

6.1.1 压力开关表面不应有明显的锈蚀、涂层剥落、起泡、毛刺、结构松动等缺陷。

6.1.2 压力开关上标示的文字符号和标志清晰、正确，标志内容应符合 10.1.1 要求。

6.2 额定工作压力

压力开关的额定工作压力应不低于 1.2 MPa。

6.3 动作压力

6.3.1 普通型压力开关的动作压力为 0.035 MPa～0.05 MPa。

6.3.2 预作用装置压力开关动作压力为 0.03 MPa～0.05 MPa。

6.3.3 特殊型系统压力开关的动作压力范围由厂家确定。

6.3.4 对于可调式压力开关，其最大和最小动作压力值范围，依生产厂家具体提供。

6.3.5 按 7.3 规定的方法试验时，压力开关常开触点应可靠闭合，而常闭触点应可靠断开；将系统压力调至动作压力的 80%，维持 3 min，压力开关不应动作。

6.4 强度要求

按 7.4 规定的方法进行水压强度试验，试验压力为 1.5 倍工作压力，保持 5 min，压力开关不应发生损坏及泄漏。试验后按 7.3 规定进行动作试验，其结果符合 6.3 的规定。

6.5 工作可靠性要求

6.5.1 普通型压力开关，按 7.5.2.1 规定的方法进行工作可靠性试验，压力开关动作应灵活、可靠，不得出现任何故障和结构损坏。本试验后，按 7.12 规定的方法测量压力开关的触点接触电阻，其值不应大于 0.5 Ω。

6.5.2 预作用装置压力开关，按 7.5.2.2 规定的方法进行工作可靠性试验，压力开关动作应灵活、可靠，不得出现任何故障和结构损坏。本试验后，按 7.12 规定的方法测量压力开关的触点接触电阻，其值不应大于 0.5 Ω。

6.5.3 特殊型系统压力开关，按 7.5.2.1 规定的方法进行工作可靠性试验，试验次数和温度由厂家提供，试验过程中压力开关动作应灵活、可靠，不得出现任何故障和结构损坏。按 7.12 规定的方法测量压力开关的触点接触电阻，其值不应大于 0.5 Ω。

6.6 耐湿热要求

按 7.6 规定的方法进行湿热试验，在试验过程中，压力开关不允许发生误动作，按 7.10 规定测得绝缘电阻值不应小于1 MΩ；试验后，按7.3规定进行动作试验，其结果符合6.3规定。

6.7 耐腐蚀要求

6.7.1 耐盐雾腐蚀要求

按7.7.1规定的方法进行腐蚀试验，试验后，压力开关不得有明显的腐蚀损坏，按7.3规定进行动作试验，试验结果符合6.3规定。

6.7.2 耐二氧化硫腐蚀要求

按7.7.2规定的方法进行腐蚀试验，试验后，压力开关不得有明显的腐蚀损坏，按7.3规定进行动作试验，试验结果符合6.3规定。

6.8 抗振要求

按7.8规定的方法进行振动试验，在试验过程中，压力开关不允许发生误动作，不得有紧固件松动或损坏；试验后，按7.3规定进行动作试验，试验结果符合6.3规定。

6.9 碰撞要求

按7.9规定的方法进行碰撞试验，在试验过程中，压力开关不允许发生误动作，其结构不得有明显损坏；试验结束后按7.3规定进行动作试验，试验结果符合6.3规定。

6.10 绝缘要求

在正常大气条件下，保持24 h，按7.10规定的方法进行绝缘电阻的测试，压力开关的所有触点（接地点除外）和外壳间及每对断开触点间的绝缘电阻不应小于20 MΩ。

6.11 耐电压要求

在正常大气条件下，保持24 h，按7.11规定的方法进行耐电压试验，压力开关的所有触点（接地点除外）和外壳间应能承受频率50 Hz的交流电压，历时60 s的试验，试验期间压力开关不应出现表面飞弧、扫掠放电、电晕或击穿现象。试验电压按表1中规定进行。

表1 试验电压　　单位为伏特

压力开关额定电压	试验电压(有效值)
≤50	500
＞50	1 500

6.12 触点接触电阻

在正常大气条件下，按7.12规定的方法测量压力开关的触点接触电阻，其值不应大于0.1 Ω。

6.13 触点数量

压力开关至少应有一对常开和常闭触点。

6.14 连接方式

压力开关与系统的连接，应采用下述3种方式：

a) R_C1/2（优先采用）、$R_2$1/2（优先采用）；

b) R_C3/4（优先采用）、$R_2$3/4（优先采用）；

c) M 20×1.5。

7 试验方法

7.1 试验条件

除另行注明外，本章规定的试验应在正常大气条件下进行，即：

——环境温度：15℃～35℃；

——相对湿度：45%～75%；

——大气压力：86 kPa～106 kPa。

7.2 外观检查

目测被测样品的外观，应符合6.1要求。

7.3 动作试验

将压力开关按其正常工作位置安装在试验设备上，并接好动作指示灯的连接线。

首先确定动作压力，缓慢增加系统压力，直到压力开关动作为止，记录压力值，连续反复五次，其平均值即为动作压力。

然后，将系统压力调至动作压力的80%，维持3 min，试验结果符合6.3.5。

压力开关每次动作时，由指示灯的亮灭来确定其常开、常闭触点能可靠通断。

对于可调式压力开关，应在最高和最低两种动作压力下，分别进行上述试验，试验结果应符合6.3的要求。

7.4 强度试验

将压力开关按其正常工作位置安装在试验设备上，然后缓慢升压，在5 s～10 s内使压力升高至额定工作压力的1.5倍，保持5 min，在压力保持期间检查是否有渗漏，撤除压力检查机械结构有否损坏，结果应符合6.4的要求；然后，按7.3规定进行动作试验，试验结果应符合6.3的要求。

7.5 工作可靠性试验

7.5.1 试验装置

试验装置如图1所示。

该试验设备为一气动驱动装置，使压力开关以(10±3)次/min的速率动作。每次动作通过动作鉴别电路及计数装置来判定及记录。

对于记忆式压力开关，每次需要人工复位，或专用复位机构来复位，动作速率可不按上述要求，但累计次数必须达到本条要求。

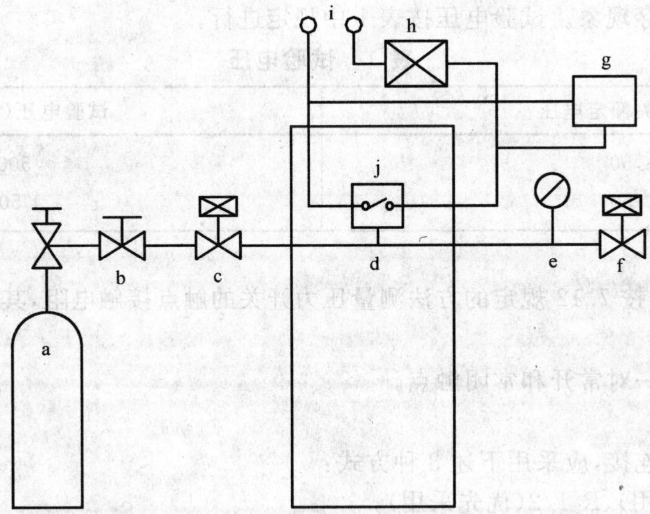

a——压缩空气或氮气容器；

b——手动减压阀；

c——电磁阀1；

d——调温箱；

e——压力表；

f——电磁阀2；

g——计数装置；

h——负载；

i——电源；

j——被测压力开关。

注：本试验也可用水压系统来实现。

图1 工作可靠性试验装置

7.5.2 试验方法

7.5.2.1 普通型压力开关的工作可靠性试验

将普通型压力开关按其正常工作位置安装在试验设备上，其常开触点接额定负载，每次动作由计数装置进行记录。

试验在常温、高温和低温下进行，高、低温试验应使压力开关至少在该环境中保持 1 h 后进行，次数见表 2。

表 2 工作可靠性试验次数

序号	试验压力	温度/℃		动作次数
1	压力开关最高动作压力值	常温	20±5	100
2		高温	50±3	10
3		低温	0±3	10

试验结果应符合 6.5 的要求。

试验后检验强度渗漏情况及触点接触电阻，试验结果应符合 6.4 和 6.12 的要求。

7.5.2.2 预作用装置压力开关工作可靠性试验

将预作用装置压力开关按其正常工作位置安装在试验设备上，其常开触点接额定负载，每次动作由计数装置进行记录。

试验在常温、高温和低温下进行，高、低温试验应使压力开关至少在该环境中保持 1 h 后进行，次数见表 3。

表 3 工作可靠性试验次数

序号	试验压力	温度/℃		动作次数
1	压力开关最高动作压力值	常温	20±5	5 000
2		高温	50±3	100
3		低温	0±3	100

试验结果应符合 6.5 的要求。

试验后检验强度渗漏情况及触点接触电阻，试验结果应符合 6.4 和 6.12 的要求。

7.6 湿热试验

将压力开关放入湿热试验箱，接通显示设备，使其处于正常使用状态。

调节试验箱，使压力开关在温度 40℃±2℃相对湿度 90%～95%条件下持续 48 h，在试验过程中，观察压力开关是否有发生误动作，试验结果应符合 6.6 的要求，按 7.10 规定测得的绝缘电阻值应符合 6.10 的要求；试验后按 7.3 规定进行动作试验，试验结果应符合 6.3 的要求。

7.7 腐蚀试验

7.7.1 盐雾腐蚀试验

试样数量为 1 只。试验中，试验盐溶液应为质量浓度为 20%的氯化钠水溶液，在 35℃雾化时 pH 值应为 6.5～7.2，密度为 1.126 g/mL～1.157 g/mL，试验箱内应有适当的控制气雾的方法。压力开关暴露在盐雾中，试验箱的容积不应小于 0.43 m^3，箱内在试验区温度应保持在(35±2)℃。喷雾压力在 0.07 MPa～0.17 MPa 之间。用过的盐溶液应收集起来，不得循环使用。将试样蔽护以防凝滴落在其上面。

在试验区内，应至少从两点收集盐雾以确定释放速率和盐浓度。在 16 h 的时间内，收集区内每 80 cm^2 面积每小时应能收集 1 mL～2 mL 溶液，盐溶液的浓度应为(20±1)%。经过 10 d 的试验后，将试样从盐雾试验箱中取出，在温度不超过 35℃，相对湿度不超过 70%的条件下干燥 4 d～7 d。干燥后检查压力开关的腐蚀情况，试验结果应符合 6.7.1 的要求；试验后按 7.3 规定进行动作试验，试验结果应符合 6.3 的要求。

7.7.2 二氧化硫腐蚀试验

试样数量为 1 只。试验装置包括一个容积为 5 L(容积可增至 15 L,但应保证下述化学试剂按比例增加)的隔热玻璃容器,一个防腐材料制成可防止凝液滴于压力开关上的罩。容器应能从底部电加热,环绕外壁有冷却管,温度传感器置于中央距底部 160 mm±20 mm 的位置,控制加热器使玻璃容器内温度保持在 45℃±3℃。在试验期间,控制流过冷却管的水流速度,使排水口水温保持在 30℃以下。这种冷热结合的作用应能促使在压力开关表面形成冷凝,但应防止冷凝液直接滴于试样上。

试样放在容器内防滴罩的下面,进行 8 d 的二氧化硫腐蚀试验,将 20 g 硫代硫酸钠晶体($Na_2SO_3 \cdot 5H_2O$)溶入 500 mL 水中,与稀硫酸反应产生二氧化硫气体。稀硫酸由 156 mL 普通硫酸(0.5 mol/L)加 844 mL 水稀释得到。

在 8 d 的试验过程中,每天加入 20 mL 的稀硫酸,8 d 后将试样从容器中取出。在温度不超过 35℃、相对湿度不超过 70%的条件下干燥 4 d~7 d,然后检查压力开关的腐蚀情况,试验结果应符合 6.7.2的要求;试验后按 7.3 规定进行动作试验,试验结果应符合 6.3 的要求。

试验所用的二氧化硫气体亦可每天在工作室内由 $Na_2S_2O_3 \cdot 5H_2O$ 溶液和稀硫酸反应制取。

7.8 振动试验

将压力开关按其正常工作位置安装在振动台上并和指示设备连接,使其处于非动作状态。

分别在 3 个互相垂直的轴线上进行频率为 60 Hz,振幅为 0.075 mm,持续时间为 90 min±1 min 的定频试验。

试验结果应符合 6.8 的要求。

7.9 碰撞试验

将压力开关按图 2 所示位置安装于试验设备的钢性安装板上,并接通指示电路,使其处于正常工作状态。

调试试验设备,使锤头碰撞面的中心能够从水平方向冲击压力开关,然后,锤头扫过 270°以(1.8±0.15) m/s的速度,(2.7±0.1)J 的碰撞力冲击压力开关。

试验过程中,压力开关是否产生误动作或结构有明显损坏,试验结果应符合 6.9 的规定。

压力开关的安装方式见图 2。

7.10 绝缘电阻试验

通过绝缘电阻试验装置,分别对下述试验部位施加 500 Vd.c.±50 Vd.c.,持续 60 s±5 s 后,测量其绝缘电阻值。

a) 所有接线端子和外壳之间;

b) 每对断开触点之间。

试验结果应符合 6.10 的要求。

7.11 耐电压试验

将压力开关在正常大气条件下保持 24 h 后,将其安装在耐压试验台上,将外壳与试验电压的地端相接,而将所有接点短接后,与试验电压的高压端相接,再按表 1 要求施加电压。

升压速率 100 V/s~500 V/s,保持 60 s±5 s。

试验结果应符合 6.11 的要求。

7.12 触点接触电阻试验

可用数字毫欧表,直接测量压力开关的接触电阻,也可用测压力开关触点间电压降的方法,换算出触点的接触电阻,同时用两种方法测量时,则选取数值较大者为测试结果。

测试结果均取连续测量五次的平均值,并应符合 6.12 的要求。

单位为毫米

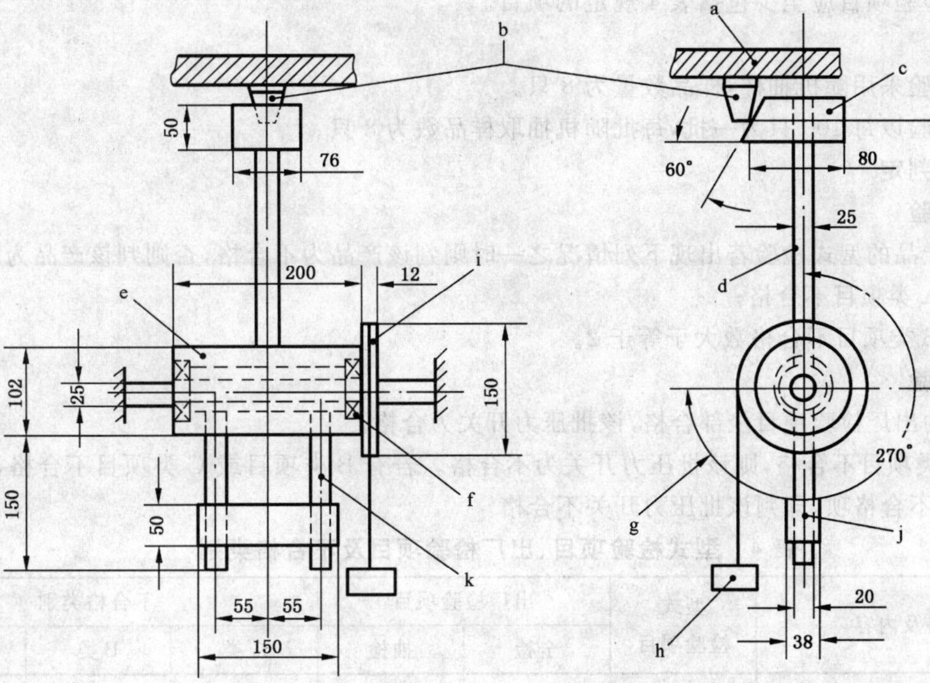

a——安装板;

b——压力开关;

c——锤头;

d——锤杆;

e——钢轮体;

f——球轴承;

g——转动 270°;

h——工作重锤;

i——滑轮;

j——配重块;

k——配重臂。

图 2 碰撞试验装置

8 检验规则

生产单位应依据按规定程序批准的图样和技术文件组织生产,质量体系应保证每批产品质量的一致性,并符合本标准的规定。

8.1 检验分类与项目

8.1.1 型式检验

8.1.1.1 有下列情况之一时,应进行型式检验。

a) 新产品试制定型鉴定时;

b) 正式投产后,如产品结构、材料、工艺、关键工序的加工方法有重大改变时;

c) 发生重大质量事故时;

d) 产品停产 1 年以上,恢复生产时;

e) 质量监督机构提出要求时。

8.1.1.2　产品型式检验项目应按表4的规定进行。

8.1.2　**出厂检验**

产品出厂检验项目应至少包括表4规定的项目。

8.2　抽样方法

8.2.1　型式检验采用随机抽样，样品数量为8只。

8.2.2　出厂检验以每100只为一批，每批随机抽取样品数为8只。

8.3　检验结果判定

8.3.1　**型式检验**

压力开关产品的型式检验若出现下列情况之一时则判该产品为不合格，否则判该产品为合格。

a)　出现A类项目不合格；

b)　出现B类项目不合格数大于等于2。

8.3.2　**出厂检验**

压力开关的出厂检验项目全部合格，该批压力开关为合格。

有一项A类项目不合格，则该批压力开关为不合格。若有B类项目或C类项目不合格，允许加倍抽样检验，仍有不合格项，即判该批压力开关不合格。

表4　型式检验项目、出厂检验项目及不合格类别

检验项目及内容	型式检验项目	出厂检验项目		不合格类别		
		全检	抽检	A类	B类	C类
外观(6.1)	★	★	—	—	★	—
额定工作压力(6.2)	★	★	—	★	—	—
动作压力(6.3)	★	★	—	★	—	—
强度要求(6.4)	★	★	—	—	★	—
工作可靠性要求(6.5)	★	—	★	★	—	—
湿热要求(6.6)	★	—	—	—	★	—
耐盐雾腐蚀要求(6.7.1)	★	—	—	—	★	—
耐二氧化硫腐蚀要求(6.7.2)	★	—	—	—	★	—
振动要求(6.8)	★	—	—	—	★	—
碰撞要求(6.9)	★	—	★	—	★	—
绝缘要求(6.10)	★	★	—	★	—	—
耐电压要求(6.11)	★	★	—	★	—	—
触点接触电阻(6.12)	★	★	—	—	—	★
触点数量(6.13)	★	—	★	—	★	—
连接方式(6.14)	★	—	★	—	★	—

9　使用说明书编写要求

使用说明书应按GB 9969.1进行编写，使用说明书应至少包括下列内容：

a)　压力开关工作原理；

b)　安装使用及维护说明、注意事项；

c)　压力开关主要性能参数；

d)　售后服务；

e) 制造单位名称、详细地址、邮编和电话；

f) 执行标准。

10 标志、包装、运输、贮存

10.1 标志

10.1.1 产品标志(铭牌)

文字、符号、图形等应直观、醒目，应包括以下内容：

a) 产品名称及型号；

b) 产品主要技术参数(如：触点容量等)；

c) 制造厂名称及商标；

d) 出厂年月及产品编号；

e) 接线端子连线标志。

10.1.2 包装标志

产品包装箱上应有下列标志：

a) 产品名称、型号、制造日期及产品编号；

b) 制造厂名、厂址、邮编、电话；

c) 符合 GB/T 191 要求的储运图示标志。

10.1.3 质量检验标志

a) 本标准代号及编号；

b) 检验部门名称；

c) 合格标志。

10.2 包装

10.2.1 压力开关包装前应将其工作压力值调到规定值。

10.2.2 包装盒内应装有下列技术文件：

a) 产品检验合格证；

b) 产品说明书。

10.3 运输

压力开关在运输及装卸时应注意防雨，避免碰撞和重压。

10.4 贮存

压力开关应贮存于干燥通风的室内，防止受潮，不允许接触有腐蚀性气体。

ICS 13.220.20
C 83

中华人民共和国国家标准

GB 5135.11—2006

自动喷水灭火系统 第11部分:沟槽式管接件

Automatic sprinkler system—Part 11:Grooved couplings and fittings

2006-04-07 发布 2006-12-01 实施

中华人民共和国国家质量监督检验检疫总局
中国国家标准化管理委员会 发布

前　言

GB 5135的本部分中的第6章、第8章为强制性，其余为推荐性。

GB 5135《自动喷水灭火系统》目前已分为15个部分：

——第1部分：洒水喷头；

——第2部分：湿式报警阀、延迟器、水力警铃；

——第3部分：水雾喷头；

——第4部分：干式报警阀；

——第5部分：雨淋报警阀；

——第6部分：通用阀门；

——第7部分：水流指示器；

——第8部分：加速器；

——第9部分：早期抑制快速响应(ESFR)喷头；

——第10部分：压力开关；

——第11部分：沟槽式管接件；

——第12部分：扩大覆盖面积洒水喷头；

——第13部分：水幕喷头；

——第14部分：预作用装置；

——第15部分：家用喷头。

……………………

本部分为GB 5135的第11部分。

本部分主要参考了ISO/DIS 6182-12金属管道系统快速管接头的性能要求和试验方法(2003年英文版)、UL 213消防橡胶密封圈管接头(1997年英文版)和FM1920防火系统软管接头认可标准(1997年英文版)。

本部分的附录A、附录B是规范性附录。

本部分由中华人民共和国公安部提出。

本部分由全国消防标准化技术委员会第二分技术委员会(SAC/TC 113/SC 2)归口。

本部分起草单位：公安部天津消防研究所、山西省公安消防总队、上海威逊机械连接件有限公司、佛山市南海永兴阀门制造有限公司、上海瑞孚管路系统有限公司、北京天宁亿赫管路系统设备有限公司。

本部分主要起草人：白殿涛、罗宗军、马建明、张强、曹文红、白晓辉、陆志刚、陈键明、陶松岳、孙凤明。

本部分是首次制订。

自动喷水灭火系统　第11部分：沟槽式管接件

1　范围

GB 5135 的本部分规定了自动喷水灭火系统沟槽式管接件的要求、试验方法、检验规则、标志、包装、运输、贮存等。

本部分适用于自动喷水灭火系统中沟槽式管接件。

2　规范性引用文件

下列文件中的条款通过 GB 5135 的本部分引用而成为本部分的条款。凡是注日期的引用文件，其随后所有的修改单(不包括勘误的内容)或修订版均不适用于本部分，然而，鼓励根据本部分达成协议的各方研究是否可使用这些文件的最新版本。凡是不注日期的引用文件，其最新版本适用于本部分。

GB/T 191　包装储运图示标志

GB/T 528　硫化橡胶或热塑性橡胶拉伸应力应变性能的测定(GB/T 528—1998,eqv ISO 37:1994)

GB/T 531　橡胶袖珍硬度计压入硬度试验方法(GB/T 531—1999,idt ISO 7619:1986)

GB/T 1690　硫化橡胶耐液体试验方法(GB/T 1690—1992,neq ISO 1817:1985)

GB/T 3098.1　紧固件机械性能　螺栓、螺钉和螺柱(GB/T 3098.1—2000,idt ISO 898-1:1999)

GB/T 3098.2　紧固件机械性能　螺母　粗牙螺纹(GB/T 3098.2—2000,idt ISO 898-2:1999)

GB/T 3512　硫化橡胶或热塑性橡胶　热空气加速老化和耐热试验(GB/T 3512—2001,eqv ISO 188:1998)

GB/T 7759　硫化橡胶　热塑性常温、高温和低温压缩永久变形测定(GB/T 7759—1996,eqv ISO 815:1991)

GB/T 8262　圆头椭圆颈螺栓

3　术语和定义

下列术语和定义适用于 GB 5135 的本部分。

3.1

沟槽式管接件　grooved couplings and fittings

主要包括沟槽式管接头和沟槽式管件。

3.2

沟槽式管接头　grooved coupling

用拼合式卡箍件、橡胶密封圈和紧固件组成的快速拼装接头。

3.3

沟槽式管件　grooved fittings

沟槽式连接管道系统上采用的弯头、三通、四通、异径管等管件的通称。其平口端的接头部位均加工成与管材接头部位相同的环形形状。

3.4

刚性(沟槽)接头　rigid coupling joint

在接头处,相邻管端不允许有相对角变位和轴线位移的拼合式卡箍件。

3.5

挠性(沟槽)接头　flexible coupling joint

在接头处,相邻管端允许有一定量的相对角变位和相应的轴向挠动,允许角变位与管径有关,但不允许有轴向线位移。挠性接头是一种柔性接头。

3.6

密封圈　pressure responsive gasket

通过压力来提高系统密封性能的橡胶圈。或者说,通过附加压力可以使垫圈和密封面之间产生附加比压。

3.7

额定工作压力　rated working pressure

沟槽式管接件在工作状态下允许的最大工作压力。

4　分类

沟槽式管接件按结构形式分类:

4.1　沟槽式管接头

主要有刚性沟槽接头、挠性沟槽接头等。

4.2　沟槽式管件

主要包括机械三通、机械四通、机械异径四通、90°弯头、45°弯头、22.5°弯头、正三通、异径三通、正四通、异径四通、同心大小头、偏心大小头、单片法兰、短管法兰、盲片等系列。

5　型号编制

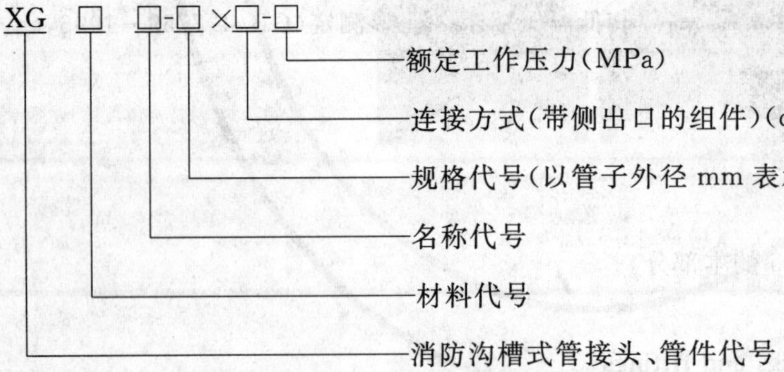

沟槽管接件的型号编制应符合下列要求:

材料代号应符合国家标准规定的标记代号;

名称代号由生产企业自行规定;

连接方式:侧出口沟槽连接,直接标出公称直径。螺纹式连接,直接标出螺纹代号及螺纹尺寸。其他的连接方式,用相应的标志符号和公称直径表示。

示例:

1)　XGQT□-114-1.6 表示材料为球墨铸铁 □(生产单位自己规定)外径为 114 mm,额定工作压力为 1.6 MPa 的消防沟槽式管接头。

2)　XGQT□-114×Rc1-2.5 表示材料为球墨铸铁 □(生产单位自己规定)主管外径为 114 mm,侧出口为右旋圆锥内螺纹接口,螺纹尺寸为1″,额定工作压力为2.5 MPa的消防沟槽式管件。

6 要求

6.1 外观、标志、结构尺寸

6.1.1 外观

沟槽式管接件表面应平整光洁,无加工缺陷及磕碰损伤,无裂纹缩孔、冷隔、夹渣、气孔、疤痕等现象;涂层均匀牢固,无气泡或漆块堆积;橡胶密封圈密封面上不应有气泡、杂质、裂口和凹凸不平等缺陷,标志齐全清晰。

6.1.2 标志

沟槽式管接件的壳体标志和密封圈标志应符合9.1的规定。

6.1.3 沟槽尺寸

6.1.3.1 轧制凹槽端面尺寸

轧制凹槽端面尺寸见附录A的表A.1的规定。

6.1.3.2 切割凹槽端面尺寸

切割凹槽端面尺寸见附录A的表A.2的规定。

6.1.3.3 铸造配件和阀的槽端尺寸

铸造配件和阀的槽端尺寸见附录A的表A.3的规定。

6.1.4 采用支管接头时支管的最大允许管径尺寸

采用支管接头时支管的最大允许管径见附录B的规定。

6.2 基本参数

6.2.1 额定工作压力

沟槽式管接件的额定工作压力不得低于1.2 MPa,并应符合1.2 MPa、1.6 MPa、2.5 MPa等系列压力等级。

6.2.2 公称直径

沟槽式管接件的公称直径为25 mm、32 mm 、40 mm、50 mm、65 mm、80 mm、100 mm、125 mm、150 mm、200 mm、250 mm、300 mm等。

6.3 壳体材料

沟槽式管接件的材料应采用球墨铸铁(不低于QT450-12)、锻钢等,采用其他不低于球墨铸铁(QT450-12)的抗拉强度和抗腐蚀性的材料,应符合相应的国家标准。

6.4 螺栓和螺母

6.4.1 螺栓

螺栓的结构和尺寸应符合GB/T 8262的规定,机械性能不应低于GB/T 3098.1中规定的8.8级要求,螺纹公差6g。螺栓应镀锌,或用其他具有相同耐腐蚀的材料制造。

6.4.2 螺母

螺母的机械性能应符合GB/T 3098.2中螺母规定的8级要求,螺纹公差6H。螺母应镀锌,或用其他具有相同耐腐蚀的材料制造。

6.5 橡胶密封圈材料性能

6.5.1 橡胶密封圈使用的材料不应含有对其使用寿命及对输送管路和零配件有危害的物质。

6.5.2 橡胶密封圈按7.2的规定进行试验,橡胶的物理性能应符合表1～表4的规定。

6.5.3 橡胶密封圈若采用其他材料制造,应符合其相应的物理机械性能。

6.6 真空度(负压密封性)

沟槽式管接件按7.3的规定进行试验,在真空度达到0.08 MPa时,保持5 min,应无真空压损失。

表 1 天然橡胶密封圈的物理机械性能

序号	试验项目		天然橡胶
1	硬度/shoroa A		65±5
2	拉伸强度/MPa		≥17
3	扯断伸长率/%		≥350
4	热空气老化后 (70℃±2℃)×70 h	拉伸强度变化率/%	≤-8
		伸长变化率/%	≤-10
		硬度变化率/度	≤+5
		压缩永久变形/%	≤20

表 2 三元乙丙橡胶密封圈的物理机械性能

序号	试验项目		三元乙丙橡胶
1	硬度/shoroa A		65±5
2	拉伸强度/ MPa		≥15.2
3	扯断伸长率/%		≥400
4	热空气老化后 (125℃±2℃)×70h	拉伸强度变化率/%	≤-20
		伸长变化率/%	≤-40
		硬度变化率/度	≤+10
		压缩永久变形/%	≤30

表 3 丁腈橡胶密封圈的物理机械性能

序号	试验项目		丁腈橡胶
1	硬度/shoroa A		65±5
2	拉伸强度/ MPa		≥15.2
3	扯断伸长率/%		≥350
4	耐 1 号标准油 (100℃±2℃)×70 h	拉伸强度变化率 %	≤-25
		伸长变化率/%	≤-45
		硬度变化/度	-15～+15
		体积变化率/%	-10～+5
5	压缩永久变形(100℃±2℃)×22 h A 型/%		≤25

表 4 硅橡胶密封圈的物理机械性能

序号	试验项目		硅橡胶
1	硬度/shoroa A		60±5
2	拉伸强度/ MPa		≥6
3	扯断伸长率/%		≥300
4	热空气老化后 (225℃±2℃)×70 h	拉伸强度变化率/%	≤-15
		伸长变化率/%	≤-20
		硬度变化率/度	≤+10
5	压缩永久变形(200℃±2℃)×22 h/%		≤15

6.7 气密封性能

沟槽式管接件按7.4的规定进行试验，在充气压力达到0.3 MPa时，保持5 min，试件表面应无气泡渗漏。

6.8 密封性能

沟槽式管接件按7.5的规定进行试验，试验压力为2倍额定工作压力，保持5 min，应无渗漏。

6.9 耐压强度

沟槽式管接件按7.5的规定进行试验，试验压力为4倍额定工作压力，保持5 min，应无泄漏和损坏。

6.10 承载力矩

沟槽式管接头照7.6的规定进行试验，在表5规定的力矩作用下，不得出现泄漏和断裂现象。

表5 承载力矩

管件公称直径 DN	施加力矩/(N·m)	管件公称直径 DN	施加力矩/(N·m)
25	410	100	4 940
32	570	125	7 100
40	1 100	150	9 610
50	1 560	200	15 330
65	2 400	250	22 760
80	3 290	300	31 120

6.11 挠性接头偏转角

挠性沟槽管接头按7.7的规定进行试验，挠性沟槽接头可沿轴向偏转，在管道公称直径小于DN200时，提供大于等于1°的偏转角，在管道公称直径大于等于DN200时，提供大于等于0.5°小于1°的偏转角，试验后检查管路，应无渗漏和损坏。

6.12 最大伸长间隙

6.12.1 沟槽式管接头按7.8的规定进行试验，公称直径≤DN32的管接头管端允许最大间隙应≤2 mm；DN40≤公称直径≤DN300的管接头管端允许最大间隙应≤3.2 mm。

6.12.2 单片法兰，按照7.8的规定进行试验，公称直径≤DN32的单片法兰管端允许最大间隙应≤1 mm；DN40≤公称直径≤DN300的单片法兰管端允许最大间隙应≤1.6 mm。

6.13 耐低温性能

沟槽式管接头按7.9的规定进行试验，接头组件应无压力损失和密封圈损坏。

6.14 抗高温老化性能

沟槽式管接头按7.10的规定进行试验，应无空气泄漏和密封圈粘连、损坏。

6.15 无密封圈泄漏性能

沟槽式管接头按7.11的规定进行试验，移除密封圈后，保持管道系统中0.2 MPa的静水压，系统沟槽接头连接处泄漏不能超过113 L/min。

注：113 L/min是一个额定流量系数为80的洒水喷头在0.2 MPa压力下的流量。

6.16 耐水冲击性能

沟槽式管接头按7.12的规定进行试验，应能承受20 000次水冲击而不发生泄漏。

6.17 抗振动性能

沟槽式管接头按7.13的规定进行试验，试验后进行耐压强度试验，应无泄漏和损坏。

6.18 耐火性能

6.18.1 沟槽式管接头(包括带密封圈的管件)按7.14的规定进行试验,连接沟槽接头的管道系统中,充满额定工作压力的静水压,应能承受耐火试验15 min,试验后应无泄漏和变形损坏。

6.18.2 沟槽式管件(不带密封圈),若采用熔点低于800 ℃的金属材料或非金属材料制作,则按7.14的规定进行试验,连接沟槽管件的管道系统中,充满额定工作压力的静水压,应能承受耐火试验15 min,试验后应无泄漏和变形损坏。

7 试验方法

7.1 外观、标志、结构尺寸和橡胶密封圈检验

使用目测和专用量具测量沟槽式管接件和橡胶密封圈的外观、标志、结构尺寸及铸件质量等。检查结果应符合6.1、6.2、6.3的规定。

7.2 橡胶密封圈材料试验

7.2.1 橡胶密封圈物理机械性能试验应按GB/T 528、GB/T 531和GB/T 7759的规定进行。

7.2.2 橡胶的热空气老化试验应按GB/T 3512的规定进行。

7.2.3 橡胶的耐液体浸渍试验应按GB/T 1690的规定进行。

7.3 真空度(负压密封性)试验

如图1所示,试验组件应装配一个真空计量仪或精度不低于1.5级的真空表,以显示实际真空度。选择合适的真空泵抽气,当安装试样的管内达到0.08 MPa(600 mmHg)的真空压时,关闭试样与真空泵之间的阀门,使试样单独封闭,试验结果应符合6.6的规定。

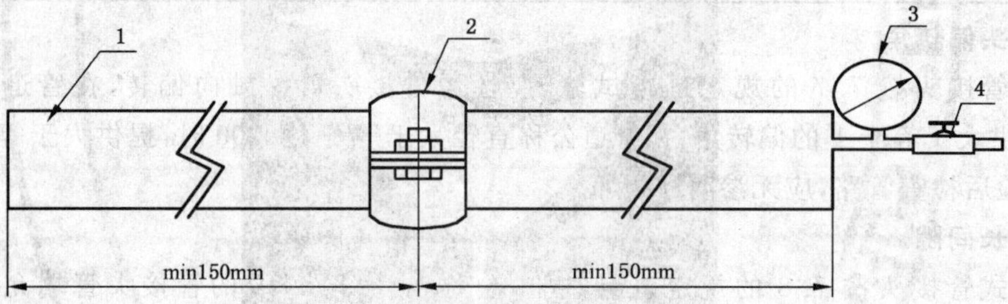

1——管段;

2——沟槽式管接头;

3——压力表;

4——截止阀。

图1 真空度试验装置图

7.4 气密封试验

7.4.1 试验组件应装配精度不低于1.5级的压力表,以显示实际压力值。试验应在20℃±5℃的环境温度下进行。

7.4.2 试验前试验组件应预先全淹没在水中,给试样内部加压至0.1 MPa,保持一段时间,清除表面气泡,然后逐渐将压力增加到0.3 MPa,保持5 min,试验结果应符合6.7的规定。

7.5 密封和耐压强度试验

7.5.1 如图2所示,试验组件应充满水并排除空气,管路内的压力以不超过2 MPa/ min的速率递增,直至达到2倍试件的额定工作压力,试验结果应符合6.8的规定。

7.5.2 如图2所示,试验组件应充满水并排除空气,管路内的压力以不超过2 MPa/ min的速率递增,直至达到4倍试件的额定工作压力,试验结果应符合6.9的规定。

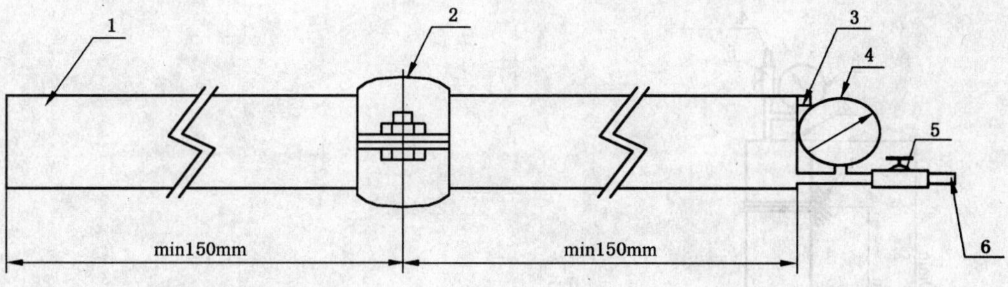

1——管段；
2——沟槽式管接头；
3——排气口；
4——压力表；
5——截止阀；
6——注水充压口。

图 2 强度密封试验装置图

7.6 承载力矩试验

7.6.1 沟槽式管接头承载力矩试验方法

7.6.1.1 如图 3 所示，试样包括连接沟槽管接头的两段长度不小于 400 mm、末端封闭的管路，一端装配精度为 1.5 级的压力表。

7.6.1.2 试件应充满水并排除所有空气，内部在试验期间应保持额定工作压力的静水压。

7.6.1.3 按表 5 选择与公称直径对应的力矩加载到侧面出口管处，保持 1 min，试验结果应符合 6.10 的规定。

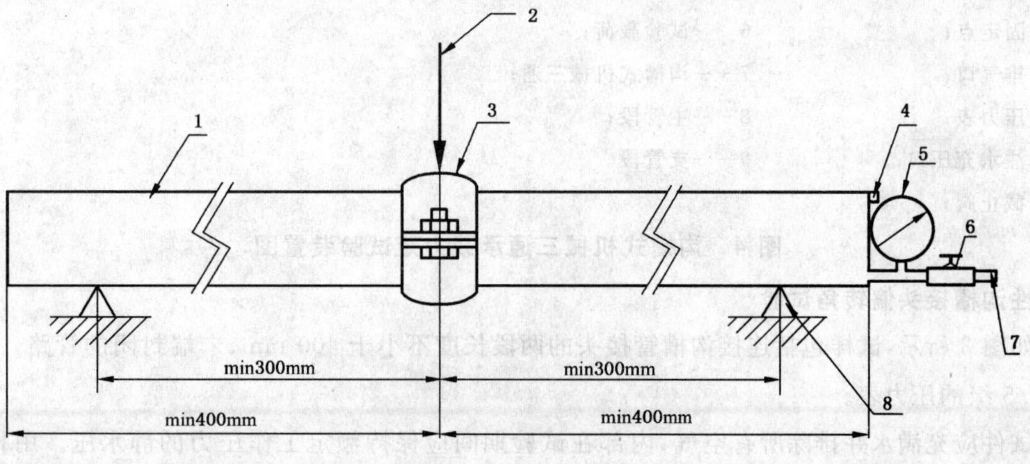

1——管段；
2——试验载荷；
3——沟槽式管接头；
4——排气口；
5——压力表；
6——截止阀；
7——注水充压口；
8——支撑点。

图 3 沟槽式管接头承载力矩试验装置图

7.6.2 机械三通(侧面出口管)承载力矩试验方法

7.6.2.1 如图 4 所示，试样包括连接机械三通的两段长度不小于 400 mm、侧面出口管长度不小于 300 mm、末端封闭的管路，一端装配精度为 1.5 级的压力表。

7.6.2.2 试件应充满水并排除所有空气，内部在试验期间应保持额定工作压力的静水压。

7.6.2.3 按表 5 选择与侧出口管路公称直径的对应的力矩，加载到接头交接处，保持 1 min，试验结果应符合 6.10 的规定。

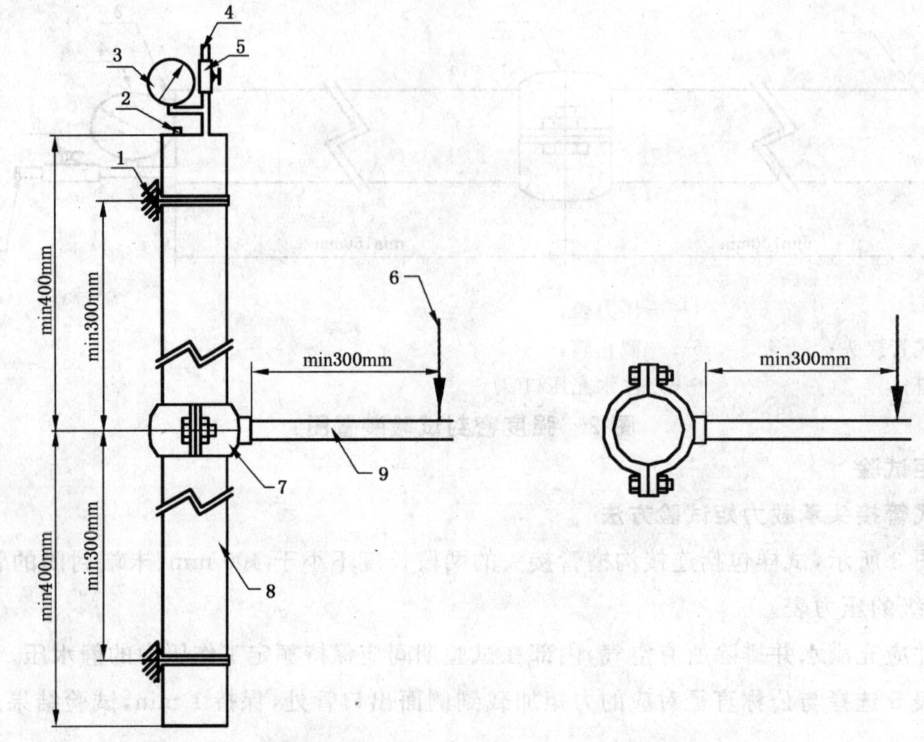

a） 平行于轴线方向施加承载　　　　b） 垂直于轴线方向施加承载

1——固定点；
2——排气口；
3——压力表；
4——注水充压口；
5——截止阀；
6——试验载荷；
7——沟槽式机械三通；
8——主管段；
9——支管段。

图 4　沟槽式机械三通承载力矩试验装置图

7.7　挠性沟槽接头偏转角试验

7.7.1　如图 3 所示，试样包括连接沟槽管接头的两段长度不小于 400 mm、末端封闭的管路，一端装配精度为 1.5 级的压力表。

7.7.2　试件应充满水并排除所有空气，内部在试验期间应保持额定工作压力的静水压。用相应量具（角度尺）测出挠性沟槽管接头轴线与水平直管的角度 α_1（$\alpha_1=180°$）。

7.7.3　根据管路公称直径，对其施加不超过表 5 对应数值 25% 的弯曲力矩，用相应量具（角度尺）测出其转角 α_2。

如图 5 所示，偏转角 $\Delta\alpha=\alpha_1-\alpha_2$，试验结果应符合 6.11 的规定。

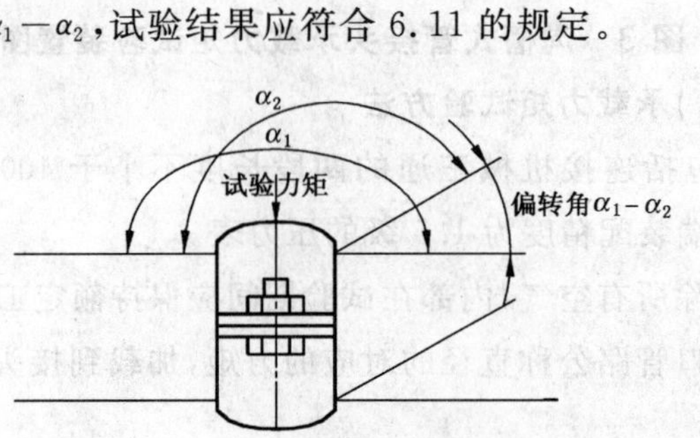

图 5　偏转角示意图

7.8 **最大伸长间隙试验**

试样包括连接沟槽管接头(包括单片法兰)两端封闭的管路,在两管端最小时测得 L_0,然后充水排除空气,升至额定工作压力,此时测量两管端长度 L。最大伸长间隙 ΔL 按下式计算:

$$\Delta L = L - L_0$$

式中:

L_0——两管端最小时测得的长度,单位为毫米(mm);

L——两管端最大时测得的长度,单位为毫米(mm)。

ΔL 的结果应符合 6.12 的规定。

7.9 **耐低温性能试验**

7.9.1 试样包括连接沟槽管接头的两段长度至少为 150 mm、两端封闭的管路,一端装配精度为 1.5 级的压力表和截止阀。

7.9.2 试验环境温度为 20℃±5℃,将试样水平放置,并注入 3 mm 高的水,然后将试样用空气充压至 0.30 MPa,密封后将其水平放置在 −40℃±2℃空间中 24 h。然后取出在环境温度为 20℃±5℃的室温下放置 24 h。

试验结果应符合 6.13 的规定。

7.10 **高温老化试验**

7.10.1 试样先按 7.4 的方法充压至 0.3 MPa,观察其是否泄漏,然后泄压并将其置于 135℃的温度下 45 d。

7.10.2 试验后,将试样取出置于室内,24 h 内试样温度应能恢复到 20℃±5℃,然后将试样浸入水中并充压至 0.3 MPa,保持 5 min。

7.10.3 在 5 min 试验过程中,观察是否有空气泄漏引起的压力下降。

7.10.4 上述试验后将试样拆开,观察密封圈是否与壳体粘连,手动将密封圈腔体两边相对挤压在一起,观察其是否破损。用于直径大于、等于 DN200 的密封圈在相对的两段扭动一圈时也应无破损。

7.11 **无密封圈泄漏试验**

将试样按图 1 连接好,但撤掉密封圈。将试样充满水,排除管路内空气(由于接头渗漏,因此尽量做到)。试样管路内压力升到 0.2 MPa,并保持 2 min,利用合理方法收集从试样接头处渗漏出的水。至少要对最大和最小型号的接头进行以上试验试验结果应符合 6.15 的规定。

7.12 **耐水冲击试验**

如图 3 所示,试件将承受从 0 到额定工作压力(最小 1.2 MPa)的 20 000 次水冲击压力作用,频率为 1 次/s。水冲击试验后,再按照 7.5 的规定进行试验,试验结果应符合 6.16 的规定。

7.13 **抗振动试验**

从试样中选取最小口径的沟槽接头进行振动试验。试件与管路的安装如图 2 所示,试验管路的单管长度为 305 mm。将连接好的管路一端固定在机械振动台的水平工作台上,沟槽接头和另一段管路向外伸出振动试验台,振动平面为垂直振动,试验要求如表 6 所示。在振动试验前,将试验管路内加压至 0.70 MPa。振动试验结束后,进行耐压强度试验,结果应符合 6.17 的规定。

7.14 **耐火性能试验**

7.14.1 如图 6 所示,试样包括连接沟槽管接头的两段长度为 1 m、两端封闭的管路,一端装配精度为 1.5 级的压力表(压力表应选较大量程)和截止阀。

7.14.2 试件应充满水并排除所有空气,管路内部升压至额定工作压力,关闭截止阀,保持额定工作压力的静水压。

7.14.3 选择油盘的长 600 mm、宽 300 mm、高 200 mm。沟槽管件距离正下方油盘口 200 mm。注入 12.5L 的 93# 汽油,加入垫水,使油面距离油盘口 50 mm。点燃油盘,持续 15 min。到达持续时间后立即扑灭油盘火,静置 1 min。

试验结果应符合 6.18 的规定。

表 6 振动试验

振幅/mm	频率/Hz	时间/h
0.25	28	5
0.51	28	5
1.90	28	5
0.51	18～37*	5
0.89	18～37*	5
注:“*”表示可变。		

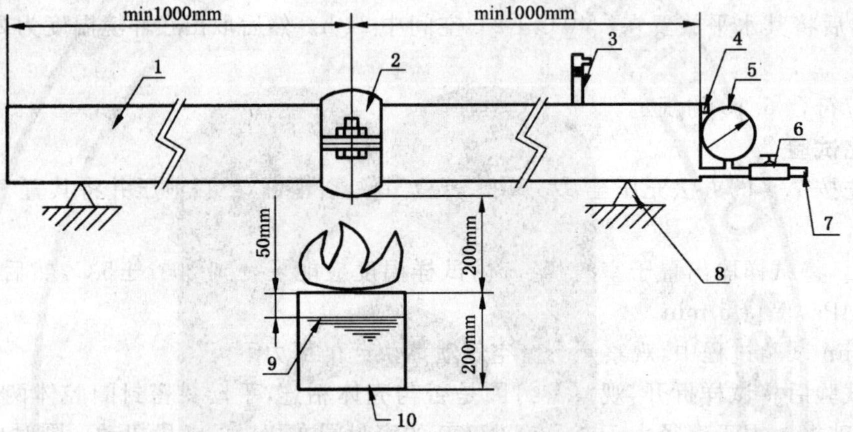

1——管段；
2——沟槽式管接头；
3——安全阀；
4——排气口；
5——压力表；
6——截止阀；
7——注水充压口；
8——支撑点；
9——油面；
10——油盘。

图 6 耐火试验装置图

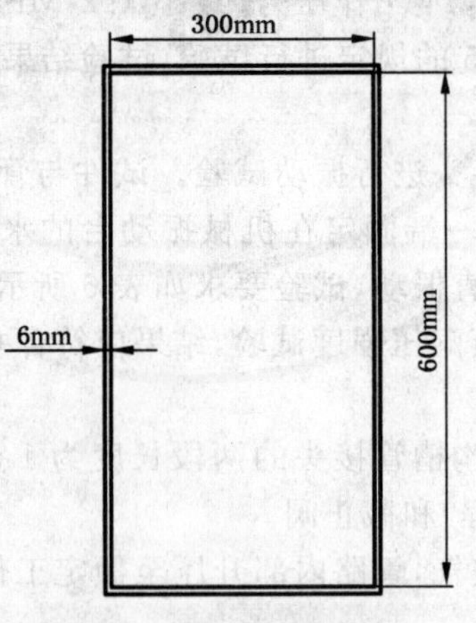

图 7 油盘横切面图

8 检验规则

产品制造单位应制定并遵守质量管理规程，确保每批产品都符合本部分规定。

8.1 检验分类

8.1.1 出厂检验

沟槽式管接件出厂前应按表7的规定进行检验。

8.1.2 型式检验

型式检验的项目为第6章中的全部项目。有下列情况之一者，应进行型式检验：

a) 新产品试制定性鉴定；

b) 正式生产后，产品的结构、材料、工艺、重要部件中任何一项有较大改变，可能影响产品性能时；

c) 产品停产超过1年恢复生产时；

d) 产品转厂生产或异地搬迁时；

e) 国家质量监督机构或管理部门提出进行型式检验要求。

8.2 抽样

采用随机抽样方法，抽样基数100只，抽样数量沟槽式管接件15只，橡胶标准试样10只或提供相同材料的标准试验胶料。

8.3 试验程序

沟槽式管接件试验程序按图8规定进行。

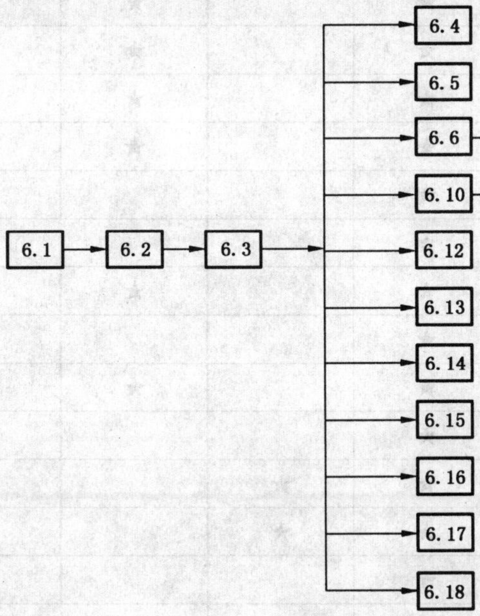

6.1——外观、标志、结构尺寸；
6.2——基本参数；
6.3——壳体材料；
6.4——螺栓和螺母；
6.5——橡胶密封圈材料性能；
6.6——真空度(负压密封性)；
6.7——气密封性能；
6.8——密封性能；
6.9——耐压强度；
6.10——承载力矩；
6.11——挠性接头偏转角；
6.12——最大伸长间隙；
6.13——耐低温性能；
6.14——抗高温老化性能；
6.15——无密封圈泄漏性能；
6.16——耐水冲击性能；
6.17——抗振动性能；
6.18—耐火性能。

图8 试验流程图

8.4 检验结果判定

8.4.1 沟槽式管接件按相应的技术要求和试验方法进行试验，全部合格，则判该批产品为合格。

8.4.2 沟槽式管接件A类检验项目(见表7)中有一项不合格，则判为不合格。

8.4.3 沟槽式管接件B类项目中只有一项不合格，可判定为合格，其余判为不合格。

表7 检验项目

检验项目		型式检验	出厂检验		A类项	B类项
			全检项目	抽检项目		
沟槽式管接头	外观、标志、结构尺寸	★	★			★
	基本参数	★	★			★
	材料	★			★	
	螺栓和螺母	★	★	★	★	
	橡胶密封圈材料性能	★		★	★	
	真空度(负压密封性)	★		★	★	
	气密封性能	★		★		★
	密封性能	★	★		★	
	耐压强度	★		★	★	
	承载力矩	★		★	★	
	挠性接头偏转角	★		★		★
	最大伸长间隙	★		★		★
	耐低温性能	★			★	
	抗高温老化性能	★			★	
	无密封圈泄漏性能	★		★		★
	耐水冲击性能	★			★	
	抗振动性能	★		★		★
	耐火性能	★			★	
沟槽式管件	外观、标志、沟槽尺寸	★	★			★
	基本参数	★	★			★
	材料	★			★	
	橡胶密封圈材料性能	★		★	★	
	真空度(负压密封性)	★		★	★	
	气密封性能	★		★		★
	密封性能	★	★		★	
	耐压强度	★		★	★	
	承载力矩	★		★	★	
	最大伸长间隙	★		★		★
	耐水冲击性能	★			★	
	耐火性能	★		★	★	

9 标志、使用说明书

9.1 标志

9.1.1 壳体标志

沟槽式管接件应在明显位置清晰、永久性标注下述内容：

a） 型号规格；

b） 生产单位名称或商标；

c） 额定工作压力。

9.1.2 密封圈标志

密封圈上应在明显位置清晰、永久性标注下述内容：

a） 生产单位名称或商标；

b） 型号规格；

c） 密封圈材质代号，见表8；

d） 生产日期。

表8 密封圈材质代号

材质	天然橡胶	丁腈橡胶	乙丙橡胶	硅橡胶	其他材料
代号	N	D	E	S	相应代号

9.2 使用说明书

沟槽式管接件在其包装中应附有使用说明书，使用说明书中应至少包括产品名称、规格型号、使用的环境条件、贮存的环境条件、生产日期、生产依据的标准、必要的使用参数、安装操作说明及安装示意图、注意事项、生产厂商的名称、地址和联络信息等。

10 标志、包装、运输和贮存

10.1 标志

外包装标志内容：

a） 制造厂名称、地址、电话；

b） 产品名称、型号和规格；

c） 出厂日期；

d） 产品数量；

e） 商标；

f） 外型尺寸、毛重；

g） 包装储运图示标志应符合GB/T 191的规定。

10.2 包装

10.2.1 沟槽式管接件在包装箱应单件包装，若不是单件包装，箱内各件之间应有隔层或其他防护措施。

10.2.2 产品包装中应附有使用说明书和合格证。

10.2.3 在包装箱外应标明放置方向、堆放件数限制、贮存防护条件等。

10.3 运输

沟槽式管接件在运输过程中，应防雨减震，装卸时防止撞击。

10.4 贮存

沟槽式管接件应存放在通风、干燥的库房内，避免与腐蚀性物质共同贮存，贮存温度－10℃～＋40℃。

附　录　A
（规范性附录）
沟 槽 尺 寸

见图 A.1，表 A.1；图 A.2，表 A.2 和表 A.3。

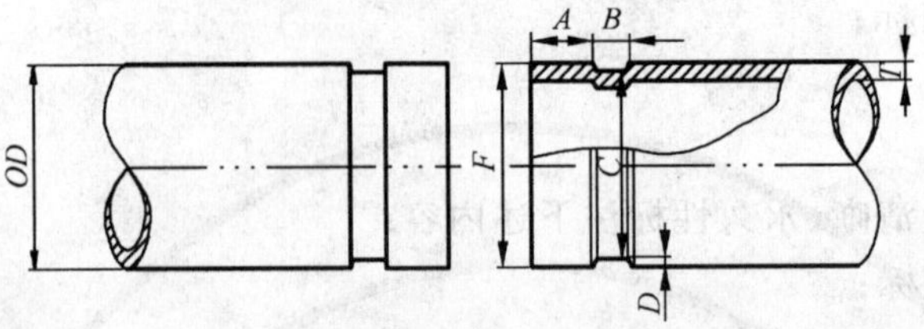

图 A.1　轧制沟槽尺寸规格图

表 A.1　轧制沟槽尺寸规格

单位为毫米

管道公称直径 DN	管道外径 OD			管端至沟槽边尺寸 A±0.76	沟槽宽度 B±0.76	沟槽直径 C		沟槽深度 D	管壁最小壁厚 T	最大伸展面外径 F
	实际尺寸	公差				实际尺寸	公差			
25	33.7	+0.41	−0.68	15.88	7.14	30.23	−0.38	1.60	1.8	34.5
32	42.4	+0.50	−0.60	15.88	7.14	38.99	−0.38	1.60	1.8	43.3
40	48.3	+0.44	−0.52	15.88	7.14	45.09	−0.38	1.60	1.8	49.4
50	60.3	+0.61	−0.61	15.88	8.74	57.15	−0.38	1.60	1.8	62.2
65	73.0	+0.74	−0.74	15.88	8.74	69.09	−0.46	1.98	2.3	75.2
65	76.1	+0.76	−0.76	15.88	8.74	72.26	−0.46	1.98	2.3	77.7
80	88.9	+0.89	−0.79	15.88	8.74	84.94	−0.46	1.98	2.3	90.6
90	101.6	+1.02	−0.79	15.88	8.74	97.38	−0.51	2.11	2.3	103.4
100	108.0	+1.07	−0.79	15.88	8.74	103.73	−0.51	2.11	2.3	109.7
100	114.3	+1.14	−0.79	15.88	8.74	110.08	−0.51	2.11	2.3	116.2
125	133.0	+1.32	−0.79	15.88	8.74	129.13	−0.51	2.11	2.9	134.9
125	139.7	+1.40	−0.79	15.88	8.74	135.48	−0.51	2.11	2.9	141.7
125	141.3	+1.42	−0.79	15.88	8.74	137.03	−0.56	2.13	2.9	143.5
150	159.0	+1.60	−0.79	15.88	8.74	154.50	−0.56	2.16	2.9	161.0
150	165.1	+1.60	−0.79	15.88	8.74	160.90	−0.56	2.16	2.9	167.1
150	168.3	+1.60	−0.79	15.88	8.74	163.96	−0.56	2.16	2.9	170.7
200	219.1	+1.60	−0.79	19.05	11.91	214.40	−0.64	2.34	2.9	221.5
250	273.0	+1.60	−0.79	19.05	11.91	268.28	−0.69	2.39	3.6	275.4
300	323.9	+1.60	−0.79	19.05	11.91	318.29	−0.76	2.77	4.0	326.2

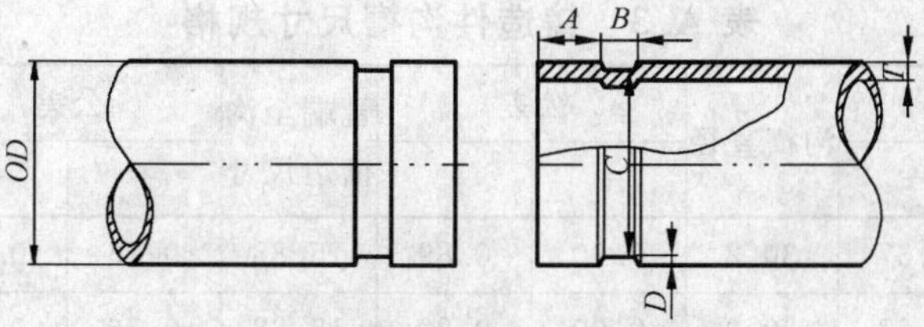

图 A.2 切割沟槽尺寸规格图

表 A.2 切割沟槽尺寸规格

单位为毫米

管道公称直径 DN	管道外径 *OD*			管端至沟槽边尺寸 *A*±0.76	沟槽宽度 *B*±0.76	沟槽直径 *C*		沟槽深度 *D*	管壁最小壁厚 *T*
	实际尺寸	公差				实际尺寸	公差		
25	33.7	+0.41	−0.68	15.88	7.93	30.23	−0.38	1.70	3.3
32	42.4	+0.50	−0.60	15.88	7.93	38.99	−0.38	1.70	3.5
40	48.3	+0.44	−0.52	15.88	7.93	45.09	−0.38	1.58	3.6
50	60.3	+0.61	−0.61	15.88	7.93	57.15	−0.38	1.58	3.6
65	73.0	+0.74	−0.74	15.88	7.93	69.09	−0.46	1.98	4.0
65	76.1	+0.76	−0.76	15.88	7.93	72.26	−0.46	1.98	4.0
80	88.9	+0.89	−0.79	15.88	7.93	84.94	−0.46	1.98	4.5
90	101.6	+1.02	−0.79	15.88	7.93	97.38	−0.51	2.11	5.0
100	108.0	+1.07	−0.79	15.88	9.53	103.73	−0.51	2.11	5.0
100	114.3	+1.14	−0.79	15.88	9.53	110.08	−0.51	2.11	5.0
125	133.0	+1.32	−0.79	15.88	9.53	129.13	−0.51	2.11	5.0
125	139.7	+1.40	−0.79	15.88	9.53	135.48	−0.51	2.11	5.0
125	141.3	+1.42	−0.79	15.88	9.53	137.03	−0.56	2.13	5.0
150	159.0	+1.60	−0.79	15.88	9.53	154.50	−0.56	2.16	5.4
150	165.1	+1.60	−0.79	15.88	9.53	160.90	−0.56	2.16	5.4
150	168.3	+1.60	−0.79	15.88	9.53	163.96	−0.56	2.16	5.4
200	219.1	+1.60	−0.79	19.05	11.10	214.40	−0.64	2.34	5.4
250	273.0	+1.60	−0.79	19.05	12.70	268.28	−0.69	2.39	6.3
300	323.9	+1.60	−0.79	19.05	12.70	318.29	−0.76	2.77	7.1

表 A.3 铸造件沟槽尺寸规格

单位为毫米

管道公称直径 DN	管件实际外径尺寸	公差		沟槽直径	公差		管端至沟槽边尺寸	公差		沟槽宽度	公差	
		+	－		+	－		+	－		+	－
25	33.7	0.37	0.37	30.2	0.00	0.89	15.88	0.76	0.76	7.93	0.00	0.38
32	42.4	0.37	0.37	39.0	0.00	0.89	15.88	0.76	0.76	7.93	0.00	0.38
40	48.3	0.37	0.37	45.1	0.00	0.89	15.88	0.76	0.76	7.93	0.00	0.38
50	60.3	0.40	0.40	57.2	0.00	0.89	15.88	0.76	0.76	7.93	0.00	0.38
65	73.0	0.49	0.49	69.1	0.00	0.97	15.88	0.76	0.76	7.93	0.00	0.46
65	76.1	0.50	0.50	72.3	0.00	0.97	15.88	0.76	0.76	7.93	0.00	0.46
80	88.9	0.54	0.54	84.9	0.00	0.97	15.88	0.76	0.76	7.93	0.00	0.46
90	101.6	0.58	0.58	97.4	0.00	1.07	15.88	0.76	0.76	7.93	0.00	0.51
100	108.0	0.59	0.59	103.7	0.00	1.07	15.88	0.76	0.76	9.53	0.00	0.51
100	114.3	0.61	0.61	110.1	0.00	1.07	15.88	0.76	0.76	9.53	0.00	0.51
125	133.0	0.66	0.66	129.1	0.00	1.07	15.88	0.76	0.76	9.53	0.00	0.51
125	139.7	0.68	0.68	135.5	0.00	1.07	15.88	0.76	0.76	9.53	0.00	0.51
150	159.0	0.74	0.74	154.5	0.00	1.07	15.88	0.76	0.76	9.53	0.00	0.56
150	165.1	0.74	0.74	160.8	0.00	1.07	15.88	0.76	0.76	9.53	0.00	0.56
150	168.3	0.74	0.74	164.4	0.00	1.07	15.88	0.76	0.76	9.53	0.00	0.56
200	219.1	0.76	0.76	214.4	0.00	1.52	19.05	0.76	0.76	11.10	0.00	0.64
250	273.0	0.77	0.77	268.3	0.00	1.57	19.05	0.76	0.76	12.70	0.00	0.69
300	323.9	0.79	0.79	318.3	0.00	1.65	19.05	0.76	0.76	12.70	0.00	0.76

附　录　B
（规范性附录）
支管的最大允许管径

见表 B.1。

表 B.1　采用支管接头时支管的最大允许管径　　单位为毫米

主管直径 DN	支管直径 DN	
	机械三通	机械四通
50	25	—
65	40	32
80	40	40
100	65	50
125	80	65
150	100	80
200	100	100
250	100	100
300	100	100

ICS 13.220.20
C 83

中华人民共和国国家标准

GB 5135.12—2006

自动喷水灭火系统
第12部分：扩大覆盖面积洒水喷头

Automatic sprinkler system—
Part 12:Extended coverage sprinkler

2006-04-07 发布 　　2006-12-01 实施

中华人民共和国国家质量监督检验检疫总局
中国国家标准化管理委员会 发布

前言

GB 5135 的本部分的第 6 章、第 8 章的内容为强制性的，其余为推荐性。

GB 5135《自动喷水灭火系统》目前已分为 15 个部分：

——第 1 部分：洒水喷头；

——第 2 部分：湿式报警阀、延迟器、水力警铃；

——第 3 部分：水雾喷头；

——第 4 部分：干式报警阀；

——第 5 部分：雨淋报警阀；

——第 6 部分：通用阀门；

——第 7 部分：水流指示器；

——第 8 部分：加速器；

——第 9 部分：早期抑制快速响应(ESFR)喷头；

——第 10 部分：压力开关；

——第 11 部分：沟槽式管接头及组件；

——第 12 部分：扩大覆盖面积洒水喷头；

——第 13 部分：水幕喷头；

——第 14 部分：预作用装置；

——第 15 部分：家用喷头。

……………………

本部分为 GB 5135 的第 12 部分。

本部分主要参考了 ISO/DIS 6182.13《自动喷水灭火系统　扩大覆盖面积洒水喷头的要求和试验方法》(2003 年英文版)、UL 199《消防用洒水喷头》(2003 年英文版)、FM 2000《消防用洒水喷头》(1998 年英文版)等标准。

本部分的附录 A 为规范性附录，附录 B、附录 C、附录 D 为资料性附录。

本部分由中华人民共和国公安部提出。

本部分由全国消防标准化技术委员会第二分技术委员会(SAC/TC 113/SC 2)归口。

本部分由公安部天津消防研究所负责起草，上海金盾消防安全设备有限公司参加起草。

本部分主要起草人：张少禹、啜凤英、李毅、张兆宪、张丽梅、孙甲斌、严洪、王军。

本部分为首次制定。

自动喷水灭火系统
第 12 部分:扩大覆盖面积洒水喷头

1 范围

GB 5135 的本部分规定了自动喷水灭火系统扩大覆盖面积洒水喷头(以下简称 EC 喷头)的要求、试验方法、检验规则和标志、包装、运输、贮存等。

本部分适用于在 GB 50084—2001 中规定的轻、中危险等级场所使用的 EC 喷头。

2 规范性引用文件

下列文件中的条款通过 GB 5135 的本部分的引用而成为本部分的条款。凡是注日期的引用文件,其随后所有的修改单(不包括勘误的内容)或修订版均不适用于本部分,然而,鼓励根据本部分达成协议的各方研究是否可使用这些文件的最新版本。凡是不注日期的引用文件,其最新版本适用于本部分。

GB/T 7306.2 55°密封管螺纹 第 2 部分:圆锥内螺纹与圆锥外螺纹(GB/T 7306.2—2000,eqv ISO 7-1:1994)

GB 50084—2001 自动喷水灭火系统设计规范

3 术语、定义

下列术语和定义适用于本部分。

3.1

洒水喷头 sprinkler

在热的作用下,在预定的温度范围内自行启动,或根据火灾信号由控制设备启动,并按设计的洒水形状和流量洒水的一种喷水装置。

3.2

扩大覆盖面积洒水喷头 extended coverage sprinkler

具有比常规洒水喷头更大的特定保护面积的洒水喷头。

3.3

传导系数 conductivity factor

是喷头的热敏感元件与其固定件之间热传导能力的度量,其符号为 C,单位为$(m/s)^{0.5}$。

3.4

响应时间系数 response time index

是喷头动作灵敏度的度量,表示为 $RTI=\tau u^{0.5}$,τ 为热敏感元件的时间常数,单位为 s;u 为气体流速,单位为 m/s。响应时间系数的符号为 RTI,单位为$(m \cdot s)^{0.5}$。

3.5

标准方位 standard deviation

当热敏感元件对称时,标准方位为使气流方向既垂直于喷头水流的轴线又垂直于其轭臂所在平面的方位。当热敏感元件为非对称时,标准方位为使气流方向既垂直于喷头水流的轴线又垂直于其轭臂所在平面,同时产生最短响应时间的方位。

3.6

最不利(响应)方位 worst case(response) deviation

使气流方向与喷头入口轴线垂直且产生最长的响应时间的方位。

3.7

装配载荷 assemble load

当喷头入口处水压为0时施加在喷头体上的力。

3.8

工作载荷 service load

喷头入口处施加1.2 MPa水压产生的力与喷头的装配载荷施加在喷头体上的力的合力。

3.9

热敏感元件工作载荷 heat response element service load

当喷头承受工作载荷时，施加在热敏感元件上的力。

3.10

静态动作温度 static operating temperature

喷头热敏感元件在一定的升温速率下，在液浴中动作时的温度。

4 分类

4.1 根据热敏感元件分类

4.1.1 易熔元件EC喷头

通过易熔元件受热熔化而开启的EC喷头。

4.1.2 玻璃球EC喷头

通过玻璃球内充装的液体受热膨胀使玻璃球爆破而开启的EC喷头。

4.2 根据安装位置分类

4.2.1 直立型EC喷头

直立安装，水流向上冲向溅水盘的EC喷头。

4.2.2 下垂型EC喷头

下垂安装，水流向下冲向溅水盘的EC喷头。

4.2.3 边墙型EC喷头

靠墙安装，在一定的保护面积内，将水向一边喷洒分布的EC喷头。

4.3 特殊类型EC喷头

4.3.1 干式EC喷头

由一段特殊短管和安装于特殊短管出口的EC喷头组成，在短管入口处有一个密封物。在喷头动作前，此密封物可阻止水进入短管。

4.3.2 齐平式EC喷头

喷头的部分本体(包括根部螺纹)安装在吊顶下平面以上，而部分或全部热敏感元件在吊顶下平面以下的EC喷头。

4.3.3 嵌入式EC喷头

除根部螺纹外，喷头的全部或部分本体被安装在嵌入吊顶的护罩内的EC喷头。

4.3.4 隐蔽式EC喷头

带有装饰盖板的嵌入式EC喷头。

4.3.5 带涂层EC喷头

在无镀层或有镀层喷头外部蘸覆有蜂蜡或沥青等易熔防腐材料的EC喷头。

5 接口螺纹、颜色标志和型号规格

5.1 EC喷头的接口螺纹

EC喷头的接口螺纹见表1。

表 1 EC喷头的接口螺纹

流量系数 K	接口螺纹
80	R_2 1/2
115	R_2 3/4
160	R_2 3/4
200	R_2 3/4，R_2 1

5.2 公称动作温度和颜色标志

EC喷头的公称动作温度和颜色标志见表2。

玻璃球EC喷头的公称动作温度分为13档，应在玻璃球工作液中作出相应的颜色标志。

易熔元件EC喷头的公称动作温度分为7档，应在EC喷头轭臂或适宜的位置作出颜色标志。

表 2 公称动作温度和颜色标志

玻璃球EC喷头		易熔元件EC喷头	
公称动作温度/℃	液体色标	公称动作温度/℃	轭臂色标
57	橙	57～77	无色
68	红	80～107	白
79	黄	121～149	蓝
93	绿	163～191	红
107	绿	204～246	绿
121	蓝	260～302	橙
141	蓝	320～343	橙
163	紫		
182	紫		
204	黑		
227	黑		
260	黑		
343	黑		

5.3 EC喷头的型号规格

5.3.1 EC喷头的型号规格由类型特征代号、性能代号、流量系数和公称动作温度等部分组成。

5.3.2 类型特征代号表明了产品的结构形式和特征，由不超过3位大写英文字母、阿拉伯数字或其组合构成，可由生产商自己命名。

5.3.3 性能代号表明EC喷头的洒水分布类型、热响应类型或安装位置等特性，由下列符号构成：

直立型EC喷头：EC-SU

下垂型EC喷头：EC-SP

直立边墙型EC喷头：EC-USW

下垂边墙型EC喷头：EC-PSW

水平边墙型EC喷头：EC-HSW

齐平式下垂型EC喷头：EC-FSP

齐平式边墙型EC喷头：EC-FSW

嵌入式下垂型EC喷头：EC-RSP

嵌入式边墙型EC喷头：EC-RSW

隐蔽式下垂型EC喷头：EC-CSP

隐蔽式边墙型EC喷头：EC-CSW

干式 EC 喷头：EC-DR

带涂层 EC 喷头在性能代号前加“C”，并以“-”与性能代号间隔；快速响应 EC 喷头在性能代号前加“QR”，并以“-”与性能代号间隔。

5.3.4 标记示例

EC 喷头的标记如下：

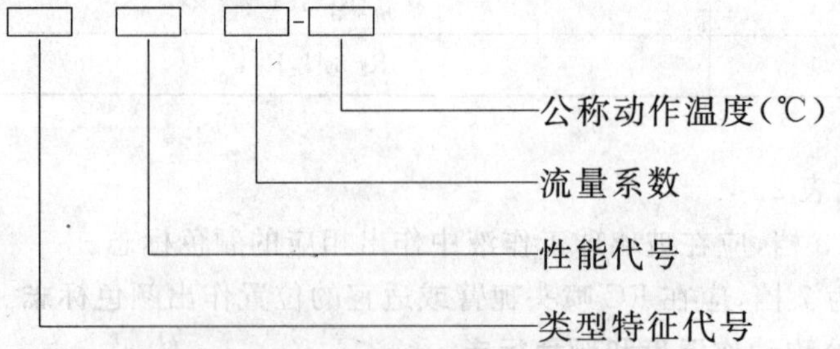

示例 1：M1 EC-SP 80-93℃ 表示 M1 型，下垂安装，流量系数为 80，公称动作温度为 93℃的 EC 喷头。

示例 2：GB2 QR-EC-HSW 115-68℃ 表示 GB2 型，快速响应，水平边墙型、流量系数为 115，公称动作温度为 68℃的 EC 喷头。

6 要求

6.1 整体要求

EC 喷头在制造上应确保其产品的一致性，从设计和制造上应保证使其不能轻易调整、拆卸和重装。

6.2 外观

6.2.1 EC 喷头的外表面应均匀一致，无明显的磕碰伤痕及变形，表面涂、镀层完整美观。

6.2.2 EC 喷头的接口螺纹应符合 GB/T 7306.2 的规定。

6.2.3 EC 喷头在其溅水盘或本体上至少应标记型号规格、生产厂商的名称(代号)或商标、生产年代等；对于边墙型 EC 喷头，还应标明水流方向。所有标记应为永久性标记且标志正确、清晰。

6.3 水压密封和耐水压强度性能

6.3.1 按 7.2.1 规定的方法进行试验时，EC 喷头在整个试验过程中应无渗漏。

6.3.2 按 7.2.2 规定的方法进行试验时，EC 喷头应无变形或破坏。

6.4 流量系数

6.4.1 EC 喷头的流量系数 K 由式(1)计算：

$$K = \frac{Q}{\sqrt{10P}} \qquad \cdots\cdots(1)$$

式中：

P——EC 喷头入口处压力，单位为兆帕(MPa)；

Q——EC 喷头的流量，单位为升每分(L/min)。

6.4.2 按 7.3 规定的方法进行试验，EC 喷头流量系数 K 的任一测量值和平均值均应符合表 3 的规定。

6.5 布水性能

6.5.1 非边墙型 EC 喷头在试验室的 1/4 空间进行布水试验，边墙型 EC 喷头在试验室的一半空间进行布水试验。

6.5.2 非边墙型 EC 喷头试验条件见表 4，流量系数为 80、115 的边墙型 EC 喷头试验条件见表 5。

6.5.3 EC 喷头按 7.4 规定进行试验，集水量低于 0.6 mm/min 的集水盒不应超过 1 个，且最低集水量不应低于 0.2 mm/min。

表 3　流量系数误差

流量系数 K	误差	
	非干式 EC 喷头	干式 EC 喷头
80	±4	±6
115	±6	±9
160	±8	±10
200	±10	±12

6.5.4　每个试验中，所有集水盒的平均集水量不应小于 1.6 mm/min。

6.5.5　带涂层 EC 喷头经过动态热试验后，如发现涂层变形或损坏，应进行布水试验，并符合本条规定。

6.6　静态动作温度

6.6.1　易熔元件 EC 喷头的静态动作温度按 7.5 规定的方法进行试验，不应超过式(2)规定的范围。

$$X \pm (0.035X + 0.62) \qquad \cdots\cdots(2)$$

式中：

X——公称动作温度，单位为摄氏度(℃)。

6.6.2　玻璃球 EC 喷头按 7.5 规定的方法进行试验，静态动作温度应符合表 6 的规定。

表 4　非边墙型 EC 喷头布水试验条件

流量系数 K	试验空间尺寸[长×宽]/ m×m	溅水盘距吊顶距离/ mm	流量/ (L/min)
80	5.0×5.0	100	101.8
80	5.5×5.5	100	123.2
80	6.0×6.0	100	146.6
115	5.0×5.0	100	101.8
115	5.5×5.5	100	123.2
115	6.0×6.0	100	146.6
160	5.0×5.0	100	111.1
160	5.5×5.5	100	123.2
160	6.0×6.0	100	146.6
200	5.0×5.0	100	138.9
200	5.5×5.5	100	138.9
200	6.0×6.0	100	146.6

表 5　边墙型 EC 喷头布水试验条件

流量系数 K	试验空间尺寸[长×宽]/ m×m	溅水盘距吊顶距离/ mm	流量/ (L/min)
80	5.0×5.0	100	101.8
80	5.0×5.0	300	101.8
80	5.5×5.0	100	112.0
80	5.5×5.0	300	112.0

表 5（续）

流量系数 K	试验空间尺寸[长×宽]/m×m	溅水盘距吊顶距离/mm	流量/(L/min)
80	6.0×5.0	100	122.2
80	6.0×5.0	300	122.2
115	5.0×5.0	100	127.3
115	5.0×5.0	300	127.3
115	5.5×5.0	100	140.0
115	5.5×5.0	300	140.0
115	6.0×5.0	100	152.7
115	6.0×5.0	300	152.7
115	6.5×5.0	100	165.4
115	6.5×5.0	300	165.4
115	7.0×5.0	100	178.2
115	7.0×5.0	300	178.2

表 6　玻璃球 EC 喷头的静态动作温度　　单位为摄氏度

公称动作温度	最低动作温度	80%的样品应在下列温度前动作	最高动作温度
57	54	60	63
68	65	71	74
79	75	83	87
93	89	97	101
107	102	111	115
121	116	126	129
141	135	147	149
163	156	170	171
182	175	189	190
204	196	212	213
227	218	236	237
260	250	270	271
343	330	355	357

6.6.3　隐蔽式 EC 喷头的装饰罩按 7.5.3 规定的方法进行试验，装饰罩应在低于与其配套的喷头公称动作温度 15℃到喷头最低动作温度之间完全脱落。

6.7　功能

6.7.1　EC 喷头按 7.6 规定的方法进行试验时应启动灵活。

6.7.2　EC 喷头在进行功能试验时，热敏感元件释放后 10 s 内应清除所有沉积。

6.8　抗水冲击性能

按 7.7 规定的方法进行试验，EC 喷头不应出现渗漏和损坏。本项试验后，所有试样还应进行

0.035 MPa压力下的功能试验,并应符合 6.7.1 的规定。

6.9 工作载荷和框架强度

6.9.1 EC 喷头的工作载荷按 7.8.1～7.8.4 规定的方法确定。

6.9.2 EC 喷头按 7.8.5 规定的方法进行试验时,其框架的永久变形不应大于喷头载荷支承点间距离的 0.2%。

6.10 热敏感元件强度

6.10.1 玻璃球按 7.9.2 规定的方法进行试验,应符合下列要求:

a) 玻璃球的平均破碎载荷不应小于 6 倍的玻璃球平均工作载荷;

b) 对于 99%的样品(p)置信度系数(ν)为 0.99 时,计算出的玻璃球破碎载荷的下限误差至少为玻璃球工作载荷上限误差的 2 倍。除非在生产或设计中证实其他分布更适用,应使用正态或高斯分布进行计算。

6.10.2 易熔元件按 7.9.3.1 规定的方法进行试验,应能承受 15 倍的最大工作载荷 100 h;或按 7.9.3.2规定的方法进行试验,满足式(3)规定:

$$L_d \leqslant 1.02L_m^2/L_0 \quad \cdots\cdots(3)$$

式中:

L_d——易熔元件最大工作载荷,单位为牛(N);

L_m——易熔元件 1 000 h 损坏时的载荷,单位为牛(N);

L_0——易熔元件 1 h 损坏时的载荷,单位为牛(N)。

6.11 溅水盘强度

EC 喷头按 7.10 规定的方法进行试验,其溅水盘不应出现松动、脱落、永久变形和损坏。

6.12 疲劳强度

玻璃球 EC 喷头按 7.11 规定的方法进行试验,玻璃球不得有任何损坏。本项试验后,所有试样还应进行 0.035 MPa 压力下的功能试验,并应符合 6.7.1 的规定。

6.13 热稳定性

玻璃球 EC 喷头按 7.12 规定的方法进行试验时,其玻璃球不应有任何损坏。本项试验后,所有试样还应进行 0.035 MPa 压力下的功能试验,并应符合 6.7.1 的规定。

6.14 抗振动性能

按 7.13 规定的方法进行试验,EC 喷头的构成部件应无松动和损坏。本项试验后,所有试样还应进行密封试验和 0.035 MPa 压力下的功能试验,并应符合 6.3.1 和 6.7.1 的规定。

6.15 抗机械冲击性能

按 7.14 规定的方法进行试验,EC 喷头应无损坏。本项试验后,所有试样还应进行密封试验,并应符合 6.3.1 的规定。

6.16 耐低温性能

按 7.15 规定的方法进行试验,EC 喷头的涂层和镀层不应出现断裂和剥层现象,EC 喷头不应损坏。本项试验后的所有 EC 喷头还应进行密封试验和 0.035 MPa 压力下的功能试验,并应符合 6.3.1 和 6.7.1 的规定。

6.17 耐高温性能

按 7.16 规定的方法进行试验,EC 喷头体不应发生严重变形和损坏。

6.18 动态热性能

6.18.1 EC 喷头按 7.17.1 规定的方法在标准方位进行试验时,其 RTI 和 C 应符合图 1 对快速响应喷头的规定。当 C 值小于 $0.5(\text{m/s})^{0.5}$ 时,计算 RTI 时取 $C=0.5(\text{m/s})^{0.5}$。

6.18.2 按 7.17.1 规定的方法在最不利方位进行试验时,RTI 值不应超过 $125(\text{m}\cdot\text{s})^{0.5}$ 或在标准方位下测得的平均 RTI 值的 250%。

6.18.3 按7.22规定的方法进行环境试验后，试样应按7.17.1(或7.26)的规定进行标准方位插入试验(或热响应试验)以确定环境试验后试样的 *RTI* 值(或响应时间)，其结果不应超过图1中对快速响应喷头的规定(或6.27的规定)。另外平均 *RTI* 值(或响应时间)不应超过环境试验前平均 *RTI* 值(或响应时间)的130%。环境试验后的所有 *RTI* 值按7.17.3规定的方法，使用环境试验前的传导系数 *C* 进行计算。

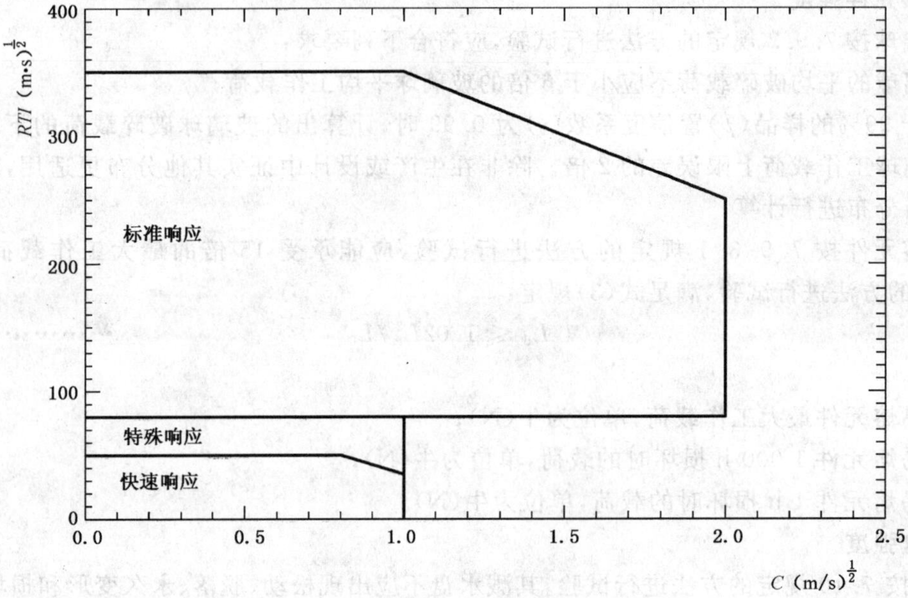

图1 标准方位 **RTI** 和 **C** 值范围

6.19 耐氨应力腐蚀性能

按7.18规定的方法进行试验，EC喷头不应断裂、脱层或损坏。本项试验后的所有试样应进行密封试验和0.035 MPa压力下的功能试验，应分别符合6.3.1和6.7.1的规定。

6.20 耐二氧化硫腐蚀性能

按7.19规定的方法进行试验，EC喷头不应产生腐蚀损坏。本项试验后的所有试样应进行密封试验和0.035 MPa压力下的功能试验，应分别符合6.3.1和6.7.1的规定。

6.21 耐盐雾腐蚀性能

按7.20规定的方法进行试验，EC喷头不应产生腐蚀损坏。本项试验后的所有试样应进行密封试验和0.035 MPa压力下的功能试验，应分别符合6.3.1和6.7.1的规定。

6.22 耐潮湿气体腐蚀性能

按7.21规定的方法进行试验，EC喷头不应产生腐蚀损坏。本项试验后的所有试样应进行密封试验和0.035 MPa压力下的功能试验，应分别符合6.3.1和6.7.1的规定。

6.23 耐环境温度性能

6.23.1 无涂层EC喷头

按7.22.1规定的方法进行试验，无涂层EC喷头应无破损。试验后的EC喷头试样分别按7.2.1、7.5、7.6和7.17.1(或7.26)规定的方法进行密封试验、静态动作温度试验、功能试验和插入试验(或热响应试验)，应分别符合6.3.1、6.6、6.7.1和6.18.1(或6.27)的规定。

6.23.2 有涂层EC喷头

按7.22.2规定的方法进行试验时，有涂层EC喷头及其涂层应无损坏。试验后的EC喷头试样分别按7.2.1、7.6和7.5所述的方法进行密封试验、功能试验和静态动作温度试验，应分别符合6.3.1、6.7.1和6.6的规定。

6.23.3 隐蔽式 EC 喷头的装饰罩

隐蔽式 EC 喷头的装饰罩按 7.22.3 规定的方法进行试验时，应无脱落和损坏。本项试验后，将装饰罩安装在 EC 喷头上，与 EC 喷头一起按 7.13 规定的方法进行连续 4h 的振动试验，应无损坏。

6.24 抗碰撞性能

按 7.23.2 规定的方法进行试验，EC 喷头应无破裂和变形。本项试验后，所有试样还应进行密封试验和 0.035 MPa 压力下的功能试验，并符合 6.3.1 和 6.7.1 的规定。

6.25 侧向喷洒

按 7.24 规定的方法进行试验，直立和下垂型 EC 喷头应在正庚烷燃尽前动作，且相邻的 EC 喷头不应妨碍其启动。

6.26 抗真空性能

按 7.25 规定的方法进行试验，EC 喷头不应出现扭曲或损坏。本项试验后，所有试样按 7.2.1 规定的方法进行密封试验，结果应符合 6.3.1 的规定。

6.27 齐平、嵌入和隐蔽式 EC 喷头的热响应性能

齐平、嵌入和隐蔽式 EC 喷头按 7.26 规定的方法进行试验时，响应时间应符合表 7 的规定。

6.28 湿墙性能

按 7.27 规定的方法进行试验时，每只 EC 喷头应连续打湿试验室四周的墙面，打湿部位距吊顶的距离不应大于 1.5 m。

表 7 齐平、嵌入和隐蔽式 EC 喷头的最大允许响应时间

试验序号	非边墙型喷头/s	边墙型喷头/s
1	34	44
2	19	24
3	16	20
4	16	20
5	10	12
6	7	10

6.29 灭木垛火性能

EC 喷头按 7.28 规定的方法进行试验时，3 个木垛的平均质量损失不应超过 35%。

7 试验方法

标准中除注明的情况外，公差应符合附录 A 的规定。

7.1 外观检查

对照设计图样等技术文件，通过目测或使用通用量器具进行检查测量，结果应符合 6.1 和 6.2 的规定。

7.2 水压密封和强度试验

7.2.1 将 EC 喷头试样安装在试验装置上，使管路充满清水，排除管路中的空气。以(0.1±0.025) MPa/s 的速率升压至 3.0 MPa，保持压力 3 min，然后降压至 0。再在 5 s 内使压力从 0 升至 0.05 MPa，保持压力 15 s 后，以(0.1±0.025) MPa/s 的速率升压至 1.0 MPa，保持压力 15 s 后降压至 0。试验过程中，每只试样均应符合 6.3.1 的规定。

7.2.2 将水压密封试验后的样品安装在 7.2.1 所用的试验装置上，以不超过 2.0 MPa/min 的速率升压至 4.8 MPa，保持压力 1 min，每只试样均应符合 6.3.2 的规定。

7.3 流量系数测量

流量试验装置如图 2 所示，将试样除去框架和溅水盘后安装在试验装置上。试验压力从 0.05 MPa 至 0.65 MPa，每间隔 0.10 MPa 测量 EC 喷头的流量。压力测量仪表的精度不应低于 0.5 级，流量测量仪表的精度不应低于 1.0 级。对于每一个试样，压力先从低升到高，至每一个测量点，再从高降到低，至每一个测量点。

将所测得的数据代入公式(1)，计算出每一压力点的 K 值和 K 的平均值，结果应符合 6.4.2 的规定。

在试验中应修正自压力表至 EC 喷头出口之间的静压差。

干式 EC 喷头应取其产品的最短和最长规格分别进行试验。

单位为毫米

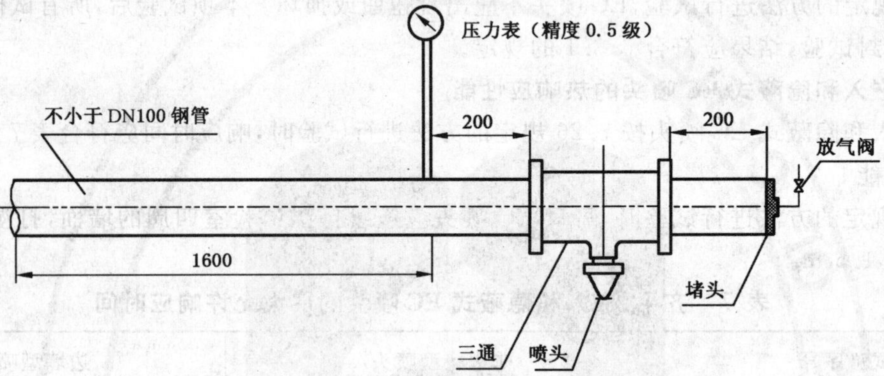

图 2 流量试验装置

7.4 布水试验

7.4.1 非边墙型 EC 喷头

试验室的面积应不小于 9 m×9 m，取 1 只 EC 喷头安装于试验管路上，试验管路及集水盒的布置见图 3～图 6。EC 喷头轭臂应与供水管平行。干式 EC 喷头应取其产品的最短规格进行试验。

吊顶与直立或下垂型 EC 喷头溅水盘之间的距离为 100 mm。

齐平、嵌入、隐蔽式 EC 喷头应取其最嵌入的位置安装在吊顶上，吊顶位于试验室的中央，吊顶的面积不应小于 6.0 m×6.0 m。试样通过三通或弯头直接安装在水平管路上，或通过长度不小于 150 mm 的 DN25 直管和变径联接在水平管路上。

不同流量系数的 EC 喷头的保护面积和试验流量在表 4 中给出。

保护面积内的洒水密度由正方形集水盒测量，集水盒的边长为 500 mm，吊顶距集水盒上边缘的距离为 2.2 m，集水盒的位置如图 3～图 6 所示，试验集水时间不应少于 6 min。

试验结果应符合 6.5.3 和 6.5.4 的规定。

7.4.2 边墙型 EC 喷头

试验室的面积应不小于 9 m×9 m，取 1 只边墙型 EC 喷头进行本项试验。试验管路及集水盒的布置见图 7～图 12。吊顶距边墙型 EC 喷头溅水盘之间的距离分别为 100 mm 和 300 mm。

齐平、嵌入、隐蔽式边墙型 EC 喷头应取其最嵌入的位置，安装在高度不小于 2.4 m、宽度不小于 5.5 m 的墙上。被试喷头经过三通或弯头直接接到水平供水管线，也可经过长度不少于 150 mm 的 DN25 直管和变径联接到水平供水管线。

不同流量系数的边墙型 EC 喷头的保护面积和试验流量在表 5 中给出。

保护面积内的洒水密度由正方形集水盒测量，集水盒的边长为 500 mm，吊顶距集水盒上边缘的距离为 2.2 m。集水盒的位置如图 7～图 12 所示，试验集水时间不应少于 6 min。

试验结果应符合 6.5.3 和 6.5.4 的规定。

单位为毫米

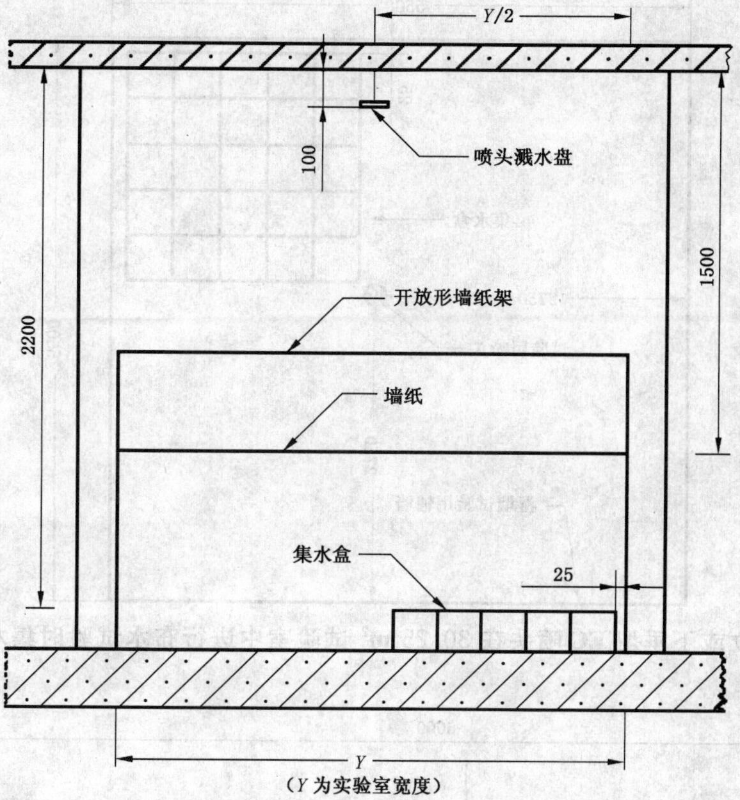

图 3　直立或下垂型 EC 喷头布水试验室布置

单位为毫米

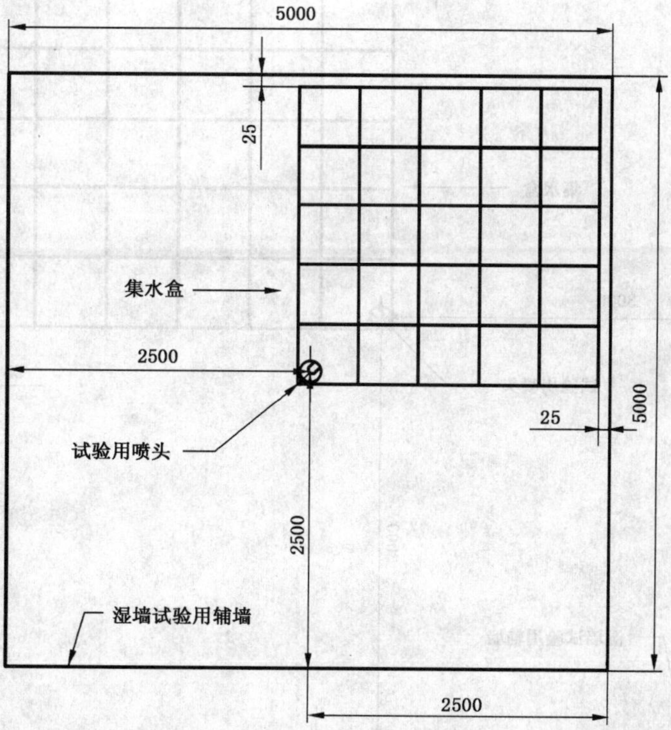

图 4　直立或下垂型 EC 喷头在 25 m^2 试验室中进行布水试验时集水盒的布置

单位为毫米

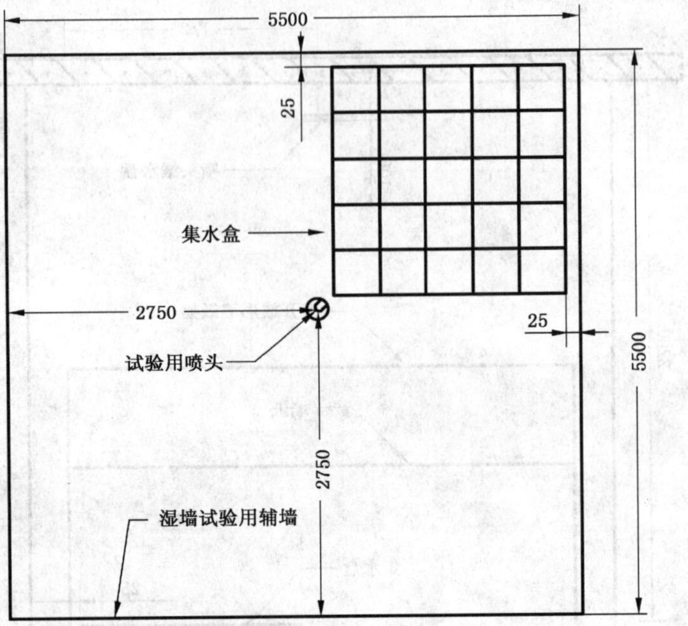

图 5　直立或下垂型 EC 喷头在 30.25 m² 试验室中进行布水试验时集水盒的布置

单位为毫米

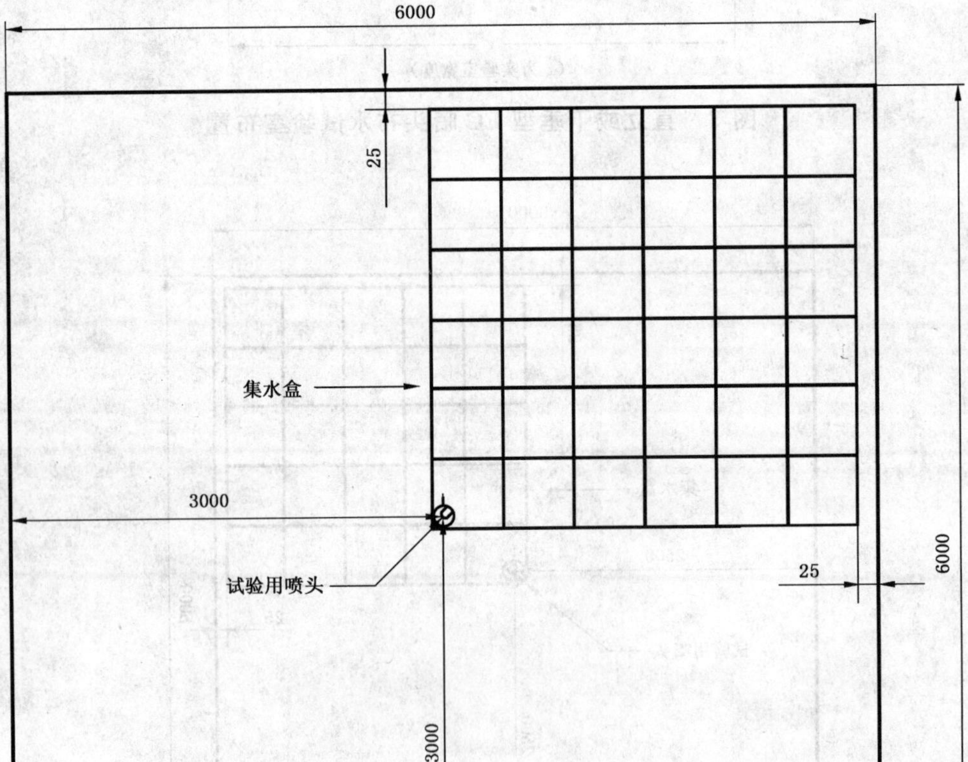

图 6　直立或下垂型 EC 喷头在 36 m² 试验室中进行布水试验时集水盒的布置

单位为毫米

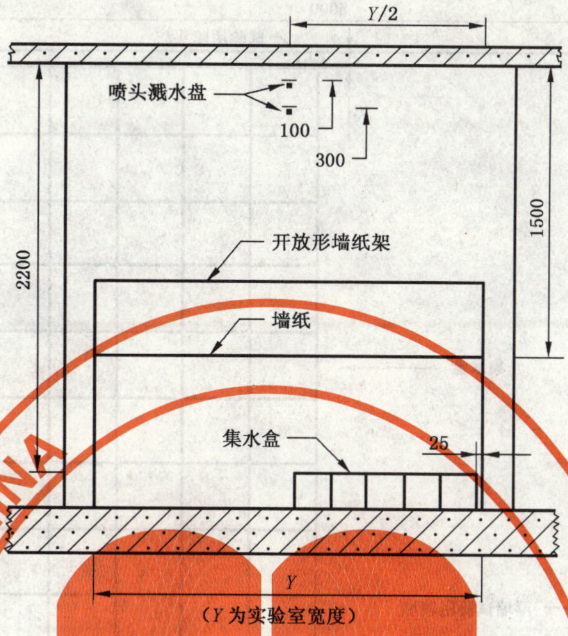

图 7　边墙型 EC 喷头布水试验室布置

单位为毫米

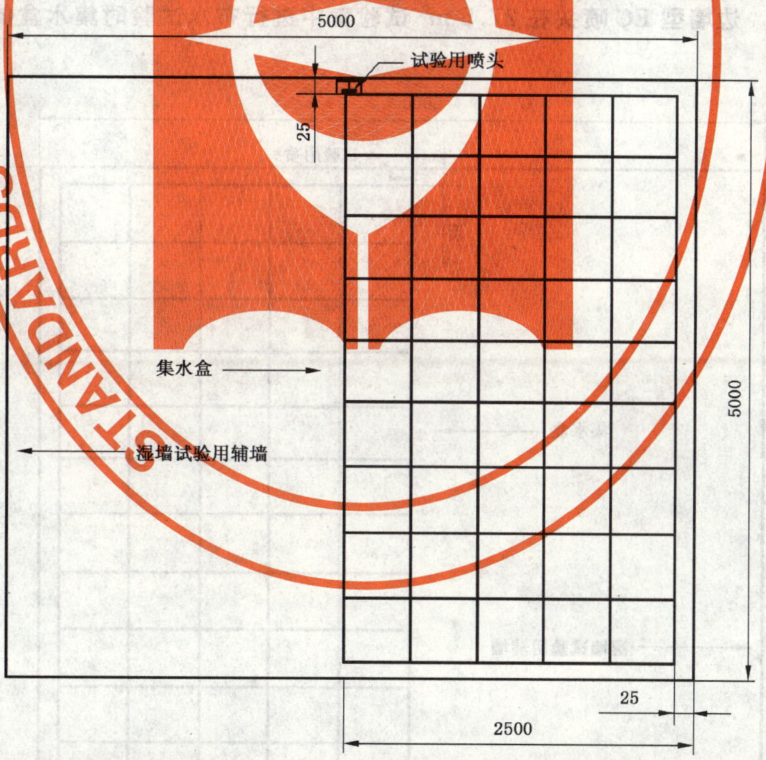

图 8　边墙型 EC 喷头在 25 m^2 试验室中进行布水试验时集水盒的布置

单位为毫米

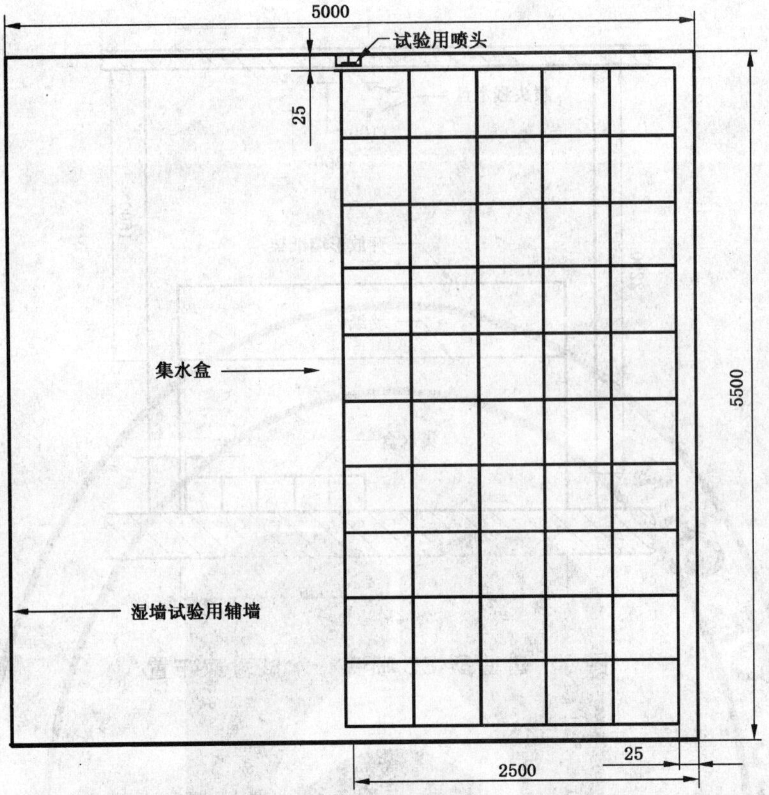

图 9　边墙型 EC 喷头在 27.5 m² 试验室中进行布水试验时集水盒的布置

单位为毫米

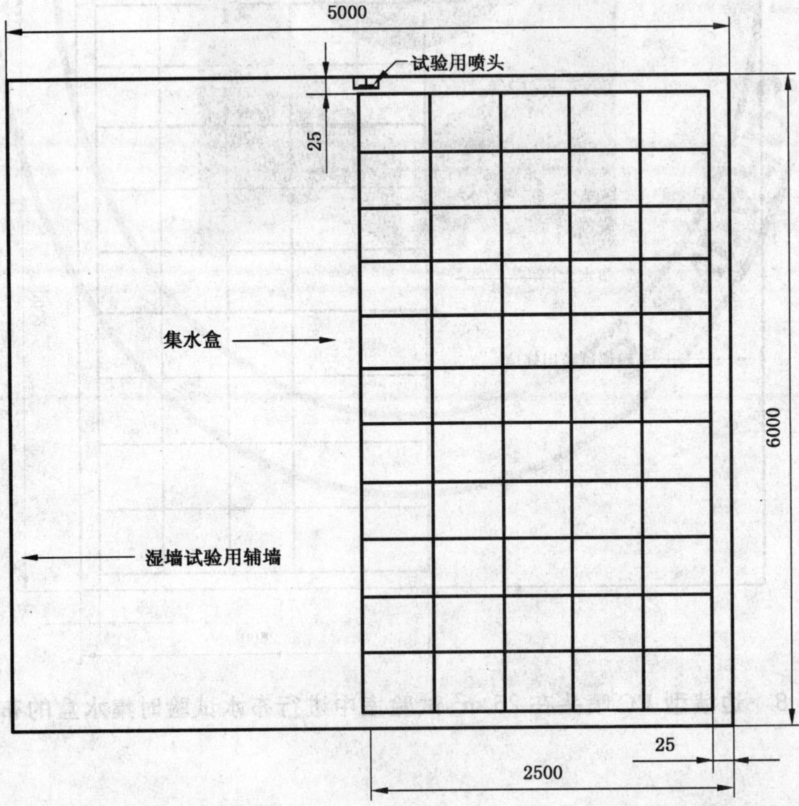

图 10　边墙型 EC 喷头在 30 m² 试验室中进行布水试验时集水盒的布置

单位为毫米

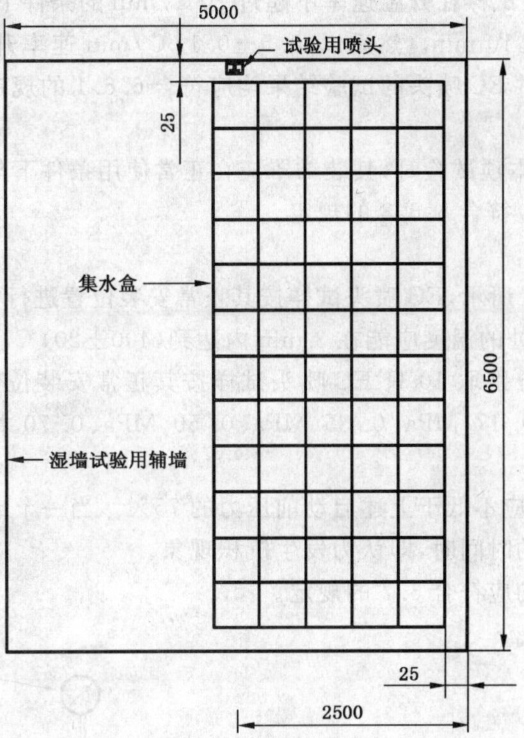

图 11　边墙型 EC 喷头在 32.5 m^2 试验室中进行布水试验时集水盒的布置

单位为毫米

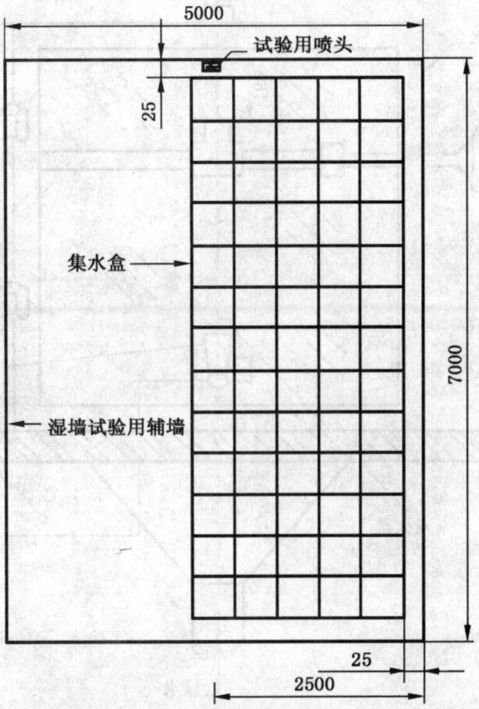

图 12　边墙型 EC 喷头在 35 m^2 试验室中进行布水试验时集水盒的布置

7.5　静态动作温度试验

7.5.1　试验在液浴中进行，公称动作温度不高于 79℃的 EC 喷头在水浴(宜采用蒸馏水)中进行，公称动作温度高于 79℃的 EC 喷头在油浴(适当的油)中进行。试验液浴的温度应均匀，试验区域内的温度偏差不应超过 0.5℃。EC 喷头动作温度的测量采用二等标准水银温度计。

7.5.2 将至少 10 只 EC 喷头试样在升温速率不超过 20℃/min 的条件下，从室温加热到低于其公称动作温度 20^{+2}_{0}℃，并保持此温度 10 min。然后以(0.5±0.1)℃/min 速率升温，直至 EC 喷头动作。记录 EC 喷头的动作温度，易熔元件 EC 喷头的试验结果均应符合 6.6.1 的规定，玻璃球 EC 喷头的试验结果均应符合 6.6.2 的规定。

7.5.3 隐蔽式 EC 喷头进行本项试验时，其装饰罩应在正常使用条件下与 EC 喷头装配在一起，一同进行试验。装饰罩的动作温度应符合 6.6.3 的规定。

7.6 功能试验

7.6.1 功能试验装置如图 13 所示，EC 喷头试样按其正常安装位置进行安装。试验箱的热源采用气体燃料，试验箱内靠近 EC 喷头处的温度应能在 3 min 内达到(400±20)℃。

7.6.2 在下列入口压力下，分别取 10 只 EC 喷头试样按其正常安装位置进行功能试验：0.035 MPa（干式喷头为 0.05 MPa）、0.17 MPa、0.35 MPa、0.50 MPa、0.70 MPa、0.85 MPa、1.00 MPa、1.20 MPa。

试样启动后，试验的压力应不低于上述启动前压力的 75%。当一个或多个动作零件滞留在溅水盘框架组件上超过 6.7.2 规定的时间时，即认为发生沉积现象。

每一个试样的试验结果均应符合 6.7 的规定。

单位为毫米

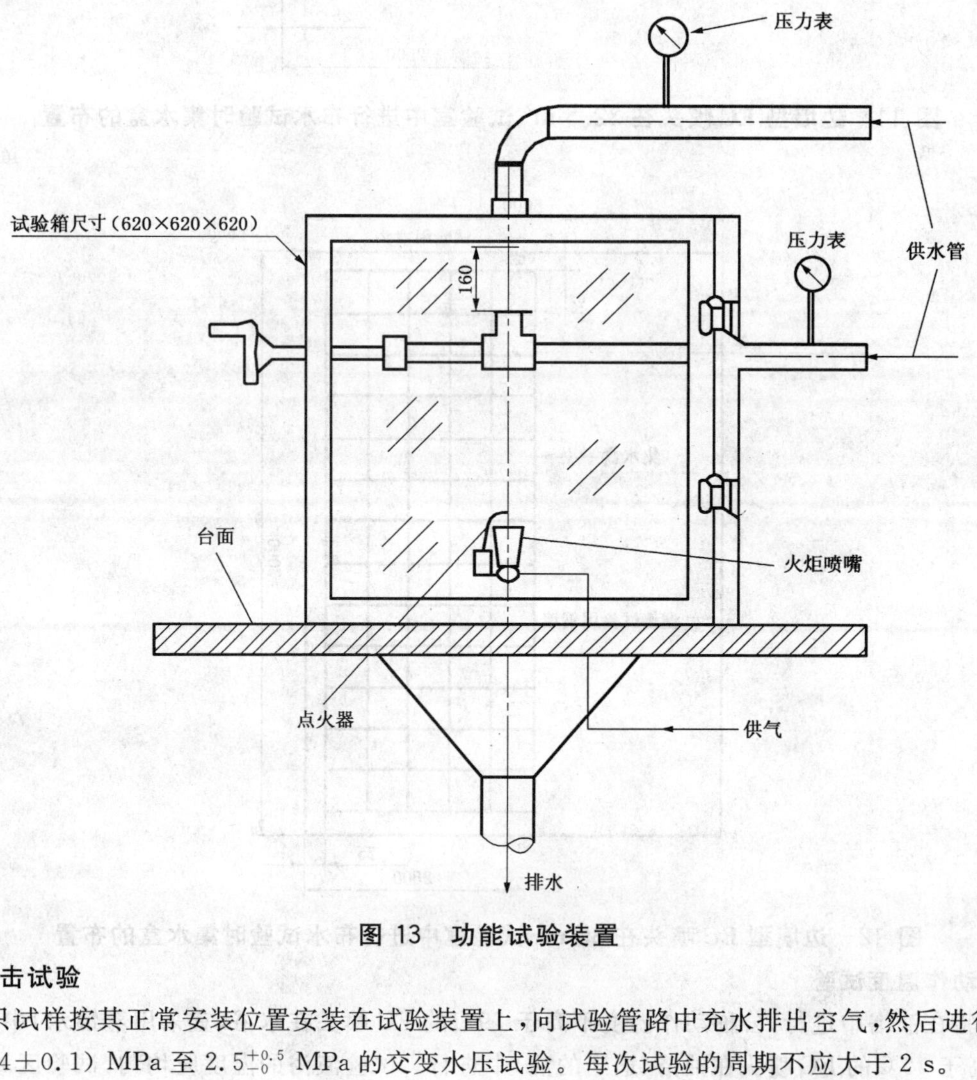

图 13 功能试验装置

7.7 水冲击试验

将 5 只试样按其正常安装位置安装在试验装置上，向试验管路中充水排出空气，然后进行 3 000 次压力从(0.4±0.1) MPa 至 $2.5^{+0.5}_{0}$ MPa 的交变水压试验。每次试验的周期不应大于 2 s。

在试验过程中，检查每个试样的渗漏情况。试验后所有 EC 喷头试样还应进行 0.035 MPa 压力下的功能试验，试验结果应符合 6.8 的规定。

7.8 工作载荷的确定和框架强度试验

7.8.1 至少取 10 只 EC 喷头试样用以测量工作载荷。将试样在室温下牢固地安装于试验装置上，在 EC 喷头的入口施加 1.2 MPa 的压力。

7.8.2 使用分辨率为 0.001 mm 的变形测量仪表测量 EC 喷头承载点间的长度变化。应避免 EC 喷头螺纹与固定件之间的移动。

7.8.3 以适当的方法除去 EC 喷头的热敏感元件，当 EC 喷头温度恢复至室温后，再次测量变形。

7.8.4 以不超过 500 N/min 的加压速率向 EC 喷头施加机械载荷，直至 EC 喷头框架变形数值回到加 1.2 MPa 压力时的数值，此机械载荷即为该试样的工作载荷。计算 10 只试样的平均工作载荷。

7.8.5 在上述 10 只 EC 喷头试样中任取 5 只试验，以不超过 500 N/min 的加压速率给 EC 喷头试样施加两倍平均工作载荷的机械载荷，保持此载荷(15±5) s 后卸去载荷。记录框架的永久变形，应符合 6.9.2 的规定。

7.9 热敏感元件的强度试验

7.9.1 热敏感元件工作载荷的确定

使用在 7.8 中确定的 EC 喷头工作载荷计算出施加在 EC 喷头热敏感元件上的力，即热敏感元件工作载荷。当热敏感元件工作载荷不能通过计算得出时，可采用适当的方法直接测量热敏感元件工作载荷。

7.9.2 玻璃球

7.9.2.1 每种类型、每种温度等级的玻璃球至少取 15 只试样进行试验。将试样安装于试验装置上，试验装置的玻璃球支撑件可使用 EC 喷头上的支撑件或生产商提供的专用支撑件。以 150 N/s～250 N/s 的加压速率给玻璃球施加平稳载荷，直至玻璃球破碎。

7.9.2.2 每次试验使用新的玻璃球支撑件，可对支撑件进行外部加固以防止试验失败，但不得影响玻璃球原有的受力状况。

7.9.2.3 记录每只玻璃球的破碎载荷，破碎载荷测量值应精确到 1 N。

7.9.2.4 计算玻璃球平均破碎载荷和玻璃球破碎载荷的下限误差 TL_1，计算玻璃球工作载荷的上限误差 TL_2(参见附录 B)，结果应符合 6.10.1 的规定。

7.9.3 易熔元件

7.9.3.1 至少取 10 只易熔元件试样，使其承受 15 倍的易熔元件最大工作载荷历时 100 h，试验结果应符合 6.10.2 的规定。与评价易熔元件无关的非正常损坏可不考虑。

7.9.3.2 至少取 10 只易熔元件试样，使其分别承受不同的载荷，载荷值从易熔元件最大工作载荷 L_d 至 15 倍易熔元件最大工作载荷，使易熔元件试样在 1 000 h 之内和之后损坏(参考附录 C)，应去除非正常的损坏。用最小二乘法绘制全对数回归曲线，从曲线得出试样 1 h 损坏时的载荷 L_0 和 1 000 h 损坏时的载荷 L_m，试验结果应符合 6.10.2 的规定。

7.10 溅水盘强度试验

将 EC 喷头试样按正常安装位置安装在 7.6 所述的试验装置上，在 1.2 MPa 水压下进行试验。EC 喷头启动后调节水压至 1.2 MPa，连续洒水 15 min，试验结果应符合 6.11 的规定。

7.11 疲劳强度试验

本项试验使用 4 只玻璃球 EC 喷头试样，试验在液浴中进行。公称动作温度不超过 79℃的 EC 喷头采用水浴(宜用蒸馏水)，公称动作温度高于 79℃的 EC 喷头使用油浴(适当的油)进行试验。将试样置于液浴中，升温速率不超过 20℃/min，使温度从(20±5)℃升至低于其公称动作温度(20±2)℃，然后使液浴温度以 1℃/min 的速率升温，直至玻璃球的气泡消失或低于公称动作温度 5℃。将 EC 喷头从液浴中取出，使其在空气中冷却，直至玻璃球气泡重新出现。在冷却过程中，玻璃球的尖端(封口端)应指向下方。

重复进行4次上述试验。

疲劳强度试验后的所有试样进行0.035 MPa压力下的功能试验，试验结果应符合6.12的规定。

7.12 热稳定性试验

7.12.1 试验前将5只EC喷头试样置于(20±5)℃的环境中不少于30 min。

7.12.2 将EC喷头浸入液浴内，液浴的温度为低于EC喷头公称动作温度(10±2)℃，液浴试验区域的温度偏差不应超过±1℃。5 min后将EC喷头从液浴中取出，使玻璃球尖端(封口端)朝下，立即浸入(10±1)℃的液浴中。

试验后的所有试样进行0.035 MPa压力下的功能试验，试验结果应符合6.13的规定。

7.13 振动试验

7.13.1 将5只EC喷头试样垂直安装于试验台面上，沿EC喷头联接螺纹的轴线方向进行振动。干式EC喷头取其产品中最短规格进行试验。振动的频率为35 Hz，振幅为1 mm，振动时间为120 h。

7.13.2 振动试验后，所有试样进行密封试验和0.035 MPa压力下的功能试验，试验结果应符合6.14的规定。

7.14 机械冲击试验

取5只EC喷头试样，分别按正常安装的正、反方向和垂直于两轭臂所在的平面的方向固定在机械冲击试验台上，冲击加速度为100 g，在每一方向各进行3次冲击试验。

机械冲击试验后，所有试样进行密封试验，应符合6.15的规定。

7.15 低温试验

将EC喷头试样置于低温试验箱中，箱内的温度保持在(−30±2)℃，历时24 h。随后将EC喷头取出，在室温下放置24 h。仔细检查EC喷头的涂层或镀层。

低温试验后，所有试样进行密封试验和0.035 MPa压力下的功能试验，试验结果应符合6.16的规定。

7.16 高温试验

将去掉动作机构的EC喷头，按其正常工作位置放入(800±20)℃的试验箱中，历时15 min。然后夹着EC喷头的螺纹处将其自试验箱中取出，立即放入(15±2)℃的水中，试验结果应符合6.17的规定。

7.17 动态热试验

7.17.1 插入试验

用某一温度等级的EC喷头试样，在标准方位和最不利方位各进行10次插入试验，同种型号其他温度等级的EC喷头，每种取3只试样进行最不利方位的插入试验。每种方位的*RTI*值按7.17.3和7.17.4规定的方法计算。

干式EC喷头用其长度最短的产品进行试验。

插入试验时EC喷头的固定基座应使用黄铜制作，应保证在每一个独立的插入试验中，在历时55 s的试验期间内，测得的固定座或水的温升不超过2℃(固定座的温升采用热电偶进行测量，测点嵌入基座内从内螺纹根部径向向外不超过8 mm，或将热电偶置于EC喷头入口内中心部的水中)。如果响应时间超过55 s，固定座或水温的摄氏温度的增量数值在每个独立的插入试验中，不得超过响应时间(s)值的0.036倍。

进行试验的EC喷头应在接口螺纹上缠1圈～1.5圈的聚四氟乙烯密封带，拧入固定座的力矩为(15±3) N·m。将每只待试EC喷头安装在风洞试验盖上，并将其保存在一恒温箱内，以使EC喷头和盖达到(20±5)℃的时间不少于30 min。

在试验前，应将至少25 mL温度为(20±5)℃的水引入EC喷头入口，并施加0.05 MPa的压力。

用精度为±0.01 s的计时仪器测量从EC喷头插入风洞到其动作的时间即响应时间。

试验在风洞试验装置上进行，在试验段(EC 喷头部位)按表 8 调节选取相应的气体流速及温度范围。为了使热敏感元件和限流边界(风洞壁)之间的热辐射交换尽量减小，应在设计上保证试验段热辐射效果不超过 *RTI* 计算值的±3%。

应测量并控制风洞中气流的温度和流速，在整个试验过程中，风洞试验段的控温精度在 129℃～141℃温度范围内为±1℃，在其他温度范围内为±2℃；流速的控制精度为±0.03 m/s。

表 8　插入试验时试验段(EC 喷头部位)条件范围

公称动作温度/ ℃	气体温度范围/ ℃	气体流速范围/ (m/s)
57～77	129～141	1.65～1.85
79～107	191～203	1.65～1.85

7.17.2　传导系数(*C*)的确定

传导系数 *C*[1] 采用 7.17.2.1 或 7.17.2.2 所述的方法测量确定。

7.17.2.1　反复插入试验

反复插入试验是确定 *C* 的一个重复过程，试样必须为未使用过的 EC 喷头。即使 EC 喷头试样在反复插入试验中未动作，也必须换用新试样进行试验。干式 EC 喷头用其长度最短的产品进行试验。

试验时，EC 喷头试样处于标准方位。在试样接口螺纹处缠 1 圈～1.5 圈聚四氟乙烯密封带，将其拧入固定座，扭矩为(15±3) N·m。将每只待试 EC 喷头安装于风洞试验盖上，并将其保存在恒温箱内，使 EC 喷头和盖达到(20±5)℃的时间不少于 30 min。

试验前，将至少 25 mL 温度为(20±5)℃的水引入 EC 喷头入口，并施加 0.05 MPa 的压力。

使用精度为±0.01 s 的计时仪器测量从 EC 喷头插入风洞到其动作的时间，即响应时间。

固定座的温度在试验期间应保持在(20±0.5)℃。在风洞试验段 EC 喷头位置，气体流速应保持在选择流速的±2%之内。试验期间气体温度的选择和控制精度应符合表 9 的要求。

通过试验选择合适的气流速度，以使试样在两个连续的速度之间启动。即必须选择两个流速，在低速(U_L)时，试样在 15 min 试验期间内不能启动，而在下一个较高的速度(U_H)时，在 15 min 内试样必须启动。如果 EC 喷头在最高流速还未动作，应从表 9 中选择下一较高温度级的气流温度。

试验流速的选择应满足式(4)：

$$(U_H/U_L)^{0.5} \leqslant 1.1 \quad\cdots\cdots\cdots\cdots(4)$$

试样的 *C* 值为使用公式(5)，在两个速度下计算结果的平均值：

$$C = (\Delta T_g/\Delta T_{ea} - 1)U^{0.5} \quad\cdots\cdots\cdots\cdots(5)$$

式中：

ΔT_g——实际气体温度减去固定座温度(T_m)，单位为摄氏度(℃)；

ΔT_{ea}——平均液浴动作温度减去固定座温度(T_m)，单位为摄氏度(℃)；

U——试验段实际气流速度，单位为米每秒(m/s)。

通过一组试验测量并确定 3 个 *C* 值，然后计算 3 个 *C* 值的算术平均值做为 EC 喷头的 *C* 值。这个 *C* 值被用来计算所有标准方位的 *RTI* 值(参见附录 D)。

表 9　确定传导系数 *C* 时，试验段(EC 喷头部位)的条件　　单位为摄氏度

公称动作温度	气体温度	气体温度的控制精度
57	85～91	±1.0
58～77	124～130	±1.5
79～107	193～201	±3.0

7.17.2.2　等速率升温试验

等速率升温试验在风洞试验装置中进行，EC 喷头固定端温度的要求与插入试验相同，EC 喷头试

1)　如果被确定的 *C* 小于 $0.5(m/s)^{1/2}$，为了计算 *RTI* 值可假设 *C* 为 $0.5(m/s)^{1/2}$。

样不需预热。

每种类型的 EC 喷头取 10 只试样，在标准方位进行试验。将 EC 喷头插入流速为 1 m/s±0.1 m/s 的气流中，试验初始气流的温度为该 EC 喷头的公称动作温度。

气温以(1±0.25)℃/min 的速率上升，直至 EC 喷头动作。试验应控制和记录气体的温度、流速、EC 喷头固定端的温度和 EC 喷头的动作温度。

使用公式(5)计算 C 值，即：

$$C=(\Delta T_{g}/\Delta T_{ea}-1)U^{0.5}$$

式中：

ΔT_{g}——EC 喷头的动作温度减去固定座温度(T_{m})，单位为摄氏度(℃)；

ΔT_{ea}——平均液浴动作温度减去固定座温度(T_{m})，单位为摄氏度(℃)；

U——试验段实际气流速度，单位为米每秒(m/s)。

取 10 只试样 C 值测量值的平均值作为 EC 喷头的 C 值。

此试验方法适用于所有温度等级的 EC 喷头。

7.17.3 ***RTI* 值的计算**

RTI 的计算公式如下：

$$RTI=\left[\frac{-t_{r}(u)^{1/2}}{\ln[1-\Delta T_{ea}(1+C/(u)^{1/2})/\Delta T_{g}]}\right]\cdot[1+C/(u)^{1/2}] \quad \cdots\cdots\cdots\cdots(6)$$

式中：

t_{r}——EC 喷头响应时间，单位为秒(s)；

u——风洞试验段的实际气体速度(见表 8)，单位为米每秒(m/s)；

ΔT_{ea}——EC 喷头的平均液浴动作温度减去环境温度，单位为摄氏度(℃)；

ΔT_{g}——试验段的实际气体温度减去环境温度，单位为摄氏度(℃)；

C——按 7.17.2 规定的方法确定的热传导系数，单位为米每秒的二分之一次方$[(m/s)^{0.5}]$。

计算的示例参见附录 D。

7.17.4 **最不利方位时 *RTI* 的确定**

最不利方位 RTI 值的计算需使用最不利方位的 C 值，这个 C 值比标准方位的 C 值大一个倍数，此倍数等于最不利方位 RTI 值的平均值与标准方位 RTI 值平均值的比值。因此，公式(6)变为最不利方位 RTI 值的隐函数，可通过叠代解出最不利方位的 RTI 值。计算的示例参见附录 D。

7.18 **氨应力腐蚀试验**

取 5 只 EC 喷头试样进行试验。每只试样的入口用与氨水溶液不反应的材料(如塑料)制成的盖密封，将试样除去油脂置于试验箱中。将密度为 0.94 g/cm³ 氨水溶液存放在试验箱的底部，距试样的下部约 40 mm。按 0.01 mL/cm³ 向试验箱中加入氨溶液，大约产生如下的气体组分：35%的氨，5%的水蒸气和 60%的空气。

潮湿的氨混合气体应保持在大气压力下，试验箱内温度保持在(34±2)℃。采取适当的措施防止试验箱内压力高于大气压力，EC 喷头试样应有防护罩以防止凝滴落于其上，试验时间为 10 d。

试验后将 EC 喷头试样冲洗干燥，进行仔细地检查。随后进行 1.2 MPa 历时 30 min 的密封试验和 0.035 MPa 压力下的功能试验，结果应符合 6.19 的规定。

7.19 **二氧化硫腐蚀试验**

带有涂层和不带涂层的 EC 喷头，均应取 5 只试样进行下述腐蚀试验，干式 EC 喷头取其产品的最短规格进行试验。EC 喷头试样的入口用与二氧化硫不反应的材料(如塑料)制成的盖密封。

将 EC 喷头试样按其工作位置挂在试验箱内防滴罩的下面，试验箱按体积比每 24h 加入 1%的二氧化硫。试验箱内温度保持在 45℃ ±3℃。无涂层 EC 喷头进行 8 d 的腐蚀试验，有涂层 EC 喷头进行 16 d 的腐蚀试验。试验进行 8 d 后将试样从试验箱中取出，对于有涂层的 EC 喷头，重复上述过程，进行第二个周期试验。

腐蚀试验全部结束后取出试样，在温度不超过 35℃，相对湿度不超过 70%的条件下干燥 4 d～7 d。

干燥后，所有试样进行密封试验和0.035 MPa压力下的功能试验，结果应符合6.20的规定。

7.20 盐雾腐蚀试验

7.20.1 用于一般环境下的EC喷头

试验在盐雾试验箱中进行。使质量比为20%的氯化钠盐溶液雾化形成盐雾，盐溶液的密度为1.126 g/mL～1.157 g/mL，pH值为6.5～7.2。

将5只EC喷头试样从入口充入蒸馏水，在螺纹处用与盐雾不反应的材料(如塑料)制成的盖密封，按正常的安装位置支撑或悬挂在盐雾试验箱的试验区，试验区的温度应保持在(35±2)℃，喷雾压力在0.07 MPa～0.17 MPa之间。使用过的盐溶液应收集起来，不得循环使用。应将试样蔽护以防凝滴落在其上面。

在试验区内，应至少从两点收集盐雾以确定雾化速率和盐浓度。在连续16 h中，收集区内每80 cm^2面积每小时应能收集到1 mL～2 mL盐溶液，盐溶液的质量浓度应为(20±1)%。

经过10 d的试验后将EC喷头从盐雾试验箱中取出，在温度为(20±5)℃，相对湿度不超过70%的条件下干燥4 d～7 d。干燥后，所有试样进行密封试验和0.035 MPa压力下的功能试验，结果应符合6.21的规定。

7.20.2 用于腐蚀环境的EC喷头

用于腐蚀环境条件的EC喷头按7.20.1规定的方法进行试验，盐雾试验的周期应从10 d延长至30 d。腐蚀试验后，所有试样进行密封试验和0.035 MPa压力下的功能试验，结果应符合6.21的规定。

7.21 潮湿气体腐蚀试验

本项试验在湿热试验箱中进行。将5只EC喷头试样安装在具有多个接口的管段上，管内充满去离子水，将整个管段(及EC喷头)放入湿热试验箱中。试验箱内的相对湿度为(98±2)%，温度为(95±4)℃。可选择同型号、同种形式较高公称动作温度(如141℃)的EC喷头进行本项试验以评价较低公称动作温度等级的EC喷头。干式EC喷头取其产品的最短规格进行试验。

经过90 d试验后，将EC喷头从湿热试验箱中取出，在温度为(20±5)℃，相对湿度不超过70%的条件下，干燥4 d～7 d。干燥后，所有试样进行密封试验和0.035 MPa压力下的功能试验，结果应符合6.22的规定。

7.22 环境温度试验

7.22.1 无涂层EC喷头

试验在环境试验箱中进行。试验温度低于100℃时，控温精度为±2℃；试验温度为100℃～200℃时，控温精度为±3℃；试验温度为201℃～350℃时，控温精度为±5℃。

取12只无涂层EC喷头在低于其公称动作温度16℃(但不应低于49℃)条件下进行90 d的环境温度试验，试验时对每只EC喷头试样施加1.2 MPa的水压。环境温度试验后，其中4只EC喷头按7.2.1和7.5规定的方法先后进行密封试验和静态动作温度试验，应分别符合6.3.1和6.6的规定；4只EC喷头按7.6规定的方法进行功能试验(2只在0.35 MPa压力下，2只在1.00 MPa压力下)，应符合6.7.1的规定；另4只EC喷头按7.17.1(或7.26)规定的方法进行插入试验(或热响应试验)，应符合6.18.1(或6.27)的规定。

7.22.2 有涂层的EC喷头

取12只有涂层的EC喷头按7.22.1规定的方法进行试验。在试验期间，EC喷头每隔7 d从试验箱中取出冷却2 h～4 h，在冷却期间应检查试样。经过90 d的环境温度试验后，其中4只EC喷头按7.2.1规定的方法进行密封试验，应符合6.3.1的规定；4只EC喷头按7.5规定的方法进行静态动作温度试验，应符合6.6的规定；另4只EC喷头按7.6规定的方法进行功能试验(2只在0.35 MPa压力下，2只在1.00 MPa压力下)，应符合6.7.1的规定。

7.22.3 隐蔽式EC喷头的装饰罩

将12只装饰罩与其配用的隐蔽式EC喷头装配好后，一起放入温度试验箱中进行试验，试验箱内的温度为低于其公称动作温度16℃，试验箱的控温精度按7.22.1的规定。经过90 d的试验后，取出试样干燥，检查装饰罩，随后进行振动试验，试验结果应符合 6.23.3 的规定。

7.23 **碰撞试验**

7.23.1 本项试验需要 5 只 EC 喷头试样，干式 EC 喷头不进行本项试验。

7.23.2 试验装置如图 14 所示，使一重物沿 EC 喷头中心轴线落于溅水盘一端进行碰撞。对于带有运输护罩的 EC 喷头，如果只有当 EC 喷头完全安装完毕后才摘下护罩，则应带着护罩进行碰撞试验。在碰撞点落物的能量应等于与被试 EC 喷头同重的物体从 1m 高度落下时的冲量。对于带有水罩的 EC 喷头，落物的重量应等于被试 EC 喷头去掉水罩时的重量。应避免落物多次碰撞被试 EC 喷头。碰撞试验后检查试样，随后进行密封试验和功能试验，应符合 6.24 的规定。

单位为毫米

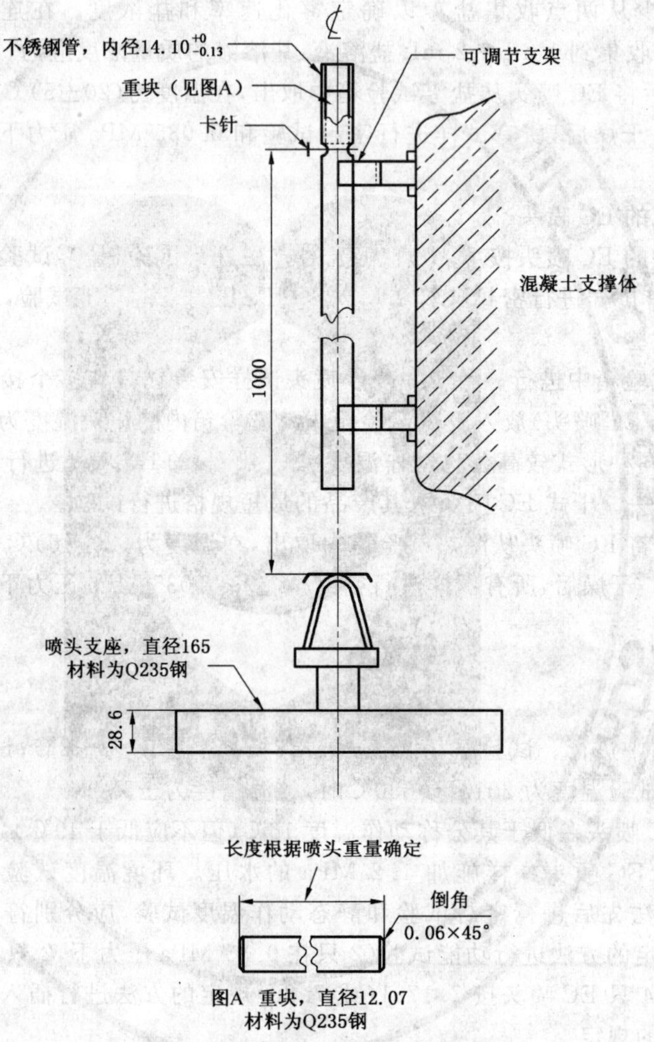

图 14 碰撞试验装置

7.24 **侧向喷洒试验**

7.24.1 将 1 只公称动作温度为 57℃～77℃的直立或下垂型 EC 喷头安装在试验管线上，在同一水平面上与被试 EC 喷头相距 2.5 m(中心与中心之间)，安装一只同型号、同规格的已开启 EC 喷头。EC 喷头分别安装在独立的相互平行的管线上，EC 喷头的框架所在平面与管线平行，溅水盘位于平面吊顶下 560 mm。水从已开启的 EC 喷头中洒出，工作压力为 0.70 MPa，当水流稳定后，点燃位于被试 EC 喷头正下方的油盘。油盘为正方形，边长 305 mm，深 102 mm，上边缘距 EC 喷头热敏感元件 152 mm，盘内放有 0.47L 正庚烷。

7.24.2 在 EC 喷头框架所在平面与管线垂直的情况下，重复上述试验。

7.24.3　在 EC 喷头溅水盘处于吊顶平面下 152 mm 的条件下重复上述两个试验。

7.24.4　上述所有的试验结果均应符合 6.25 的规定。

7.25　真空试验

在环境温度为(20±5)℃条件下，将 3 只 EC 喷头从其入口逐渐增加负压，直至 460 mm 汞柱，保持此压力 1 min。试验后所有试样还应进行密封试验，试验的结果应符合 6.26 的规定。

7.26　齐平、嵌入和隐蔽式 EC 喷头的热响应试验

7.26.1　试验在风洞试验装置上进行，每种温度等级的 EC 喷头取 18 只试样，3 只一组共分为 6 组，分别在表 10 规定的 6 种试验条件下，在偏离最不利方位 25°的方位进行插入试验。干式 EC 喷头取其最短规格进行试验。

7.26.2　试验时将齐平、嵌入或隐蔽式喷头安装在图 15 所示的专用风洞试验盖上，在接口螺纹上缠 1～1.5圈的聚四氟乙烯密封带，拧入固定座的力矩为(15±3) N·m。将每只待试 EC 喷头连同专用风洞试验盖保存在一恒温箱内，以使 EC 喷头和盖达到(20±5)℃的时间不少于 30 min。

单位为毫米

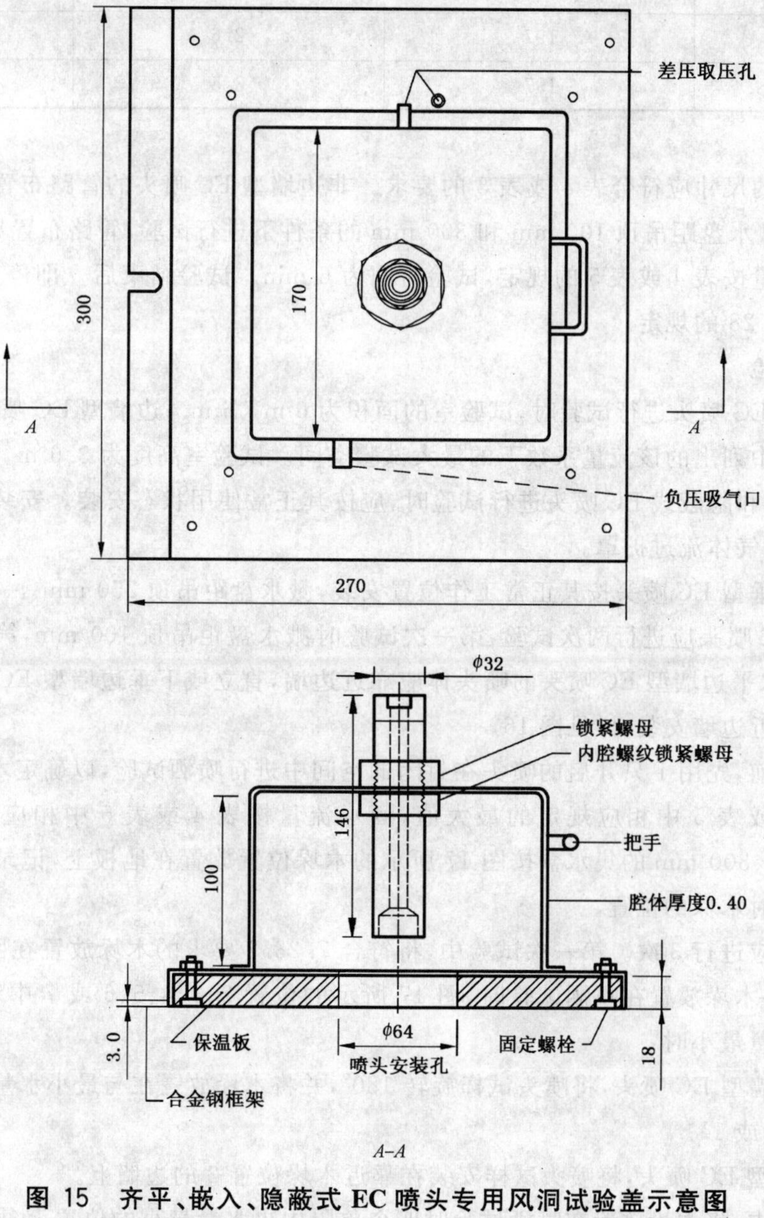

图 15　齐平、嵌入、隐蔽式 EC 喷头专用风洞试验盖示意图

7.26.3 进行插入试验前，在EC喷头的入口处施加0.05 MPa的气压，应保持EC喷头入口干燥，不应充水。

7.26.4 插入试验的条件见表10。进行插入试验时，应使专用风洞试验盖的腔内相对于风洞试验段保持在表10规定的负压条件。

7.26.5 用精度为±0.01 s的计时仪器测量从EC喷头插入风洞到其动作的时间即响应时间。

7.26.6 分别计算每种试验条件下3只试样的平均响应时间，均应符合6.27的规定。

表10 齐平、嵌入和隐蔽式EC喷头风洞插入试验条件

试验序号	气体温度/℃	气体流速/(m/s)	负压/(mm Hg)
1	128	1.0	0.007
2	128	2.6	0.007
3	128	3.5	0.007
4	197	1.0	0.010
5	197	2.6	0.010
6	197	3.5	0.010

7.27 湿墙试验

7.27.1 试验空间的尺寸应符合表4或表5的要求。非边墙型EC喷头的管路布置见图3～图6，边墙型EC喷头分别在溅水盘距吊顶100 mm和300 mm的条件下进行试验，管路布置见图7～图12。

7.27.2 试验的流量按表4或表5的规定，试验时间为6 min。试验结束后立即停止洒水，检查试验室四周墙壁，应符合6.28的规定。

7.28 灭木垛火试验

7.28.1 非边墙型EC喷头进行试验时，试验室的面积为6 m×6 m.；边墙型EC喷头进行试验时，试验室的面积为在表5中列出的该流量系数下的最大试验空间。试验室高度为3.6 m。

7.28.2 齐平、嵌入和隐蔽式EC喷头进行试验时，应按其正常使用状态安装。安装时应带有护罩和装饰盖板，且不得影响气体流过护罩。

7.28.3 直立或下垂型EC喷头按其正常工作位置安装，溅水盘距吊顶250 mm。

7.28.4 边墙型EC喷头应进行两次试验，第一次试验时溅水盘距吊顶100 mm，第二次试验时溅水盘距吊顶300 mm。水平边墙型EC喷头的喷头体应靠近边墙，直立或下垂边墙型EC喷头的溅水盘在许可的情况下尽量靠近边墙安装，详见图16。

7.28.5 灭火试验前，先用1只开启的喷头在封闭的空间中进行喷洒试验，以确定木垛火的位置。封闭空间的尺寸按表4或表5中相应规定的最大值，洒水流量按表4或表5中相应规定的最小值。将300 mm×300 mm×300 mm的集水盒按图17所示的木垛位置放置在地板上，记录洒水数据并用于确定随后的灭火试验时木垛的位置。

7.28.6 灭火试验应进行3次。第一次试验中，将符合7.28.7要求的木垛放置在图17所示的位置1。在第二次试验中，将木垛放置在喷洒试验时，图17所示的位置2、3、4、5、6或7中水量最小的位置上。当位置5、6或7水量最小时：

a) 对于非边墙型EC喷头，将喷头试样旋转180°，并将木垛放置在与最小水量位置相对的位置上(位置4、3或1)。

b) 对于边墙型EC喷头，将喷头试样安装在靠近木垛位置2的边墙上。

在第三次试验中，将木垛放置在喷洒试验时四个象限中央水量最小的位置上(图17所示的位置8、

9、10 或 11)。当位置 8 或 9 水量最小时:

——对于非边墙型 EC 喷头,将喷头试样旋转 180°,并将木垛放置在与最小水量位置相对的位置上(位置 11 或 10)。

——对于边墙型 C 喷头,将喷头试样安装在靠近木垛位置 2 的边墙上。

7.28.7 木垛的尺寸为 500 mm×500 mm×380 mm,由相互正交的 10 层杉木条组成,每层有 5 根木条,均匀分布,木条的尺寸为 38 mm×38 mm×500 mm。将组装好的木垛放置在干燥箱中进行干燥,然后测量木材的湿度,当所有木条的湿度在 6%～12%范围内时,对木垛称重并记录木垛的质量,称重精度不应低于±1 kg。

7.28.8 在每次试验中,木垛的四角支撑在 4 个 240 mm×120 mm×8 mm 的钢制支架上,将木垛与支架一起放置在 530 mm×530 mm×100 mm 的钢制油盘中,油盘下垫 25 mm 厚的清水,到入 1.0 L 正庚烷。木垛放在墙角时,距每侧边墙的距离为 12 mm。

7.28.9 每次试验前,将试验空间及被试喷头保持在 24℃±8℃环境中。除图 17 所示的两扇门外,试验空间应无其他的排风装置。

7.28.10 试验前将洒水流量预调到表 4 或表 5 中规定的最小流量,试验室的两扇门保持在全开状态。点燃正庚烷。同时供水,开始试验。自点火起,试验进行 10 min,10 min 后关闭供水,如木垛火未熄灭,应小心地扑灭木垛火避免进一步燃耗木垛。将木垛移出试验室,放入干燥箱中进行干燥,然后测量木材的湿度,当木材湿度在 6%～12%范围内时,将木垛称重,计算质量损失。应符合 6.29 的规定。

单位为毫米

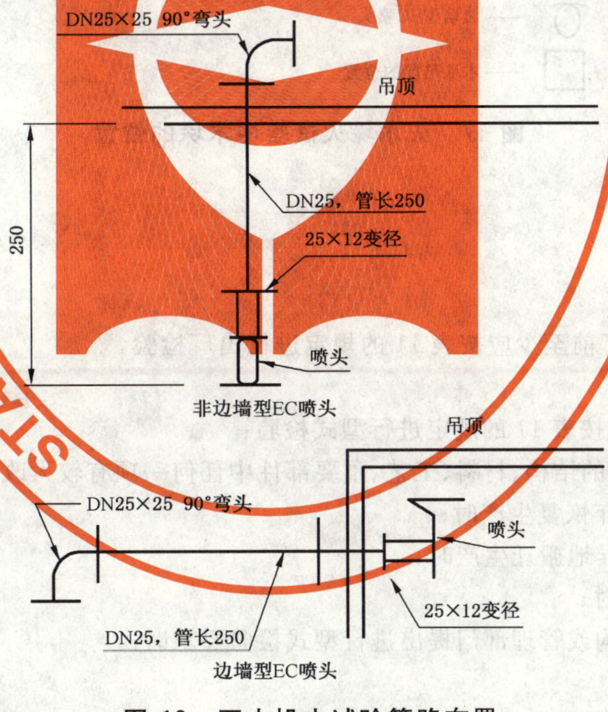

图 16 灭木垛火试验管路布置

单位为毫米

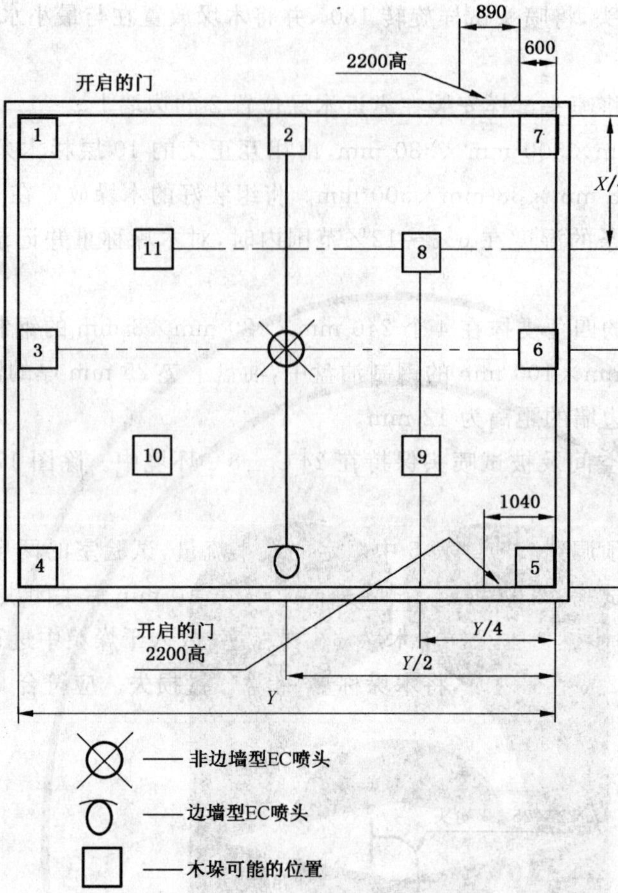

图 17 灭木垛火试验中木垛的位置

8 检验规则

8.1 检验分类

8.1.1 出厂检验

所有 EC 喷头成品出厂前至少应按表 11 的规定进行出厂检验。

8.1.2 型式检验

有下述情况之一者，应按表 11 的规定进行型式检验：

a) 正式生产后，产品的结构、材料、工艺、重要部件中任何一项有较大改变，可能影响产品性能时；

b) 产品停产超过 1 年恢复生产时；

c) 产品转厂生产或异地搬迁生产时；

d) 连续生产满 5 年时；

e) 国家质量监督机构或管理部门提出进行型式检验要求时。

8.2 组批

以相同工艺、材料及配件组装或生产的同型号、同规格的产品为一批。

8.3 抽样

8.3.1 检验样品的抽取应采用随机抽样的方法，抽样基数不应少于检验样品数量的 4 倍。

8.3.2 EC 喷头型式检验的试验程序和样品数量如图 18 所示。

8.4 判定准则

8.4.1 对于所有类型的 EC 喷头，若 6.1、6.3、6.5、6.6、6.7、6.19、6.23、6.28、6.29 中任一条不合格，

则判该批 EC 喷头不合格；快速响应 EC 喷头 6.18 条不合格，则判该批 EC 喷头不合格；齐平、嵌入或隐蔽式 EC 喷头 6.27 条不合格，则判该批 EC 喷头不合格。

8.4.2 除 8.4.1 的规定外，若 6.2、6.4、6.8、6.10、6.12、6.13、6.14、6.16、6.17、6.18（标准响应 EC 喷头）、6.20、6.21、6.22、6.24 各条中有两条或两条以上不合格，则判该批 EC 喷头不合格。若本条上述所列各条中有 1 条不合格，且 6.11、6.15、6.25、6.26 中有 3 条或 3 条以上不合格，则判该批 EC 喷头不合格。

8.4.3 其余情况可判该批 EC 喷头合格。

表 11 出厂检验和型式检验项目

检验项目	标准条款号	型式检验项目			出厂检验	
		主检	不同温度等级	不同安装形式	全检	抽检
整体要求	6.1	★	★	★	★	
外观	6.2	★	★	★	★	
水压密封和耐水压强度性能	6.3	★	★	★	★[a]	
流量系数	6.4	★				
布水性能	6.5	★		★		
静态动作温度	6.6	★	★			★
功能	6.7	★	★	★		★
抗水冲击性能	6.8	★				
工作载荷和框架强度	6.9	★		★		★
热敏感元件强度	6.10	★	★			★
溅水盘强度	6.11	★		★		
疲劳强度	6.12	★	★			
热稳定性	6.13	★	★			
抗振动性能	6.14	★				
抗机械冲击性能	6.15	★				
耐低温性能	6.16	★				
耐高温性能	6.17	★				
动态热性能	6.18	★	★			
耐氨应力腐蚀性能	6.19	★		★		★
耐二氧化硫腐蚀性能	6.20	★				
耐盐雾腐蚀性能	6.21	★				
耐潮湿气体腐蚀性能	6.22	★				

表 11（续）

检验项目	标准条款号	型式检验项目			出厂检验	
		主检	不同温度等级	不同安装形式	全检	抽检
耐环境温度性能	6.23	★	★			
抗碰撞性能	6.24	★		★		
侧向喷洒	6.25	★		★		
抗真空性能	6.26	★				
齐平、嵌入、隐蔽式 EC 喷头的热响应性能	6.27	★[b]	★[b]			
湿墙性能	6.28	★		★		
灭木垛火性能	6.29	★		★		

a　全检指水压密封性能。

b　适用于齐平、嵌入、隐蔽式 EC 喷头。

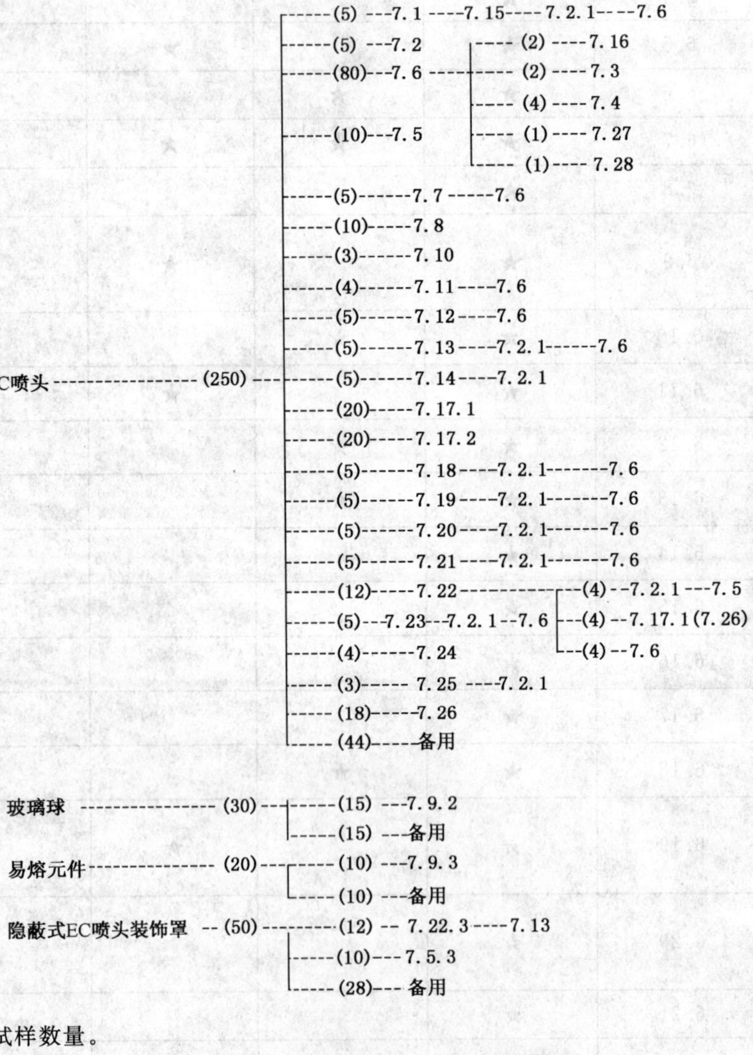

注：括号中数字为试样数量。

图 18　试验程序和样品数量

9 标志、使用说明

9.1 标志

9.1.1 EC喷头的标志应符合6.2.3的要求。

9.1.2 隐蔽式或嵌入式EC喷头的护罩或装饰盖板如果可与EC喷头拆离,应在其上面标明与之配套的EC喷头的型号、规格。

9.1.3 隐蔽式EC喷头的装饰盖板上应标有"不可涂覆"的字样。

9.2 使用说明书

EC喷头产品应有使用说明书,使用说明书中至少应包括产品名称、型号规格、动作元件的类型和规格、使用的环境条件、贮存的环境条件、生产年代、产品生产所依据的标准、必要的使用参数、使用说明、注意事项、生产厂商的名称、地址和联络信息等。

10 包装、运输、贮存

10.1 包装

10.1.1 EC喷头在包装箱内应单独固定,防止相互间的磕碰。

10.1.2 产品在其基础包装中应附有使用说明书和产品合格证。

10.1.3 EC喷头在包装箱外应标明放置方向、堆放件数限制、贮存防护条件等。

10.2 运输

EC喷头在运输过程中,应防雨、防晒、减震,装卸时防止撞击。

10.3 贮存

EC喷头应贮存在−15℃～40℃的干燥环境中。

附 录 A
(规范性附录)
公 差

标准的本部分中未标明公差时，按以下规定执行：

1. 角度	±2°	
2. 频率(Hz)	测量值的±5%	
3. 长度	测量值的±2%	
4. 容积	测量值的±5%	
5. 压力	测量值的±3%	
6. 温度	测量值的±5%	
7. 时间	s	$^{+5}_{-0}$
	min	$^{+0.1}_{-0}$
	h	$^{+0.1}_{-0}$
	d	$^{+0.25}_{-0}$

附 录 B
(资料性附录)
误差限的计算方法

7.9.2 所述的玻璃球破碎载荷和误差限的计算方法如下：

B.1 计算非偏标准偏差

非偏标准偏差由下式计算：

$$S = \left[\sum_{i=1}^{n}(x_i - x)^2/n-1\right]^{0.5} \qquad \cdots\cdots(B.1)$$

式中：

x——破碎载荷的平均值，单位为牛(N)；

x_i——每一个测得的破碎载荷值，单位为牛(N)；

n——试样的数量。

B.2 计算玻璃球破碎载荷下限误差 TL_1

玻璃球破碎载荷下限误差

$$TL_1 = Z_1 - \Gamma_1 \cdot S_1 \qquad \cdots\cdots(B.2)$$

式中：

Z_1——玻璃球破碎载荷的平均值，单位为牛(N)；

Γ_1——从表 B.1 中查得的系数；

S_1——玻璃球破碎载荷的非偏标准偏差，单位为牛(N)。

B.3 计算玻璃球工作载荷上限误差 TL_2

玻璃球工作载荷上限误差

$$TL_2 = Z_2 + \Gamma_2 \cdot S_2 \qquad \cdots\cdots(B.3)$$

式中：

Z_2——玻璃球工作载荷的平均值，单位为牛(N)；

Γ_2——从表 B.1 中查得的系数；

S_2——玻璃球工作载荷的非偏标准偏差，单位为牛(N)。

表 B.1 正态分布单边误差限的系数

[$\nu=0.99$，$p=0.99$(试样的 99%)]

n	Γ	n	Γ
10	5.075	21	3.776
11	4.828	22	3.727
12	4.633	23	3.680
13	4.427	24	3.638
14	4.336	25	3.601
15	4.224	30	3.446
16	4.124	35	3.334
17	4.038	40	3.250
18	3.961	45	3.181
19	3.892	50	3.124
20	3.832		

附 录 C
（资料性附录）
易熔元件强度试验的分析

6.10.2 中给出的式(3)的目的是为了使易熔元件在承受了相当长时间的工作载荷后，仍不容易因蠕变应力而损坏。因为 EC 喷头的使用寿命受其他许多因素的影响，因此，876 600 h(100 y)这个时间的选择仅仅是一个带有保险系数的数据值，而无其他特殊含义。

造成蠕变损坏的载荷(而不是不必要的高初始扭曲应力)被施加在试样上并记录施加的时间，给定的要求近似于通过下述分析得到的全对数回归曲线的推论。

使用最小二乘法，利用观察到的数据来确定 1h 时的载荷 L_0 和 1 000 h 时的载荷 L_m。一种确定这个载荷的方法如下：

在全对数坐标纸上作出曲线，由 L_0 和 L_m 所确定的直线的斜率应大于或等于由 100 年时最大设计载荷 L_d 和 L_0 所确定的直线的斜率。

即

$$(\ln L_m - \ln L_0)/\ln 1\,000 \geqslant (\ln L_d - \ln L_0)/\ln 876\,600$$

可化简为：

$$\begin{aligned}\ln L_m &\geqslant [(\ln L_d - \ln L_0)\cdot \ln 1\,000]/\ln 876\,600 + \ln L_0\\ &\geqslant 0.504\,8(\ln L_d - \ln L_0) + \ln L_0\\ &\geqslant 0.504\,8(\ln L_d - \ln L_0) + \ln L_0(1-0.504\,8)\\ &\geqslant 0.5048\ \ln L_d + 0.495\,2\ \ln L_0\end{aligned}$$

当允许误差为 1% 时，以上公式可近似表示为：

$$\ln L_m \geqslant 0.5(\ln L_d - \ln L_0)$$

经误差补偿后表示为：

$$L_m \geqslant 0.99(L_d \cdot L_0)^{0.5} \text{ 或 } L_d \leqslant 1.02\, L_m^2/L_0$$

附　录　D
（资料性附录）
RTI 和 *C* 值计算示例

D.1　传导系数 *C* 的计算

例：在 7.17.2 所述的试验中，假设 EC 喷头平均液浴动作温度为 72℃，随后的试验按规定方法进行。在第一次试验中，U_L＝0.288 m/s，T_m＝20.3℃，实际气温为 125℃，在 15 min 内未发生启动。在第二次试验中，U_H＝0.342 m/s，T_m＝20.0℃，实际气温为 127℃，启动发生在 350 s 时。

$$(U_H/U_L)^{0.5} = (0.342/0.288)^{0.5} \leqslant 1.1$$

因此：$C_L = [(125-20.3)/(72.0-20.3)-1](0.288)^{0.5}$

$$C_L = 0.55(\mathrm{m/s})^{0.5}$$

$$C_H = [(127-20.0)/(72.0-20.0)-1](0.342)^{0.5}$$

$$C_H = 0.62(\mathrm{m/s})^{0.5}$$

$$C = 0.5(0.55+0.62) = 0.59(\mathrm{m/s})^{0.5}$$

D.2　*RTI* 的计算

D.2.1　例：假设一个标准响应 EC 喷头在插入试验中的响应时间 t_r＝30.1 s，同时假设：

a)　EC 喷头的平均液浴动作温度为 72℃；

b)　环境温度为 20℃；

c)　试验段实际气体温度为 197℃；

d)　试验段实际气体流速为 2.56 m/s；

e)　这只 EC 喷头的传导系数按 7.17.2 所述方法确定为 0.59(m/s)$^{0.5}$。

$$RTI = \left[\frac{-30.1(2.56)^{1/2}}{\ln[1-(72.0-20.0)(1+0.59/(2.56)^{1/2})/(197.0-20.0)]}\right] \cdot [1+0.59/(2.56)^{1/2}] = 128(\mathrm{m \cdot s})^{0.5}$$

D.2.2　例：接上例，假设偏离最不利方位时，试样的响应时间为 45.2 s。将此方位 *RTI* 定义为 RTI_{wc}：

$$RTI_{wc} = \left[\frac{-45.2 \cdot (2.56)^{1/2}}{\ln[1-(72.0-20.0)(1+0.59(RTI_{wc}/128)/(2.56)^{1/2})/(197.0-20.0)]}\right] \cdot [1+0.59(RTI_{wc}/128)/(2.56)^{1/2}]$$

函数的解为：

$$RTI_{wc} = 185(\mathrm{m \cdot s})^{0.5}$$

ICS 13.220.20
C 83

中华人民共和国国家标准

GB 5135.13—2006

自动喷水灭火系统　第13部分：水幕喷头

Automatic sprinkler system—Part 13：Performance requirements and test methods of drencher nozzle

2006-04-07 发布　　　　2006-12-01 实施

中华人民共和国国家质量监督检验检疫总局
中国国家标准化管理委员会　发布

前　言

GB 5135 的本部分的第 6 章、第 8 章的内容为强制性，其余为推荐性。

GB 5135《自动喷水灭火系统》目前已分为 15 部分：

——第 1 部分：洒水喷头；

——第 2 部分：湿式报警阀、延时器、水力警铃；

——第 3 部分：水雾喷头；

——第 4 部分：干式报警阀；

——第 5 部分：雨淋报警阀；

——第 6 部分：通用阀门；

——第 7 部分：水流指示器；

——第 8 部分：加速器；

——第 9 部分：早期抑制快速响应(ESFR)喷头；

——第 10 部分：压力开关；

——第 11 部分：沟槽式管接件；

——第 12 部分：扩大覆盖面积洒水喷头；

——第 13 部分：水幕喷头；

——第 14 部分：预作用装置；

——第 15 部分：家用喷头。

…………………………

本部分为 GB 5135 的第 13 部分。

本部分的附录 A 为资料性附录。

本部分由中华人民共和国公安部提出。

本部分由全国消防标准化技术委员会第二分技术委员会(SAC/TC 113/SC 2)归口。

本部分起草单位：公安部天津消防研究所、南京消防器材股份有限公司。

本部分主要起草人：张强、赵勇顺、李毅、罗宗军、魏名选、梁俊。

本部分为首次制订。

自动喷水灭火系统　第13部分:水幕喷头

1　范围

GB 5135的本部分规定了自动喷水灭火系统水幕喷头的要求、试验方法、检验规则和标志、包装、运输、贮存。

本部分适用于自动喷水灭火系统水幕喷头。

2　规范性引用文件

下列文件中的条款通过GB 5135的本部分的引用而成为本部分的条款。凡是注日期的引用文件,其随后所有的修改单(不包括勘误的内容)或修订版均不适用于本部分,然而,鼓励根据本部分达成协议的各方研究是否可使用这些文件的最新版本。凡是不注日期的引用文件,其最新版本适用于本部分。

GB/T 191　包装储运图示标志

GB/T 7306.1　55°密封管螺纹　第1部分:圆柱内螺纹与圆锥外螺纹(GB/T 7306.1—2000,eqv ISO 7-1:1994)

GB/T 7306.2　55°密封管螺纹　第2部分:圆锥内螺纹与圆锥外螺纹(GB/T 7306.2—2000,eqv ISO 7-2:1994)

3　术语和定义

下列术语和定义适用于GB 5135的本部分。

3.1

水幕喷头　drencher nozzle

可以持续地喷水形成水幕帘,对受火灾威胁表面进行保护并形成防火分隔,固定在水幕系统管路中的喷洒装置。

3.2

水幕展角　spray angle

水幕喷洒时,以喷头为顶点所形成的扇形水幕的顶角。

3.3

水幕倾角　deflection angle

喷头喷洒时,喷头入水口轴线与出水口轴线的夹角。

3.4

最大覆盖宽度　maximal cover width

在工作压力下,展开水幕的最大宽度。

4　分类

4.1　根据结构形式分类

4.1.1　缝隙式水幕喷头

4.1.1.1　单隙式水幕喷头

水流通过喷头体上的一条缝隙,按设计外形喷洒的水幕喷头。

4.1.1.2　双隙式水幕喷头

水流通过喷头体上的两条缝隙,按设计外形喷洒的水幕喷头。

4.1.2 冲击式水幕喷头

4.1.2.1 挡板冲击式水幕喷头

水流通过喷头内部,冲击到外部导流挡板上,按设计外形喷洒的水幕喷头。

4.1.2.2 曲面冲击式水幕喷头

水流通过喷头内部,冲击到外部导流面上,按设计外形喷洒的水幕喷头。

4.2 根据使用用途分类

4.2.1 防火分隔用水幕喷头

通过密集喷洒形成水墙或水帘,达到阻隔火蔓延及热扩散的水幕喷头。

4.2.2 防护冷却用水幕喷头

直接喷洒到被保护对象上,达到冷却、降温目的的水幕喷头。

5 型号编制

5.1 水幕喷头的型号由结构代号、用途特征代号、公称流量系数和水幕展角等部分组成。

5.2 结构代号表明喷头的结构形式等特征,由以下符号构成:

5.2.1 代号 A:表示水幕倾角为 0°。

5.2.2 代号 B:表示水幕倾角为 90°,且只有一个出水口。

5.2.3 代号 C:表示水幕倾角为 90°,且有两个出水口。

5.2.4 代号 D:表示水幕倾角非 0°或 90°。

5.3 用途特征代号表明喷头的用途:

5.3.1 代号 G:表示仅适用于防火分隔用水幕喷头。

5.3.2 代号 L:表示仅适用于防护冷却用水幕喷头。

5.3.3 代号 T:表示同时适用于防火分隔和防护冷却的通用型水幕喷头。

5.4 型号标记:

ZSTM □ - □ □ / □

水幕展角(°)

公称流量系数

用途特征代号

结构代号

自动喷水灭火系统水幕喷头

示例 1:ZSTM A-T 40 / 120 表示 A 型、通用型、公称流量系数为 40,水幕展角为 120°的水幕喷头。

示例 2:ZSTM D-L 60 / 150 表示 D 型、防护冷却用,公称流量系数为 60,水幕展角为 150°的水幕喷头。

6 要求

6.1 外观与标志

6.1.1 喷头应无加工缺陷和机械损伤,表面涂、镀层应均匀、完整美观,无明显的磕碰伤痕及变形。

6.1.2 喷头应在明显部位做永久性标志,所有标记应符合第 9 章要求。

6.1.3 喷头的接口螺纹应符合 GB/T 7306.1～GB/T 7306.2 的规定。

6.2 流量特性系数

6.2.1 按 7.2 进行试验,平均流量系数与公称值之差应不超过公称值的±5%。

6.2.2 按 7.2 规定的方法进行试验,在升压和降压过程中不应出现压力振荡现象,每个压力点的流量系数应不超过公称值的±10%。

6.3 水幕展角与倾角

6.3.1 按7.3.1进行试验，水幕展角应满足下列要求：水幕展角小于90°时：实测角度偏差不得大于±3°；水幕展角大于90°时：实测角度偏差不得大于±5°。

6.3.2 按7.3.2进行试验，水幕倾角实测角度偏差不得大于±3°。

6.4 喷洒外形

按7.4规定的方法进行试验，实测外形图与生产厂商公布喷洒外形图之差不应超出生产厂商公布值的±10%。生产厂商公布喷洒外形图应有纵横坐标网格背景，最小坐标格代表尺寸不大于0.5 m×0.5 m。

6.5 洒水均匀性

对G型和T型水幕喷头应进行洒水均匀性试验，按7.5进行试验，水幕应连续完整、布水均匀，任一集水盒中洒水量不应低于平均洒水量的50%，任一集水盒中洒水量不应高于平均洒水量的200%。

6.6 阻断辐射热能力

对G型和T型水幕喷头应进行阻断辐射热试验，喷头工作压力为0.1 MPa的喷射强度条件下，在最大覆盖宽度内，平均阻断辐射热能力，即隔热效率μ应在公布值的±10%范围内。

6.7 耐氨应力腐蚀性能

按7.7进行试验，水幕喷头的各部件不应出现裂纹、脱层或损坏。

6.8 耐二氧化硫腐蚀性能

按7.8进行试验后，水幕喷头各部位应无明显腐蚀损坏。

6.9 耐盐雾腐蚀性能

按7.9进行试验后，水幕喷头各部位应无明显腐蚀损坏。

6.10 耐低温性能

按7.10进行试验，水幕喷头的涂层或镀层不应出现断裂和剥层现象，喷头不应发生严重变形或损坏。

6.11 耐高温性能

按7.11进行试验，水幕喷头不应发生严重变形或损坏。

7 试验方法

试验前，生产厂商应提供水幕喷头的设计图纸、性能参数(包括流量系数、水幕展角、水幕倾角、喷洒外形图等)。

7.1 外观检验

对照设计图纸等技术文件，通过目测或使用通用量器具进行检查测量，结果应符合本标准6.1的规定。

7.2 流量系数测量

试样数量为3只，试验装置如图1所示。将水幕喷头安装在试验装置上，压力、流量的测量精度不得低于0.5级。喷口处压力为0.10 MPa、0.20 MPa、0.30 MPa、0.40 MPa、0.50 MPa、0.60 MPa，先由低压升到高压，再由高压降到低压，至每一个测量点，进行测试。将所测得的数据按式(1)进行计算，平均流量系数和每个压力点的流量系数都应符合6.2的规定。

流量特性系数K的计算公式：

$$K = Q/\sqrt{10P} \qquad \cdots\cdots(1)$$

式中：

Q——流量，单位为升每分(L/min)；

P——压力，单位为兆帕(MPa)。

在试验中应修正自压力表至水幕喷头出口之间的静压差。

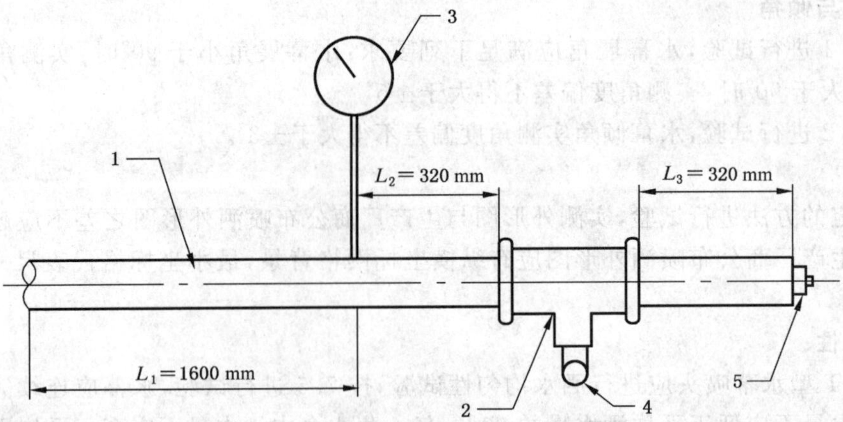

1——钢管,公称直径 65 mm;

2——变径三通(不允许用补心调节);

3——压力表,精度 0.5 级;

4——水幕喷头;

5——堵头。

图 1 流量特性试验装置

7.3 水幕展角与倾角的测量

7.3.1 试样数量为 1 只,试验压力为 0.1MPa,在喷头同一水平高度,正对水幕喷射方向,用照相机拍摄喷头至距其 0.5m 处水幕的图像,测量喷头出口水幕充实边缘夹角,即水幕展角。测量结果应符合 6.3.1 的规定。

7.3.2 试样数量为 1 只,试验压力为 0.1MPa,在喷头同一水平高度,垂直于水幕喷射方向,用照相机拍摄喷头至距其 0.5m 处水幕的图像,测量喷头出口水幕中心轴线与喷头进水轴线的夹角,即水幕倾角。测量结果应符合 6.3.2 的规定。

7.4 喷洒试验

7.4.1 喷头距地面高度不小于 3.0 m,试验压力分别为 0.1 MPa,0.2 MPa 和 0.4 MPa,将喷洒外形绘制成喷洒外形图,喷洒图的横坐标为喷洒距离,纵坐标为喷洒高度。示意见附录 A。

7.4.2 对 G 型水幕喷头,喷洒外形图为向下喷洒图。由于水幕外形为对称图形,所以可取喷头纵轴一侧,即实际外形的一半绘制喷洒外形图。应保证最大覆盖宽度包含在图中。喷洒外形应符合 6.4 的规定。

7.4.3 对 L 型喷头,喷洒外形图为侧向喷洒图,即安装水幕喷头,使水幕向受保护一侧方向喷洒。喷洒外形应符合 6.4 的规定。

7.4.4 对 T 型水幕喷头,喷洒外形图应包括向下喷洒图以及侧向喷洒图。向下喷洒图、侧向喷洒图的喷洒外形应符合 6.4 的规定。

7.5 洒水均匀性试验

G 型和 T 型水幕喷头的安装如图 2 所示,两只喷头安装在一条管路上,使喷头向下喷洒。沿水幕喷洒方向布置一排集水盒,喷头距集水盒顶部 2 m。单个集水盒尺寸为:0.3 m×0.6 m×0.5 m(长×宽×高),收集两只喷头重叠部分的洒水,即两只喷头正下方及其中间的集水盒水量,喷头间距为:每个喷头洒水的最外边缘喷洒到另一个喷头的正下方集水盒内,试验压力为 0.10 MPa,喷洒时间不小于 2 min。

水幕喷头的平均洒水量按式(2)计算:

$$\rho_{平均} = Q/n \quad \cdots\cdots(2)$$

式中:

$\rho_{平均}$——平均洒水量,单位为升(L);

Q——全部集水盒收集的总水量,单位为升(L);

n——集水盒数量。

测量每个集水盒中的水量，试验结果应符合6.5的规定。

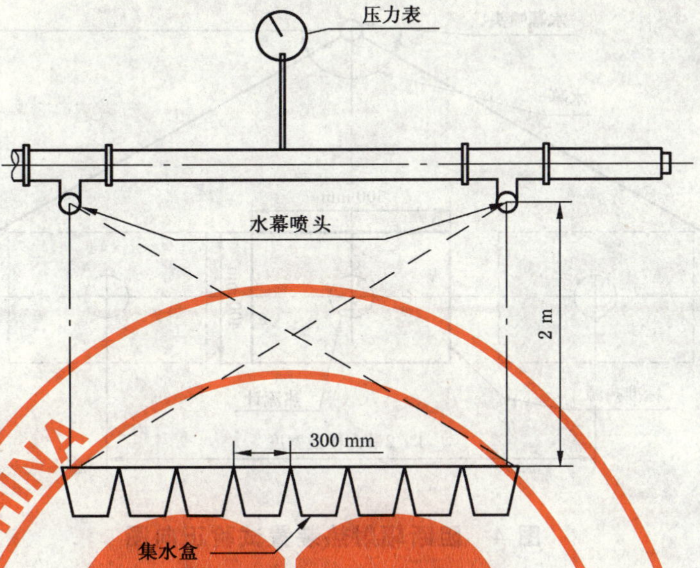

图2 洒水均匀性试验装置

7.6 阻断辐射热试验

试验装置如图3、图4所示。试验使用1个标准辐射屏，尺寸为600 mm×400 mm，功率为25 kW，表面温度大于1 200℃。对于水幕展角大于等于180°的喷头，测量高度 H 为喷头正下方1 m；对于水幕展角小于180°的喷头，测量高度 H 为水幕最大覆盖宽度所对应的高度。正对辐射屏1.0 m处安装1只热流计，其中心与辐射屏中心高度相同，量程为3 W/cm²。启动标准辐射屏及热流计。无水幕时用热流计测得稳定热通量为 q_1。在0.1 MPa压力下喷洒水幕，在状态稳定后测得热通量为 q_2，按式(3)计算水幕隔热效率 μ：

$$\mu=(1-q_2/q_1)\times100\% \quad\cdots\cdots(3)$$

式中：

μ——水幕隔热效率；

q_2——在水幕作用下的热通量，单位为瓦每平方厘米（W/cm^2）；

q_1——无水幕作用的热通量，单位为瓦每平方厘米（W/cm^2）。

在相同高度，此测量点左、右距水幕边缘1/2处的两点，测出其隔热效率。求出此三点的隔热效率的算术平均值 μ，为喷头的隔热效率 μ，试验结果应符合6.6的规定。

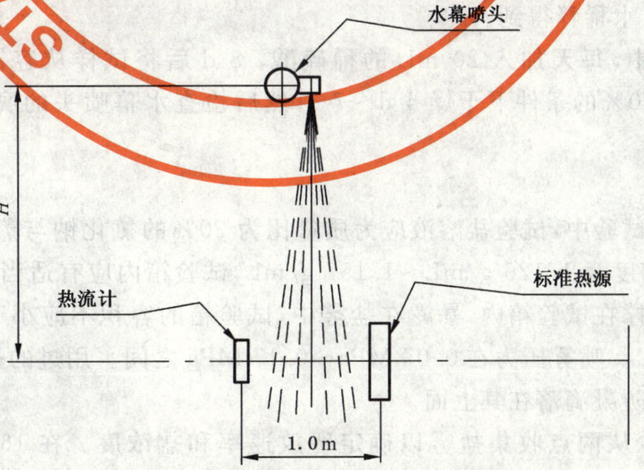

图3 阻断辐射热试验装置侧向图

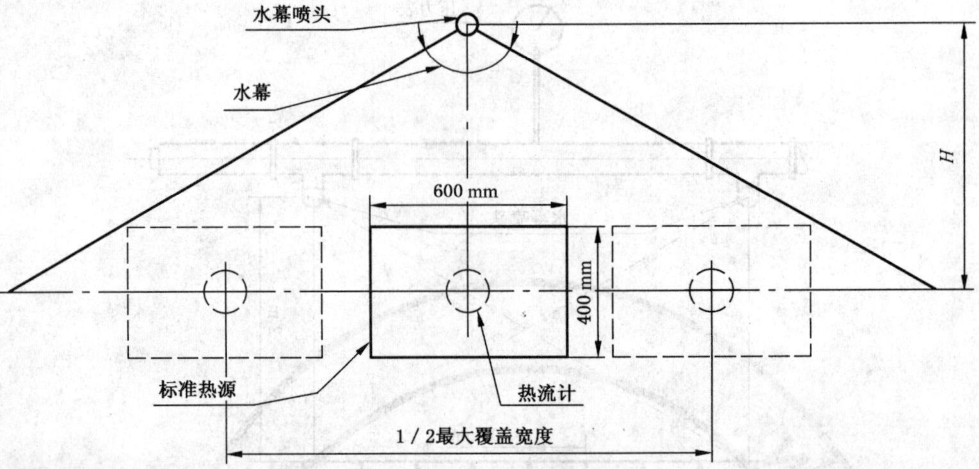

图4 阻断辐射热装置试验正向图

7.7 氨应力腐蚀试验

试样数量为3只。将试样除去油脂，置于容积为(0.02±0.01)m^3的玻璃容器中。将密度为0.94 g/cm^3氨水溶液存放在试验容器的底部，距试样的下部约40 mm。氨溶液的容积按试验容器容积0.01 mL/cm^3加入，将大约产生如下的气体组分：35%的氨，5%的水蒸气和60%的空气。潮湿的氨混合气体应保持在大气压力下，温度保持在(34±2)℃。试验容器应有毛细管排空以防止产生压力，喷头试样应有防护罩以防止凝滴落于其上。试验玻璃容器应处于封闭的恒温箱内以防止试样上凝滴，试验历时10 d。试验后将喷头试样冲洗干燥，进行仔细地检验。试验结果应符合6.7规定。

7.8 二氧化硫腐蚀试验

试样数量为3只。试验装置包括一个容积为5 L(容积可增至15 L，但应保证下述化学试剂按比例增加)的隔热玻璃容器，一个防腐材料制成可防止凝液滴于喷头上的罩。容器应能从底部电加热，环绕外壁有冷却管，温度传感器置于中央距底部160 mm±20 mm的位置，控制加热器使玻璃容器内温度保持在45℃±3℃。在试验期间，控制流过冷却管的水流速度，使排水口水温保持在30℃以下。这种冷热结合的作用应能促使在喷头表面形成冷凝，但应防止冷凝液直接滴于试样上。

试样按其工作位置挂在容器内防滴罩的下面，进行8 d的二氧化硫腐蚀试验，将20 g硫代硫酸钠晶体($Na_2SO_3 \cdot 5H_2O$)溶入500 mL水中，与稀硫酸反应产生二氧化硫气体。稀硫酸由156 mL普通硫酸(0.5 mol/L)加844 mL水稀释得到。

在8 d的试验过程中，每天加入20 mL的稀硫酸，8 d后将试样从容器中取出。在温度不超过35℃、相对湿度不超过70%的条件下干燥4 d～7 d，然后检查水幕喷头的腐蚀情况，试验结果应符合6.8的规定。

7.9 盐雾腐蚀试验

试样数量为3只。试验中，试验盐溶液应为质量比为20%的氯化钠与蒸馏水溶液，在35℃雾化时pH值应为6.5～7.2，密度为1.126 g/mL～1.157 g/mL，试验箱内应有适当的控制气雾的方法。喷头按其正常工作位置被支撑在试验箱内，暴露在盐雾中，试验箱的容积不应小于0.43 m^3，箱内在试验区温度应保持在(35±2)℃。喷雾压力在0.07 MPa～0.17 MPa之间。用过的盐溶液应收集起来，不得循环使用。将试样蔽护以防凝滴落在其上面。

在试验区内，应至少从两点收集盐雾以确定释放速率和盐浓度。在16 h的时间内，收集区内每80 cm^2面积每小时应能收集1 mL～2 mL溶液，盐溶液的质量浓度应为(20±1)%。经过10 d的试验后，将试样从盐雾试验箱中取出，在温度不超过35℃，相对湿度不超过70%的条件下干燥4 d～7 d。干燥后检查水幕喷头的腐蚀情况，试验结果应符合 6.9 的规定。

7.10 低温试验

试样数量为 3 只。将水幕喷头置于低温试验箱中，箱内温度保持在(−30±2)℃，历时 24 h。试验后，取出水幕喷头，在室温下放置 24 h，然后仔细检查涂层或镀层。试验结果应符合 6.10 的规定。

7.11 高温试验

试样数量为 3 只。将水幕喷头直立放入温度(800±20)℃的试验炉中，受热 15 min 后，夹住水幕喷头螺纹部分，取出喷头，立即浸入温度为(15±1)℃的水浴中，待冷却后进行检查。试验结果应符合 6.11 的规定。

8 检验规则

8.1 检验分类

8.1.1 出厂检验

水幕喷头在出厂前，应按表 2 或表 3 的规定进行出厂检验。

8.1.2 型式检验

有下列情况之一者，应按表 1 或表 2 的规定进行型式检验：

a) 新产品投产时；

b) 正式生产后，产品的结构、材料、工艺、重要部件中任何一项有较大改变，可能影响产品性能时；

c) 正常生产时满 3 年时；

d) 产品停产超过 1 年恢复生产时；

e) 产品转厂生产或异地搬迁时；

f) 管理部门提出进行型式检验要求时。

表 1 G 型和 T 型喷头

条款号	项目名称	型式检验项目			出厂检验项目		不合格分类		备注
		主检	不同流量系数	不同喷射角	全检	抽检	A类	B类	
6.1	外观与标志	★	★	★	★			★	
6.2	流量特性系数	★	★	★		★	★		
6.3	水幕展角与倾角	★	★	★		★	★		
6.4	喷洒外形	★	★	★		★	★		
6.5	洒水均匀性	★	★	★		★	★		
6.6	阻断辐射热能力	★	★	★		★	★		
6.7	耐氨应力腐蚀性能	★						★	
6.8	耐二氧化硫腐蚀性能	★						★	
6.9	耐盐雾腐蚀性能	★						★	
6.10	耐低温性能	★						★	
6.11	耐高温性能	★						★	

表 2　L 型喷头

条款号	项目名称	型式检验项目			出厂检验项目		不合格分类		备注
		主检	不同流量系数	不同喷射角	全检	抽检	A类	B类	
6.1	外观与标志	★	★	★	★			★	
6.2	流量特性系数	★	★	★		★	★		
6.3	水幕展角与倾角	★	★	★		★	★		
6.4	喷洒外形	★	★	★		★	★		
6.7	耐氨应力腐蚀性能	★						★	
6.8	耐二氧化硫腐蚀性能	★						★	
6.9	耐盐雾腐蚀性能	★						★	
6.10	耐低温性能	★						★	
6.11	耐高温性能	★						★	

8.2　组批

以相同工艺，相同的材料及配件组装或生产的同型号、同规格的产品为一批。

8.3　抽样

检验样品的抽取应采用随机抽样的方法，抽样基数不宜少于检验样品数量的 2 倍。

8.4　判定规则

对于送检的水幕喷头，凡出现下列情况之一者即判定为不合格。

1)　出现 A 类不合格项；

2)　出现 B 类不合格项数大于或等于 2。

水幕喷头型式检验的试验程序和样品数量如图 5 所示。

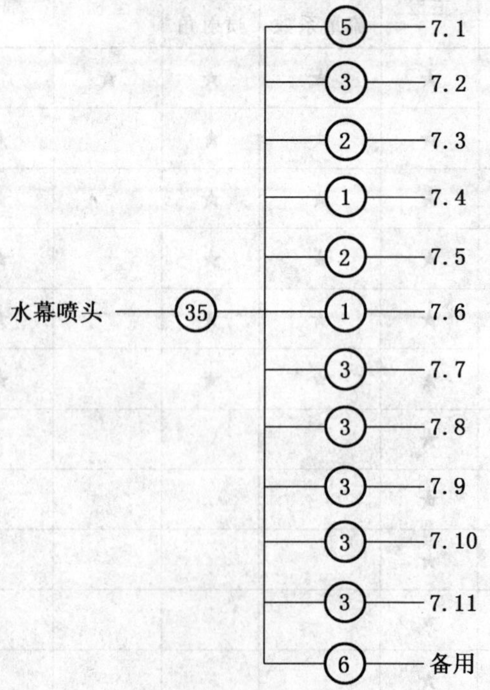

注：圆圈中数字为试样数量。

图 5　水幕喷头试验程序和样品数量

9 包装、运输、贮存

9.1 产品的包装箱上需有包含下列内容的标签：

a) 产品名称、执行的产品标准编号、商标；

b) 型号规格、生产厂商代号或商标、生产年代；

c) 生产厂商名称、详细地址；

d) 应符合 GB/T 191 的要求。

9.2 包装箱内应附有下列文件：

a) 产品合格证；

b) 产品使用说明书；

c) 装箱单；

d) 喷洒图等其他技术文件。

9.3 喷头体上应有永久性标志，内容清晰、牢固，包括：型号规格、生产厂商代号或商标、生产年代等。

9.4 水幕喷头应单独固定，防止相互间碰撞。

9.5 在运输过程中，包装箱要防雨，装卸时防止撞击。

附　录　A
（资料性附录）
向下喷洒图与侧向喷洒图

见图 A.1 和图 A.2。

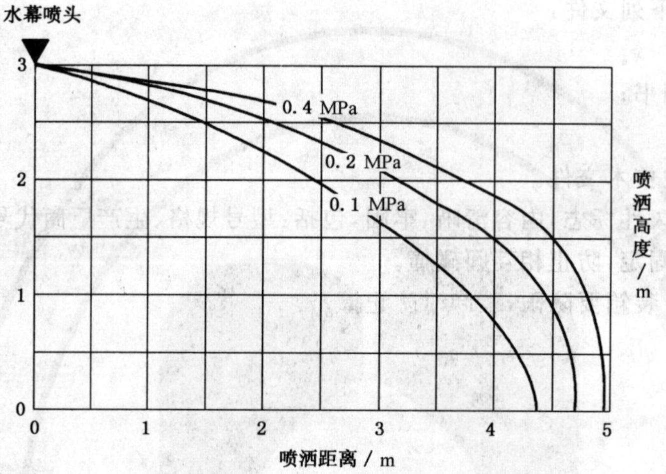

图 A.1　向下喷洒图

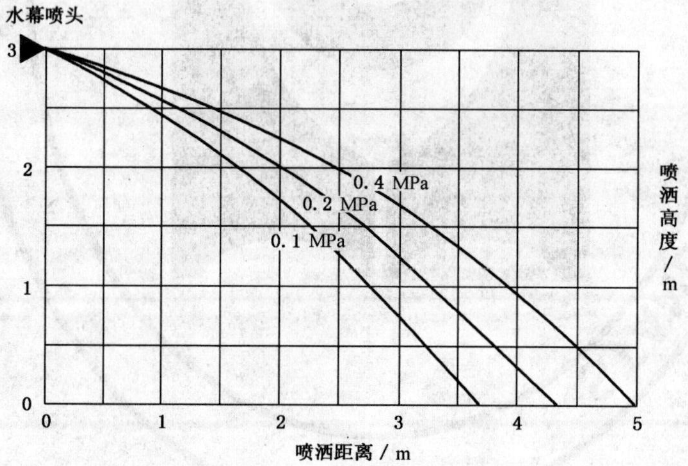

图 A.2　侧向喷洒图

ICS 71.060.10
G 13

中华人民共和国国家标准

GB 5138—2006
代替 GB/T 5138—1996

工业用液氯

Liquid chlorine for industrial use

2006-03-14 发布 2006-12-01 实施

中华人民共和国国家质量监督检验检疫总局
中国国家标准化管理委员会 发布

前　言

本标准表1的部分指标、第7章和第8章为强制性的,其余为推荐性的。

本标准对应于俄罗斯 ГОСТ 6718:1993《液氯技术条件》,与 ГОСТ 6718:1993 的一致性程度为非等效。

本标准代替 GB/T 5138—1996《工业用液氯》。

本标准与 GB/T 5138—1996 相比主要变化如下:

——增加了三氯化氮和蒸发残渣项目和指标(见第3章);

——调整了部分指标(1996年版的第3章;本版的第3章);

——明确了用不锈钢液氯取样器采样(1996年版的4.2;本版的4.2);

——取消了附录A和附录B,将内容纳入正文(1996年版的附录A和附录B;本版的5.3和5.4);

——增加了型式检验周期和特殊情况下应进行型式检验的规定(见6.2);

——修改了复检规定(1996年版的5.1;本版的6.5)。

请注意本标准的某些内容有可能涉及专利。本标准的发布机构不应承担识别这些专利的责任。

本标准由中国石油和化学工业协会提出。

本标准由全国化学标准化技术委员会氯碱分会(SAC/TC 63/SC 6)归口。

本标准起草单位:锦西化工研究院、上海氯碱化工股份有限公司。

本标准主要起草人:陈沛云、李富荣、任运奎、胡立明、曹建芳。

本标准1985年首次发布,1996年第一次修订,修订时将 GB/T 5138—1985、GB/T 5139.1—1985 和 GB/T 5139.2—1985 三个标准合并为一个标准。

工业用液氯

1 范围

本标准规定了工业用液氯的要求、采样、试验方法、检验规则及标志、包装、运输和贮存、安全。

本标准适用于电解法生产的氯气，经干燥、液化而制得的液氯。

2 规范性引用文件

下列文件中的条款通过本标准的引用而成为本标准的条款。凡是注日期的引用文件，其随后所有的修改单（不包括勘误的内容）或修订版均不适用于本标准，然而，鼓励根据本标准达成协议的各方研究是否可使用这些文件的最新版本。凡是不注日期的引用文件，其最新版本适用于本标准。

GB 190 危险货物包装标志

GB/T 602 化学试剂 杂质测定用标准溶液的制备（GB/T 602—2002，ISO 6353-1：1982，NEQ）

GB/T 603 化学试剂 试验方法中所用制剂及制品的制备（GB/T 603—2002，ISO 6353-1：1982，NEQ）

GB/T 1250 极限数值的表示方法和判定方法

GB/T 6682 分析实验室用水规格和试验方法（GB/T 6682—1992，eqv ISO 3696：1987）

GB 11984—1989 氯气安全规程

3 要求

工业用液氯应符合表1给出的指标要求。

表 1

项目		指标		
		优等品	一等品	合格品
氯的体积分数/%	≥	99.8	99.6	99.6
水分的质量分数/%	≤	0.01	0.03	0.04
三氯化氮的质量分数/%	≤	0.002	0.004	0.004
蒸发残渣的质量分数/%	≤	0.015	0.10	—
注：水分、三氯化氮指标强制。				

4 采样

4.1 产品按批检验。生产企业以每一生产周期生产的工业用液氯为一批。用户以每次收到的同一批次的工业用液氯为一批。

4.2 本标准用不锈钢液氯取样器（以下简称取样器）在液氯大钢瓶或液氯管线上取样，用于分析检测。

5 试验方法

警告——分析时，应在通风良好的通风橱内进行。

除非另有说明，在分析中仅使用确认为分析纯试剂和GB/T 6682中规定的三级水或相当纯度的水。

试验中所需制剂和制品，在没有其他规定时均按 GB/T 602、GB/T 603 的规定制备。

5.1 氯含量的测定

5.1.1 原理

液氯气化后，取 100 mL 气氯样品，用碘化钾溶液吸收氯气，测量残余的气体体积，计算气化样品中氯气的体积分数。反应式如下：

$$2KI + Cl_2 = 2KCl + I_2$$

5.1.2 试剂

5.1.2.1 碘化钾溶液：100 g/L。

5.1.2.2 氢氧化钠(工业品)溶液：200 g/L。

5.1.3 仪器

一般的实验室仪器和以下仪器。

5.1.3.1 气体量管 A，100 mL，上部具有 0.05 mL 分度值(见图 1)。

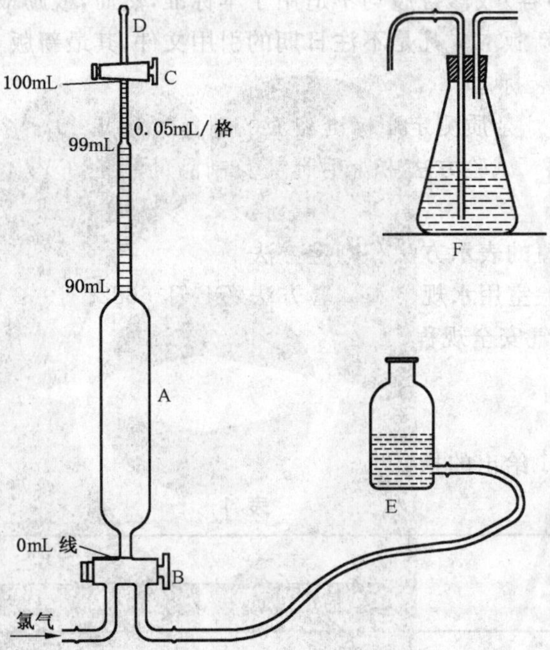

A——气体量管；

B、C——旋转考克；

E——250 mL 水准瓶；

F——500 mL 吸收瓶。

图 1 氯含量测定装置示意图

5.1.3.2 水准瓶 E，250 mL。

5.1.3.3 吸收瓶 F，500 mL，内装氢氧化钠溶液(5.1.2.2)。

5.1.4 分析步骤

5.1.4.1 将气体量管 A(5.1.3.1)与水准瓶 E(5.1.3.2)按图(见图 1)连接。旋转气体量管 A(5.1.3.1)的 C 阀，使气体量管 A(5.1.3.1)与大气相通，之后旋转 B 阀，使气体量管 A(5.1.3.1)与水准瓶 E(5.1.3.2)相通，调整水准瓶 E(5.1.3.2)的位置，使水准瓶 E(5.1.3.2)中的碘化钾溶液(5.1.2.1)液面与气体量管 A(5.1.3.1)下端“0”刻度处相平，关闭 B 阀。

5.1.4.2 连接 D 和吸收瓶 F(5.1.3.3)，旋转 B 阀，使气体量管 A(5.1.3.1)与取样器相连，缓慢打开取样器阀门，使氯气通入气体量管 A(5.1.3.1)2 min～3 min，以保证把气体量管 A(5.1.3.1)内的空气置换完全。关闭取样器阀门，紧接着关闭气体量管 A(5.1.3.1)的 C 阀和 B 阀，拆下吸收瓶 F(5.1.3.3)及通氯气的连接管。放置片刻，使气体量管 A(5.1.3.1)内的氯气温度与外界达到平衡。迅速旋转气体量管 A(5.1.3.1)的 C 阀一周。

5.1.4.3 将水准瓶 E(5.1.3.2)逐渐升高，旋转 B 阀使碘化钾溶液(5.1.2.1)流入气体量管 A(5.1.3.1)中少许，关闭 B 阀，使氯气被碘化钾溶液(5.1.2.1)吸收。重复这一操作，直至没有更多的氯气被溶液吸收，然后使之静置冷却 10 min～15 min。调整位置，使气体量管 A(5.1.3.1)和水准瓶 E(5.1.3.2)的液面相平，读出气体量管 A(5.1.3.1)中残余气体体积。

5.1.5 结果计算

氯含量以氯(Cl)的体积分数 φ_1 计，数值以%表示，按式(1)计算：

$$\varphi_1 = \frac{V - V_0}{V} \times 100 \quad \cdots\cdots(1)$$

式中：

V——试料的体积(即气体量管 A)的数值，单位为毫升(mL)；

V_0——气体量管 A 内残余气体的体积的数值，单位为毫升(mL)。

5.1.6 允许差

平行测定结果之差的绝对值不大于 0.05%。

取平行测定结果的算术平均值为报告结果。

5.2 水分含量的测定

5.2.1 原理

气化的样品，通过已称量的五氧化二磷吸收管吸收氯气中的水分，用已称量的氢氧化钠溶液吸收氯气，分别称量吸收管和吸收瓶，根据各自测定前后的质量差，计算样品中的水分含量。反应式如下：

$$P_2O_5 + 3H_2O = 2H_3PO_4$$

5.2.2 试剂和材料

5.2.2.1 五氧化二磷。

5.2.2.2 氢氧化钠(工业品)溶液：200 g/L。

5.2.2.3 干燥的空气或氮气。

干燥气体获得方法：气体通过含有五氧化二磷干燥剂的吸收管或干燥塔或其他干燥方法。

5.2.2.4 玻璃棉或玻璃毛。

在 110℃干燥 1 h 后使用。

5.2.2.5 干燥的脱脂棉。

5.2.2.6 耐氯胶管。

5.2.2.7 耐氯润滑脂。

以氟化或氟氯化产品为基料的抗化学润滑脂。

5.2.3 仪器

一般的实验室仪器和以下仪器。

5.2.3.1 过滤管 A，内装干燥过的玻璃棉或玻璃毛(5.2.2.4)。

5.2.3.2 吸收管 T_1、T_2：具磨口塞的 U 型管，内部分段装填五氧化二磷(5.2.2.1)和玻璃棉或玻璃毛(5.2.2.4)，并在管的两端盖上玻璃棉或玻璃毛(5.2.2.4)，在吸收管两端磨口涂少量的耐氯润滑脂(5.2.2.7)。每支管标明通气的方向和前后顺序，保存在干燥器内。

5.2.3.3 缓冲瓶 B。

5.2.3.4 流量计 C，用内装四氯化碳的毛细管流量计或耐氯的转子流量计。

5.2.3.5 吸收瓶 D。

5.2.3.6 天平，载荷 5 000 g，分度值 1 g。

5.2.3.7 电风筒。

5.2.4 分析步骤

5.2.4.1 如果是新装填的吸收管，应进行预处理。处理方法：以约 400 mL/ min(控制每秒约 4～5 个气泡)通氯 2 h,然后用干燥的空气或氮气(5.2.2.3)约 400 mL/ min 的流量吹洗 5 min。拆下吸收管,两端密封,用软布擦拭干净后,放入干燥器内。

5.2.4.2 从干燥器内取出吸收管 T_1、T_2(5.2.3.2),用不起毛的软布擦拭干净,称量(精确到 0.000 1 g)。用天平(5.2.3.6)称量装有不少于 1 600 mL 氢氧化钠溶液(5.2.2.2)的吸收瓶 D(5.2.3.5)(精确到 1 g)。为了减少取样器阀嘴水分的影响,用约 500 mL/ min 的流量把氯气通入不计量的氢氧化钠溶液吸收瓶 5 min,再依次用干燥的脱脂棉(5.2.2.5)和干滤纸擦拭取样器阀嘴,然后迅速用耐氯胶管(5.2.2.6)按图(见图 2)连接好测定装置。为了保证氯气来自液相,应把取样器倾斜或倒置。连接取样器的耐氯胶管应尽量短且干燥、干净,不用时,保存在干燥器中。

5.2.4.3 缓慢打开取样器阀门,氯气以约 400 mL/ min(控制每秒约 4～5 个气泡)的流量,先通过过滤管 A(5.2.3.1)和吸收管 T_1、T_2(5.2.3.2),再进入缓冲瓶 B(5.2.3.3)、流量计 C(5.2.3.4)和吸收瓶 D(5.2.3.5)。取样量不少于 150 g。

5.2.4.4 关闭取样器阀门,用电风筒(5.2.3.7)加热干燥空气或氮气(5.2.2.3)以约 400 mL/ min 的流量吹洗吸收管 T_1、T_2(5.2.3.2)约 5 min。拆下吸收管 T_1、T_2(5.2.3.2),两端密封,用软布擦拭干净,放入干燥器 30 min,称量(精确到 0.000 1 g)。拆下吸收瓶 D(5.2.3.5),用天平(5.2.3.6)称量(精确到 1 g)。

5.2.4.5 如果吸收管 T_2 明显增量,应重新装填吸收管 T_1,并经预处理后使用。当过滤管 A(5.2.3.1)内玻璃棉或玻璃毛(5.2.2.4)有明显的机械杂质存在或颜色变黄时,应更换。

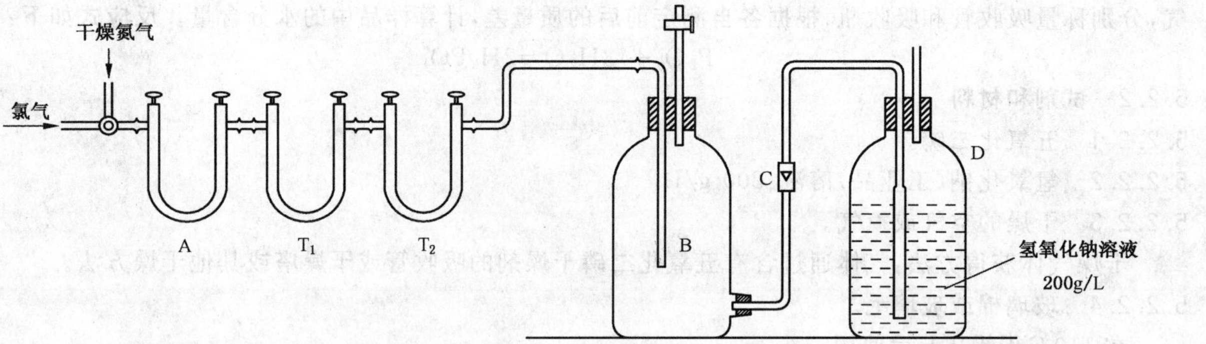

A——过滤管;

T_1、T_2——吸收管;

B——缓冲瓶;

C——流量计;

D——吸收瓶。

图 2 水分测定装置示意图

5.2.5 结果计算

水分以水(H_2O)的质量分数 w_1 计,数值以%表示,按式(2)计算:

$$w_1 = \frac{m_1}{m_2} \times 100 \quad \cdots\cdots (2)$$

式中:

m_1——水分的质量(即吸收管 T_1、T_2 通氯前后的质量差之和)的数值,单位为克(g);

m_2——试料的质量(即吸收瓶 D 通氯前后的质量差)的数值,单位为克(g)。

5.3 三氯化氮含量的测定

5.3.1 原理

液氯气化后通入浓盐酸,三氯化氮转变为氯化铵,与纳氏试剂显色反应,在 420 nm 处用分光光度计测定吸光度。反应式如下:

$$NCl_3+4HCl=NH_4Cl+3Cl_2$$

$$2K_2[HgI_4]+4OH^-+NH_4^+=O\left\langle\begin{matrix}Hg\\Hg\end{matrix}\right\rangle NH_2I+4K^++7I^-+3H_2O$$

5.3.2 试剂

分析中使用去离子水或相当纯度的水。

5.3.2.1 盐酸。

使用前先预处理。处理方法:用移液管量取 2 mL 硫酸,插入 500 mL 盐酸的液面下约 2 cm,缓慢滴加,加盖,摇匀。

5.3.2.2 氢氧化钠(工业品)溶液:200 g/L。

5.3.2.3 硫酸溶液:1+5。

5.3.2.4 酒石酸钾钠溶液:500 g/L。

配制时,经加热除氨处理。

5.3.2.5 铵标准溶液:0.1 g/L。

5.3.2.6 铵标准溶液:25 mg/L。

量取 25.00 mL 铵标准溶液(5.3.2.5)置于 100 mL 容量瓶中,用水稀释至刻度。该溶液使用前配制。

5.3.2.7 纳氏试剂。

5.3.3 仪器

一般的实验室仪器和以下仪器。

5.3.3.1 气体吸收管(见图 3)。

5.3.3.2 20 mL 具塞比色管。

5.3.3.3 三氯化氮采样装置(见图 4)。

5.3.3.4 盐酸分离装置(见图 5)。

5.3.3.5 分光光度计。

单位为毫米

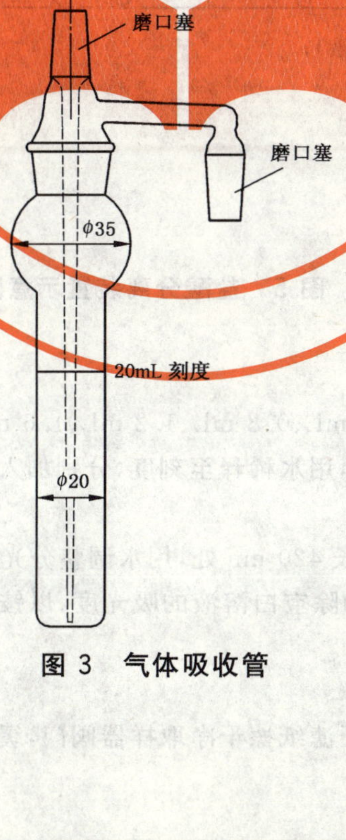

图 3 气体吸收管

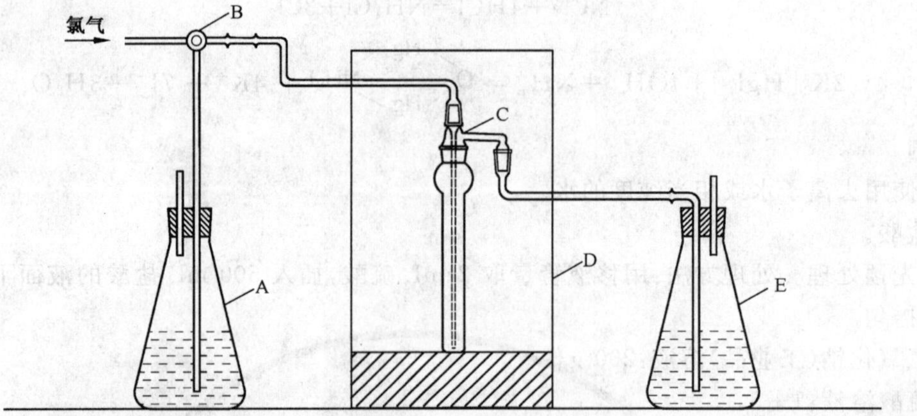

A——不计量氢氧化钠溶液吸收瓶；
B——三通活塞；
C——气体吸收管；
D——暗箱；
E——计量氢氧化钠溶液吸收瓶。

图 4 三氯化氮采样装置示意图

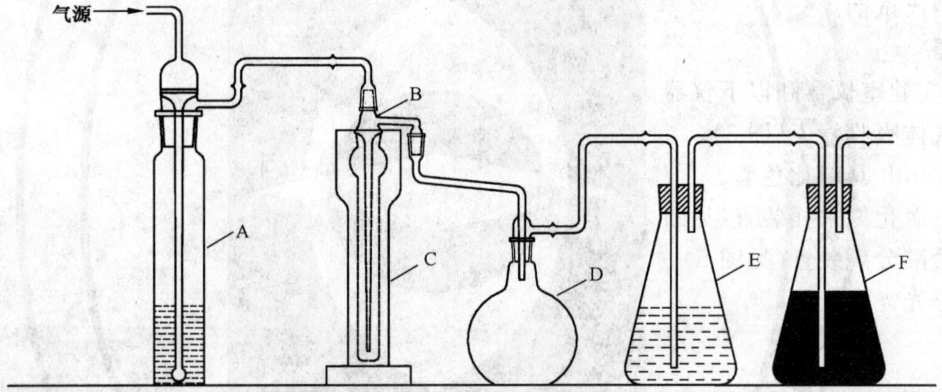

A——空气过滤瓶（内盛 1+5 硫酸溶液）；
B——气体吸收管；
C——电加热装置；
D——盐酸收集瓶；
E——氢氧化钠溶液吸收瓶；
F——吸收瓶（内盛氧化钙）。

图 5 盐酸分离装置示意图

5.3.4 分析步骤

5.3.4.1 标准曲线绘制

5.3.4.1.1 依次量取 0.0 mL、0.4 mL、0.8 mL、1.2 mL、1.6 mL、2.0 mL 铵标准溶液（5.3.2.6）置于 6 个 20 mL具塞比色管（5.3.3.2）中，用水稀释至刻度，分别加入 1 mL 纳氏试剂（5.3.2.7），摇匀。静置 10 min。

5.3.4.1.2 用适宜的比色皿，在波长 420 nm 处，用水调整分光光度计零点，测定溶液吸光度。

5.3.4.1.3 从比色溶液吸光度中扣除空白溶液的吸光度，以铵含量（μg）为横坐标，对应的吸光度为纵坐标绘制标准曲线。

5.3.4.2 试料

连接好采样装置（见图 4）。用干滤纸擦干净取样器阀门，缓慢打开取样器阀门，将适量的氯气通入不计量的氢氧化钠溶液吸收瓶中，清洗取样器阀门。之后旋转三通活塞，控制氯气流量约 400 mL/ min（每秒约 4～5 个气泡）通入已加入 5 mL 盐酸（5.3.2.1）的气体吸收管（5.3.3.1）中，避光取样 10 min。根据氢氧化钠吸收瓶 E 在采样前后的质量差，计算采样量。

5.3.4.3 **分离**

将已盛有试料（5.3.4.2）的气体吸收管（5.3.3.1）置于预先加热的盐酸分离装置（见图 5）内，加热，蒸出盐酸（最后体积约 1～2 滴）。

5.3.4.4 **测定**

5.3.4.4.1 用水冲洗样品分离后的采样气体吸收管（5.3.3.1）的进气管内壁和浸入盐酸吸收液部位外壁，加入 1 滴酒石酸钾钠溶液（5.3.2.4），用水稀释至刻度，再加入 1 mL 纳氏试剂（5.3.2.7），摇匀。静置 10 min。

5.3.4.4.2 用适宜的比色皿，在波长 420 nm 处，用水调整分光光度计零点，测定溶液吸光度。

5.3.4.5 **空白试验**

不加试料，加 5 mL 盐酸（5.3.2.1），采用与测定试料完全相同的分析步骤、试剂、用量进行空白试验。

5.3.5 **结果计算**

三氯化氮（NCl_3）的质量分数 w_2 计，数值以％表示，按式(3)计算：

$$w_2 = \frac{(m_3 - m_4) \times 10^{-6} \times 6.67 \times 1.025}{m_5} \times 100 \quad \cdots\cdots\cdots\cdots (3)$$

式中：

m_3——由标准曲线上查得的试料中铵的质量的数值，单位为微克（μg）；

m_4——由标准曲线上查得的空白试验中铵的质量的数值，单位为微克（μg）；

m_5——试料的质量的数值，单位为克（g）；

6.67——铵与三氯化氮的换算因子；

1.025——吸收系数。

5.4 **蒸发残渣含量的测定**

5.4.1 **原理**

在低温条件下，量取一定体积的试料，气化蒸发后，称量蒸发残渣质量。

5.4.2 **试剂和材料**

5.4.2.1 氢氧化钠（工业品）溶液：200 g/L。

5.4.2.2 干燥的空气或氮气：按 5.2.2.3 规定。

5.4.3 **仪器、设备**

一般的实验室仪器和以下仪器。

5.4.3.1 锥形瓶 A，250 mL，具磨口塞和通氯支管，有 150 mL 体积刻度。

5.4.3.2 缓冲瓶 B。

5.4.3.3 吸收瓶 C，3 000 mL。

5.4.3.4 冷源 D，控制约－50℃。

5.4.3.5 天平，按 5.2.3.6 规定。

5.4.4 **分析步骤**

5.4.4.1 将锥形瓶 A（5.4.3.1）在 105℃～110℃下干燥 1 h，冷却，置于干燥器内 30 min，称量（精确到 0.000 1 g）。

5.4.4.2 开通冷源 D（5.4.3.4），使温度达到约－50℃。将锥形瓶 A（5.4.3.1）置于－50℃的冷源 D（5.4.3.4）中冷却 2 min 左右。缓慢打开取样器出口阀门，使液氯以液态流入锥形瓶 A（5.4.3.1）约 150 mL，关闭取样器出口阀门，之后夹紧锥形瓶 A（5.4.3.1）进口胶管，迅速按图 6 连接好蒸发装置，使液氯慢慢气化。

5.4.4.3 气化完毕后，将干燥的空气或氮气(5.4.2.2)以约 400 mL/ min 流量通入锥形瓶 A(5.4.3.1)约 5 min，关闭冷源 D(5.4.3.4)。用干净的软布仔细擦拭锥形瓶 A(5.4.3.1)外壁，置于干燥器内 10 min，称量(精确到 0.000 1 g)。用天平(5.4.3.5)称量吸收氯气的氢氧化钠吸收瓶 C(5.4.3.3)(精确到1 g)。

5.4.5 结果计算

蒸发残渣以残渣的质量分数 w_3 计，数值以%表示，按式(4)计算：

$$w_3 = \frac{m_6}{m_7} \times 100 \quad \cdots\cdots(4)$$

式中：

m_6——试料中残渣的质量(即锥形瓶 A 前后的质量差)的数值，单位为克(g)；

m_7——试料采样量(氢氧化钠吸收瓶 C 前后的质量差)的数值，单位为克(g)。

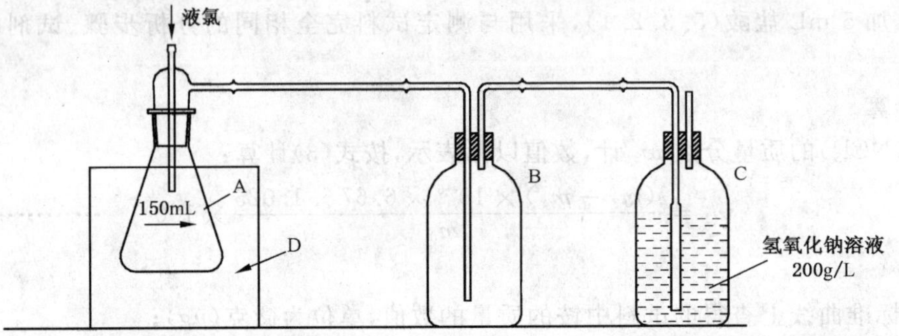

A——锥形瓶；

B——缓冲瓶；

C——吸收瓶；

D——冷源。

图 6 取样蒸发装置示意图

6 检验规则

6.1 本标准中产品质量指标合格判定，采用 GB/T 1250 中“全数值比较法”。

6.2 本标准规定的检验项目全部为型式检验项目，其中氯含量为型式检验项目中的出厂检验项目，其余为型式检验项目中的抽检项目。如有下述情况：停产后复产、生产工艺有较大改变(如材料、工艺条件等)、合同规定等，应进行型式检验。在正常生产情况下，每月至少进行一次型式检验。

6.3 出厂的工业用液氯应由生产企业的质量监督检验部门进行检验，并附有质量证明书，内容包括：生产企业名称、产品名称、质量指标、等级、批号或生产日期、执行标准号。未满足本标准要求的工业用液氯不得声明符合本标准。

6.4 用户有权按本标准规定对收到的工业用液氯进行验收检验，验证其质量是否符合本标准要求。

6.5 检验结果中如有一项指标不符合本标准要求，应重新加倍在包装单元中采取有代表性样品对不合格项进行复检。复检结果中仍有一个结果不符合本标准要求，则该批产品为不合格品。

7 标志、包装、运输和贮存

7.1 标志

出厂的工业用液氯槽车或钢瓶上应有明显牢固的标志，内容包括：企业名称、地址、产品名称、商标、执行标准号、空瓶质量及包装量、槽车号或钢瓶号、生产许可证编号及 GB 190 中规定的“有毒品”标志。

7.2 包装

工业用液氯用槽车或钢瓶包装。工业用液氯包装系数：钢瓶不得大于 1.25 kg/L，槽车不得大于 1.20 kg/L。

7.3 运输和贮存

按 GB 11984 中规定执行。

8 安全

氯气属于Ⅱ级（高度危害）物质，即使有经验的工作人员也不得单独工作，应有人监护。

ICS 53.020.20
J 80

中华人民共和国国家标准

GB 5144—2006
代替 GB 5144—1994

塔式起重机安全规程

Safety code for tower cranes

2006-06-02 发布　　2007-10-01 实施

中华人民共和国国家质量监督检验检疫总局
中国国家标准化管理委员会　发布

前言

本标准的 3.7、4.1、4.2.1、4.2.2.1、4.2.2.3、4.3、4.4、4.5、4.6.7、4.7.4、4.8、5.2.1、5.2.4、5.3.1、5.4.1、5.5.2、5.6.1、5.6.2、6.3.3.2、7.1、7.2、7.3、7.3.1、7.3.2、7.4、8.3.3、8.5.1、10.6 b)、10.8e)、10.9、11.1 为推荐性的，其余为强制性的。

本标准代替 GB 5144—1994《塔式起重机安全规程》。

本标准参考了 ISO 7752-3：1993《起重机　控制　布置和特性　第 3 部分：塔式起重机》、ISO 11660-1：1999《起重机　通道、护板和限制装置　第 1 部分：总则》、ISO 11660-3：1999《起重机　通道、护板和限制装置　第 3 部分：塔式起重机》的有关内容。

本标准与 GB 5144—1994 相比主要变化如下：

——增加对自升式塔机顶升加节、频繁拆装的起重臂的连接、结构件正常工作年限及主要结构件可追溯的永久标志等要求；

——采用有关国际标准的部分内容；

——调整部分条款为推荐性。

本标准由中华人民共和国建设部提出。

本标准由全国起重机械标准化技术委员会归口。

本标准起草单位：北京建筑机械化研究院、长沙建设机械研究院、四川建设机械（集团）股份有限公司、北京市建筑工程机械厂、上海宝达工程机械有限公司、重庆大江信达股份有限公司工程机械厂、湖南湘潭江麓建筑机械有限公司、广西建工集团建筑机械制造有限责任公司、江苏省正兴建设机械有限公司、上海市建设机械检测中心、北京中建正和建筑机械施工有限公司。

本标准主要起草人：虞洪、许武全、何振础、易明、魏吉祥、童明军、王福国、付剑雄、胡浪、杨道华、史洪泉、杨定平、钱进。

本标准所代替标准的历次版本发布情况为：

——GB 5144—1985、GB 5144—1994。

塔式起重机安全规程

1 范围

本标准规定了塔式起重机(以下简称塔机)在设计、制造、安装、使用、维修、检验等方面应遵守的安全技术要求。

本标准适用于各种建筑用塔机。其他用途的塔机可参照执行。

本标准不适用于汽车式、轮胎式及履带式的塔机。

2 规范性引用文件

下列文件中的条款通过本标准的引用而成为本标准的条款。凡是注日期的引用文件,其随后所有的修改单(不包括勘误的内容)或修订版均不适用于本标准,然而,鼓励根据本标准达成协议的各方研究是否可使用这些文件的最新版本。凡是不注日期的引用文件,其最新版本适用于本标准。

GB/T 5972 起重机用钢丝绳检验和报废实用规范(ISO 4309:1990,IDT)

GB/T 5973 钢丝绳用楔形接头

GB/T 5975 钢丝绳用压板

GB/T 5976 钢丝绳夹

GB/T 9462—1999 塔式起重机技术条件

GB/T 13752—1992 塔式起重机设计规范

JG/T 53 塔式起重机车轮技术条件

JG/T 54—1999 塔式起重机司机室技术条件

JG/T 100 塔式起重机操作使用规程

JG/T 5112 塔式起重机钢结构制造与检验

3 整机

3.1 塔机的工作条件应符合 GB/T 9462—1999 中 4.1.1、4.1.3、4.1.4 的规定。

3.2 塔机的抗倾翻稳定性应符合 GB/T 9462—1999 中 4.1.6 的规定。

3.3 自升式塔机在加节作业时,任一顶升循环中即使顶升油缸的活塞杆全程伸出,塔身上端面至少应比顶升套架上排导向滚轮(或滑套)中心线高 60 mm。

3.4 塔机应保证在工作和非工作状态时,平衡重及压重在其规定位置上不位移、不脱落,平衡重块之间不得互相撞击。当使用散粒物料作平衡重时应使用平衡重箱,平衡重箱应防水,保证重量准确、稳定。

3.5 在塔身底部易于观察的位置应固定产品标牌。标牌的内容应符合 GB/T 9462—1999 中 7.1.1 的规定。

在塔机司机室内易于观察的位置应设有常用操作数据的标牌或显示屏。标牌或显示屏的内容应包括幅度载荷表、主要性能参数、各起升速度挡位的起重量等。标牌或显示屏应牢固、可靠,字迹清晰、醒目。

3.6 塔机制造商提供的产品随机技术文件应符合 GB/T 9462 的有关规定。

对于塔机使用说明书除应符合 GB/T 9462—1999 中 7.2.6 的规定外,还应包括以下内容:

a) 根据塔机主要承载结构件使用材料的低温力学性能、机构的使用环境温度范围及有关因素决定塔机的使用温度、正常工作年限或者利用等级、载荷状态、工作级别以及各种工况的许用风压;

b) 安全装置的调整方法、调整参数及误差指标；

c) 对于在安装起重臂前先安装平衡重块的塔机，应注明平衡重块的数量、规格及位置；

d) 起重臂组装完毕后，对其连接用销轴、安装定位板等连接件的检查项目和检查方法；

e) 在塔身加节、降节过程中，安全的作业步骤、使用的平衡措施及检查部位和检查项目；

f) 所用钢丝绳的型式、规格和长度；

g) 高强度螺栓所需的预紧力或预紧力矩及检查要点；

h) 起重臂、平衡臂各组合长度的重心及拆装吊点的位置。

3.7 使用单位应建立塔机设备档案，档案至少应包括：

a) 每次安装地点、使用时间及运转台班记录；

b) 每次启用前按 GB/T 9462 中的有关规定进行常规检验的记录；

c) 大修、更换主要零部件、变更、检查和试验等记录；

d) 设备、人身事故记录；

e) 设备存在的问题和评价。

4 结构

4.1 材料

塔机主要承载结构件所使用的材料应符合 GB/T 9462—1999 中 4.3.1.1 和 4.3.1.2 的规定。

4.2 连接

4.2.1 焊接

塔机主要承载结构件及焊缝的制造要求和检验应符合 JG/T 5112 的有关规定。

4.2.2 螺栓、销轴

4.2.2.1 塔机使用的连接螺栓及销轴材料应符合 GB/T 13752—1992 中 5.4.2.2 的规定。

4.2.2.2 起重臂连接销轴的定位结构应能满足频繁拆装条件下安全可靠的要求。

4.2.2.3 自升式塔机的小车变幅起重臂，其下弦杆连接销轴不宜采用螺栓固定轴端挡板的形式。当连接销轴轴端采用焊接挡板时，挡板的厚度和焊缝应有足够的强度、挡板与销轴应有足够的重合面积，以防止销轴在安装和工作中由于锤击力及转动可能产生的不利影响。

4.2.2.4 采用高强度螺栓连接时，其连接表面应清除灰尘、油漆、油迹和锈蚀。应使用力矩扳手或专用扳手，按使用说明书要求拧紧。塔机出厂时应根据用户需要提供力矩扳手或专用扳手。

4.3 梯子、扶手和护圈

4.3.1 不宜在与水平面呈 65°～75°之间设置梯子。

4.3.2 与水平面呈不大于 65°的阶梯两边应设置不低于 1 m 高的扶手，该扶手支撑于梯级两边的竖杆上，每侧竖杆中间应设有横杆。

阶梯的踏板应采用具有防滑性能的金属材料制作，踏板横向宽度不小于 300 mm，梯级间隔不大于 300 mm，扶手间宽度不小于 600 mm。

4.3.3 与水平面呈 75°～90°之间的直梯应满足下列条件：

a) 边梁之间的宽度不小于 300 mm；

b) 踏杆间隔为 250 mm～300 mm；

c) 踏杆与后面结构件间的自由空间(踏脚间隙)不小于 160 mm；

d) 边梁应可以抓握且没有尖锐边缘；

e) 踏杆直径不小于 16 mm，且不大于 40 mm；

f) 踏杆中心 0.1 m 范围内承受 1 200 N 的力时，无永久变形；

g) 塔身节间边梁的断开间隙不应大于 40 mm。

4.3.4 高于地面 2 m 以上的直梯应设置护圈，护圈应满足下列条件：

a) 直径为 600 mm～800 mm；

b) 侧面应用 3 条或 5 条沿护圈圆周方向均布的竖向板条连接；

c) 最大间距：侧面有 3 条竖向板条时为 900 mm；侧面有 5 条竖向板条时为 1 500 mm；

d) 任何一个 0.1 m 的范围内可以承受 1 000 N 的垂直力时，无永久变形。

4.3.5 当梯子设于塔身内部，塔身结构满足以下条件，且侧面结构不允许直径为 600 mm 的球体穿过时[见图 1a)]，可不设护圈：

a) 正方形塔身边长不大于 750 mm，见图 1b)；

单位为毫米

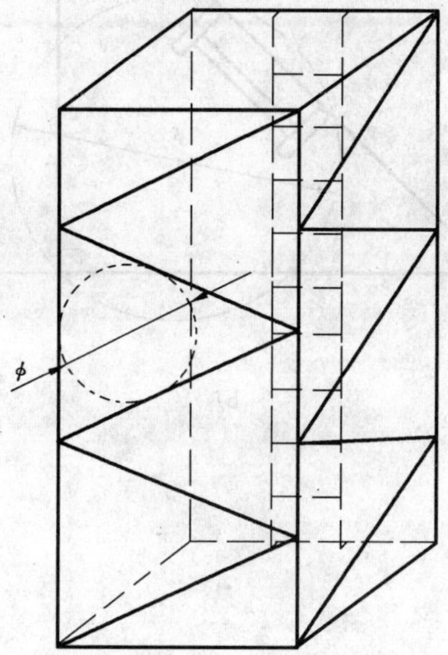

a)

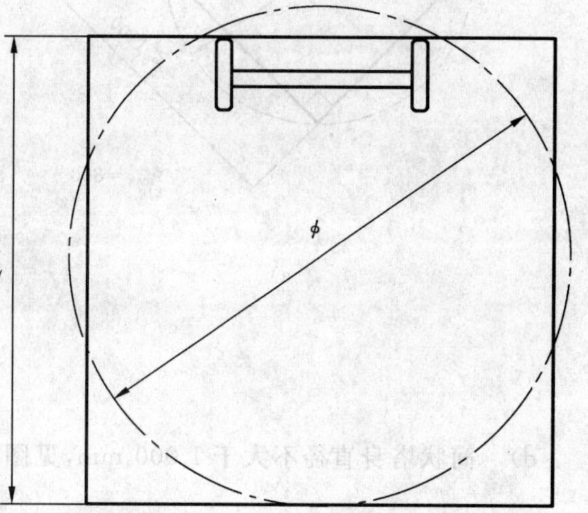

b)

图 1

b) 等边三角形塔身边长不大于 1 100 mm，见图 2；

单位为毫米

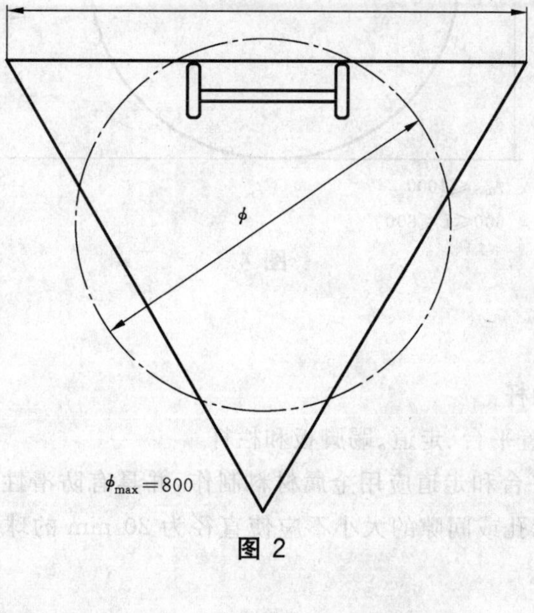

图 2

c) 直角等腰三角形塔身边长不大于 1 100 mm,见图 3a);或梯子沿塔身对角线方向布置,边长不大于 1 100 mm,见图 3b);

单位为毫米

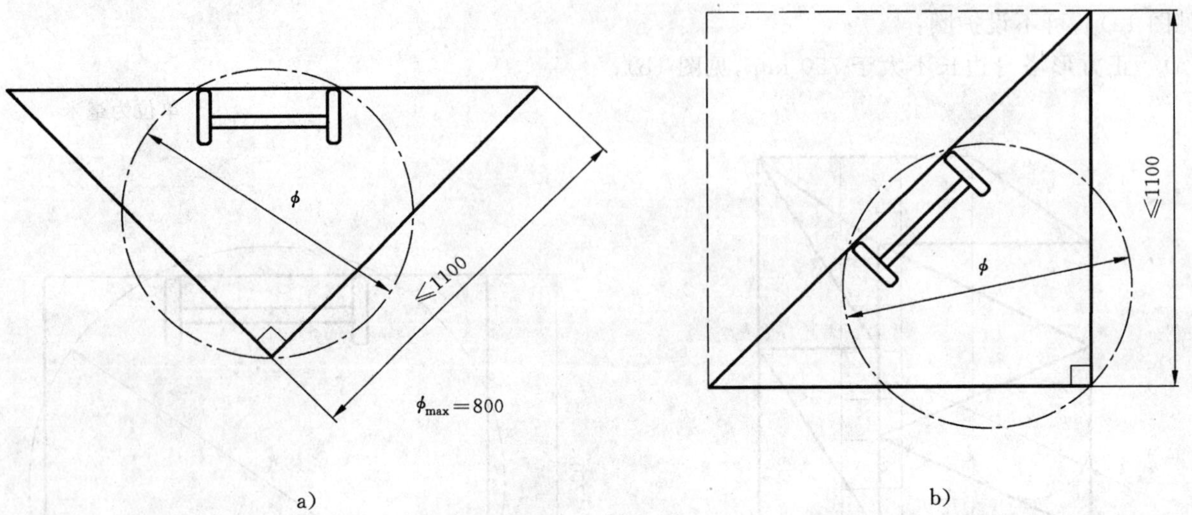

图 3

d) 筒状塔身直径不大于 1 000 mm,见图 4;

单位为毫米

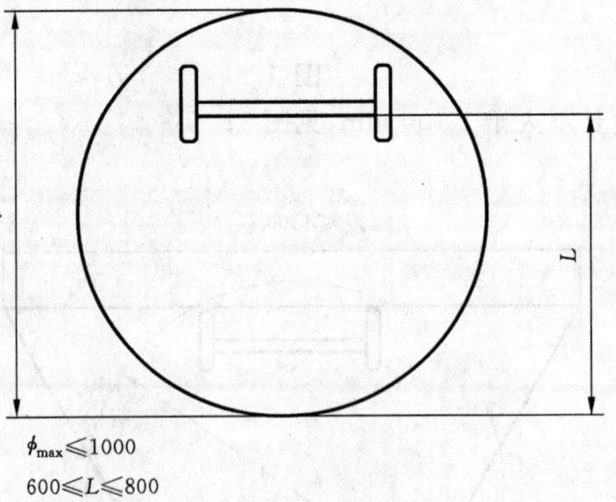

图 4

e) 快装式塔机。

4.4 平台、走道、踢脚板和栏杆

4.4.1 在操作、维修处应设置平台、走道、踢脚板和栏杆。

4.4.2 离地面 2 m 以上的平台和走道应用金属材料制作,并具有防滑性能。在使用圆孔、栅格或其他不能形成连续平面的材料时,孔或间隙的大小不应使直径为 20 mm 的球体通过。在任何情况下,孔或间隙的面积应小于 400 mm^2。

4.4.3 平台和走道宽度不应小于 500 mm,局部有妨碍处可以降至 400 mm。平台和走道上操作人员可能停留的每一个部位都不应发生永久变形,且能承受以下载荷:

a) 2 000 N 的力通过直径为 125 mm 圆盘施加在平台表面的任何位置;

b) 4 500 N/m^2 的均布载荷。

4.4.4 平台或走道的边缘应设置不小于 100 mm 高的踢脚板。在需要操作人员穿越的地方,踢脚板的高度可以降低。

4.4.5 离地面 2 m 以上的平台及走道应设置防止操作人员跌落的手扶栏杆。手扶栏杆的高度不应低于 1 m,并能承受 1 000 N 的水平移动集中载荷。在栏杆一半高度处应设置中间手扶横杆。

4.4.6 除快装式塔机外,当梯子高度超过 10 m 时应设置休息小平台。

4.4.6.1 梯子的第一个休息小平台应设置在不超过 12.5 m 的高度处,以后每隔 10 m 内设置一个。

4.4.6.2 当梯子的终端与休息小平台连接时,梯级踏板或踏杆不应超过小平台平面,护圈和扶手应延伸到小平台栏杆的高度。休息小平台平面距下面第一个梯级踏板或踏杆的中心线不应大于 150 mm。

4.4.6.3 如梯子在休息小平台处不中断,则护圈也不应中断。但应在护圈侧面开一个宽为 0.5 m,高为 1.4 m 的洞口,以便操作人员出入。

4.5 起重臂走道

4.5.1 起重臂符合下列情况之一时,可不设置走道:

a) 截面高度小于 0.85 m;

b) 快装式塔机;

c) 变幅小车上设有与小车一起移动的挂篮。

4.5.2 对于正置式三角形的起重臂,走道的设置如下所示:

a) 起重臂断面内净空高度 h 等于或大于 1.8 m 时,走道及扶手应设置在起重臂的内部,且至少设置一边扶手,扶手安装在走道上部 1 m 处,见图 5。

单位为毫米

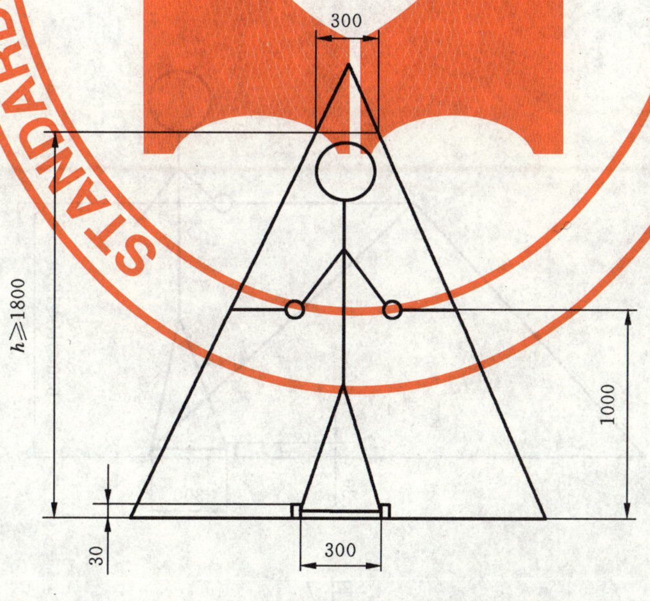

h——净空高度(为头和脚两平面内均能满足 300 mm 净宽度的前提下的高度)。

图 5

b) 起重臂高度 H 大于或等于 1.5 m,但起重臂断面内净空高度 h 小于 1.8 m 时,走道及扶手应沿着起重臂架的一侧设置,见图 6。

单位为毫米

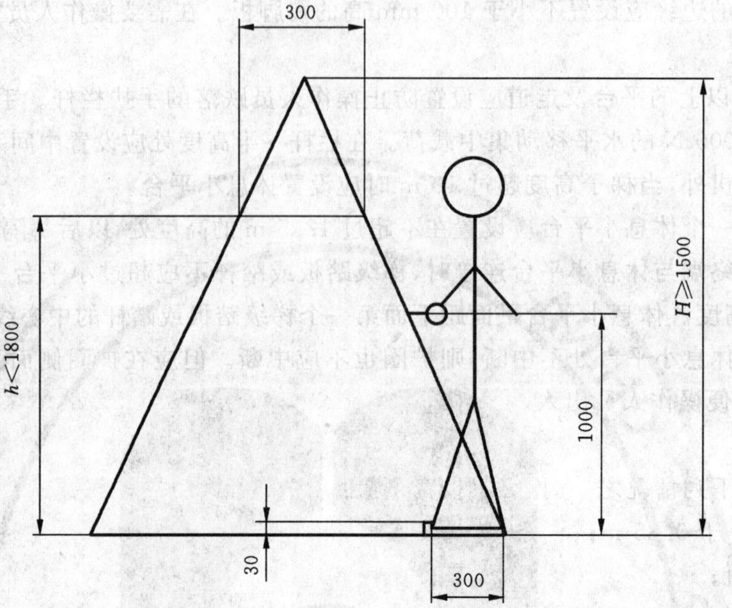

图 6

c) 起重臂高度 H 大于或等于 0.85 m,且小于 1.5 m 时,走道及扶手应沿着臂架的一侧设置,见图 7。

单位为毫米

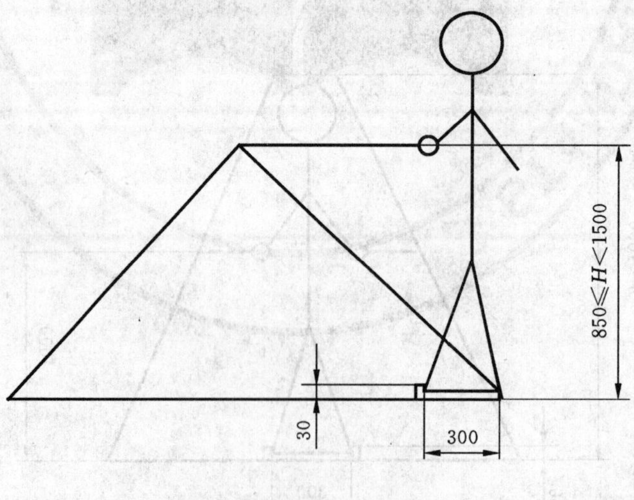

图 7

4.5.3 对于倒置式三角形的起重臂，走道的设置如下所示：

a) 起重臂断面内净空高度 h 大于或等于 1.8 m 时，走道及扶手应设置在起重臂的内部，且至少应设置一边扶手，扶手安装在走道上部 1 m 处，见图 8。

单位为毫米

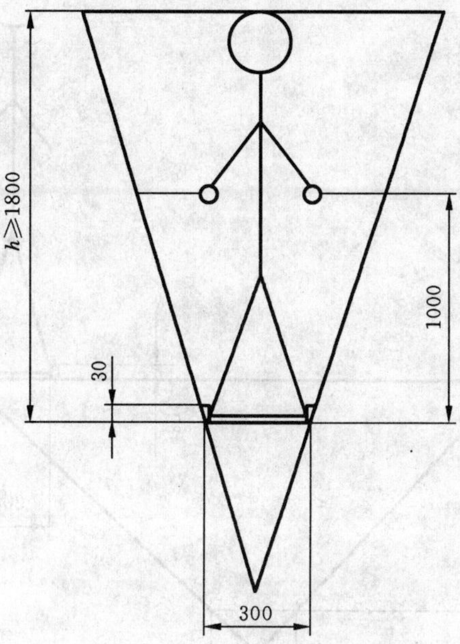

图 8

b) 当起重臂是格构式时，起重臂断面内净空高度 h 大于或等于 1.5 m 时，走道及扶手应设置在起重臂的内部，且至少应设置一边扶手，扶手安装在走道上部 1 m 处，见图 9。

单位为毫米

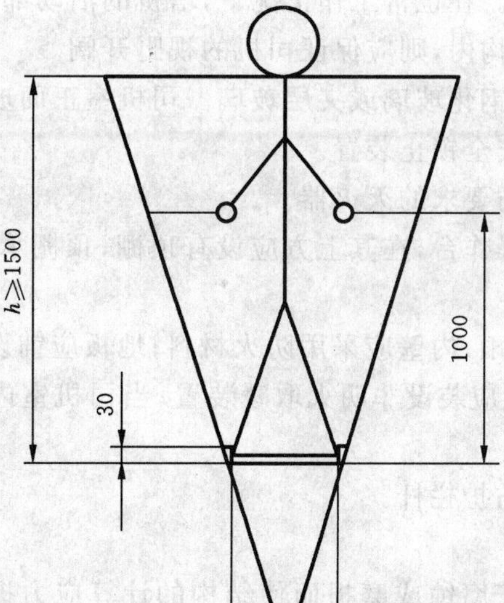

图 9

c) 当起重臂高度均不满足 4.5.3 a)或 b)时，走道及扶手应设置在起重臂的上部，且扶手应设置在走道上边 1 m 的外侧，见图 10。

单位为毫米

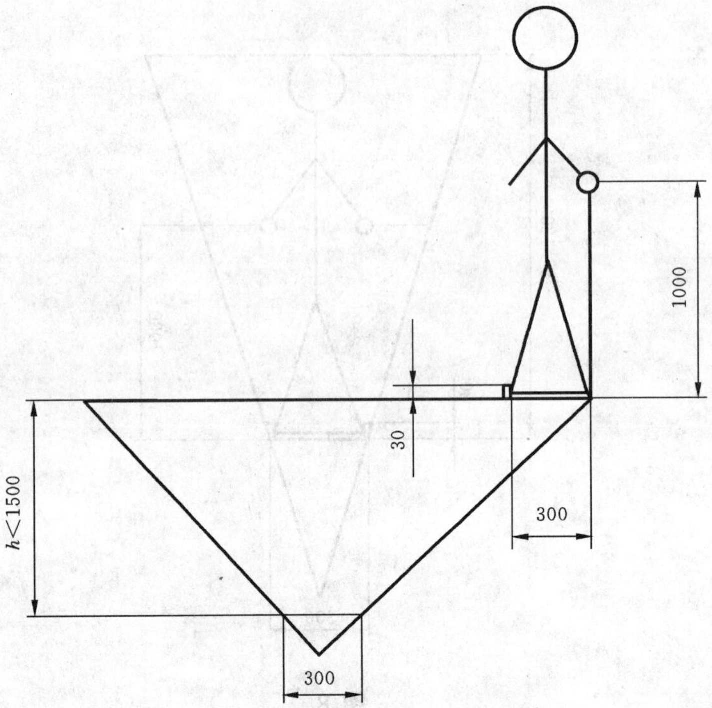

图 10

4.6 司机室

4.6.1 小车变幅的塔机起升高度超过 30 m 的、动臂变幅塔机起重臂铰点高度距轨顶或支承面高度超过 25 m 的，在塔机上部应设置一个有座椅并能与塔机一起回转的司机室。

司机室不能悬挂在起重臂上。在正常工作情况下，塔机的活动部件不应撞击司机室。

如司机室安装在回转塔身结构内，则应保证司机的视野开阔。

4.6.2 司机室门、窗玻璃应使用钢化玻璃或夹层玻璃。司机室正面玻璃应设有雨刷器。

4.6.3 可移动的司机室应设有安全锁止装置。

4.6.4 司机室内应配备符合消防要求的灭火器。

4.6.5 对于安置在塔机下部的操作台，在其上方应设有顶棚，顶棚承压试验应满足 JG/T 54—1999 中 4.2 的规定。

4.6.6 司机室应通风、保暖和防雨；内壁应采用防火材料；地板应铺设绝缘层。

当司机室内温度低于 5℃时，应装设非明火取暖装置；当司机室内温度高于 35℃时，应装设防暑通风装置。

4.6.7 司机室的落地窗应设有防护栏杆。

4.7 结构件的报废及工作年限

4.7.1 塔机主要承载结构件由于腐蚀或磨损而使结构的计算应力提高，当超过原计算应力的 15%时应予报废。对无计算条件的当腐蚀深度达原厚度的 10%时应予报废。

4.7.2 塔机主要承载结构件如塔身、起重臂等，失去整体稳定性时应报废。如局部有损坏并可修复的，则修复后不应低于原结构的承载能力。

4.7.3 塔机的结构件及焊缝出现裂纹时，应根据受力和裂纹情况采取加强或重新施焊等措施，并在使用中定期观察其发展。对无法消除裂纹影响的应予以报废。

4.7.4 塔机主要承载结构件的正常工作年限按使用说明书要求或按使用说明书中规定的结构工作级别、应力循环等级、结构应力状态计算。若使用说明书未对正常工作年限、结构工作级别等作出规定，且不能得到塔机制造商确定的，则塔机主要承载结构件的正常使用不应超过 1.25×10^5 次工作循环。

4.8 自升式塔机结构件标志

塔机的塔身标准节、起重臂节、拉杆、塔帽等结构件应具有可追溯出厂日期的永久性标志。同一塔机的不同规格的塔身标准节应具有永久性的区分标志。

4.9 自升式塔机后续补充结构件要求

4.9.1 自升式塔机出厂后，后续补充的结构件(塔身标准节、预埋节、基础连接件等)在使用中不应降低原塔机的承载能力，且不能增加塔机结构的变形。

4.9.2 对于顶升作业，不应降低原塔机滚轮(滑道)间隙的精度、滚轮(滑道)接触重合度、踏步位置精度的级别。

4.9.3 对于安装拆卸作业，不应降低原塔机连接销轴孔、连接螺栓孔安装精度的级别。

5 机构及零部件

5.1 一般要求

5.1.1 在正常工作或维修时，机构及零部件的运动对人体可能造成危险的，应设有防护装置。

5.1.2 应采取有效措施，防止塔机上的零件掉落造成危险。可拆卸的零部件如盖、箱体及外壳等应与支座牢固连接，防止掉落。

5.2 钢丝绳

5.2.1 钢丝绳直径的计算与选择应符合 GB/T 13752—1992 中 6.4.2 的规定。在塔机工作时，承载钢丝绳的实际直径不应小于 6 mm。

5.2.2 钢丝绳的安装、维护、保养、检验及报废应符合 GB/T 5972 的有关规定。

5.2.3 钢丝绳端部的固接应符合下列要求：

a) 用钢丝绳夹固接时，应符合 GB/T 5976 中的规定，固接强度不应小于钢丝绳破断拉力的 85%；

b) 用编结固接时，编结长度不应小于钢丝绳直径的 20 倍，且不小于 300 mm，固接强度不应小于钢丝绳破断拉力的 75%；

c) 用楔形接头固接时，楔与楔套应符合 GB/T 5973 中的规定，固接强度不应小于钢丝绳破断拉力的 75%；

d) 用锥形套浇铸法固接时，固接强度应达到钢丝绳的破断拉力；

e) 用铝合金压制接头固接时，固接强度应达到钢丝绳破断拉力的 90%；

f) 用压板固接时，压板应符合 GB/T 5975 中的规定，固接强度应达到钢丝绳的破断拉力。

5.2.4 塔机起升钢丝绳宜使用不旋转钢丝绳。未采用不旋转钢丝绳时，其绳端应设有防扭装置。

5.3 吊钩

5.3.1 吊钩应符合 GB/T 9462—1999 中 4.4.1 的规定。

5.3.2 吊钩禁止补焊，有下列情况之一的应予以报废：

a) 用 20 倍放大镜观察表面有裂纹；

b) 钩尾和螺纹部分等危险截面及钩筋有永久性变形；

c) 挂绳处截面磨损量超过原高度的 10%；

d) 心轴磨损量超过其直径的 5%；

e) 开口度比原尺寸增加 15%。

5.4 卷筒和滑轮

5.4.1 卷筒和滑轮的最小卷绕直径的计算，应符合 GB/T 13752—1992 中 6.4.3.1 的规定。

5.4.2 卷筒两侧边缘超过最外层钢丝绳的高度不应小于钢丝绳直径的2倍。

5.4.3 钢丝绳在卷筒上的固定应安全可靠，且符合5.2.3中有关要求。钢丝绳在放出最大工作长度后，卷筒上的钢丝绳至少应保留3圈。

5.4.4 当最大起重量不超过1 t时，小车牵引机构允许采用摩擦牵引方式。

5.4.5 卷筒和滑轮有下列情况之一的应予以报废：

a) 裂纹或轮缘破损；

b) 卷筒壁磨损量达原壁厚的10%；

c) 滑轮绳槽壁厚磨损量达原壁厚的20%；

d) 滑轮槽底的磨损量超过相应钢丝绳直径的25%。

5.5 制动器

5.5.1 塔机的起升、回转、变幅、行走机构都应配备制动器。

对于电力驱动的塔机，在产生大的电压降或在电气保护元件动作时，不允许导致各机构的动作失去控制。

动臂变幅的塔机，应设有维修变幅机构时能防止卷筒转动的可靠装置。

5.5.2 各机构制动器的选择应符合GB/T 13752—1992中6.2的规定。

5.5.3 制动器零件有下列情况之一的应予以报废：

a) 可见裂纹；

b) 制动块摩擦衬垫磨损量达原厚度的50%；

c) 制动轮表面磨损量达1.5 mm～2 mm；

d) 弹簧出现塑性变形；

e) 电磁铁杠杆系统空行程超过其额定行程的10%。

5.6 车轮

5.6.1 车轮的计算、选择应符合GB/T 13752—1992中6.4.4的规定。

5.6.2 车轮的技术要求应符合JG/T 53中的有关规定。

5.6.3 车轮有下列情况之一的应予以报废：

a) 可见裂纹；

b) 车轮踏面厚度磨损量达原厚度的15%；

c) 车轮轮缘厚度磨损量达原厚度的50%。

6 安全装置

6.1 起重量限制器

6.1.1 塔机应安装起重量限制器。如设有起重量显示装置，则其数值误差不应大于实际值的±5%。

6.1.2 当起重量大于相应挡位的额定值并小于该额定值的110%时，应切断上升方向的电源，但机构可作下降方向的运动。

6.2 起重力矩限制器

6.2.1 塔机应安装起重力矩限制器。如设有起重力矩显示装置，则其数值误差不应大于实际值的±5%。

6.2.2 当起重力矩大于相应工况下的额定值并小于该额定值的110%时，应切断上升和幅度增大方向的电源，但机构可作下降和减小幅度方向的运动。

6.2.3 力矩限制器控制定码变幅的触点或控制定幅变码的触点应分别设置，且能分别调整。

6.2.4 对小车变幅的塔机，其最大变幅速度超过40 m/min，在小车向外运行，且起重力矩达到额定值的80%时，变幅速度应自动转换为不大于40 m/min的速度运行。

6.3 **行程限位装置**

6.3.1 **行走限位装置**

轨道式塔机行走机构应在每个运行方向设置行程限位开关。在轨道上应安装限位开关碰铁,其安装位置应充分考虑塔机的制动行程,保证塔机在与止挡装置或与同一轨道上其他塔机相距大于1 m处能完全停住,此时电缆还应有足够的富余长度。

6.3.2 **幅度限位装置**

6.3.2.1 小车变幅的塔机,应设置小车行程限位开关。

6.3.2.2 动臂变幅的塔机应设置臂架低位置和臂架高位置的幅度限位开关,以及防止臂架反弹后翻的装置。

6.3.3 **起升高度限位器**

6.3.3.1 塔机应安装吊钩上极限位置的起升高度限位器。起升高度限位器应满足GB/T 9462—1999中4.7.1的规定。

6.3.3.2 吊钩下极限位置的限位器,可根据用户要求设置。

6.3.4 **回转限位器**

回转部分不设集电器的塔机,应安装回转限位器。塔机回转部分在非工作状态下应能自由旋转;对有自锁作用的回转机构,应安装安全极限力矩联轴器。

6.4 **小车断绳保护装置**

小车变幅的塔机,变幅的双向均应设置断绳保护装置。

6.5 **小车断轴保护装置**

小车变幅的塔机,应设置变幅小车断轴保护装置,即使轮轴断裂,小车也不会掉落。

6.6 **钢丝绳防脱装置**

滑轮、起升卷筒及动臂变幅卷筒均应设有钢丝绳防脱装置,该装置与滑轮或卷筒侧板最外缘的间隙不应超过钢丝绳直径的20%。

吊钩应设有防钢丝绳脱钩的装置。

6.7 **风速仪**

起重臂根部铰点高度大于50 m的塔机,应配备风速仪。当风速大于工作极限风速时,应能发出停止作业的警报。

风速仪应设在塔机顶部的不挡风处。

6.8 **夹轨器**

轨道式塔机应安装夹轨器,使塔机在非工作状态下不能在轨道上移动。

6.9 **缓冲器、止挡装置**

塔机行走和小车变幅的轨道行程末端均需设置止挡装置。缓冲器安装在止挡装置或塔机(变幅小车)上,当塔机(变幅小车)与止挡装置撞击时,缓冲器应使塔机(变幅小车)较平稳地停车而不产生猛烈的冲击。

缓冲器的设计应符合GB/T 13752—1992中6.4.9的规定。

6.10 **清轨板**

轨道式塔机的台车架上应安装排障清轨板,清轨板与轨道之间的间隙不应大于5 mm。

6.11 **顶升横梁防脱功能**

自升式塔机应具有防止塔身在正常加节、降节作业时,顶升横梁从塔身支承中自行脱出的功能。

7 操纵系统

7.1 操纵系统的设计和布置应能避免发生误操作的可能性,使塔机在正常使用中能安全可靠地运行。

7.2 应按人机工程学有关的功能要求设置所有控制手柄、手轮、按钮和踏板,并应有宽裕的操作空间。

7.3 对于手柄控制或轮式控制器，一般选择右手控制起升和行走机构，左手控制回转和小车变幅或动臂变幅机构。

7.3.1 采用手柄控制操作时，机构运动方向应与图11及表1规定的手柄方向一致。

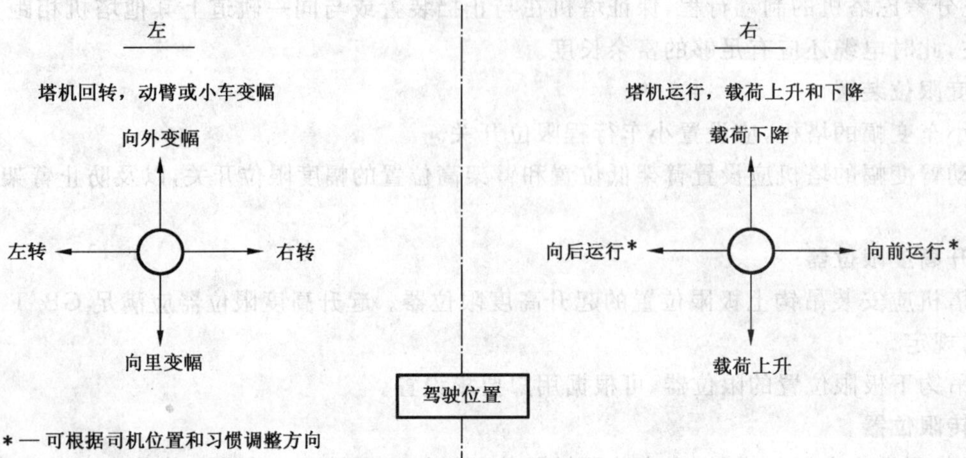

图11

表1

机构运动方向		手柄方向
起升、变幅机构	上升、向里变幅	向着司机（手柄向后）
	下降、向外变幅	离开司机（手柄向前）
回转机构	向右回转	手柄向右
	向左回转	手柄向左
行走机构	可根据司机位置和习惯调整方向	

7.3.2 采用轮式控制器操作时，机构运动方向应与表2规定的手轮旋转方向一致。

表2

机构运动方向	手轮旋转方向
上升、向里变幅，向右回转	顺时针旋转
下降、向外变幅，向左回转	逆时针旋转

7.4 手柄或操纵杆的操作应轻便灵活，操作力不应大于100 N，操作行程不应大于400 mm；踏板的操作力不应大于200 N，脚踏行程不应大于200 mm。

在一般情况下，宜使用如下数值：

a) 对于左右向的操纵杆，操作力为5 N～40 N；

b) 对于前后向的操纵杆，操作力为8 N～60 N；

c) 对于踏板，操作力为10 N～150 N。

7.5 在所有的手柄、手轮、按钮及踏板的附近处，应有表示用途和操作方向的标志。标志应牢固、可靠，字迹清晰、醒目。

8 电气系统

8.1 一般规定

8.1.1 电气设备应使塔机的传动性能和控制性能准确可靠，在紧急情况下能切断电源，安全停车。在塔机安装、维修、调整和使用中不应任意改变电路。

8.1.2 电气元件的选择应考虑塔机工作时振动大、接电频繁、露天作业等特点。

8.1.3 塔机的金属结构、轨道、所有电气设备的金属外壳、金属线管、安全照明的变压器低压侧等均应可靠接地，接地电阻不大于 4 Ω。重复接地电阻不大于 10 Ω。接地装置的选择和安装应符合电气安全的有关要求。

8.1.4 电气设备安装应牢固。需要防震的电器应有防震措施。

8.1.5 电气连接应接触良好，防止松脱。导线、线束应用卡子固定，以防摆动。

8.1.6 电气柜(配电箱)应有门锁。门内应有原理图或布线图、操作指示等，门外应有警示标志。

8.1.7 主电路和控制电路的对地绝缘电阻不应小于 0.5 MΩ。

8.1.8 零线和接地线必须分开，接地线严禁作载流回路。

8.2 电气控制与操纵

8.2.1 电气控制设备和元件应设置于柜内，能防雨、防灰尘。电阻器应设于操作人员不易接触的地方，并有防护措施。

8.2.2 采用有线遥控装置时，地面控制与司机室内控制应具有电气联锁。地面控制装置的不带电金属外壳和塔机结构之间应连接专用的接地线，接地电阻符合 8.1.3 的规定。

8.2.3 采用无线遥控方式操纵的，在失控时塔机应能自行停止工作。

8.2.4 采用联动控制台操纵时，联动控制台应具有零位自锁和自动复位功能。

8.2.5 操纵系统中应设有能对工作场地起警报作用的声响信号。

8.3 电气保护

8.3.1 塔机应根据 GB/T 13752—1992 中 7.7 的要求设置短路、过流、欠压、过压及失压保护、零位保护、电源错相及断相保护。

8.3.2 塔机应设置非自动复位的、能切断塔机总控制电源的紧急断电开关。该开关应设在司机操作方便的地方。

8.3.3 塔机电源进线处宜设主隔离开关，或采取其他隔离措施。隔离开关应有明显标记。

8.3.4 各限位开关应能可靠地停止机构的运动，但机构可作相反方向的运动。

8.4 照明、信号

8.4.1 塔机应有良好的照明。照明的供电不受停机影响。

8.4.2 固定式照明装置的电源电压不应超过 220 V，严禁用金属结构作为照明线路的回路。

可携式照明装置的电源电压不应超过 48 V，交流供电的严禁使用自耦变压器。

8.4.3 司机室内照明照度不应低于 30 lx。

8.4.4 电气室及机务专用电梯的照明照度不应低于 5 lx。

8.4.5 塔顶高度大于 30 m 且高于周围建筑物的塔机，应在塔顶和臂架端部安装红色障碍指示灯，该指示灯的供电不应受停机的影响。

8.4.6 快装式塔机在拖行时应装有直流 24 V 的示宽灯、高度指示灯、长度指示灯、转向指示灯及刹车灯。

8.4.7 在司机室内明显位置应装有总电源开合状况的指示信号。

8.4.8 安全装置的指示信号或声响报警信号应设置在司机和有关人员视力、听力可及的地方。

8.5 导线及其敷设

8.5.1 塔机所用的电缆、电线应符合 GB/T 13752—1992 中 7.5 的规定。

8.5.2 电线若敷设于金属管中，则金属管应经防腐处理。如用金属线槽或金属软管代替，应有良好的防雨及防腐措施。

8.5.3 导线的连接及分支处的室外接线盒应防水，导线孔应有护套。

8.5.4 导线两端应有与原理图一致的永久性标志和供连接用的电线接头。

8.5.5 固定敷设的电缆弯曲半径不应小于 5 倍电缆外径。除电缆卷筒外，可移动电缆的弯曲半径不应小于8倍电缆外径。

8.6 **电缆卷筒**

8.6.1 轨道式塔机的电缆卷筒应具有张紧装置,电缆收放速度应与塔机运行速度同步。

8.6.2 电缆在卷筒上的连接应牢固,以保护电气接点不被拉曳。

8.7 **集电器**

8.7.1 集电滑环应满足相应电压等级和电流容量的要求。每个滑环至少有一对碳刷,碳刷与滑环的接触面积不应小于理论接触面积的80%,且接触平稳。

8.7.2 滑环与滑环间的绝缘电阻不小于1 MΩ。滑环间最小电气间隙不小于8 mm,且经过耐压试验,无击穿、闪络现象。

9 液压系统

9.1 液压系统应有防止过载和液压冲击的安全装置。安全溢流阀的调定压力不应大于系统额定工作压力的110%,系统的额定工作压力不应大于液压泵的额定压力。

9.2 顶升液压缸应具有可靠的平衡阀或液压锁,平衡阀或液压锁与液压缸之间不应用软管连接。

10 安装、拆卸与试验

10.1 塔机安装、拆卸及塔身加节或降节作业时,应按使用说明书中有关规定及注意事项进行。

10.1.1 架设前应对塔机自身的架设机构进行检查,保证机构处于正常状态。

10.1.2 塔机在安装、增加塔身标准节之前应对结构件和高强度螺栓进行检查,若发现下列问题应修复或更换后方可进行安装:

a) 目视可见的结构件裂纹及焊缝裂纹;
b) 连接件的轴、孔严重磨损;
c) 结构件母材严重锈蚀;
d) 结构件整体或局部塑性变形,销孔塑性变形。

10.1.3 小车变幅的塔机在起重臂组装完毕准备吊装之前,应检查起重臂的连接销轴、安装定位板等是否连接牢固、可靠。

当起重臂的连接销轴轴端采用焊接挡板时,则在锤击安装销轴后,应检查轴端挡板的焊缝是否正常。

10.2 安装、拆卸、加节或降节作业时,塔机的最大安装高度处的风速不应大于13 m/s,当有特殊要求时,按用户和制造厂的协议执行。

10.3 塔机的尾部与周围建筑物及其外围施工设施之间的安全距离不小于0.6 m。

10.4 有架空输电线的场合,塔机的任何部位与输电线的安全距离,应符合表3的规定。

如因条件限制不能保证表3中的安全距离,应与有关部门协商,并采取安全防护措施后方可架设。

表3

安全距离/m	电压/kV				
	<1	1~15	20~40	60~110	220
沿垂直方向	1.5	3.0	4.0	5.0	6.0
沿水平方向	1.0	1.5	2.0	4.0	6.0

10.5 两台塔机之间的最小架设距离应保证处于低位塔机的起重臂端部与另一台塔机的塔身之间至少有2 m的距离;处于高位塔机的最低位置的部件(吊钩升至最高点或平衡重的最低部位)与低位塔机中处于最高位置部件之间的垂直距离不应小于2 m。

10.6 混凝土基础应符合下列要求:

a) 混凝土基础应能承受工作状态和非工作状态下的最大载荷,并应满足塔机抗倾翻稳定性的要求。

b) 对混凝土基础的抗倾翻稳定性计算及地面压应力的计算应符合 GB/T 13752—1992 中 4.6.3 的规定及 GB/T 9462—1999 中附录 A 的规定。

c) 使用单位应根据塔机原制造商提供的载荷参数设计制造混凝土基础。

d) 若采用塔机原制造商推荐的混凝土基础,固定支腿、预埋节和地脚螺栓应按原制造商规定的方法使用。

10.7 碎石基础应符合下列要求:

a) 当塔机轨道敷设在地下建筑物(如暗沟、防空洞等)的上面时,应采取加固措施。

b) 敷设碎石前的路面应按设计要求压实,碎石基础应整平捣实,轨枕之间应填满碎石。

c) 路基两侧或中间应设排水沟,保证路基无积水。

10.8 塔机轨道敷设应符合下列要求:

a) 轨道应通过垫块与轨枕可靠地连接,每间隔 6 m 应设一个轨距拉杆。钢轨接头处应有轨枕支承,不应悬空。在使用过程中轨道不应移动;

b) 轨距允许误差不大于公称值的 1/1000,其绝对值不大于 6 mm;

c) 钢轨接头间隙不大于 4 mm,与另一侧钢轨接头的错开距离不小于 1.5 m,接头处两轨顶高度差不大于 2 mm;

d) 塔机安装后,轨道顶面纵、横方向上的倾斜度,对于上回转塔机应不大于 3/1000;对于下回转塔机应不大于 5/1000。在轨道全程中,轨道顶面任意两点的高度差应小于 100 mm;

e) 轨道行程两端的轨顶高度宜不低于其余部位中最高点的轨顶高度。

10.9 塔机试验应符合下列要求:

a) 新设计的各传动机构、液压顶升和各种安全装置,凡有专项试验标准的,应按专项试验标准进行各项试验,合格后方可装机。

b) 塔机的型式试验、出厂检验和常规检验按 GB/T 9462 中的有关规定执行。

11 操作与使用

11.1 塔机的操作使用应符合 JG/T 100 的有关规定,司机、装拆工、指挥人员应具有有关部门发放的资格证书。

11.2 每台作业的塔机司机室内应备有一份有关操作维修内容的使用说明书。

11.3 在正常工作情况下,应按指挥信号进行操作。但对特殊情况的紧急停车信号,不论何人发出,都应立即执行。

ICS 77.160
H 21

GB

中华人民共和国国家标准

GB/T 5162—2006/ISO 3953:1993
代替 GB/T 5162—1985

金属粉末　振实密度的测定

Metallic powders—Determination of tap density

(ISO 3953:1993,IDT)

2006-07-18 发布　　　　2006-11-01 实施

中华人民共和国国家质量监督检验检疫总局
中国国家标准化管理委员会　发布

前　言

本标准等同采用ISO 3953:1993《金属粉末　振实密度的测定》。

本标准是对GB/T 5162—1985《金属粉末　振实密度的测定》的修订。

本标准与GB/T 5162—1985相比主要变化如下：

——增加了人工振实的操作方式；

——使用25 cm^3 的玻璃量筒进行试验时，修改了依据松装密度称量粉末质量的划分标准；

——振实装置的振动频率由原来每分钟250次±15次改为每分钟100次～300次。

本标准由中国有色金属工业协会提出。

本标准由全国有色金属标准化技术委员会归口。

本标准由钢铁研究总院负责起草。

本标准主要起草人：魏芸、朱黎冉、李忠全。

本标准由全国有色金属标准化技术委员会负责解释。

本标准所代替标准的历次版本发布情况为：

——GB/T 5162—1985。

金属粉末　振实密度的测定

1　范围

本标准规定了粉末振实密度的测定方法。振实密度是指盛在容器中的粉末在规定条件下被振实后的密度。

本标准适用于金属粉末(包括金属氧化物),非金属粉末亦可借鉴使用。

2　原理

将一定量的粉末装在容器中,通过振动装置振动,直至粉末的体积不再减少。粉末的质量除以振实后的体积得到它的振实密度。

经协商同意,振实也可采用人工操作方式。

3　符号

表 1

符　　号	定　　义	单　　位
ρ_t	振实密度	g/cm^3
m	粉末质量	g
V	粉末振实后的体积	cm^3

4　装置

4.1　天平

应具有合适的量程和精度,以满足表 2 中的要求。

表 2

粉末松装密度/(g/cm^3)	量筒容积/cm^3	试验粉末的质量/g
≥1	100	100±0.5
<1	100	50±0.2
>7	25	100±0.5
>2～7	25	50±0.2
0.8～2	25	20±0.1
<0.8	25	10±0.1

4.2　玻璃量筒

经校准的玻璃量筒容积为 100 cm^3,刻度高度约为 175 mm。刻度间距为 1 cm^3,测量精度为 ±0.5 cm^3。

经校准的玻璃量筒容积为 25 cm^3,刻度高度约为 135 mm。刻度间距为 0.2 cm^3,测量精度为 ±0.1cm^3。

25 cm^3 的量筒主要用于测量松装密度大于 4 g/cm^3 的粉末,尤其是难熔金属粉末,但也可用于松装密度较低的粉末。

4.3 振实装置

振实装置依靠凸轮的转动，带动导杆上下滑动并冲击砧座，使得量筒内的粉末逐渐被振实。其振幅为 3 mm，振动频率为每分钟 100 次～300 次。振实装置的示例如图 1 所示。

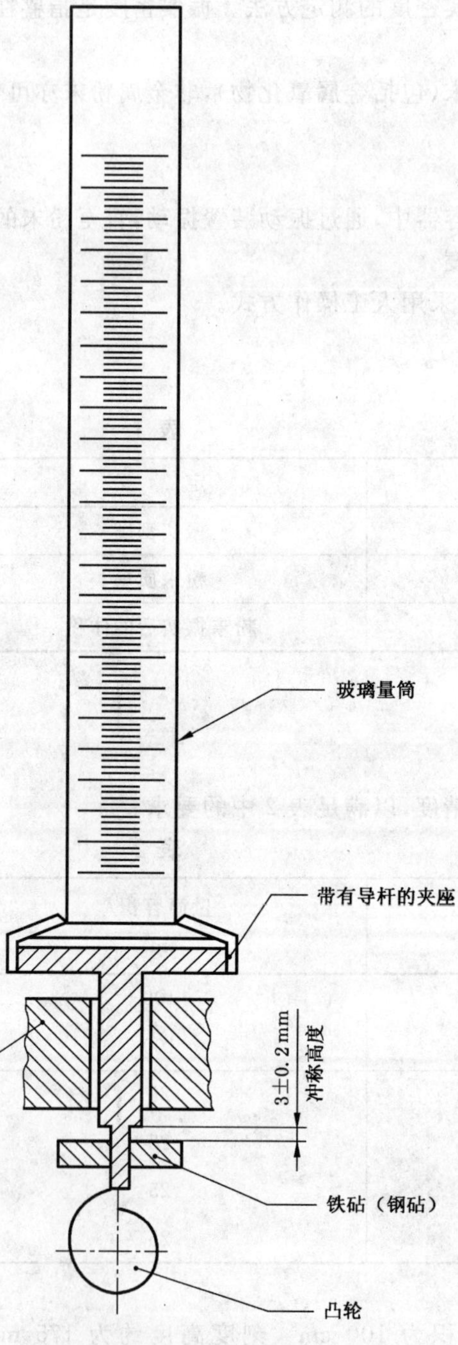

图 1 振实装置示意图

只有经协商同意，才允许使用硬橡皮板(尺寸约为 100 mm×100 mm×5 mm)，采用人工操作的振实方式。

5 样品

5.1 每次试验要求的粉末质量见表 3。

表 3

粉末松装密度/(g/cm^3)	量筒容积/cm^3	试验粉末的质量/g
≥1	100	100±0.5
<1	100	50±0.2
>7	25	100±0.5
>2～7	25	50±0.2
0.8～2	25	20±0.1
<0.8	25	10±0.1

5.2 通常，金属粉末按接收状态进行试验。在某些情况下，需要干燥粉末。如果粉末易被氧化，干燥应在真空或惰性气体中进行。如果粉末中含有易挥发的物质，则不能干燥。不能进行干燥，可直接进行试验。

5.3 每种样品取 3 份进行试验。

6 步骤

6.1 用试管刷清洁量筒(4.2)内壁，或者用溶剂冲洗，如丙酮溶液。如果使用溶剂，在使用前应彻底干燥量筒。

6.2 用天平(4.1)按表 2 的要求称量试样的质量，精确到 0.1 g。

6.3 将试样装入量筒中。应注意使粉末的表面处于水平状态。置量筒于振动装置(4.3)上，振动直到粉末的体积不再减少。(见图 1)。

经协商同意，振实也可通过以下方式进行。

在硬橡皮板上用手振动量筒，直至粉末的体积不再减少。在振动过程临近结束时，要轻轻振动，防止粉末的表层疏松。(见注 2)。

注 1：实践中，粉末体积不再发生变化所需的最少振动次数 N 是可以测定的。对于同类粉末，除了通常实验和验收时已确定的特定振动次数(不少于 N 次)外，振动 2N 次即可。对于各种粒度的金属粉末，振动 3 000 次即可达到满意的效果。

注 2：通常，用机械方法和人工操作方法会给出可比较的试验结果。但对于松装密度较低的粉末或非常细的粉末来说，两种方法得到的结果会有显著差别。

6.4 如果振实后粉末上表面是水平的，可直接读数。如果振实后粉末的上表面不是水平的，则读出最高值和最低值，计算它们的平均值得到振实体积。读数时，使用 100 cm^3 的量筒，精确到 0.5 cm^3；使用 25 cm^3 的量筒，精确到 0.1 cm^3。

7 结果表示

振实密度的公式由公式(1)给出：

$$\rho_t = \frac{m}{V} \qquad \cdots\cdots(1)$$

ρ_t、m、V 的定义见表 1。

取三次测量结果的算术平均值报出最终结果。其值小于或等于 4 g/cm^3 时，精确到 0.1 g/cm^3，其值大于 4 g/cm^3 时，精确到 0.2 g/cm^3。

8 试验报告

试验报告应包括以下几点：

a) 本标准编号；

b) 鉴别试样的必要说明；

c) 如果粉末被干燥，说明干燥过程；

d) 量筒容积、试样的质量及使用方法；

e) 所得结果；

f) 本标准未作规定的操作。

ICS 77.160
H 21

中华人民共和国国家标准

GB/T 5163—2006/ISO 2738:1999
代替 GB/T 5163～5165—1985

烧结金属材料(不包括硬质合金)可渗性烧结金属材料 密度、含油率和开孔率的测定

Sintered metal materials, excluding hardmetals—Permeable sintered metal materials—Determination of density, oil content, and open porosity

(ISO 2738:1999(E), IDT)

2006-07-18 发布 2006-11-01 实施

中华人民共和国国家质量监督检验检疫总局
中国国家标准化管理委员会 发布

前 言

本标准等同采用 ISO 2738:1999《烧结金属材料(不包括硬质合金)—可渗性烧结金属材料—密度、含油率和开孔率的测定》。

本标准是对 GB/T 5163—1985《可渗性烧结金属材料　密度的测定》、GB/T 5164—1985《可渗性烧结金属材料　开孔率的测定》、GB/T 5165—1985《可渗性烧结金属材料　含油率的测定》的修订。将原来的三个国家标准合并为一个标准。

本标准相对 GB/T 5163—1985、GB/T 5164—1985、GB/T 5165—1985 在技术内容上的变动主要有:

——增加了密度测量中完全浸润密度的定义及其测量方法;

——增加了含油率测量中用开孔体积百分数表示的含油率的定义、测量方法和计算公式;

——增加了用索格利特萃取器除油的操作方法和注意事项;

——增加了表面涂层的试剂,石蜡和硅;

——删除了索格利特萃取装置图;

——原标准中当试样过大破碎成小块的情况下,要求所有小块的密度都要检测,而本标准中只需检测组成中的有代表性的部分即可;

——对小试样的规定,原标准是体积小于 0.5 cm^3,而本标准定为质量小于 5 g;

——原标准完全浸润试样时,油表面的抽空最大压力为 0.1 bar,而本标准为 70 kPa。对浸润用油的要求由"通常 20℃油的运动粘度在 50 mm^2/s 到 300 mm^2/s 之间(50 cSt～300 cSt)。在 ISO 3448 中指出的 ISO VG 20 到 VG 150 范围内"改为"通常,40℃时油的粘度应在 22 mm^2/s～68 mm^2/s 之间,相当于 ISO 3448 中规定的 VG 22～VG 68 范围";

——浸润试样用油的温度由"65℃±5℃"改为"70℃±10℃"。

本标准由中国有色金属工业协会提出。

本标准由全国有色金属标准化技术委员会归口。

本标准由钢铁研究总院、西北有色金属研究院负责起草。

本标准主要起草人:魏芸、朱黎冉、李忠全、董领峰。

本标准由全国有色金属标准化技术委员会负责解释。

本标准所代替标准的历次版本发布情况:

——GB/T 5163—1985、GB/T 5164—1985、GB/T 5165—1985。

烧结金属材料(不包括硬质合金)
可渗性烧结金属材料
密度、含油率和开孔率的测定

1 范围

本标准规定了可渗性烧结金属材料的密度、含油率和开孔率的测量方法。

本标准适用于烧结金属多孔轴承以及用金属粉末通过压制和烧结而制成的机械零件。

2 规范性引用文件

下列文件中的条款通过本标准的引用而成为本标准的条款。凡是注日期的引用文件,其随后所有的修改单(不包括勘误的内容)或修订版均不适用于本标准,然而,鼓励根据本标准达成协议的各方研究是否可使用这些文件的最新版本。凡是不注日期的引用文件,其最新版本适用于本标准。

GB/T 8643—2002/ISO 13944:1996 含润滑剂金属粉末中润滑剂含量的测定 修正的索格利特(Soxhlet)萃取法(ISO 13944:1996,IDT)

ISO 758 工业液化产品—在20℃下密度的测定

3 符号及定义

表 1 符号及定义

符号	定义	单位
m_1	试样初始质量	g
m_2	萃取油后并烘干的试样质量	g
m_3	完全浸润的试样质量	g
m_a	在空气中称量的完全浸润或部分浸润的试样和悬吊装置(例如悬吊丝)的总质量	g
m_w	在水中称量的完全浸润或部分浸润的试样和悬吊装置(例如悬吊丝)的总质量	g
V	试样体积	cm^3
ρ_w	实验用水或其他液体的密度	g/cm^3
ρ_1	初始试样中油的密度[a]	g/cm^3
ρ_2	完全浸润试样的油的密度[a]	g/cm^3

[a] 油的密度已知或按照 ISO 758 测定。

4 术语和定义

下列术语和定义适用于本标准。

4.1

密度 density

试样的密度可用两种方法表示:

4.1.1

干密度 dry density

干密度是试样烘干后的质量除以它的体积；

4.1.2

完全浸润密度(湿密度) fully impregnated density(wet density)

完全浸润密度是试样完全浸润后的质量除以它的体积。

4.2

含油率 oil content

试样的含油率可以用两种方法表示：

4.2.1

体积分数 percentage by volume

体积百分数是用油的体积除以试样的体积再乘以100％；

4.2.2

开孔体积分数 percentage of the volume of the open porosity

开孔体积百分数是用油的体积除以试样的开孔体积再乘以100％。

4.3

试验开孔率 open porosity of the test piece

试样的开孔率用体积百分数表示，由试样完全浸润后所含油的体积除以试样的体积再乘以100％。

4.4

试样体积 volume of the test piece

试样的体积是包括孔在内的全部体积。

5 试验步骤

试验步骤的进行取决于检测的性能，具体的试验步骤见第8章。表2用“X”符号表示检测各个性能的试验步骤。将试验测定的值分别代入第9章中所给的公式中，得到所需的性能。

表2 试验步骤

试验步骤	符号	检测性能				
		密度		含油率		开孔率
		干密度	完全浸润密度	％(体积)	％(开孔)	
称量试样的初始质量(见8.1)	m_1			X	X	
萃取试样孔中所含油(见8.2)		X		X	X	X
测定试样萃取油后并烘干的质量(见8.3)	m_2	X		X	X	X
用已知密度的油完全浸润试样(见8.4)			X		X	X
测定完全浸润的试样的质量(见8.5)	m_3		X		X	X
测定试样体积(见8.6)	V	X	X	X		X

6 仪器和试剂

6.1 分析天平

具有足够的量程，称量精度达到试样质量的0.01％。

6.2 索格利特萃取器

索格利特萃取器内盛油溶剂。

6.3 在空气和液体中称量试样的装置

液体使用水，见图 1、图 2 和图 3。

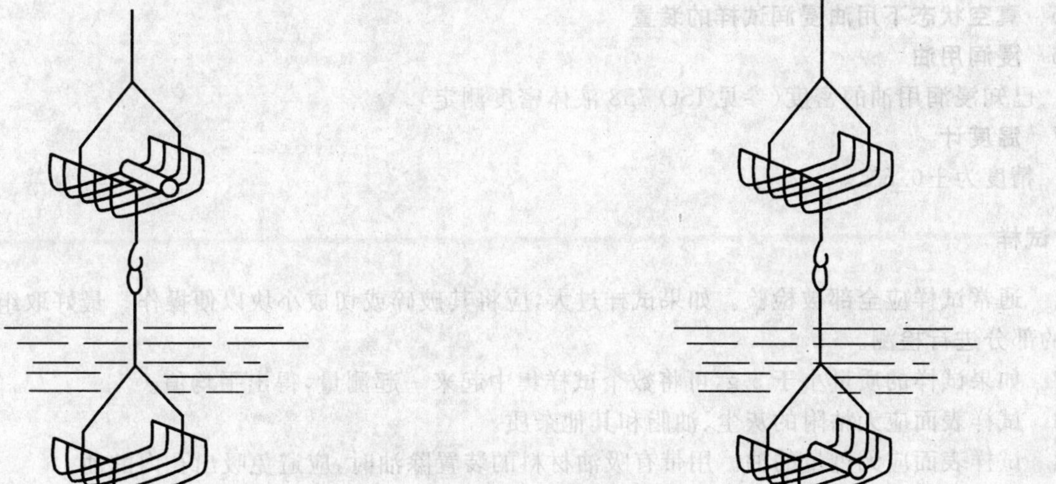

a）在空气中称重　　　　b）在水中称重

图 1

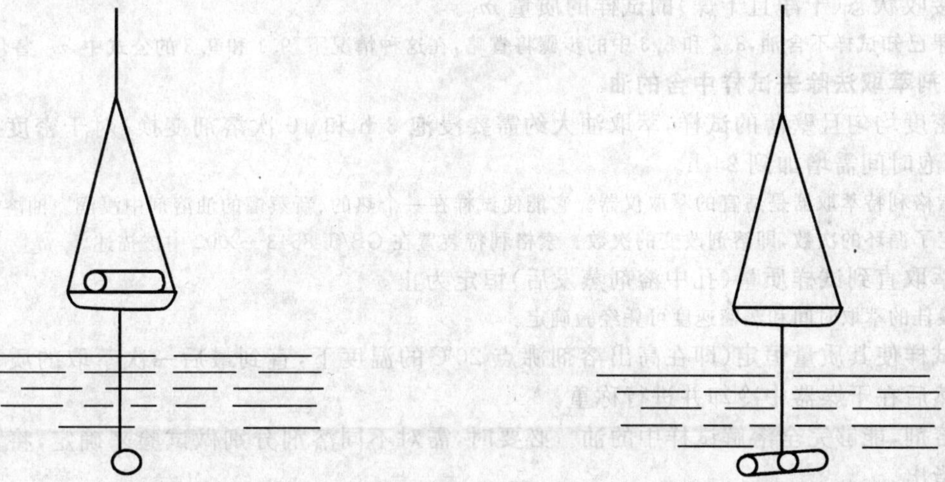

a）在空气中称重　　　　b）在水中称重

图 2

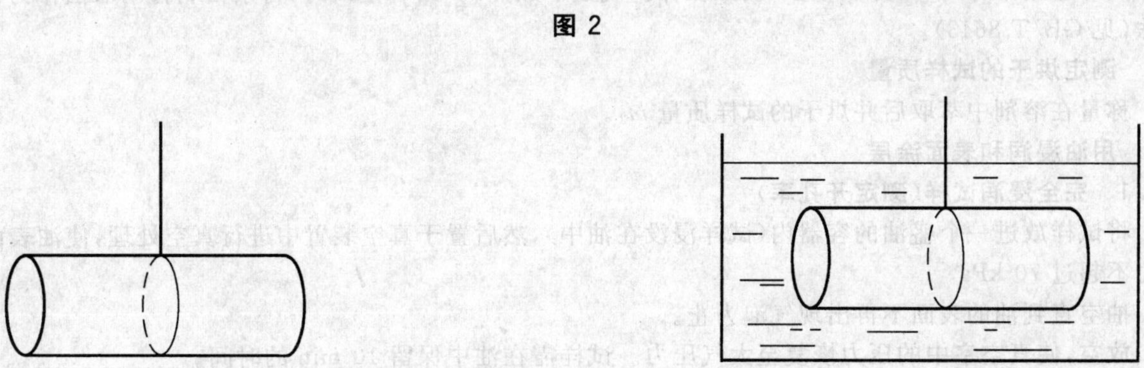

a）在空气中称重　　　　b）在水中称重

图 3

6.4 容器

容器的容积应足够大,能装下试样和称量装置(6.3),内盛蒸馏水或去离子水,最好是脱气后的水,同时加入0.05%(体积分数)~0.10%(体积分数)的湿润剂。

6.5 真空状态下用油浸润试样的装置

6.6 浸润用油

已知浸润用油的密度(参见ISO 758液体密度测定)。

6.7 温度计

精度为±0.5℃。

7 试样

7.1 通常试样应全部被检验。如果试样过大,应将其破碎或切成小块以便操作。最好取组成中有代表性的部分进行检测。

7.2 如果试样的质量小于5 g,可将数个试样集中起来一起测量,得出平均值。

7.3 试样表面应无粘附的灰尘、油脂和其他杂质。

7.4 试样表面应无过量的油。用带有吸油材料的装置除油时,应避免吸出孔内的油。

注:试样表面存在过量油的现象通常发生在完全浸油处理之后。

8 检测步骤

8.1 测定试样的初始质量

称量接收状态(干净且干燥)的试样的质量 m_1。

注:如果已知试样不含油,8.2和8.3中的步骤将省略,在这种情况下,9.1和9.3的公式中,m_1 替代了 m_2。

8.2 用溶剂萃取法除去试样中含的油

对于密度均匀且壁薄的试样,萃取油大约需要浸泡3 h和10次溶剂变换;对于密度高且壁厚的试样,通常浸泡时间需增加到24 h。

注1:索格利特萃取器是适宜的萃取仪器。它能使试样在一个热的、新蒸馏的油溶剂中浸润。油溶剂蒸馏的速度决定了循环的次数,即溶剂改变的次数。索格利特装置在GB/T 8643—2002中被描述。

连续萃取直到试样质量(孔中溶剂蒸发后)恒定为止。

注2:最佳的萃取时间和蒸馏速度可凭经验确定。

烘干试样使其质量恒定(即在高出溶剂沸点20℃的温度下,直到最后一次萃取的质量减少不超过0.01%),然后在干燥器中冷却并进行称重。

选择溶剂,能够完全溶解试样中的油。必要时,需对不同溶剂分别做试验来确定,将使用溶剂在试验报告中指出。

实际应用中,除油的方法很多(例如在保护气氛下加热)。当有争议时,将索格利特萃取法作为标准方法(见GB/T 8643)。

8.3 测定烘干的试样质量

称量在溶剂中萃取后并烘干的试样质量 m_2。

8.4 用油浸润和表面涂层

8.4.1 完全浸润试样(测定开孔率)

将试样放进一个盛油的容器内(试样浸没在油中),然后置于真空装置中进行真空处理,使油表面的压力不超过70 kPa。

抽空直到油的表面不再出现气泡为止。

放空,使真空室中的压力恢复至大气压力。试样需在油中保留10 min的时间。

注1:为了确保完全浸润,大多数的多孔金属,进行一次真空处理即可。但在某些特殊情况下,必须进行两次真空处理。通过再一次降低压力,如果不再有气泡产生,就可确定第一次真空处理达到了完全浸润。

浸润用油应完全不溶于水且能浸透多孔金属。

注 2：通常，40℃时油的粘度应在 22 mm²/s～68 mm²/s [1] 之间，相当于 ISO 3448 中规定的 VG22～VG68 范围。低粘度油的浸润速度比高粘度油的速度更快些。

从油中取出试样，按 7.4 中的叙述，把油沥干并清除试样表面过量的油。

8.4.2　部分浸润（适用于测定试样体积）

对浸润用油的要求与 8.4.1 相同。

在热油（70℃±10℃）中浸润试样，直到不再有气泡出现。将试样从热油中快速转换至冷油中，冷却试样至室温。从冷油中取出试样，按 7.4 中所述的方法排出油并去除表面过剩的油。

8.4.3　表面涂层法（适用于测定试样体积）

在多孔试样的表面涂上一层薄膜，依靠表面张力防止水浸入孔中。

下列试剂适合于特殊类型的多孔金属的表面涂层。受材料类型和形状的限制，任何一种方法使用前，必须首先确定其行之有效的试剂。

8.4.3.1　凡士林

涂在试样的表面上，除去多余的部分。

8.4.3.2　硅

许多硅液产生防水的表面膜。将试样浸入硅液或以适宜溶剂稀释的硅液中，烘干至质量恒定。

8.4.3.3　石蜡

将试样浸入 5%的适宜溶剂的石蜡中，烘干至质量恒定。

8.5　测量完全浸润的试样质量

称量完全浸油后的试样质量 m_3。

8.6　测定试样的体积

8.6.1　在空气中称量试样得到 m_a，再将试样置于水中或其他密度已知的液体中称量得到 m_w。体积 V，以 cm³ 为单位，由公式(1)给出：

$$V = \frac{m_a - m_w}{\rho_w} \qquad \cdots\cdots(1)$$

8.6.2　对于多孔金属材料，必须保证所使用的液体不能进入孔中。因此，用油浸润孔时，水作为试验液体。有时不必完全浸润试样。当试样浸入水中时，为了确保水不进入孔中，可采用 8.4.2 和 8.4.3 中描述的方法进行部分浸润或表面涂层。作为一种标准方法，试样用油的完全浸润在 8.4.1 中描述。

注：试样在水中称量后，应再次在空气中称量（去除吸附的水），并保证没有水被吸收。

8.6.3　图 1、图 2、图 3 示出了称量试样的悬吊方法，通常，装置的质量和体积应尽可能的小。

耐腐蚀的金属吊丝最大直径参照表 3。

浸入水中的盛样篮是由耐腐蚀的金属丝制成（见图 1）。

表 3　金属丝径的参照值

质量/g	金属丝径/mm
质量<50	0.12
50≤质量<200	0.25
200≤质量<600	0.40
600≤质量<1 000	0.50

8.6.4　试样悬吊在一根细丝上，在空气和水中称量试样和丝的总质量。对浸没在水中的丝的体积应予以计算，但是由于该体积与试样体积相比非常小，常常可以被忽略。通过在空气中称量丝的质量，然后将丝浸入相同深度的水中，称量丝的质量得到丝的体积。此外，也可以测量丝的浸没长度，根据单位长度的丝的体积进行修正。

8.6.5　为了除去附着在试样和称样装置上的气泡，可在水中加入几滴 0.05%（体积分数）～0.10%（体

1) 1 mm²/s=1 cSt

积分数)的湿润剂(推荐采用六偏磷酸钠)。

8.6.6 试样和水应处于相同的温度下。通常的试验温度在 18℃～22℃之间,纯水的密度 ρ_w 采用 0.998 g/cm³。超出这个范围,水的密度依据表 4 查出。

表 4 脱气水的密度

温度/℃	密度/(g/cm³)	温度/℃	密度/(g/cm³)
18	0.998 6	25	0.997 0
19	0.998 4	26	0.996 8
20	0.998 2	27	0.996 5
21	0.998 0	28	0.996 2
22	0.997 8	29	0.995 9
23	0.997 5	30	0.995 6
24	0.997 3		

9 结果表示

9.1 密度

干密度,以 g/cm³ 为单位,由公式(2)给出:

$$\frac{m_2}{V}=\frac{m_2\cdot\rho_w}{m_a-m_w} \qquad \cdots\cdots(2)$$

完全浸润密度(湿密度),以 g/cm³ 为单位,由公式(3)给出:

$$\frac{m_3}{V}=\frac{m_3\cdot\rho_w}{m_a-m_w} \qquad \cdots\cdots(3)$$

报出的密度结果应精确到 0.01 g/cm³。

9.2 含油率

含油率用体积分数(%)表示,由公式(4)给出:

$$\frac{m_1-m_2}{\rho_1\times V}\times 100 \qquad \cdots\cdots(4)$$

报出的含油率精确到 0.1%(体积分数)。

含油率用开孔体积分数(%)表示,由公式(5)给出:

$$\frac{m_1-m_2}{\rho_1}\times\frac{\rho_2}{m_3-m_2}\times 100 \qquad \cdots\cdots(5)$$

报出的含油率精确到绝对值 0.1%。

9.3 开孔率

开孔率用体积分数(%)表示,由公式(6)给出:

$$\frac{m_3-m_2}{\rho_2\times V}\times 100 \qquad \cdots\cdots(6)$$

报出的开孔率精确到 0.1%(体积分数)。

10 精密度

10.1 对于铁基的烧结零件,干密度或湿密度的重复性偏差 I_r 为 0.06 g/cm³。开孔率的重复性偏差为 1.6%。在置信度为 95%的情况下,同一个试验室重复结果不能认为是可疑的,除非它们之间的差值大于 I_r。

10.2 对于铁基的烧结零件,干密度或湿密度的再现性偏差 I_R 为 0.085 g/cm³。开孔率的再现性偏差为2.4%。在置信度为95%的情况下,不同试验室间测量结果不能认为是可疑的,除非它们之间的差值大于I_R。

11 试验报告

试验报告应包括以下几点:

a) 本标准号;

b) 鉴定试样所需的详细说明;

c) 说明检测的试样是否被破碎或被检测的部分;

d) 试样是否被全部检测(说明检测的数量);

e) 所得结果和应用的试验方法;

f) 在测定含油率时,初始试样中油的密度值以及该值的确定(测定的、已知的或设定的);

g) 在本标准中未规定的或任选的所有其他操作;

h) 任何可能影响到结果的因素。

ICS 29.020
K 04

GB

中华人民共和国国家标准

GB/T 5169.9—2006/IEC 60695-1-30:2002
代替 GB/T 5169.8—1985,GB/T 5169.9—1993

电工电子产品着火危险试验 第9部分:着火危险评定导则 预选试验规程的使用

Fire hazard testing for electric and electronic products—Part 9:Guidance for assessing the fire hazard—Use of preselection testing procedures

(IEC 60695-1-30:2002 Fire hazard testing—Part 1-30:Guidance for assessing the fire hazard of electrotechnical products—Use of preselection testing procedures, IDT)

2006-03-14 发布　　2006-09-01 实施

中华人民共和国国家质量监督检验检疫总局
中国国家标准化管理委员会　发布

前言

GB/T 5169《电工电子产品着火危险试验》目前包括以下18个部分：

——GB/T 5169.1—1997 电工电子产品着火危险试验 着火试验术语(idt IEC 60695-4:1993)

——GB/T 5169.2—2002 电工电子产品着火危险试验 第2部分:着火危险评定导则总则(IEC 60695-1—1:1999,IDT)

——GB/T 5169.3—2005 电工电子产品着火危险试验 第3部分:电子元件着火危险评定技术要求和试验规范制订导则(IEC 60695-1-2:1982,IDT)

——GB/T 5169.5—1997 电工电子产品着火危险试验 第2部分:试验方法 第2篇:针焰试验(idt IEC 60695-2-2:1991)

——GB/T 5169.6—1985 电工电子产品着火危险试验 用发热器的不良接触试验方法(eqv IEC 60695-2-3:1984)

——GB/T 5169.7—2001 电工电子产品着火危险试验 试验方法 扩散型和预混合型火焰试验方法(idt IEC 60695-2-4/0:1991)

——GB/T 5169.9—2006 电工电子产品着火危险试验 第9部分:着火危险评定导则 预选试验规程的使用(IEC 60695-1-30:2002,IDT)

——GB/T 5169.10—1997 电工电子产品着火危险试验 试验方法 灼热丝试验方法 总则(idt IEC 60695-2-1/0:1994)

——GB/T 5169.11—1997 电工电子产品着火危险试验 试验方法 成品的灼热丝试验和导则(idt IEC 60695-2-1/1:1994)

——GB/T 5169.12—1999 电工电子产品着火危险试验 试验方法 材料的灼热丝可燃性试验(idt IEC 60695-2-1/2:1994)

——GB/T 5169.13—1999 电工电子产品着火危险试验 试验方法 材料的灼热丝起燃性试验(idt IEC 60695-2-1/3:1994)

——GB/T 5169.14—2001 电工电子产品着火危险试验 试验方法 1 kW标称预混合型试验火焰和导则(idt IEC 60695-2-4/1:1991)

——GB/Z 5169.15—2001 电工电子产品着火危险试验 试验方法 500 W标称试验火焰和导则(idt IEC 60695-2-4/2:1994)

——GB/T 5169.16—2002 电工电子产品着火危险试验 第16部分:50 W水平与垂直火焰试验方法(IEC 60695-11-10:1999,IDT)

——GB/T 5169.17—2002 电工电子产品着火危险试验 第17部分:500 W火焰试验方法(IEC 60695-11-20:1999,IDT)

——GB/T 5169.18—2005 电工电子产品着火危险试验 第18部分:将电工电子产品的火灾中毒危险减至最小的导则 总则(IEC 60695-7-1:1993,IDT)

——GB/T 5169.19—2006 电工电子产品着火危险试验 第19部分:非正常热 模压应力释放变形试验(IEC 60695-10-3:2002,IDT)

——GB/T 5169.20—2006 电工电子产品着火危险试验 第20部分:火焰表面蔓延 试验方法概要和相关性(IEC/TS 60695-9-2:2001,IDT)

GB/T 5169.9是GB/T 5169《电工电子产品着火危险试验》的第9部分。

本部分等同采用IEC 60695-1-30:2002《着火危险试验 第1-30部分:电工电子产品着火危险评定

导则　预选试验规程的使用》(英文版)，但按 GB/T 20000.2—2001《标准化工作指南　第 2 部分：采用国际标准的规则》的 4.2 b)和 5.2 的规定作了少量编辑性修改。

本部分自实施之日起代替 GB/T 5169.8—1985《电工电子产品着火危险试验　评定试验规程举例和试验结果解释燃烧特性及其试验方法评述》和 GB/T 5169.9—1993《电工电子产品着火危险试验　着火危险评定技术要求和试验规范制订导则　预选规程使用导则》。

本部分与 GB/T 5169.8—1985 和 GB/T 5169.9—1993 相比主要变化如下：

a) 将 GB/T 5169.8 的内容放入了本部分的附录 A 中，并对附录 A 中所涉及的相关标准版本进行了更新；

b) 在附录 B 中增加了特定产品可起燃性预选试验潜在用途说明性举例的内容。

本部分的附录 A 和附录 B 为资料性附录。

本部分由中国电器工业协会提出。

本部分由全国电工电子产品环境技术标准化技术委员会归口。

本部分由广州电器科学院负责起草，广州日用电器检测所参加起草。

本部分主要起草人：陈灵、谢建华、陈兰娟。

引　言

从合理设计的小规模试验中获得的信息，在对最终成品的着火危险评估方面，可用作预选适用材料、零件、元件或组件的有用资料。测试电工电子产品着火危险的最好方法，是真实地再现实际发生的不正常状态。在行不通的情况下，应通过尽可能逼真地模拟组件、元件、零件或材料在使用中可能遇到的实际使用条件和实际使用情况进行着火危险试验。

电工电子产品着火危险试验
第9部分:着火危险评定导则预选试验规程的使用

1 范围

GB/T 5169的本部分规定了:

a) 预选试验通则;

b) 预选着火试验所得数据同用于危险评估的着火试验所得数据相比,其有效性、相关性和局限性的评估导则。

宜优先考虑对最终制成品的着火危险评定试验;但是在某些情况下,有关各方也可根据实际原因商定先采用预选试验。

标准化技术委员会的任务之一就是在编写自己的出版物时,凡是适用之处都要利用这些基本安全出版物。

附录A中列出的试验方法举例,包含了在IEC和ISO的国际性试验方法中规定的燃烧特性试验。

2 规范性引用文件

下列文件中的条款通过GB/T 5169的本部分的引用而成为本部分的条款。凡是注日期的引用文件,其随后所有的修改单(不包括勘误的内容)或修订版均不适用于本部分,然而,鼓励根据本部分达成协议的各方研究是否可使用这些文件的最新版本。凡是不注日期的引用文件,其最新版本适用于本部分。

IEC 60695-4:2001 着火危险试验 第4部分:着火试验术语

ISO/IEC 13943:2000 着火安全 词汇

3 术语和定义

IEC 60695-4:2001和ISO/IEC 13943:2000中确立的及以下术语和定义适用于本部分。

3.1

成品试验 end-product test

在有关产品规范中规定的、对装配好准备使用的产品所做的试验。

注:成品试验可以是小规模、中等规模或实际规模。

3.2

预选(名词) preselection

先于成品检验进行的评定程序,附属于成品试验。

3.3

预选试验(名词) preselection test

有助于预选适用的材料、零件、元件或组件作为检测特定成品的代用件的小规模着火试验。

3.4

非正常热(名词) abnormal heat

与在正常条件下使用所产生的热累积相加直至引发火灾的那部分热。

4 产品预选试验设计原则

单独的材料、零件、元件和组件所要求的特性是由其功能以及作为成品一部分的相关要求确定的。

这些特性的选择和数量视可预见到的合理使用、误用和暴露环境等详情而定。

关于预选的材料特性的知识,可从分析对规定试验样品进行标准试验所得到的数据而获知。与预选有关的一些试验的举例见附录A。

材料、零件、元件和组件的实际耐火性能受下列因素的影响:

a) 试验样品的厚度和其他尺寸;

b) 试验样品的形状、同质性和数量;

c) 与其他零件或产品的关联;

d) 材料的成分等;

e) 组装的方法;

f) 罩子、隔板和涂层;

g) 环境暴露的种类和周期;

h) 制造工艺的影响;

i) 起燃源和它们的位置;

j) 散热装置;

k) 传热效果。

因此,评定最终制成品诸多特性的预选规程,需要材料、零件、元件和组件的许多试验数据,应考虑所有的相关因素(环境条件、与其他零件或产品的关联、起燃源等)。

附录B给出了预选潜在用途的说明性举例的判定—分析流程图。

5 预选试验的优点和局限性

5.1 优点

符合第4章所述原则的预选试验具有一定的优点:

a) 倘若考虑了协同效应或反协同效应,在以标准试样试验时反应比其他材料好的材料,在加工成产品部件使用时反应也较好。

b) 涉及有关对非正常热和火灾反应的数据,能有助于在设计阶段选择材料、零件、元件和组件。

c) 预选试验可用于将着火危险减至最小的决策过程中。对于着火危险评定的适用之处,是可减少制成品试验的数量,因而所需要的试验总数也必然减少。

d) 从预选试验结果得到的分类和分级,可用于规定产品规范中所用材料的基本最低性能。

5.2 局限性

预选程序也会存在某些局限性:

a) 应当注意,当用预选试验代替某些制成品试验时,必须具有相当于增大安全裕量的性能等级,以确保制成品的良好性能。

b) 然而在某些情况下,不能假设在预选试验的结果与产品的真实性能之间存在任何直接关系。

c) 此外,此类程序可能导致限制创新设计和/或选择经济材料,但这可以通过制成品试验来避免。

6 与着火危险评估有关的预选试验的一些因素

依据对非正常热和着火反应所得结果为基础进行的材料预选,可用在与着火危险评估有关的判定程序中,但只在充分考虑下述的一些有关因素之后使用。

可以根据规定的试验并利用必要的阻燃规范和对着火特性的有关反应进行预选。

关于预选试验的意义和局限性的最重要的一些因素如下:

a) 试验样品的厚度;

b) 试验样品的形状和数量;

c) 试验样品的位置和方向;

d） 材料的成分等；

e） 材料、零件、元件和组件的组合及其相互影响；

f） 存在防火罩、防火隔板和防火涂层；

g） 环境影响和污染效应，例如：温度、老化、通风等效应；

h） 材料、零件、元件和组件的制造工艺的影响；

i） 起燃源的施加位置；

j） 起燃源的类型和功率；

k） 起燃源的施加时间。

上述因素中，有些可能已被预选试验适当考虑，其他因素可能需要在着火危险评估结果中详细说明。

附 录 A
（资料性附录）
各种试验方法的例子

本试验方法综述包含了国家标准、IEC国际标准和ISO国际标准中所规定的多种燃烧特性试验的资料。

在有必要开发一项新试验的场合，如果是起草安全标准，就要提及IEC指南104，如果是起草电工电子产品着火危险评定标准，就要提及GB/T 5169.2。为了将一些对环境不必要的影响降至最小，还要提及IEC指南109。

以举例提出的本综述不限于仅在标准中规定的试验方法，这是由于在电工电子与其他技术领域之间存在重叠部分，例如建筑材料和结构件或家具和室内陈设品之间，电工电子产品可能占据了较大的外表面之处，或可能经由或穿透建筑部件和结构进行延伸。在这些情况下，某些电工电子产品适用的试验方法，也可以用在ISO负责范围内的其他技术领域中。

注：本试验方法综述未必就是预选试验的清单，但可以考虑作为测量燃烧特性的试验举例。

A.1 可起燃性

下列引用文件与可起燃性有关。

GB/T 4207—2003 固体绝缘材料在潮湿条件下的相比漏电起痕指数和耐漏电起痕指数的测定方法(IEC 60112:1979,IDT)

GB/T 5169.5—1997 电工电子产品着火危险试验 第2部分：试验方法 第2篇：针焰试验(idt IEC 60695-2-2:1991)

GB/T 6553—2003 在严酷环境条件下使用的电气绝缘材料的耐电痕化和蚀损的试验方法(IEC 60587:1984,IDT)

IEC 60695-2-13:2000 着火危险试验 第2-13部分：灼热/热丝基本试验方法 材料的灼热丝可起燃性试验

ISO 871:1996 塑料 使用风炉测定引燃温度

ISO 1182:2002 建筑产品对着火试验的反应 不可燃烧性试验

ISO 2719:1988 石油产品和润滑剂 闪点的测定 潘斯基-马丁斯(Pensky-Martens)闭杯法

ISO 2592:2000 闪点和燃点的测定 克利夫兰得(Cleveland)开杯法

ISO/TR 10840:1993 塑料 燃烧特性 着火试验开发和使用导则

A.2 有焰燃烧性

下列引用文件与有焰燃烧性有关。

GB/T 5169.16—2002 电工电子产品着火危险试验 第16部分：50W水平与垂直火焰试验方法(IEC 60695-11-10:1999,IDT)

GB/T 5169.17—2002 电工电子产品着火危险试验 第17部分：500W火焰试验方法(IEC 60695-11-20:1999,IDT)

IEC 60249-1:1982 印刷电路的基本材料 第1部分：试验方法

IEC 60332-3(所有部分) 在着火条件下的电缆试验 试验3：立式安装的束电线或电缆的垂直火焰试验

IEC 60695-2-12:2000 着火危险试验 第2-12部分：灼热丝/热丝基本试验方法-材料的灼热丝有焰燃烧性试验方法

IEC 60707:1999　暴露于火源的固体非金属材料的有焰燃烧性　试验方法目录

IEC 61144:1992　测定绝缘液体氧指数的试验方法

ISO 4589-2:1996　塑料　氧指数燃烧特性的测定　第2部分:环境温度试验

ISO 4589-3:1996　塑料　氧指数燃烧特性的测定　第3部分:高温试验

ISO 9772:2001　泡沫塑料　小火焰条件下小试样的水平燃烧特性的测定

ISO 9773:1998　塑料　与小型火焰引燃源接触时易弯垂直薄试样的燃烧特性的测定

A.3　热

以下引用文件与发热有关。

ISO 1716:1973　建筑材料　热势的测定

ISO 5660-1:1993　着火试验　对火灾的反应　第1部分:建筑用产品的热释放率——(锥形热量计方法)

A.4　烟

以下引用文件与烟有关。

IEC 60695-6-31:1999　着火危险试验　第6-31部分:烟雾遮蔽　小规模静态试验——材料

IEC 61034-2:1997　测定电缆在规定条件下燃烧的烟密度　第2部分:试验的程序和要求

ISO 5659-2:1994　塑料　烟的产生　第2部分:单室试验箱光密度的测定

A.5　毒性

以下引用文件与毒性有关。

IEC 60695-7-50:2002　着火危险试验　第7-50部分:燃烧产物的毒性　毒效的评定:试验设备和试验方法

IEC 60695-7-51:2002　着火危险试验　第7-51部分:燃烧产物的毒性　毒效的评定:试验结果的计算和解释

ISO/TR 9122-1:1989　燃烧产物的毒性试验　第1部分:总则

ISO/TR 9122-2:1990　燃烧产物的毒性试验　第2部分:测定燃烧产物的急性吸入毒性的生物分析总则(基本原理、标准和方法论)

ISO/TR 9122-3:1993　燃烧产物的毒性试验　第3部分:燃烧产物中气体和蒸气的分析方法

ISO/TR 9122-4:1993　燃烧产物的毒性试验　第4部分:着火模型(用于小规模试验的燃烧炉和燃烧设备)

ISO/TR 9122-5:1993　燃烧产物的毒性试验　第5部分:燃烧产物的毒性作用的预测

ISO 13344:1996　燃烧产物致命毒效的测定

A.6　腐蚀

以下引用文件与腐蚀有关。

ISO 11907-2:1995　塑料　烟的产生　燃烧产物腐蚀性的测定　第2部分:静态方法

ISO 11907-3:1998　塑料　烟的产生　燃烧产物腐蚀性的测定　第3部分:使用移动式燃烧炉的动态分解方法

ISO 11907-4:1998　塑料　烟的产生　燃烧产物腐蚀性的测定　第4部分:使用锥形辐射加热器的动态分解方法

A.7　爆炸

以下引用文件与爆炸有关。

IEC 60079-4:1975　爆炸气体条件下使用的电器　第4部分:引燃温度的试验方法

IEC 60079-4A:1970　爆炸气体条件下使用的电器　第4A部分:引燃温度的试验方法　第1次补充

A.8　耐火性

评定耐火性的方法不包括在本调查中,因为该内容通常包括成品在标准着火暴露条件下产生的故障。

A.9　非正常热

以下引用文件与非正常热有关。

GB/T 1633—2000　热塑性塑料维卡软化温度(VST)的测定(idt ISO 306:1994)

IEC 60216(所有部分)　电绝缘材料

IEC 60695-10-2:2001　着火危险试验　第10-2部分:将非正常热对受火灾影响的电工电子产品的作用降至最小的导则和试验方法　用球压试验测试耐热非金属材料制品的方法

ISO 75-1:1993　塑料　负载条件下变形温度的测定　第1部分:总则

ISO 75-2:1993　塑料　负载条件下变形温度的测定　第2部分:塑料和硬橡胶

ISO 75-3:1993　塑料　负载条件下变形温度的测定　第3部分:高强度热固性层压塑料和长纤维加强塑料

ISO 178:2001　塑料　弯曲性能的测定

ISO 179-1:2000　塑料　简支梁(Charpy)冲击性能的测定　第1部分:无仪器的冲击试验

ISO 179-2:1997　塑料　简支梁冲击性能的测定　第2部分:使用仪器的冲击试验

ISO 180:2000　塑料　悬臂梁(Izod)冲击强度的测定

A.10　酸性气体

以下引用文件与酸性气体有关。

IEC 60754-1:1994　测定电缆材料燃烧期间所放出的气体　第1部分:氢卤酸气体量的测定

IEC 60754-2:1991　测定电缆材料燃烧期间所放出的气体　第2部分:通过测量pH值和传导率来测定燃烧电缆材料所生气体的酸度

附 录 B
（资料性附录）
特定产品可起燃性预选试验的潜在用途——说明性举例

B.1 总则

本说明性举例描述了一种能评估附录A所列IEC和ISO各种试验方法的逻辑程序，用作对一个特定产品的着火性能（可起燃性）这一特定方面而设计适合的预选试验方法的基础。

就本说明性举例来说，所选择的产品是一台完整的电视机。

B.2 引言

本说明性举例利用了在GB/T 5169.2中发表的着火危险评估的分析框架，主要是流程图2、图2A和图2C。程序从描述被评估的火情开始，到得出评估结果，如果判定该特定产品存在对火情后果有重要的影响的话，则要详细分析该产品所起的作用。

本说明性举例的目的是通过对选定的特定产品评估的最初几个步骤来判定：

a) 在火情的哪些情况下，着火特性的规定试验是必须的；

b) 对于这样鉴别的每一项试验，用产品在装配之前的一个或多个单独的元件替代制成品的测试是否令人满意；和

c) 如果对b)的回答为"是"，则任何现有的IEC和ISO有焰燃烧性试验均可以令人满意地使用于这一目的。

B.3 确定适用的预选试验

按本部分的用途对GB/T 5169.2中的流程图2进行修改后并重新绘制，见图B.1。

在GB/T 5169.2中，着火危险评定程序的总示意图在流程图1中阐明，并导出补充的流程图2A至图2F，该总图适用于着火危险的每个部分。本说明性举例对电视机不是全部的着火危险评定程序。因此，由于该图只是用来说明后面的通用程序，因而它只局限于说明可起燃性，只是在该程序的两个步骤中被描述。

GB/T 5169.2中的流程图2A和图2C在这里以修改后的格式分别绘制为图B.2和图B.3。对每件确定的起燃火情来说，用火情1（图B.4）和火情2（图B.5）来完成对电视机可起燃性和IEC/ISO试验用于预选试验的适应性的实际分析。

B.3.1 起燃情况

评估两种火情作为电视机起燃的说明性举例。

在起因型火情1中，如图B.4所示，因一个过热元件而导致的起燃发生在电视机的内部。主要燃料可能是电路板、电线绝缘或电视机本身。

在受害型火情2中，如图B.5所示，起燃发生于外部火源，例如燃烧的废纸篓、一件家具或窗帘。

在每个场合起燃的情况都是不同的，这就产生了两种独立的起燃火情。

如果该电视机是不可燃的，那么起燃就不会发生，无论产品是否存在其结果是相同的。然而，这种

情况是极少有的。电视机通常由可模压或其他易加工的可燃材料构成。由于这些材料可能相当于很大的燃料源，因此它们对火灾的后果有重要影响。

在GB/T 5169.2中，流程图2直接分析了与之关联的流程图2A(见图B.2)或2C(见图B.3)，这取决于两种火情哪一种适用。

为了本部分的目的，起因型火情1，如图B.4所示，与图B.3联合使用；受害型火情2中，如图B.5所示，与图B.2联合使用。

B.3.2 使用流程图

火情1(图B.4)和火情2(图B.5)完全是根据GB/T 5169.2流程图2A和图2C的起燃过程，对电视机进行详细分析的结果。图B.4和图B.5的注释(即单括弧中的文字)含有仅限于说明与电视机起燃有关的一些情况和问题，以及几种特定试验对那一问题的适用性。

在图B.1所示的试验分流程图的清单中，没有连续优先顺序的含义，在评估程序中都有相同的地位。

注：在火情1和火情2中提到的所有电视机/机壳等，均是完整的电视机。

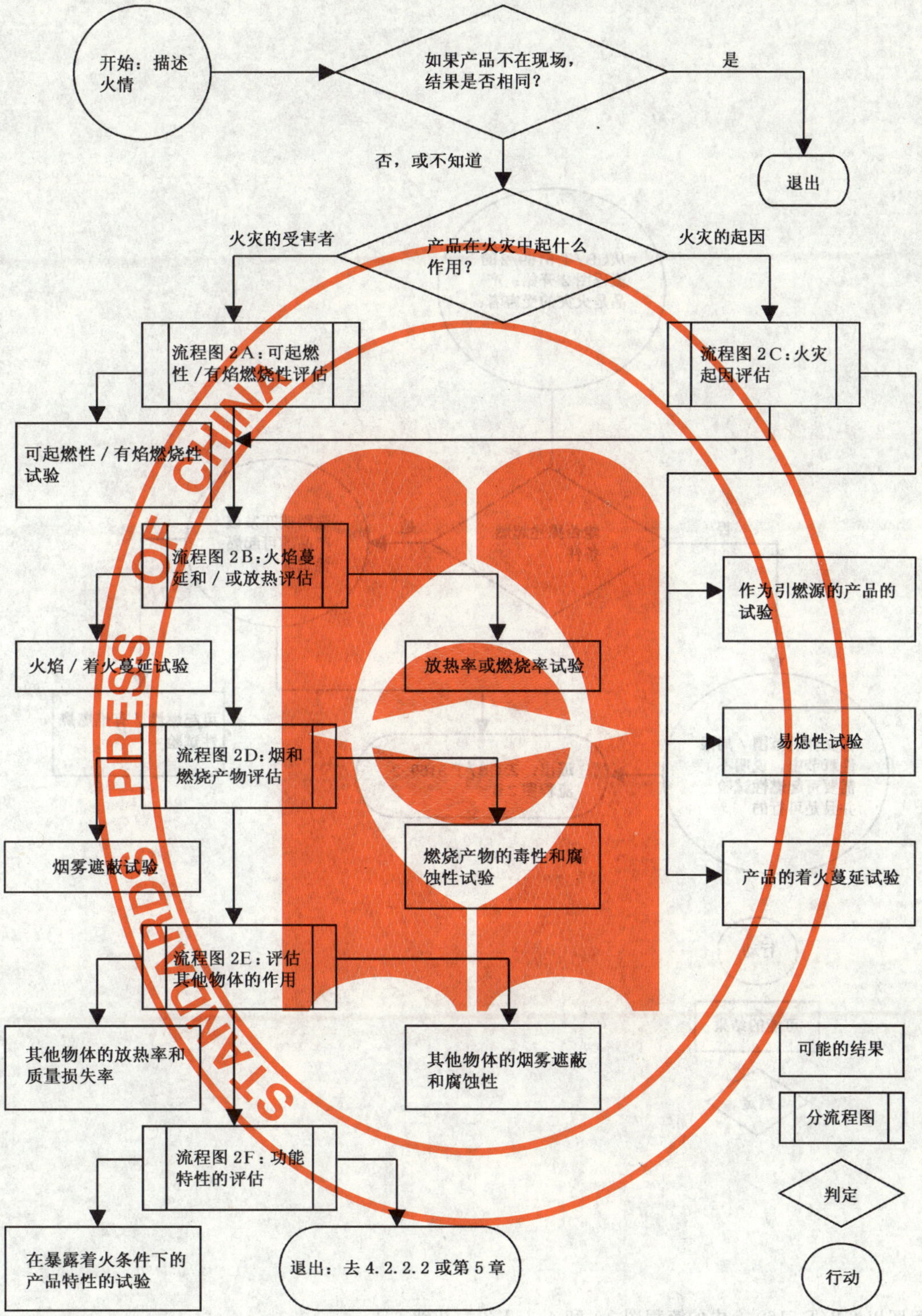

本流程图以 GB/T 5169.2 中的流程图 2 和该标准的 4.2.2.2 为基础。

图 B.1 描述火情

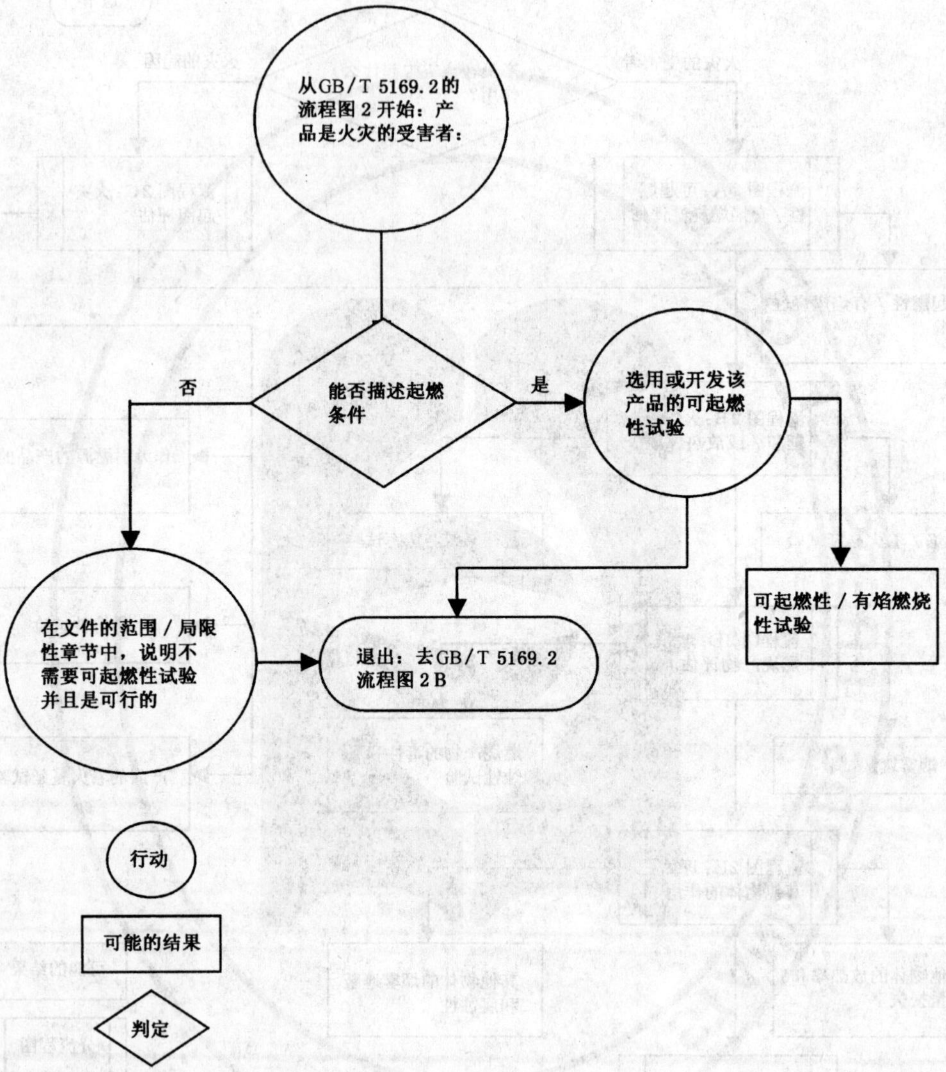

本流程图以 GB/T 5169.2 中的流程图 2A 和 4.2.2.2 为基础。

图 B.2 在外部火源条件下的可起燃性/有焰燃烧性

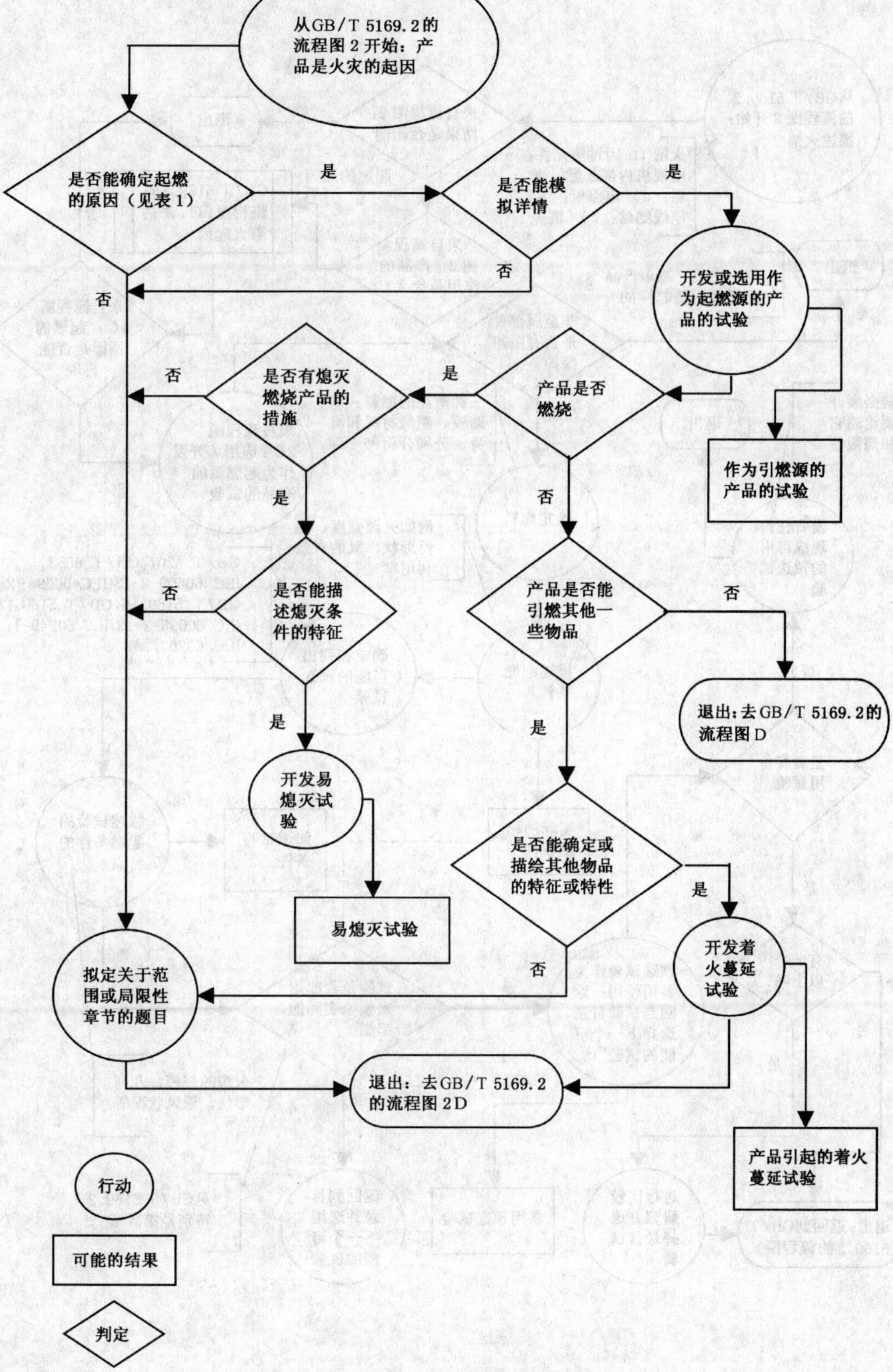

本流程图以 GB/T 5169.2 中的流程图 2C 为基础。

图 B.3　火灾的起因

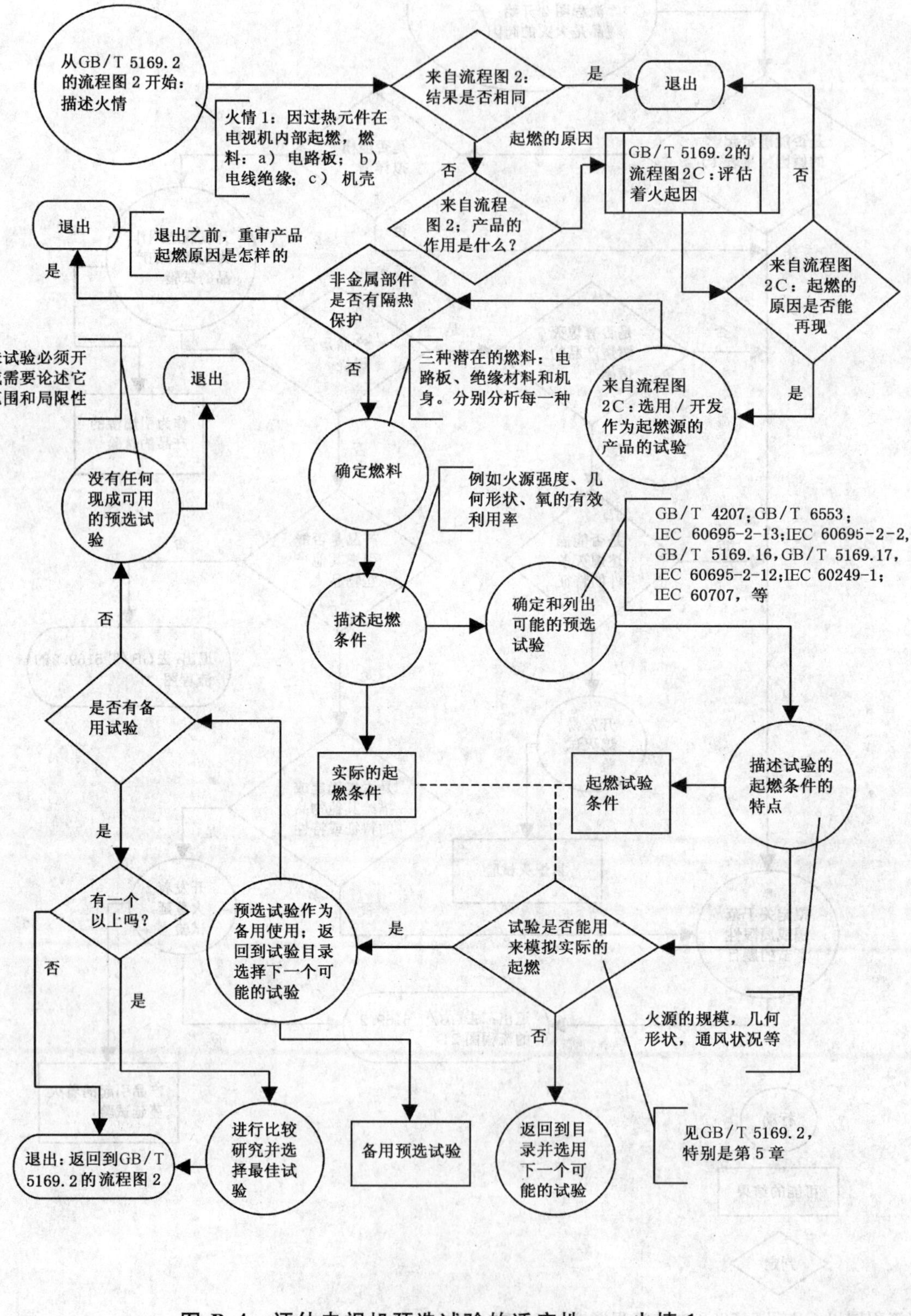

图 B.4 评估电视机预选试验的适应性——火情1

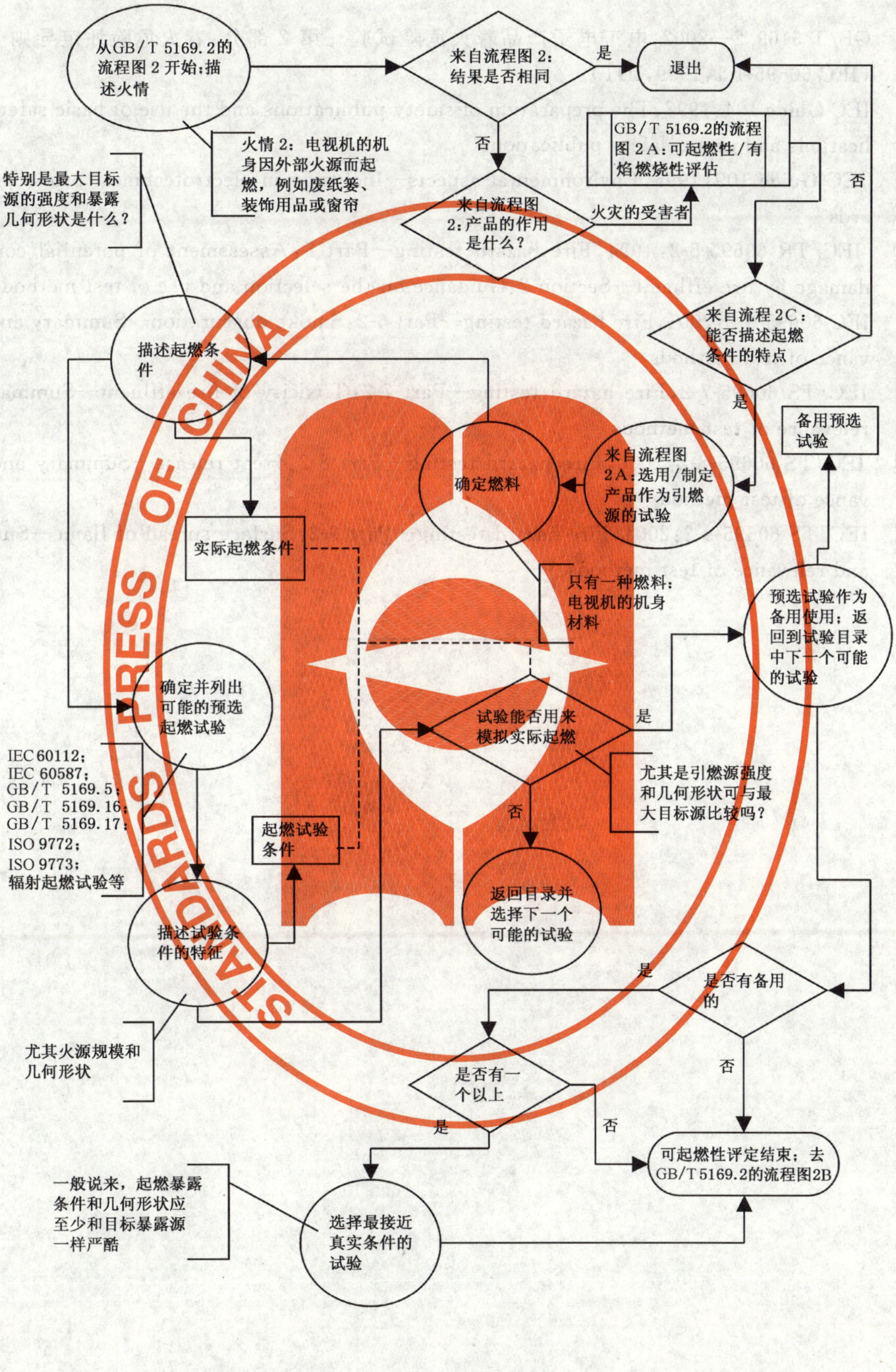

图 B.5　评估电视机预选试验的适应性——火情 2

参 考 文 献

[1] GB/T 5169.2—2002,电工电子产品着火危险试验 第2部分:着火危险评定导则 总则(IEC 60695-1-1:1999,IDT)

[2] IEC Guide 104:1997,The preparation of safety publications and the use of basic safety publications and group safety publications

[3] IEC Guide 109:1995,Environmental aspects—Inclusion in electrotechnical product standards

[4] IEC/TR 60695-5-2:1994,Fire hazard testing—Part 5:Assessment of potential corrosion damage by fire effluent—Section 2:Guidance on the selection and use of test methods

[5] IEC 60695-6-2:2001,Fire hazard testing—Part 6-2:Smoke obscuration—Summary and relevance of test methods

[6] IEC/TS 60695-7-2,Fire hazard testing—Part 7-2:Toxicity of fire effluent—Summary and relevance of test methods

[7] IEC/TS 60695-8-2:2000,Fire hazard testing—Part 8-2:Heat release—Summary and relevance of test methods

[8] IEC/TS 60695-9-2:2001,Fire hazard testing—Part 9-2:Surface spread of flame—Summary and relevance of test methods

ICS 29.020
K 04

中华人民共和国国家标准

GB/T 5169.10—2006/IEC 60695-2-10:2000
代替 GB/T 5169.10—1997

电工电子产品着火危险试验 第10部分:灼热丝/热丝基本试验方法 灼热丝装置和通用试验方法

Fire hazard testing for electric and electronic products—Part 10:Glow/hot-wire based test methods—Glow-wire apparatus and common test procedure

(IEC 60695-2-10:2000,Fire hazard testing—Part 2-10:Glow/hot-wire based test methods—Glow-wire apparatus and common test procedure,IDT)

2006-12-19 发布 2007-09-01 实施

中华人民共和国国家质量监督检验检疫总局
中国国家标准化管理委员会 发布

前　言

GB/T 5169《电工电子产品着火危险试验》包括以下18个部分：

——GB/T 5169.1—1997　电工电子产品着火危险试验　着火试验术语(idt IEC 60695-4:1993)

——GB/T 5169.2—2002　电工电子产品着火危险试验　第2部分:着火危险评定导则　总则(IEC 60695-1-1:1999,IDT)

——GB/T 5169.3—2005　电工电子产品着火危险试验　第3部分:电子元件着火危险评定技术要求和试验规范制订导则(IEC 60695-1-2:1982,IDT)

——GB/T 5169.5—1997　电工电子产品着火危险试验　第2部分:试验方法　第2篇:针焰试验(idt IEC 60695-2-2:1991)

——GB/T 5169.7—2001　电工电子产品着火危险试验　试验方法　扩散型和预混合型火焰试验方法(idt IEC 60695-2-4/0:1991)

——GB/T 5169.9—2006　电工电子产品着火危险试验　第9部分:着火危险评定导则　预选试验规程的使用(IEC 60695-1-30:2002,IDT)

——GB/T 5169.10—2006　电工电子产品着火危险试验　第10部分:灼热丝/热丝基本试验方法　灼热丝装置和通用试验方法(idt IEC 60695-2-10:2000,IDT)

——GB/T 5169.11—2006　电工电子产品着火危险试验　第11部分:灼热丝/热丝基本试验方法　成品的灼热丝可燃性试验方法(IEC 60695-2-11:2000,IDT)

——GB/T 5169.12—2006　电工电子产品着火危险试验　第12部分:灼热丝/热丝基本试验方法　材料的灼热丝可燃性试验方法(IEC 60695-2-12:2000,IDT)

——GB/T 5169.13—2006　电工电子产品着火危险试验　第13部分:灼热丝/热丝基本试验方法　材料的灼热丝起燃性试验方法(IEC 60695-2-13:2000,IDT)

——GB/T 5169.14—2001　电工电子产品着火危险试验　试验方法　1 kW标称预混合型试验火焰和导则(idt IEC 60695-2-4/1:1991)

——GB/Z 5169.15—2001　电工电子产品着火危险试验　试验方法　500 W标称预混合型试验火焰和导则(idt IEC 60695-2-4/2:1994)

——GB/T 5169.16—2002　电工电子产品着火危险试验　第16部分:50 W水平与垂直火焰试验方法(IEC 60695-11-10:1999,IDT)

——GB/T 5169.17—2002　电工电子产品着火危险试验　第17部分:500 W火焰试验方法(IEC 60695-11-20:1999,IDT)

——GB/T 5169.18—2005　电工电子产品着火危险试验　第18部分:将电工电子产品的火灾中毒危险减至最小的导则　总则(IEC 60695-7-1:1993,IDT)

——GB/T 5169.19—2006　电工电子产品着火危险试验　第19部分:非正常热　模压应力释放变形试验(IEC 60695-10-3:2002,IDT)

——GB/T 5169.20—2006　电工电子产品着火危险试验　第20部分:火焰表面蔓延　试验方法概要和相关性(IEC/TS 60695-9-2:2001,IDT)

——GB/T 5169.21—2006　电工电子产品着火危险试验　第21部分:非正常热　球压试验(IEC 60695-10-2:2003)

本部分为GB/T 5169的第10部分。

本部分等同采用IEC 60695-2-10:2000《着火危险试验　第2-10部分:灼热丝/热丝基本试验方

法　灼热丝装置和通用试验方法》(英文版)，并作了少量编辑性修改，删除了 IEC 60695-2-10:2000 的资料性附录 A。

本部分代替 GB/T 5169.10—1997《电工电子产品着火危险试验　试验方法　灼热丝试验方法　总则》。

本部分与 GB/T 5169.10—1997 相比主要变化如下：

a)　将 GB/T 5169.10—1997 中热电偶所用的金属细丝的标称直径由“0.5 mm”改为“1.0 mm 或 0.5 mm”(本部分的 5.2)；

b)　增加了试验样品在试验箱中所受到的光照度和试验箱背景光照度的规定(本部分的 5.4)；

c)　增加了对灼热丝顶部尺寸 *A* 的确认(本部分的 6.1)；

d)　将 GB/T 5169.10—1997 中温度测量系统校验时所使用的银箔的面积由边长 2 mm 的正方形改为 2 mm^2(本部分的 6.2.2)；

e)　增加了灼热丝接触试验样品的时间、灼热丝接近和离开试验样品的速率范围和最大冲击力的规定(本部分的 8.3)。

本部分由中国电器工业协会提出。

本部分由全国电工电子产品环境技术标准化技术委员会(SAC/T 8)归口。

本部分由广州电器科学研究院负责起草，广州日用电器检测所、广州擎天实业有限公司参加起草。

本部分主要起草人：陈灵、陈兰娟、张效忠。

本部分于 1997 年首次发布，本次是第一次修订。

引　言

测试电工电子产品着火危险的最好方法，是真实地再现在实际中存在的条件。但在大多数情况下，这是不可能的。因此，最好根据现实情况尽可能真实地模拟实际发生的效应来进行电工电子产品着火危险试验。

电工电子产品设备的零件由于电的作用可能暴露于过热应力，而且其劣化可能会降低设备的安全性能，这些零件不应过度地受到设备内部产生的热和火的影响。

在设备内部容易使火焰蔓延的绝缘材料或其他固体可燃材料的零件可能会由于灼热电线或灼热元件而起燃。在一定条件下，例如流过导线的故障电流、元件过载以及不良接触的情况下，某些元件会达到某一温度而使其附近的零件起燃。

电工电子产品着火危险试验 第10部分:灼热丝/热丝基本试验方法 灼热丝装置和通用试验方法

1 范围

GB/T 5169 的本部分规定了灼热丝装置和通用试验方法,是利用模拟技术评定灼热元件或过载电阻之类热源在短时间内造成热应力影响的着火危险性。

本部分描述的试验适用于电工设备及其组件和零部件,还适用于固体电绝缘材料或其他固体可燃材料。

标准化技术委员会的任务之一就是在编写自己的出版物时,凡是适用之处都要利用这些基本安全出版物。

2 规范性引用文件

下列文件中的条款通过本部分的引用而成为本部分的条款。凡是注日期的引用文件,其随后所有的修改单(不包括勘误的内容)或修订版均不适用于本部分,然而,鼓励根据本部分达成协议的各方研究是否可使用这些文件的最新版本。凡是不注日期的引用文件,其最新版本适用于本部分。

GB/T 5169.11—2006 电工电子产品着火危险试验 第11部分:灼热丝/热丝基本试验方法 成品的灼热丝可燃性试验方法(IEC 60695-2-11:2000,IDT)

GB/T 5169.12—2006 电工电子产品着火危险试验 第12部分:灼热丝/热丝基本试验方法 材料的灼热丝可燃性试验方法(IEC 60695-2-12:2000,IDT)

GB/T 5169.13—2006 电工电子产品着火危险试验 第13部分:灼热丝/热丝基本试验方法 材料的灼热丝起燃性试验方法(IEC 60695-2-13:2000,IDT)

IEC 60584-1:1995 热电偶 第1部分:参考表

IEC 60584-2:1982 热电偶 第2部分:公差

ISO 4046:1978 纸张、纸板、纸浆及有关术语 词汇

ISO/IEC 13943:2000 防火安全 术语

3 术语和定义

ISO/IEC 13943:2000 给出的以及下列术语和定义适用于本部分。

3.1

试验温度和灼热丝的温度 test temperature and temperature of the glow-wire

灼热丝的顶端与试验样品接触前被加热并达到稳定的温度。

4 试验装置概要和通用试验方法

本部分规定了用于无火焰引燃源着火试验的灼热丝装置和通用试验方法。

灼热丝是一个规定的电阻丝环,用电加热到规定的温度。使灼热丝的顶端接触样品达到规定的一段时间,观察和测量的范围取决于特定的试验程序。

GB/T 5169.11—2006、GB/T 5169.12—2006 和 GB/T 5169.13—2006 给出了的每一项试验程序的详细说明。

5 试验装置的说明

5.1 灼热丝

灼热丝是用标称直径为 4 mm 的镍/铬(80/20)丝制成。按图 1 所示将灼热丝成型为环形。

灼热丝用简单的电路加热,如图 2 所示。不应有用于保持温度的反馈装置或反馈回路。

由于大电流的存在,因此重要的是灼热丝的电气连接应能确保通过大电流而又不影响电路的性能或长期稳定性。

注 1:将顶端加热到 960℃所需的典型电流在 120 A～150 A 之间。

试验装置的设计应使灼热丝保持在一个水平面上,并且在使用时灼热丝要对试验样品施加 1.0 N ±0.2 N 的力。当灼热丝或试验样品在水平方向相对移动时应保持此压力值。灼热丝的顶部进入或穿透试验样品的深度应限定在 7 mm±0.5 mm。

应将试验装置设计成从试验样品上落下的燃烧或灼热颗粒能够落在 5.3 规定的铺底层上。

试验装置的两个典型的例子如图 3a)和图 3b)所示。

注 2:图 3b)所示的装置适用于测试大的试验样品或在设备内部测试试验样品。

5.2 温度测量系统

测量灼热丝顶部的温度应使用带有绝缘结点的一级(见 IEC 60584-2)矿物绝缘金属铠装细丝热电偶。其标称直径应为 1.0 mm 或 0.5 mm,例如镍铬和镍铝(K 型)线材(见 IEC 60584-1)适合在温度高达 960℃的条件下连续运行,它们的焊接点位于铠装套内,尽可能地靠近顶部。铠装套应由金属制成,能耐受在温度至少为 1 050℃的条件下连续运行。如果有争议,应使用 0.5 mm 的热电偶。

注 1:由镍基耐热合金制成的铠装套被视为可以满足上述要求。

注 2:0.5 mm 热电偶将被撤消是本部分将来修订的计划。

带有热电偶的灼热丝如图 1 所示。

热电偶被安放在灼热丝顶部后面已钻好的小孔里,保持紧密配合如图 1 的放大图 *Z* 所示。应保持热电偶的顶部与钻孔的底部的热接触。注意确保热电偶能够随着灼热丝顶部因加热产生的尺寸变化而移动。

测量热电势仪器可由带有内置基准点的任何一种商用数字温度计构成。

注 3:可以使用其他的温度测量仪器,如果有争议,则必须使用热电偶方法。

5.3 规定的铺底层

为了评定可能发生的燃烧蔓延,例如从试验样品上落下的燃烧或灼热颗粒引起的燃烧蔓延,在试验样品下面放置一块规定的铺底层。

除非另有规定,在一块最小厚度为 10 mm 的平滑木板的上表面紧裹一层包装绢纸,置于灼热丝施加到试验样品的作用点下面的 200 mm±5 mm 处。见图 3a)和图 3b)。

按 ISO 4046:1978 中 6.86 的规定,包装绢纸是一种柔软而强韧的轻质包装纸,单位面积质量为 12 g/m^2～30 g/m^2。

如果其他类似的材料经过验证同样适用,也可以代替包装绢纸。

注:最初包装绢纸是用作精致物品和礼物的保护性包装。

5.4 试验箱

该装置应在无空气流通的条件下进行操作。可以使用一个能够观察试验样品的容积至少为 0.5 m^3 的试验箱来完成试验。试验箱的容积应确保试验期间氧气损耗不会明显影响试验结果。应将试验样品安装在距离试验箱各表面至少 100 mm 处。每次试验之后,应将含有试验样品分解物的空气安全排出试验箱。不包括灼热丝发光,试验样品受光应不超过 20 lx 而背景材料应是暗的。试验箱应足够暗,当照度计面对试验箱后部被放置在试验样品位置时,照度应小于 20 lx。

6 试验装置的校验

6.1 灼热丝顶部的校验

每批试验之前，必须通过测量和记录图1和放大图 *Z* 所示的尺寸“*A*”来检查灼热丝顶部。该尺寸应与随后的试验相比较，当该尺寸减少到最初读数的90%时就应替换灼热丝。

每次试验完成后，如果必要，必须清除灼热丝顶部上所有前次受试材料的残余物，例如使用钢丝刷，然后检查灼热丝顶部是否有裂纹。

6.2 温度测量系统的校验

6.2.1 5.2规定的温度测量系统的持续准确性能和校准应进行周期性校验。

6.2.2 可将一件纯度至少为99.8%、面积约2 mm^2 和厚度约0.06 mm的银箔放置在灼热丝顶部的上表面来完成灼热丝温度的单点确认。将灼热丝以适合的低加热速率进行加热，当银箔开始熔化时，温度计应该显示960℃±15℃。确认程序完成之后，应在灼热丝还是热的时候立即清除所有银残余物，以减少熔成合金的可能性。在有争议的情况下，应采用银箔确认方法。

7 预处理

在试验开始之前，应将木板和包装绢纸在温度15℃～35℃、相对湿度45%～75%的大气环境下放置24 h。

8 通用试验方法

注意事项：

为保护操作人员的健康，进行试验时应采取预防措施来防止：

——爆炸、燃烧或火灾的危险；

——电击的危险；

——烟和/或有毒产物的吸入；

——有毒的残余物。

8.1 试验样品的安装或夹紧应使得：

a) 因支撑或固定而造成的散热是可忽略的(见图4)；

b) 表面的平面部分是垂直的；

c) 灼热丝的顶部施加到表面平面部分的中心处。

8.2 将灼热丝加热到规定的温度，并用校准过的温度测量系统进行测量。在灼热丝接触试验样品之前，应注意确保：

a) 该温度至少恒定60 s时间，温度变化不超过5 K；

b) 保持最小为5.0 cm的距离或使用适当的屏蔽，使试验样品在此期间不受热辐射的影响；

c) 在试验完成之前不要再调整加热电流或电压。

8.3 然后使灼热丝顶部慢慢地接触试验样品达30 s±1 s。大约以10 mm/s～25 mm/s的速率接近和离开试验样品是合适的。但是在临近接触时为了避免撞击，接近的速率应减少到接近零，冲击力不超过1.0 N±0.2 N。在材料熔化脱离灼热丝的情况下，灼热丝不应与试验样品保持接触。施加时间到了之后，将灼热丝和试验样品慢慢分开，避免试验样品任何进一步受热和有任何空气流动可能对试验结果的影响。灼热丝进入或贯穿试验样品的深度应限定在7 mm±0.5 mm。

单位为毫米

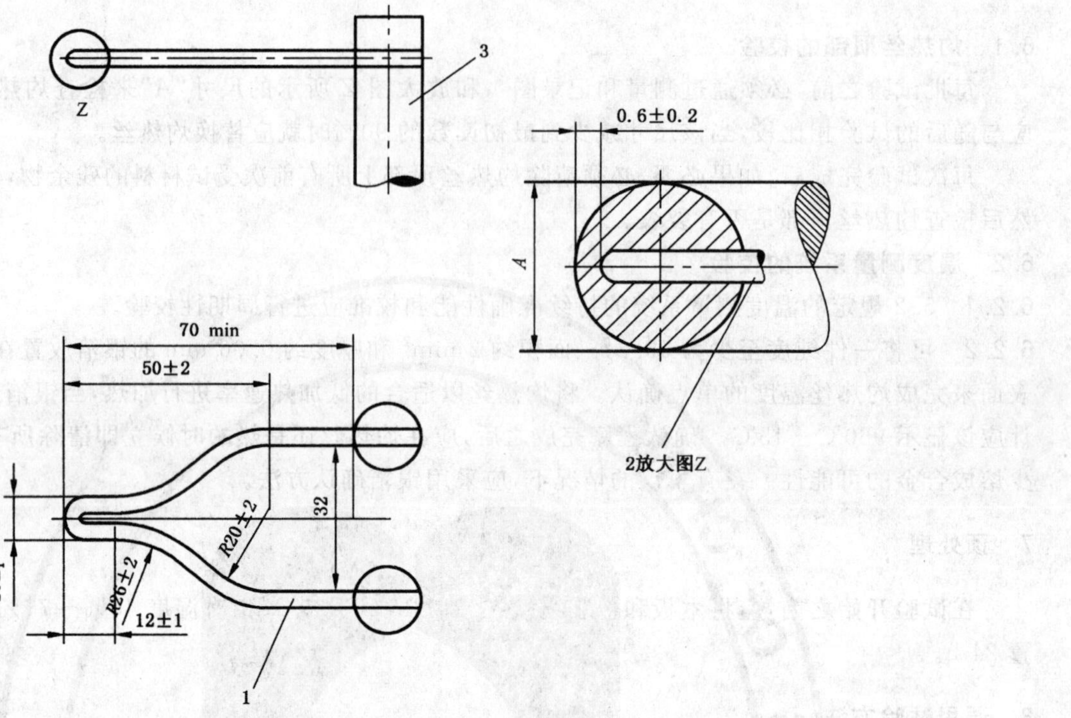

1——灼热丝；

2——热电偶；

3——螺栓。

说明：

a) 灼热丝材料：镍/铬(80/20)；

b) 直径：4.0 mm±0.04 mm(弯曲前)；

c) 直径 A：(弯曲后)见 6.1；

当成型灼热丝环时，注意避免在顶部出现细小裂纹。

注：退火是防止顶部出现细小裂纹的适用工序。

图 1 灼热丝和热电偶的位置

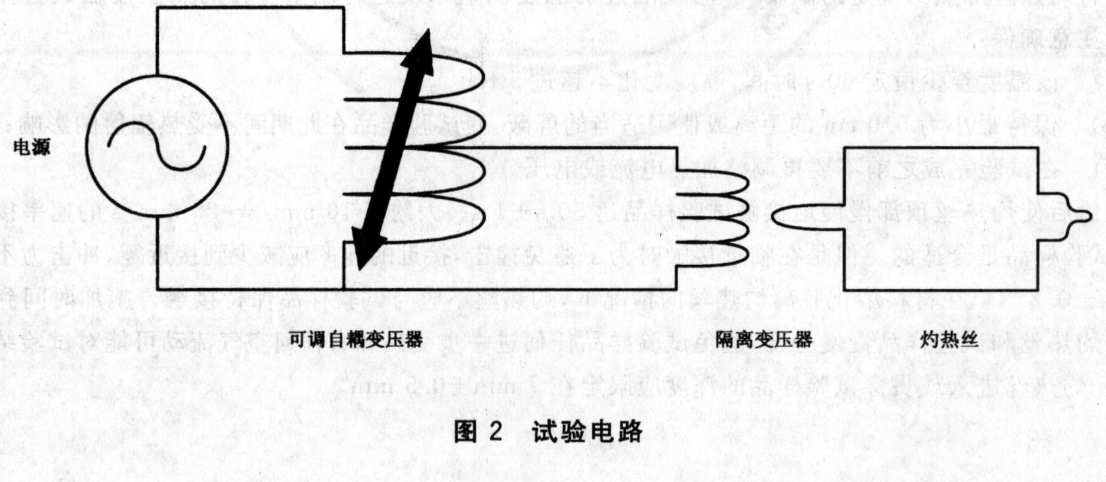

图 2 试验电路

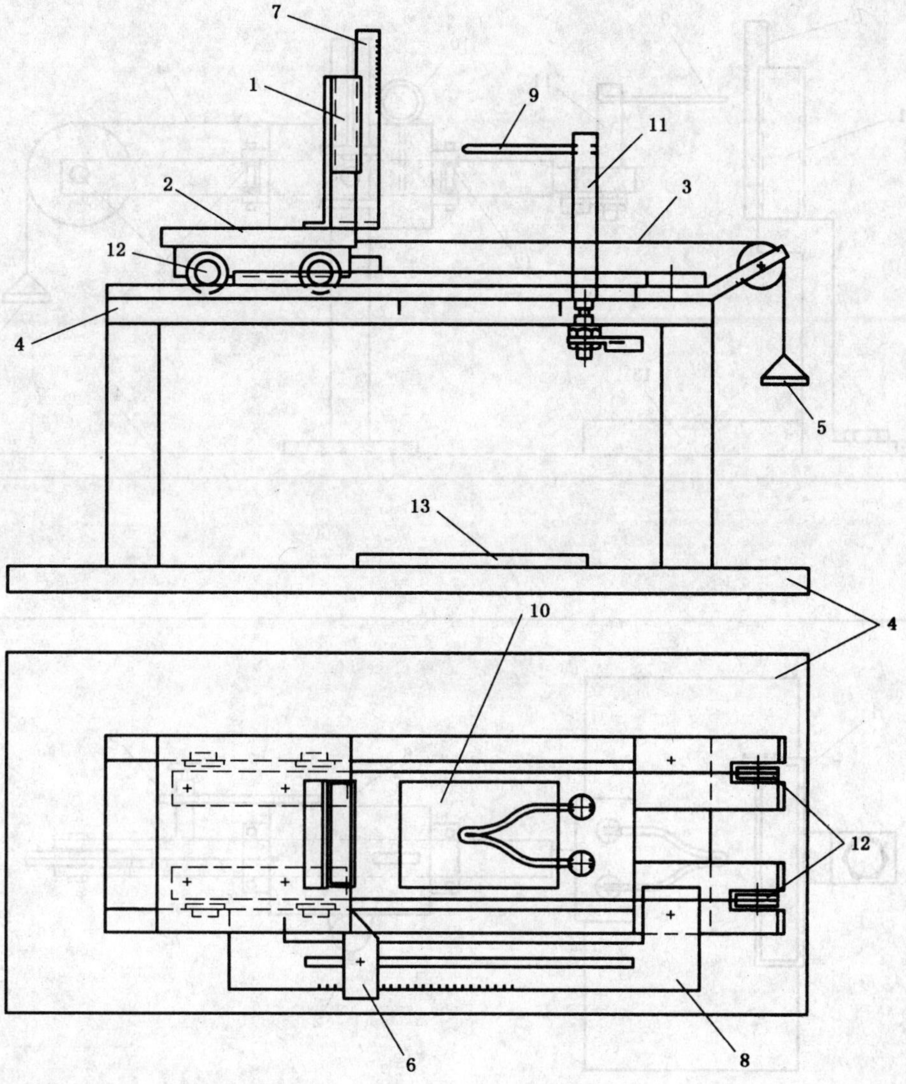

1——试验样品支架(见图4);

2——小车;

3——拉紧绳;

4——底板;

5——重量块;

6——定位器;

7——火焰高度测量尺;

8——穿透度测量尺;

9——灼热丝;

10——试验样品坠落颗粒用的底板开孔;

11——灼热丝安装螺栓;

12——小阻力滚轮;

13——规定的铺底层。

图 3a） 试验装置举例

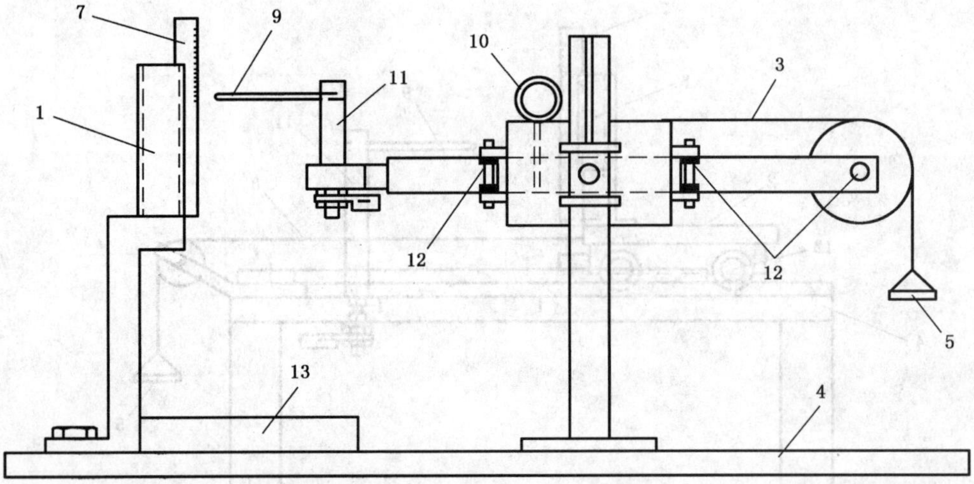

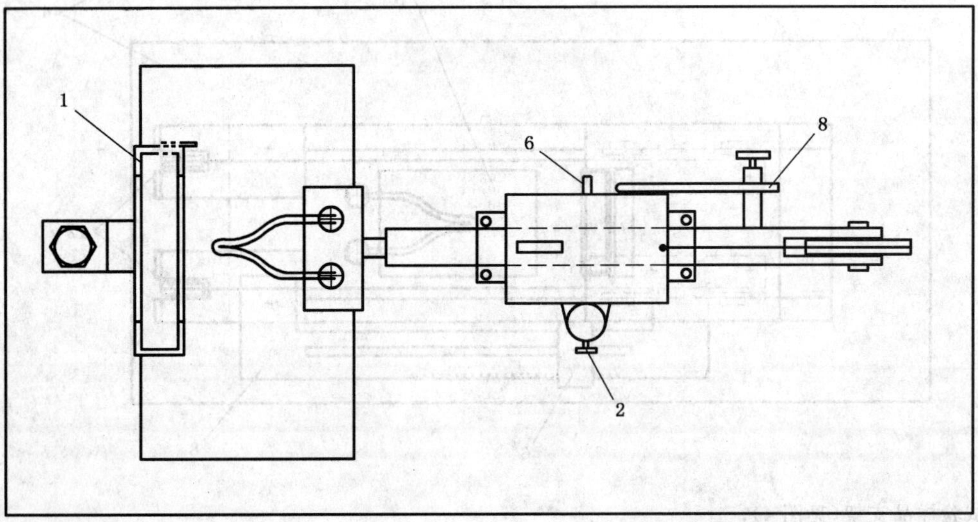

1——试验样品支架(见图 4);
2——高度调节螺栓;
3——拉紧绳;
4——底板;
5——重量块;
6——定位器;
7——火焰高度测量尺;
8——穿透度测量尺;
9——灼热丝;
10——限位螺栓;
11——灼热丝安装螺栓;
12——小阻力滚轮;
13——规定的铺底层。

图 3b) 试验装置举例

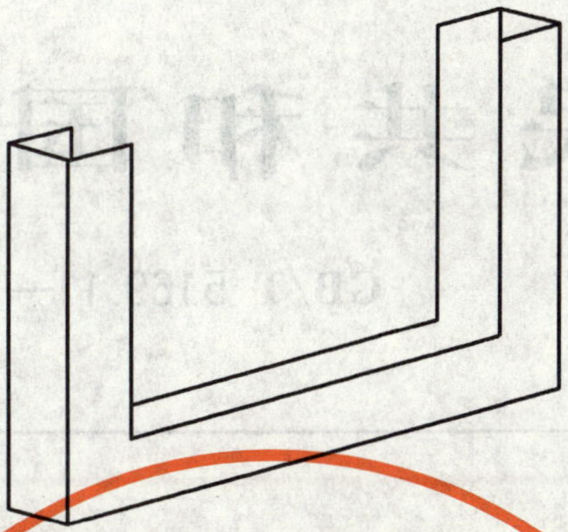

注 1：本设计建议是为了保证热量损失小到可以忽略。

注 2：这仅是一个举例，所以未标注公差或尺寸。

图 4　试验样品支架举例(见图 3a)和图 3b))

ICS 29.020
K 04

中华人民共和国国家标准

GB/T 5169.11—2006/IEC 60695-2-11:2000
代替 GB/T 5169.11—1997

电工电子产品着火危险试验 第11部分:灼热丝/热丝基本试验方法 成品的灼热丝可燃性试验方法

Fire hazard testing for electric and electronic products—Part 11:Glowing/hot-wire based test methods—Glow-wire flammability test method for end-products

(IEC 60695-2-11:2000,Fire hazard testing—Part 2-11:Glowing/hot-wire based test methods—Glow-wire flammability test method for end-products,IDT)

2006-12-19 发布　　　　2007-09-01 实施

中华人民共和国国家质量监督检验检疫总局
中国国家标准化管理委员会　发布

前　言

GB/T 5169《电工电子产品着火危险试验》包括以下18个部分：

——GB/T 5169.1—1997　电工电子产品着火危险试验　着火试验术语(idt IEC 60695-4:1993)

——GB/T 5169.2—2002　电工电子产品着火危险试验　第2部分：着火危险评定导则　总则(IEC 60695-1-1:1999,IDT)

——GB/T 5169.3—2005　电工电子产品着火危险试验　第3部分：电子元件着火危险评定技术要求和试验规范制订导则(IEC 60695-1-2:1982,IDT)

——GB/T 5169.5—1997　电工电子产品着火危险试验　第2部分：试验方法　第2篇：针焰试验(idt IEC 60695-2-2:1991)

——GB/T 5169.7—2001　电工电子产品着火危险试验　试验方法　扩散型和预混合型火焰试验方法(idt IEC 60695-2-4/0:1991)

——GB/T 5169.9—2006　电工电子产品着火危险试验　第9部分：着火危险评定导则　预选试验规程的使用(IEC 60695-1-30:2002,IDT)

——GB/T 5169.10—2006　电工电子产品着火危险试验　第10部分：灼热丝/热丝基本试验方法　灼热丝装置和通用试验方法(IEC 60695-2-10:2000,IDT)

——GB/T 5169.11—2006　电工电子产品着火危险试验　第11部分：灼热丝/热丝基本试验方法　成品的灼热丝可燃性试验方法(IEC 60695-2-11:2000,IDT)

——GB/T 5169.12—2006　电工电子产品着火危险试验　第12部分：灼热丝/热丝基本试验方法　材料的灼热丝可燃性试验方法(IEC 60695-2-12:2000,IDT)

——GB/T 5169.13—2006　电工电子产品着火危险试验　第13部分：灼热丝/热丝基本试验方法　材料的灼热丝起燃性试验方法(IEC 60695-2-13:2000,IDT)

——GB/T 5169.14—2001　电工电子产品着火危险试验　试验方法　1 kW标称预混合型试验火焰和导则(idt IEC 60695-2-4/1:1991)

——GB/Z 5169.15—2001　电工电子产品着火危险试验　试验方法　500 W标称预混合型试验火焰和导则(idt IEC 60695-2-4/2:1994)

——GB/T 5169.16—2002　电工电子产品着火危险试验　第16部分：50 W水平与垂直火焰试验方法(IEC 60695-11-10:1999,IDT)

——GB/T 5169.17—2002　电工电子产品着火危险试验　第17部分：500 W火焰试验方法(IEC 60695-11-20:1999,IDT)

——GB/T 5169.18—2005　电工电子产品着火危险试验　第18部分：将电工电子产品的火灾中毒危险减至最小的导则　总则(IEC 60695-7-1:1993,IDT)

——GB/T 5169.19—2006　电工电子产品着火危险试验　第19部分：非正常热　模压应力释放变形试验(IEC 60695-10-3:2002,IDT)

——GB/T 5169.20—2006　电工电子产品着火危险试验　第20部分：火焰表面蔓延　试验方法概要和相关性(IEC/TS 60695-9-2:2001,IDT)

——GB/T 5169.21—2006　电工电子产品着火危险试验　第21部分：非正常热　球压试验(IEC 60695-10-2:2003,IDT)

本部分为GB/T 5169的第11部分。本部分与GB/T 5169.10—2006一起使用。

本部分等同采用IEC 60695-2-11:2000《着火危险试验　第2-11部分：灼热丝/热丝基本试验方

法　成品的灼热丝可燃性试验方法》(英文版)，但按 GB/T 20000.2—2001《标准化工作指南　第2部分:采用国际标准的规则》的 4.2b)和 5.2 的规定作了少量编辑性修改。

本部分代替 GB/T 5169.11—1997《电工电子产品着火危险试验　试验方法　成品的灼热丝试验和导则》。

本部分与 GB/T 5169.11—1997 相比主要变化如下：

a)　增加了“小部件”的术语、定义和图示(本部分的 3.1)；

b)　取消了 GB/T 5169.11—1997 中有关灼热丝顶部与试验样品接触时间的规定(GB/T 5169.11—1997 中的 9.4)，此内容包含在 GB/T 5169.10—2006 中；

c)　取消了 GB/T 5169.11—1997 中 9.5 的内容。

本部分的附录 A 为资料性附录。

本部分由中国电器工业协会提出。

本部分由全国电工电子产品环境技术标准化技术委员会(SAC/T8)归口。

本部分由广州电器科学研究院负责起草，广州日用电器检测所、广州擎天实业有限公司参加起草。

本部分主要起草人:陈灵、陈兰娟、张效忠。

本部分于 1997 年首次发布，本次是第一次修订。

电工电子产品着火危险试验 第11部分:灼热丝/热丝基本试验方法 成品的灼热丝可燃性试验方法

1 范围

GB/T 5169 的本部分详细规定了着火危险试验中施加于成品的灼热丝试验。

本部分中的成品是指电工设备及其组件和部件。

标准化技术委员会的任务之一就是在编写自己的出版物时,凡是适用之处都要利用这些基本安全出版物。

2 规范性引用文件

下列文件中的条款通过本部分的引用而成为本部分的条款。凡是注日期的引用文件,其随后所有的修改单(不包括勘误的内容)或修订版均不适用于本部分,然而,鼓励根据本部分达成协议的各方研究是否可使用这些文件的最新版本。凡是不注日期的引用文件,其最新版本适用于本部分。

GB/T 5169.5—1997 电工电子产品着火危险试验 第2部分:试验方法 第2篇:针焰试验(idt IEC 60695-2-2:1991)

GB/T 5169.10—2006 电工电子产品着火危险试验 第10部分:灼热丝/热丝基本试验方法 灼热丝装置和通用试验方法(IEC 60695-2-10:2000,IDT)

ISO/IEC 13943:2000 防火安全 术语

3 术语和定义

ISO/IEC 13943:2000 给出的以及下列术语和定义适用于本部分。

3.1

小部件 small parts

部件在一个直径为15 mm的圆内能够完全展开每个表面,或表面的某些部分展开在直径为15 mm的圆之外,但是任何部分都不适合放置一个直径为8 mm的圆(见图1)。

注:当检查表面时,忽略表面上的突出部分和最大面积上直径不大于2 mm的孔。

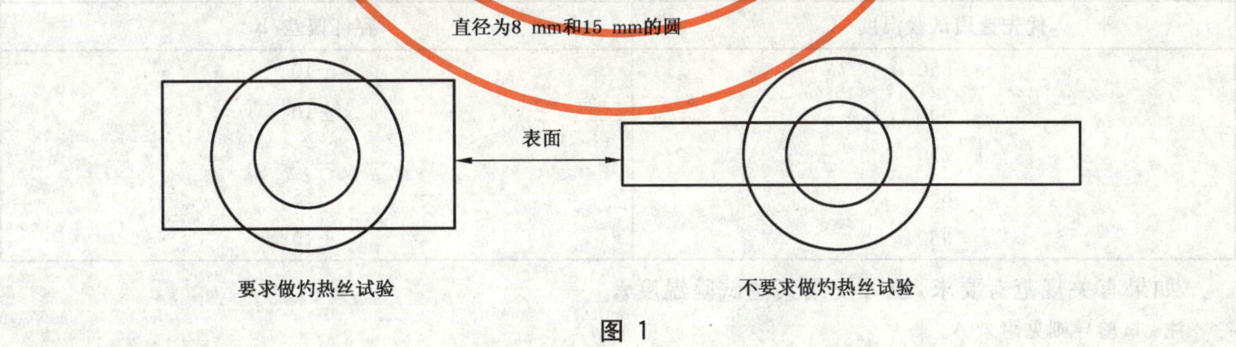

图 1

4 试验条件的说明和试验样品选择

如果可能,试验样品应是一个完整的成品。试验样品的选择应确保试验条件与正常使用中存在的条件无显著的差异，如形状、通风、热应力影响以及试验样品可能出现的火焰或燃烧颗粒或灼热颗粒落到试验样品附近的影响。

如果试验不能在完整的成品上进行，或除非有关规范另有规定，则可采用下列方法之一：

a) 在需要检验的部件中切下一块；

b) 在完整的成品上开一小孔使其与灼热丝接触；

c) 从完整的成品中取出需要检验的部件，进行单独试验。

在有关规范中应规定哪部分可以取出，以便接触到灼热丝。孔太小可能会因周围物体的起燃、灼热丝温度的降低、或氧气的利用率受到限制而影响试验结果，然而孔太大则会比常态得到更多的氧，也会影响试验结果。

在试验期间，如果装有试验样品的设备的任一部分因灼热丝的热量而起燃，从而影响试验样品受热条件时，这样的试验应是无效的。

应确保在规定的条件下进行试验，灼热丝不会使部件起燃，如果部件被点燃，其燃烧的持续时间是有限的，不会因试验样品的火焰或试验样品上落下的燃烧或灼热颗粒而蔓延。

如果在施加灼热丝期间试验样品冒出火焰而产生着火危险，则需要使用其他起燃源作进一步试验，如将针焰施加到因冒出的火焰而受到影响的那些部件上。

灼热丝试验不应用于可能需要其他试验方法(例如 GB/T 5169.5—1997 中的针焰试验)的小部件。

5 试验装置的说明

GB/T 5169.10—2006 的第 5 章给出了试验装置的说明。

为了评定火焰蔓延的可能性，例如从试验样品上落下的燃烧或灼热颗粒而引起的火焰蔓延的可能性，将 GB/T 5169.10—2006 的 5.3 规定的铺底层，或通常在试验样品周围或下面的材料或元件，放在试验样品的下面。试验样品与代表周围材料或元件的铺底层之间的距离应等于试验样品安装在电工设备中的实际距离。

如果试验样品是一个完整的独立式设备，应按正常使用位置将其放置在 GB/T 5169.10—2006 的 5.3 规定的铺底层上，铺底层在设备底部四周至少延长 100 mm。

如果试验样品是一个完整的壁挂式设备，应按正常使用位置将其固定在 GB/T 5169.10—2006 的 5.3 规定的铺底层上方 200 mm±5 mm 处。

6 严酷等级

应从表 1 中选择试验温度。

表 1 试验严酷等级

优先选用试验温度/℃	容许偏差/K
550	±10
650	±10
750	±10
850	±15
960	±15

如果有关规范有要求，也可使用其他试验温度。

注：试验导则见附录 A。

7 温度测量系统的校验

温度测量系统的校验见 GB/T 5169.10—2006 的 6.2。

8 预处理

除非有关规范另有规定，试验样品和使用的铺底层在温度15℃～35℃、相对湿度45％～75％的大气环境下放置24 h。

9 初始测量

试验样品用目测检查，当有关规范规定时，应测量机械和电气参数。

10 试验程序

试验程序见GB/T 5169.10—2006的第8章。

10.1 除了GB/T 5169.10—2006第8章的规定之外，除非另有规定，试验样品安装时应使灼热丝的顶部施加到试验样品在正常使用时可能会遭受热应力的表面部分。灼热丝应尽可能地保持水平。

在同一个试验样品上进行的试验多于一个点时，应注意前面的试验导致的劣化不能影响后面要做的试验的结果。

在没有详细规定设备在正常使用期间遭受热应力的区域时，灼热丝的顶部应施加在试验样品最薄之处，而且离试验样品上边缘最好不少于15 mm。

在试验期间，将试验样品固定在试验装置上，但不应将额外的机械应力传给试验样品。

10.2 除非有关规范另有规定，试验应在一个试验样品上进行。

11 观察和测量

在施加灼热丝期间(t_a)和在其后30 s内，应对试验样品、试验样品周围的部件和放在试验样品下面的规定的铺底层进行观察，并作如下记录：

a) 从灼热丝顶部施加开始到试验样品或试验样品下面铺底层起燃的持续时间(t_i)；

b) 从灼热丝顶部施加开始到火焰熄灭的持续时间(t_e)，火焰熄灭可能在施加期间或之后；

c) 火焰最大高度应以5 mm为一档向上圆整，但起燃开始时，可能产生高的火焰。为时约1 s，这种火焰不计在内；

d) 如果是由于移开的灼热丝带走大部分燃烧材料而使试验样品通过了试验，则应将这一情况记录在试验报告中。

e) 放在试验样品下面的规定的铺底层的任何起燃。

注：火焰的高度是指当灼热丝施加在试验样品上时由灼热丝上缘至在柔和的弱光下观察可见火焰顶部之间的垂直距离。

如果有关规范有规定，应测量机械或电气参数。

12 试验结果的评定

除非有关规范另有规定，试验样品如果没有燃烧或灼热，或全部符合下面的情形，则认为通过了灼热丝试验：

a) 如果试验样品的火焰或灼热在移开灼热丝之后的30 s内熄灭，即$t_e \leqslant t_a + 30$ s；和

b) 当使用规定的包装绢纸的铺底层时，绢纸不应起燃。

13 在有关规范中应给出的资料

a) 试验样品的型号和说明(见第4章)；

b) 制样的方法(见第4章)；

c) 试验样品的所有预处理(见第8章)；

d) 试验样品的数量(见 10.2);

e) 受试表面和灼热丝施加点(见 10.1);

f) 用于评定燃烧颗粒影响的规定的铺底层(见第 5 章);

g) 试验温度(见表 1);

h) 是否在同一个试验样品上进行的试验多于一个点(见 10.1);

i) 所规定的标准是否符合安全要求,或是否采用其他标准——例如 t_i、t_e 和火焰高度(见第 11 章);

j) 要测量的机械或电气参数(见第 9 章和第 11 章)。

附 录 A
（资料性附录）
灼热丝试验导则

适当的试验温度应根据试验样品对不适应异常热、起燃和燃烧蔓延所引起的故障危险及其造成后果的估计进行选择。

为了帮助有关标准起草者按表1的规定，合理选择灼热丝试验温度，提出灼热丝试验导则见表A.1。

表 A.1 灼热丝试验导则

设备的种类	绝缘材料部件	
	与载流部件接触或将它们保持在适当位置的部件	不保持载流部件在适当位置的外壳和盖子
使用时有人照管的设备	650℃	650℃
使用时无人照管但在低严酷条件下使用的设备	750℃	750℃
使用时有人照管但在较严酷条件下使用的设备	750℃	750℃
使用时连续负载而又无人照管的设备	850℃	850℃
使用时连续负载而又无人照管的设备并且在较严酷条件下使用的设备	960℃	960℃
设备上的固定附件	750℃	650℃
拟使用在建筑物中心供电点附近的设备	960℃	750℃
确保有着火危险的部件具有最低的起燃和/或燃烧蔓延性的水平，而且部件在此方面不再进行其他试验（目的是淘汰剧烈燃烧的材料）	550℃	550℃

ICS 29.020
K 04

中华人民共和国国家标准

GB/T 5169.12—2006/IEC 60695-2-12:2000
代替 GB/T 5169.12—1999

电工电子产品着火危险试验 第12部分:灼热丝/热丝基本试验方法 材料的灼热丝可燃性试验方法

Fire hazard testing for electric and electronic products—Part 12:Glowing/hot-wire based test methods—Glow-wire flammability test method for materials

(IEC 60695-2-12:2000,Fire hazard testing—Part 2-12:Glowing/hot-wire based test methods—Glow-wire flammability test method for materials,IDT)

2006-12-19 发布　　2007-09-01 实施

中华人民共和国国家质量监督检验检疫总局
中国国家标准化管理委员会　发布

前　言

GB/T 5169《电工电子产品着火危险试验》包括以下 18 个部分：

——GB/T 5169.1—1997　电工电子产品着火危险试验　着火试验术语(idt IEC 60695-4:1993)

——GB/T 5169.2—2002　电工电子产品着火危险试验　第 2 部分：着火危险评定导则　总则(IEC 60695-1-1:1999,IDT)

——GB/T 5169.3—2005　电工电子产品着火危险试验　第 3 部分：电子元件着火危险评定技术要求和试验规范制订导则(IEC 60695-1-2:1982,IDT)

——GB/T 5169.5—1997　电工电子产品着火危险试验　第 2 部分：试验方法　第 2 篇：针焰试验(idt IEC 60695-2-2:1991)

——GB/T 5169.7—2001　电工电子产品着火危险试验　试验方法　扩散型和预混合型火焰试验方法(idt IEC 60695-2-4/0:1991)

——GB/T 5169.9—2006　电工电子产品着火危险试验　第 9 部分：着火危险评定导则　预选试验规程的使用(IEC 60695-1-30:2002,IDT)

——GB/T 5169.10—2006　电工电子产品着火危险试验　第 10 部分：灼热丝/热丝基本试验方法　灼热丝装置和通用试验方法(IEC 60695-2-10:2000,IDT)

——GB/T 5169.11—2006　电工电子产品着火危险试验　第 11 部分：灼热丝/热丝基本试验方法　成品的灼热丝可燃性试验方法(IEC 60695-2-11:2000,IDT)

——GB/T 5169.12—2006　电工电子产品着火危险试验　第 12 部分：灼热丝/热丝基本试验方法　材料的灼热丝可燃性试验方法(IEC 60695-2-12:2000,IDT)

——GB/T 5169.13—2006　电工电子产品着火危险试验　第 13 部分：灼热丝/热丝基本试验方法　材料的灼热丝起燃性试验方法(IEC 60695-2-13:2000,IDT)

——GB/T 5169.14—2001　电工电子产品着火危险试验　试验方法　1 kW 标称预混合型试验火焰和导则(idt IEC 60695-2-4/1:1991)

——GB/Z 5169.15—2001　电工电子产品着火危险试验　试验方法　500 W 标称预混合型试验火焰和导则(idt IEC 60695-2-4/2:1994)

——GB/T 5169.16—2002　电工电子产品着火危险试验　第 16 部分：50 W 水平与垂直火焰试验方法(IEC 60695-11-10:1999,IDT)

——GB/T 5169.17—2002　电工电子产品着火危险试验　第 17 部分：500 W 火焰试验方法(IEC 60695-11-20:1999,IDT)

——GB/T 5169.18—2005　电工电子产品着火危险试验　第 18 部分：将电工电子产品的火灾中毒危险减至最小的导则　总则(IEC 60695-7-1:1993,IDT)

——GB/T 5169.19—2006　电工电子产品着火危险试验　第 19 部分：非正常热　模压应力释放变形试验(IEC 60695-10-3:2002,IDT)

——GB/T 5169.20—2006　电工电子产品着火危险试验　第 20 部分：火焰表面蔓延　试验方法概要和相关性(IEC/TS 60695-9-2:2001,IDT)

——GB/T 5169.21—2006　电工电子产品着火危险试验　第 21 部分：非正常热　球压试验(IEC 60695-10-2:2003)

本部分为 GB/T 5169 的第 12 部分。本部分与 GB/T 5169.10—2006 一起使用。

本部分等同采用 IEC 60695-2-12:2000《着火危险试验　第 2-12 部分：灼热丝/热丝基本试验方

法　材料的灼热丝可燃性试验方法》(英文版)，但按 GB/T 20000.2—2001《标准化工作指南　第 2 部分：采用国际标准的规则》的 4.2b)和 5.2 的规定作了少量编辑性修改。

本部分代替 GB/T 5169.12—1999《电工电子产品着火危险试验　试验方法　材料的灼热丝可燃性试验》。

本部分与 GB/T 5169.12—1999 相比主要变化如下：

a) 增加了灼热丝起燃温度的定义(本部分的第 3 章)；

b) 将 GB/T 5169.12—1999 的第 3 章中的“厚度 3.0 mm±0.2 mm”改为“首选厚度为 0.75 mm±0.1 mm、1.5 mm±0.1 mm 或 3.0 mm±0.2 mm”(本部分的第 4 章)；

c) 增加了“试验样品在温度 15℃～35℃、相对湿度 45％～75％的试验室大气环境中进行试验。”(本部分的第 8 章)；

d) 取消了 GB/T 5169.12—1999 的 9.3 和 9.4 的内容；

e) 增加了“当材料在表 1 中的最高温度下测定 *GWIT*(见 GB/T 5169.13)不起燃时，则不需要运行 *GWFI* 试验程序。该材料相应厚度的 *GWFI* 将是 960℃。”(本部分的第 12 章)。

本部分由中国电器工业协会提出。

本部分由全国电工电子产品环境技术标准化技术委员会(SAC/T8)归口。

本部分由广州电器科学研究院负责起草，广州日用电器检测所、广州擎天实业有限公司参加起草。

本部分主要起草人：陈灵、陈兰娟、张效忠。

本部分于 1999 年首次发布，本次是第一次修订。

电工电子产品着火危险试验 第12部分:灼热丝/热丝基本试验方法 材料的灼热丝可燃性试验方法

1 范围

GB/T 5169的本部分详细规定了在固体电气绝缘材料或其他固体材料试验样品上进行的测定灼热丝可燃性指数(*GWFI*)的灼热丝试验方法。

试验结果可供相对比较上述各种材料的性能,即材料在移去电加热的灼热丝后火焰熄灭的能力和不产生会使试验样品下方的铺底层包装绢纸着火的燃烧或灼热颗粒的能力。

本试验方法不适用于测定整台设备的可燃性,因为绝缘系统或可燃部件的结构大小以及临近的金属或非金属部件的布置和传热等,对所用材料的可燃性都有很大影响。除此之外,本试验方法也不适用于确定设备的防火性能和着火危险性。

标准化技术委员会的任务之一就是在编写自己的出版物时,凡是适用之处都要利用这些基本安全出版物。

2 规范性引用文件

下列文件中的条款通过本部分的引用而成为本部分的条款。凡是注日期的引用文件,其随后所有的修改单(不包括勘误的内容)或修订版均不适用于本部分,然而,鼓励根据本部分达成协议的各方研究是否可使用这些文件的最新版本。凡是不注日期的引用文件,其最新版本适用于本部分。

GB/T 5169.10—2006 电工电子产品着火危险试验 第10部分:灼热丝/热丝基本试验方法 灼热丝装置和通用试验方法(IEC 60695-2-10:2000,IDT)

GB/T 5169.13—2006 电工电子产品着火危险试验 第13部分:灼热丝/热丝基本试验方法 材料的灼热丝起燃性试验方法(IEC 60695-2-13:2000,IDT)

ISO/IEC 13943:2000 防火安全 术语

3 术语和定义

ISO/IEC 13943:2000给出的以及下列术语和定义适用于本部分。

3.1

灼热丝可燃性指数(*GWFI*) glow-wire flammability index (*GWFI*)

一个规定厚度的试验样品在连续三次试验中的最高试验温度,应满足以下条件之一:

a) 在移开灼热丝后的30 s内试验样品的火焰或灼热熄灭,并且放置在试验样品下面的包装绢纸没有起燃;

b) 试验样品没有起燃。

3.2

灼热丝起燃温度(*GWIT*) glow-wire ignition temperature (*GWIT*)

比连续三次试验均不会引起规定厚度的试验样品起燃的灼热丝顶部最高温度高25 K(900℃~960℃之间高30 K)的温度。

4 试验样品的说明

试验样品应有足够大的固定尺寸的平面部分,进行试验时受试平面应保持在垂直位置。

试验样品可采用几种方式制成：压塑、注塑或浇注，或从板材或从有足够大平面的成品的部件上切割而成。

平面部分的尺寸应为：

长：≥60 mm；

宽(夹具内侧)：≥60 mm。

可燃性通常随受试材料的厚度而改变。首选厚度为 0.75 mm±0.1 mm、1.5 mm±0.1 mm 或 3.0 mm±0.2 mm。

根据本试验的要求评定可燃性通常需要一组数量为 10 个的试验样品。

用不同的灼热丝试验温度重复试验，每次使用一个新试验样品，通过试验确定材料的 *GWFI*。

5 试验装置的说明

试验装置的说明见 GB/T 5169.10—2006，放在试验样品下方的包装绢纸应符合 GB/T 5169.10—2006 中 5.3 的规定。

6 严酷等级

应从表 1 中选择试验温度。

表 1 试验严酷等级

试验温度/℃	容许偏差/K
550	±10
600	±10
650	±10
700	±10
750	±10
800	±15
850	±15
900	±15
960	±15

7 温度测量系统的校准

温度测量系统的校准见 GB/T 5169.10—2006 的 6.2。

8 预处理

包装绢纸和木板应按 GB/T 5169.10—2006 的第 7 章的规定进行预处理。

试验样品在温度 23℃±2℃、相对湿度 45%～55%的大气环境下放置 48 h。

试验样品在温度 15℃～35℃、相对湿度 45%～75%的试验室大气环境中进行试验。

9 初始测量

应对试验样品进行目测识别和检查。

应测量和记录试验样品的厚度。

10 试验程序

试验程序见 GB/T 5169.10—2006 的第 8 章。

10.1 试验样品的安装或夹紧应使得：

a) 因支撑或固定的方式造成的散热是可以忽略的(见 GB/T 5169.10—2006 的图 4)；

b） 表面的平面部分是垂直的；

c） 灼热丝的顶部施加到表面平面部分的中心处。

10.2 将灼热丝加热到表1中的某个试验温度。

11 观察和测量

在施加灼热丝期间（t_a）和在其后 30 s 内，应对试验样品及置于其下方的包装绢纸进行观察，并作如下记录：

a） 从灼热丝顶部施加开始到试验样品或试验样品下面铺底层起燃的持续时间（t_i）；

b） 从灼热丝顶部施加开始到火焰熄灭的持续时间（t_e），火焰熄灭可能在施加期间或之后。

12 试验结果的评定

如果试验样品没有起燃或满足下面两个条件，则认为经受住了本试验：

a） 如果试验样品的火焰或灼热在移开灼热丝之后的 30 s 内熄灭，和；

b） 包装绢纸没有起燃。

如果不满足上述两个条件或两个条件之一，则在表1中选一个较低的试验温度，用一个新试验样品重复试验。

如果同时满足上述两个条件，则在表1中选一个较高的试验温度，用一个新试验样品重复试验。

应在试验样品满足了条件a）和b）的最高试验温度下再重复进行两次试验。

所要确定的 *GWFI* 是连续三次试验都满足条件a）和b）的最高试验温度。

当材料在表1中的最高温度下测定 *GWIT*（见 GB/T 5169.13）不起燃时，则不需要运行 *GWFI* 试验程序。该材料相应厚度的 *GWFI* 将是 960℃。

应按下述方式记录 *GWFI*：

例如，对 3 mm 厚的试验样品，试验温度为 850℃，则记录为：

GWFI:850/3.0

13 试验报告

试验报告应包含以下内容：

a） 引用本部分的试验方法；

b） 受试材料的说明，包括型号和制造商（见第9章）；

c） 试验样品制作方法的说明（见第4章）；

d） 起燃时间（t_i）和熄灭时间（t_e）（见第11章）；

e） 灼热丝可燃性指数 *GWFI*（见第12章）。

ICS 29.020
K 04

中华人民共和国国家标准

GB/T 5169.13—2006/IEC 60695-2-13:2000
代替 GB/T 5169.13—1999

电工电子产品着火危险试验 第13部分:灼热丝/热丝基本试验方法 材料的灼热丝起燃性试验方法

Fire hazard testing for electric and electronic products—Part 13:Glowing/hot-wire based test methods—Glow-wire ignitability test method for materials

(IEC 60695-2-13:2000,Fire hazard testing—Part 2-13:Glowing/hot-wire based test methods—Glow-wire ignitability test method for materials,IDT)

2006-12-19 发布　　2007-09-01 实施

中华人民共和国国家质量监督检验检疫总局
中国国家标准化管理委员会　发布

前　言

GB/T 5169《电工电子产品着火危险试验》包括以下18个部分：

——GB/T 5169.1—1997　电工电子产品着火危险试验　着火试验术语(idt IEC 60695-4:1993)

——GB/T 5169.2—2002　电工电子产品着火危险试验　第2部分：着火危险评定导则　总则(IEC 60695-1-1:1999,IDT)

——GB/T 5169.3—2005　电工电子产品着火危险试验　第3部分：电子元件着火危险评定技术要求和试验规范制订导则(IEC 60695-1-2:1982,IDT)

——GB/T 5169.5—1997　电工电子产品着火危险试验　第2部分：试验方法　第2篇：针焰试验(idt IEC 60695-2-2:1991)

——GB/T 5169.7—2001　电工电子产品着火危险试验　试验方法　扩散型和预混合型火焰试验方法(idt IEC 60695-2-4/0:1991)

——GB/T 5169.9—2006　电工电子产品着火危险试验　第9部分：着火危险评定导则　预选试验规程的使用(IEC 60695-1-30:2002,IDT)

——GB/T 5169.10—2006　电工电子产品着火危险试验　第10部分：灼热丝/热丝基本试验方法　灼热丝装置和通用试验方法(IEC 60695-2-10:2000,IDT)

——GB/T 5169.11—2006　电工电子产品着火危险试验　第11部分：灼热丝/热丝基本试验方法　成品的灼热丝可燃性试验方法(IEC 60695-2-11:2000,IDT)

——GB/T 5169.12—2006　电工电子产品着火危险试验　第12部分：灼热丝/热丝基本试验方法　材料的灼热丝可燃性试验方法(IEC 60695-2-12:2000,IDT)

——GB/T 5169.13—2006　电工电子产品着火危险试验　第13部分：灼热丝/热丝基本试验方法　材料的灼热丝起燃性试验方法(IEC 60695-2-13:2000,IDT)

——GB/T 5169.14—2001　电工电子产品着火危险试验　试验方法　1 kW标称预混合型试验火焰和导则(idt IEC 60695-2-4/1:1991)

——GB/Z 5169.15—2001　电工电子产品着火危险试验　试验方法　500 W标称预混合型试验火焰和导则(idt IEC 60695-2-4/2:1994)

——GB/T 5169.16—2002　电工电子产品着火危险试验　第16部分：50 W水平与垂直火焰试验方法(IEC 60695-11-10:1999,IDT)

——GB/T 5169.17—2002　电工电子产品着火危险试验　第17部分：500 W火焰试验方法(IEC 60695-11-20:1999,IDT)

——GB/T 5169.18—2005　电工电子产品着火危险试验　第18部分：将电工电子产品的火灾中毒危险减至最小的导则　总则(IEC 60695-7-1:1993,IDT)

——GB/T 5169.19—2006　电工电子产品着火危险试验　第19部分：非正常热　模压应力释放变形试验(IEC 60695-10-3:2002,IDT)

——GB/T 5169.20—2006　电工电子产品着火危险试验　第20部分：火焰表面蔓延　试验方法概要和相关性(IEC/TS 60695-9-2:2001,IDT)

——GB/T 5169.21—2006　电工电子产品着火危险试验　第21部分：非正常热　球压试验(IEC 60695-10-2:2003,IDT)

本部分是GB/T 5169的第13部分。

本部分与GB/T 5169.10—2006一起使用。

本部分等同采用 IEC 60695-2-13:2000《着火危险试验　第 2-13 部分:灼热丝/热丝基本试验方法　材料的灼热丝起燃性试验方法》(英文版),但按 GB/T 20000.2—2001《标准化工作指南　第 2 部分:采用国际标准的规则》的 4.2b)和 5.2 的规定作了少量编辑性修改。

本部分代替 GB/T 5169.13—1999《电工电子产品着火危险试验　试验方法　材料的灼热丝起燃性试验》。

本部分与 GB/T 5169.13—1999 相比主要变化如下:

a) 将 GB/T 5169.13—1999 的第 3 章中的"厚度 3.0 mm±0.2 mm"改为"首选厚度为 0.75 mm±0.1 mm、1.5 mm±0.1 mm 或 3.0 mm±0.2 mm"(本部分的第 3 章);

b) 增加"不使用规定的铺底层。"(本部分的第 5 章);

c) 增加了"试验样品在温度 15℃～35℃、相对湿度 45%～75%的试验室大气环境中进行试验。"(本部分的第 8 章);

d) 取消了 GB/T 5169.13—1999 的 9.3 和 9.4。

本部分由中国电器工业协会提出。

本部分由全国电工电子产品环境技术标准化技术委员会(SAC/TC 8)归口。

本部分由广州电器科学研究院负责起草,广州日用电器检测所、广州擎天实业有限公司参加起草。

本部分主要起草人:陈灵、陈兰娟、张效忠。

电工电子产品着火危险试验
第13部分:灼热丝/热丝基本试验方法
材料的灼热丝起燃性试验方法

1 范围

GB/T 5169的本部分详细规定了在固体电气绝缘材料或其他固体材料的试验样品上进行起燃性试验的灼热丝试验方法,目的是测定灼热丝起燃温度(*GWIT*)。

本试验应用电加热的灼热丝作为引燃源,根据施加灼热丝期间试验样品的起燃温度,其试验结果可提供各种材料之间的相对比较。

本试验方法不适用于测定整台设备的起燃性,因为绝缘系统或可燃部件的结构大小以及邻近的金属或非金属部件的布局和传热等,对所使用材料的起燃性都有很大影响。此外,本试验方法也不适用于测定设备的防火性能和着火危险性。

标准化技术委员会的任务之一就是在编写自己的出版物时,凡是适用之处都要利用这些基本安全出版物。

2 规范性引用文件

下列文件中的条款通过本部分的引用而成为本部分的条款。凡是注日期的引用文件,其随后所有的修改单(不包括勘误的内容)或修订版均不适用于本部分,然而,鼓励根据本部分达成协议的各方研究是否可使用这些文件的最新版本。凡是不注日期的引用文件,其最新版本适用于本部分。

GB/T 5169.10—2006 电工电子产品着火危险试验 第10部分:灼热丝/热丝基本试验方法 灼热丝装置和通用试验方法(IEC 60695-2-10:2000,IDT)

ISO/IEC 13943:2000 防火安全 术语

3 术语和定义

ISO/IEC 13943:2000给出的以及下列术语和定义适用于本部分。

3.1

灼热丝起燃温度(*GWIT*) glow-wire ignition temperature (*GWIT*)

比连续三次试验均不会引起规定厚度的试验样品起燃的灼热丝顶部最高温度高25 K(900℃～960℃之间高30 K)的温度。

3.2

起燃 ignition

持续时间超过5 s的燃烧。

4 试验样品的说明

试验样品应是固定尺寸并有足够大的平面部分,进行试验时,被试平面部分应处于垂直位置。

试验样品可采用几种方式制成:压塑、注塑或浇注,或从板材或有足够大平面的部件上切割而成。

试验样品平面部分的尺寸应为:

长:≥60 mm;

宽(夹具内侧):≥60 mm。

起燃性通常随受试材料的厚度而改变。首选厚度为 0.75 mm±0.1 mm、1.5 mm±0.1 mm 或 3.0 mm±0.2 mm。

根据本试验的要求，评定起燃性通常需要一组数量为 10 个的试验样品。

用不同的灼热丝试验温度重复试验，每次使用一个新试验样品，通过试验确定材料的 *GWIT*。

5 试验装置的说明

试验装置的说明见 GB/T 5169.10—2006，但不使用规定的铺底层。

6 严酷等级

应从表 1 中选择试验温度。

表 1 试验严酷等级

试验温度/℃	容许偏差/K
500	±10
550	±10
600	±10
650	±10
700	±10
750	±10
800	±15
850	±15
900	±15
960	±15

7 温度测量系统的校验

温度测量系统的校验见 GB/T 5169.10—2006 的 6.2。

8 预处理

试验样品在温度 23℃±2℃、相对湿度 45%～55%的大气环境下放置 48 h。

试验样品在温度 15℃～35℃、相对湿度 45%～75%的试验室大气环境中进行试验。

9 初始测量

应对试验样品进行目测鉴别和检查。

应测量和记录试验样品的厚度。

10 试验程序

试验程序见 GB/T 5169.10—2006 的第 8 章。

10.1 试验样品的安装或夹紧应使得：

a) 因支撑或固定的方式造成的散热是可以忽略的（见 GB/T 5169.10—2006 的图 4）；

b) 表面的平面部分是垂直的；

c) 灼热丝的顶部施加到表面平面部分的中心处。

注：通常较薄的材料会有一个较低的起燃温度，薄的材料起燃温度变化较大。

10.2 将灼热丝用电加热到表 1 中的认为刚好足以使试验样品起燃的某一试验温度。

10.3 如果在施加灼热丝期间发生起燃，则重新用一个新试样，用比前一次试验温度低 50 K（960℃时低 60 K）的温度重复试验。

如果在施加灼热丝期间未发生起燃，则重新用一个新试样，用比前一次试验温度高 50 K(960℃时高 60 K)的温度重复试验。

每次用一个新的试验样品重复试验，在最后接近到确定连续 3 次不起燃的最高温度时，将试验温度的间隔减少到 25 K(960℃时的间隔减少到 30 K)。

11 观察和测量

在施加灼热丝期间应对试验样品进行观察。应记录从施加灼热丝开始直到试验样品起燃的持续时间，即起燃时间(t_i)。本部分中的起燃是指超过 5 s 的可见火焰。

12 试验结果评定

应确定施加灼热丝期间试验样品的起燃温度。将比连续三次试验均未引起试验样品起燃的灼热丝顶部最高温度高 25 K(900℃到 960℃之间为 30 K)的试验温度记录为 *GWIT*。

应按下述方式记录 *GWIT*：

例如，对 3 mm 厚的试验样品，试验温度为 825℃，则记录为：

GWIT:850/3.0

13 试验报告

试验报告应包含以下内容：

a) 引用本部分的试验方法；

b) 被试材料的说明，包括型号和制造商(见第 9 章)；

c) 试验样品制作方法的说明(见第 4 章)；

d) 起燃时间(t_i)(见第 11 章)；

e) 灼热丝起燃温度 *GWIT*(见第 12 章)。

ICS 29.020
K 04

中华人民共和国国家标准

GB/T 5169.19—2006/IEC 60695-10-3:2002

电工电子产品着火危险试验 第19部分:非正常热 模压应力释放变形试验

Fire hazard testing for electric and electronic products—Part 19:Abnormal heat—Mould stress relief distortion test

(IEC 60695-10-3:2002,Fire hazard testing—Part 10-3:Abnormal heat—Mould stress relief distortion test,IDT)

2006-03-14 发布 2006-09-01 实施

中华人民共和国国家质量监督检验检疫总局
中国国家标准化管理委员会 发布

前　言

GB/T 5169《电工电子产品着火危险试验》目前包括以下18个部分：

——GB/T 5169.1—1997　电工电子产品着火危险试验　着火试验术语(idt IEC 60695-4:1993)

——GB/T 5169.2—2002　电工电子产品着火危险试验　第2部分:着火危险评定导则　总则(IEC 60695-1-1:1999,IDT)

——GB/T 5169.3—2005　电工电子产品着火危险试验　第3部分:电子元件着火危险评定技术要求和试验规范制订导则(IEC 60695-1-2:1982,IDT)

——GB/T 5169.5—1997　电工电子产品着火危险试验　第2部分:试验方法　第2篇:针焰试验(idt IEC 60695-2-2:1991)

——GB/T 5169.6—1985　电工电子产品着火危险试验　用发热器的不良接触试验方法(eqv IEC 60695-2-3:1984)

——GB/T 5169.7—2001　电工电子产品着火危险试验　试验方法　扩散型和预混合型火焰试验方法(idt IEC 60695-2-4/0:1991)

——GB/T 5169.9—2006　电工电子产品着火危险试验　第9部分:着火危险评定导则　预选试验规程的使用(IEC 60695-1-30:2002,IDT)

——GB/T 5169.10—1997　电工电子产品着火危险试验　试验方法　灼热丝试验方法　总则(idt IEC 60695-2-1/0:1994)

——GB/T 5169.11—1997　电工电子产品着火危险试验　试验方法　成品的灼热丝试验和导则(idt IEC 60695-2-1/1:1994)

——GB/T 5169.12—1999　电工电子产品着火危险试验　试验方法　材料的灼热丝可燃性试验(idt IEC 60695-2-1/2:1994)

——GB/T 5169.13—1999　电工电子产品着火危险试验　试验方法　材料的灼热丝起燃性试验(idt IEC 60695-2-1/3:1994)

——GB/T 5169.14—2001　电工电子产品着火危险试验　试验方法　1 kW标称预混合型试验火焰和导则(idt IEC 60695-2-4/1:1991)

——GB/Z 5169.15—2001　电工电子产品着火危险试验　试验方法　500 W标称试验火焰和导则(idt IEC 60695-2-4/2:1994)

——GB/T 5169.16—2002 电工电子产品着火危险试验　第16部分:50 W水平与垂直火焰试验方法(IEC 60695-11-10:1999,IDT)

——GB/T 5169.17—2002　电工电子产品着火危险试验　第17部分:500 W火焰试验方法(IEC 60695-11-20:1999,IDT)

——GB/T 5169.18—2005　电工电子产品着火危险试验　第18部分:将电工电子产品的火灾中毒危险减至最小的导则　总则(IEC 60695-7-1:1993,IDT)

——GB/T 5169.19—2006　电工电子产品着火危险试验　第19部分:非正常热　模压应力释放变形试验(IEC 60695-10-3:2002,IDT)

——GB/T 5169.20—2006　电工电子产品着火危险试验　第20部分:火焰表面蔓延　试验方法概要和相关性(IEC/TS 60695-9-2:2001,IDT)

GB/T 5169.19是GB/T 5169《电工电子产品着火危险试验》系列标准的第19部分。

本部分等同采用IEC 60695-10-3:2002《着火危险试验　第10-3部分:非正常热　模压应力释放变

形试验》(英文版),但按 GB/T 20000.2—2001《标准化工作指南　第 2 部分:采用国际标准的规则》的 4.2b)和 5.2 的规定作了少量编辑性修改。

本部分由中国电器工业协会提出。

本部分由全国电工电子产品环境技术标准化技术委员会归口。

本部分由广州电器科学研究院负责起草。

本部分主要起草人:陈灵、颜景莲。

引　言

当模压一个零部件时，模具中熔料的流动、模具中熔料在不同部位的温度差异、不均匀的冷却等，都会在模压部件的内部产生应力。成品的装配和使用也会产生另外的应力。

成品中聚合材料的零部件，特别是外壳，可以预料要受到可能易于释放那些应力的环境影响。这样的情况可能包括短暂暴露于高热环境，例如放置在房间加热器、烹调器旁，或直接暴露于阳光下。

应力释放可能会导致尺寸变化或弯曲，在某种意义上会使产品不能符合安全标准，甚至是不安全的。

电工电子产品着火危险试验
第19部分:非正常热　模压应力释放变形试验

1　范围

GB/T 5169的本部分规定了模压应力释放变形试验作为产品委员会使用的一种试验方法。

本部分适用于含有用聚合材料制成的零部件的电工设备。本试验是用来模拟产品或零部件在高于最高正常工作温度的情况下因模压应力释放而产生的各种效应,并观察由此导致的各种变化的性质。

标准化技术委员会的任务之一就是在编写自己的出版物时,凡是适用之处都要利用这些基本安全出版物。

2　规范性引用文件

下列文件中的条款通过GB/T 5169的本部分的引用而成为本部分的条款。凡是注日期的引用文件,其随后所有的修改单(不包括勘误的内容)或修订版均不适用于本部分,然而,鼓励根据本部分达成协议的各方研究是否可使用这些文件的最新版本。凡是不注日期的引用文件,其最新版本适用于本部分。

IEC 60216-4-1:1990　测定电绝缘材料耐热性的指南　第4部分:老化箱 第1节:单箱老化箱

IEC指南104:1997　安全出版物的编写和基本安全出版物与团体安全出版物的使用

3　试验概述

试验样品暴露于高温中的持续时间宜依照产品规范的要求,但不能少于7 h。然后检测试验样品,确定是否符合产品规范中的要求。

4　试验设备的说明

试验设备由符合IEC 60216-4-1:1990的带有空气温度控制装置的加热箱构成。

5　试验样品

试验样品可以是完整的设备(在有机箱情况下)或是要研究的零部件,除相关产品规范另有规定之外,试验时要测试3个样品。

6　预处理

除非相关产品规范另有规定,试验样品在试验前,需在温度为15℃～35℃、相对湿度为45%～75%的试验室环境中放置至少24 h。

7　试验程序

在7.1中描述的程序适用于最终用途是暴露在均匀的最高工作温度中使用的零部件。如果一个机箱或零部件在部件不同的位置温度是变化的,或太大无法放入加热箱的话,7.2中描述的程序可能更加适用。例如,干发器的机壳靠近加热元件的地方可能是高温,但电源线周围的应力释放可能只是与室温有关。在7.2中描述的程序是通过操作设备在试验箱内提供不同的温度。

7.1　除非相关产品规范另有规定,应在空气中进行试验,根据制造商产品说明书的要求将产品放置在

加热箱内,根据a)或b)确定温度:

a) 试验温度应是环境温度加产品规范中定义的要考虑的零部件所允许的最大温升,或

b) 试验温度应是产品规范中定义的要考虑的零部件最高工作温度。

注1:在手持设备情况下,至少在一个典型的方位上产品应使用机械夹支撑。

除相关产品规范另有规定之外,试验温度应不低于70℃。

在某些情况下,产品委员会可根据安全系数选择提高试验温度。如果安全系数未包含在产品规范规定的工作温度或温升中的话,这将是合适的选择。

注2:典型的安全系数是10K。

7.2 相对于7.1换一个方式,在具有强制循环设备的试验箱中进行试验。试验箱内的空气循环应模拟实际最终使用条件。除相关产品规范另有规定外,在设备支撑面测量的试验箱内的空气温度,应保持在比设备设计运行的最高允许环境温度高10 K,但不低于60℃。除相关产品规范另有规定外,设备应在106%或94%的正常额定电压下连续工作,无论哪一种情况导致更高的温度。

7.3 对于7.1和7.2试验程序,在试验箱或加热箱达到要求的试验温度后,将每个试验样品放置在试验箱或加热箱内达到产品规范规定的持续时间,或足以达到热均衡但时间至少为7 h±10 min。在样品冷却至室温后,检查样品的收缩、弯曲或其他可能影响符合产品规范要求的变形。

注:7.3中规定的试验持续时间通常是足以确定模压应力是否有害。对大质量的部件或如果最初的试验显示有进一步变形的可能,可以选择更长的试验持续时间。

8 观察和测量

应记录以下观察和测量资料:

a) 元件/零部件的描述;

b) 材料的型号、名称和制造商、可用于何处;

c) 预处理的细节;

d) 试验温度;

e) 试验电压;

f) 试验持续时间;

g) 试验结果。

9 试验结果表达

试验样品在下述情况下可认为通过试验:在温度冷却到室温后,样品仍然满足产品规范要求,而没有出现收缩、弯曲或其他变形,例如:

a) 爬电距离和电气间隙降至最小适用值以下;

b) 致使任何危险部件易于触及;

c) 产生任何其他可增大设备着火危险性的条件。

10 有关规范中应给出的信息

如果需要,有关规范应规定以下信息:

a) 试验温度;

b) 是否采用10 K的安全系数(见7.1和7.2);

c) 试验样品的描述(见第5章);

d) 如果试验的样品不是三个,其数量(见第5章);

e) 不同于第6章规定的所有其他的预处理要求;

f) 所用的试验程序:7.1或7.2,或选择7.1或7.2(见第7章);

g) 是否在空气中试验(见 7.1);

h) 试验电压(见 7.2);

i) 试验持续时间(见 7.3);

j) 受尺寸变化影响的其他要求(见 7.3 和第 9 章);

k) 机械保护和避免与带电部件或内部布线接触的要求(见第 9 章);

l) 爬电距离和电气间隙的最小适用值(见第 9 章)。

ICS 29.020
K 04

中华人民共和国国家标准

GB/T 5169.20—2006/IEC/TS 60695-9-2:2001

电工电子产品着火危险试验 第20部分:火焰表面蔓延 试验方法概要和相关性

Fire hazard testing for electric and electronic products—Part 20:Surface spread of flame—Summary and relevance of test methods

(IEC/TS 60695-9-2:2001,Fire hazard testing—Part 9-2:Surface spread of flame—Summary and relevance of test methods,IDT)

2006-03-14 发布　　2006-09-01 实施

中华人民共和国国家质量监督检验检疫总局
中国国家标准化管理委员会　发布

前言

GB/T 5169《电工电子产品着火危险试验》目前包括以下18个部分:

——GB/T 5169.1—1997 电工电子产品着火危险试验 着火试验术语(idt IEC 60695-4:1993)

——GB/T 5169.2—2002 电工电子产品着火危险试验 第2部分:着火危险评定导则总则(IEC 60695-1-1:1999,IDT)

——GB/T 5169.3—2005 电工电子产品着火危险试验 第3部分:电子元件着火危险评定技术要求和试验规范制定导则(IEC 60695-1-2:1982,IDT)

——GB/T 5169.5—1997 电工电子产品着火危险试验 第2部分:试验方法 第2篇:针焰试验(idt IEC 60695-2-2:1991)

——GB/T 5169.6—1985 电工电子产品着火危险试验 用发热器的不良接触试验方法(eqv IEC 60695-2-3:1984)

——GB/T 5169.7—2001 电工电子产品着火危险试验 试验方法 扩散型和预混合型火焰试验方法(idt IEC 60695-2-4/0:1991)

——GB/T 5169.9—2006 电工电子产品着火危险试验 第9部分:着火危险评定导则 预选试验规程的使用(IEC 60695-1-30:2002,IDT)

——GB/T 5169.10—1997 电工电子产品着火危险试验 试验方法 灼热丝试验方法 总则(idt IEC 60695-2-1/0:1994)

——GB/T 5169.11—1997 电工电子产品着火危险试验 试验方法 成品的灼热丝试验和导则(idt IEC 60695-2-1/1:1994)

——GB/T 5169.12—1999 电工电子产品着火危险试验 试验方法 材料的灼热丝可燃性试验(idt IEC 60695-2-1/2:1994)

——GB/T 5169.13—1999 电工电子产品着火危险试验 试验方法 材料的灼热丝起燃性试验(idt IEC 60695-2-1/3:1994)

——GB/T 5169.14—2001 电工电子产品着火危险试验 试验方法 1 kW标称试验火焰和导则(idt IEC 60695-2-4/1:1991)

——GB/Z 5169.15—2001 电工电子产品着火危险试验 试验方法 500 W标称预混合型试验火焰和导则(idt IEC 60695-2-4/2:1994)

——GB/T 5169.16—2002 电工电子产品着火危险试验 第16部分:50 W水平与垂直火焰试验方法(IEC 60695-11-10:1999,IDT)

——GB/T 5169.17—2002 电工电子产品着火危险试验 第17部分:500 W火焰试验方法(IEC 60695-11-20:1999,IDT)

——GB/T 5169.18—2005 电工电子产品着火危险试验 第18部分:将电工电子产品的火灾中毒危险减至最小的导则 总则(IEC 60695-7-1:1993,IDT)

——GB/T 5169.19—2006 电工电子产品着火危险试验 第19部分:非正常热 模压应力释放变形试验(IEC 60695-10-3:2002,IDT)

——GB/T 5169.20—2006 电工电子产品着火危险试验 第20部分:火焰表面蔓延 试验方法概要和相关性(IEC/TS 60695-9-2:2001,IDT)

GB/T 5169.20是GB/T 5169《电工电子产品着火危险试验》的第20部分。

本部分等同采用IEC/TS 60695-9-2:2001《着火危险试验 第9-2部分:火焰表面蔓延 试验方法概

要和相关性》(英文版)，但按 GB/T 20000.2—2001《标准化工作指南 第 2 部分：采用国际标准的规则》的 4.2b)和 5.2 的规定作了少量编辑性修改。

本部分由中国电器工业协会提出。

本部分由全国电工电子产品环境技术标准化技术委员会归口。

本部分由广州电器科学研究院负责起草。

本部分主要起草人：陈灵。

引　言

由于火灾产生热量(热效危险)、毒性和腐蚀性气体、烟雾(非热效危险),会对生命和财产构成严重威胁。着火危险随着火焰前端移出起燃区域而增加,从而导致最终可能引起轰燃的完全燃烧。这是建筑物火灾中典型的火情。

由于火焰和外部热源产生的热量而使材料表面上产生热解前沿,导致在火焰前沿的前面发生超出起燃区域火焰表面蔓延。

火焰表面蔓延的速率是火焰前端通过的距离除以经过该距离所用的时间。火焰表面蔓延的速率取决于这样一些因素:例如外部供给的热量和/或超出起燃区域的燃烧材料的火焰产生的热量及易燃程度(包括起燃温度、密度、比热、材料的导热率)。火焰提供的热量取决于放热率、样品方位、空气流速以及相对于火焰表面蔓延方向的气流方向。一般来说,材料表现出以下火焰表面蔓延特征之一:

a) 无传播:起燃区域之外无火焰传播;

b) 减速传播:火焰传播在到达材料表面的末端之前停止;

c) 传播:火焰传播超出起燃区域并覆盖了材料的整个表面。

用于描述火焰表面蔓延特征的那些材料属性,与表面预热和热解、蒸气的产生、蒸气和空气的混合、起燃、混合物的燃烧及热量产生和燃烧产物有关。用阻燃剂和表面处理来降低火焰表面蔓延。

评估材料的火焰表面蔓延特征需要考虑的因素是:

a) 火情(垂直/水平、通风等);

b) 测量方法;

c) 所得结果的使用和解释。

其他重要的特征,如可起燃性、烟雾遮蔽、燃烧产物的毒性和腐蚀性,被 GB/T 5169 和 IEC 60695 系列的其他部分所覆盖。

电工电子产品着火危险试验
第20部分:火焰表面蔓延
试验方法概要和相关性

1 范围

GB/T 5169的本部分介绍了用于测定电工电子产品或其所用材料表面火焰蔓延的各种试验方法的概要。

本部分陈述了当前各种试验方法的进展情况,在适当的地方,还对这些试验方法的相关性和用途作了特殊的说明。

标准化技术委员会的任务之一就是在编写自己的出版物时,凡是适用之处都要利用这些基本安全出版物。

2 规范性引用文件

下列文件中的条款通过GB/T 5169的本部分的引用而成为本部分的条款。凡是注日期的引用文件,其随后所有的修改单(不包括勘误的内容)或修订版均不适用于本部分,然而,鼓励根据本部分达成协议的各方研究是否可使用这些文件的最新版本。凡是不注日期的引用文件,其最新版本适用于本部分。

GB/T 5169.1—1997 电工电子产品着火危险试验 着火试验术语(idt IEC 60695-4:1993)

IIEC 60695-9-1:1998 着火危险试验 第9-1部分:火焰表面蔓延 总则

IEC导则104:1997 安全出版物的编写和基本安全出版物与团体安全出版物的使用

ISO/IEC 13943:2000 消防安全 词汇

3 术语和定义

GB/T 5169.1—1997和ISO/IEC 13943:2000中确立的术语和定义适用于本部分。

4 已出版的试验方法概要

本概要不能用来替代那些作为唯一有效的引用文件的已出版标准。

4.1 小规模燃烧试验

许多小规模试验在世界范围内使用。多数常用方法的目录在此给出。

4.1.1 水平和垂直燃烧试验

可以得到一系列标准试验火焰,包括一定范围的功率和试验方法。

4.1.1.1 目的和原理

这些试验方法涉及固体电绝缘材料,并打算用作当这些材料暴露于起燃源时其性能的初步指示。试验结果可用来检验材料特性的一致性并指示出绝缘材料的研制进展情况以及各种材料的对比和分类。

4.1.1.2 试样

相对小的试样为长125 mm、宽13 mm、厚不大于13 mm。

4.1.1.3 试验方法

这些试验涉及把一个起燃源施加到一个水平或垂直的试样上并测量燃烧长度或燃烧速率。

4.1.1.4 重复性和再现性

试验数据在 GB/T 5169.16—2002[1]的附录 A 和附录 B 及 GB/T 5169.17—2002[2]的附录 A 中可以得到。

4.1.1.5 试验数据的相关性

这些试验方法用于材料的预选、质量控制和产品评估。它们不适用于评估设备所有项目的着火特性和着火危险,因为绝缘系统的大小、设计和对临近金属部件的热传递等,较大地影响了所用电气绝缘材料的可燃性。

4.1.1.6 相关标准

GB/T 5169.16—2002[1]

GB/T 5169.17—2002[2]

IEC 60707:1999[3]

4.1.2 电缆垂直燃烧试验——A

4.1.2.1 目的和原理

该试验方法规定了一个在着火条件下测试单根垂直电线或电缆的方法。将垂直的试样在合适的试验箱中暴露于气体燃烧器并测量其损坏性传播。

由于使用延缓火焰传播并符合该标准要求的绝缘电线或电缆,本身并不足以在所有安装条件下来阻止火焰传播,因此建议在火焰传播风险很高的区域,例如长期垂直运行的成束电缆,还应采取特殊的安装预防措施。

这个规定的试验方法不适用于测试直径小于 0.8 mm 或截面小于 0.5 mm^2 的细导线,因为在试验完成之前导线会熔化。该标准包括符合性要求。

不能假定因电缆试验样品符合该标准中所要求的性能,成束电缆就会表现出相似的特性。

4.1.2.2 试样

试样是一段长度为 600 mm±25 mm 的成品电线或电缆。

4.1.2.3 试验方法

在一个三面金属隔板中用两个支架将试样保持在垂直位置。用校准过的燃烧器点燃试样,连续地施加火焰达一段时间,该时间与试样的外径有关。记录试样被损坏的长度。

4.1.2.4 重复性和再现性

没有可利用的数据。

4.1.2.5 试验数据的相关性

该方法是通过测量烧焦长度来确定燃烧的程度。

4.1.2.6 相关标准

GB/T 18380.1—2001[4]

4.1.3 电缆垂直燃烧试验——B

4.1.3.1 目的和原理

当垂直燃烧试验 A 规定的方法不适用于在火焰施加期间可能会熔化的某些细导线时,该试验方法规定了在着火条件下测试小直径绝缘电线的方法。将垂直的试样在无气流的试验箱中暴露于一个气体燃烧器并测量其损坏性传播。

该标准包括符合性的要求。

使用符合该标准的绝缘线,本身并不足以在所有安装条件下阻止火焰传播。当传播的风险很高时,例如成束电缆长期垂直运行,不能假定因电缆试验样品符合该标准中所要求的性能,成束电缆就会表现出相似的特性。

4.1.3.2 试样

试样是一条经处理的铜线或电缆,长 600 mm±25 mm,固体铜导体的直径为 0.4 mm～0.8 mm,标准导线的横截面积为 0.1 mm^2～0.5 mm^2。

4.1.3.3　试验方法

在三面金属隔板内用两个支架将试样保持在垂直位置。在试样的下部施加 5 N/mm^2 的负载。用经校准的燃烧器点燃试样，连续施加火焰最长时间为 20 s，之后记录试样被损坏的长度。

4.1.3.4　重复性和再现性

没有可利用的数据。

4.1.3.5　试验数据的相关性

该方法是通过测量烧焦长度来确定燃烧的程度。

4.1.3.6　相关标准

IEC 60332-2:1989[5]

4.1.4　飞机材料垂直燃烧试验——C

4.1.4.1　目的和原理

FAR25.869:1999[6]给出了对电气系统元件的各种要求。安装在飞机机身任一区域的电线和电缆上的绝缘体，当按照 FAR25 附录 F 第 1 部分中所描述的一个 60°本生灯燃烧器试验进行测试时，应自动熄灭。

对乘务员舱和乘客舱中使用的材料和部件的各种要求在 FAR25.853:1999[6]中给出。当按照 FAR25 附录 F 第 1 部分中所描述的一个垂直本生灯燃烧器试验进行测试时，电气导管应自动熄灭。

4.1.4.2　试样

垂直本生灯试验的试样的尺寸至少为宽 50 mm、长 30.5 mm，除非飞机上实际使用的尺寸还要小。试样厚度不应大于适合飞机使用的最小厚度。

60°本生灯试验的试样是一段电线或电缆。标准规格应与飞机上使用的一致。

4.1.4.3　试验方法

这些试验包括把一个起燃源施加到 60°或垂直的试样上，然后测量或记录燃烧时间、燃烧长度和滴落物的燃烧时间（如果有的话）。

对电气导管施加火焰 12 s，对电线电缆施加火焰 30 s。

4.1.4.4　重复性和再现性

没有可利用的数据。

4.1.4.5　试验数据的相关性

这些试验方法主要用于航空工业中轻型装置的材料的预选、质量控制和产品评估。

4.1.4.6　相关标准

FAR 25:1999[6]

4.1.5　公路车辆材料的水平燃烧速率

4.1.5.1　目的和原理

该试验方法是用于测定公路车辆的车厢使用的材料的水平燃烧速率。它用于测定火焰是否熄灭以及火焰通过被测距离所需要的时间。

该标准包括符合性的要求。

4.1.5.2　试样

试样的尺寸为：356 mm×100 mm×d mm，厚度 d 与被测产品厚度一致，但不应大于 13 mm。

4.1.5.3　试验方法

试验期间，应对至少 5 个水平安装在专用燃烧室内的规定试样夹中的试样进行试验。气体燃烧器是一个 9.5 mm 的本生灯。火焰高度是 38 mm，燃烧器顶部在试样底边下面 19 mm 处。测量燃烧速率 B，测量单位为 mm/ min。

在一个燃烧室内，将试样夹持在 U 形夹具中，并暴露在规定的低能量火焰的作用下达 15 s，且火焰施加在试样的自由端。

4.1.5.4 重复性和再现性

没有可利用的数据。

4.1.5.5 试验数据的相关性

大部分汽车制造商需要将本试验应用于内部材料。

4.1.5.6 相关标准

ISO 3795:1989[7]

4.2 大规模燃烧试验

许多大规模燃烧试验在世界范围内使用，尤其针对电缆的燃烧特性。这里给出了最常用的方法。

4.2.1 电缆垂直燃烧试验

4.2.1.1 目的和原理

该试验是用于评估绝缘导体或电缆的阻燃性。要测量垂直试样的损坏程度。在通风的试验箱中将试样暴露在规定的电炉形成的热环境中，并且带有一个起燃火焰。

4.2.1.2 试样

每个试样是由一根还是多根芯线或电缆构成，这要根据被测的芯线或电缆的直径来确定，其长度不应小于 1 600 mm。

试样是一段(多段)芯线、电力、通信或光纤电缆。

4.2.1.3 试验方法

试验在玻璃箱中进行。玻璃箱是由轴对称安装在玻璃箱顶部的一个排气扇和侧面底部的两个狭缝进行通风的。校准排气系统以(120±10)mm/ min 的流速通过电炉的中心。两个丙烷燃烧器用来点燃任何可燃的燃烧产物。

校准电炉，使长 50 mm、直径 25 mm 的纯铜圆柱体内部的温变率达到(3.3±0.1)K/s。

用两个套筒钩把试样保持在拉紧状态。点燃引燃火焰，并把电炉放在试验位置，接通排气系统的开关。

10 min 后断开排气开关 1 min，之后再次接通。合计 30 min 后，断开电炉。熄灭引燃火焰，如果必要，允许试样在一段时间后熄灭。然后记录试样的损坏长度。

4.2.1.4 重复性和再现性

没有可利用的数据。

4.2.1.5 试验数据的相关性

该试验方法用于测定烧焦段的长度。

4.2.1.6 相关标准

NF C 32-070:2001[8]

4.2.2 电缆垂直燃烧试验(钢梯)

一些国家标准或国际标准以该方法为基础[9]、[10]、[11]和[12]。

4.2.2.1 目的和原理

该试验方法用于评估垂直安装的电缆的火焰表面蔓延。

将电缆垂直安装在钢梯上，并用气体燃烧器或电炉点燃电缆。测量火焰蔓延、熔化和/或烧焦长度。

4.2.2.2 试样

试样是多段电源、通信或光纤电缆。

4.2.2.3 试验方法

用放置在垂直电缆钢梯底部的丙烷气体燃烧器或电炉点燃适当捆扎布置的试样。根据选定的试验方法，测量可见的火焰蔓延、熔化或烧焦长度。

4.2.2.4 重复性和再现性

没有可利用的数据。

4.2.2.5 试验数据的相关性

一些国家用这些试验方法测定火焰蔓延或(用于描述火焰蔓延的)烧焦长度。

由这些试验得到的数据可作为评估对总着火危险所起的作用的输入数据,还可用于研究和产品开发。

4.2.2.6 相关标准

各种垂直钢梯试验方法的概要和对照见表1。

表1 各种垂直钢梯试验方法的概要和对照

	IEEE 383 [13] UL 1581 [14]	ICEA T-29-520 [15]	CSA-FT4 [16]	IEEE1202 [17]	UL 1685 [18] UL 1581 [14][a]	UL 1685 [18]/ CSA-FT4 [16][b]	IEC 60332-3-10 [21][m]	CEI 20-00/2 [23]
燃烧器功率/kW(近似)	21	62	21	21	21	21	21	30[j]
火焰施加时间/min	20	20	20	20	20	20	20,40[g]	60[l,k]
备用能源	油布(oily rag)[d]	无	无	无	无	无	无	无
燃烧器布置[c]	之后 605 mm 75 mm[e]	之后 300 mm 200 mm	之前 300 mm 75 mm	之前 305 mm 75 mm	之后 457 mm 75 mm	之前 457 mm 75 mm	之前 600 mm 75 mm	之前和之后 200 mm 50 mm[k]
燃烧器角度	水平	水平	向上20°	向上20°	水平	向上20°	水平	水平
钢梯长度/m	2.44	2.4	3.0	3.0	2.4	2.4	3.5	4.5
钢梯宽度/m	0.305	0.3	0.3	0.3	0.3	0.3	0.5或0.8	0.5
试样长度/m	2.4	2.4	2.3	2.3	2.4	2.4	3.5	4.5
试样宽度/m 及安装方式	0.15 仅是前端	0.15	0.25 仅是前端	0.25 仅是前端	0.15 仅是前端	仅是前端	0.30/0.60 前端或前后端[h]	0.20 前后端
需要捆扎的电缆	无	无	若直径小于13 mm	若直径小于13 mm	无	若直径小于13 mm	若CSA小于35 mm^2[i]	暗装(平装),无间隔
规定的试验罩子	无	无	有	有	有	有	有	有
要求的空气流速	无可用数据	无可用数据	>0.17 m^3/s	0.65 m^3/s	5 m^3/s	5 m^3/s	0.08 m^3/s	0.167 m^3/s
要求的试验运行次数	3	2	2	2×2[f]	1	1	1	1

表 1(续)

	IEEE 383 [13] UL 1581 [14]	ICEA T-29-520 [15]	CSA-FT4 [16]	IEEE1202 [17]	UL 1685 [18] UL 1581 [14][a]	UL 1685 [18]/ CSA-FT4 [16][b]	IEC 60332-3-10 [21][m]	CEI 20-00/2 [23]
自末端算起的最大烧焦长度/m	2.4	2.4	1.786[i]	1.786[i]	2.4	1.786[i]	3.1	4.1

a 该版本与 UL 1581 一起使用,等同于 ASTM D 5424 [19] 和 ASTM D 5537 [20],只是 ASTM 没有故障标准。

b 该版本与 CSA-FT4 一起使用,等同于 ASTM D 5424[19]和 ASTM D 5537 [20],只是 ASTM 没有故障标准。

c 底部上方的高度,自试样表面起的距离。

d 仅对 IEEE 383 版本有效,对 UL 1581 版本无效。

e 该尺寸在 UL 1581 版本中是 457 mm。

f 分别对应试样的两个不同尺寸。

g C 类时间是 20 min,A 类和 B 类是 40 min。

h 取决于电缆负载总量。

i 1.5 m 的烧焦长度是从燃烧器的水平顶点起测量。

j 电烘箱,两个金属辐射板(500 mm×500 mm),无火焰。

k 起燃源是放在离电缆表面一个最小的距离的一个电烘箱。

l 参考 IEC 60332-3 有关部分进行安装。

m BS 6853[22]提出该试验,例外的是按照一系列公式准备试样,在这些公式中测定试验排列特性中所用的唯一参数是最小电缆直径。电缆束的间隔要保证电缆束中心间的距离等于两倍的标称电缆束直径。

4.2.3 电缆垂直燃烧试验(升降机)

4.2.3.1 目的和原理

该方法用于评估经过升降机井的楼层之间的火焰。

垂直安装电缆并用气体燃烧器点燃。火焰蔓延被直观地监控,和通过对上一层楼板的温度测量来监控。

4.2.3.2 试样

试样是多段电力、通信或光纤电缆。

4.2.3.3 试验方法

将试样垂直安装在一个模拟升降机井上并用丙烷气体燃烧器将其点燃。监控可见的火焰蔓延和试验箱上部的温度。

4.2.3.4 重复性和再现性

没有可利用的数据。

4.2.3.5 试验数据的相关性

该试验方法用于测定火焰蔓延或温度上升,以便规定相应的要求。

由这些试验得到的数据可以作为评估对总着火危险所起的作用的输入数据,还可用于研究和产品开发。

4.2.3.6 相关标准

UL 1666:1997[24]

4.2.4 电缆水平火焰蔓延试验

一些国家标准是以该方法为基础的。

4.2.4.1 **目的和原理**

该试验方法提供了对打算用于水平隐蔽空间的电缆其火焰表面蔓延的测量。

点燃试样并测量火焰的表面蔓延。

4.2.4.2 **试样**

试样由多段电缆构成。这些试样通常是数字通信电缆或光纤电缆。

4.2.4.3 **试验方法**

将试样并排布置呈单层形式，跨越梯子的全部宽度并用气体燃烧器点燃。

通过测量火焰前端穿越以一定距离间隔开的那些窗口的移动距离来测定火焰表面蔓延。

试验的持续时间是 20 min。

4.2.4.4 **重复性和再现性**

多个试验室之间进行的罗宾(Robin)评估试验正在进行中。

4.2.4.5 **试验数据的相关性**

在加拿大、美国和墨西哥，该试验方法用来测定火焰蔓延，以便规定相应的要求。

由这些试验得到的数据可作为评估对总着火危险所起的作用的输入数据，还可用于研究和产品开发。

4.2.4.6 **相关标准**

NFPA 262:1994[25]

UL 910:1998[26]

参 考 文 献

[1] GB/T 5169.16—2002 电工电子产品着火危险试验 第16部分:50W水平与垂直火焰试验方法(IEC 60695-11-10:1999,IDT).

[2] GB/T 5169.17—2002 电工电子产品着火危险试验 第17部分:500W火焰试验方法(IEC 60695-11-20:1999,IDT).

[3] IEC 60707:1999, Flammability of solid non-metallic materials when exposed to flame sources - list of test methods.

[4] GB/T 18380.1—2001 电缆在火焰条件下的燃烧试验 第1部分:单根绝缘电线火电缆的垂直燃烧试验方法(idt IEC 60332-1:1993).

[5] IEC 60332-2:1989, Tests on electric cables under fire conditions—Part 2: Test on a single small vertical insulated copper wire or cable.

[6] FAR 25:1999, Federal aviation regulations—Air worthiness standards—Part 25: Transport category—Airplanes.

[7] ISO 3795:1989, Road vehicles, and tractors and machinery for agriculture and forestry—Determination of burning behaviour of interior materials.

[8] NF C 32-070: Essai de classification des conducteurs et cables du point de vue de leur comportment au feu, 2001.

[9] Hoover, J. R., Caudill, L., Chapin, T., Clarke, F. B., Full-Scale fire research on concealed space communication cables, interflam, page 295, interscience communications limited, London, UK, 1993.

[10] Fardell, P. J., Rogers, S., Colwell, R., Chitty, R., Cable Fires in Concealed Space—A full scale test facility for standards development, interflam, page 305, interscience communications limited, London, UK, 1993.

[11] Caudill, L., Hoover, J. R., Chapin, T., Walnock, J., Fire testing of communication cables, FRCA, 1995.

[12] Farneti, F., Vercellotti, U., A critical assessment of IEC 332-3:1992, the Italian standard CEI 20-22 (1987) and the requirements of E. E. C. construction product directive from the fire propagation point of view, JICABLE'95, Versailles, 1995.

[13] IEEE 383: Standard for type test of class IE electric cables, field splices and connections for nuclear power generating stations—Part 2.5: Flame tests, 1974.

[14] UL 1581: UL Standard for safety reference standard for electrical wires, cables and flexible cords, 1997.

[15] ICEA T-29-520: Conducting vertical cable tray flame test with theoretical heat release input rate of 210,000 B. T. U. /Hour, 1997.

[16] CSA C22.2 No. 0.3: Test methods for electrical wires and cables, 1996.

[17] IEEE 1202: Standard for flame testing of cables for use in cable trays in industrial and commercial occupancies, 1991.

[18] UL 1685: UL Standard for safety—Vertical—Tray fire—Propagation and smoke-release test for electrical and optical—Fibre cables, 1997.

[19] ASTM D 5424: Standard test method for smoke obscuration of insulating materials contained in electrical or optical fiber cables when burning in a vertical cable tray configura-

tion, 1997.

[20] ASTM D 5537: Standard test method for heat release, flame spread and mass loss testing of insulating materials contained in electrical or optical fiber cables when burning in a vertical cable tray configuration, 1997.

[21] IEC 60332-3-10: 2000, Tests on electric cables under fire conditions—Part 3-10: Test for vertical flame spread of vertically-mounted bunched wires or cables—Apparatus.

[22] BS 6853: Code of practice for fire precautions in the design and construction of passenger carrying trains, 1999.

[23] CEI 20-22/2: Fire tests on electrical cables—Part 2: Fire propagation test, 1995.

[24] UL 1666: UL standard for safety—Test for flame propagation height of electrical and optical—Fibre cables installed in vertical shafts, third edition, 1997.

[25] NFPA 262: Standard method of test for fire and smoke characteristics of wires and cables (national fire code, vol. 6), 1994.

[26] UL 910: UL Standard for safety—Test for flame propagation and values for electrical and optical—fibre cable used in spaces transporting environmental air, 1998.

ICS 29.020
K 04

中华人民共和国国家标准

GB/T 5169.21—2006/IEC 60695-10-2:2003

电工电子产品着火危险试验 第21部分:非正常热 球压试验

Fire hazard testing for electric and electronic products—Part 21:Abnormal heat—Ball pressure test

(IEC 60695-10-2:2003,fire hazard testing—Part 10-2:Abnormal heat—Ball pressure test,IDT)

2006-12-19 发布 2007-09-01 实施

中华人民共和国国家质量监督检验检疫总局
中国国家标准化管理委员会 发布

前　言

GB/T 5169《电工电子产品着火危险试验》包括以下18个部分:

——GB/T 5169.1—1997　电工电子产品着火危险试验　着火试验术语(idt IEC 60695-4:1993)

——GB/T 5169.2—2002　电工电子产品着火危险试验　第2部分:着火危险评定导则　总则(IEC 60695-1-1:1999,IDT)

——GB/T 5169.3—2005　电工电子产品着火危险试验　第3部分:电子元件着火危险评定技术要求和试验规范制订导则(IEC 60695-1-2:1982,IDT)

——GB/T 5169.5—1997　电工电子产品着火危险试验　第2部分:试验方法　第2篇:针焰试验(idt IEC 60695-2-2:1991)

——GB/T 5169.7—2001　电工电子产品着火危险试验　试验方法　扩散型和预混合型火焰试验方法(idt IEC 60695-2-4/0:1991)

——GB/T 5169.9—2006　电工电子产品着火危险试验　第9部分:着火危险评定导则　预选试验规程的使用(IEC 60695-1-30:2002,IDT)

——GB/T 5169.10—2006　电工电子产品着火危险试验　第10部分:灼热丝/热丝基本试验方法　灼热丝装置和通用试验方法(IEC 60695-2-10:2000,IDT)

——GB/T 5169.11—2006　电工电子产品着火危险试验　第11部分:灼热丝/热丝基本试验方法　成品的灼热丝可燃性试验方法(IEC 60695-2-11:2000,IDT)

——GB/T 5169.12—2006　电工电子产品着火危险试验　第12部分:灼热丝/热丝基本试验方法　材料的灼热丝可燃性试验方法(IEC 60695-2-12:2000,IDT)

——GB/T 5169.13—2006　电工电子产品着火危险试验　第13部分:灼热丝/热丝基本试验方法　材料的灼热丝起燃性试验方法(idt IEC 60695-2-13:2000)

——GB/T 5169.14—2001　电工电子产品着火危险试验　试验方法　1 kW标称预混合型试验火焰和导则(idt IEC 60695-2-4/1:1991)

——GB/Z 5169.15—2001　电工电子产品着火危险试验　试验方法　500 W标称预混合型试验火焰和导则(idt IEC 60695-2-4/2:1994)

——GB/T 5169.16—2002　电工电子产品着火危险试验　第16部分:50 W水平与垂直火焰试验方法(IEC 60695-11-10:1999,IDT)

——GB/T 5169.17—2002　电工电子产品着火危险试验　第17部分:500 W火焰试验方法(IEC 60695-11-20:1999,IDT)

——GB/T 5169.18—2005　电工电子产品着火危险试验　第18部分:将电工电子产品的火灾中毒危险减至最小的导则　总则(IEC 60695-7-1:1993,IDT)

——GB/T 5169.19—2006　电工电子产品着火危险试验　第19部分:非正常热　模压应力释放变形试验(IEC 60695-10-3:2002,IDT)

——GB/T 5169.20—2006　电工电子产品着火危险试验　第20部分:火焰表面蔓延　试验方法概要和相关性(IEC/TS 60695-9-2:2001,IDT)

——GB/T 5169.21—2006　电工电子产品着火危险试验　第21部分:非正常热　球压试验(IEC 60695-10-2:2003,IDT)

本部分是GB/T 5169《电工电子产品着火危险试验》的第21部分。

本部分等同采用IEC 60695-10-2:2003《着火危险试验　第10-2部分:非正常热　球压试验》(英文

版），但按 GB/T 20000.2—2001《标准化工作指南 第2部分：采用国际标准的规则》的 4.2b）和 5.2 的规定作了少量编辑性修改。

本部分由中国电器工业协会提出。

本部分由全国电工电子产品环境技术标准化技术委员会（SAC/TC 8）归口。

本部分由广州电器科学研究院负责起草，广州日用电器检测所参加起草。

本部分主要起草人：陈灵、陈兰娟。

电工电子产品着火危险试验
第21部分:非正常热　球压试验

1　范围

GB/T 5169的本部分规定了球压试验,本试验是测试非金属材料耐热性的方法之一。

本部分适用于电工设备及其组件和零部件,还适用于除陶瓷以外的固体电绝缘材料。

2　规范性引用文件

下列文件中的条款通过本部分的引用而成为本部分的条款。凡是注日期的引用文件,其随后所有的修改单(不包括勘误的内容)或修订版均不适用于本部分,然而,鼓励根据本部分达成协议的各方研究是否可使用这些文件的最新版本。凡是不注日期的引用文件,其最新版本适用于本部分。

GB/T 11026.4—1999　确定电气绝缘材料耐热性的导则　第4部分:老化烘箱　单室烘箱(idt IEC 60216-4-1:1990)

IEC指南104:1997,安全出版物的编写与基本安全出版物和团体安全出版物的使用

ISO 3290:2001　滚动轴承　钢球　尺寸和公差

3　试验的一般说明

相关规范规定温度下的试验样品,用钢球向其施加规定的向下的力,按7.2的规定测量压痕尺寸d。

4　试验仪器

试验仪器基本由以下列出的单元组成。

4.1　负载装置

负载装置是由一个装在砝码系统中的直径为5 mm的压力球(符合ISO 3290:2001滚动轴承的成品钢球)构成,砝码系统被设计成可施加一个等于20 N±0.2 N负载(包括压力球的质量)的向下的作用力。

典型的负载装置的例子如图1所示。

4.2　试验样品支座

试验样品支座应能:

a)　将试验样品刚性支撑在水平位置;

b)　有足够的强度支撑负载装置;

c)　有平滑的表面;

d)　有足够大的质量防止在烘箱内放置和取出试验样品时,出现试验装置的试验温度明显降低的情况。

注1:有50 mm直径的平滑安装表面和100 mm高度的一个实心钢圆柱体,作为试验样品合适的支座。

注2:在试验样品支座的中心,在该表面下方大约3 mm处安装一个热电偶,检查试验样品支座的温度不能显著偏离试验温度。

4.3　烘箱

烘箱应是单室的,空气温度分布符合GB/T 11026.4—1999。

4.4　光学测量装置

测量装置应有10倍至20倍的光学放大倍率,并与经过校准的网络或十字叉丝线的测量台一起使

用。照明装置可用于照亮实施过压力球的表面。

5 试验样品

如果可能，从产品上切割试验样品的方式是，上部和下表面大致平行、厚度至少为 2.5 mm。如必要，可用叠加两个或更多部件获得这个厚度。如果无法切割出有平行表面的试验样品，注意支撑接受压力球作用的试验样品的表面积。试验样品应是边长最小为 10 mm 的方形平面或直径最少为 10 mm 的圆形平面。

如果从产品上取得试验样品不可行，则用一片同样的材料作为试验样品。材料片的厚度为3.0 mm±0.5 mm，应有边长至少为 10 mm 的方形平面或直径至少为 10 mm 的圆形平面。

注 1：应注意确保用于生产这块板的加工方法或模制技术与从产品上制备部件的过程没有明显的不同。

注 2：可能需要 3 个试验样品。

6 预处理

除非在相关规范中另有规定，试验样品在温度在 15℃～35℃之间，相对湿度在 45%～75%之间至少放置 24 h。

注：对于材料来说，若其机械性能明显受水分含量或温度的影响，应规定更加明确的预处理。

7 试验步骤

7.1 在烘箱(见 4.3)内的空气中进行试验，烘箱温度按相关规范的规定，其容差在±2℃范围内。烘箱、试验样品支座和载荷装置在试验温度下应保持 24 h，或达到热平衡为止，取其先出现者。

当达到热平衡条件时，将试验样品放置在样品支座上大约中心的位置，试验样品的上表面是水平的。轻轻地将压力球放在试验样品大约中心的位置。确保试验期间压力球除了向下移动之外不会存在其他情况。

为确保不使烘箱和试验样品支座的温度明显下降，试验样品的放置应在可行的短时间内完成。

施加 60 min+2 min/0 min 的时间，然后从试验样品上移去压力球，并在 10 s 内将试验样品浸入温度在 20℃±5℃的水中保持 6 min±2 min 时间，然后从水中取出试验样品并去除所有水分。

7.2 从水中取出后在 3 min 内，测量如图 2 所示的尺寸 d，使用 4.4 中规定的光学测量装置至一位小数。尺寸 d 是因压力球而产生的压痕的横跨最大尺寸。

经过压力球试验后留下的压痕的球面部分(尺寸 d)不应包括材料的变形，如图 2d)所示。若有疑问，用另外两个试验样品再做两次试验，两次试验都应满足第 9 章的要求。

注：一个非圆形压痕可能表明一些非标准条件，如设备或试验样品的移动，不均匀的材料如玻璃钢，或烘箱附近的外部振动。

8 观察与测量

试验时应观察和记录以下内容：

——试验样品的来源；

——材料型号或成分/部件的说明；

——试验样品的厚度(和所叠加的试验样品数量)；

——试验样品上要进行测试的位置；

——预处理的详细说明；

——试验的温度；

——尺寸 d 的值。

9 试验结果的表示

如果尺寸 d 不超过 2.0 mm，试验结果以通过来表示。

10 在相关规范中给出的资料

必要时，相关规范将规定以下细节：

a) 要求的所有预处理(见第 6 章)；

b) 要测试的表面和施加力的点(见 7.1)；

c) 试验温度(见 7.1)。

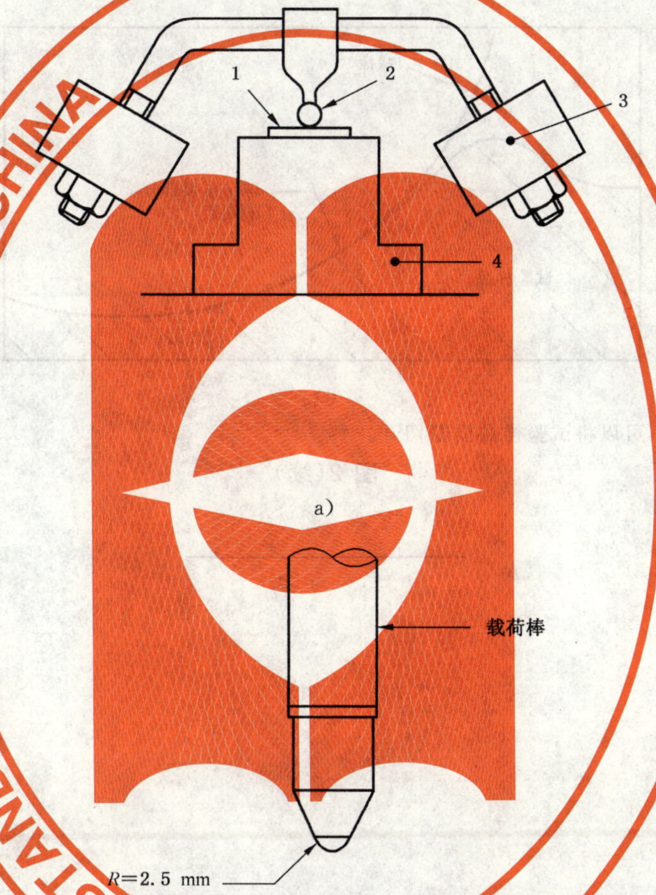

关键部件：

1——试验样品；

2——压力球；

3——砝码(负载)；

4——样品支座。

a)

b)

图 1 载荷装置(举例)

a) b)

尺寸 d 是在球体和试验样品表面的变形的端点之间所测量到的最大尺寸。

图 2 球压试验时材料变形的例子

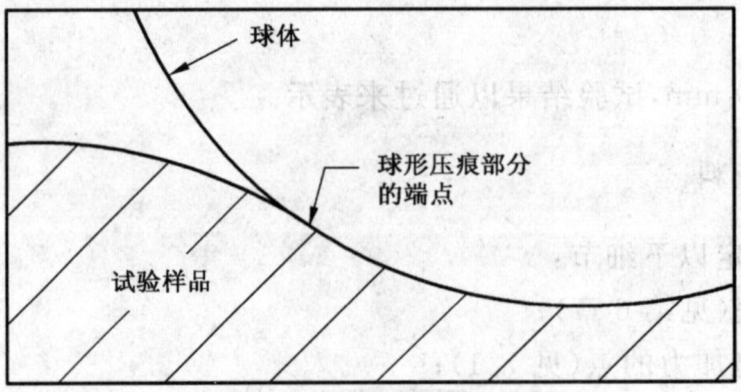

c)

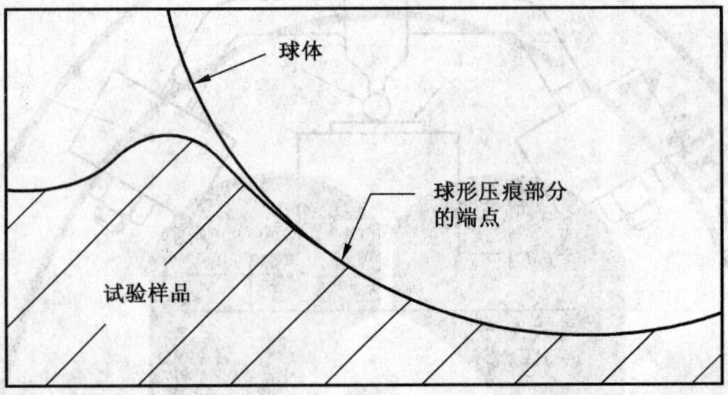

d)

注：假设尺寸 d 有争议，可以将试验样品横着切开。

图 2(续)

ICS 73.080
D 52

中华人民共和国国家标准

GB/T 5195.1—2006
代替 GB/T 5195.1—1985

萤石 氟化钙含量的测定

Fluorspar—Determination of calcium fluoride content

2006-08-16 发布 2007-01-01 实施

中华人民共和国国家质量监督检验检疫总局
中国国家标准化管理委员会 发布

前　言

本标准代替 GB/T 5195.1—1985《氟石化学分析方法　EDTA 容量法测定氟化量》。

本标准是对 GB/T 5195.1—1985 的修订。

本标准与 GB/T 5195.1—1985 比较，主要变化如下：

——将标题《氟石化学分析方法　EDTA 容量法测定氟化钙量》改为《萤石　氟化钙含量的测定》；

——增加了前言、规范性引用文件各章。

——本标准包括两个方法：EDTA 滴定法测定氟化钙含量，对原 EDTA 滴定法测定氟化钙量分析方法进行修订；蒸馏-电位滴定法测定氟化钙含量，修改采用 ISO 5439：1978《酸类萤石　有效氟含量测定　蒸馏电位滴定法》(英文版)，为新制订的方法。

——EDTA 滴定法与原标准 GB/T 5195.1—1985 比较，将名称"EDTA 容量法"改为"EDTA 滴定法"，并调整了相应的计算公式；

——蒸馏电位滴定法测定氟含量与 ISO 5439：1978 比较，主要不同有：

a)　将有效氟含量改为氟化钙含量；

b)　删去原引用标准中"ISO 2362 工业用氟化铝化学分析方法　蒸馏-硝酸钍容量法测定氟量"和"ISO 4282 萤石化学分析方法　重量法测定 105℃质损量"两个引用标准；

c)　采用高氯酸(ρ 约 1.67 g/mL)代替原标准中高氯酸(ρ 约 1.54 g/mL)；

d)　将吡啶酸碱缓冲溶液改为六次甲基四胺酸碱缓冲溶液；

e)　硝酸镧标准滴定溶液的标定从操作步骤中移至试剂中，并增加了计算公式；

f)　试验样品直接改为"样品于玛瑙研钵中研磨并全部通过 0.063 mm 筛孔，并于 105℃±2℃干燥 2 h，干燥器中冷却至室温"；

g)　将试料直接称取于蒸馏瓶中，将原标准装置中的小杯部分移至试料量中加注说明；

h)　增加了允许差。

本标准由中国钢铁工业协会提出。

本标准由冶金工业信息标准研究院归口。

本标准起草单位：武汉钢铁(集团)公司。

本标准主要起草人：张穗忠、杨艳、曹宏燕。

本标准所代替标准的历次版本发布情况为：GB/T 5195.1—1985。

萤石　氟化钙含量的测定

警告：使用本标准的人员应有正规实验室工作的实践经验。本标准并未指出所有可能的安全问题。使用者有责任采取适当的安全和健康措施，并保证符合国家有关法规规定的条件。

1　范围

本标准规定了测定萤石中氟化钙含量的方法原理、试剂、装置、试样、分析步骤、分析结果的计算以及允许差。

本标准包括两个方法：EDTA 滴定法，测定范围（质量分数）：$w_{CaF_2} \geqslant 60\%$；蒸馏-电位滴定法，测定范围（质量分数）：$w_{CaF_2} \geqslant 90\%$。

本标准适用于萤石中氟化钙含量的测定。

2　规范性引用文件

下列文件的条款通过本标准的引用而成为本标准的条款。凡是注日期的引用文件，其后所有的修改单（不包括勘误的内容）或修订版均不适用于本标准，然而，鼓励根据本标准达成协议的各方研究是否可使用这些文件的最新版本。凡是不注日期的引用文件，其最新版本适用于本标准。

GB/T 5195.2　萤石　碳酸盐含量的测定

3　EDTA 滴定法

3.1　原理

试料以盐酸-硼酸-硫酸混合酸加热分解，过滤除去不溶物。分取部分滤液，加氢氧化钾溶液使试液 pH 大于 13，在三乙醇胺存在下，以钙黄绿素-百里香酚酞为指示剂，用 EDTA 标准滴定溶液滴定至绿色荧光消失为终点，减去试料中的碳酸钙量，计算试样中氟化钙的质量分数。

3.2　试剂

3.2.1　无水乙醇。

3.2.2　盐酸-硼酸-硫酸混合酸

取 12.5 g 硼酸于 250 mL 烧杯中，加约 100 mL 水，缓慢加入 25 mL 硫酸（ρ 约 1.84 g/mL），加热溶解硼酸。稍冷，移入预先盛有 250 mL 盐酸（ρ 约 1.19 g/mL）和 600 mL 水的试剂瓶中，冷却至室温，用水稀释至 1 L。

3.2.3　氢氧化钾溶液：200 g/L。

3.2.4　三乙醇胺：1+2。

3.2.5　混合指示剂

称取 0.20 g 钙黄绿素（$C_{30}H_{26}N_2O_{13}$）、0.12 g 百里香酚酞（$C_{38}H_{44}N_2O_{12}$）和 20 g 无水硫酸钾于研钵中研细研匀，移至适当容器中，于 105℃±5℃ 干燥 1 h，冷却。盛于磨口瓶中备用。

3.2.6　氟化钙标准溶液：1.560 1 mg/mL。

称取 1.000 8 g 预先在 105℃～110℃ 干燥 2 h 并在干燥器中冷却至室温的碳酸钙（>99.99%）于 250 mL 烧杯中，盖上表面皿，缓慢加入 25 mL 盐酸（1+1），待碳酸钙溶解后，加 100 mL 水，加热至沸，驱尽二氧化碳，冷却至室温。将溶液移入 500 mL 容量瓶中，用水稀释至刻度，混匀。此钙标准溶液 1.00 mL 相当于含 1.560 1 mg 氟化钙。

3.2.7　EDTA 标准滴定溶液：0.015 mol/L。

3.2.7.1　配制

称取5.8 g乙二胺四乙酸二钠($C_{10}H_{14}N_2O_8Na_2 \cdot 2H_2O$,简称EDTA)于400 mL烧杯中,加200 mL水,用氢氧化钾溶液(3.2.3)调节至pH值为5～5.5,加热使试剂溶解,冷却至室温。将溶液移入1 000 mL容量瓶中,用水稀释至刻度,混匀。

3.2.7.2 标定

移取25.00 mL氟化钙标准溶液(3.2.6)三份,分别置于250 mL烧杯中,用水稀释至100 mL,加5 mL三乙醇胺(3.2.4),20 mL氢氧化钾溶液(3.2.3),加适量混合指示剂(3.2.5),用EDTA标准滴定溶液(3.2.7)滴定至试液绿色荧光消失(在黑色背景的衬垫上观察)为终点。随同做空白试验。三份氟化钙标准溶液消耗EDTA标准滴定溶液的体积的极差不超过0.10 mL,否则应重新标定。

3.2.7.3 计算

按式(1)计算EDTA标准滴定溶液的滴定度:

$$T = \frac{1.560\,1 \times 25.00}{(V_1 - V_0) \times 1\,000} \quad \cdots\cdots\cdots\cdots (1)$$

式中:

T——EDTA标准滴定溶液对氟化钙的滴定度,单位为克每毫升(g/mL);

V——滴定三份氟化钙标准溶液消耗EDTA标准滴定溶液体积的平均值,单位为毫升(mL);

V_0——空白试验消耗EDTA标准滴定溶液的体积,单位为毫升(mL)。

3.3 试样

样品于玛瑙研钵中粉碎并全部通过0.063 mm筛孔,在电烘箱中保持温度105℃±2℃干燥2 h,干燥器中冷却。

3.4 分析步骤

3.4.1 试料量

称取0.50 g试样,精确至0.000 1 g。

3.4.2 空白试验

随同试料进行空白试验

3.4.3 试料分解

将试料(3.4.1)置于250 mL烧杯中,加几滴无水乙醇(3.2.1)润湿,加50 mL盐酸-硼酸-硫酸混合酸(3.2.2),盖上表面皿,摇动,勿使试料结块,加热微沸30 min,每隔5 min摇动一次。取下冷却,用水冲洗表面皿和烧杯,并稀释至100 mL。继续加热至微沸后,用快速滤纸过滤于250 mL容量瓶中,用含几滴盐酸的温水洗涤烧杯5次,洗涤不溶物10次,试液冷却后用水稀释至刻度,混匀。

3.4.4 滴定

移取25.00 mL试液于250 mL烧杯中,加水稀释至100 mL。加5 mL三乙醇胺(3.2.4),20 mL氢氧化钾溶液(3.2.3),加适量混合指示剂(3.2.5),用EDTA标准滴定溶液(3.2.7)滴定至试液绿色荧光消失(在黑色背景的衬垫上观察)为终点。

3.5 结果计算

氟化钙的质量分数按式(2)计算:

$$w_{CaF_2} = \frac{T \times (V_2 - V_0) \times V}{m \times V_1} \times 100 - A \quad \cdots\cdots\cdots\cdots (2)$$

式中:

w_{CaF_2}——氟化钙的质量分数,数值以%表示;

T——EDTA标准滴定溶液对氟化钙的滴定度,单位为克每毫升(g/mL);

V——试料溶液的体积,单位为毫升(mL);

V_1——分取试料溶液的体积,单位为毫升(mL);

V_2——滴定分取试料溶液消耗EDTA标准滴定溶液的体积,单位为毫升(mL);

V_0——滴定分取空白试验溶液消耗 EDTA 标准滴定溶液的体积,单位为毫升(mL);

m——试料量,单位为克(g);

A——该试料中碳酸钙的质量分数换算成相当的氟化钙质量分数,数值以%表示,$A = w_{CaCO_3} \times 0.780\ 8$。碳酸钙量的测定方法见 GB/T 5195.2 中 EDTA 滴定法。

3.6 允许差

实验室间分析结果的差值不大于表 1 所列允许差。

表 1

%

氟化钙的质量分数	允 许 差
60.00～70.00	0.30
>70.00～90.00	0.40
>90.00	0.50

4 蒸馏-电位滴定法测定氟化钙含量

4.1 原理

在高氯酸存在下,通过温度控制装置于 135℃±2℃用水蒸气将试料中的氟蒸馏分离,蒸馏液以氢氧化钠溶液吸收,用氟离子选择电极作电位指示电极,以硝酸镧标准滴定溶液滴定蒸馏液中的氟量,计算氟化钙的质量分数。

4.2 试剂

分析中仅使用确认的分析纯试剂、蒸馏水或纯度相当的水。

4.2.1 高锰酸钾:结晶状。

4.2.2 氟化钠:按下法重结晶。

取 5 g 氟化钠溶于 125 mL 水中,用布氏漏斗减压过滤。滤液在铂皿内中蒸发至 60 mL 左右,冷却至约 50℃,用离心法将氟化钠晶体分离。用少量冷水以离心法洗晶体三次。将晶体移入铂皿中,在电烘箱中于 105℃±2℃干燥,于干燥器中冷却,在玛瑙研钵中将晶体研碎,用 0.355 mm 孔的筛过筛。将过筛物置于铂皿中,在约 600℃的高温炉中加热 2 h,于干燥器中冷却。

4.2.3 乙醇或异丙醇。

4.2.4 高氯酸:ρ 约 1.67 g/mL。

4.2.5 高氯酸:1+6。

4.2.6 氢氧化钠溶液:40 g/L,储存于塑料瓶中。

4.2.7 硝酸镧标准滴定溶液:约 0.01 mol/L。

4.2.7.1 制备

溶解 4.33 g 硝酸镧[$La(NO_3)_3 \cdot 6H_2O$]于不含二氧化碳水中,加 10 mL 硝酸(0.001 mol/L),移入 1 000 mL 容量瓶中,用水稀释至刻度,混匀。

4.2.7.2 标定

称取 0.200 g(精确至 0.000 1 g)重结晶的氟化钠(4.2.2)代替试料(4.5.1),按 4.5.3 和 4.5.4 规定的步骤操作。

按式(3)计算硝酸镧标准滴定溶液(4.2.7)的滴定度。

$$T = \frac{m_1}{V_1 - V_0} \qquad \cdots\cdots(3)$$

式中:

T——硝酸镧标准滴定溶液对氟化钠滴定度,单位为克每毫升(g/mL);

V_1——滴定氟化钠消耗硝酸镧标准滴定溶液的体积,单位为毫升(mL);

V_0——滴定空白试验消耗硝酸镧标准滴定溶液的体积,单位为毫升(mL);

m_1——氟化钠的质量,单位为克(g)。

4.2.8 缓冲溶液:pH6.5。

溶解 140 g 六次甲基四胺于约 800 mL 水中,用高氯酸(4.2.5)中和至 pH 值为 6.5±0.2,用水稀释至 1 000 mL,如需要调节 pH 值至 6.5。

4.2.9 酚酞溶液:5 g/L,用 95%乙醇(体积分数)配制。

4.3 装置

通常的实验室设备以及以气体发生和吸收装置。

4.3.1 蒸馏装置由一个蒸汽发生器、一个蒸馏瓶、一个冷凝管、二个电热套和一个带有继电器的接触温度计组成,如图 1 所示。可控制蒸馏瓶的温度 135℃±2℃。

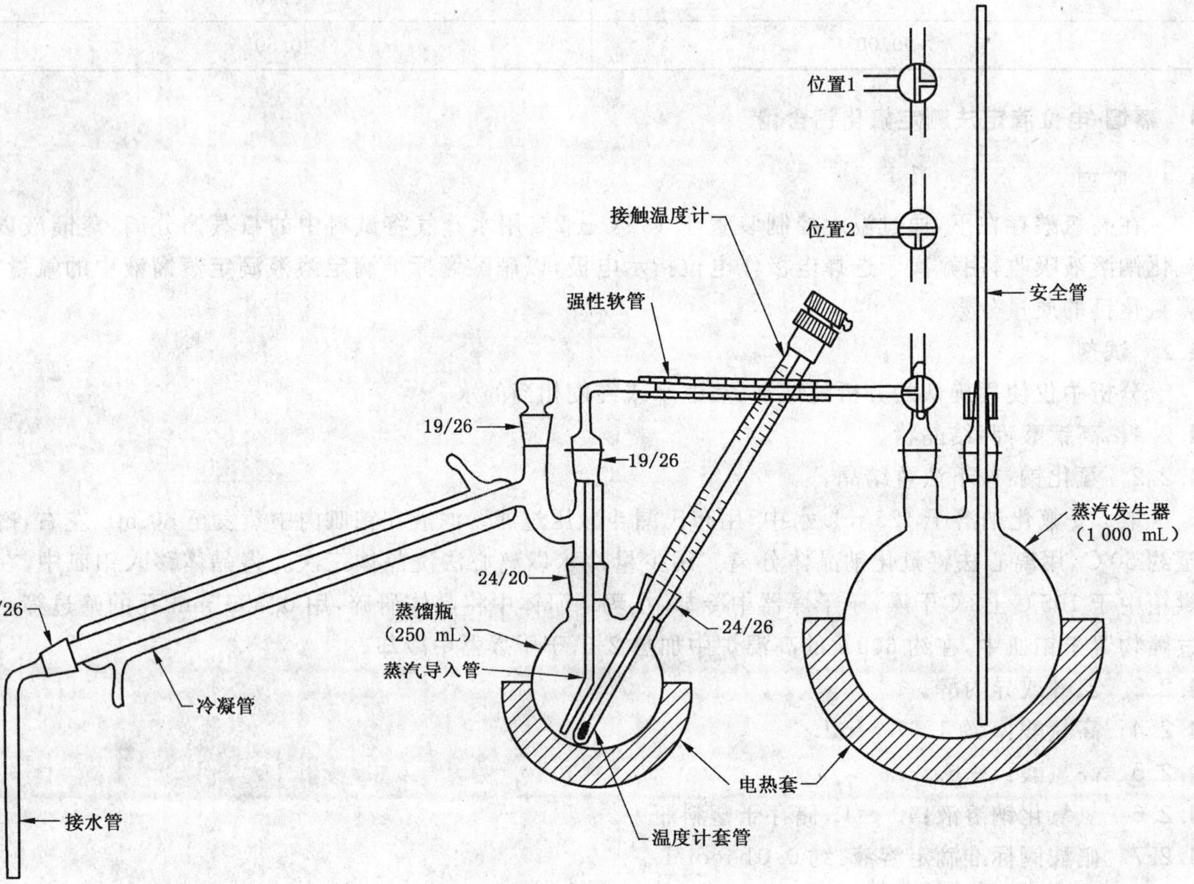

图 1 蒸馏装置

两个电热套的功率分别为:

a) 蒸馏瓶所用的功率约为 150 W;

b) 蒸汽发生器所用的功率约 500 W。

蒸汽发生器加热套需要有一个功率调节器以调节给出的水蒸气量。

4.3.2 磁力搅拌器。

4.3.3 pH 计:配有玻璃电极和饱和甘汞电极。

4.3.4 滴定管:20 mL,刻度间隔 0.02 mL。

4.3.5 氟离子选择电极。

4.3.6 参比电极,饱和甘汞电极或其他类型电极。

4.3.7 电位计,灵敏度 0.5 mV,覆盖−500 mV~+500 mV。利用一组特殊电极,对固定的终点电位测量，应重复在±0.5 mV。

注：也可选择商业通用的自动显示滴定曲线或自动判断滴定终点电位的装置。

4.4 试样

样品于玛瑙研钵中粉碎并全部通过 0.063 mm 筛孔，在电烘箱中保持温度 105℃±2℃ 干燥 2 h，干燥器中冷却。

4.5 分析步骤

4.5.1 试料量

称取 0.20 g 试样于蒸馏瓶中，精确至 0.000 2 g。

注：亦可将称取的试料置于内径约 10 mm，高 10 mm～12 mm，壁厚 1 mm 的平底直型硅硼玻璃杯中，然后将小杯连同试料置于蒸馏瓶中。

4.5.2 空白试验

随同试料做空白试验。

4.5.3 蒸馏

连接蒸馏装置(4.3.1)。从蒸馏装置移开接触温度计和蒸馏头，加入少许高锰酸钾(4.2.1)于蒸馏瓶中，加 15 mL 水，35 mL 高氯酸(4.2.4)，立即用蒸馏头和接触温度计封闭蒸馏装置。

取一盛有 25 mL 氢氧化钠溶液(4.2.6)和 40 mL 水的 500 mL 容量瓶置于接水管下，接水管插入溶液中。

转动蒸汽发生器和蒸馏装置间三通开关于位置 1，接触温度计设定为 135℃，接通蒸馏瓶和蒸汽发生器的电源。将蒸馏瓶内溶液加热至 135℃(约 15 min)，转动三通开关于位置 2，蒸汽进入蒸馏瓶，控制蒸汽量至每分钟流出 10 mL 蒸馏液。收集约 400 mL 蒸馏液，停止蒸馏。

用水冲洗接水管的内外壁，洗液洗入 500 mL 容量瓶中。以酚酞溶液(4.2.9)为指示剂，用高氯酸(4.2.5)中和蒸馏液。用水稀释至刻度，混匀。

4.5.4 电位滴定

从 500 mL 容量瓶中移取 50.00 mL 试液于 250 mL 烧杯中，加 10 mL 缓冲溶液(4.2.8)和 60 mL 乙醇(或异丙醇)(4.2.3)。将磁力搅拌器的转子放入烧杯，烧杯置于搅拌器上，插入氟离子选择电极(4.3.5)和参比电极(4.3.6)，并与电位计连接(4.3.7)。开动磁力搅拌器，用硝酸镧标准滴定溶液(4.2.7)滴定，滴定速度不大于 3.0 mL/min，记录滴定的体积和相应的电位读数。当电位变化速度加快，以较慢速度滴定。从绘制的或记录的滴定曲线确定滴定终点。

4.6 结果计算

氟化钙的含量以氟化钙质量分数(%)计，按式(4)计算：

$$w_{CaF_2}=\frac{0.929\,7\times T\times(V_1-V_0)\times 10}{m_0}\times 100 \qquad\cdots\cdots(4)$$

或以氟质量分数(%)计，按式(5)计算：

$$w_F=\frac{0.452\,4\times T\times(V_1-V_0)\times 10}{m_0}\times 100 \qquad\cdots\cdots(5)$$

式中：

w_{CaF_2}——氟化钙的质量分数，数值以%表示；

w_F——氟的质量分数，数值以%表示；

T——硝酸镧标准滴定溶液对氟化钠滴定度，单位为克每毫升(g/mL)；

V_1——滴定分取的试料溶液消耗硝酸镧标准滴定溶液的体积，单位为毫升(mL)；

V_0——滴定空白试验消耗硝酸镧标准滴定溶液的体积，单位为毫升(mL)；

m_0——试料质量，单位为克(g)；

0.929 7——硝酸镧标准滴定溶液对氟化钠滴定度换算为对氟化钙滴定度的系数；

0.452 4——硝酸镧标准滴定溶液对氟化钠滴定度换算为对氟滴定度的系数。

4.7 允许差

在重复性条件下的两次独立测量结果的差值不大于表2所规定的允许差。

表2 %

氟化钙的质量分数	允 许 差
≥90.00	1.00

5 试验报告

试验报告应包括以下内容：

a) 鉴别试料，实验室的分析日期等资料；

b) 遵守本标准规定的程度；

c) 分析结果和表示；

d) 测定中观察到的异常现象；

e) 对分析结果可能有影响而本标准未包括的操作，或者自选的操作。

ICS 73.080
D 52

中华人民共和国国家标准

GB/T 5195.2—2006
代替 GB/T 5195.2—1985

萤石　碳酸盐含量的测定

Fluorspar—Determination of carbonate content

2006-08-16 发布　　2007-01-01 实施

中华人民共和国国家质量监督检验检疫总局
中国国家标准化管理委员会　发布

前言

本标准代替 GB/T 5195.2—1985《氟石化学分析方法　EDTA 滴定法测定碳酸钙量》。

本标准是对 GB/T 5195.2—1985 的修订。

本标准与 GB/T 5195.2—1985 比较，主要变化如下：

——将标题《氟石化学分析方法　EDTA 滴定法测定碳酸钙量》改为《萤石　碳酸盐含量的测定》；

——增加了前言、规范性引用文件各章。

——本标准包括两个方法：EDTA 滴定法测定碳酸盐含量，对原 EDTA 滴定法测定碳酸钙量分析方法进行修订；酸碱滴定法测定碳酸盐含量，修改采用 ISO 4283：1993《各类萤石的测定　碳酸盐含量的测定　滴定法》(英文版)，为新制订的方法。

——EDTA 滴定法与原标准 GB/T 5195.2—1985 比较，主要变化如下：

a）分析方法作了调整，将原标准用含钙乙酸溶液浸取试料改为用乙酸溶液浸取试料，并用锆-二甲酚橙褪色光度法测定浸取液中的氟量，以对碳酸钙量进行定量校正；

b）分析步骤中将原标准微沸 3 min 浸取试料改为在室温浸取 30 min～40 min；

c）分析步骤中增加在浸取液中测定氟量的操作，以校正被乙酸溶液浸取下的氟化钙量；

d）EDTA 标准滴定溶液的浓度由 0.015 mol/L 改为 0.01 mol/L；

e）滴定指示剂由钙黄绿素-百里香酚酞混合指示剂改为钙指示剂；

f）调整了相应的计算公式；

——酸碱滴定法修改采用 ISO 4283：1993《各类萤石的测定　碳酸盐含量的测定　滴定法》方法，主要不同有：

a）将标题中的“各类萤石”改为“萤石”；

b）删去规范性引用文件“试验筛　金属丝编织网、穿孔板和电成型薄板孔的基本尺寸(ISO 565：1990)”和“实验室烧结(多孔)过滤器　孔径、分级和牌号(ISO 4793：80)”；

c）增加了盐酸标准滴定溶液和氢氧化钠标准滴定溶液浓度标定的操作；

d）将酸碱滴定采用甲基橙或混合指示剂，改为只采用甲基橙作指示剂；

e）将原标准 5.2、5.3 的电烘箱删去，其内容包括在通常的实验室设备中；

f）将原标准 6 条中的试验样品直接改为“样品于玛瑙研钵中研磨并全部通过 0.063 mm 筛孔，并于 105±2℃干燥 2 h，干燥器中冷却至室温。

本标准由中国钢铁工业协会提出。

本标准由冶金工业信息标准研究院归口。

本标准起草单位：武汉钢铁(集团)公司。

本标准主要起草人：张穗忠、曹宏燕、沈金科、闻向东。

本标准所代替标准的历次版本发布情况为：

——GB/T 5195.2—1985。

萤石　碳酸盐含量的测定

警告：使用本标准的人员应有正规实验室工作的实践经验。本标准并未指出所有可能的安全问题。使用者有责任采取适当的安全和健康措施，并保证符合国家有关法规规定的条件。

1　范围

本标准规定了测定萤石中碳酸盐含量的方法原理、试剂、装置、试样、分析步骤、分析结果的计算以及允许差。

本标准包括两个方法：EDTA滴定法，测定范围（以碳酸钙表示的质量分数）0.10％～3.00％；酸碱滴定法，测定范围（以碳酸钙表示的质量分数）$\omega_{CaCO_3} \geqslant 0.040\%$。

本标准适用于萤石中碳酸盐含量的测定。

2　规范性引用文件

下列文件的条款通过本标准的引用而成为本标准的条款。凡是注日期的引用文件，其随后所有的修改单（不包括勘误的内容）或修订版均不适用于本标准，然而，鼓励根据本标准达成协议的各方研究是否可使用这些文件的最新版本。凡是不注日期的引用文件，其最新版本适用于本标准。

GB/T 601　化学试剂　标准滴定溶液的制备

3　EDTA滴定法

3.1　原理

试料用稀乙酸在室温浸取，过滤，分取部分滤液用锆-二甲酚橙褪色光度法测量被浸取下的氟化钙量。剩余滤液用EDTA滴定法测定钙量，扣除被浸取下来的氟化钙量，计算碳酸盐（用碳酸钙表示）的质量分数。

3.2　试剂

3.2.1　盐酸：1＋1。

3.2.2　乙酸：1＋9，以冰乙酸（ρ 约 1.05 g/mL）配制。

3.2.3　锆-盐酸溶液

称取100 mg氯氧化锆（$ZrOCl_2 \cdot 8H_2O$）于烧杯中，加50 mL盐酸（ρ 约 1.19 g/mL），溶解，用水移入1 000 mL容量瓶中，加450 mL盐酸（ρ 约 1.19 g/mL），用水稀释至刻度，混匀。

3.2.4　三乙醇胺：1＋1。

3.2.5　氢氧化钾溶液：200 g/L。

3.2.6　硫酸镁溶液：5 g/L。

3.2.7　二甲酚橙溶液：2 g/L。

3.2.8　钙指示剂：0.5 g钙指示剂与50 g干燥的氯化钾研细混匀，贮于磨口瓶中备用。

3.2.9　氟标准溶液

3.2.9.1　氟储备液：1.00 mg/mL。

称取2.210 0 g预先于650℃灼烧1 h并冷却至室温的氟化钠（＞99.9％），以少量水溶解，移入1 000 mL容量瓶中，以水稀释至刻度，混匀，贮存于塑料瓶中。

3.2.9.2　氟标准溶液：10.0 μg/mL。

移取10.00 mL氟储备液（3.2.9.1）于1 000 mL容量瓶中，以水稀释至刻度，混匀，贮存于塑料瓶中。

3.2.10 钙标准溶液：0.010 00 mol/L。

称取 1.000 8 g 预先在 105℃～110℃ 干燥 2 h 并在干燥器中冷却至室温的碳酸钙（>99.9%）于 400 mL 烧杯中，盖上表面皿，缓慢加入 25 mL 盐酸(3.2.1)，待碳酸钙溶解后，加 100 mL 水，加热至沸，驱尽二氧化碳，冷却至室温。将溶液移入 1 000 mL 容量瓶中，用水稀释至刻度，混匀。

3.2.11 EDTA 标准滴定溶液：0.01 mol/L。

3.2.11.1 配制

称取 3.72 g 乙二胺四乙酸二钠（$C_{10}H_{14}N_2O_8Na_2 \cdot 2H_2O$，简称 EDTA）于 400 mL 烧杯中，加 200 mL水，加热溶解，冷却至室温。将溶液移入 1 000 mL 容量瓶中，用水稀释至刻度，混匀。

3.2.11.2 标定

移取 25.00 mL 钙标准溶液(3.2.10)三份，分别置于 250 mL 锥形瓶中，用水稀释至 100 mL。加 5 mL三乙醇胺(3.2.4)，5 滴硫酸镁溶液(3.2.6)，20 mL 氢氧化钾溶液(3.2.5)，少许钙指示剂(3.2.8)，以 EDTA 标准滴定溶液(3.2.11)滴定至试液由红色变为纯蓝色为终点。三份钙标准溶液消耗 EDTA 标准滴定溶液体积的极差不超过 0.10 mL 时，取平均值计算其浓度。

3.2.11.3 计算

按式(1)计算 EDTA 标准滴定溶液的浓度：

$$c = \frac{c_1 \times 25}{V - V_0} \quad \cdots\cdots\cdots\cdots (1)$$

式中：

c——EDTA 标准滴定溶液的浓度，单位为摩尔每升(mol/L)；

c_1——钙标准溶液的浓度，单位为摩尔每升(mol/L)；

V——滴定三份钙标准溶液消耗 EDTA 标准滴定溶液体积的平均值，单位为毫升(mL)；

V_0——空白试验消耗 EDTA 标准滴定溶液的体积，单位为毫升(mL)。

3.3 试样

样品于玛瑙研钵中研磨并全部通过 0.063 mm 筛孔，并于 105℃±2℃ 干燥 2 h，干燥器中冷却至室温。

3.4 分析步骤

3.4.1 试料量

称取 0.50 g 试样(3.3)，精确至 0.000 1 g。

3.4.2 空白试验

随同试料进行空白试验。

3.4.3 试料分解

将试料(3.4.1)置于 250 mL 烧杯中，加 20 mL 乙酸(3.2.2)，盖上表面皿，在室温放置 30 min～40 min，每隔数分钟摇动一次。浸取液用慢速滤纸加纸浆过滤于 100 mL 容量瓶中，用水洗涤烧杯和沉淀各 4 次，滤液用水稀释至刻度，混匀。

注：如室温低于 20℃，可将烧杯置于 25℃～30℃ 的温水上浸取。

3.4.4 浸取液中氟量的测定

3.4.4.1 显色液

用干移液管移取 5.00 mL 滤液(3.4.3)于 50 mL 容量瓶中，加 10.00 mL 锆-盐酸溶液(3.2.3)，2.0 mL二甲酚橙溶液(3.2.7)，以水稀释至刻度，混匀，放置 10 min。

注：移液管用水洗净后垂直沥干，用滤纸吸去管尖的水柱，即可直接吸取滤液。

3.4.4.2 参比液

于另一 50 mL 容量瓶中加 0.5 mL 乙酸(3.2.2)，加 10 mL 盐酸(3.2.1)，2.0 mL 二甲酚橙溶液(3.2.7)，以水稀释至刻度，混匀。

3.4.4.3 测量

将显色液和参比液移入 1 cm 吸收皿，于分光光度计 550 nm 处测量吸光度。从校准曲线上查取显色液中的氟量，计算试料被稀乙酸浸取下来的氟量。

3.4.4.4 校准曲线的绘制

于一组 50 mL 容量瓶中，各加入 10.00 mL 锆-盐酸溶液(3.2.3)，分别加入 0、1.00 mL、2.00 mL、3.00 mL、4.00 mL、5.00 mL 氟标准溶液(3.2.9.2)，加 2.0 mL 二甲酚橙溶液(3.2.7)，以水稀释至刻度，混匀，放置 10 min。另取一 50 mL 容量瓶，加 10 mL 盐酸(3.2.1)，2.0 mL 二甲酚橙溶液(3.2.7)，以水稀释至刻度，混匀。以此溶液为参比，测量吸光度。以吸光度作纵坐标，氟量为横坐标，绘制校准曲线。

注 1：显色液中由于氟与锆生成稳定的络合物，使锆-二甲酚橙的色泽减褪。又由于氟与锆生成逐级络合物，氟量与吸光度的校准曲线呈下降稍弯状曲线。

注 2：本方法中每次使用的锆-盐酸溶液必须取自同一试剂瓶中。

3.4.5 浸取液中钙量的测定

将测定氟后的滤液(3.4.3)用水全部洗入 250 mL 锥形瓶中，加 5 mL 三乙醇胺(3.2.4)，5 滴硫酸镁溶液(3.2.6)，20 mL 氢氧化钾溶液(3.2.5)，少许钙指示剂(3.2.8)，以 EDTA 标准滴定溶液(3.2.11)滴定至试液由红色变为纯蓝色为终点。

3.5 结果计算

碳酸盐含量以碳酸钙的质量分数%计，按式(2)计算：

$$w_{CaCO_3}=\frac{c\times(V-V_0)\times\frac{100}{95}\times 100.08}{m\times 1\,000}\times 100-\frac{(m_1-m_0)\times\frac{100}{5}\times\frac{100.08}{19.00\times 2}}{m\times 10^6}\times 100 \quad\cdots\cdots(2)$$

式中：

w_{CaCO_3}——碳酸钙的质量分数，数值以%表示；

c——EDTA 标准滴定溶液的浓度，单位为摩尔每升(mol/L)；

V——滴定试料溶液消耗 EDTA 标准滴定溶液的体积，单位为毫升(mL)；

V_0——滴定空白试验溶液消耗 EDTA 标准滴定溶液的体积，单位为毫升(mL)；

m_1——校准曲线上查取显色液中的氟量，单位为微克(μg)；

m_0——校准曲线上查取空白试验溶液中的氟量，单位为微克(μg)；

m——试料量，单位为克(g)；

100.08——碳酸钙($CaCO_3$)的摩尔质量，单位为克每摩尔(g/mol)；

19.00——氟(F)的摩尔质量，单位为克每摩尔(g/mol)。

3.6 允许差

实验室间分析结果的差值不大于表 1 所列允许差。

表 1

%

碳酸钙的质量分数	允许差
0.10～0.50	0.05
＞0.50～3.00	0.10

4 酸碱滴定法

4.1 原理

在气体发生装置中用盐酸处理试料，以氮气为载气，用氢氧化钡溶液吸收发生的二氧化碳，过量的碱用盐酸中和，加过量的盐酸标准滴定溶液以溶解碳酸钡沉淀，再以甲基橙为指示剂，用氢氧化钠标准滴定溶液返滴定过量的盐酸，计算碳酸盐(以碳酸钙表示)的质量分数。

4.2 试剂

4.2.1 正丁醇。

4.2.2 氮气:不含二氧化碳。

4.2.3 硼酸。

4.2.4 氯化钡($BaCl_2 \cdot 2H_2O$)溶液:122 g/L。

4.2.5 盐酸:3+2。

4.2.6 浮石,用硫酸铜浸渍。

少许浮石与饱和硫酸铜溶液混合,放置 1 h,过滤出浮石。将浸渍的浮石于 150℃～180℃ 的烘箱中干燥。

4.2.7 氢氧化钾溶液:200 g/L。

4.2.8 盐酸:约 1 mol/L。

4.2.9 氢氧化钠溶液:约 1 mol/L。

4.2.10 盐酸标准滴定溶液:$c(HCl)=0.1mol/L$。

4.2.10.1 配制

移取 9 mL 盐酸(ρ 约 1.19 g/ mL),用水稀释至 1 000 mL。

4.2.10.2 标定

称取 0.20 g(精确至 0.000 1 g)预先于高温炉 270℃～300℃ 灼烧至恒量并于干燥器中冷却至室温的无水碳酸钠(>99.99%)于 250 mL 烧杯中,加 50 mL 水溶解,加 10 滴溴甲酚绿-甲基红指示剂溶液,用配制好的盐酸溶液滴定至溶液由绿色变为暗红色,煮沸 2 min、冷却后继续滴定至溶液呈暗红色。同时做空白试验。

按式(3)计算盐酸标准滴定溶液的浓度:

$$c_1 = \frac{m \times 1\ 000}{(V_1 - V_0) \times 52.994} \quad \cdots\cdots\cdots\cdots (3)$$

式中:

c_1——盐酸标准滴定溶液的浓度,单位为摩尔每升(mol/L);

m——无水碳酸钠的质量,单位为克(g);

V_1——滴定无水碳酸钠消耗盐酸标准滴定溶液的体积,单位为毫升(mL);

V_0——滴定空白试验消耗盐酸标准滴定溶液的体积,单位为毫升(mL);

52.994——无水碳酸钠($1/2Na_2CO_3$)的摩尔质量,单位为克每摩尔(g/mol);

4.2.11 氢氧化钠标准滴定溶液:$c(NaOH)=0.1\ mol/L$。

4.2.11.1 配制

称取 110 g 氢氧化钠溶于 100 mL 不含二氧化碳的水中,混匀,移入聚乙烯容器中,密闭放置至溶液清亮。用塑料管量取 5.4 mL 上层清液,用不含二氧化碳的水稀释至 1 000 mL,混匀。

4.2.11.2 标定

称取 0.75 g(精确至 0.000 1 g)于 105℃～110℃ 电烘箱中干燥至恒量并冷却至室温的邻苯二甲酸氢钾(>99.99%)于 250 mL 烧杯中,加 50 mL 不含二氧化碳的水溶解,加 2 滴酚酞溶液(10 g/L),用配制好的氢氧化钠标准滴定溶液滴定至溶液呈粉红色,并保持 30 s 不褪为终点。

按式(4)计算氢氧化钠标准滴定溶液的浓度:

$$c_2 = \frac{m \times 1\ 000}{(V_1 - V_2) \times 204.22} \quad \cdots\cdots\cdots\cdots (4)$$

式中:

c_2——氢氧化钠标准滴定溶液的浓度,单位为摩尔每升(mol/L);

m——邻苯二甲酸氢钾的质量,单位为克(g);

V_1——滴定邻苯二甲酸氢钾消耗的氢氧化钠标准滴定溶液的体积,单位为毫升(mL);

V_2——空白试验消耗的氢氧化钠标准滴定溶液的体积,单位为毫升(mL);

204.22——邻苯二甲酸氢钾($KHC_8H_4O_4$)的摩尔质量,单位为克每摩尔(g/mol)。

4.2.12 甲基橙溶液:1 g/L。

4.2.13 酚酞溶液:0.25 g/L,用乙醇(1+1)配制。

4.3 装置

通常的实验室设备以及以气体发生和吸收装置如图1所示,该装置包括以下部分:

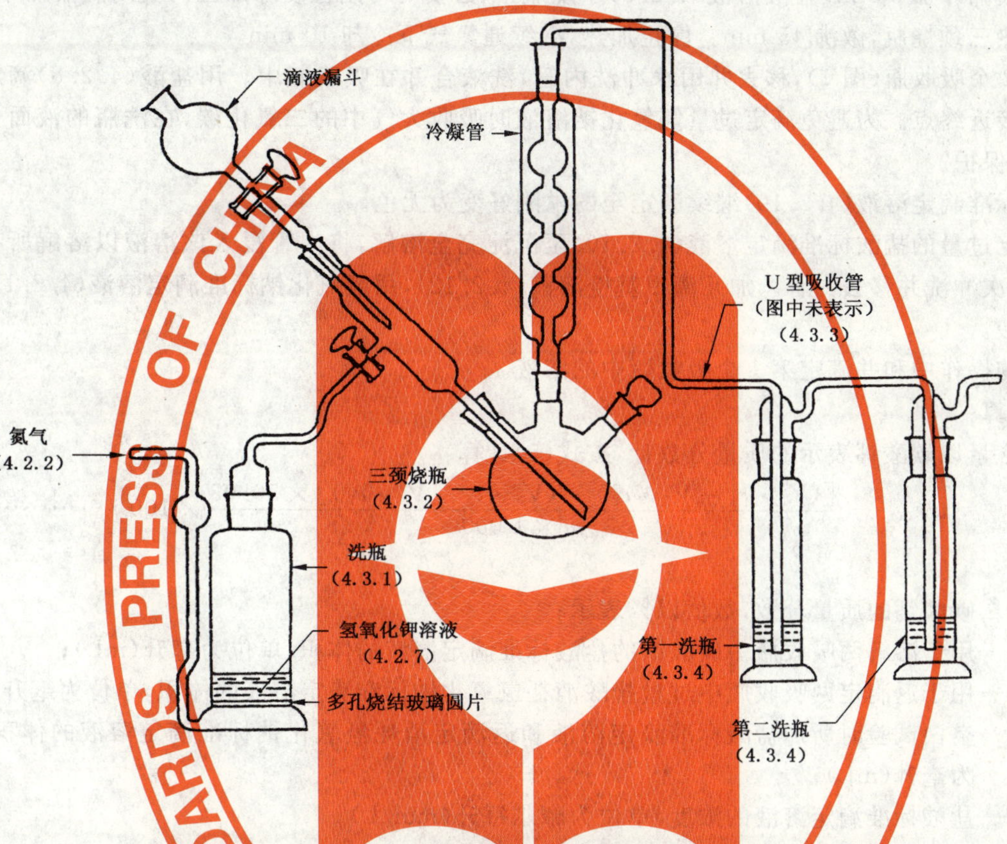

图1 典型的气体发生和吸收装置

4.3.1 洗气瓶,装有一多孔烧结玻璃圆片,或用类似的式样的洗气瓶,洗气瓶内装氢氧化钾溶液(4.2.7)。

4.3.2 三颈烧瓶,500 mL,装有一个滴液漏斗和一个回流冷凝管。

4.3.3 U型吸收管(在图1上未表示),内含适量用硫酸铜浸渍的浮石(4.2.6),通常填装约8 g。

注1:浸渍浮石的吸收能力可以由浮石的颜色变化(灰蓝色变至黑色)来衡量,只要可观察到有一小段有效吸收物质,吸收管仍是有效的。

注2:也可用玻璃棉代替饱和硫酸铜浸渍的浮石。

4.3.4 吸收瓶两个,内盛氢氧化钠溶液(4.2.9)。

4.4 试样

样品于玛瑙研钵中研磨并全部通过0.063 mm筛孔,并于105℃±2℃干燥2 h,干燥器中冷却至室温。

4.5 分析步骤

4.5.1 试料量

称取约5 g试样(4.4),精确至1 mg。试料中碳酸盐的总量(以碳酸钙计)不超过100 mg。对碳酸钙含量大于2%的试样,减小试料量。

4.5.2 空白试验

随同试料做空白试验。

4.5.3 测定

用约 100 mL 水将试料(4.5.1)定量转移至三颈烧瓶(4.3.2)中,加 4 g 硼酸(4.2.3)。盖上颈塞,通入通过洗瓶(4.3.1)的氮气 10 min,速率为 50 mL/mim。

在不切断氮气流条件下,连接 U 型吸收管(4.3.3)和洗瓶(4.3.4),每个洗瓶盛有 10 mL 氢氧化钠溶液(4.2.9),10 mL 氯化钡溶液(4.2.4),1 mL 酚酞溶液(4.2.13),1 mL 正丁醇(4.2.1)和 20 mL 水。

通过滴液漏斗加 30 mL 盐酸溶液(4.2.5)于烧瓶中(必要时可用橡皮球加压),关闭滴液漏斗活塞。

缓慢加热三颈烧瓶,微沸 45 min。停止加热,继续通氮气下冷却 10 min。

取下第 2 个吸收瓶(图 1),移去并用水冲洗内管,洗液合并在吸收瓶中。用盐酸(4.2.8)滴定洗瓶中的溶液至接近终点。为避免滴定过量氢氧化钠溶液时吸收大气中的二氧化碳,在洗瓶的液面上通氮气(4.2.2)流保护。

用盐酸标准滴定溶液(4.2.10)继续滴定至酚酞刚好变为无色。

加入一定过量的盐酸标准滴定溶液(4.2.10)至沉淀完全溶解,将内管浸入该溶液以溶解所有附着的碳酸钡,再次冲洗并移去内管。加几滴甲基橙溶液(4.2.12),用氢氧化钠标准滴定溶液(4.2.11)返滴定过量的盐酸。

用相同的操作中和并滴定第 1 个吸收瓶中的溶液。

4.6 结果计算

碳酸盐含量以碳酸钙表示的质量分数计,按式(5)计算:

$$w_{CaCO_3}=\frac{[(V_1\cdot c_1-V_2\cdot c_2)-(V_3\cdot c_1-V_4\cdot c_2)]\times 50.05}{m\times 1\,000}\times 100 \qquad (5)$$

式中:

w_{CaCO_3}——碳酸钙的质量分数,数值以%表示;

V_1——用于溶解两吸收瓶中碳酸钡的盐酸标准滴定溶液的体积,单位为毫升(mL);

V_2——用于返滴定两吸收瓶中过量盐酸消耗氢氧化钠标准滴定溶液的体积,单位为毫升(mL);

V_3 和 V_4——空白试验时所加盐酸标准滴定溶液和返滴定消耗氢氧化钠标准滴定溶液的体积,单位为毫升(mL);

c_1——盐酸标准滴定溶液的浓度,单位为摩尔每升(mol/L);

c_2——氢氧化钠标准滴定溶液的浓度,单位为摩尔每升(mol/L);

m——试料量,单位为克(g);

50.05——$1/2CaCO_3$ 的摩尔质量,单位为克每摩尔(g/mol)。

4.7 允许差

在重复性条件下的两次独立测量结果的差值不大于表 2 所规定的允许差。

表 2

%

碳酸钙含量(质量分数)	允许差
0.04～0.50	0.03
>0.50	0.10

5 试验报告

试验报告应包括以下内容:

a) 鉴别试料,实验室的分析日期等资料;

b） 遵守本标准规定的程度；

c） 分析结果和表示；

d） 测定中观察到的异常现象；

e） 对分析结果可能有影响本标准未包括的操作，或者自选的操作。

ICS 73.080
D 52

中华人民共和国国家标准

GB/T 5195.3—2006
代替 GB/T 5195.3—1985

萤石　105℃质损量的测定　重量法

Fluorspar—Determination of loss in mass at 105℃—Gravimetric method

（ISO 4282:1992，MOD）

2006-08-16 发布　　　　2007-01-01 实施

中华人民共和国国家质量监督检验检疫总局
中国国家标准化管理委员会　发布

前 言

本标准修改采用 ISO 4282:1992《酸级和陶瓷类氟石　105℃质损的测定》(英文版)。

本标准与 ISO 4282:1992 比较,做了如下修改:

——本标准将名称改为《萤石　105℃质损量的测定　重量法》。

——在“2 规范性引用文件”中将“ISO 8868:1989《萤石　取样和制样》”改用“GB/T 2008 散装氟石取样、制样方法”。

——增加了标准的允许差。

本标准代替 GB/T 5195.3—1985《氟石化学分析方法　重量法测定 105℃质损量》。

本标准与 GB/T 5195.3—1985 比较,主要变化如下:

——将名称“氟石”更改为“萤石”。

——电烘箱可控制温度由“105℃±1℃”更改为“105℃±2℃”。

——增加了“9 试验报告”一章。

本标准由中国钢铁工业协会提出。

本标准由冶金工业信息标准研究院归口。

本标准起草单位:宝山钢铁股份有限公司。

本标准主要起草人:刘小平、朱莉、王伟敏、徐元财。

本标准所代替标准的历次版本发布情况为:

——GB/T 5195.3—1985。

萤石　105℃质损量的测定　重量法

警告：使用本标准的人员应有正规实验室工作的实践经验。本标准并未指出所有可能的安全问题。使用者有责任采取适当的安全和健康措施，并保证符合国家有关法规规定的条件。

1　范围

本标准规定了重量法测定萤石中105℃质损量。

本标准适用于萤石中105℃质损量的测定。测定范围(质量分数)：0.02%～10.00%。

2　规范性引用文件

下列文件中的条款通过本标准的引用而成为本标准的条款。凡是注日期的引用文件，其随后所有的修改单(不包括勘误的内容)或修订版均不适用于本标准，然而，鼓励根据本标准达成协议的各方研究是否可使用这些文件的最新版本。凡是不注日期的引用文件，其最新版本适用于本标准。

GB/T 2008　散装氟石取样、制样方法(GB/T 2008—1987,neq ISO 3081:1986)

3　原理

试样在105℃±2℃时干燥，测定其质损量。其质损量相当于在该温度下，水分和其他挥发分的含量。

4　仪器

实验室常用仪器及以下设备。

4.1　称量瓶：高约40 mm，直径约65 mm。

4.2　搪瓷或玻璃皿：高约40 mm，长方形的约300 mm×200 mm或圆形的直径约250 mm。

4.3　电烘箱：可控制温度105℃±2℃。

5　试样

按照GB/T 2008的要求制备试样。

6　分析步骤

6.1　测定次数

对同一试样，应称取三份试样进行测定。

6.2　试料量

6.2.1　干料

称取约100 g(准确至0.01 g)干料试样，置于已知质量的称量瓶(4.1)中(称量瓶预先在105℃±2℃的电烘箱中干燥，取出，置于干燥器中冷至室温并称量，准确至0.01 g)。

6.2.2　滤饼

称取约1 000 g(准确至0.1 g)滤饼试样，置于已知质量的搪瓷或玻璃皿(4.2)中(此皿预先在105℃±2℃的电烘箱中干燥，取出，置于干燥器中冷至室温并称量，准确至0.1 g)。

6.3　测定

6.3.1　干料

将装有干料试样(6.2.1)的称量瓶继续置于105℃±2℃的电烘箱中干燥2 h，取出，置于干燥器中冷至室温并称量(准确至 0.01 g)。

6.3.2 滤饼

将装有滤饼试样(6.2.2)的搪瓷或玻璃皿继续置于 105℃±2℃的电烘箱中干燥 5 h,取出,置于干燥器中冷至室温并称量(准确至 0.1 g)。

7 结果的计算

按式(1)计算 105℃质损量的质量分数 w:

$$w = \frac{m_0 - m_1}{m_0} \times 100 \qquad (1)$$

式中:

w——105℃下的质损量,数值以%表示;

m_0——干燥前试料量,单位为克(g);

m_1——干燥后试料量,单位为克(g)。

8 允许差

两次独立测试结果的差值不大于表 1 所列允许差。

表 1 允许差 %

质损量	允许差
0.02～0.50	0.01
>0.50～1.00	0.05
>1.00～3.00	0.10
>3.00～5.00	0.20
>5.00～10.00	0.30

9 试验报告

试验报告应包括下列内容:

a) 鉴别试料、实验室和分析日期等资料;

b) 遵守本标准规定的程度;

c) 分析结果及其表示;

d) 测定中观察到的异常现象;

e) 对分析结果可能有影响而本标准未包括的操作,或者任选的操作。

ICS 73.080
D 52

中华人民共和国国家标准

GB/T 5195.4—2006
代替 GB/T 5195.4—1985

萤石 硫化物含量的测定 碘量法

Fluorspar—Determination of sulfide content—Iodometric method

(ISO 4284:1993,MOD)

2006-08-16 发布 2007-01-01 实施

中华人民共和国国家质量监督检验检疫总局
中国国家标准化管理委员会 发布

前　言

本标准修改采用ISO 4284:1993《酸级和陶瓷级萤石　硫化物含量测定　碘量法》(英文版)。

本标准与ISO 4284:1993比较,进行如下修改:

——将标题中“酸级和陶瓷级萤石”改为“萤石”。

——2 规范性引用文件中将“ISO 565《试验用筛》”和“ISO 8868《萤石　取样和制样》”改用“GB/T 2008《散装氟石取样、制样方法》”。

——在“4.6 碘标准溶液”中加入碘标准溶液的配制方法。

——在“4.7 硫代硫酸钠标准溶液”中加入硫代硫酸钠标准溶液的配制和标定方法。

——增加了允许差内容。

本标准代替GB/T 5195.4—1985《氟石化学分析方法　碘量法测定硫化物量》。

本标准是对GB/T 5195.4—1985的修订,与GB/T 5195.4—1985比较,主要进行如下修改:

——规范性引用文件中修改为“GB/T 2008 散装氟石取样、制样方法”。

——标准中使用30 g/L乙酸锌溶液代替原标准的3%乙酸镉溶液。

本标准由中国钢铁工业协会提出。

本标准由冶金工业信息标准研究院归口。

本标准起草单位:首钢总公司。

本标准主要起草人:孟祥升、张芳、黄玉森、刘卫平、张东生。

本标准历次发布情况为:GB/T 5195.4—1985。

萤石　硫化物含量的测定　碘量法

警告：使用本标准的人员应有正规实验室工作的实践经验。本标准并未指出所有可能的安全问题。使用者有责任采取适当的安全和健康措施，并保证符合国家有关法规规定的条件。

1　范围

本标准规定了用碘量法测定硫化物含量。

本标准适用于萤石中硫化物含量的测定，测定范围：质量分数 $w_S(\%) \geqslant 0.001\%$（硫化物按硫计算）。本标准不适用于试料中含有多硫化物的测定。

2　规范性引用文件

下列文件的条款通过本标准的引用而成为本标准的条款。凡是注日期的引用文件，其随后所有的修改单（不包括勘误的内容）或修订版均不适用于本标准，然而，鼓励根据本标准达成协议的各方研究是否可使用这些文件的最新版本。凡是不注日期的引用文件，其最新版本适用于本标准。

GB/T 2008　散装氟石取样、制样方法（GB/T 2008—1987，neq ISO 3081:1986）

3　原理

试料与盐酸、氯化亚锡和硼酸溶液在密闭容器中溶解，释放出的硫化氢由无氧氩气或氮气流带出，用乙酸锌溶液吸收，用碘量法测定所生成的硫化锌。

4　试剂和材料

除非另有规定，分析过程中仅使用确认为分析纯的试剂和蒸馏水或去离子水或相当纯度的水。

4.1　硼酸。

4.2　氮气或氩气：无氧。

如含氧，需先通过装有碱性焦性没石子酸溶液的洗气瓶。

4.3　盐酸：1+2。

4.4　氯化亚锡溶液：200 g/L。

用 300 mL 盐酸（ρ 约 1.19 g/ mL）溶解 200 g 二水氯化亚锡（$SnCl_2 \cdot 2H_2O$），用水稀释至 1 000 mL，混匀。

4.5　乙酸锌溶液：30 g/L。

用水溶解 30 g 二水合乙酸锌，加 6 mL 的冰乙酸，用水稀释至 1 000 mL，混匀。

4.6　碘标准溶液：$c(1/2\ I_2)=0.005$ mol/L。

此标准溶液必须是由碘标准溶液 $c(1/2\ I_2)=0.05$ mol/L 新稀释而成。

碘标准溶液 $c(1/2\ I_2)=0.05$ mol/L 的配制：称固体碘 6.3 g，加入碘化钾 10 g，用 100 mL 水溶解，倾入 1 000 mL 的棕色容量瓶中，加水稀释至刻度，混匀。

4.7　硫代硫酸钠标准溶液：$c(Na_2S_2O_3)=0.01$ mol/L。

此硫代硫酸钠标准溶液应是由硫代硫酸钠标准溶液 $c(Na_2S_2O_3)=0.10$ mol/L 新稀释而成。

4.7.1　硫代硫酸钠标准溶液，$c(Na_2S_2O_3)=0.10$ mol/L 的配制：称取硫代硫酸钠 12.5 g，用水溶解，并加入 0.1 g 碳酸钠，移入 500 mL 的棕色容量瓶中，加水稀释至刻度，混匀。

4.7.2　重铬酸钾标准溶液，0.100 0 mol/L 的配制：称取 4.903 5 g 预先于 150℃～170℃ 干燥 1 h，置于干燥器中冷却至室温的重铬酸钾（基准试剂），用水溶解，移入 1 000 mL 容量瓶中，加水稀释至刻度，混匀。

4.7.3　碘化钾溶液：20％。

4.7.4　硫代硫酸钠标准溶液 $c(Na_2S_2O_3)=0.10$ mol/L 的标定：移取 20.00 mL 重铬酸钾标准溶液置于 300 mL 锥形瓶中，加入 8 mL 盐酸(4.3)、10 mL 碘化钾溶液(4.7.3)，混匀，盖上表皿，迅速放入暗处，5 min～10 min 后取出，加入 100 mL 水，用硫代硫酸钠溶液滴定至浅黄色，加入 2 mL 淀粉溶液(4.8)，继续滴定至溶液呈亮绿色为终点(最后几滴需剧烈震荡，以免过量)。

按式(1)计算硫代硫酸钠溶液的浓度 c_1：

$$c_1=\frac{c_2\cdot V_2}{V_1} \quad \cdots\cdots(1)$$

式中：

c_1——硫代硫酸钠的浓度，单位为摩尔每升(mol/L)；

c_2——重铬酸钾标准溶液的浓度，单位为摩尔每升(mol/L)；

V_1——滴定所消耗硫代硫酸钠的体积，单位为毫升(mL)；

V_2——重铬酸钾标准溶液的体积，单位为毫升(mL)。

4.8　淀粉溶液

将 1 g 研细的可溶淀粉在大约 10 mL 水中混合，慢慢地将此混合物加入到 200 mL 沸水中。继续煮沸 1 min，冷却后过滤至一个有玻璃塞的瓶子内。

5　仪器

实验室常用仪器。

5.1　气体发生和吸收装置(如图 1 所示)包括：

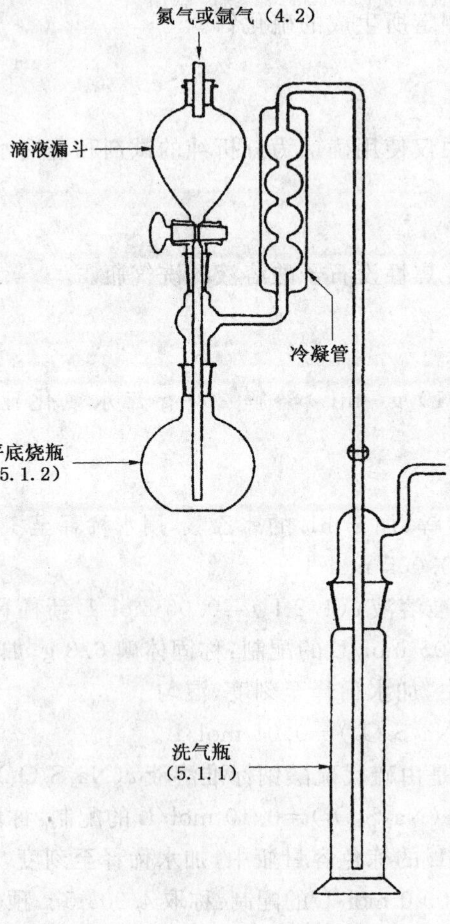

图 1　气路与吸收装置

5.1.1 洗气瓶。

5.1.2 平底烧瓶,装配一个分液漏斗和一个回流冷凝器。

5.2 电烘箱,温度可维持在105℃±2℃。

6 试样制备

按GB/T 2008规定制备样品。将试样在玛瑙钵中研细,使其全部通过0.063 mm的筛孔。

7 分析步骤

7.1 试料

试样于烘箱(5.2)105℃±2℃的温度下干燥2 h。在干燥器中冷却后称取约3 g试料,精确至1 mg。

试料中硫(S)含量不能超过0.8 mg。当试料中含硫超过0.03%(质量分数)试料需减少称样量。

7.2 空白试验

随同试料进行空白试验。

7.3 测定

在洗气瓶(5.1.1)中加入50 mL乙酸锌溶液(4.5)。将试料(7.1)加入平底烧瓶(5.1.2)中,加入3 g硼酸(4.1),装配好仪器(5.1)。通过分液漏斗加入50 mL盐酸(4.3)和10 mL氯化亚锡溶液(4.4)。在分液漏斗的颈部装入一个带玻璃管的单孔塞,以50 mL/ min的速度向仪器内通入氮气或氩气(4.2)。将烧瓶微沸1 h,同时不断通气,然后取下洗气瓶。取下洗气瓶的进气管,快速加入10.0 mL的碘溶液(4.6)和8 mL~10 mL盐酸(4.3)。立即将进气管放进洗气瓶内,封闭洗气瓶的进出口,静止约10 min。然后打开密封,仔细冲洗进气管,确保进气管上附着的硫化锌全部溶解,将洗涤液收入洗气瓶。用硫代硫酸钠溶液(4.7)反滴定未反应的碘,在到达终点前加入1 mL淀粉溶液(4.8),以蓝色消失为滴定终点,记录消耗的硫代硫酸钠溶液(4.7)体积。

8 结果计算

硫化物含量以硫(S)的质量分数w_S计,数值以%表示,按式(2)计算:

$$w_S = \frac{(10.0 - V_1) - (10.0 - V_0)}{m} \times 100 \times 0.000\,16 = \frac{V_0 - V_1}{m} \times 0.016 \quad \cdots\cdots \quad (2)$$

如果所用标准溶液的浓度与试剂中所列不同,需作相应修正。

式中:

V_0——空白试验中硫代硫酸钠溶液(4.7)的体积,单位为毫升(mL);

V_1——试料分析中硫代硫酸钠溶液(4.7)的体积,单位为毫升(mL);

m——试料的质量(7.1),单位为克(g);

10.0——加到洗气瓶中的碘溶液(4.6)的体积,单位为毫升(mL);

0.000 16——1.00 mL $c(Na_2S_2O_3)$=0.010 mol/L溶液所对应的以克表示的硫的质量,单位为克(g)。

9 允许差

两个独立分析结果的差值应不大于表1所列允许差。

表1

%

硫的质量分数	允许差
0.001~0.005	0.001
>0.005~0.010	0.002
>0.010~0.050	0.004
>0.050	0.008

10 试验报告

试验报告应包括下列内容：

a) 鉴别试料、实验室和分析日期等资料；

b) 遵守本标准规定的程度；

c) 分析结果及其表示；

d) 测定中观察到的异常现象；

e) 对分析结果可能有影响而本标准未包括的操作，或者任选的操作。

ICS 73.080
D 52

中华人民共和国国家标准

GB/T 5195.5—2006
代替 GB/T 5195.5—1985

萤石 总硫含量的测定 燃烧碘量法

Fluorspar—Determination of total sulfur content—
The iodometric method after combustion

(ISO 9501:1991,MOD)

2006-08-16 发布 2007-01-01 实施

中华人民共和国国家质量监督检验检疫总局
中国国家标准化管理委员会 发布

前　言

本标准修改采用 ISO 9501:1991《冶金级萤石　总硫含量的测定　燃烧碘量法》(英文版)。

本标准与 ISO 9501:1991 比较,进行了如下修改:

——规范性引用文件中将“ISO 565—1990《试验筛　金属丝网、冲孔金属板和电镀成型薄板　孔径的公称尺寸》”和“ISO 8868—1989《萤石　取样和制样》”改为:“GB/T 2008—1987《散装氟石取样、制样方法》”。

——4.5 硫酸钾增加了纯度的要求,即增加:优级纯,大于 99.9%。

——4.6 碘酸钾增加了纯度的要求,即增加:质量分数大于 99.9%。

——增加了允许差内容。

本标准代替 GB/T 5195.5—1985《氟石化学分析方法　燃烧-碘酸钾容量法测定总硫量》。

本标准是对 GB/T 5195.5—1985 的修改,与 GB/T 5195.5—1985 比较,主要进行了如下修改:

——本标准将名称改为《萤石　总硫含量测定　燃烧碘量法》。

——测定范围(质量分数)由 0.003%~0.500%改为 0.010%~1.00%。

——测定温度由 1 200℃~1 250℃改为 1 200℃±25℃。

——绘制校准曲线时,原标准加入无水硫酸钠、氟化钙固体,本标准改为加入硫标液,更为简便、准确、均匀。

——称样量由原标准的四档改为两档。

——对瓷舟的形状和尺寸做了规定并有图示,而原标准对瓷舟的规定不详细。

本标准由中国钢铁工业协会提出。

本标准由冶金工业信息标准研究院归口。

本标准起草单位:首钢总公司。

本标准主要起草人:张磊、刘卫平、宁伟光、张东生。

本标准历次发布情况为:

——GB/T 5195.5—1985。

萤石　总硫含量的测定　燃烧碘量法

警告：使用本标准的人员应有正规实验室工作的实践经验。本标准并未指出所有可能的安全问题。使用者有责任采取适当的安全和健康措施，并保证符合国家有关法规规定的条件。

1　范围

本标准规定了用燃烧碘量法测定总硫含量。

本标准适用于萤石中总硫含量的测定，测定范围为（质量分数）：0.010%～1.00%。

2　规范性引用文件

下列文件的条款通过本标准的引用而成为本标准的条款。凡是注日期的引用文件，其随后所有的修改单（不包括勘误的内容）或修订版均不适用于本标准，然而，鼓励根据本标准达成协议的各方研究是否可使用这些文件的最新版本。凡是不注日期的引用文件，其最新版本适用于本标准。

GB/T 2008　散装氟石取样、制样方法（GB/T 2008—1987，neq ISO 3081：1986）

3　原理

将试样与三氧化钨混合并在1 200℃的电阻炉内加热，用氮气为载气。在含有淀粉和碘酸钾的稀盐酸溶液中吸收析出的二氧化硫，在析出过程中，连续用碘酸钾标准溶液滴定。

4　试剂和材料

除非另有规定，分析过程中仅使用确认为分析纯的试剂和蒸馏水或去离子水或相当纯度的水。

4.1　氟化钙：粉末，高纯，不含硫或已知硫含量很低。

4.2　三氧化钨。

4.3　盐酸：1+66。

4.4　碘化钾溶液：30 g/L。

4.5　硫标准溶液：5.0 g/L。

取少量硫酸钾（优级纯，大于99.9%）于烘箱中，升温至105℃±2℃加热2 h，冷却后放入干燥器中。

称取13.587 2 g硫酸钾（称量精度为0.2 mg）溶解于水。冷却后移入500 mL容量瓶中，以水稀释至刻度。此标准溶液每毫升含5.0 mg硫。

4.6　碘酸钾标准溶液：$c(KIO_3)\approx0.001$ mol/L。

称取0.223 g已干燥的碘酸钾（质量分数大于99.9%，称量精度为0.2 mg），以水溶解。冷却后移入1 000 mL容量瓶中，以水稀释至刻度。此标准溶液每毫升相当于含0.10 mg硫。

4.7　淀粉溶液：20 g/L。

称取可溶解淀粉2 g，用10 mL水溶解，加50 mL沸水，并搅匀，冷却后，稀释到100 mL。

4.8　二氧化碳吸收剂：粒度范围：0.5 mm～2 mm。

碱石棉或不包含石棉的相似试剂。

4.9　无水高氯酸镁：粒度范围：0.5 mm～2 mm。

5　仪器

常用实验室仪器。

5.1　燃烧和滴定装置（见图1），由以下部分组成：

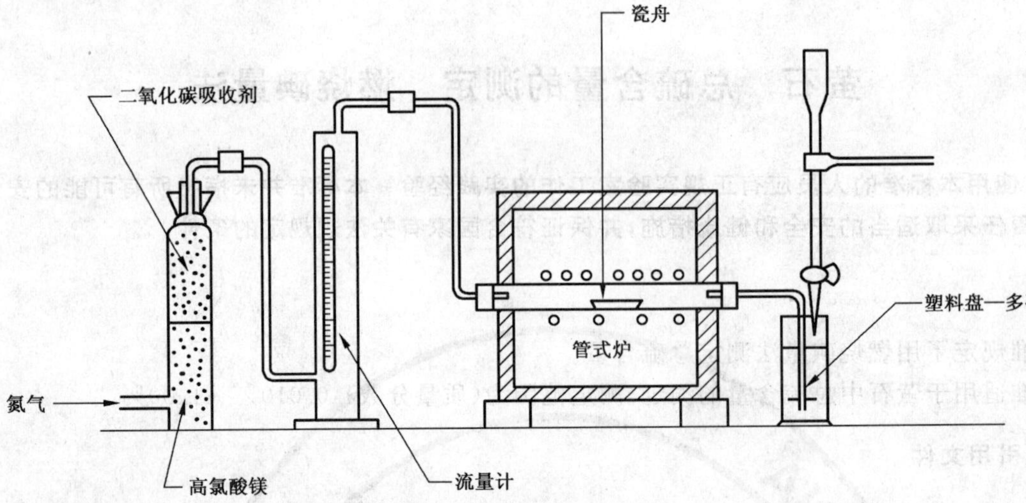

图 1　燃烧和滴定装置

5.1.1　氮气。

5.1.2　干燥塔:内置二氧化碳吸收剂(4.8)和高氯酸镁(4.9)。

5.1.3　流量计:量程为 0 mL/min～1 000 mL/min。

5.1.4　管式炉:可保持 1 200℃±25℃。

5.1.5　燃烧管:可承受 1 200℃±25℃的温度。

5.1.6　瓷舟:有合适的盖子,或分别如图 2 和图 3 所示的一个能装配多孔蕊子的瓷舟。以下是瓷舟和多孔蕊子瓷舟的参考尺寸。

瓷舟:长度为 80 mm、宽度为 13 mm、高度为 9 mm。

多孔蕊子的瓷舟:长度为 50 mm、内径为 15 mm。

单位为毫米

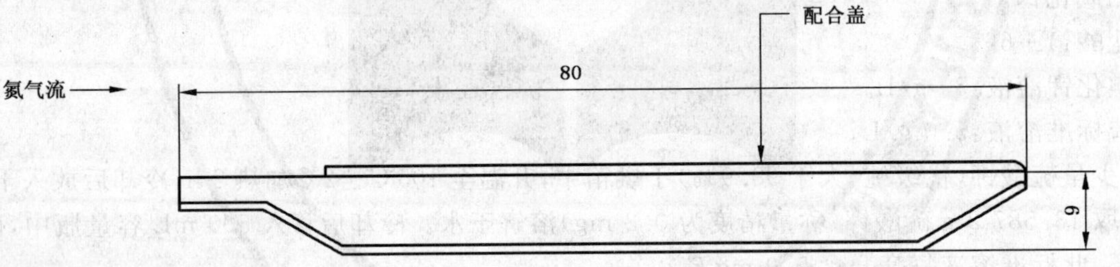

注:尺寸示意图。

图 2　有配合盖的瓷舟

单位为毫米

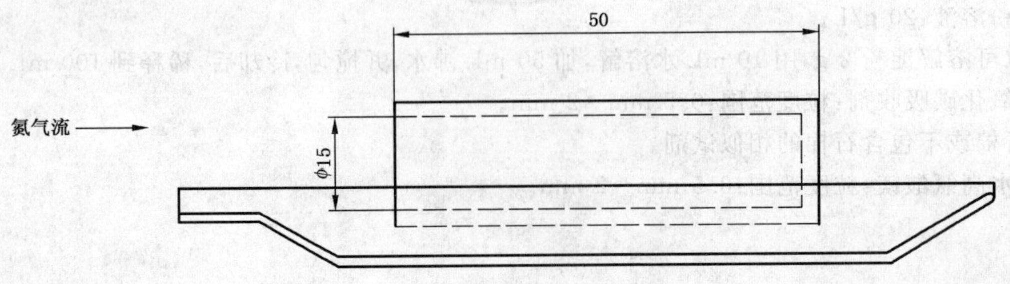

注:尺寸示意图。

图 3　多孔蕊子的瓷舟

5.1.7 吸收瓶:100 mL。

5.1.8 滴定管:刻度精度为 0.05 mL。

5.2 烘箱:可以控制在 105℃±2℃范围。

6 试样

按 GB/T 2008 制备试样。试样应全部通过 0.063 mm 的筛孔。试样分析前应在 105℃±2℃烘2 h,置于干燥器冷却至室温。

7 分析步骤

7.1 试料

按表 1 称取试料,准确至 0.2 mg。

表 1

总硫含量(质量分数)/%	称样量/g
0.010～0.500	0.50
>0.500～1.000	0.20

7.2 空白试验

随同试料做空白试验。

7.3 校准曲线的绘制

称取 0.5 g 氟化钙(4.1)分别放入 5 个瓷舟中,在每个瓷舟中加入 1 g 三氧化钨,按表 2 在每个瓷舟中加入硫标准溶液(4.5)。在烘箱中以 105℃±2℃加热 2 h。以下按 7.4 中"加 80 mL 盐酸……"开始进行操作。

以校准溶液中硫标准溶液的毫克数为横坐标,碘酸钾溶液的毫升数为纵坐标绘制校准曲线。

表 2

硫标准溶液的体积(4.5)/μL	硫的毫克数/mg
0	0
100	0.5
200	1.0
300	1.5
400	2.0

7.4 测定

将试料(7.1)放入装有 1 g 三氧化钨的小称量瓶内混合均匀。在吸收瓶(5.1.7)中加入 80 mL 盐酸(4.3),1 mL 碘化钾溶液(4.4),1 mL 淀粉溶液(4.7)。将氮气(5.1.1) 以 150 mL/min～200 mL/min 的速度通入燃烧管中。用碘酸钾标准溶液(4.6)滴定直到溶液恰好为蓝色。

注 1:几滴碘酸钾溶液就够用了。

将混合好的样品和三氧化钨放入瓷舟(5.1.6) 中(见图 2)并将瓷舟推入管式炉(5.1.4)中。

注 2:另一种方法,即将试样和三氧化钨的混合物放入一个多空蕊子内,将该蕊子放入一耐火燃烧舟中(见图 3)。

推入瓷舟大约 1 min 后,以 150 mL/min～200 mL/min 不间断地通入氮气,用碘酸钾溶液滴定至溶液恰好保持为蓝色。继续通入氮气大约 5 min 直至溶液蓝色不变。通过重复松开通向燃烧管的进气塞,将气泡球的内部清洗数遍。然后再塞上塞子使储存氮气从仪器流过。记下碘酸钾溶液毫升数 V_1,空白消耗的碘酸钾溶液毫升数 V_2(见 7.2)。根据消耗的碘酸钾溶液(4.6)的 mL 数,在工作曲线(7.3),查得相当于硫的质量(m_1),空白的质量(m_2)。

8 结果计算

按下式计算总硫含量 w_S(质量分数),其数值以%表示。

$$w_S = \frac{m_1 - m_2}{m_0} \times \frac{1}{10}$$

式中：

m_0——试料质量，单位为克(g)；

m_1——分析试料中硫的质量，单位为毫克(mg)；

m_2——空白中硫的质量，单位为毫克(mg)。

9 允许差

试验室之间的测试结果的差值应不大于表3所列允许差。

表 3 %

硫含量(质量分数)	允许差
0.010～0.020	0.002
>0.020～0.050	0.004
>0.050～0.100	0.006
>0.100～0.200	0.010
>0.200～0.500	0.015
>0.500～1.000	0.030

10 试验报告

试验报告应包括下列内容：

a) 鉴别试料、实验室和分析日期等资料；

b) 遵守本标准规定的程度；

c) 分析结果及其表示；

d) 测定中观察到的异常现象；

e) 对分析结果可能有影响而本标准未包括的操作，或者任选的操作。

ICS 73.080
D 52

中华人民共和国国家标准

GB/T 5195.6—2006
代替 GB/T 5195.6—1985、GB/T 5195.7—1985

萤石 磷含量的测定

Fluorspar—Determination of phosphorus content

2006-08-16 发布 2007-01-01 实施

中华人民共和国国家质量监督检验检疫总局
中国国家标准化管理委员会 发布

前　言

本标准代替GB/T 5195.6—1985《氟石化学分析方法　钼蓝分光光度法测定磷量》和GB/T 5195.7—1985《氟石化学分析方法　钼蓝-罗丹明B分光光度法测定磷量》。

本标准是对GB/T 5195.6—1985和GB/T 5195.7—1985的修订。

本标准与GB/T 5195.6—1985和GB/T 5195.7—1985比较，主要变化如下：

——将标题《氟石化学分析方法　钼蓝分光光度法测定磷量》改为《萤石　磷含量的测定》；

——增加规范性引用文件；

——取消GB/T 5195.7—1985；

——本标准包括两个方法：钼蓝分光光度法，是对原标准的修订；磷钼酸铵还原分光光度法，修改采用ISO 9438《冶金级萤石总磷含量的测定　磷钼酸铵还原分光光度法》和ISO 6676《酸性陶瓷级萤石　总磷量测定　磷钼酸铵还原分光光度法》；

——钼蓝分光光度法与原标准GB/T 5195.6—1985相比进行了如下修改：

a)　引用标准进行了修改；

b)　除基准试剂外，试剂纯度由“优级纯”全部改为“分析纯；

c)　试样测定次数由“分析时应称取三份试样进行测定取平均值”改为“同一试样，应取两份试料进行测定”；

d)　试样部分由“试样通过240目筛网”改为“试样全部通过0.063 mm”。由“试样需预先在105℃±1℃，干燥2 h”，改为“试样分析前应在105℃±2℃烘2 h”；

——磷钼酸铵还原分光光度法与ISO标准比较进行了如下修改：

a)　将ISO 9438和ISO 6676两个标准合并为一个标准；

b)　将磷量计算由“以PO_4^{3-}表示”改为“以P表示”；

c)　引用标准进行了修改；

d)　将使用的原试剂“甲醇”改为“乙醇”；

e)　将“试样”中“全部通过60 μm的筛网(见ISO 565)”改为“按GB/T 2008制备试样。试样全部通过0.063 mm的筛孔”。

本标准由中国钢铁工业协会提出。

本标准由冶金工业信息标准研究院归口。

本标准起草单位：首钢技术研究院。

本标准主要起草人：宁伟光、张东生、刘卫平、张磊。

本标准历次发布情况：

——GB/T 5195.6—1985、GB/T 5195.7—1985。

萤石 磷含量的测定

警告：使用本标准的人员应有正规实验室工作的实践经验。本标准并未指出所有可能的安全问题。使用者有责任采取适当的安全和健康措施，并保证符合国家有关法规规定的条件。

1 范围

本标准规定了测定萤石中磷含量方法的原理、试剂、仪器、试样、分析步骤、分析结果的计算以及允许差。

本标准包括两个方法：钼蓝分光光度法，测定范围（以P表示的质量分数）：0.002%～0.50%；磷钼酸铵还原分光光度法，测定范围（以P表示的质量分数）：0.001 0%～0.30%。

本标准适用于萤石中磷含量的测定。

2 规范性引用文件

下列文件的条款通过本标准的引用而成为本标准的条款。凡是注日期的引用文件，其随后所有的修改单（不包括勘误的内容）或修订版均不适用于本标准，然而，鼓励根据本标准达成协议的各方研究是否可使用这些文件的最新版本。凡是不注日期的引用文件，其最新版本适用于本标准。

GB/T 2008 散装氟石取样、制样方法（GB/T 2008—1987，neq ISO 3081:1986）

3 钼蓝分光光度法

3.1 原理

试料用氢氟酸、高氯酸溶解，在约1 mol/L的盐酸介质中加入钼酸铵与磷生成磷钼杂多酸，以抗坏血酸-盐酸羟胺将磷钼杂多酸还原成磷钼蓝。于分光光度计波长为800 nm处测量吸光度。

3.2 试剂

除非另有说明，分析过程中仅使用确认为分析纯的试剂，蒸馏水或去离子水或相当纯度的水。

3.2.1 氢氟酸（ρ 1.13 g/mL）。

3.2.2 高氯酸（ρ 1.67 g/mL）。

3.2.3 氢溴酸（ρ 1.38 g/mL）。

3.2.4 盐酸（ρ 1.19 g/mL）。

3.2.5 盐酸：1+1。

3.2.6 混合还原剂：二份5%（质量分数）的抗坏血酸与一份5%（质量分数）的盐酸羟胺溶液混匀。当日配制。

3.2.7 钼酸铵溶液（4%），称取4.0 g钼酸铵[$(NH_4)_6Mo_7O_{24}4H_2O$]置于烧杯中，加入适量水，加热溶解，冷却至室温，用水稀释至100 mL。混匀，过滤。

3.2.8 磷标准溶液：1 mg/mL磷。

将少许磷酸二氢钾（KH_2PO_4）置于烘箱中，在105℃～110℃干燥2 h。从烘箱中取出后，放入干燥器中冷却至室温。准确称取4.393 7 g（精度到0.2 mg），以水溶解，然后移入到1 000 mL容量瓶中，稀释至刻度并混匀。该标准溶液1 mL含有1 mg磷。

3.2.9 磷标准溶液：10 μg/mL磷。

移取10.00 mL磷标准溶液（3.2.8）到1 000 mL容量瓶中，用水稀释至刻度并混匀。该标准溶液1 mL含有10 μg磷。

3.3 仪器

实验室常用仪器。

3.3.1 烘箱:温度可控制在105℃±2℃。

3.3.2 分光光度计:适合在波长800 nm处选择最大吸光度,用1 cm的比色皿比色。

3.4 试样

按GB/T 2008制备试样。试样应全部通过0.063 mm的筛孔。试样分析前应在105℃±2℃烘2 h,置于干燥器中冷却至室温。

3.5 分析步骤

安全须知:通常在有氨气、亚硝酸蒸气或有机物同时存在时,冒高氯酸烟可能会引起爆炸。酸冒烟操作必须在通风橱内进行。

3.5.1 测定次数:同一试样,应取两份试料进行测定。

3.5.2 试料量:按表1称取试料(准确至0.000 2 g)。

表 1

磷含量(质量分数)/%	试料量/g
0.002 0~0.020	0.200 0
>0.020~0.50	0.100 0

3.5.3 空白试验:随同试样进行空白试验,试剂必须取自同一试剂瓶。

3.5.4 测量

3.5.4.1 将试料(3.5.2)置于35 mL聚四氟乙烯坩埚或铂坩埚中。加入4 mL氢氟酸溶液(3.2.1),低温加热溶解,蒸发至近干,加入2 mL氢氟酸溶液(3.2.1),继续蒸发至近干,稍冷。加入3 mL盐酸(3.2.4),0.5 mL氢溴酸(3.2.3),蒸发至近干,稍冷。加入2 mL高氯酸(3.2.2),蒸发至近干,稍冷,加入7 mL盐酸(3.2.5),加热至盐类溶解,冷至室温,移入50 mL容量瓶中。

3.5.4.2 按表2移取试样溶液,补加盐酸(3.2.5),置于另一个50 mL容量瓶中。加入3 mL混合还原剂(3.2.6),混匀,用水稀释到约35 mL,边摇边加入4 mL钼酸铵溶液(3.2.7),用水吹洗瓶颈,置于沸水浴上加热5 min,取下流水冷却至室温,用水稀释至刻度,混匀。

表 2

磷含量(质量分数)/%	分取试样	补加盐酸量(4.5)/mL
0.002~0.02	全取	—
>0.02~0.05	全取	—
>0.05~0.10	25/50	3.50
>0.10~0.50	5/50	6.30

3.5.4.3 将部分溶液移入1 cm比色皿中,以随同试样的空白为参比,于分光光度计波长800 nm处测量其吸光度,从校准曲线上查出相应的磷量。

3.5.5 校准曲线的绘制

移取0、0.50 mL、1.00 mL、2.00 mL、3.00 mL、4.00 mL、5.00 mL磷标准溶液(3.2.9),分别置于一组50 mL容量瓶中,各加入7 mL盐酸(3.2.5),以下按3.5.4.2显色,以试剂空白(不加磷标准溶液)为参比,于分光光度计波长800 nm处测量其吸光度,以磷量为横坐标,以吸光度为纵坐标绘制校准曲线。

3.6 结果计算

3.6.1 按式(1)计算试样中磷的质量分数w_P,数值以%表示:

$$w_P = \frac{m_1 \cdot V_0}{m_0 \cdot V_1} \times 100 \quad \cdots\cdots(1)$$

式中：

m_0——试样的质量，单位为克(g)；

m_1——自校准曲线上查得的磷量，单位为克(g)；

V_0——试液的总体积，单位为毫升(mL)；

V_1——分取试液的体积，单位为毫升(mL)。

3.6.2　最终结果计算：当所测得试样的两个分析值之差不大于表3所规定的允许差，则以计算平均值为最终分析结果。

3.7　允许差

实验室间分析结果的差值不大于表3所列的允许差。

表3　　%

磷含量(质量分数)	允许差
>0.002 0～0.005 0	0.000 8
>0.005 0～0.010 0	0.001 5
>0.010 0～0.030	0.003
>0.030～0.050	0.005
>0.050～0.100	0.008
>0.10～0.30	0.01
>0.30～0.50	0.02

4　磷钼酸铵还原分光光度法

4.1　原理

试料用碳酸钠、硼酸和硝酸钠混合熔剂熔融，以过量的硝酸浸取，用氨水沉淀磷酸铁，并过滤。以硝酸溶解沉淀，生成的磷钼酸盐络合物，用醋酸乙酯和醋酸丁酯混合溶剂萃取，在有机相中加入氯化亚锡，使络合物还原成钼蓝于有机相中。于分光光度计波长710 nm处测定吸光度。

4.2　试剂

除非另有说明，分析过程中仅使用确认为分析纯的试剂，蒸馏水或去离子水或相当纯度的水。

4.2.1　无水碳酸钠-硼酸混合熔剂。

100 g碳酸钠与50 g硼酸研细混合。

4.2.2　硝酸钠。

4.2.3　硝酸(ρ1.42 g/mL)。

4.2.4　无水乙醇(99.5%)。

4.2.5　醋酸乙酯-醋酸丁酯混合溶剂。

醋酸乙酯与醋酸丁酯按7+3混合。

4.2.6　氨水溶液(ρ0.90 g/mL)。

4.2.7　氨水溶液：约0.147%。

用1体积氨水(4.2.6)与200体积水混合。

4.2.8　钼酸铵溶液：30g/L。

于500 mL水中溶解30 g四水合钼酸铵[$(NH_4)_6MO_7O_{24}\cdot 4H_2O$]和10 g氨基磺酸($NH_4OSO_2NH_4$)，稀释到1 000 mL，混匀。

4.2.9　氯化亚锡溶液：20 g/L。

称取20 g氯化亚锡($SnCl_2 2HO_2$)放入1 000 mL容量瓶中，加入200 mL盐酸(3.2.4)，不断地摇

动，直到溶解完全。用水稀释到刻度，混匀。

4.2.10 铁标准溶液：4 g/L。

称取 0.4 克磷含量很低的纯铁，加 10 mL 盐酸（3.2.4）在电热板上加热溶解，加入 3 mL 硝酸（4.2.3）加热至沸腾，冷却至室温，将此溶液移入 100 mL 容量瓶中，稀释至刻度，混匀。

4.2.11 磷标准溶液：0.100 g/L PO_4^{3-}。

将少许磷酸二氢钾（KH_2PO_4，基准试剂）置于烘箱中，在 105℃～110℃干燥 2 h。从烘箱中取出后，放入干燥器中冷却到室温，准确称取 0.143 3 g（精度到 0.2 mg）以水溶解，然后移入到 1 000 mL 容量瓶中，稀释至刻度，混匀。该标准溶液 1 mL 含有 100 μg PO_4^{3-}。

4.2.12 磷标准溶液：0.010 g/L PO_4^{3-}。

移取 100 mL 磷标准溶液（4.2.11）到 1 000 mL 容量瓶中，用水稀释到刻度并混匀。该标准溶液 1 mL 含有 10 μg PO_4^{3-}。

4.3 仪器

实验室常用仪器。

4.3.1 烘箱

温度可控制在 105℃±2℃。

4.3.2 铂皿

直径约为 45 mm，深度约为 25 mm。

4.3.3 分液漏斗

容量 100 mL，60 mL 处有刻度。

4.3.4 分光光度计

适合在波长约 710 nm 处选择最大吸光度，用 1 cm 的比色皿比色。

4.4 试样

按 GB/T 2008 制备试样。试样应全部通过 0.063 mm 的筛孔。试样分析前应在 105℃±2℃烘2 h，置于干燥器中冷却至室温。

4.5 分析步骤

安全须知：通常在有氨气、亚硝酸蒸气或有机物同时存在时，冒高氯酸烟可能会引起爆炸。酸冒烟操作必须在通风橱内进行。

4.5.1 测定次数

同一试样，应取两份试料进行测定。

4.5.2 试料量

称取 0.200 0 g（准确至 0.000 2 g）试料。萤石中的总磷量以 PO_4^{3-} 表示，大于 0.1%时，称取 0.100 0 g 试料（准确至 0.2 mg）。

4.5.3 空白试验

随同试料进行空白试验，试剂必须取自同一试剂瓶，试剂量相同，步骤相同。

4.5.4 测量

4.5.4.1 将试料放入盛有 2 g 无水碳酸钠-硼酸混合熔剂（4.2.1）的铂金皿中，再加入 0.2 g 硝酸钠（4.2.2），用铂勺混匀。用 2.0 g 碳酸钠-硼酸混合熔剂（4.2.1）覆盖。用气体火焰加热，缓慢加热到暗红色 3 min。如果在马弗炉上熔融，在 900℃加热 10 min。在熔融期间为确保试样与熔剂充分作用，应摇动铂皿。熔融后，取下铂皿，冷却。

4.5.4.2 置铂皿于 400 mL 无磷烧杯中（例如石英烧杯）。加入约 20 mL 水和 10 mL 硝酸（4.2.3）。缓慢加热直到铂皿中的试样完全溶解，以水洗涤铂皿，洗液收集于原烧杯中。

4.5.4.3 加入 5 mL 铁标准溶液（4.2.10）并用水稀释到约 200 mL，用氨水溶液（4.2.6）中和，并过量 3 mL，煮沸 1 min 后，冷却。用无灰快速滤纸过滤（滤纸网孔 25 μm）。用氨水溶液（4.2.7）洗涤沉淀。

4.5.4.4 用温水将滤纸上沉淀冲入 400 mL 烧杯中，用 2 mL 温硝酸(4.2.3)冲洗滤纸至沉淀溶解，以温水冲洗。再用 2 mL 温硝酸(4.2.3)冲洗，再用温水冲洗 4 次～5 次。加热溶液至沉淀完全溶解。冷却，移入 100 mL 分液漏斗中(4.3.3)，用约 10 mL 水冲洗烧杯。

4.5.4.5 校准曲线的绘制

4.5.4.5.1 按表 4 移取不同体积的磷标准溶液(4.2.12)分别置于 8 个 100 mL 的分液漏斗中。

表 4 校准溶液

标准磷溶液(4.2.12)的体积/mL	0.00	2.00	5.00	8.00	11.00	14.00	17.00	20.00
PO_4^{3-}/μg	0	20	50	80	110	140	170	200

4.5.4.5.2 比色液的制备

于每个分液漏斗中加约 20 mL 水，4 mL 硝酸(4.2.3)，10 mL 钼酸铵溶液(4.2.8)，用水稀释至刻度并摇匀。加 10 mL 混合溶剂(4.2.5)，震荡 60 s。使溶液分层，弃去底层液体。用一小块滤纸擦净分液漏斗内柱的水迹。将漏斗内液体移入 50 mL 容量瓶中，加入 20 mL 氯化亚锡溶液(4.2.9)，并用无水乙醇(4.2.4)稀释至刻度，震荡约 20s，至蓝色的磷钼蓝络合物生成。

4.5.4.5.3 吸光度的测定

在蓝色磷钼酸盐络合物(4.5.4.5.2)生成 10 min 内，使用分光光度计(4.3.4)选择波长为 710nm，以混合溶剂(4.2.5)为参比调节零点，测定有机相溶液的吸光度。

4.5.4.5.4 绘制校准曲线

以每种校准溶液的吸光度减去空白校准溶液的吸光度。以 PO_4^{3-} 量为横坐标(μg)，以吸光度为纵坐标，绘制校准曲线。

4.5.4.6 试料的测量

4.5.4.6.1 比色络合物的制备

于试料溶液(4.5.4.4)的分液漏斗中加入 10 mL 钼酸铵溶液(4.2.8)，用水稀释至刻度并摇匀。加入 10 mL 混合溶剂(4.2.5)，按 4.5.4.5.2 规定方法进行萃取。

如果以 PO_4^{3-} 表示萤石中的磷含量时，大于 0.1%采用下列方法进行。

将溶液(4.5.4.6.1)移入到 100 mL 容量瓶中，用水稀释至刻度，混匀。然后移取 20.00 mL 试样母液，于分液漏斗(4.3.3)中，加入 3.2 mL 硝酸(4.2.3)，加入 10 mL 钼酸铵溶液(4.2.8)，用水稀释至 60 mL，并按 4.5.4.5.2 规定方法进行萃取。

4.5.4.6.2 吸光度测定

以混合溶剂(4.2.5)为参比，调节分光光度计的零点，按 4.5.4.5.3 测定试样有机相溶液(4.5.4.6.1)吸光度和空白试验溶液(4.5.3)的吸光度。于校准曲线(4.5.4.5.4)上，查出空白溶液和试样溶液的吸光度对应的磷量。

注：显色温度控制在 20℃～30℃。

4.6 结果计算

4.6.1 磷含量的计算

由式(2)计算磷的质量分数 w_P，数值以%表示：

$$w_P = \frac{r_D(m_1 - m_2)}{10^6} \times \frac{100}{m_0} \times k = \frac{m_1 - m_2}{m_0} \times r_D \times k \times 10^{-4} \qquad \cdots\cdots\cdots\cdots\cdots(2)$$

式中：

m_0——试料的质量，单位为克(g)；

m_1——试样溶液中含 PO_4^{3-} 的质量，单位为微克(μg)；

m_2——空白溶液中含 PO_4^{3-} 的质量，单位为微克(μg)；

k——P 对应的 PO_4^{3-} 换算常数，为 0.326 1；

r_D——试样溶液与分取溶液体积比的比率。

4.6.2 最终结果计算：当所测得试样的两个分析值之差不大于表 5 所规定的允许差，则以计算平均值为最终分析结果。

4.7 允许差

实验室间分析结果的差值不大于表 5 所列的允许差。

表 5 %

磷含量（质量分数）	允许差
>0.001 0～0.005 0	0.000 8
>0.005 0～0.010 0	0.001 5
>0.010 0～0.030	0.003
>0.030～0.050	0.005
>0.050～0.100	0.008
>0.10～0.30	0.01

4.8 试验报告

试验报告应包括以下内容：

a） 鉴别试料，实验室的分析日期等资料；

b） 遵守本标准规定的程度；

c） 分析结果和表示；

d） 测定中观察到的异常现象；

e） 对分析结果可能有影响而本标准未包括的操作，或者自选的操作。

ICS 73.080
D 52

中华人民共和国国家标准

GB/T 5195.8—2006
代替 GB/T 5195.8—1985、GB/T 5195.9—1985

萤石 二氧化硅含量的测定

Fluorspar—Determination of silicon dioxide content

2006-08-16 发布　　2007-01-01 实施

中华人民共和国国家质量监督检验检疫总局
中国国家标准化管理委员会　发布

前　言

本标准代替 GB/T 5195.8—1985《氟石化学分析方法　钼蓝分光光度法测定二氧化硅量》和 GB/T 5195.9—1985《氟石化学分析方法　氢氟酸重量法测定二氧化硅量》。

本标准是对 GB/T 5195.8—1985 和 GB/T 5195.9—1985 的修订，与 GB/T 5195.8—1985 和 GB/T 5195.9—1985 比较，主要变化如下：

——将标题《氟石化学分析方法　钼蓝分光光度法测定二氧化硅量》、《氟石化学分析方法　氢氟酸重量法测定二氧化硅量》改为《萤石　二氧化硅含量的测定》；

——增加了前言、规范性引用文件；

——本标准包括三个方法：钼蓝分光光度法是对 GB/T 5195.8—1985 的修订；氢氟酸重量法是对 GB/T 5195.9—1985 的修订；还原型钼蓝分光光度法为新制订的方法，修改采用 ISO 5438：1993《还原型钼蓝光度法测定二氧化硅量》；

——钼蓝分光光度法与 GB/T 5195.8—1985 比较，主要不同有：

a）在方法提要中将盐酸的浓度由“0.05～0.20 N”改为“0.05 M～0.20 M”；调整酸度由“3 N”改为“3 M”；

b）增加了空白试验，并调整了相应的计算公式；

c）试样测定次数由原“分析时应称取三份试样进行测定取平均值”改为“同一试样，应取两份试料进行测定”；

d）试验样品改为“样品于玛瑙研钵中研磨并全部通过 0.063 mm 筛孔，并于 105℃±2℃干燥 2 h，干燥器中冷却至室温；

——氢氟酸重量法与 GB/T 5195.9—1985 比较，主要不同有：

a）将原分析方法的测定上限由 35.00％调整到 40.00％；

b）试验样品改为“样品于玛瑙研钵中研磨并全部通过 0.063 mm 筛孔，并于 105℃±2℃干燥 2 h，干燥器中冷却至室温；

试样测定次数由原“分析时应称取三份试样进行测定取平均值”改为“同一试样，应取两份试料进行测定”；

c）增加了空白试验，并调整了相应的计算公式；

——还原型钼蓝分光光度法与 ISO 5438：1993《还原型钼蓝光度法测定二氧化硅量》比较，增加了方法允许差。

本标准由中国钢铁工业协会提出。

本标准由冶金工业信息标准研究院归口。

本标准起草单位：宝山钢铁股份有限公司。

本标准主要起草人：刘小平、朱莉、王伟敏、徐元财。

本标准所代替标准的历次版本发布情况为：

——GB/T 5195.8—1985、GB/T 5195.9—1985。

萤石　二氧化硅含量的测定

警告：使用本标准的人员应有正规实验室工作的实践经验。本标准并未指出所有可能的安全问题。使用者有责任采取适当的安全和健康措施，并保证符合国家有关法规规定的条件。

1　范围

本标准规定了测定萤石中二氧化硅含量方法的原理、试剂、试样、分析步骤、结果计算及允许差。

本标准包括三个方法：钼蓝分光光度法，测定范围(质量分数)：0.10%～2.00%；重量法，测定范围(质量分数)：1.50%～40.00%；还原型钼蓝分光光度法，测定范围(质量分数)：0.05%～4.00%。

本标准适用于萤石中二氧化硅含量的测定。

2　规范性引用文件

下列文件中的条款通过本标准的引用而成为本标准的条款。凡是注日期的引用文件，其随后所有的修改单(不包括勘误的内容)或修订版均不适用于本标准，然而，鼓励根据本标准达成协议的各方研究是否可使用这些文件的最新版本。凡是不注日期的引用文件，其最新版本适用于本标准。

GB/T 2008　散装氟石取样、制样方法(GB/T 2008—1987，neq ISO 3081:1986)

3　钼蓝分光光度法

3.1　原理

试样以碳酸钠-硼酸熔融，以稀盐酸浸取，在0.05 M～0.20 M酸度下，使硅酸与钼酸铵生成黄色硅钼杂多酸，加入乙醇以提高方法的灵敏度和稳定性。调整酸度为3 M以消除磷、砷的干扰，用抗坏血酸将硅钼黄还原成硅钼蓝。于波长700 nm处测量吸光度。

3.2　试剂和材料

分析中除另有说明外，仅使用认可的分析纯试剂和蒸馏水或与其纯度相当的水。

3.2.1　无水碳酸钠与四硼酸钠：1+1。

3.2.2　乙醇。

3.2.3　盐酸：1+1。

3.2.4　盐酸：16+84。

3.2.5　钼酸铵溶液：100 g/L。

3.2.6　抗坏血酸溶液：10 g/L，用时现配。

3.2.7　高锰酸钾溶液：10 g/L。

3.2.8　二氧化硅标准溶液：称取0.200 0 g预先在1 050℃灼烧5 min并置于干燥器中冷至室温的二氧化硅(基准试剂)置于铂坩埚中，用2.0 g碳酸钠(基准试剂)混匀，再覆盖1.0 g。盖上坩埚盖并稍留缝隙，置于高温炉中，由低温升至950℃后熔融30 min，取出，冷至室温。将坩埚放入250 mL聚四氟乙烯烧杯中，加入100 mL水，加热至微沸，待熔块完全溶解后用水洗出坩埚及盖，迅速转入1 000 mL容量瓶中，用水稀释至刻度，混匀。再迅速转入干燥的聚乙烯瓶中。

3.3　试样

3.3.1　按照GB/T 2008制备试样。

3.3.2　试样于玛瑙研钵中研磨并全部通过0.063 mm筛孔，并于105℃±2℃干燥2 h，干燥器中冷却至室温。

3.4　分析步骤

3.4.1　测定次数

对同一试样，应称取两份试料进行测定。

3.4.2 **试料量**

称取 0.20 g 试样(准确至 0.000 1 g)。

3.4.3 **空白试验**

随同试料分析做空白试验。

3.4.4 **测定**

3.4.4.1 将试料(3.4.2)置于预先盛有 2.0 g 碳酸钠-四硼酸钠混合熔剂(3.2.1)的铂坩埚中,小心混匀并覆盖 1.0 g。

3.4.4.2 盖上坩埚盖并稍留缝隙,置于高温炉中,由低温升至 900℃~950C 后熔融 20 min~30 min,取出冷至室温。

3.4.4.3 将坩埚放入 250 mL 聚四氟乙烯烧杯中,加入 100 mL 盐酸(3.2.4),加热至微沸,待熔块完全溶解后用热水洗出坩埚及盖,溶液冷却至室温。

3.4.4.4 将溶液(3.4.4.3)用快速滤纸过滤于 200 mL 容量瓶中,用水洗涤烧杯及滤纸各 4 次~5 次,并稀释刻度。混匀后立即将试液转入至另一干燥塑料杯中。

3.4.4.5 移取 5.00 mL 溶液(3.4.4.4)置于 150 mL 烧杯中,加 20 mL 水、1 滴高锰酸钾溶液(3.2.7),混匀。加入 10 mL 乙醇(3.2.2)混匀,加热至沸,立即转入预先盛有 2.5 mL 钼酸铵溶液(3.2.5)的 100 mL容量瓶中,混匀。

3.4.4.6 将溶液(3.4.4.5)放置 10 min,加入 50 mL 盐酸(3.2.3)混匀,放置 2 min,立即加入 5 mL 抗坏血酸溶液(3.2.6)混匀。放置 30 min,用水稀释制刻度,混匀。

3.4.4.7 将部分溶液(3.4.4.6)移入 1 cm 的比色皿中,以随同试料的空白为参比,于分光光度计波长 700 nm 处测量其吸光度。从校准曲线上查出相应的二氧化硅量。

3.4.5 **校准曲线的绘制**

3.4.5.1 移取 0.00、0.20 mL、0.30 mL、0.40 mL、0.50 mL、0.75 mL、1.00 mL 二氧化硅标准溶液(3.2.8)于一组预先盛有 5.0 mL 空白溶液的 150 mL 烧杯中,以下按 3.4.4.5~3.4.4.6 向时显色。按 3.4.4.7 测量其吸光度。以二氧化硅量为横坐标,吸光度为纵坐标绘制校准曲线。

3.5 **结果计算**

按式(1)计算二氧化硅质量分数 w,数值以%表示:

$$w = \frac{(m_2 - m_1)}{m_0 \times \frac{V_1}{V_0}} \times 100 \qquad \cdots\cdots(1)$$

式中:

V_1——分取试液的体积,单位为毫升(mL);

V_0——试液总体积,单位为毫升(mL);

m_1——自校准曲线上查得的空白试验二氧化硅量,单位为克(g);

m_2——自校准曲线上查得的二氧化硅量,单位为克(g);

m_0——试料量,单位为克(g)。

3.6 **允许差**

两次独立分析结果的差值不大于表 1 所列允许差。

表 1 允许差 %

二氧化硅含量(质量分数)	允许差
0.10~0.20	0.05
>0.20~1.00	0.07
>1.00~2.00	0.10

4 重量法

4.1 原理

试样以稀乙酸分解，将碳酸钙分离，用氢氟酸处理残渣，二氧化硅生成四氟化硅挥散，按氢氟酸处理前后的质量差，计算二氧化硅的质量百分数。

4.2 试剂和材料

分析中除另有说明外，仅使用认可的分析纯试剂和蒸馏水或与其纯度相当的水。

4.2.1 氢氟酸（ρ1.15 g/ mL）。

4.2.2 冰乙酸：1+9。

4.2.3 氨水：1+1。

4.3 试样

4.3.1 按照 GB/T 2008 制备试样。

4.3.2 试样于玛瑙研钵中研磨并全部通过 0.063 mm 筛孔，并于 105℃±2℃ 干燥 2 h，干燥器中冷却至室温。

4.4 分析步骤

4.4.1 测定次数

对同一试样，应称取两份试料进行测定。

4.4.2 试料量

称取 0.25 g 试样（准确至 0.000 1 g）。

4.4.3 空白试验

随同试料分析做空白试验。

4.4.4 测定

4.4.4.1 将试料（4.4.2）置于 150 mL 烧杯中，加入 10 mL 冰乙酸（4.2.2），混匀，盖上表皿，放置 30 min，每隔 10 min 摇匀一次，然后以慢速定量滤纸过滤，用擦棒将附在烧杯壁上的沉淀擦净，用水洗净烧杯及沉淀 4 次～5 次。

4.4.4.2 将沉淀连同滤纸置于洁净的铂坩埚中，低温灰化，然后移入高温炉，在 650℃ 灼烧 30 min 取出，冷至室温称量，并反复灼烧至恒量。

4.4.4.3 将残渣用少量水湿润，加入 5 mL 氢氟酸（4.2.1），低温蒸发至干，取下，冷却，再加入 2 mL～3 mL 氢氟酸（4.2.1）蒸发至干时（如硅量高时可再重复进行一次），取下冷却，滴加 4 滴～5 滴氨水（4.2.3）到微碱性，再低温蒸发至干。置于高温炉中在 650℃ 灼烧 20 min，取出，稍冷，置于干燥器中，冷至室温后称量，并反复灼烧至恒量。

4.5 结果计算

按式(2)计算二氧化硅的质量分数 w，数值以%表示：

$$w = \frac{(m_4 - m_3) - (m_2 - m_1)}{m_0} \times 100 \qquad \cdots\cdots\cdots\cdots(2)$$

式中：

m_1——氢氟酸处理后空白连同铂坩埚的质量，单位为克(g)；

m_2——灰化后空白连同铂坩埚的质量，单位为克(g)；

m_3——氢氟酸处理后残渣连同铂坩埚的质量，单位为克(g)；

m_4——灰化后残渣连同铂坩埚的质量，单位为克(g)；

m_0——试料量，单位为克(g)。

4.6 允许差

两次独立分析结果的差值不大于表 2 所列允许差。

表 2 允许差 %

二氧化硅含量(质量分数)	允许差
1.50～2.00	0.10
>2.00～3.00	0.15
>3.00～5.00	0.18
>5.00～10.00	0.20
>10.00～20.00	0.25
>20.00～40.00	0.30

5 还原型钼蓝分光光度法

5.1 原理

试样以碳酸钠熔融分解，盐酸酸化，加硼酸络合氟化物，加钼酸铵形成硅钼杂多酸，以抗坏血酸消除磷的干扰，加入酒石酸还原成硅钼蓝。

5.2 试剂和材料

分析中除另有说明外，仅使用认可的分析纯试剂和蒸馏水或与其纯度相当的水。

5.2.1 无水碳酸钠。

5.2.2 硼酸：40 g/L。

5.2.3 盐酸：7 mol/L。

5.2.4 硫酸：7 mol/L。

5.2.5 硫酸：18 mol/L。

5.2.6 钼酸盐溶液：含钼 55 g/L。

a) 称取 28 g 钼酸钠($Na_2MoO_4 \cdot 2H_2O$)溶于 150 mL 水中，稀释至 200 mL。

b) 称取 20 g 钼酸铵[$(NH_4)_6Mo_7O_{24} \cdot 4H_2O$]溶于 150 mL 水中，稀释至 200 mL。

溶液储存于贮存瓶(5.3.3)中，若溶液出现沉淀，需重新配制。

5.2.7 酒石酸溶液：100 g/L。

5.2.8 抗坏血酸溶液：20 g/L。

5.2.9 二氧化硅标准溶液：SiO_2 500 mg/L。

称取 0.250 g(准确至 0.000 2 g)二氧化硅(预先在 1 000℃灼烧至恒量)于铂金坩埚加入 2.5 g 无水碳酸钠(5.2.1)，搅拌混匀，盖上坩埚盖并稍留缝隙，置于高温炉，由低温升至 950℃后熔融 30 min，取出，冷至室温。将坩埚放入聚四氟烧杯中，加入温水，小心加热至完全溶解。冷却，移入 500 mL 容量瓶中，稀释刻度。

5.2.10 二氧化硅标准溶液：SiO_2 100 mg/L。

移取 100.00 mL 二氧化硅标准溶液(5.2.9)于 500 mL 容量瓶，稀释至刻度。

5.2.11 缓冲溶液：称取 4 g 无水碳酸钠(5.2.1)于 600 mL 烧杯，加入 300 mL 水，20 mL 硼酸(5.2.2)，滴加盐酸(5.2.3)调节 pH 至 2(以 pH 试纸检测)，以水稀至 500 mL。

5.3 仪器

5.3.1 铂金坩埚：30 mL。

5.3.2 烧杯：100 mL、250 mL、600 mL、1 000 mL，材质不含硅。

5.3.3 贮存瓶：材质不含硅。

5.3.4 容量瓶：材质不含硅。

5.3.5 分光光度计。

5.3.6 pH 计：配有玻璃电极和甘汞电极，精度 0.05 pH。

5.3.7 烘箱：可控温 105℃±2℃。

5.4 试样

5.4.1 按照 GB/T 2008 制备试样。

5.4.2 试样于玛瑙研钵中研磨并全部通过 0.063 mm 筛孔，并于 105℃±2℃干燥 2 h，干燥器中冷却至室温。

5.5 分析步骤

5.5.1 试料量

称取 0.200 0 g 试料（准确至 0.000 1 g）置于 30 mL 铂金坩埚（5.3.1）中，加 4 g 无水碳酸钠（5.2.1），以搅棒混匀，盖上盖子，于高温炉中至950℃后熔融 30 min，取出，冷却，于600 mL 烧杯中加入 200 mL 水于水浴中放置 30 min 溶解，冷却，加水至 300 mL，加硼酸（5.2.2）20 mL，搅拌，混匀，滴加盐酸（5.2.3）调节 pH 至 2（以 pH 试纸检测），移入 500 mL 容量瓶，以水稀至刻度，混匀。

注：此时可能出现乳白色沉淀（BaS），则需静置。

5.5.2 空白试验

随同试料分析做空白试验。

5.5.3 校准曲线的绘制

5.5.3.1 校准溶液的制备

按表 3 移取二氧化硅标准溶液（5.2.10）于 6 个 600 mL 烧杯中，加入 4 g 无水碳酸钠（5.2.1），加 300 mL 水溶解后，滴加盐酸（5.2.3）调节 pH 至 2（以 pH 试纸检测），移入 500 mL 容量瓶，以水稀至刻度，混匀。

表 3 校准溶液的制备

二氧化硅标准溶液（5.2.10）/mL	相应的二氧化硅的质量/μg
0[a]	0
2.0	8
5.0	20
10.0	40
20.0	80
25.0	100

[a] 空白标准溶液（用于绘制标准曲线的试剂空白溶液）。

5.5.3.2 pH 值的调整

移取 20 mL 含二氧化硅 100 μg 溶液（5.5.3.1）于 100 mL 容量瓶中，用水稀至 60 mL，在搅拌下，以硫酸（5.2.4）调节至 pH1.1。

5.5.3.3 显色

移取 20 mL 溶液（5.5.3.1）于 100 mL 容量瓶中，用水稀至 60 mL，根据 5.5.3.2 所示的体积加入硫酸（5.2.4）调节至 pH1.1，加入 10 mL 钼酸盐溶液（5.2.6），摇匀，放置 15 min，加入 5 mL 酒石酸溶液（5.2.7），摇匀，放置 5 min，加入 10 mL 硫酸（5.2.5），2 mL 抗坏血酸溶液（5.2.8），以水稀释至刻度，摇匀，放置 30 min。

5.5.3.4 吸光度的测定

将溶液（5.5.3.3）移入适宜的比色皿，以试剂空白为参比，在波长 800 nm 处测定吸光度，以二氧化硅的质量分数横坐标，吸光度为纵坐标，绘制校准曲线。

5.5.4 测定

5.5.4.1 pH 值的调整

移取 20 mL 含测试溶液（5.5.1）于 100 mL 容量瓶中，用水稀至 60 mL，在搅拌下，以硫酸（5.2.4）调节至 pH1.1。

5.5.4.2 显色

按表4移取溶液(5.5.1)(SiO_2 量不超过 100 μg)于 100 mL 容量瓶中,按表2加入相应的缓冲溶液,用水稀至 60 mL,根据 5.5.4.1 所示的体积加入硫酸(5.2.4)调节至 pH1.1,加入 10 mL 钼酸盐溶液(5.2.6),摇匀,放置 15 min,加入 5 mL 酒石酸溶液(5.2.7),摇匀,放置 5 min,加入 10 mL 硫酸(5.2.5),2 mL 抗坏血酸溶液(5.2.8),以水稀释至刻度,摇匀,放置 30 min。

表4 分取量及缓冲溶液量的加入

二氧化硅的质量分数(质量分数)/%	分取量/mL	缓冲溶液(5.2.11)加入量/mL
0.05~1.00	20	0
>1.00~2.00	10	10
>2.00~4.00	5	15

5.5.4.3 吸光度的测定

将溶液(5.5.4.2)移入适宜的比色皿,以水为参比,在波长 800 nm 处测定吸光度。

5.6 结果计算

按式(3)计算二氧化硅的质量分数 w,数值以%表示:

$$w = \frac{(m_1 - m_2) \times V_0}{m_0 \times V_1} \times 100 \quad \cdots\cdots(3)$$

式中:

m_0——试料量,单位为克(g);

m_1——校准曲线查得试样中的二氧化硅的质量,单位为克(g);

m_2——校准曲线查得空白的二氧化硅的质量,单位为克(g);

V_0——试样稀释的体积,单位为毫升(mL);

V_1——分取的体积,单位为毫升(mL)。

5.7 试验报告

试验报告应包括下列内容:

a) 鉴别试料、实验室和分析日期等资料;

b) 遵守本标准规定的程度;

c) 分析结果及其表示;

d) 测定中观察到的异常现象;

e) 对分析结果可能有影响而本标准未包括的操作,或者任选的操作。

ICS 73.080
D 52

中华人民共和国国家标准

GB/T 5195.10—2006

萤石 铁含量的测定 邻二氮杂菲分光光度法

Fluorspar—Determination of iron content—1,10-phenanthroline spectrophotometric method

(ISO 9061:1993,MOD)

2006-08-16 发布　　2007-01-01 实施

中华人民共和国国家质量监督检验检疫总局
中国国家标准化管理委员会　发布

前　言

本标准修改采用ISO 9061:1993《酸级和陶瓷级萤石　铁含量的测定　邻二氮杂菲分光光度法》(英文版)。

本标准与ISO 9061:1993比较,进行了如下修改:

——将标题中"酸级和陶瓷级萤石"改为"萤石"。

——在"2 规范性引用文件"中将"ISO 8868:1989《萤石　取样和制样》"改用"GB/T 2008《散装氟石的取样、制样方法》"。

——4.7改用高纯三氧化二铁代替二十四水合硫酸铁胺配制铁标准溶液,保证了铁标准溶液的准确性。

本标准由中国钢铁工业协会提出。

本标准由冶金工业信息标准研究院归口。

本标准起草单位:首钢总公司。

本标准主要起草人:杨志强、张东生、刘卫平、张健。

萤石　铁含量的测定
邻二氮杂菲分光光度法

警告：使用本标准的人员应有正规实验室工作的实践经验。本标准并未指出所有可能的安全问题。使用者有责任采取适当的安全和健康措施，并保证符合国家有关法规规定的条件。

1　范围

本标准规定了用邻二氮杂菲分光光度法测定铁含量。

本标准适用于萤石中铁含量的测定。测定范围(质量分数，以 Fe_2O_3 表示)：0.10%～2.00%。

2　规范性引用文件

下列文件的条款通过本标准的引用而成为本标准的条款。凡是注日期的引用文件，其随后所有的修改单(不包括勘误的内容)或修订版均不适用于本标准，然而，鼓励根据本标准达成协议的各方研究是否可使用这些文件的最新版本。凡是不注日期的引用文件，其最新版本适用于本标准。

GB/T 2008　散装氟石取样、制样(GB/T 2008—1987，neq ISO 3081：1986)

3　原理

试料用碳酸钠-硼酸混合碱性熔剂熔融，以过量盐酸溶解融块，用盐酸羟胺还原 Fe^{3+}，在缓冲溶液中(pH 值 3～5)，Fe^{2+} 与邻二氮杂菲形成络合物，在波长 510 nm 处，以分光光度计测量其吸光度。

4　试剂

除非另有说明，在分析中仅使用确认为分析纯的试剂和蒸馏水或去离子水或相当纯度的水。

4.1　碳酸钠：无水。

4.2　硼酸。

4.3　盐酸：1+1。

4.4　盐酸羟胺溶液：10 g/L。

4.5　邻二氮杂菲溶液：2 g/L。

4.6　醋酸钠溶液：500 g/L。

4.7　铁标准溶液：1 000 μg/mL。

称取 0.500 0 g 预先在 105℃±2℃ 干燥 2 h 并冷却至室温的高纯三氧化二铁(纯度不低于99.9%)，置于 300 mL 烧杯中，加 20 mL 盐酸(1+1)，盖上表面皿，低温加热溶解，冷却至室温，将溶液移入 500 mL容量瓶中，用水稀释至刻度，混匀。

4.8　铁标准溶液：100 μg/mL。

移取 50.00 mL 铁标准溶液(4.7)于 500 mL 容量瓶中，用水稀释至刻度，混匀。

5　仪器

常用实验室仪器。

5.1　烘箱：温度可控制在 105℃±2℃。

5.2　铂皿：平底，直径约为 80 mm，深度约为 35 mm，配有相应的铂皿盖。

5.3 马弗炉：温度可控制在约1 000℃。

5.4 分光光度计：最小读数0.001，配有2 cm的比色皿。

6 试样

按照GB/T 2008制备试样。在玛瑙研钵中研磨数克试样，直到能通过0.063 nm的筛网，将过筛后的试样置于保持温度在105℃±2℃的烘箱(5.1)中烘干2 h后，放入干燥器冷却。

7 分析步骤

7.1 试料溶液的制备

称取0.50 g试料(精确至1 mg)置于铂皿(5.2)中。加入6 g硼酸(4.2)和4 g无水碳酸钠(4.1)，用铂勺仔细混匀。盖上铂盖，将之放在耐高温的石棉板上，开始低温加热，然后逐渐升温直至反应减缓。将铂皿移入马弗炉(5.3)中，温度控制在约1 000℃熔融15 min，直至完全熔化。

将铂皿从马弗炉中取出，空气中冷却。于铂皿中加入热水，将铂皿置于水浴中加热直至融块完全溶解，缓慢加入20 mL盐酸(4.3)酸化，然后将溶液移入250 mL容量瓶中，冷却后，用水稀释至刻度，混匀。

7.2 空白试验

随同试料做空白试验。

7.3 校准曲线的绘制

7.3.1 校准溶液的制备

在一系列的250 mL容量瓶中，按表1分别加入铁标准溶液(4.8)。

表1 校准溶液

铁标准溶液(4.7)体积/mL	相应的Fe_2O_3质量/mg
0[a]	
1.0	0.1
2.0	0.2
3.0	0.3
4.0	0.4
5.0	0.5
6.0	0.6

a 空白校准溶液(用于绘制校准曲线的试剂空白溶液)。

7.3.2 吸收液的形成

往每个容量瓶中加入足量的水，稀释至大约200 mL，然后加入5 mL盐酸羟胺溶液(4.4)，混和后静置1 min。加入10 mL醋酸钠溶液(4.6)和5 mL邻二氮杂菲溶液(4.5)，用水稀释至刻度，混匀。

7.3.3 吸光度测量

放置15 min后，以水为参比，用分光光度计(5.4)于波长510 nm处测量每个校准溶液(7.3.1)的吸光度。

7.3.4 校准曲线的绘制

用每个校准溶液(参见表1)的吸光度减去空白校准溶液的吸光度得到净吸光度。

以校准溶液中所含氧化铁(Fe_2O_3)的质量(单位为毫克)为横坐标，以净吸光度为纵坐标，绘制校准曲线。

7.4 测定

7.4.1 分取待测溶液

估计铁含量，按表2所示分取待测溶液，溶液按7.1制备于250 mL容量瓶中。

表 2　用以形成吸收液所要分取待测溶液的体积

Fe_2O_3 的含量(质量分数)/%	分取的体积/mL
0.1～0.5	50.00
>0.5～1.0	20.00
>1.0～2.0	10.00

7.4.2　**形成吸收液**

将分取的待测溶液(7.4.1)移入 250 mL 容量瓶中，往待测溶液(按 7.3.2)里加入等量的所有试剂，用水稀释至刻度，混匀。

7.4.3　**吸光度测量**

放置 15 min 后，以水为参比，测量待测溶液(7.4.2)和空白溶液(7.2)的吸光度，按 7.3.3 进行。从校准曲线(7.3.4)上，以相应的待测溶液和空白溶液的净吸光度值，查出氧化铁(Fe_2O_3)的质量。

8　结果计算

按式(1)计算铁含量(以 Fe_2O_3 计)(质量分数)，其数值以%表示。

$$w_{Fe_2O_3} = \frac{(m_1 - m_2) \times r_D}{m_0 \times 1\,000} \times 100 \qquad \cdots\cdots(1)$$

式中：

m_0——待测试料(7.1)的质量，单位为克(g)；

m_1——用以形成吸收液所要分取待测溶液中氧化铁(Fe_2O_3)的质量，单位为毫克(mg)；

m_2——分取的待测空白溶液(7.2)中氧化铁(Fe_2O_3)的质量，单位为毫克(mg)；

r_D——在形成吸收液(7.4.2)时，待测溶液与分取部分的体积比；

计算结果表示到小数点后两位。

9　允许差

试验室间两个独立分析结果的差值不应大于表 3 所列相应允许差。

表 3　允 许 差

%

Fe_2O_3 的含量(质量分数)	允 许 差
0.10～0.25	0.03
>0.25～0.50	0.04
>0.50～1.00	0.06
>1.00～2.00	0.08

10　试验报告

试验报告应包括下列内容：

a)　鉴别试料、实验室和分析日期等资料；

b)　遵守本标准规定的程度；

c)　分析结果及其表示；

d)　测定中观察到的异常现象；

e)　对分析结果可能有影响而本标准未包括的操作，或者任选的操作。

ICS 73.080
D 52

中华人民共和国国家标准

GB/T 5195.11—2006

萤石 锰含量的测定 高碘酸盐分光光度法

Fluorspar—Determination of manganese content—The periodate spectrophotometric method

(ISO 9062:1992,MOD)

2006-08-16 发布　　2007-01-01 实施

中华人民共和国国家质量监督检验检疫总局
中国国家标准化管理委员会　发布

前　言

本标准修改采用 ISO 9062:1992《酸级和陶瓷级萤石　锰含量测定　高碘酸盐光度法》(英文版)。

本标准与 ISO 9062:1992 比较,进行了如下修改:

——将标题中"酸级和陶瓷级萤石"改为"萤石"。

——在"2 规范性引用文件"中将"ISO 8868:1989《萤石　取样和制样》"改用"GB/T 2008《散装氟石的取样、制样》"。

——本标准采用聚四氟乙烯烧杯替代铂坩埚,并加入氢氟酸溶样。

本标准由中国钢铁工业协会提出。

本标准由冶金工业信息标准研究院归口。

本标准起草单位:首钢总公司。

本标准主要起草人:张健、刘卫平、张东生、杨志强。

萤石　锰含量的测定
高碘酸盐分光光度法

警告：使用本标准的人员应有正规实验室工作的实践经验。本标准并未指出所有可能的安全问题。使用者有责任采取适当的安全和健康措施，并保证符合国家有关法规规定的条件。

1　范围

本标准规定了用高碘酸盐分光光度法测定锰含量。

本标准适用于萤石中锰含量的测定。测定范围(质量分数)：0.006%～0.40%。

2　规范性引用文件

下列文件的条款通过本标准的引用而成为本标准的条款。凡是注日期的引用文件，其后所有的修改单(不包括堪误的内容)或修订版均不适用于本标准，然而，鼓励根据本标准达成协议的各方研究是否可使用这些文件的最新版本。凡是不注日期的引用文件，其最新版本适用于本标准。

GB/T 2008　散装氟石的取样、制样(GB/T 2008—1987，neq ISO 3081:1986)

3　原理

试料于聚四氟乙烯烧杯中用硝酸、盐酸和高氯酸分解。稀释后用高碘酸钠氧化锰成为高锰酸离子，用分光光度计于545 nm波长处测量吸光度。

4　试剂

除非另有说明，分析过程中仅使用确认为分析纯的试剂和蒸馏水或相当纯度的水。

4.1　硝酸(ρ1.42 g/mL)。

4.2　高氯酸(ρ1.67g/mL)。

警告：在氨水，亚硝酸烟或有机物质存在时，高氯酸烟可引起爆炸。

4.3　氢氟酸(ρ1.13 g/mL)。

4.4　磷酸(ρ1.69 g/mL)。

4.5　盐酸(ρ1.19 g/mL)。

4.6　高碘酸钠：50 g/L。

4.7　锰标准溶液：1 000 μg/mL。

称取0.500 0 g纯金属锰(Mn>99.5%)溶于20 mL水和20 mL硝酸(4.1)中，加50 mL水煮沸10 min。冷却后移入500 mL容量瓶中，加水稀释到刻度并混匀。

4.8　锰标准溶液A：100 μg/mL。

将25 mL锰标准溶液(4.7)移入250 mL容量瓶中，加水稀释到刻度并混匀。

4.9　锰标准溶液B：20 μg/mL。

将50 mL锰标准溶液A(4.8)移入250 mL容量瓶中，加水稀释到刻度并混匀。

5　仪器

常用实验室仪器。

5.1　烘箱：温度可控制在105℃±2℃。

5.2 聚四氟乙烯烧杯。

5.3 铂坩埚:体积约 30 mL。

5.4 可控温电热板。

5.5 分光光度计:最小读数 0.001。

5.6 比色皿:1 cm 和 5 cm。

6 试样

按照 GB/T 2008 制备试样。在玛瑙研钵中研磨试样,直到能通过 0.063 nm 的筛网,将过筛后的试样置于保持温度在 105℃±2℃的烘箱(5.1)中烘干 2 h 后,放入干燥器冷却。

7 分析步骤

警告:使用高氯酸时可能会发生危险,应在通风橱内进行。

7.1 试料及试料溶液的制备

称取 1.00 g(精确至 0.2 mg)试料,放入聚四氟乙烯烧杯(5.2)中。加入 2 mL~3 mL 水,轻轻缓慢摇动,加入 10 mL 硝酸(4.1),10 mL 盐酸(4.5),10 mL 高氯酸(4.2)和 15 mL 氢氟酸(4.3),于 220℃电热板(5.4)上小心加热至冒高氯酸烟,保持缓慢冒烟 5 min。冷却后加入 2 mL~3 mL 水,然后小心加热至冒高氯酸烟,保持缓慢冒烟,保持 5 min,冷却。

加入 10 mL 水,5 mL 盐酸(4.5),5 mL 硝酸(4.1)加温溶解样品,将其移入 150 mL 烧杯中,盖上表面皿,加热冒高氯酸烟,出现高氯酸回流,加热回流 5 min,高氯酸的体积控制不少于 3 mL。如果需要,可补加高氯酸,冷却。

加入 20 mL 水和 5 mL 硝酸(4.1),加热至沸腾,并保持沸腾 5 min,冷却后移入 100 mL 容量瓶中,加水稀释到刻度,混匀。

如果存在不溶物,按下面步骤处理。

采用滤纸,过滤溶液至 100 mL 容量瓶中,并用热水冲洗三次。将滤纸及残渣放入铂坩埚内(5.3),干燥并在 500℃~600℃灰化。用 1 g 无水碳酸钠熔融残渣,用 10 mL 水和 3 mL 硝酸(4.1)溶解,加热至沸腾,除掉二氧化碳,再合并至 100 mL 容量瓶中。

7.2 空白试验

随同试料做空白试验。

7.3 绘制校准曲线

7.3.1 校准溶液的制备

7.3.1.1 锰含量(质量分数)范围为 0.03%~0.4%时

a) 在一系列 7 个 150 mL 烧杯中加入标准溶液 A(4.8),如表 1 所示。

b) 在每个烧杯中,加入 4 mL 硝酸(4.1),4 mL 盐酸(4.5),4 mL 磷酸(4.4)和 10 mL 高碘酸钠(4.6),用水稀释至 40 mL,盖上表面皿,加热至刚沸,慢慢蒸煮并保持 30 min,加水使体积控制在 30 mL~40 mL,冷却。移入 50 mL 容量瓶中加水稀释到刻度并混匀。

7.3.1.2 锰含量(质量分数)范围为 0.006%~0.08%时

a) 在一系列 7 个 150 mL 烧杯中,加入标准溶液 B(4.9),如表 2 所示。

b) 按照 7.3.1.1b)规定进行操作。

表 1 校准溶液 A

锰标准溶液 A(4.8)体积/ mL	相应的锰质量/ μg
0[a]	0
0.5	50
1.0	100
2.0	200
4.0	400
6.0	600
8.0	800

a 空白校准溶液(绘制工作曲线的试剂空白溶液)。

表 2 校准溶液 B

锰标准溶液 B(4.9)体积/ mL	相应的锰质量/ μg
0[a]	0
0.5	10
1.0	20
2.0	40
4.0	80
6.0	120
8.0	160

a 空白校准溶液(绘制工作曲线的试剂空白溶液)。

7.3.2 吸光度测量

7.3.2.1 锰含量(质量分数)范围为 0.03%～0.4%时

用 7.3.1.1 准备的校准溶液 A 进行吸光度测量,使用分光光度计(5.5)在 545 nm 波长处,用 1 cm 比色皿(5.6),以水调节零点,进行测量。

7.3.2.2 锰含量(质量分数)范围为 0.006%～0.08%时

按照 7.3.2.1 的方法,用 5 cm 比色皿(5.6)替代 1 cm 比色皿(5.6),按 7.3.1.2 准备的校准溶液 B 进行吸光度测量。

7.3.3 绘制校准曲线

用每一个校准溶液测得的吸光度减去空白校准溶液的吸光度得到净吸光度,以净吸光度为纵坐标,以校准溶液中所含锰的质量为横坐标(单位为微克),绘制校准曲线。

7.4 测定

7.4.1 高锰酸离子的形成和空白校准溶液的制备

移取 2 份 20 mL 试料溶液(7.1),分别移入 2 个 150 mL 烧杯中,并分别加入 4 mL 盐酸(4.5),4 mL 硝酸(4.1),4 mL 磷酸(4.4),对其中一个加入 10 mL 高碘酸钠(4.6)作为显色液,另一个烧杯加入 10 mL 水作参比液。盖上表面皿,加热至刚沸,并保持 30 min,加水使体积控制在 30 mL～40 mL,冷却。移入 50 mL 容量瓶中,加水稀释到刻度并混匀。

7.4.2 吸光度测量

按 7.3.2 规定对试料溶液进行测量,使用 1 cm 或 5 cm 比色皿(5.6),以参比液作参比,测定显色液的吸光度。

用每一个显色液的吸光度减去空白溶液的吸光度得到净的吸光度。从校准曲线上查得相应的锰含量。

8 结果计算

按式(1)计算锰含量(质量分数),其数值以%表示。

$$w_{Mn} = \frac{m_1 \times 100 \times 100}{m_0 \times 20 \times 10^6} = \frac{5m_1}{m_0 \times 10^6} \times 100 \quad \cdots\cdots\cdots\cdots\cdots\cdots\cdots(1)$$

式中：

m_0——试料(7.1)的质量,单位为克(g);

m_1——分取液(7.1)所含锰的质量,单位为微克(μg)。

9 允许差

实验室间二个独立分析结果的差值不应大于表3所列相应的允许差。

表3 允许差 %

锰含量(质量分数)	允许差
0.006～0.010	0.003
>0.010～0.050	0.006
>0.050～0.100	0.015
>0.10～0.40	0.025

10 试验报告

试验报告应包括下列内容：

a) 鉴别试料、实验室和分析日期等资料;

b) 遵守本标准规定的程度;

c) 分析结果及其表示;

d) 测定中观察到的异常现象;

e) 对分析结果可能有影响而本标准未包括的操作,或者任选的操作。

ICS 87.040
G 51

GB

中华人民共和国国家标准

GB/T 5210—2006/ISO 4624:2002
代替 GB/T 5210—1985

色漆和清漆 拉开法附着力试验

Paints and varnishes—Pull-off test for adhesion

(ISO 4624:2002,IDT)

2006-09-01 发布 2007-02-01 实施

中华人民共和国国家质量监督检验检疫总局
中国国家标准化管理委员会 发布

前　言

本标准等同采用国际标准 ISO 4624:2002《色漆和清漆　拉开法附着力试验》(英文版)。

本标准代替 GB/T 5210—1985《涂层附着力的测定　拉开法》。

本标准与 GB/T 5210—1985 的主要技术差异为：

——1985 版系参照采用 ISO 4624—1978；

——本标准中增加了使用单个试柱从单侧进行试验的方法(仅适合坚硬底材)；

——本标准中规定了多种破坏形式(1985 版为 4 种)；

——本标准中规定结果以破坏强度、破坏面积的大小和破坏性质表示(1985 版仅以破坏强度和破坏性质表示)；

——本标准中规定测量次数为 6 次，结果取 6 个试验数值的平均值且精确到整数(1985 版规定测量次数为 5 次，取 3 个试验数值的平均值，对结果精确到几位数未作规定)；

——本标准中规定的试验条件为温度(23±2)℃，相对湿度(50±5)%[1985 版为温度(25±1)℃，相对湿度(60～70)%]；

——本标准中增加了直径为 7 mm 的试柱；

——本标准中取消了试验误差。

本标准的附录 A 为规范性附录。

本标准由中国石油和化学工业协会提出。

本标准由全国涂料和颜料标准化技术委员会归口。

本标准起草单位：中国化工建设总公司常州涂料化工研究院。

本标准主要起草人：郑国娟。

本标准于 1985 年首次发布，本次为第一次修订。

色漆和清漆　拉开法附着力试验

1　范围

本标准规定在色漆、清漆或相关产品的单涂层或多涂层体系上进行拉开法附着力试验而测定附着力的试验方法。

本标准对于比较不同涂层的附着力大小是有效的。对附着力有明显差别的一系列已涂漆试板提供相对评定等级则更为有效。

本标准适用于多种底材，不同类型的底材采用不同的步骤。易变形底材，如薄金属、塑料和木材；坚硬底材，如厚的混凝土板和金属板。对于特定的场合，涂层可以直接制备在试柱表面上。

2　规范性引用文件

下列文件中的条款通过本标准的引用而成为本标准的条款。凡是注日期的引用文件，其随后所有的修改单(不包括勘误的内容)或修订版均不适用于本标准，然而，鼓励根据本标准达成协议的各方研究是否可使用这些文件的最新版本。凡是不注日期的引用文件，其最新版本适用于本标准。

GB/T 3186—2006　色漆、清漆和色漆与清漆用原材料　取样(ISO 15528:2000,IDT)

GB/T 9271　色漆和清漆　标准试板(GB/T 9271—1988,eqv ISO 1514:1984)

GB 9278　涂料试样状态调节和试验的温湿度(GB 9278—1988,eqv ISO 3270:1984,Paints and varnishes and their raw materials—Temperatures and humidities for conditioning and testing)

GB/T 13452.2　色漆和清漆　漆膜厚度的测定(GB/T 13452.2—1992,idt ISO 2808:1974)

ISO 1513:1992　色漆和清漆　试样的检查和制备

3　原理

试验样品或体系以均匀厚度施涂于表面结构一致的平板上。

涂层体系干燥/固化后，用胶黏剂将试柱直接粘结到涂层的表面上。

胶黏剂固化后，将粘结的试验组合置于适宜的拉力试验机上，粘结的试验组合经可控的拉力试验(拉开法试验)，测出破坏涂层/底材间附着所需的拉力。

用破坏界面间(附着破坏)的拉力或自身破坏(内聚破坏)的拉力来表示试验结果，附着/内聚破坏有可能同时发生。

4　需要补充的信息

对于任何特定的应用而言，本标准所规定的试验方法需要用补充信息来加以完善。补充信息的项目在附录A中列出。

5　仪器

5.1　拉力试验机

按第9章中所规定的步骤进行操作。在与已涂漆底材平面的垂直方向上施加拉伸应力，该应力以均匀的且不超过1 MPa/s的速度稳步增加，使破坏过程在90 s内完成。适宜的拉力试验装置如图1和图2所示。

注1：除了拉力试验机外，其他类型的拉开法附着力试验机(机械式、压缩空气式、液压式或手动式)只要能给出相似的结果也可使用。但试验机的类型应当在报告中注明，因为采用手动式/机械式/液压式设备得到的结果差别很大。

注 2：结果可能受所使用的试验组合的影响。应确保拉力同轴心，否则结果再现性不好。

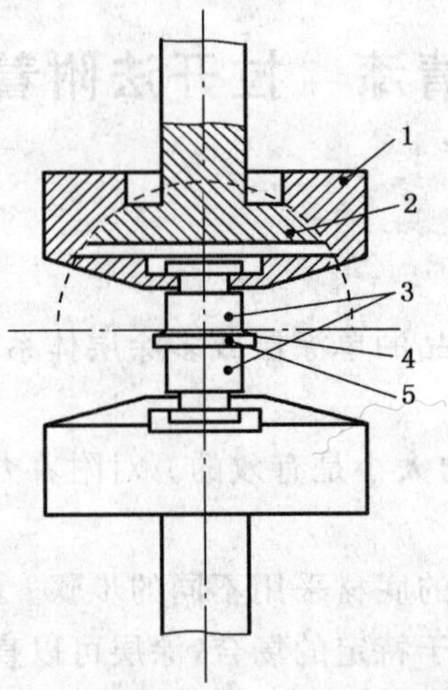

1——支柱；
2——球节；
3——试柱；
4——涂层；
5——底材。

图 1　9.4.1 和 9.4.3 中描述的试验方法用的适宜试验装置示例

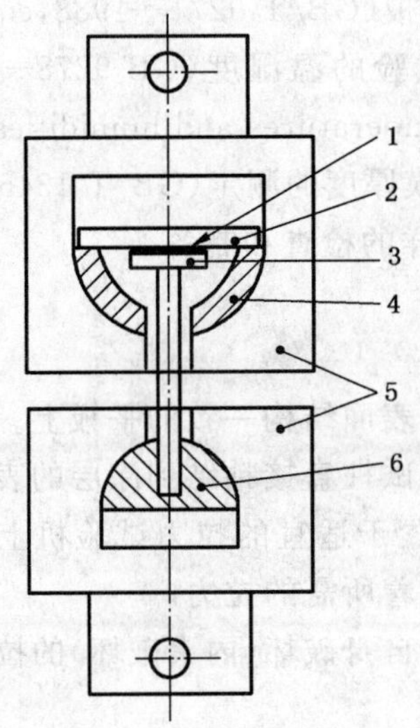

1——涂层；
2——试验条；
3——试柱；
4——球窝滑动接合缝；
5——支柱(对滑动接合缝适宜)；
6——球窝滑动接合缝。

图 2　9.4.2 中描述的试验方法用的适宜试验装置示例

5.2　试柱

为拉力试验机特别设计的试柱是由钢或镀铝圆柱组成。每个试柱有一端是粘结胶黏剂/涂层的坚硬平整表面，另一端是连接拉力试验机的装置。每个试柱的标准直径为 20 mm，并且要有足够的厚度来确保在试验过程中不变形。试柱的高度应不小于自身直径的一半，其平面应与试柱的轴线相垂直。

直径为 7 mm 的试柱用于从单侧进行附着力测试。如果使用直径为 7 mm 的试柱，进行 10 次测量以提高精度，且试验报告中要标明试柱直径。

5.3 定中心装置

为了确保试件同轴心排列，粘结时应按照 9.4.1 和 9.4.3 中所规定的进行操作。见图 3。

单位为毫米

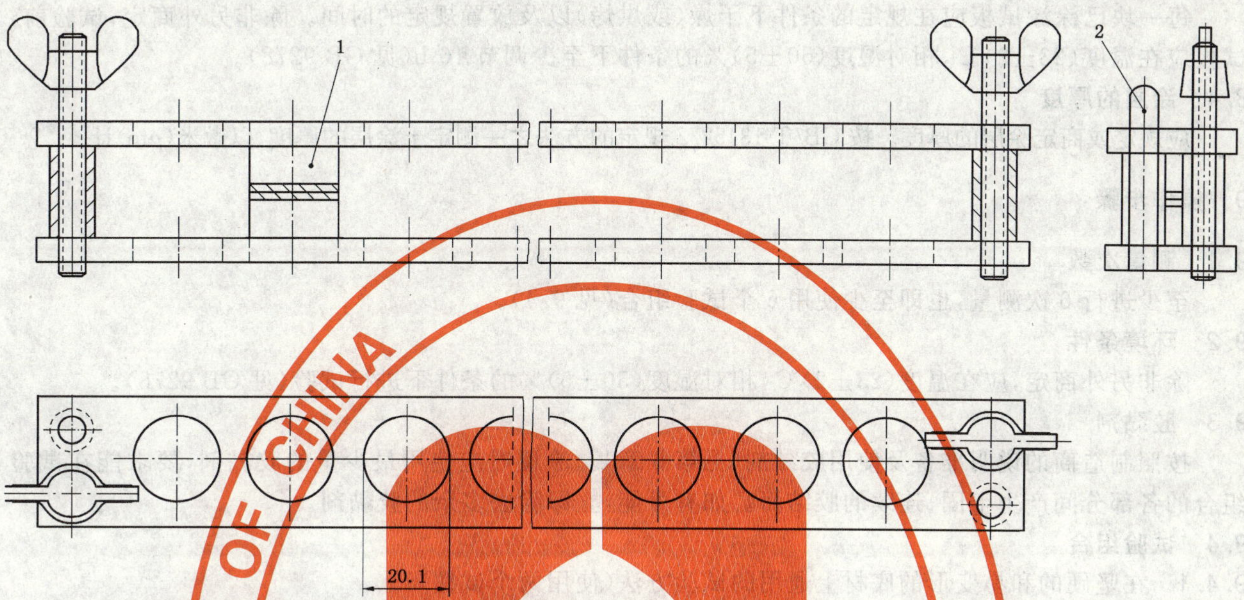

1——粘结过程试件的排列(见 5.3)；

2——定心销。

图 3 20 mm 直径试柱的适宜定中心装置示例

5.4 切割装置

使用一把锐利的刀子，沿试柱的周线，切透固化了的胶黏剂和涂层直至底材。

由于涂料体系的机械性能(例如脆性)，切透固化了的胶黏剂和涂层直至底材会对涂料体系的附着力产生很大的影响。如果规定或双方商定，当涂料体系的厚度小于 150 μm 时，不进行切割操作是允许的。如果进行了切割操作，应在试验报告中标明，同时标明切割工具。

6 胶黏剂

注意选用合适的胶黏剂。为了使涂层破坏，胶黏剂的内聚力和黏结性要大于受试涂层的内聚力和黏结性。

应预先进行胶黏剂的筛选，以决定其是否适用。合适的胶黏剂及其未混合的组分(如适用的话)在与涂层接触相当于胶黏剂固化时间的这段时间内，对受试涂层几乎未产生或没有产生可觉察的变化。

选择能给出最大结果(通常表现为涂层与底材间的附着破坏)的胶黏剂。

在多数情况下，氰基丙烯酸酯、双组分无溶剂环氧化物以及过氧化物催化的聚酯胶黏剂都适用。在湿度较高的试验条件下，胶黏剂的固化时间要尽可能短，最好使用双组分快干环氧胶黏剂。

注：当胶黏剂自身破坏时，选用其他类型的胶黏剂可能得到更有效的结果。

7 取样

按 GB/T 3186 的规定，取受试产品(或多涂层体系中的每个产品)的代表性样品。

按 ISO 1513 的规定，检查和制备试验样品。

8 试板

8.1 底材

除非另有规定，按 GB/T 9271 的规定选用底材。尽可能选用与实际使用相同类型的材料作为试验的底材。底材应平整且没有变形。

8.2 试板的处理与涂装

除非另有规定，按规定的预处理方法处理每一块试板。并且在试验报告中注明所选的预处理方法。

8.3 干燥和状态调节

每一块已涂漆试板应在规定的条件下干燥（或烘烤）以及放置规定的时间。除非另外商定，试验前，试板应在温度(23±2)℃，相对湿度(50±5)%的条件下至少调节 16 h(见 GB 9278)。

8.4 涂层的厚度

应规定或商定涂层的厚度。按 GB/T 13452.2 规定的方法之一测定干涂层的厚度，以微米(μm)计。

9 操作步骤

9.1 测量次数

至少进行 6 次测量，也即至少使用 6 个试验组合(见 9.4)。

9.2 环境条件

除非另外商定，应在温度(23±2)℃，相对湿度(50±5)%的条件下进行试验(见 GB 9278)。

9.3 胶黏剂

按照制造商的说明准备及使用胶黏剂(见第 6 章)。涂覆时应使用最少量的胶黏剂，要求能在试验组合的各部分间产生牢固、连续的胶结面。如有可能，立即除去多余的胶黏剂。

9.4 试验组合

9.4.1 在坚硬的和易变形的底材上通用的试验方法(使用两个试柱)

从涂漆底材上截取试片，直径至少 30 mm 的圆片或边长至少 30 mm 的正方形，小心不要扭曲试片。将胶黏剂均匀地涂在两个刚清理干净且直径相同的试柱(见 5.2)的表面上(见注 1 和注 2)。

将试片放在两个表面涂有胶黏剂的试柱的中间，两个试柱应位于试片的中央且同轴心排列。如图 4 所示。将试验组合置于定中心装置(见 5.3)中，在胶黏剂固化期内保持同轴心排列。如在较高湿度条件下进行特殊试验，胶黏剂的固化时间要尽可能的短，此时适宜使用双组分快干环氧胶黏剂。除非另有规定或商定，固化后，使用切割装置(见 5.4)沿试柱的周线切透至底材。

注 1：在胶黏剂使用之前，轻轻地打磨干涂层和试柱的表面，可以提高胶黏剂和涂层间的黏结力。

注 2：在易变形的底材上试验时，如果预计试柱与未涂漆的底材间黏结力差时，可将底材的双面都涂上受试产品。

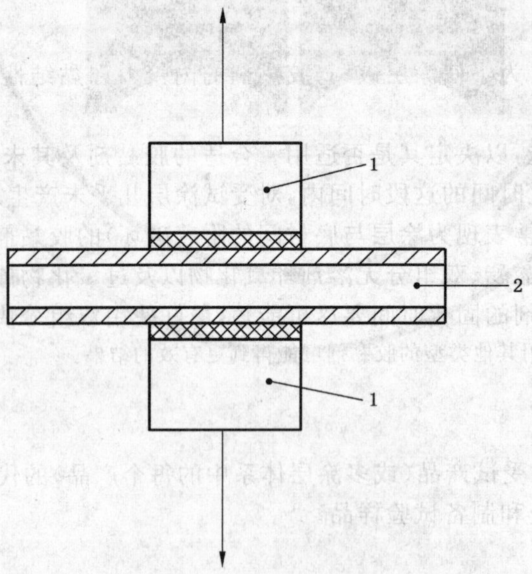

1——涂有胶黏剂的试柱；

2——单面或双面涂漆的底材。

图 4 在单面或双面涂漆的底材上进行夹层式试验的试验组合

9.4.2 使用单个试柱从单侧进行试验的方法(仅适合坚硬底材)

将胶黏剂均匀地涂在未涂漆的、刚清理干净的试柱表面(见 5.2),在胶黏剂的固化期内把涂有胶黏剂的试柱面与涂层相连(见 9.4.1 中的注)。除非另有规定或商定,胶黏剂固化后,使用切割装置(见 5.4)沿试柱的周线切透至底材。

按图 5 所示放置外圆环并进行试验。

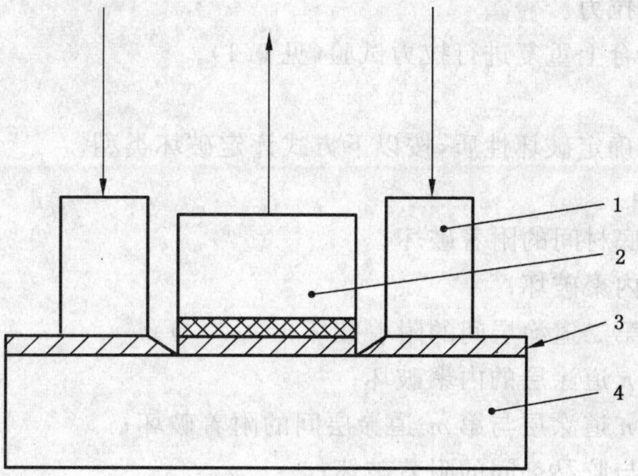

1——外圆环;
2——涂有胶黏剂的试柱;
3——涂层;
4——底材。

图 5 坚硬底材的试验组合

9.4.3 试柱法,其中一个试柱作为已涂漆底材

将胶黏剂均匀地涂在一个未涂漆的、刚清理干净的试柱表面,把试柱的涂有胶黏剂的表面与另一个试柱涂有受试产品的表面相连,如图 6 所示,在胶黏剂固化期内,将试验组合置于定中心装置内定位(见 5.3)。

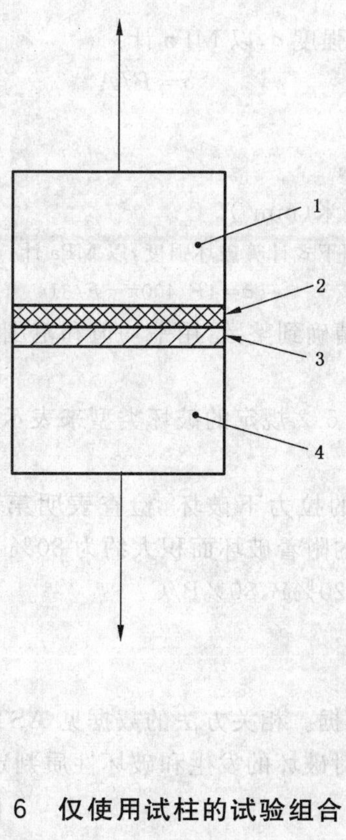

1——涂漆试柱;
2——漆膜;
3——胶黏剂;
4——涂有胶黏剂的试柱。

图 6 仅使用试柱的试验组合

9.5 测量

9.5.1 破坏强度

胶黏剂固化后，立即把试验组合置于拉力试验机(见5.1)下。小心地定中心放置试柱，使拉力能均匀地作用于试验面积上而没有任何扭曲动作。在与涂漆底材平面垂直的方向上施加拉伸应力，该应力以不超过1 MPa/s的速度稳步增加，试验组合的破坏应从施加应力起90 s内完成。

记录破坏试验组合的拉力。

在准备的每个试验组合上重复进行拉力试验(见9.1)。

9.5.2 破坏性质

通过目测破坏表面来确定破坏性质，按以下方式评定破坏类型。

A——底材内聚破坏；

A/B——第一道涂层与底材间的附着破坏；

B——第一道涂层的内聚破坏；

B/C——第一道涂层与第二道涂层间的附着破坏；

n——复合涂层的第n道涂层的内聚破坏；

n/m——复合涂层的第n道涂层与第m道涂层间的附着破坏；

—/Y——最后一道涂层与胶黏剂间的附着破坏；

Y——胶黏剂的内聚破坏；

Y/Z——胶黏剂与试柱间的胶结破坏。

对每种破坏类型，估计破坏面积的百分数，精确至10%。

当破坏不一致时，应重复试板的处理和涂漆过程；对于破坏的不一致，可参见第6章和9.4.1中的注。至少在6个试验组合上重复进行系列试验。

10 计算与结果表示

10.1 破坏强度

用下式来计算试验组合的破坏强度σ，以MPa计：

$$\sigma = F/A$$

式中：

F——破坏力，单位为牛顿(N)；

A——试柱面积，单位为平方毫米(mm^2)。

注：例如直径为20 mm的试柱，可用下式计算破坏强度，以MPa计：

$$\sigma = 4F/400\pi = F/314$$

计算所有6次测定的平均值，精确到整数，用平均值和范围来表示结果。

10.2 破坏性质

以平均破坏面积百分数及按9.5.2规定的破坏类型来表示结果。

10.3 举例

如果涂料体系在平均3 MPa的拉力下破坏，检查表明第一道涂层的内聚破坏面积平均大约为20%，第一道涂层与第二道涂层间的附着破坏面积大约为80%，这样拉开法试验的结果可表示为：

3 MPa(2.5 MPa～2.9 MPa)，20%B，80%B/C。

11 精密度

目前尚未得到相关的精密度数据。相关方法的数据见ASTM D 4541。

本标准的使用者应知道：由于对破坏的发生和破坏性质判定的主观性，精密度数据仅表明该方法的准确性。

然而，本试验方法对于比较不同涂层的附着力大小是有效的，对附着力有明显差别的一系列已涂漆试板提供相对评定等级则更为有效(见第1章)。

12 试验报告

试验报告至少应包括以下信息：

a) 识别受试产品所必要的全部细节；

b) 注明采用本标准；

c) 附录A涉及的补充信息的条款；

d) 注明采用的国际标准或国家标准、产品说明或提供上述c)项补充信息的其他文件；

e) 所选择的底材的预处理；

f) 涂料体系的厚度和/或各涂层的厚度；

g) 仪器的类型和试柱的直径；

h) 如果使用了切割工具，要注明其类型；

i) 按第10章表述报告试验结果；

j) 与规定的试验方法的任何差异；

k) 试验日期。

附 录 A
（规范性附录）
需要补充的信息

为使本方法能正常使用，应适当提供本附录中所列的补充信息的条款。

所需要的信息最好由有关双方商定，可以全部或部分地取自国际标准、国家标准或其他与受试产品有关的文件。

a） 底材的材料、厚度和表面处理；

b） 受试产品施涂于底材的方法；

c） 试验前，涂层干燥（或烘干）和放置（如适用）的时间和条件；

d） 干涂层的厚度（以微米计）、按 GB/T 13452.2 规定的测量方法，以及是单一涂层还是多涂层体系；

e） 胶黏剂（混合比例，如适用）和固化条件（见第 6 章）；

f） 试件组合好后至进行试验所需的时间和条件；

g） 与 9.2 规定的不同的试验温度和湿度（见 GB 9278）。

参 考 文 献

ASTM D 4541　用便携式附着力试验仪测定涂层拉开强度的试验方法

ICS 77.120.99
H 65

GB

中华人民共和国国家标准

GB/T 5239—2006
代替 GB/T 5239—1993

氧化镨

Praseodymium oxide

2006-04-13 发布　　2006-10-01 实施

中华人民共和国国家质量监督检验检疫总局
中国国家标准化管理委员会　发布

前言

本标准代替 GB/T 5239—1993《氧化镨》。

本标准与 GB/T 5239—1993 相比主要变化如下：

——按 GB/T 17803—1999《稀土产品牌号表示方法》的要求改用数字牌号；

——删除原 $Pr_6O_{11}^{-9}$ 牌号；

——031030 牌号中非稀土杂质 CaO 由 0.020%修改为 0.010%；

——各牌号增加了对非稀土杂质 Cl^- 的考核。

本标准由国家发展和改革委员会稀土办公室提出。

本标准由全国稀土标准化技术委员会归口并负责解释。

本标准由上海跃龙新材料股份有限公司负责起草。

本标准主要起草人：张晓明、吴克平、章吉林、王静。

本标准所代替标准的历次(版本发布)情况：

——GB/T 5239—1985、GB/T 5239—1993。

氧 化 镨

1 范围

本标准规定了氧化镨的要求、试验方法、检验规则和标志、包装、运输、贮存。

本标准适用于萃取法或其他方法制得的，供制作金属镨原料及玻璃、陶瓷添加剂等用的氧化镨。

2 规范性引用文件

下列文件中的条款通过本标准的引用而成为本标准的条款。凡是注日期的引用文件，其随后所有的修改单（不包括勘误的内容）或修订版均不适用于本标准，然而，鼓励根据本标准达成协议的各方研究是否可使用这些文件的最新版本。凡是不注日期的引用文件，其最新版本适用于本标准。

GB/T 8170 数值修约规则

GB/T 12690 稀土金属及其氧化物中非稀土杂质化学分析方法

GB/T 14635 稀土金属及其化合物化学分析方法

GB/T 18115 稀土金属及其氧化物中稀土杂质化学分析方法

3 要求

3.1 化学成分

产品的化学成分应符合表1的规定。需方如有特殊要求，供需双方可另行协议。

表 1

<table>
<tr><td colspan="4">产品牌号</td><td>031030</td><td>031025</td><td>031020</td><td>031016</td></tr>
<tr><td rowspan="11">化学成分（质量分数）/%</td><td colspan="3">REO，不小于</td><td>99.0</td><td>99.0</td><td>99.0</td><td>99.0</td></tr>
<tr><td colspan="3">Pr_6O_{11}/REO，不小于</td><td>99.9</td><td>99.5</td><td>99.0</td><td>96.0</td></tr>
<tr><td rowspan="9">杂质含量，不大于</td><td rowspan="5">稀土杂质/REO</td><td>La_2O_3</td><td>0.005</td><td rowspan="5">合量
0.5</td><td rowspan="5">合量
1.0</td><td rowspan="5">合量
4.0</td></tr>
<tr><td>CeO_2</td><td>0.030</td></tr>
<tr><td>Nd_2O_3</td><td>0.050</td></tr>
<tr><td>Sm_2O_3</td><td>0.010</td></tr>
<tr><td>Y_2O_3</td><td>0.005</td></tr>
<tr><td rowspan="4">非稀土杂质</td><td>Fe_2O_3</td><td>0.005</td><td>0.010</td><td>0.010</td><td>0.010</td></tr>
<tr><td>SiO_2</td><td>0.010</td><td>0.010</td><td>0.010</td><td>—</td></tr>
<tr><td>CaO</td><td>0.010</td><td>0.050</td><td>0.050</td><td>—</td></tr>
<tr><td>Cl^-</td><td>0.03</td><td>0.03</td><td>0.05</td><td>—</td></tr>
<tr><td colspan="4">灼减（质量分数）/%，不大于</td><td>1.0</td><td>1.0</td><td>1.0</td><td>1.0</td></tr>
</table>

3.2 外观

3.2.1 产品为黑色或褐色粉末。

3.2.2 产品必须洁净，无肉眼可见的夹杂物。

4 试验方法

4.1 稀土总量(REO)的分析方法按 GB/T 14635 的规定进行。

4.2 稀土杂质的分析方法按 GB/T 18115 的规定进行。

4.3 非稀土杂质及灼减的分析方法按 GB/T 12690 的规定进行。

4.4 数值修约按 GB/T 8170 的规定进行。

4.5 外观用目测检查。

5 检验规则

5.1 检查与验收

5.1.1 产品由供方技术监督部门进行检验,保证产品质量符合本标准规定,并填写产品质量证明书。

5.1.2 需方应对收到的产品进行检验,如检验结果与本标准规定不符,应在收到产品之日起 3 个月内向供方提出,由供需双方协商解决。如需仲裁,可委托双方认可的单位进行,并在需方共同取样。

5.2 组批

产品应成批提交检验,每批应由同一牌号的产品组成。

5.3 检验项目

每批产品应进行化学成分和外观质量检验。

5.4 取样与制样

化学成分分析的仲裁取样按表 2 规定进行。

表 2

每批件(袋)数	1	2	3,4	5～10	11～20	21～60	61～100	101～150	>150
取样件(袋)数	1	2	3	4	5	6	7	8	10

每件(袋)取样不少于 10 g,将试样混匀后,用四分法迅速缩分至试样所需数量。

5.5 检验结果判定

化学成分仲裁分析结果不合格时,则从该批产品中取双倍试样重新进行复验,如仍有一项结果不合格,则该批产品为不合格。

6 标志、包装、运输、贮存

6.1 标志和包装

产品分装于双层塑料袋或塑料瓶中,再将袋(瓶)置于铁桶(木箱,纸箱或塑料箱)中,也可用大集装袋包装,桶(箱、袋)外注明:供方名称、产品名称、牌号、批号、净含量、毛重、出厂日期及“防潮”标志或字样。

6.2 运输、贮存

产品需存放于干燥处,不得露天放置。运输时严防淋雨受潮。

6.3 质量证明书

每批产品应附质量证明书,注明:

a) 供方名称;

b) 产品名称和牌号;

c) 批号;

d） 净含量和件数；

e） 各项分析检验结果和供方技术监督部门印记；

f） 本标准编号；

g） 出厂日期。

ICS 77.120.99
H 65

中华人民共和国国家标准

GB/T 5240—2006
代替 GB/T 5240—1992

氧　　化　　钕

Neodymium oxide

2006-04-13 发布　　2006-10-01 实施

中华人民共和国国家质量监督检验检疫总局
中国国家标准化管理委员会　发布

前　言

本标准代替 GB/T 5240—1992《氧化钕》。

本标准与 GB/T 5240—1992 相比主要变化如下：

——按 GB/T 17803—1999《稀土产品牌号表示方法》的要求改用数字牌号；

——删除原 Nd_2O_3-8、Nd_2O_3-9A、Nd_2O_3-9 3 个牌号；

——各牌号增加了对非稀土杂质 Al_2O_3、SO_4^{2-}、Cl^- 的考核。

本标准由国家发展和改革委员会稀土办公室提出。

本标准由全国稀土标准化技术委员会归口并负责解释。

本标准由上海跃龙新材料股份有限公司负责起草。

本标准的主要起草人：张晓明、吴克平、靳海明、王静。

本标准所代替标准的历次版本发布情况：

——GB/T 5240—1985、GB/T 5240—1992。

氧　化　钕

1　范围

本标准规定了氧化钕的要求、试验方法、检验规则和标志、包装、运输、贮存。

本标准适用于萃取法或其他方法制得的，供制作金属钕原料及玻璃、陶瓷添加剂等用的氧化钕。

2　规范性引用文件

下列文件中的条款通过本标准的引用而成为本标准的条款。凡是注日期的引用文件，其随后所有的修改单(不包括勘误的内容)或修订版均不适用于本标准，然而，鼓励根据本标准达成协议的各方研究是否可使用这些文件的最新版本。凡是不注日期的引用文件，其最新版本适用于本标准。

GB/T 8170　数值修约规则

GB/T 12690　稀土金属及其氧化物中非稀土杂质化学分析方法

GB/T 14635　稀土金属及其化合物化学分析方法

GB/T 18115　稀土金属及其氧化物中稀土杂质化学分析方法

3　要求

3.1　化学成分

产品的化学成分应符合表1的规定。需方如有特殊要求，供需双方可另行协议。

表 1

产品牌号				041040	041035	041030	041020
化学成分(质量分数)/%	REO,不小于			99.0	99.0	99.0	99.0
	Nd_2O_3/REO,不小于			99.99	99.95	99.9	99.0
	杂质含量，不大于	稀土杂质 REO	La_2O_3	0.001	0.005	0.01	合量 1.0
			CeO_2	0.003	0.01	0.01	
			Pr_6O_{11}	0.003	0.02	0.05	
			Sm_2O_3	0.001	0.01	0.01	
			Y_2O_3	0.002	0.005	0.01	
		非稀土杂质	Fe_2O_3	0.000 5	0.001	0.005	0.01
			SiO_2	0.005	0.01	0.01	0.05
			CaO	0.01	0.03	0.03	0.05
			Al_2O_3	0.03	0.05	0.10	0.10
			Cl^-	0.03	0.03	0.03	0.05
			SO_4^{2-}	0.01	0.01	0.01	0.01
灼减(质量分数)/%,不大于				1.0	1.0	1.0	1.0

3.2　外观

3.2.1　产品为淡紫色粉末。

3.2.2 产品必须洁净,无肉眼可见的夹杂物。

4 试验方法

4.1 稀土总量(REO)的分析方法按 GB/T 14635 的规定进行。

4.2 稀土杂质的分析方法按 GB/T 18115 的规定进行。

4.3 非稀土杂质及灼减的分析方法按 GB/T 12690 的规定进行。

4.4 硫酸根(SO_4^{2-})的分析方法由供需双方协商进行。

4.5 数值修约按 GB/T 8170 规定的方法进行。

4.6 外观用目测检查。

5 检验规则

5.1 检查与验收

5.1.1 产品由供方技术监督部门进行检验,保证产品质量符合本标准规定,并填写产品质量证明书。

5.1.2 需方应对收到的产品进行检验,如检验结果与本标准规定不符,应在收到产品之日起 3 个月内向供方提出,由供需双方协商解决。如需仲裁,可委托双方认可的单位进行,并在需方共同取样。

5.2 组批

产品应成批提交检验,每批应由同一牌号的产品组成。

5.3 检验项目

每批产品应进行化学成分和外观质量检验。

5.4 取样与制样

化学成分分析的仲裁取样按表 2 规定进行。

表 2

每批件(袋)数	1	2	3,4	5~10	11~20	21~60	61~100	101~150	>150
取样件(袋)数	1	2	3	4	5	6	7	8	10

每件(袋)取样不少于 10 g,将试样混匀后,用四分法迅速缩分至试样所需数量。

5.5 检验结果判定

化学成分仲裁分析结果不合格时,则从该批产品中取双倍试样重新进行复验,如仍有一项结果不合格,则该批产品为不合格。

6 标志、包装、运输、贮存

6.1 标志和包装

产品分装于双层塑料袋或塑料瓶中,再将袋(瓶)置于铁桶(木箱,纸箱或塑料箱)中,也可用大集装袋包装。桶(箱、袋)外注明:供方名称、产品名称、牌号、批号、净含量、毛重、出厂日期及"防潮"标志或字样。

6.2 运输、贮存

产品需存放于干燥处,不得露天放置。运输时严防淋雨受潮。

6.3 质量证明书

每批产品应附质量证明书,注明:

a) 供方名称;

b） 产品名称和牌号；

c） 批号；

d） 净含量和件数；

e） 各项分析检验结果和供方技术监督部门印记；

f） 本标准编号；

g） 出厂日期。

ICS 77.160
H 72

GB

中华人民共和国国家标准

GB/T 5242—2006
代替 GB/T 5242—1985,GB/T 6884—1986

硬质合金制品检验规则与试验方法

Check rules and test methods of cemented carbide products

2006-09-26 发布　　　　2007-02-01 实施

中华人民共和国国家质量监督检验检疫总局
中国国家标准化管理委员会　发布

前　言

本标准是对 GB/T 5242—1985《硬质合金制品检验规则与试验方法》和 GB/T 6884—1986《硬质合金制品—取样与试验方法》的整合修订。

本标准与 GB/T 5242—1985 相比,主要变化如下:

——增加了术语和定义;

——补充检验分类;

——按检验分类划分并补充细化了检验项目;

——对检验结果判定作了详细说明。

本标准与 GB/T 6884—1986 相比,主要变化如下:

——在定义一章补充了混合料批、炉批的定义;

——补充了检验分类;

——补充了组批规则;

——补充并细化了检验项目;

——对检验项目及取样数量做了部分调整;

——补充了检验结果判定的内容;

——取消了试验报告一章,补充了相关规定。

本标准由中国有色金属工业协会提出。

本标准由全国有色金属标准化技术委员会归口。

本标准由自贡硬质合金有限责任公司、株洲硬质合金集团有限公司负责起草。

本标准主要起草人:周明智、杨建国。

本标准由全国有色金属标准化技术委员会负责解释。

本标准所代替标准的历次版本发布情况为:

——GB/T 5242—1985、GB/T 6884—1986。

硬质合金制品检验规则与试验方法

1 范围

本标准规定了有关硬质合金制品的术语和定义、检验分类、检验项目、组批规则、取样规则、试验方法、判定规则、重复试验规则、验收。

本标准适用于烧结态硬质合金制品物理性能、力学性能、组织结构、外观质量的试验与检验。

2 规范性引用文件

下列文件中的条款通过本标准的引用而成为本标准的条款。凡是注日期的引用文件，其随后所有的修改单(不包括勘误的内容)或修订版均不适用于本标准，然而，鼓励根据本标准达成协议的各方研究是否可使用这些文件的最新版本。凡是不注日期的引用文件，其最新版本适用于本标准。

GB/T 1817 硬质合金常温冲击韧性试验方法

GB/T 3488 硬质合金 显微组织的金相测定

GB/T 3489 硬质合金 孔隙度和非化合碳的金相测定

GB/T 3848 硬质合金矫顽(磁)力测定方法

GB/T 3849 硬质合金洛氏硬度(A 标尺)试验方法

GB/T 3850 致密烧结金属材料与硬质合金密度测定方法

GB/T 3851 硬质合金横向断裂强度测定方法

GB/T 7997 硬质合金维氏硬度试验方法

3 术语和定义

以下术语和定义适用于本标准。

3.1

混合料批 gradepowder lot number

同一批混合料，在相同生产工艺条件下制得的各种烧结制品。

3.2

炉批 furnace lot number

以相同牌号、不同混合料批，在同一生产工艺条件下(同一炉次)制得的各种烧结制品。

3.3

试样 sample

取自一批供测定性能、组织结构用的一个或多个制品。

4 检验规则

4.1 检验项目及检验分类

4.1.1 检验项目

硬质合金制品的检验项目主要分为化学成分、物理力学性能、组织结构、外观质量四大类。本标准仅涉及后三类。

4.1.1.1 物理力学性能的检验项目有密度、洛氏硬度(或维氏硬度)、抗弯强度(即横向断裂强度)，需要时，可进行矫顽磁力、磁饱和、切削性能、钻探性能、冲击韧性的检验。

4.1.1.2 组织结构从观察方式上分为金相组织、断面组织。

——金相组织从观察倍数上分低倍检验和高倍检验，低倍检验项目有孔隙度、孔洞、非化合碳、分层、裂纹、未压好等；高倍检验项目有相成分、晶粒组成、显微组织缺陷（粗晶、碳化钨聚集、钴池、脱碳）等。

——断面组织的检验项目有分层、裂纹、未压好、黑心、气孔、脏化、混料、渗碳、脱碳等。

4.1.1.3　外观质量指形位尺寸和表面缺陷。形位尺寸的检验项目有几何尺寸及其尺寸公差、形状位置及其形位公差；表面缺陷的检验项目有分层、裂纹、未压好、起皮、鼓泡、弯曲、掉边、掉角、毛刺、粘料、痕迹、麻点、塞孔、脏化、氧化、渗碳、脱碳、欠烧、过烧等。

4.1.2　检验分类

硬质合金制品的检验类别为交付检验与内控检验。

交付检验涉及的检验项目有密度、洛氏硬度（或维氏硬度）、抗弯强度、金相组织、形位尺寸、表面缺陷；内控检验涉及的检验项目有矫顽磁力、磁饱和、断面组织、切削性能、钻探性能、冲击韧性。

注：抗弯强度虽作为交付检验项目，但不作为需方验收项目。

4.2　组批规则

硬质合金制品应成批提交检验。硬质合金制品的每一个检验批由相同硬质合金牌号的、连续提交检验的一个混合料批（或炉批）组成。

4.3　取样及试验

对硬质合金制品的每一检验批，按表1规定进行取样试验。

表1　硬质合金制品的检验项目、取样规则、取样数量及试验方法

序号	检验项目	取样规则及取样数量	试验方法
1	密度	每批制品（仲裁取样时为每箱）中抽取不少于2个试样	GB/T 3850
2	洛氏硬度或维氏硬度	每批制品（仲裁取样时为每箱）中抽取2个	洛氏硬度按GB/T 3849 维氏硬度按GB/T 7997
3	抗弯强度	每批混合料中制取不少于5个试样	GB/T 3851
4	矫顽磁力	每批制品中抽取不少于2个试样	GB/T 3848
5	磁饱和	每批制品中抽取不少于2个试样	供需双方协商确定
6	切削性能	每批混合料中制取不少于2个试样	供需双方协商确定
7	钻探性能	每批混合料中制取不少于3个试样	供需双方协商确定
8	冲击韧性	每批混合料中制取不少于5个试样	GB/T 1817
9	金相组织	每批制品（仲裁取样时为每箱）中抽取2个试样	低倍检验按GB/T 3489 高倍检验按GB/T 3488
10	断面组织	每批制品中抽取5舟，每舟制品中抽取1～2个试样（真空烧结时每炉批制品中抽取1～2个试样）。对切削刀片和耐磨零件，单重大于30 g的每舟抽取1个；单重不大于30 g的每舟抽取2个。对地质矿山制品，单重大于50 g的每舟抽取1个；单重不大于50 g的每舟抽取2个	用低倍显微镜检验
11	表面缺陷	按相应技术标准或合同规定进行	目视检查，必要时放大检查
12	形位尺寸	按相应技术标准或合同规定进行	用相应精度的量具

注：对大、异型硬质合金制品，其取样、试验方法由供需双方协商进行。

4.4　检验结果判定

4.4.1　依据表1的试验结果，对硬质合金制品的每一检验批，按相应技术标准或合同规定进行质量符合性判定。

4.4.2 物理力学性能、组织结构的检验结果不合格时，应加倍取样对不合格项进行重复试验。若仍有一个重复试验结果不合格，判该批制品不合格。

4.4.3 外观质量的检验结果不合格时，应对制品逐个检验，合格者重新组批交货。

5 验收

5.1 硬质合金制品由供方按相关技术标准或合同规定进行质量检验，制品质量合格，方可出厂。

5.2 需方可对收到的硬质合金制品进行质量检验。若检验结果与该制品所属标准或合同的规定不符时，应在收到制品之日起三个月内向供方提出，由供需双方协商解决。如需仲裁时，则在需方由供需双方共同取样检验。

ICS 77.160
H 72

中华人民共和国国家标准

GB/T 5243—2006
代替 GB/T 5243—1985

硬质合金制品的标志、包装、运输和贮存

Marking, packing, transport and storage of cemented carbide products

2006-09-26 发布 2007-02-01 实施

中华人民共和国国家质量监督检验检疫总局
中国国家标准化管理委员会 发布

前 言

本标准代替 GB/T 5243—1985《硬质合金制品的标志、包装、运输和贮存》。

本标准与 GB/T 5243—1985 相比,主要变化如下:

——对标志的分类作出了详细规定;

——对标签、合格证、质量证明书的要求作出了详细规定:

——明确了包装、运输、贮存的方式。

本标准由中国有色金属工业协会提出。

本标准由全国有色金属标准化技术委员会归口。

本标准由自贡硬质合金有限责任公司负责起草。

本标准主要起草人:周明智、杨建国。

本标准由全国有色金属标准化技术委员会负责解释。

本标准所代替标准的历次版本发布情况为:

——GB/T 5243—1985。

硬质合金制品的标志、包装、运输和贮存

1 范围

本标准规定了硬质合金制品的标志、包装、运输和贮存。

本标准适用于烧结态硬质合金制品。

2 规范性引用文件

下列文件中的条款通过本标准的引用而成为本标准的条款。凡是注日期的引用文件，其随后所有的修改单(不包括勘误的内容)或修订版均不适用于本标准，然而，鼓励根据本标准达成协议的各方研究是否可使用这些文件的最新版本。凡是不注日期的引用文件，其最新版本适用于本标准。

GB/T 191 包装储运图示标志

3 标志

3.1 标志的分类

标志包括标牌、标签、合格证、质量证明书。标牌、标签属于产品外标志。合格证、质量证明书放在包装箱内，属于产品内标志。

标牌、外标签贴(挂)在包装箱外表面上，内标签贴在包装盒外表面上。

3.2 标志的要求

3.2.1 每盒制品应有标签，每箱制品应有合格证、质量证明书。

3.2.2 制品印记硬质合金牌号时，应符合以下要求：

a) 对能摆放平稳的制品，其最大平面的面积不小于 80 mm^2 时，每个制品应清楚地印记硬质合金牌号；

b) 对需方有特殊要求的制品，按需方要求印记。

3.2.3 制品包装箱上应贴(挂)好标牌，注明防潮、防震、易碎等标志。标牌的格式、颜色、大小、形状应符合 GB/T 191 的规定。

3.2.4 内、外标签的格式、颜色、大小、形状由供方确定。内、外标签上应注明：

a) 供方名称及地址；

b) 商标；

c) 制品名称；

d) 牌号；

e) 批号；

f) 型号；

g) 净重(或数量)；

h) 包装日期。

3.2.5 合格证的格式、颜色、大小、形状由供方确定。合格证上应注明：

a) 供方名称；

b) 商标；

c) 产品标准；

d) 技术监督部门印记；

e) 检验日期。

3.2.6 质量证明书的格式、颜色、大小、形状由供方确定。质量证明书上注明：

a) 供方名称；

b) 商标；

c) 制品名称；

d) 牌号；

e) 批号；

f) 型号；

g) 产品标准；

h) 检验结论及技术监督部门印记；

i) 检验日期。

4 包装

4.1 制品包装盒可采用塑料盒或纸盒，制品包装箱可采用木箱或纸箱。

4.2 根据制品类别，可采用不同的包装方式。

4.3 以塑料盒或纸盒包装的制品，可根据制品类别，确定是否采用包装填充材料；以木箱或纸箱包装的制品，应采用包装填充材料。

4.4 每个独立包装单位的制品，应为同一牌号、同一型号的制品。

4.5 其他包装方式也可由供需双方协商确定。

5 运输

5.1 制品可采用火车、汽车、轮船、飞机等交通工具运输。

5.2 装运制品的火车车厢、汽车车厢、轮船船舱和集装箱应清洁、干燥、无污染物。

5.3 严禁制品同化学活性物质及潮湿性材料装在同一个车厢、船舱、集装箱内运输。

5.4 制品应采用棚车或封闭船舱运输。敞车运输时，应用毡布盖好，以防雨、雪浸入。

5.5 制品在车站、码头中转时，应堆放在库房内。需短暂露天堆放时，应用防雨、雪的毡布盖好，下面用木方垫好，垫高不小于 100 mm。

5.6 制品在运输过程中，应防止剧烈震动。装卸制品时，应轻拿轻放，以防制品损坏。

6 贮存

6.1 制品应贮存在库房内。库房应清洁、干燥、无腐蚀性气氛；库房应能防止雨、雪浸入；库房内不允许同时贮存化学活性物质及潮湿性材料。

6.2 制品需短期内露天堆放时，应有防止雨、雪浸入的措施。

ICS 77.040.01
H 17

中华人民共和国国家标准

GB/T 5252—2006
代替 GB/T 5252—1985

锗单晶位错腐蚀坑密度测量方法

Germanium monocrystal—Inspection of dislocation etch pit density

2006-07-18 发布　　2006-11-01 实施

中华人民共和国国家质量监督检验检疫总局
中国国家标准化管理委员会　发布

前言

本标准是对GB/T 5252—1985《锗单晶位错腐蚀坑密度测量方法》的修订。

本标准与原标准相比,主要变动如下:

——将原标准中的适用范围改为0 cm^{-2}～100 000 cm^{-2};

——取消了原标准中对磨砂牌号的规定;

——更正原标准中位错密度单位。

本标准自实施之日起代替 GB/T 5252—1985。

本标准由中国有色金属工业协会提出。

本标准由全国有色金属标准化技术委员会归口。

本标准起草单位:北京有色金属研究总院。

本标准主要起草人:余怀之,刘建平。

本标准由全国有色金属标准化技术委员会负责解释。

本标准所代替标准的历次版本发布情况为:

——GB/T 5252—1985。

锗单晶位错腐蚀坑密度测量方法

1 范围

本标准适用于位错密度 0 cm^{-2}～100 000 cm^{-2} 的 n 型和 p 型锗单晶棒或片的位错密度或其他缺陷的测量。观察面为(111)、(100)和(113)面。

2 术语和定义

以下术语和定义适用于本标准。

2.1

位错 dislocation

单晶中，部分原子受应力的作用产生滑移。已滑移部分与未滑移部分的分界线为位错线，简称位错。

2.2

位错密度 dislocation density

单位体积内位错线的总长度称为位错密度(cm/cm^3)。本标准指单位表面上位错腐蚀坑的数目(个/cm^2)。

2.3

位错堆 pile-up of dislocation

某区域的位错密度高于该断面其他区域的平均位错密度 5 倍以上，且其面积大于视场面积 5 倍以上，则称此区域为位错堆(图 1)。

2.4

平底坑 flat base pit

单晶经化学腐蚀后，除位错腐蚀坑外，还有一些浅坑，这里称平底坑。它可能是由于空位或晶体的夹杂(如 SiO_x)等因素所致(图 2)。

2.5

小角度晶界 small-angle boundary

单晶中取向差很小的小晶粒的交界面称为小角度晶界。要求 1 mm 长度内位错腐蚀坑在 15 个以上，且长度在 1.5 mm 以上。(111)面上的位错腐蚀坑呈现一系列以角顶着底边的排列形式(图 3)。

2.6

滑移线(位错排) slip line

由于沿着滑移面滑移，在晶体表面形成的线称滑移线或位错排。要求 1 mm 长度内位错腐蚀坑在 15 个以上，且长度在 1.5 mm 以上。(111)面上的滑移线，位错腐蚀坑按<110>方向排列成行，每一腐蚀坑的底边都在同一条直线上(图 4)。

2.7

星形结构 star structure

由许多位错腐蚀坑在宏观上排列成三角形或六角形的星形结构(图 5)。

2.8

夹杂 entrapment

晶体中存在异质颗粒。

3 原理

采用择优化学腐蚀法显示位错腐蚀坑，其原理是基于位错周围的晶格发生畸变，在晶体表面的露头处，对某些化学腐蚀剂反应速度较快，结果形成具有某种特定形状的腐蚀坑。于是用单位面积的腐蚀坑数目表示位错密度 $N_d(cm^{-2})$。

$$N_d = \frac{n}{S} \qquad \cdots\cdots(1)$$

式中：

S——场面积，单位为平方厘米(cm^2)；

n——穿过视场面积 S 的位错密度数目。

4 试样制备

4.1 定向切断

垂直于单晶生长方向切开晶体，晶向偏离要求小于 6°。

4.2 研磨

用金刚砂研磨，使表面平整，无可见的机械划痕。

4.3 位错腐蚀坑的显示

所采用的化学试剂纯度全部为化学纯，试剂体积分数见表 1。

表 1

化学试剂	体积分数/%
硝酸(HNO_3)	65～68
氢氟酸(HF)	40
过氧化氢(H_2O_2)	30
铁氰化钾〔$K_3Fe(CN)_6$〕	>99
硝酸铜〔$Cu(NO_3)_2$〕	>99
氢氧化钾(KOH)	>82

4.4 化学抛光

用热的抛光液〔HF：HNO_3＝1：1～3(体积比)〕抛光至镜面。

4.5 腐蚀

4.5.1 (111)晶面：在腐蚀液〔$K_3Fe(CN)_6$：KOH：H_2O＝80 g：120 g：1 L〕中煮沸 5 min～10 min，或不经 4.4 所述的化学抛光，直接用抛光腐蚀液〔HF：HNO_3＝1：4(体积比)〕滴在用开水加热了的单晶棒断面上，要求断面保持水平，且露出水面上 2 mm 左右(单晶片可浸泡于抛光腐蚀液中)。腐蚀至镜面为止。

4.5.2 (100)晶面：在腐蚀液〔HF：HNO_3：$Cu(NO_3)_2$(10%)水溶液＝2：1：1(体积比)〕中浸泡 10 min。

4.5.3 (113)晶面：在腐蚀液〔HF：H_2O_2：$Cu(NO_3)_2$(10%)水溶液＝2：1：1(体积比)〕中浸泡 10 min。

4.6 清洁处理

用热水将吸附在晶面上的化学药品充分洗净，并且用纱布或其他擦拭物擦干，本操作须在通风柜中进行。

5 设备

5.1 金相显微镜：放大倍数 40 倍～200 倍，满足 6.2 中规定的视场面积要求。

5.2 游标卡尺:精度 0.02 mm。

5.3 切削、磨单晶的设备。

5.4 耐 HF、HNO_3 等化学药品腐蚀的容器。

6 测量步骤

6.1 用肉眼观察试样是否有宏观缺陷及其分布情况。

6.2 视场面积选择:将试样置于金相显微镜下,估算位错密度,选取视场面积:

$N_d \leqslant 5\ 000\ cm^{-2}$时选用 1 mm^2 的视场;

$5\ 000\ cm^{-2} < N_d \leqslant 10\ 000\ cm^{-2}$选用 0.5 mm^2 的视场;

$N_d > 10\ 000\ cm^{-2}$时选用 0.1 mm^2 的视场。

6.3 读取位置的确定:读数位置为图 6 所示。随机选取读数方位,根据单晶的直径(或内切圆)按表 2 选取各点的位置。

6.4 根据单晶的取向和腐蚀条件,参照图 7 所示的各晶面位错腐蚀坑的特征,读取并记录各点的位错腐蚀坑数目。

6.5 用显微镜或游标卡尺测量符合 2.5 或 2.6 条件的小角度晶界或位错排的长度。

7 结果处理

7.1 平均位错密度 $\overline{N}_d$ 按式(2)计算:

$$\overline{N}_d = \frac{C}{9}\sum_{i=1}^{9} n_i \qquad \cdots\cdots(2)$$

式中:

C——预先测得的显微镜的计算系数;

n_i——表示各点读数。

7.2 最大、最小位错密度的计算:

从 9 点读数中找出最大、最小读数,然后分别乘以 C,即得最大、最小位错密度。

7.3 计算小角度晶界或滑移线得总长度。

8 报告

应随机抽取 9 点读取位错密度报告单格式填写报告单,报告单应报告单应包括下列内容:

a) 编号;

b) 晶向;

c) $\overline{N}_d$,cm^{-2};

d) N_{max},cm^{-2};

e) N_{min},cm^{-2};

f) 其他。

9 允许误差

用腐蚀坑法测量位错密度的误差、与观察点的选取方法、实际观测面积(等于视场面积乘以观测点数)与晶面总面积之比、位错分布的均匀性(纵向、径向、极角)等因素有关。采用本标准测量得平均位错密度,相对于整个断面上得平均值,允许误差不大于 40%。

表 2

单晶直径/mm	计数点与边缘的距离/mm					单晶直径/mm	计数点与边缘的距离/mm				
	1,6	2,7	3	4,8	5,9		1,6	2,7	3	4,8	5,9
10	1.5	2.7	5.0	5.3	8.5	48	3.7	10.7	24.0	37.3	44.3
11	1.5	2.9	5.5	8.1	9.5	49	3.8	10.9	24.5	38.1	45.2
12	1.6	3.1	6.0	8.9	10.4	50	3.8	11.1	25.0	38.9	46.2
13	1.6	3.3	6.5	9.7	11.4						
14	1.7	3.5	7.0	10.5	12.3	51	3.9	11.4	25.5	39.6	47.1
						52	4.0	11.6	26.0	40.4	48.0
15	1.8	3.7	7.5	11.3	13.2	53	4.0	11.8	26.5	41.2	49.0
16	1.8	4.0	8.0	12.0	14.2	54	4.1	12.0	27.0	42.0	49.9
17	1.9	4.2	8.5	12.8	15.1	55	4.1	12.2	27.5	42.8	50.9
18	1.9	4.4	9.0	13.6	16.1						
19	2.0	4.6	9.5	14.4	17.0	56	4.2	12.4	28.0	43.6	51.8
						57	4.2	12.6	28.5	44.4	52.8
20	2.1	4.8	10.0	15.2	17.9	58	4.3	12.8	29.0	45.2	53.7
21	2.1	5.0	10.5	16.0	18.9	59	4.4	13.0	29.5	46.0	54.6
22	2.2	5.2	11.0	16.8	19.8	60	4.4	13.3	30.0	46.7	55.6
23	2.2	5.4	11.5	17.6	20.8						
24	2.3	5.6	12.0	18.4	21.7	61	4.5	13.5	30.5	47.5	56.5
						62	4.5	13.7	31.0	48.3	57.5
25	2.4	5.9	12.5	19.1	22.6	63	4.6	13.9	31.5	49.1	58.4
26	2.4	6.1	13.0	19.9	23.6	64	4.7	14.1	32.0	49.9	59.3
27	2.5	6.3	13.5	20.7	24.5	65	4.7	14.3	32.5	50.7	60.3
28	2.5	6.5	14.0	21.5	25.5						
29	2.6	6.7	14.5	22.3	26.4	66	4.8	14.5	33.0	51.5	61.2
						67	4.8	14.7	33.5	52.3	62.2
30	2.7	6.9	15.0	23.1	27.3	68	4.9	14.9	34.0	53.1	63.1
31	2.7	7.1	15.5	23.9	28.3	69	5.0	15.2	34.5	53.8	64.0
32	2.8	7.3	16.0	24.7	29.2	70	5.0	15.4	35.0	54.6	65.0
33	2.8	7.5	16.5	25.5	30.2						
34	2.9	7.8	17.0	26.2	31.1	71	5.1	15.6	35.5	55.4	65.9
						72	5.1	15.8	36.0	56.2	66.9
35	3.0	8.0	17.5	27.0	32.0	73	5.2	16.0	36.5	57.0	67.8
36	3.0	8.2	18.0	27.8	33.0	74	5.3	16.2	37.0	57.8	68.7
37	3.1	8.4	18.5	28.6	33.9	75	5.3	16.4	37.5	58.6	69.7
38	3.1	8.6	19.0	29.4	34.9						
39	3.2	8.8	19.5	30.2	35.8	76	5.4	16.6	38.0	59.4	70.6
						77	5.4	16.8	38.5	60.2	71.6
40	3.2	9.0	20.0	31.0	36.8	78	5.5	17.1	39.0	60.9	72.5
41	3.3	9.2	20.5	31.8	37.7	79	5.5	17.3	39.5	61.7	73.5
42	3.4	9.5	21.0	32.5	38.6	80	5.6	17.5	40.0	62.5	74.4
43	3.4	9.7	21.5	33.3	39.6						
44	3.5	9.9	22.0	34.1	40.5	81	5.7	17.7	40.5	63.3	75.3
45	3.5	10.1	22.5	34.9	41.5	82	5.7	17.9	41.0	64.1	76.3
						83	5.8	18.1	41.5	64.9	77.2
46	3.6	10.3	23.0	35.7	42.4	84	5.8	18.3	42.0	65.7	78.2
47	3.7	10.5	23.5	36.5	43.3	85	5.9	18.5	42.5	66.5	79.1

表 2（续）

单晶直径/mm	计数点与边缘的距离/mm					单晶直径/mm	计数点与边缘的距离/mm				
	1,6	2,7	3	4,8	5,9		1,6	2,7	3	4,8	5,9
86	6.0	18.8	43.0	67.2	80.0	94	6.4	20.4	47.0	73.6	87.6
87	6.0	19.0	43.5	68.0	81.0	95	6.5	20.7	47.5	74.3	88.5
88	6.1	19.2	44.0	68.8	81.9						
89	6.1	19.4	44.5	69.6	82.9	96	6.5	20.9	48.0	75.1	89.5
90	6.2	19.6	45.0	70.4	83.8	97	6.6	21.1	48.5	75.9	90.4
						98	6.7	21.3	49.0	76.7	91.3
91	6.3	19.8	45.5	71.2	84.7	99	6.7	21.6	49.5	77.5	92.3
92	6.3	20.0	46.0	72.0	85.7	100	6.8	21.7	50.0	78.3	93.2
93	6.4	20.2	46.5	72.8	86.6						

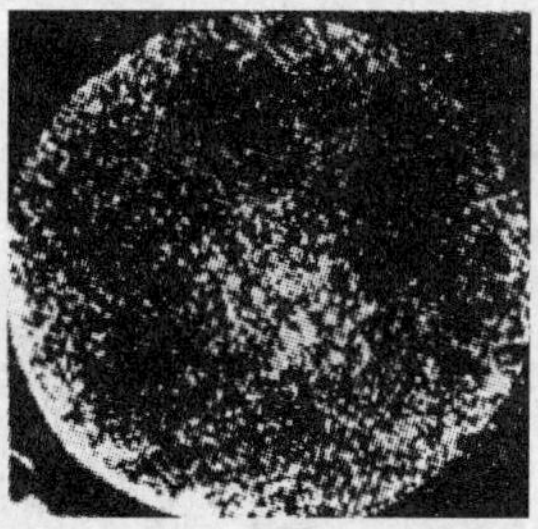

图 1　位错堆

图 2　平底坑

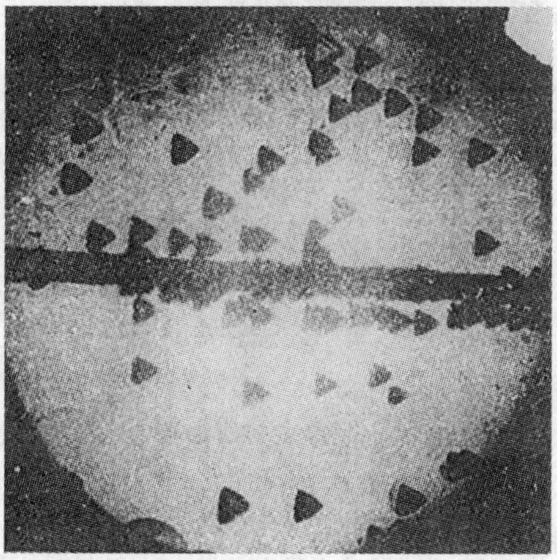

图 3　小角度晶界

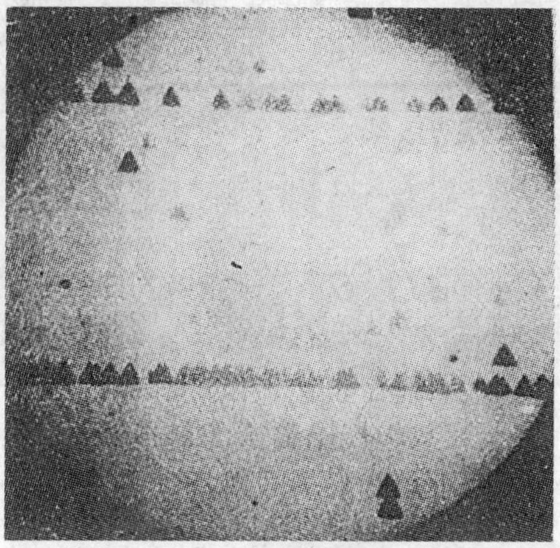

图 4　位错排

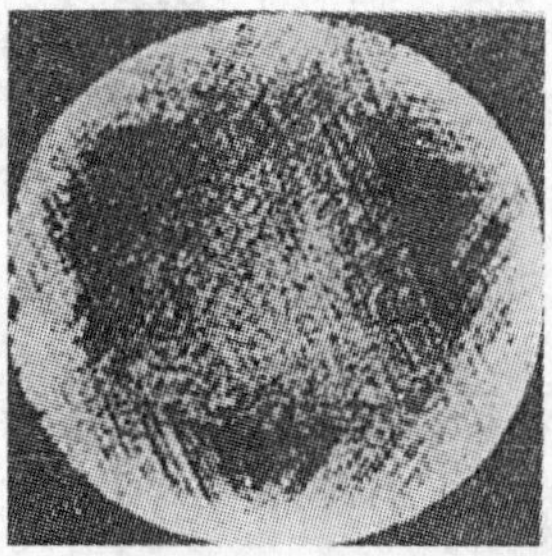

图 5　星形结构

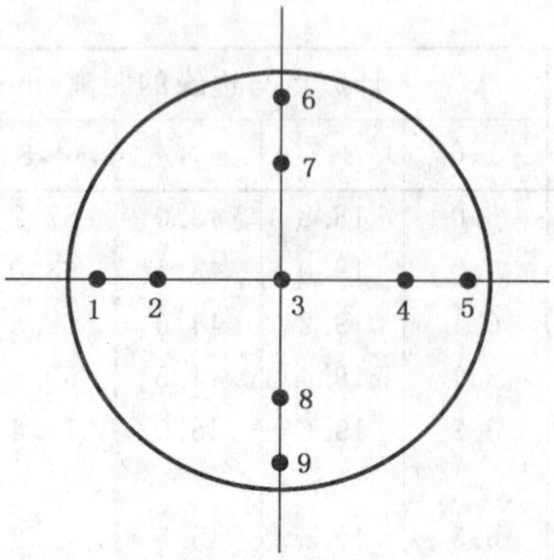

图 6　9 点读数位置示意图

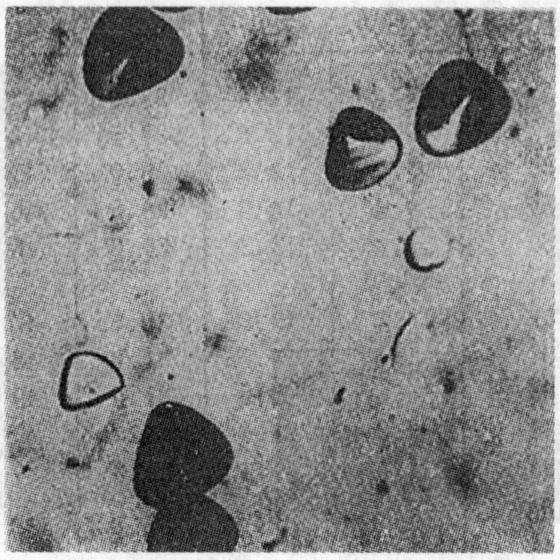

(a) (111)位错腐蚀坑(两步法)

(b) (111)位错腐蚀坑(一步法)

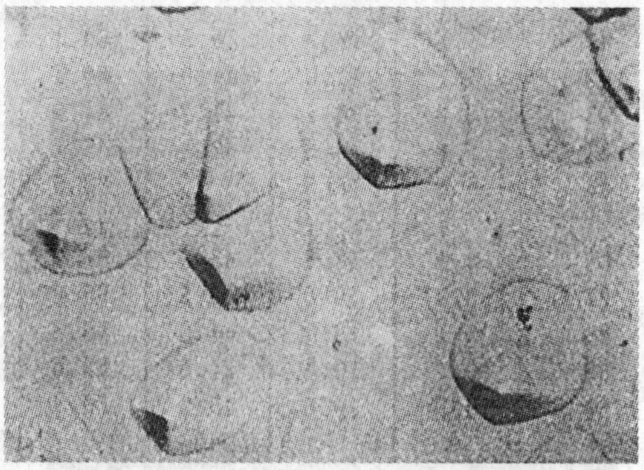

(c) (100)位错腐蚀坑

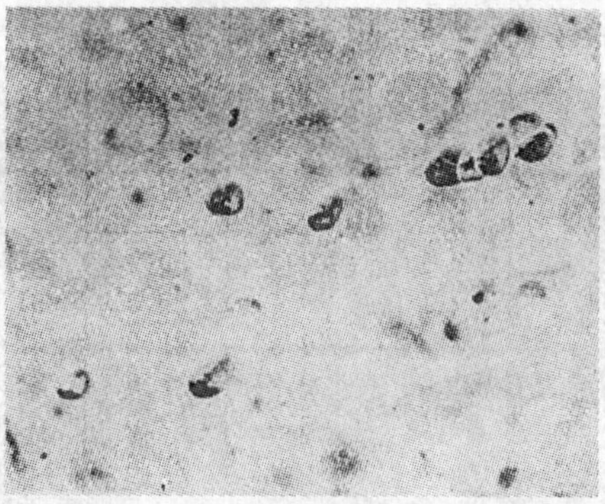

(d) (113)位错腐蚀坑

图 7　位错腐蚀坑

ICS 17.140
A 59

中华人民共和国国家标准

GB/T 5266—2006
代替 GB/T 5266—1985

声学 水声材料纵波声速和衰减系数的测量 脉冲管法

Acoustics—Measurements of the longitudinal wave velocity and attenuation coefficient for underwater acoustical materials—Pulse tube method

2006-05-08 发布 2006-11-01 实施

中华人民共和国国家质量监督检验检疫总局
中国国家标准化管理委员会 发布

前 言

本标准代替 GB/T 5266—1985《水声材料纵波声速和衰减的测量　脉冲管法》。

本标准与 GB/T 5266—1985 相比，增加了数字测量装置，采用了数字程控仪器和离散傅立叶变换(DFT)技术。

本标准的附录 A 和附录 B 为资料性附录。

本标准由中国科学院提出。

本标准由全国声学标准化技术委员会(SAC/TC17)归口。

本标准的起草单位：中国船舶重工集团公司第七一五研究所、中国科学院声学研究所。

本标准主要起草人：李水、缪荣兴、王荣津。

本标准所代替标准的历次发布版本情况为：GB/T 5266—1985。

声学 水声材料纵波声速和衰减系数的测量 脉冲管法

1 范围

本标准规定了在刚性厚壁声管内，用脉冲声技术在稳态平面波条件下测量水声材料试样复反射系数，然后计算试样材料纵波声速和衰减系数的方法。

本标准适用于水声用均匀、密实的高分子材料。

2 规范性引用文件

下列文件中的条款通过本标准的引用而成为本标准的条款。凡是注日期的引用文件，其随后所有的修改单(不包括勘误的内容)或修订版均不适用于本标准，然而，鼓励根据本标准达成协议的各方研究是否可使用这些文件的最新版本。凡是不注日期的引用文件，其最新版本适用于本标准。

GB/T 3223—1994 声学 水声换能器自由场校准方法

GB/T 3947—1996 声学名词术语

GB/T 4472—1984 化工产品密度、相对密度测定通则

3 术语和定义

GB/T 3947—1996 确立的及下列术语和定义适用于本标准。

3.1

脉冲管 pulse tube

可以在其中发射、传播和接收脉冲声波的充水刚性厚壁金属圆管。用于测量水声材料或构件样品的声学性能参数。

注：厚壁指管的壁厚不小于管的内半径。

3.2

复反射系数 complex reflection coefficient

在给定频率和条件下，水媒质中平面声波入射到声学材料分界面(表面)时，反射声压与入射声压的复数比。

注：表面应为无限表面的一部分，边缘效应另计。

3.3

纵波声速 longitudinal wave velocity

c

声学材料中纵波的传播速度，单位为米每秒(m/s)。

3.4

衰减系数 attenuation coefficient

α

纵波在声学材料中传播单位长度内声压幅值衰减的奈培数，单位为奈培每米(Np/m)。

注：1 Np=8.686 dB。

4 符号和缩略语

下列符号适用于本标准：

A_0:与换能器接收到的标准反射体反射波相对应的电压幅值,单位为伏(V)。

A_1:与换能器接收到的材料试样反射波相对应的电压幅值,单位为伏(V)。

a:脉冲管的内半径,单位为米(m)。

c:试样材料的纵波声速,单位为米每秒(m/s)。

c_w:脉冲管内水媒质中的声速,单位为米每秒(m/s)。

c_{w0}:蒸馏水的声速,单位为米每秒(m/s)。

d:试样的厚度,单位为米(m)。

D:试样的直径,单位为米(m)。

D_0:脉冲管的内直径,单位为米(m)。

f:测量频率,单位为赫兹(Hz)。

f_0:测量频率范围的中间频率,单位为赫兹(Hz)。

f_1:测量频率下限,单位为赫兹(Hz)。

f_2:测量频率上限,单位为赫兹(Hz)。

f_r:换能器谐振频率,单位为赫兹(Hz)。

h:脉冲管的管壁厚度,单位为米(m)。

K:脉冲声波中稳态正弦波的周期个数。

L:脉冲管的有效长度(换能器表面至试样反射面的距离),单位为米(m)。

Q: 换能器的品质因数。

R:复反射系数的模。

t:脉冲管内水媒质的温度,单位为摄氏度(℃)。

Z_{in}:试样的输入声阻抗,单位为帕[斯卡]秒每米(Pa·s/m)。

α:试样的衰减系数,单位为奈培每米(Np/m)。

Δl:试样从脉冲管取出后,试样和管壁之间缝隙中的水引起液面升高的量,单位为米(m)。

$\Delta\varphi$:由液面升高的量 Δl 引入的反射波的相位修正量,单位为度(°)。

φ:复反射系数的相位,单位为度(°)。

φ_0:与标准反射体反射波相对应的电信号相位,单位为度(°)。

φ_1:与试样反射波相对应的电信号相位,单位为度(°)。

λ:试样材料中声波的波长,单位为米(m)。

ρ:试样材料的密度,单位为千克每立方米(kg/m³)。

ρ_w:脉冲管中水媒质的密度,单位为千克每立方米(kg/m³)。

τ:脉冲宽度,单位为秒(s)。

ω:角频率($\omega=2\pi f$),单位为弧度每秒(rad/s)。

5 测量原理

5.1 复反射系数的测量

待测试样和标准反射体交替置于脉冲管的一端,并且试样的后界面阻抗已知,用脉冲法通过测量与换能器接收到的试样反射波和标准反射体反射波相对应的电压幅值和相位,求得试样前界面复反射系数的模 R 和相位 φ。

5.2 试样输入阻抗及其与复反射系数的关系

脉冲管内传播平面波时,根据声传输线理论,可分别在两种不同背衬情况下求出试样的输入阻抗:

a) 当试样末端为空气背衬(即声学软末端)时,输入声阻抗由式(1)求出:

$$Z_{in}=\frac{j\omega\rho}{(\alpha+j\omega/c)}\tanh(\alpha d+j\omega d/c) \quad\cdots\cdots(1)$$

b) 当试样末端为刚性背衬(即声学硬末端)时,输入声阻抗由式(2)求出:

$$Z_{in}=\frac{j\omega\rho}{(\alpha+j\omega/c)}\coth(\alpha d+j\omega d/c) \quad\cdots\cdots(2)$$

由试样前界面的复反射系数,用式(3)求出试样的输入声阻抗:

$$Z_{in}=\rho_w c_w\frac{1+R\cdot e^{j\varphi}}{1-R\cdot e^{j\varphi}} \quad\cdots\cdots(3)$$

5.3 纵波声速和衰减系数的计算

由式(1)、(2)和(3)可以得到两种末端边界条件下试样纵波声速和衰减系数与复反射系数的模和相位间的关系式:

a) 对于声学软末端,由式(4)表示:

$$j\frac{\tanh(\alpha d+j\omega d/c)}{\alpha d+j\omega d/c}=\frac{\rho_w c_w}{\omega\rho d}\cdot\frac{1+R\cdot e^{j\varphi}}{1-R\cdot e^{j\varphi}} \quad\cdots\cdots(4)$$

b) 对于声学硬末端,由式(5)表示:

$$j\frac{\coth(\alpha d+j\omega d/c)}{\alpha d+j\omega d/c}=\frac{\rho_w c_w}{\omega\rho d}\cdot\frac{1+R\cdot e^{j\varphi}}{1-R\cdot e^{j\varphi}} \quad\cdots\cdots(5)$$

由式(4)或(5)可求得试样的纵波声速 c 和衰减系数 α。

5.4 测量频率范围

5.4.1 测量频率上限

脉冲管测量频率上限的计算方法如下:

a) 测量频率上限 f_2 与管内径有关,取决于在脉冲管内仅传播平面波的条件,由式(6)表示:

$$f_2=\frac{1.84c_w}{2\pi a} \quad\cdots\cdots(6)$$

b) 当换能器表面的振速分布中心对称时,测量频率上限 f_2 可提高,由式(7)表示:

$$f_2=\frac{3.83c_w}{2\pi a} \quad\cdots\cdots(7)$$

5.4.2 测量频率下限

脉冲管测量频率下限的计算方法如下:

a) 测量频率下限 f_1 与脉冲管的有效长度有关,应该避免声管内直达和反射脉冲声信号的相互叠加干扰,脉冲宽度 τ 应按 GB/T 3223—1994 附录 A 中 A.2 的规定选取,应满足式(8)的条件:

$$\tau \leqslant \frac{2L}{c_{\mathrm{w}}} \qquad \cdots\cdots (8)$$

b) 测量频率下限 f_1 还与换能器的品质因数 Q 有关，取决于在脉冲管内传播稳态正弦波的条件，脉冲宽度 τ 应按 GB/T 3223—1994 附录 A 中 A.4 的规定选取，若要求脉冲声波中至少应有 K 个周期的稳态正弦波，则脉冲宽度 τ 应满足式(9)的条件：

$$\tau \geqslant \frac{Q}{f_{\mathrm{r}}} + \frac{K}{f} \qquad \cdots\cdots (9)$$

c) 测量频率下限 f_1 见式(10)：

$$f_1 = \frac{K c_{\mathrm{w}} f_{\mathrm{r}}}{2L f_{\mathrm{r}} - Q c_{\mathrm{w}}} \qquad \cdots\cdots (10)$$

6 测量装置及试样

6.1 测量装置组成

6.1.1 模拟测量装置

脉冲管法的模拟测量装置组成如图 1 所示，此装置由声管、换能器和电子测量设备组成。位于声管一端的换能器向声管中发射脉冲调制的正弦波，经声管另一端的试样反射，再由同一换能器接收反射波，通过对带声学硬(或声学软)末端的试样反射波与刚性(或柔性)标准反射体反射波声压幅值和相位的相对比较，测量试样复反射系数的模和相位。

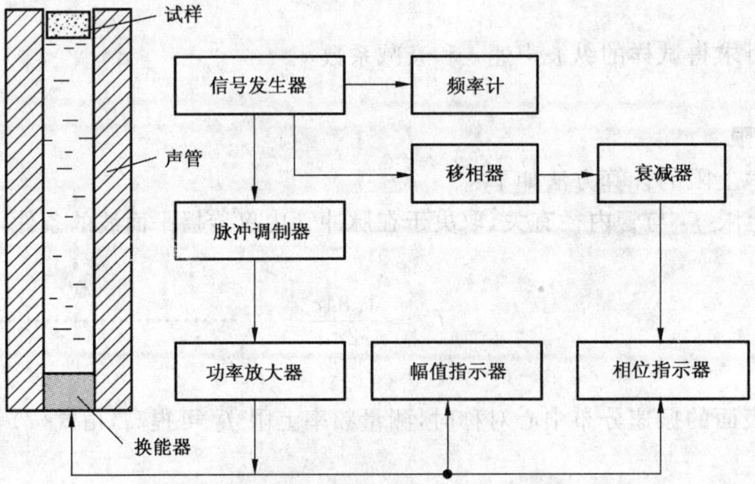

图 1 脉冲管法模拟测量装置框图

6.1.2 数字测量装置

脉冲管法的数字测量装置组成如图 2 所示，此装置的声管、换能器与 6.2.1 相同，电子测量设备由函数发生器、功率放大器、收发转换器、带通滤波器和信号采集器、计算机系统组成。函数发生器直接产生脉冲正弦信号，带通滤波器应能滤掉低频噪声和频率高于测量频率两倍的信号，收发转换器应在脉冲信号发射时能关闭接收通道，发射结束后打开接收通道。计算机安装测量软件，通过总线控制数字仪器，完成信号采集与处理、测量结果保存和打印。系统的测量信噪比应大于 20 dB。本标准推荐数字测量装置。

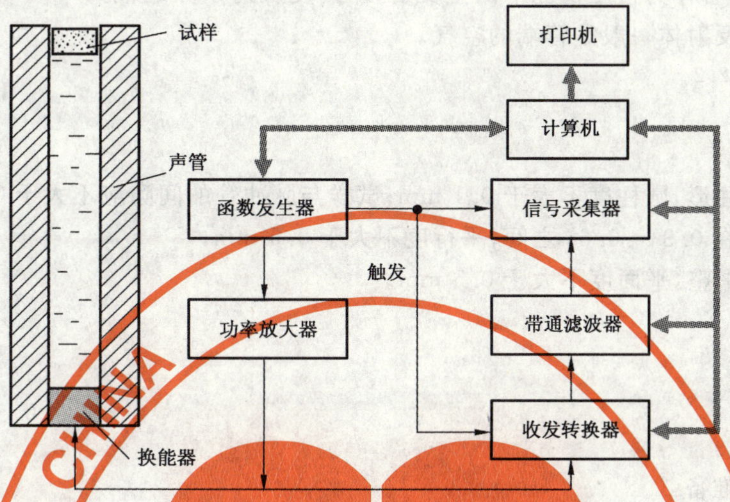

图 2　脉冲管法数字测量装置框图

6.1.3　脉冲管要求

一般要求脉冲管为一根壁厚均匀、内壁光洁的充水金属管。为保证管壁有足够的刚性，管壁厚度 h 与管内半径 a 之比应大于或等于 1。

6.1.4　换能器要求

脉冲管法中使用的换能器应是平面活塞型收发两用的换能器。在变温变压测量条件下，应有良好的温度稳定性及压力稳定性。换能器的安装应避免与声管壳体的声耦合。

6.1.5　模拟测量装置仪器要求

模拟测量装置仪器要求如下：

a)　信号发生器的频率稳定度应优于 2×10^{-5}；

b)　移相器应可对正弦信号在 0°～360°内均匀移相，最大允许误差±2°；

c)　衰减器的量程应为 0 dB～80 dB，最小步进 0.1 dB；

d)　幅值指示器的分辨力应不大于 0.2 dB，相位指示器的分辨力应不大于 2°；

e)　频率计的最大允许误差应不大于 $\pm10^{-4}$；

f)　功率放大器在工作频带内和换能器应有较好的阻抗匹配，稳定性要求为 8 h 内信号波动不超过±1%。

6.1.6　数字测量装置仪器要求

数字测量装置仪器要求如下：

a)　函数发生器的频率稳定度应优于 2×10^{-5}；

b)　信号采集器的 A/D 位数至少应为 8 bits，采样率应至少大于脉冲管最高工作频率的 10 倍；

c)　带通滤波器应能滤掉低频噪声和频率高于测量频率两倍的信号；

d)　功率放大器在工作频带内和换能器应有较好的阻抗匹配，稳定性要求为 8 h 内信号波动不超过±1%。

6.2　标准反射体要求

6.2.1　刚性标准反射体可作为常压或加压情况下的全反射参考，复反射系数近似为 1。用于声学硬末端条件下的测量。主要要求如下：

a)　标准反射体通常为不锈钢圆柱，它与脉冲管的间隙应不大于 0.2 mm；

b) 标准反射体长度应为频率 f_0 时声波的四分之一波长；

c) 标准反射体适用的频率范围为 $f_0 \pm \frac{1}{4} f_0$。

6.2.2 柔性标准反射体可作为常压情况下的全反射参考，复反射系数近似为－1。用于声学软末端条件下的测量。柔性标准反射体一般是管端的空气。

注：常压情况下优选 6.2.2。

6.3 试样要求

对试样要求如下：

a) 试样应制成圆柱形，圆柱度不大于 0.1 mm；试样与脉冲管的间隙应不大于 0.2 mm；

b) 试样的厚度应在 $0.3\lambda \sim 0.6\lambda$ 之间；平行度不大于 0.5 mm；

c) 试样要求表面平整，平面度不大于 0.5 mm。

7 测量方法

7.1 测量前的准备

7.1.1 脉冲管的准备

脉冲声管应做如下准备：

a) 脉冲管内应充满蒸馏水，首次注水或换水后应稳定至少 48 h，使脉冲管壁和水媒质之间充分浸润，达到温度平衡。测量开始前应清除脉冲管内存在的气泡。

b) 脉冲管中水的密度 ρ_w 一般不作测量，在常压、水温 t 在 $0℃ < t < 30℃$ 的范围内可直接取 $\rho_w = 1\,000\ kg/m^3$。当 $h/a \geqslant 1$ 时，脉冲管中水的声速 $c_w = 0.98 c_{w0}$。蒸馏水中的声速与水温(℃)的关系由式(11)表示：

$$c_{w0} = 1\,557 - 0.024\,5(74 - t)^2 \qquad (11)$$

注1：在常压下，水温 t 的范围为：$0℃ < t < 94℃$。

注2：也可以直接测量脉冲管中水媒质的声速，测量方法见附录 A。

7.1.2 试样的准备

试样应做如下准备：

a) 表面应清洗擦拭干净，并放入水中浸泡至少 24 h，使试样表面充分浸润；

b) 试样密度 ρ 的测量参照 GB/T 4472—1984 的规定；

c) 试样厚度 d 的测量可用游标卡尺多点测量平均；

d) 试样放入脉冲管内时，应避免带入气泡，等待数分钟，使试样与水媒质之间达到温度平衡后方可开始测量。

7.2 复反射系数的测量

7.2.1 采用模拟装置的测量步骤

采用模拟装置的测量步骤如下：

a) 位于脉冲管一端的换能器向管中发射脉冲声波，声波经脉冲管另一端的试样或标准反射体反射，由同一换能器接收，要求系统的测量信噪比应不小于 20 dB；

b) 在测量频率点上，用幅值指示器、相位指示器和移相器分别测出与带背衬试样的反射脉冲相对应的电信号幅值 A_1 和相位 φ_1，以及与标准反射体反射脉冲相对应的电信号幅值 A_0 和相位 φ_0；

c) 对于声学软末端按式(12)、(13)和(14)分别计算复反射系数的模和相位，对于声学硬末端按式(12)和(15)分别计算复反射系数的模和相位：

$$R = A_1/A_0 \qquad \cdots\cdots(12)$$

对于声学软末端：

$$\varphi = \varphi_1 - \varphi_0 + 180 + \frac{4 \times 180 f \Delta l}{c_w} \qquad \cdots\cdots(13)$$

式中：

$$\Delta l = \left(1 - \frac{D^2}{{D_0}^2}\right) \cdot d \qquad \cdots\cdots(14)$$

对于声学硬末端：

$$\varphi = \varphi_1 - \varphi_0 + \frac{4 \times 180 f d}{c_w} \qquad \cdots\cdots(15)$$

7.2.2 采用数字装置的测量步骤

采用数字装备的测量步骤如下：

a) 同 7.2.1a)；

b) 在测量频率点上，应用信号采集器，先测量并记录与带背衬试样的反射信号相对应的电信号，然后测量并记录与标准反射体的反射信号相对应的电信号，经 DFT 处理后得到它们的幅度（A_1、A_0）和相位（φ_1、φ_0）；

c) 同 7.2.1c)。

7.3 纵波声速和衰减系数的计算

当试样末端为空气背衬（即声学软末端）时，由式(4)计算出试样的纵波声速 c 和衰减系数 α。当试样末端为刚性背衬（即声学硬末端）时，由式(5)计算出试样的纵波声速 c 和衰减系数 α。

8 测量不确定度

采用本标准的方法，以有机玻璃材料试样为例，在室温常压下，数字测量装置复反射系数的模 R 和相位 φ 的合成标准测量不确定度分别为 0.042 和 2.5°，声速和衰减系数测量不确定度分别为 156 m/s 和 0.98 Np/m（置信水平 95%，$k=2$）。

附 录 A
（资料性附录）
脉冲声管中水的声速的测量

A.1 测量方法

改变管中水柱的有效长度，测量水的自由表面（声学软末端）反射波相位的变化，见式（A.1）：

$$\Delta\varphi = \frac{4\times 180 f}{c_{\mathrm{w}}}\Delta L \qquad \text{(A.1)}$$

式中：

$\Delta\varphi$——反射波相位的变化量，单位为度（°）；

f——测量频率，单位为赫兹（Hz）；

c_{w}——脉冲声管中水的声速，单位为米每秒（m/s）；

ΔL——换能器表面到管口水面间的距离变化量，单位为米（m）。

由此可得脉冲声管中水的声速计算式（A.2）：

$$c_{\mathrm{w}} = \frac{4\times 180 f\Delta L}{\Delta\varphi} \qquad \text{(A.2)}$$

为了提高测量准确度，ΔL 应尽量选取使 $\Delta\varphi=180n$ 的值 ΔL_n，故得式（A.3）：

$$c_{\mathrm{w}} = \frac{4 f\Delta L_n}{n} \qquad \text{(A.3)}$$

式中：

ΔL_n——当反射波相位的变化量为 $n\pi$ 时，换能器表面到管口水面间的距离变化量，单位为米（m）；

n——整数。

A.2 测量准确度

c_{w} 的测量误差主要由 ΔL_n 的测量误差决定，n 越大，c_{w} 的测量准确度愈高。若测量频率 f 为 10 kHz及 $n=1$ 时，ΔL_n 的相对测量误差为±1%，c_{w} 的相对测量误差为±2%。

附 录 B
（资料性附录）
参 考 文 献

[1] G. A. Sahin，Acoustic impedance measurements at high hydrostatic，J. A. S. A. 1966. vol(40)：1345-1353

[2] 缪荣兴，王荣津．水声材料纵波声速和衰减系数的脉冲管测量．声学与电子工程，1986，vol(2)：31-37

[3] 李水，唐海清，俞宏沛．改进脉冲声管测试系统对水声材料纵波声速和衰减的测量．水声物理与水声工程学术会议，2002

ICS 35.240.20
L 60

中华人民共和国国家标准

GB/T 5271.29—2006/ISO/IEC 2382-29：1999

信息技术 词汇
第29部分：人工智能 语音识别与合成

Information technology—Vocabulary—
Part 29：Artificial intelligence—Speech recognition and synthesis

(ISO/IEC 2382-29：1999，IDT)

2006-03-14 发布 2006-07-01 实施

中华人民共和国国家质量监督检验检疫总局
中国国家标准化管理委员会 发布

前　言

GB/T 5271《信息技术　词汇》共分30部分：

——第1部分：基本术语(GB/T 5271.1)

——第2部分：算术和逻辑运算(GB/T 5271.2)

——第3部分：设备技术(GB/T 5271.3)

——第4部分：数据的组织(GB/T 5271.4)

——第5部分：数据的表示法(GB/T 5271.5)

——第6部分：数据的准备与处理(GB/T 5271.6)

——第7部分：计算机程序设计(GB/T 5271.7)

——第8部分：安全(GB/T 5271.8)

——第9部分：数据通信(GB/T 5271.9)

——第10部分：操作技术和设施(GB/T 5271.10)

……

——第29部分：人工智能 语音识别与合成(GB/T 5271.29)

——第31部分：人工智能 机器学习(GB/T 5271.31)

——第32部分：电子邮件(GB/T 5271.32)

——第34部分：人工智能 神经网络(GB/T 5271.34)

本部分是GB/T 5271术语系列国家标准的第29部分。

本部分等同采用了ISO/IEC 2382-29:1999《信息技术　词汇　第29部分：人工智能　语音识别》(英文版)。

本部分的附录A和附录B是资料性附录。

本部分由中华人民共和国信息产业部提出。

本部分由中国电子技术标准化研究所归口。

本部分起草单位：中国电子技术标准化研究所。

本部分主要起草人：王有志、王静。

信息技术　词汇
第29部分:人工智能　语音识别与合成

1　概述

1.1　范围

GB/T 5271的本部分给出了与信息处理领域相关的概念的术语和定义,并明确了这些条目之间的关系。

为方便将此标准翻译成其他语言,给出的定义尽可能避免语言上的特殊性。

本部分定义了有关语音识别和语音合成的概念。

1.2　规范性引用文件

下列文件中的条款通过GB/T 5271的本部分的引用而成为本部分的条款。凡是注日期的引用文件,其随后所有的修改单(不包括勘误的内容)或修订版均不适用于本部分,然而,鼓励根据本部分达成协议的各方研究是否可使用这些文件的最新版本。凡是不注日期的引用文件,其最新版本适用于本部分。

GB/T 5271.1—2000　信息技术　词汇　第1部分:基本术语(idt ISO/IEC 2382-1:1993)

GB/T 5271.28—2002　信息技术　词汇　第28部分:人工智能 基本术语和专家系统(idt ISO/IEC 2382-28:1995)

GB/T 15237.1—2000　术语工作　词汇　第1部分:理论与应用(eqv ISO 1087-1:2000)

1.3　遵循的原则和规则

1.3.1　词条的定义

第2章包括许多词条。每个词条由几项必需的要素组成,包括索引号,一个术语或几个同义术语和定义一个概念的短语。另外,一个词条可包括举例、注解或便于理解概念的解释。有时同一个术语可由不同的词条来定义,或一个词条可包括两个或两个以上的概念,说明分别见1.3.5和1.3.8。

本部分使用其他的术语,例如词汇、概念、术语和定义,其意义在GB/T 15237.1中有定义。

1.3.2　词条的组成

每个词条包括1.3.1中规定的必需的要素,如果需要,可增加一些要素。词条按以下的顺序包括如下要素:

a)　索引号(对发布的本部分标准所有语言是公共的);

b)　术语或某语言中首选的术语,对某语言中的概念若没有首选术语表示,用五个点的符号表示(.....);在一个术语中,一行点用来表示每个特定事例中被选的一个词;

c)　某个国家的首选术语(根据GB/T 4880规则标明);

d)　术语的缩写;

e)　许用的同义术语;

f)　定义的正文(见1.3.4);

g)　以"例"开头的一个或几个例子;

h)　以"注"开头的概念应用领域标明特殊事例的一个或几个注解;

i)　词条共用的图片、图示或表格。

1.3.3　词条的分类

本标准的每部分被分配两个数字组成的序列号,并以表示"基本术语"的01开始。

词条按组分类，每组被分配一个四个数字组成的序列号；前两个数字表示该组在本标准中所处的部分。

每个词条被分配一个六个数字组成的索引号；前四个数字表示该词条所在的标准部分和组。

为使本标准不同语言的版本都是相关联的，分配给标准部分、组和词条的序号都应是相同的。

1.3.4 术语的选择和定义的用语

选择术语和定义用语尽可能按照已规定的用法。当出现矛盾时，采用大多数同意的方法。

1.3.5 多义术语

在一种工作语言中，如果一个给定的术语有几个意义，每个意义则给定一个单独的词条以便于翻译成其他的语言。

1.3.6 缩略语

如1.3.2中所指，当前使用的缩略语被指定给一些术语。这些缩略语不用于定义、例子或注解的文字中。

1.3.7 圆括弧的用法

在一些术语中，按黑体字印刷的一个词或几个词置于括弧中。这些词是完整术语的一部分。

当在技术文章中使用缩略术语不影响上下文的意思时，这些词可被省略，在GB/T 5271的定义、例子或注解的正文中，这些术语按完整形式使用。

在一些词条中，术语后面跟着普通字体的放在括弧中的文字。这些词不是术语的某部分，而是指明使用该术语的有关信息，如它的特殊的应用范围，或它的语法形式。

1.3.8 方括弧的用法

如果几个紧密相关的术语的定义只是几个文字的区别，这些术语及其定义归为一个词条。为表示不同的意思的替换文字按在术语和在定义中的相同的次序放在方括弧中。为避免被替换词的不明确性，按上述规则放在括弧前面的最后一个词可放在方括弧里面，并且每变化一次则重复一次。

1.3.9 定义中黑体术语的用法和星号的用法

术语在定义、例子或注解中用黑体字印刷时，则表示该术语已在本词汇的其他词条中定义过。但是，只有当这些术语首次出现在每一个词条中时，该术语才印成黑体字的形式。

黑体也用于一个术语的其他语法形式，如名词复数和动词的分词形式。

定义在GB/T 5271中所有以黑体出现的术语的基本形式列在本部分后面的索引中(见1.3.11)。

当在不同的词条中引用的两个术语一个紧接着另一个，用星号将二者分隔开(或仅用标点分隔)。

以一般字体出现的词或术语，按一般词典中或权威性技术词汇的释义理解。

1.3.10 拼法

本标准的英文版本中，术语、定义、例子和注解的拼写一般按美语的拼写形式。其他正确的拼写可在不与本标准发生冲突的情况下使用。

1.3.11 索引表的编制

对于使用的每一种语言，在每部分的结尾提供字母索引。索引包括该部分定义的所有术语。

多词术语按字母顺序出现在每个关键字后。

2 术语和定义

29 人工智能——语音识别与合成

29.01 一般术语

29.01.01

声(音) **sound**

一种能让听神经感觉到的空气振动或其他介质振动。

29.01.02

语音 **voice**

一种由喉部产生、口中发出的**声音**。

29.01.03

语音 **speech**

言语

某一给定自然语言的**话音** * **模式**，或模拟这类**模式**的**声学**信号。

29.01.04

人工语音 **artificial speech**

合成语音 **synthetic speech**

人工话音(不推荐使用) artificial voice(deprecated)

由某一**功能单元**生成的语音。

29.01.05

声学信号 **acoustic signal**

一种由运送数据的**声音**所组成的**信号**。

29.01.06

话音信号 **voice signal**

一种由**话音**组成的声(学)信号。

29.01.07

语音信号 **speech signal**

一种以某一给定语言来携带信息的**声学信号**。

注：**语音信号**可以是**话音信号**或模拟**话音信号**的声学信号。

29.01.08

语音频率 **speech frequency**

在传输或记录**语音**基本的范围之内的某一频率。

29.01.09

语音带宽 **speech bandwidth**

能由某一给定系统传输或记录的**语音频率**的范围。

29.01.10

语音模式 **speech pattern**

在某一**语音信号**中找出的一种基础结构。

29.01.11

话音输入 **voice input**

一种由某一**功能单元**接收的**话音信号**序列。

29.01.12

语音输入 **speech input**

一种由某一**功能单元**接收的**语音信号**序列。

29.01.13

语音输出 **speech output**

话音输出(不推荐使用) voice output(deprecated)

一种由某一**功能单元**产生的或者复现的，采用预录或合成形式的**语音信号**序列。

29.01.14

语音模板　speech template

一组预录的或基于规则的**话音**特性:存储在某一**功能单元**之内,供将来参比或匹配使用。

29.01.15

语音处理　speech processing

对**语音信号**所作的处理(如**语音分析**、**语音压缩**、**语音识别**及**语音合成**)。

29.01.16

语音分析　speech analysis

对某一**语音信号**的各特征参数的提取。

注:特征参数包括:单个**声段**(元音与辅音)的性质,音节结构,韵律特征,形素结构,词素,语段,短语,子句及长话语段的约束。

29.01.17

音素　phoneme

在给定的某一自然语言中,可识别的最小**语音**单位。

29.01.18

双音子　diphone

一种如下**语音段**:从一个**音素**的稳定部分,延伸至紧接音素的稳定部分,其间的过渡部分也包括在内。

29.01.19

语音谱图　speech spectrogram

讲话谱图　utterance spectrogram

语音频率特征的一种图形表示。

注:在**语音识别**中,**语音谱图**通常是基本的研究工具。

29.01.20

声图　sonogram

将某一**声学信号**的频率与相应振幅作为时间的函数来表征的一种图形表示。

29.01.21

共振峰　formant

在**语音频带**中,因人的声道共振而形成的一种频率突显区域。

29.01.22

语音数字化　speech digitizing;speech digitization

由**模拟**＊**语音信号**到**数字信号**的转换。

29.01.23

语音编码　speech coding;speech encoding

语音波形编码　speech waveform coding

按照一组能合理重构**语音信号**的规则,由经**数字化的语音信号**到离散的**数据元**序列的转换。

注:**语音数字化**可与用于**语音压缩**的某一**编码**相结合。因此,"**语音编码**"这一术语常指这种组合运算。

29.01.24

预测编码(用于语音识别与合成)　prediction coding(in speech recognition and synthesis)

在一固定持续期的时间窗上,用于对**输入**＊**信号**与某一预测的信号之差进行**编码**的**语音编码**。

29.01.25

线性预测编码　linear prediction coding

以先前样本的线性组合来预测出信号样本的**预测编码**。

注:此类线性组合的系数,一般由对**输入**信号与由先前**数据**预测的信号之间的均方**误差**求极小值得到。

29.01.26

子带编码　sub-band coding

先以滤波器组对信号滤波,再对各**输出**信号分开**编码**的**语音编码**。

29.01.27

语音压缩　speech compression

用于在较窄的频带上**传输**或**存储语音信号**,或者采用比正常情况下所必需的比特量少的一种**语音处理**技术。

例:预测编码,子带编码,利用共振峰的编码。

29.01.28

语音可懂度　speech intelligibility

某一**语音输出**被正确理解的能力(通常以**语音**单位的百分比度量)。

29.01.29

语音削波　speech clipping

是一种处理技术:使峰值**信号**以某一最大幅值为限界,或者,将低于某一幅值的信号归约到零。

29.01.30

语音识别　speech recognition

自动语音识别　automatic speech recognition

ASR(缩略语)

利用**功能单元**进行的,从**语音信号**到**语音**内容的某一表示的转换。

注1:拟识别的内容能由词或音素的适当序列表达。

注2:此条目是对 GB/T 5271.28—2002 中 28.01.15 释文的改进。

29.01.31

话音识别　voice recognition

利用**功能单元**进行的,表示从**话音信号**到**话音**某些声学特征的某一的转换。

注:**话音识别**用于**说话人**识别。

29.01.32

说话人识别　speaker recognition

通过对其**话音**的某些声学特征的分析,来获得该特定说话人的信息过程。

29.01.33

话音特征标记　voice signature

话音签名

声纹　voiceprint

用于对某一特定说话人加以辨识的一种**话音**样本。

29.01.34

说话人验证　speaker verification

说话人鉴别　speaker authentication

用于判定某一**语音**样本是否由身份已申明的某人所说的一种**说话人识别**形式。

注:说话人验证主要用于限制对**信息**、设施或处所的访问。

29.01.35

说话人辨认　speaker identification

一种**说话人识别**形式:将某一**话音**样本与对应于不同人的一组**话音**特征标记作比较,以确定是由谁所说。

29.01.36

(对)说话人适应 speaker adaptation

一种语音识别方法:让某一系统能基于说话人的附加语音样本,自动修改识别模型。

注:另参阅适应性训练与说话人适应性系统。

29.01.37

语音命令 voice command

口述命令 spoken command

能由某一功能单元作为一条命令来识别的语音输入。

注:用户发出的话音命令,采用从某一小型词表中抽取隔离式词组的或词序列的形式。

29.01.38

话音控制 voice control

语音控制 speech control

借助话音命令对某一功能单元或机器所作的控制。

例:对汽车的速度控制和各种转向信号。

29.01.39

语音重构 speech reconstruction

语音重组 speech restitution

由某一功能单元,将编码的数据生成原语音的摹本的操作。

29.01.40

语音合成 speech synthesis

人工语音的生成。

29.01.41

语音训练 speech training

对某一功能单元所作的利用一个或多个说话人话音特征的训练。

29.01.42

适应性训练 adaptive training

为改进性能而达到能够修改并更新某一语音模板的语音训练。

29.01.43

口语辨认 spoken-language identification

从某人的语音样本对其正说着的语言或方言所作的辨认。

29.01.44

口语翻译 spoken-language translation

口译

为在说不同语言的人们之间提供交流手段的过程:先识别源语言的语音,再把消息内容翻译成目标语言,并将适当的口述消息融入该目标语言。

29.02 语音识别,言语识别

29.02.01

语音-文本转换 speech-to-text conversion

STT 转换 STT conversion

由语音输入到文本的转换。

29.02.02

语音-模式匹配 speech-pattern matching

从语音样品中提取的特征参数,与用识别词表预录的语音模板的特征参数之间的匹配。

29.02.03

语音理解　speech understanding

对语音信号所运送的信息，由某一功能单元产生一种解释的动作或过程。

注1：语音理解取用该功能单元先前提取的信息。

注2：另参阅语音识别。

29.02.04

语音分析器　speech analyzer

语音分析系统　speech analysis system

一种用于语音分析的功能单元。

29.02.05

语音识别器　speech recognizer

语音识别系统　speech recognition system

一种用于语音识别的功能单元。

注：语音识别器中有一个语音分析器部件，且通常使话音输入与语音模板的特征参数相匹配。

29.02.06

孤立词识别　isolated-words recognition

分立语音识别　discrete-speech recognition

对分开讲出的词语，逐词进行而不考虑其他可能词语的识别。

29.02.07

邻接词识别　contiguous-words recognition

对由（正常语音情景中的停顿之外的）停顿分开的口述词序列的识别。

注：无停顿讲出的词序列实例：在听写中的文法语段。

29.02.08

连续语音识别　continuous-speech recognition

连接词语识别　connected-words recognition

对正常语音情景中的讲话的识别。

29.02.09

动态时标翘曲　dynamic time warping

DTW（缩略语）

采用动态规划算法的如下过程：对存储的语音模板的时标，及拟识别测试语音样本的时标，均非线性地予以调定。

注：非线性调准优于线性调准，且为模式间的差异性提供一种更实际可行的测度。

29.02.10

翘曲（式）输入模型　warped-input model

对语音谱图的一种如下压缩形式：其中保留了主频带、相对幅度及升降音调等重要特征。

29.02.11

隐马尔可夫模型　hidden Markov model

HMM（缩略语）

一种如下信号模型：其中各信号段的状态都表示为马尔可夫过程的状态，且这些状态不能直接观察到。

注1：马尔可夫过程是由一系列状态组成的随机过程，其中从一个状态转移到另一状态的概率，只依赖于这两个状态而与此前的各状态无关。

注2：为识别某一讲话，由系统去计算在训练期间导出的各模型所生成的似然性。该讲话作为其模型给出最高似然分值的词或其他实体识别出来。

29.02.12

基于特征的语音识别　feature-based speech recognition

由对如下区别性特征的**模板匹配**所完成的**语音识别**:音调,**共振峰**频率,包络周线,或噪声电平等。

29.02.13

说话人相关识别　speaker-dependent recognition

依赖于说话人的识别

基于按其**语音模式**进行的事先训练,对已登记的某一用户或用户组的**语音样品**的识别。

29.02.14

说话人无关识别　speaker-independent recognition

不依赖说话人的识别

对未按其**语音模式**事先训练的用户**语音样本**的识别。

29.02.15

说话人相关度　speaker dependence

说话人依赖度

按各个人用户的**语音模式**,需对某一**语音识别器**加以训练的程度。

29.02.16

说话人相关系统　speaker-dependent system

依赖于说话人的系统

SD 系统　SD system

说话人训练式系统　speaker-trained system

一种必须按已登记的用户或用户组的**语音模式**加以训练的**语音识别器**。

例:单说话人系统,多说话人系统。

29.02.17

说话人无关系统　speaker-independent system

独立于说话人的系统

SI 系统　SI system

不受限识别系统　unrestricted recognition system

一种对未登记的用户开放,使从未或很少用过它的用户能可靠工作的**语音识别器**。

29.02.18

适应说话人系统　speaker-adaptive system

对用户调谐系统　user-tuned system

一种**说话人相关识别**的系统,它能够修改和更新其**语音模板**,以跟踪各**语音样本**间的差别并改进自身性能。

注:改进性能的能力是一种学习。

29.02.19

话音识别单元　voice-recognition unit

一种**功能单元**,它识别有限数目的**话音命令**并将其转换为等效的**数字信号**,这些信号能当作**计算机*** **输入**数据使用,或去启动其他想要的动作。

注:这种本原的**外围设备**,使用时带或不带**语音识别器**均可。

29.02.20

话音控制系统　voice control system

话音控制器　voice controller

一种系统,其中的**语音识别器**以向**计算机**控制的设备发出命令,来响应**语音输入**。

例:以运动来响应简单语音命令的机器人。

29.02.21

收录　enrollment

基于给定数目的训练样本来识别各用户,而对某一说话人相关的系统所作的语音训练。

29.02.22

快速收录　rapid enrollment

如下招收用户:词模型的建立基于对某一给定文本的读入,而不是基于对系统中词表内各词的训练。

29.02.23

词指认　word spotting

语音识别器从流利的语音中识别出某一命令词或命令序列的能力。

29.02.24

话音提示　voice prompt

话音响应提示　voice-response prompt

用于引导用户与某一话音响应系统进行对话的一种口述消息。

29.02.25

抢话(动)　**barge in**(verb)

不顾话音提示说话而仍被正确识别并得到适当回答。

注:有经验的用户往往不需等到每一话音提示都结束,就知道要对系统说些什么。

29.02.26

说话方式　speaking mode

对语音识别器说话的三种如下方式之一:隔离式词组方式,邻接词组方式或连续语音方式。

29.02.27

识别词表　recognition vocabulary

被动词表　passive vocabulary

语音识别器所辨识的词与短语的汇集。

注:与口述词表相对。

29.02.28

文本无关识别器　text-independent recognizer

不依赖于文本的识别器

文本无关识别系统　text-independent recognition system

不依赖于文本的识别系统

一种语音识别器,它对收到的语音样本,不论是否对应于某一预定义的消息,均可靠工作。

29.02.29

文本相关识别器　text-dependent recognizer

依赖于文本的识别器

文本相关识别系统　text-dependent recognition system

依赖于文本的识别系统

一种语音识别器:仅当收到的语音样本对应于某一预定义消息时才可靠工作。

29.03　语音合成,言语合成

29.03.01

语音合成器　speech synthesizer

语音合成系统　speech synthesis system

用于语音合成的功能单元。

29.03.02

直接波形合成 direct waveform synthesis

一种简单语音合成方法:先记录语音信号(数字形式或模拟形式),再根据应用需要点播回放。

注:直接波形合成可引起访问延迟,并受可用记录媒体的容量限制,但总的来说,相应人工语音的质量要高。

29.03.03

拼接合成 concatenation synthesis

一种由已合成的或预录的语音单元链接而成的语音合成方法。

注1:将预期音高的若干谐波的波形相加,即可得到已合成的语音单位,其中的音高由在该频率的频谱凸显予以加权。预录的语音单元可以是音素、双音素、音节、词,等等。

注2:与直接波形合成相比,为重新创建语音信号,在回放时需要更多计算,但对每消息的存储量降低。

29.03.04

基于模型的合成 model-based synthesis

一种采用语音产生式模型来生成语音信号的语音合成方法。

29.03.05

(按)参数表示合成 synthesis by parametric representation

(按)参数建模合成 synthesis by parametric modeling

一种语音合成方法:基于时间的与频率的参数(如共振峰、音高和激励振幅),从语音信号抽象出语音产生式模型。

注:与直接波形合成不同的是,按参数表示合成降低了每个消息的存储量。

29.03.06

共振峰合成 formant synthesis

借助滤波器组生成人工语音的如下操作:其中的滤波器组将人声道的共振峰模型化。

29.03.07

基于规则的合成 rule-based synthesis

借助于一组规则的一种如下语音合成方法:基于将表音描述转换为语音产生式模型的参数。

29.03.08

韵律(学)规则 prosody rule;prosodic rule

适用于指明发声的音标序列的一种如下规则:其目的是提供各种标记,来规定语音速度、声调、音高、响度及强调。

29.03.09

文-语转换 text-to-speech conversion

由文本到语音输出的转换。

29.03.10

文-语合成器 text-to-speech synthesizer

文-语合成系统 text-to-speech synthesis system

一种先将文本先转换成音标,再转换成人工语音的语音合成器。

29.03.11

话音响应 voice response

VR(缩略语)

为回答用户的请求所提供的一种合成语音信号。

29.03.12

交互(式)话音响应 interactive voice response

IVR(缩略语)

回答用户的**语音输入**的**话音响应**。

29.03.13

交互(式)话音响应系统　voice interactive response system

VIRS(缩略语)

一种用于**交互性话音响应**的**功能单元**。

29.03.14

话音服务器　voice server

一种提供**话音响应**的**服务器**。

29.03.15

自动(化)值守器　automated attendant;auto-attendant

一种**话音响应**系统:用于帮助呼叫与报文(两者或之一),经由按键音或口述请求来选择路由。

注:自动化值守器是**话音服务器**的实例。

29.03.16

话音预览器　voice previewer

一种草拟资料预览器:提供某种**语音输出**以便查明**文本**中**差错**的部位,辨识不当的构造,并对该书面资料中消息的适宜性作出评价。

29.03.17

口述词表　spoken vocabulary

主动词表　active vocabulary

在响应用户请求时,**语音合成器**能够运用的词和短语的汇集。

注:与**识别词表**相对。

29.03.18

基于语音的提醒　speech-based alerting

一种如下合成的**语音**消息:用于告诫或告知用户去操作某一**功能单元**或机器。

例:对有关汽车驾驶问题的消息提醒。

29.03.19

声码器　vocoder;voice coder

一种语音编码器件:能提取各**语音信号**参数,并据此在可懂意义上重构初始**语音信号**。

29.03.20

语音选单　voice menu

口述选单　spoken menu

供用户在一组口述选项中选择其一的选单。

附 录 A
（资料性附录）
中 文 索 引

附 录 B
（资料性附录）
英 文 索 引

ICS 35.240.20
L 60

中华人民共和国国家标准

GB/T 5271.31—2006/ISO/IEC 2382-31:1997

信息技术 词汇
第31部分:人工智能 机器学习

Information technology—Vocabulary—
Part 31: Artificial intelligence—Machine learning

(ISO/IEC 2382-31:1997,IDT)

2006-03-14 发布 2006-07-01 实施

中华人民共和国国家质量监督检验检疫总局
中国国家标准化管理委员会 发布

前　言

GB/T 5271《信息技术　词汇》共分30部分：

——第1部分：基本术语(GB/T 5271.1)

——第2部分：算术和逻辑运算(GB/T 5271.2)

——第3部分：设备技术(GB/T 5271.3)

——第4部分：数据的组织(GB/T 5271.4)

——第5部分：数据的表示法(GB/T 5271.5)

——第6部分：数据的准备与处理(GB/T 5271.6)

——第7部分：计算机程序设计(GB/T 5271.7)

——第8部分：安全(GB/T 5271.8)

——第9部分：数据通信(GB/T 5271.9)

——第10部分：操作技术和设施(GB/T 5271.10)

……

——第29部分：人工智能 语音识别与合成(GB/T 5271.29)

——第31部分：人工智能 机器学习(GB/T 5271.31)

——第32部分：电子邮件(GB/T 5271.32)

——第34部分：人工智能 神经网络(GB/T 5271.34)

本部分是GB/T 5271术语系列国家标准的第31部分。

本部分等同采用了ISO/IEC 2382-31:1997《信息技术　词汇　第31部分：人工智能　机器学习》(英文版)。

本部分的附录A和附录B是资料性附录。

本部分由中华人民共和国信息产业部提出。

本部分由中国电子技术标准化研究所归口。

本部分起草单位：中国电子技术标准化研究所。

本部分主要起草人：吴庆宝、王静。

信息技术　词汇
第31部分:人工智能　机器学习

1　概述

1.1　范围

GB/T 5271的本部分给出了与信息处理领域相关的概念的术语和定义,并明确了这些条目之间的关系。

为方便将此标准翻译成其他语言,给出的定义尽可能避免语言上的特殊性。

本部分定义了有关人工智能中机器学习的概念。

1.2　引用标准

下列文件中的条款通过GB/T 5271的本部分的引用而成为本部分的条款。凡是注日期的引用文件,其随后所有的修改单(不包括勘误的内容)或修订版均不适用于本部分,然而,鼓励根据本部分达成协议的各方研究是否可使用这些文件的最新版本。凡是不注日期的引用文件,其最新版本适用于本部分。

GB/T 5271.1—2000　信息技术　词汇　第1部分:基本术语(eqv ISO/IEC 2382-1:1993)

GB/T 5271.28—2002　信息技术　词汇　第28部分:人工智能 基本概念与专家系统(eqv ISO/IEC 2382-28:1995)

GB/T 15237.1—2000　术语工作　词汇　第1部分:理论与应用(eqv ISO 1087-1:2000)

1.3　遵循的原则和规则

1.3.1　词条的定义

第2章包括许多词条。每个词条由几项必需的要素组成,包括索引号、一个术语或几个同义术语和定义一个概念的短语。另外,一个词条可包括举例、注解或便于理解概念的解释。

有时同一个术语可由不同的词条来定义,或一个词条可包括两个或两个以上的概念,说明分别见1.3.5和1.3.8。

本部分使用其他的术语,例如词汇、概念、术语和定义,其意义在GB/T 15237.1中有定义。

1.3.2　词条的组成

每个词条包括1.3.1中规定的必需的要素,如果需要,可增加一些要素。词条按以下的顺序包括如下要素:

a)　索引号(对发布的本标准所有语言是公共的);

b)　术语或某语言中首选的术语,对某语言中的概念若没有首选术语表示,用五个点的符号表示(.....);在一个术语中,一行点用来表示每个特定实例中被选的一个词;

c)　某个国家的首选术语(根据GB/T 4880规则标明);

d)　术语的缩写;

e)　许可的同义术语;

f)　定义的正文(见1.3.4);

g)　以"例"开头的一个或几个例子;

h)　以"注"开头的概念应用领域标明特殊实例的一个或几个注解;

i)　词条共用的图片、图示或表格。

1.3.3　词条的分类

本标准的每部分被分配两个数字组成的序列号,并以表示"基本术语"的01开始。

词条按组分类，每组被分配一个四个数字组成的序列号；前两个数字表示该组在本标准中所处的部分。

每个词条被分配一个六个数字组成的索引号；前四个数字表示该词条所在的标准部分和组。

为使本标准不同语言的版本都是相关联的，分配给标准部分、组和词条的序号都应是相同的。

1.3.4 术语的选择和定义的用语

选择术语和定义用语尽可能按照已规定的用法。当出现矛盾时，采用大多数同意的方法。

1.3.5 多义术语

在一种工作语言中，如果一个给定的术语有几个意义，每个意义则给定一个单独的词条以便于翻译成其他的语言。

1.3.6 缩略语

如1.3.2中所指，当前使用的缩略语被指定给一些术语。这些缩略语不用于定义、例子或注解的文字中。

1.3.7 圆括弧的用法

在一些术语中，按黑体字印刷的一个词或几个词置于括弧中。这些词是完整术语的一部分。

当在技术文章中使用缩略语不影响上下文的意思时，这些词可被省略，在GB/T 5271的定义、例子或注解的正文中，这些术语按完整形式使用。

在一些词条中，术语后面跟着普通字体的放在括弧中的文字。这些词不是术语的某部分，而是指明使用该术语的有关信息，如它的特殊的应用范围，或它的语法形式。

1.3.8 方括弧的用法

如果几个紧密相关的术语的定义只是几个文字的区别，这些术语及其定义归为一个词条。为表示不同的意思的替换文字按在术语和在定义中的相同的次序放在方括弧中。为避免被替换词的不明确性，按上述规则放在括弧前面的最后一个词可放在方括弧里面，并且每变化一次则重复一次。

1.3.9 定义中黑体术语的用法和星号的用法

术语在定义、例子或注解中用黑体字印刷时，则表示该术语已在本词汇的其他词条中定义过。但是，只有当这些术语首次出现在每一个词条中时，该术语才印成黑体字的形式。

黑体也用于一个术语的其他语法形式，如名词复数和动词的分词形式。

定义在GB/T 5271中所有以黑体出现的术语的基本形式列在本部分后面的索引中(见1.3.11)。

当在不同的词条中引用的两个术语一个紧接着另一个，用星号将二者分隔开(或仅用标点分隔)。

以一般字体出现的词或术语，按一般词典中或权威性技术词汇的释义理解。

1.3.10 拼法

本标准的英文版本中，术语、定义、例子和注解的拼写一般按美语的拼写形式。其他正确的拼写可在不与本标准发生冲突的情况下使用。

1.3.11 索引表的编制

对于使用的每一种语言，在每部分的结尾提供字母索引。索引包括该部分定义的所有术语。

多词术语按字母顺序出现在每个关键字后。

2 术语和定义

31 人工智能——机器学习

31.01 一般术语

31.01.01

学习 learning

一个生物学系统或**自动**系统获得**知识**或技能的过程，使它可用于改进其性能。

31.01.02(28.01.21)

机器学习　machine learning

自动学习　automatic learning

功能单元通过获取新知识或技能,或通过整理已有的知识或技能来改进其性能的过程。

31.01.03

自学习　self-learning

从内部知识库或从新输入数据的学习,无需引入显式的外部知识。

31.01.04(28.01.09)

知识获取　knowledge acquisition

定位、汇集和精化知识并把知识转化成能由知识系统进一步处理的形式的过程。

注:知识获取正常地意味着知识工程师的介入,但它也是机器学习的一个重要组成部分。

31.01.05

学习策略　learning strategy

学习技术的使用优先于其应用的一种规划。

31.01.06

概念　concept

为确定类别成员的抽象实体。

注:概念用于客体分类。

31.01.07

概念学习　concept learning

应用已有的知识构建概念表示新信息,为了取得新知识并为后继的使用而存储它。

注:概念学习可包含概念的版本区和实例区之间的相互作用。本相互作用可以依次包含试验性实例的初始断言、试验及选择的重组或转换。

31.01.08

概念聚类　conceptual clustering

借助于简单、描述的概念把客体、事件或事实安排在有特征的各类别内。

注:也见无监督学习和组块。

31.01.09

分类(方案)形成　taxonomy formation

借助于聚类概念的析取类别的概念分类方案的构建。

注1:分类(方案)形成的目的是达到有特色、特性的极大简明性和极小重叠。

注2:也见概念聚类和概念形成。

31.01.10

机器发现　machine discovery

由分类(方案)形成和由机器的学习能力观测到的数据中描述规律性的经验律的发现。

注:也见概念聚类和分析学习。

31.01.11

认知科学　cognitive science

认知机制　cognitivism

各学科间的知识领域,它的陈述目标是发现智力的表示能力和计算能力以及在头脑中它们的结构表示和功能表示。

注:认知科学处理认知的符号处理性质,并包括如心理学、计算机科学、语言学、人类学、哲学、教育、数学、工程、生理学和神经科学等不相同的学科。

31.02 学习技术

31.02.01

撤消学习 unlearning

为撤除学习而对存储在系统中的知识进行的调整。

31.02.02

概念描述 concept description

描述某概念的全部已知实例类别的数据结构。

31.02.03

(数据)分块 chunking

为存储和检索,在较高的概念级别处把数据分组到单个实体中。

31.02.04

特征描述 characteristic description

一种概念描述,它叙述对某给定概念的全部实例共同的特性。

31.02.05

甄别描述 discriminant description

一种概念描述,它叙述了给定概念与考虑中其他概念不同的特性。

31.02.06

结构描述 structural description

一种客体和概念的表示,这基于它们各部分的描述,并基于它们间的关系。

31.02.07

概念形成 concept formation

用于表示客体、事件或事实的给定集合的特征的概念的生成。

31.02.08

部分学到的概念 partially learned concept

一种概念,其精确描述不能在可用数据、知识或假设的基础上推断出来。

31.02.09

变型空间 version space

与可用数据、知识或假设一致的全部概念描述的集合。

31.02.10

实例空间 example space;instance space

要学习的某概念的全部可能的实例和相反实例的集合。

31.02.11

描述空间 description space

来自对学习者可用的描述语言中的实例空间能描述的全部实例的集合。

31.02.12

概念泛化 concept generalization

概念描述范围的延伸以包含更多实例。

31.02.13

一致泛化 consistent generalization

一种概念泛化,它包括概念类别的某个或全部正例,排除该类别的全部反例。

31.02.14

基于约束的泛化 constraint-based generalization

一种概念泛化,它满足用于解释给定事实或事件在概念上的约束。

31.02.15

基于相似性的泛化　similarity-based generalization

一种概念泛化，它由在这些实例间探测相似性和差异性描述给定**概念**的全部实例。

31.02.16

完全泛化　complete generalization

一种概念泛化，它描述某给定概念类别的全部**正例**，而不管它是否包括某些**负例**。

31.02.17

概念特化　concept specialization

由减少所描述的实例的集合而使**概念描述**的范围变窄。

31.02.18

含混矩阵　confusion matrix

一种矩阵，它按一组规则记录试探性实例的正确分类和不正确分类的个数。

31.02.19

概念确认　concept validation

测试学到的**概念**的归纳法，由应用它们的描述试探性实例并由计算**含混矩阵**来实现。

31.03　学习策略

31.03.01

因果分析　causal analysis

在**学习策略**中，由追踪观察到的事件(诸如为达到某目的产生的故障)可能起因的分析。

31.03.02

机械(式)学习　rote learning

一种**学习策略**，其在于直接地积累新**知识**而无需对提供的**信息**实现任何**推理**。

注：机械(式)学习包括由给出**概念描述**的直接记住的**学习**和安排规划的学习。

31.03.03

自适应学习　adaptive learning

一种**学习策略**，其在于按照来自外部**知识源**的建议来调整内部**知识**，或按照已有的知识来转换新获得的**信息**。

31.03.04

试探(式)学习　heuristic learning

一种从试验结果、评价结果或试凑法的结果研发的**学习策略**。

31.03.05

讲授(式)学习　learning by being told

示教(式)学习　learning from instruction

从外部**知识源**获取知识而无需从提供的**信息**选择或变换相关要素的**机械(式)学习**。

31.03.06

采纳建议法　advice taking

按照来自外部**知识源**声明的建议对过程行为加以修改的**讲授(式)学习**。

31.03.07

增量(式)学习　incremental learning

一个阶段学习的**知识**被转换以适应后续阶段提供的新知识的多阶段的**自适应学习**。

31.03.08

监督(式)学习　supervised learning

获得的知识的正确性通过来自外部**知识源**的反馈加以测试的**学习策略**。

31.03.09

无监督学习　unsupervised learning

无师(式)学习　learning without a teacher

一种学习策略,它在于观察并分析不同的实体以及确定某些子集能分组到一定的类别里,而无需在获得的知识上通过来自外部知识源的反馈,以实现任何正确性测试。

注:一旦形成概念,就对它给出名称,该名称就可以用于其他概念的后续学习了。

31.03.10

发现(式)学习　learning by discovery

观察(式)学习　learning from observation

一种无监督学习,它在分类学形成或由在观察的数据中描述规律的域中导出新规则或法律。

31.03.11

归纳(式)学习　inductive learning;learning by induction

在学习策略中,从供给的知识、实例或观察通过归纳学得知识。

31.03.12

实例(式)学习　learning from examples

基于实例的学习　example-based learning;instance-based learning

一种概念的归纳(式)学习,由从实例及可选地从该概念的反例中推断出综合的概念描述的这种概念的归纳(式)学习。

注:有干扰地或不完全地定义出的实例的学习是实例(式)学习的提高形式。

31.03.13

正例　positive example

正实例　positive instance

适合要学习的概念并可能产生该概念的泛化的实例。

31.03.14

反例　negative example

反实例　negative instance

要学习的概念的相反实例,它可限制概念描述的范围。

31.03.15

似真反例　near-miss

要学习的概念的反例,它十分类似于该概念的正例并可能有助于隔离后者的重要特征。

31.03.16

基于案例的学习　case-based learning

一种学习策略,它把手边的问题和一组先前解决了的问题进行比较并使用解决了的解答来开发手边问题的解答。

注:在成功验证之后,通过基于案例的学习研发的解答及其相应问题就加到案例库中去。

31.03.17

演绎学习　deductive learning

演绎(式)学习　learning by deduction

在学习策略中,借助于断言的保留真值变换从已有的知识演绎新的知识。

注1:演绎学习一般导致已有的知识的专业化。

注2:演绎学习包含知识重组、知识编译以及其他保留真值变换。

31.03.18

分析学习　analytic learning

基于解释的学习　explanation-based learning

演绎学习的高级形式，其中从运算**知识**和**领域知识**得到抽象知识或结构化知识。

31.03.19

操作化　operationalization

从声明形式转换为过程性形式，即转换为操作形式的**知识**编译。

例：由解释如何在给定情况下避免弄湿，把劝告“不要弄湿”转换成特殊指令。

注：也见**分析学习**。

31.03.20

类比学习　learning by analogy

联想学习　associative learning

一种**学习策略**，它结合了**归纳(式)学习**和**演绎学习**，以便**归纳**确定正进行比较或联想的各**概念**的公共特征，然后，**演绎**推出学到的概念所期待的性质。

注：类比学习需要辨认两个问题间的相似性的能力，并为了解决另一**问题区**中的问题而使用在一个问题区中研发的规则。

31.03.21

责任认定　credit/blame assignment

对达到某目标的成功或失败的决策责任或操作员责任的辨识。

31.03.22

强化学习　reinforcement learning

由**责任认定**改进的**学习**。

31.03.23

求解路径学习　learning from solution paths

一种**强化学习**，它依赖于对问题一直等待至找到完全解决路径时为止，标记沿着解决路径的每次移动作为**正例**，并标记导致直接远离解决路径的每次移动作为**反例**。

31.03.24

学徒(式)策略　learning-apprentice strategy

一种**责任认定**，它围绕对专家的观察，并使用他(她)的动作来区别出不合意的动议和合意的动议，如此以避免过多的搜索，并提供及时的反馈。

注：学徒(式)学习策略频繁地用于专家系统的半自动构造中。

31.03.25

边做边学　learning while doing

一种**强化学习**，在认定过失前它不依赖于等待找出解决路径，但当仍在探索解决方案时，认定责任。

注：边做边学包括提示循环和不必要的长路径、死端和故障，以便前进至某个目标。

31.03.26

遗传学习　genetic learning

基于迭代分类**算法**的**机器学习**，它按照强度选择分类算子对，并把遗传操作应用到创立子孙后代的对上，用其中最强的分类算子替换最弱的分类算子，为了当可用的规则证明不妥当时，去产生新的、似乎合理的规则。

注：术语“遗传”来自自然界遗传学领域，它链接着继承、种群变异和适者生存。

附 录 A
（资料性附录）
中 文 索 引

附 录 B
（资料性附录）
英 文 索 引

A

C

D

E

ICS 35.240.20
L 60

中华人民共和国国家标准

GB/T 5271.32—2006/ISO/IEC 2382-32:1998

信息技术 词汇
第32部分:电子邮件

Information technology—Vocabulary—
Part 32: Electronic mail

(ISO/IEC 2382-32:1998,IDT)

2006-03-14 发布　　　　2006-07-01 实施

中华人民共和国国家质量监督检验检疫总局
中国国家标准化管理委员会 发布

前言

GB/T 5271《信息技术　词汇》共分30部分：

——第1部分：基本术语(GB/T 5271.1)

——第2部分：算术和逻辑运算(GB/T 5271.2)

——第3部分：设备技术(GB/T 5271.3)

——第4部分：数据的组织(GB/T 5271.4)

——第5部分：数据的表示法(GB/T 5271.5)

——第6部分：数据的准备与处理(GB/T 5271.6)

——第7部分：计算机程序设计(GB/T 5271.7)

——第8部分：安全(GB/T 5271.8)

——第9部分：数据通信(GB/T 5271.9)

——第10部分：操作技术和设施(GB/T 5271.10)

……

——第29部分：人工智能 语音识别与合成(GB/T 5271.29)

——第31部分：人工智能 机器学习(GB/T 5271.31)

——第32部分：电子邮件(GB/T 5271.32)

——第34部分：人工智能 神经网络(GB/T 5271.34)

本部分是GB/T 5271术语系列国家标准的第32部分。

本部分等同采用了ISO/IEC 2382-32:1998《信息技术　词汇　第32部分：电子邮件》(英文版)。

本部分的附录A和附录B是资料性附录。

本部分由中华人民共和国信息产业部提出。

本部分由中国电子技术标准化研究所归口。

本部分起草单位：中国电子技术标准化研究所。

本部分主要起草人：吴庆宝、王静。

信息技术　词汇
第32部分:电子邮件

1　概述

1.1　范围

GB/T 5271 的本部分给出了与信息处理领域相关的概念的术语和定义,并明确了这些条目之间的关系。

为方便将此标准翻译成其他语言,给出的定义尽可能避免语言上的特殊性。

本部分定义了有关电子邮件的概念。

1.2　规范性引用文件

下列文件中的条款通过 GB/T 5271 的本部分的引用而成为本部分的条款。凡是注日期的引用文件,其随后所有的修改单(不包括勘误的内容)或修订版均不适用于本部分,然而,鼓励根据本部分达成协议的各方研究是否可使用这些文件的最新版本。凡是不注日期的引用文件,其最新版本适用于本部分。

GB/T 2659—2000　世界各国和地区名称代码(eqv ISO 3166-1:1997)

GB/T 5271.1—2000　信息技术　词汇　第1部分:基本术语(eqv ISO/IEC 2382-1:1993)

GB/T 5271.27—2001　信息技术　词汇　第27部分:办公自动化(eqv ISO/IEC 2382-27:1994)

GB/T 15237.1—2000　术语工作　词汇　第1部分:理论与应用(eqv ISO 1087-1:2000)

1.3　遵循的原则和规则

1.3.1　词条的定义

第2章包括许多词条。每个词条由几项必需的要素组成,包括索引号,一个术语或几个同义术语和定义一个概念的短语。另外,一个词条可包括举例、注解或便于理解概念的解释。有时同一个术语可由不同的词条来定义,或一个词条可包括两个或两个以上的概念,说明分别见 1.3.5 和 1.3.8。

本部分使用其他的术语,例如词汇、概念、术语和定义,其意义在 GB/T 15237.1 中有定义。

1.3.2　词条的组成

每个词条包括 1.3.1 中规定的必需的要素,如果需要,可增加一些要素。词条按以下的顺序包括如下要素:

a)　索引号(对发布的本标准所有语言是公共的);

b)　术语或某语言中首选的术语,对某语言中的概念若没有首选术语表示,用五个点的符号表示(.....);在一个术语中,一行点用来表示每个特定事例中被选的一个词;

c)　某个国家的首选术语(根据 GB/T 4880 规则标明);

d)　术语的缩写;

e)　许用的同义术语;

f)　定义的正文(见 1.3.4);

g)　以"例"开头的一个或几个例子;

h)　以"注"开头的概念应用领域标明特殊事例的一个或几个注解;

i)　词条共用的图片、图示或表格。

1.3.3　词条的分类

本部分标准的每部分被分配两个数字组成的序列号,并以表示"基本术语"的01开始。

词条按组分类，每组被分配一个四个数字组成的序列号；前两个数字表示该组在本部分标准中所处的部分。

每个词条被分配一个六个数字组成的索引号；前四个数字表示该词条所在的标准部分和组。

为使本标准不同语言的版本都是相关联的，分配给标准部分、组和词条的序号都应是相同的。

1.3.4 术语的选择和定义的用语

选择术语和定义用语尽可能按照已规定的用法。当出现矛盾时，采用大多数同意的方法。

1.3.5 多义术语

在一种工作语言中，如果一个给定的术语有几个意义，每个意义则给定一个单独的词条以便于翻译成其他的语言。

1.3.6 缩略语

如1.3.2中所指，当前使用的缩略语被指定给一些术语。这些缩略语不用于定义、例子或注解的文字中。

1.3.7 圆括弧的用法

在一些术语中，按黑体字印刷的一个词或几个词置于括弧中。这些词是完整术语的一部分。

当在技术文章中使用缩略语不影响上下文的意思时，这些词可被省略，在GB/T 5271的定义、例子或注解的正文中，这些术语按完整形式使用。

在一些词条中，术语后面跟着普通字体的放在括弧中的文字。这些词不是术语的某部分，而是指明使用该术语的有关信息，如它的特殊的应用范围，或它的语法形式。

1.3.8 方括弧的用法

如果几个紧密相关的术语的定义只是几个文字的区别，这些术语及其定义归为一个词条。为表示不同的意思的替换文字按在术语和在定义中的相同的次序放在方括弧中。为避免被替换词的不明确性，按上述规则放在括弧前面的最后一个词可放在方括弧里面，并且每变化一次则重复一次。

1.3.9 定义中黑体术语的用法和星号的用法

术语在定义、例子或注解中用黑体字印刷时，则表示该术语已在本词汇的其他词条中定义过。但是，只有当这些术语首次出现在每一个词条中时，该术语才印成黑体字的形式。

黑体也用于一个术语的其他语法形式，如名词复数和动词的分词形式。

定义在GB/T 5271中所有以黑体出现的术语的基本形式列在本部分后面的索引中(见1.3.11)。

当在不同的词条中引用的两个术语一个紧接着另一个，用星号将二者分隔开(或仅用标点分隔)。

以一般字体出现的词或术语，按一般词典中或权威性技术词汇的释义理解。

1.3.10 拼法

本标准的英文版本中，术语、定义、例子和注解的拼写一般按美语的拼写形式。其他正确的拼写可在不与本标准发生冲突的情况下使用。

1.3.11 索引表的编制

对于使用的每一种语言，在每部分的结尾提供字母索引。索引包括该部分定义的所有术语。

多词术语按字母顺序出现在每个关键字后。

2 术语和定义

32 电子邮件

32.01 一般术语

32.01.01

电子邮件 electronic mail；e-mail

电邮

在计算机网络上，用户终端之间往来的信函。

注 1：英语拼法还有 E mail，E-mail，Email 和 email。

注 2：本条目是 GB/T 5271.1—2000 中条目 01.06.17 和 GB/T 5271.27—2001 中条目 27.02.01 的修订版。

32.01.02

信息客体（在电子邮件中）　information object(in electronic mail)

表示信息实体的一种数据集。

例：消息，探查消息，报告。

注：信息可以由纯文本表示，也可以包括声音或图像。

32.01.03

消息（在电子邮件中）　message(in electronic mail)

在用户代理之间传送的信息客体。

注 1：消息通常由两部分组成：内容和包封。

注 2：本条目是 GB/T 5271.27—2001 中条目 27.01.13 的修订版。

32.01.04

消息传送（在电子邮件中）　message transfer(in electronic mail)

MT（缩略语）

使用计算机网络所作的消息运送。

32.01.05

消息存储（在电子邮件中）　message storage(in electronic mail)

在消息处理系统中，为稍后使用消息的自动存储。

32.01.06

消息处理　message handling

把内在有关的消息传送和消息存储子任务综合起来的分布式信息处理任务。

32.01.07

邮箱　mailbox

电子邮箱　electronic mailbox

一种为特定用户，包含存储 * 消息的功能单元。

注 1：邮箱能保有送入的或发出的邮件或二者兼有。

注 2：本条目是 GB/T 5271.27—2001 中条目 27.02.03 的修订版。

32.01.08

用户（在电子邮件中）　user(in electronic mail)

作为潜在的源地或目的地参与消息处理的个人或功能单元。

32.01.09

直接用户　direct user

直接使用消息处理系统进行消息处理的一种用户。

注：见图 6。

32.01.10

间接用户　indirect user

通过链接到消息处理系统的另一个通信系统进行消息处理的一种用户。

注 1：这里的“另一通信系统”可以是邮政系统或用户电报。

注 2：见图 6。

32.01.11(27.02.04)

目录（在电子邮件中）　directory(in electronic mail)

能在计算机网络上寻址的用户或服务的一种有组织的清单。

32.01.12

人际消息处置　interpersonal messaging

对个人间的普通业务或私人信函进行裁剪的一种**消息处理**形式。

32.02　消息处理和传送

32.02.01

消息处理系统　message handling system

MHS(缩略语)

能把消息从一个通信者运送到另一个通信者的一组有组织的**功能单元**。

注:见图 2。

32.02.02

消息处理环境　message handling environment

MHE(缩略语)

包括**消息处理系统**、**用户**和**分发清单**的环境。

注:见图 2。

32.02.03

消息处置系统　messaging system

消息处理系统实现中的一种**数据处理系统**。

32.02.04

消息处置子系统　messaging subsystem

消息处理系统中具有功能意义的一部分。

例:用户代理,邮件分发器。

32.02.05

用户代理　user agent

UA(缩略语)

单个**直接用户**借以与**消息处理系统**交互的一种**功能单元**。

注 1:用户代理是消息处理系统的组成部分,**用户**依此创建、提交或接收**消息**。

注 2:见图 2。

32.02.06

分发清单　distribution list

DL(缩略语)

一个摘要:表示一个预先规定的**用户**群和其他分发清单,并且是**消息处理系统**运送**信息客体**的潜在目的地。

注 1:其成员可以包含标识用户或其他分发清单的**始发方接收方名称**。

注 2:本条目是 GB/T 5271.27—2001 中条目 27.01.08 的修订版。

32.02.07

邮件分发器　mail exploder

邮件广播器　mail broadcaster

需要时复制消息并把所得副本路由到**分发清单**指明的各个**接收方**的一种**功能单元**。

32.02.08

接入单元　access unit

访问单元

AU(缩略语)

把**消息传送系统**链接到另一通信系统,并用以使**用户**间接**访问** * **消息处理系统**的一种**功能单元**。

注:见图 2。

32.02.09

消息传送系统　message transfer system

MTS(缩略语)

由在**用户代理**、**消息存储器**和**接入单元**间提供**存储转发** * **消息传送**的一个或多个**消息传送代理**组成的一种**功能单元**。

注:见图2。

32.02.10

消息传送代理　message transfer agent

MTA(缩略语)

消息传送系统中把**消息**运送给由**分发清单**标识的**用户**或用户组的一种**功能单元**。

注:见图2。

32.02.11

邮件网关　mail gateway

网关(在电子邮件中)　gateway(in electronic mail)

连接两个或多个不同的**消息处理系统**并在其间**传送** * **消息**的一种**功能单元**。

32.02.12

管理域(在电子邮件中)　management domain(in electronic mail)

MD(缩略语)

由单个组织管理的各**消息处置发系统**的一个集合(其中至少有一个系统含有**消息传送代理**)。

注1:一个管理域可与一个地理区域相对应。

注2:该管理组织由在这组消息处置系统中的寻址方案的管理专门负责。

32.02.13

行政管理域　administration management domain

ADMD(缩略语)

由国家电信管理机构认可的电信运营方管理的**管理域**。

注1:电信运营方一般对公众提供服务。

注2:见图5。

32.02.14

私用(专用)管理域　private management domain

PRMD(缩略语)

由一个组织管理的,而不是由国家的电信管理机构认可的电信运营方管理的**管理域**。

注:见图5。

32.03　信息客体

32.03.01

包封　envelope

信封

消息中的如下部分:标识消息的**始发方**和**潜在接收方**,记载其**泛传史**,由**消息传送系统**指引其后继的运送,并刻划其**内容**特点。

注1:包封的组成可以在一个**泛传步**到另一个泛传步时改变。

注2:本条目是GB/T 5271.27—2001中条目27.01.11的修订版。

注3:见图4。

32.03.02

内容(在电子邮件中)　content(in electronic mail)

消息中的如下部分:在消息**泛传**期间,**消息传送系统**除对其进行转换外,既不检查也不修正。

注1:在某些类型的消息中,内容由**标题**和**主体**组成。

注2:见图4。

32.03.03

标题(在电子邮件中)　heading(in electronic mail)

首部(在电子邮件中)　header(in electronic mail)

在某些类型的**消息**中,包含了对**用户代理**进行处理有用的**信息**的那一部分**内容**。

注1:信息可以是消息的**主题**、对较早消息的引用、重要性等级和**敏感性**等级,等等。

注2:见图4。

32.03.04

(消息)主体(在电子邮件中)　body(in electronic mail)

信体(在电子邮件中)

在某些类型的**消息**中,**始发方**显式传播的**内容**部分。

注1:消息主体可以由一个或多个部分组成。

注2:见图4。

32.03.05

主题(在电子邮件中)　subject (in electronic mail)

在**标题**中,由**始发方**的规定概括了**消息**内容的部分。

32.03.06

签名(在电子邮件中)　signature(in electronic mail)

在**主体**末端处,为了个人身份识别而由**始发方**设计的一段特殊的**正文**。

注1:签名通常包括名字、地址,也可以包含电话号码和**传真**号码。

注2:签名可以包含数字签名或对**消息**进行其他**数据**的鉴别。

32.03.07

编码信息类型　encoded information type

EIT(缩略语)

包封中标识**内容**个别部分的**编码信息**的类型的部分。

例:MIME(多用途因特网邮件扩展器)和ASN.1(抽象句法记法一)。

32.03.08

内容类型　content type

包封中标识总体**内容**的句法和语义的部分。

例:明文,ASN.1(抽象句法记法一),SGML(标准通用置标语言)。

32.03.09

探查消息(在电子邮件中)　probe(in electronic mail)

探件(在电子邮件中)

借助于**消息传送**所运送的,并用于确定**消息**是否能加以投递的**信息客体**。

注1:包含在探查消息**包封**内的**属性**描述了消息的一个类别,其可投递性有待确定。

注2:探查消息不可由**分发清单**扩充。

32.03.10

报告(在电子邮件中)　report(in electronic mail)

由**消息传送系统**生成并指明**消息**的**泛传**或**探查消息**的**泛传**的结局或进展的**信息客体**。

注:报告可指明消息或探查消息的**投递**或不[能]**投递**。

32.04　消息处理操作

32.04.01

始发方　originator

作为**消息**或**探查消息**的初始源的**用户**。

注1:始发方通常创建一个消息或送出一个探查消息。

注2:本条目是GB/T 5271.27—2001中条目27.01.09的修订版。

32.04.02

接收方　recipient

可以接收**消息**或消息可对其寻址的**用户**或**分发清单**。

注：本条目是 GB/T 5271.27—2001 中条目 27.01.10 的修订版。

32.04.03

潜在接收方　potential recipient

消息或**探查消息**可运送到的任一**用户**或**分发清单**。

32.04.04

实际接收方　actual recipient

对其发生**投递**或**认定**的**潜在接收方**。

注：一经投递或认定，潜在接收方的状态即转化为实际接收方。

32.04.05

预期接收方　intended recipient

由**始发方**规定为**消息**的或**探查消息**的预期目的地的**潜在接收方**。

32.04.06

立即接收方　immediate recipient

赋予**消息**的或**探查消息**的特定实例的**潜在接收方**。

注：特定实例由**提交**创建，也可由**分送**或**分发清单**扩充来创建。

32.04.07

替代接收方　alternate recipient

当且仅当不能把**消息**或**探查消息**运送给特别首选的**接收方**时，才把消息或探查消息运送去的**潜在接收方**。

注：替代接收方可由**始发方**或由潜在接收方来规定。

32.04.08

成员接收方　member recipient

作为**分发清单扩充**的结果把消息运送去的潜在接收方。

32.04.09

泛传　transmittal

广义传送

信息客体从源到其**潜在接收方**的运送或企图运送。

注：泛传由一系列的**泛传步**和**泛传事件**组成。

32.04.10

泛传步　transmittal step

在**消息处理环境**内，**信息客体**从一个**功能单元**到另一功能单元的运送过程。

32.04.11

泛传事件　transmittal event

在泛传＊**消息**期间，**消息传送系统**内发生的事件。

注：某些**泛传事件**(例如不[能]**投递**)对**用户**是可见的；其他**泛传事件**(例如**分送**)对用户是不可见的。

32.04.12

始发　origination

第一个**泛传步**，其中**直接用户**把**消息**或**探查消息**运送给其**用户代理**，或**间接用户**把消息或探查消息运送给为其所服务的通信系统。

注：见图 6。

32.04.13

提交(在电子邮件中)　submission(in electronic mail)

一个泛传步,其中用户代理或消息存储器把消息或探查消息运送给消息传送代理。

注:见图6。

32.04.14

直接提交　direct submission

一种提交,其中用户代理或消息存储器把消息或探查消息直接运送给消息传送代理而无需通过任何中间功能单元。

注:见图6。

32.04.15

间接提交　indirect submission

一种提交,其中用户代理通过消息存储器把消息或探查消息运送给消息传送代理。

注:见图6。

32.04.16

投递(在电子邮件中)　delivery(in electronic mail)

一个泛传步,其中消息传送代理把消息或报告运送给潜在接收方的消息存储器或用户代理。

注1:投递并不意味着用户已接收到。

注2:见图6。

32.04.17

传送(在电子邮件中)　transfer(in electronic mail)

一个泛传步,其中一个消息传送代理把消息、探查消息或报告运送给另一个消息传送代理。

注:见图6。

32.04.18

检索(在电子邮件中)　retrieval(in electronic mail)

一个泛传步,其中从用户的消息存储器提取消息或报告并运送给该用户的用户代理。

注:这里的用户是实际接收方。

32.04.19

接收(在电子邮件中)　receipt(in electronic mail)

一个泛传步,其中或者用户代理把消息或报告运送给其直接用户,或由另一通信系统将其运送给间接用户。

注:见图6。

32.04.20

进网(在电子邮件中)　import(in electronic mail)

一个泛传步,其中接入单元把信息客体从外部通信系统运送给消息传送系统内的消息传送代理。

注:见图6。

32.04.21

出网(在电子邮件中)　export(in electronic mail)

一个泛传步,其中消息传送代理把信息客体运送给接入单元,以便把信息客体运送给外部通信系统。

注:见图6。

32.04.22

分送(在电子邮件中)　splitting(in electronic mail)

一种泛传事件,其中消息传送代理复制消息或探查消息,以便把该泛传步中的每个新实例以不同方式运送给**立即接收方**。

32.04.23

联接(在电子邮件中)　joining(in electronic mail)

一种**泛传事件**,其中**消息传送代理**把同一**消息**或**探查消息**中的几个实例结合起来,或把关于同一**消息**或**探查消息**的几个**报告**结合起来。

32.04.24

重定向　redirection

一种**泛传事件**,其中**消息传送代理**以**替代接收方**取代**消息**的**立即接收方**中的**用户**或**分发清单**。

32.04.25

不(能)投递(在电子邮件中)　nondelivery(in electronic mail)

一种**泛传事件**,其中**消息传送代理**确定不能把**消息**投递给其**立即接收方**,或者不能把**报告**投递给相应**消息**或**探查消息**的**始发方**。

注:就消息而言,消息传送代理生成不[能]投递报告。

32.04.26

认定(在电子邮件中)　affirmation(in electronic mail)

一种**泛传事件**,其中**消息传送代理**确定**消息传送系统**能把**探查消息**中描述的任一消息投递给其**立即接收方**。

注:在此时,消息传送代理可生成**投递**＊**报告**。

32.04.27

不(能)认定　non-affirmation

一种**泛传事件**,其中**消息传送代理**确定**消息传送系统**不能把**探查消息**中描述的任何**消息**投递给其**立即接收方**。

注:此时,消息传送代理可以生成不[能]投递＊报告。

32.05　消息处理中的命名和寻址

32.05.01

命名机构　naming authority

负责分配名称的机构。

注:有代表性的命名是层次的。分配名称的机构限于特定级别的部分。

32.05.02

始发方接收方名称　O/R name;originator/recipient name

一种**标识符**,借以能把**用户**指定为**始发方**,或者把用户或**分发清单**指定为消息或**探查消息**的**潜在接收方**。

注1:始发方接收方名称由**目录名称**和**始发方接收方地址**组成,或由后二者组成。

注2:见表2。

32.05.03

始发方接收方地址　O/R address;originator/recipient address

把一个**用户**或**分发清单**与另一**用户**或**分发清单**区别开来,并定义对**消息处理系统**或分发清单的位置进行访问的用户点的一种**属性**列表。

注1:在法语中,符号 mé 代表“messagerie électronique(电子消息)”,可用在诸如信纸及名片一类的某些文档上的地址之前,例如:

mé.:name@organization.country

“mé”不宜作为名词使用。也可使用“courriel(邮件)”一词。

注2:见表2。

32.05.04

名称加址(在电子邮件中)　name resolution(in electronic mail)

必要时把**始发方接收方地址**添加到始发方接收方名称的一种**泛传事件**。

32.05.05

属性(在电子邮件中)　attribute(in electronic mail)

描述**用户**或**分发清单**,并能用于该用户或清单对**消息处理系统**的物理结构或组织结构相对定位的一种**数据项**。

例:名称,地址。

注:见表1。

32.05.06

公共名(称)(在电子邮件中)　common name(in electronic mail)

标识**用户**或**分发清单**,相对于由另一属性指出的实体的**始发方接收方地址**的一种属性。

例:组织内的头衔或职位,例如"邮政局长","行政官员","市场总监"。

注1:在始发方接收方地址中,需要公共名称或个人名。

注2:见表1。

32.05.07

个人名　personal name

作为个人的唯一称号,相对于由另一属性(如**组织名称**)指出的实体的**始发方接收方地址**的一种属性。

注1:个人名的组成部分,例如为:

——姓;

——名;

——姓名的首字母;

——辈分的修饰语。

注2:在始发方接收方地址中,需要公共名称或个人名称。

注3:见表1和表2。

32.05.08

组织名称　organization name

为了送出和收到**消息**的目的,作为组织的惟一称号的**始发方接收方地址**的一种属性。

注:见表1和表2。

32.05.09

组织内单位名称　organizational unit name

为了送出和收到**消息**的目的,作为组织的组织内单位的惟一称号的**始发方接收方地址**的一种**属性**。

注:见表1和表2。

32.05.10

国家名称　country name

标识国家的标准**属性**。

注1:按照GB 2659—1994,国家名称通常是该国家的双字母的符号。

注2:见表1。

32.05.11

顶级域名　top-level domain name

在**消息处理系统**的地理结构或组织结构中,标识最高层级的**始发方接收方地址**的一种属性。

注:顶级域名是**国家名称**。在因特网中,顶级域名或者是国家名称,或者是英语缩略语,例如"com","edu","gov","mil","net"或"org"。

32.05.12

管理域名　management domain name

管理域的标识符。

32.05.13

行政管理域名　administration domain name

标识相对于国家的行政管理域的一种属性。

注:见表1和表2。

32.05.14

私用(专用)域名称　private domain name

标识相对于国家或行政管理域的私用(专用)管理域的一种属性。

注:见表1和表2。

32.05.15

别名(在电子邮件中)　alias(in electronic mail)

对始发方接收方名称或始发方接收方地址的一种替代。

注:别名可用于目录中。

32.06　消息处理服务

32.06.01

消息处理服务　message handling service

由消息处理系统提供的服务。

32.06.02

回复(动词)　<to> reply

创建一个消息作为对收到的消息的回答并指派收到消息的始发方作为预期接收方。

32.06.03

自动回复　auto-reply

作为对收到消息的回答的消息的自动创建,及以始发方作为预期接收方的自动指派。

32.06.04

转发(动词)　<to> forward

将收到的消息通过指派新的预期接收方来创建消息。

32.06.05

自动转发　auto-forward

将收到的消息转发给预先定义的新预期接收方的自动动作。

32.06.06

推迟投递服务　deferred delivery service

使始发方的用户代理要求在规定日期和时间之前不能投递已提交的消息的服务。

32.06.07

投递通知服务　delivery notification service

当把提交的消息成功地投递给接收方的用户代理或接入单元时,使始发方的用户代理要求能显式地通知的服务。

注1:投递并不意味已由用户*接收。

注2:就多接收方的消息而言,本服务要求能以每个接收方为基础。

注3:见图6。

32.06.08

不(能)投递通知服务　nondelivery notification service

如果不把提交的消息投递给接收方的用户代理或接入单元,则使始发方的用户代理要求能得到通知的一种服务。

注1:不投递消息的理由,可作为通知的一部分包括在内。

注2:就多接收方的消息而言,本通知能涉及该消息不能投递到的任一或全部接收方。

32.06.09

透露(其他)接收方的服务　disclosure of other recipients service

一种如下服务:在提交多接收方**消息**时,使**始发方**的**用户代理**能指导**消息传送系统**,一旦**投递**该消息,即把全部其他接收方的**始发方接收方名称**都透露给每个接收方的用户代理。

32.06.10

保持待投服务　hold-for-delivery service

使**接收方**的**用户代理**能要求**消息传送系统**为**投递**而保持其**消息**和**报告**直到某较晚时刻的一种服务。

32.06.11

提交证明服务　proof of submission service

允许**消息**的**始发方**从**消息传送系统**获得手段去鉴别该消息已经提交供**投递**给**预期接收方**的一种服务。

32.06.12

投递证明服务　proof of delivery service

使**消息**的**始发方**能得到该消息已投递给其**预期接收方**的确认的一种服务。

32.06.13

消息标识服务　message identification service

使**消息传送系统**能对由系统投递的或提交给系统的每一个**消息**或**探查消息**都为**用户代理**提供惟一标识的一种服务。

例:时间戳。

32.06.14

访问管理服务　access management service

使**用户代理**和**消息传送代理**能建立相互访问并管理关联**信息**的一种服务。

32.06.15

安全访问管理服务　secure access management service

对**消息处理系统**的**资源**提供保护,防备对它未授权使用的一种服务。

32.06.16

匿名邮件重发器　anonymous remailer

允许消息的**始发方**将其标识对最终**接收方**保持隐瞒的一种**功能单元**。

32.07　消息存储

32.07.01

消息存储器　message store

MS(缩略语)

为单个**直接用户**提供**消息存储**能力的一种**功能单元**。

注:见图1,图6。

32.07.02

存储消息报警服务　stored message alert service

每当到达**消息存储器**的消息满足登记的准则时就通知**用户**的一种服务。

32.07.03

存储消息列表服务　stored message listing service

把在**消息存储器**中**存储**的消息的**信息**清单提供给**接收方**的**用户代理**的一种服务。

注:该信息包括选自每个消息的**属性**及由消息存储器补加的其他消息。

32.07.04

存储消息累计服务　stored message summary service

把消息存储器中存储的消息的满足基于一个或多个属性的规定准则的消息计数提供给接收方的用户代理的一种服务。

32.08　人际消息处置

32.08.01

人际消息　interpersonal message

IPM(缩略语)

人际消息处置中的消息。

注:见图4。

32.08.02

人际消息处置系统　interpersonal messaging system

IPMS(缩略语)

进行人际消息处置的一种消息处理系统。

32.08.03

主接收方　primary recipient

消息的首要预期接收方。

32.08.04

抄[送]件接收方　copy recipient

不是消息的首要预期者,而是接收该消息内容的通告者的接收方。

注1:用缩略语"cc"指定抄[送]件接收方,来自于词"抄送(carbon copy)"。

注2:本条目是GB/T 5271.27—2001中条目27.01.16的修订版。

32.08.05

隐藏抄[送]件接收方　blind copy recipient

其身份对同一消息的其他接收方不透露的接收方。

注1:用缩略语"bcc"指明隐藏抄[送]件接收方,该词源自"blind carbon copy"(隐藏抄送)。

注2:本条目是GB/T 5271.27—2001中条目27.01.15的修订版。

32.08.06

人际消息处置服务　interpersonal messaging service

借助人际消息处置系统提供的服务。

32.08.07

类型化主体服务　typed body service

允许运送人际消息的主体内所有部分的性质和特征的一种服务。

注:此处的特征包括编码信息类型。

32.08.08

截止日期指示服务　expiration date indication service;expiry date indication service

允许始发方对接收方指出人际消息将会无效的日期和时间的一种服务。

32.08.09

过时指示服务　obsoleting indication service

允许始发方对接收方指出一个或多个消息以前送出但现已过时的一种服务。

32.08.10

人际通知　interpersonal notification

IPN(缩略语)

运送给**人际消息**的**始发方**,指明该**消息**是否已由**预期接收方**接收的**信息**。

32.08.11

回执　receipt notification

一种**人际通知**,把**人际消息**的成功**接收**报告给**人际消息**的**始发方**。

注:成功接收可以包括人际消息所期待的和安排的今后的接收。

32.08.12

未收到通知　nonreceipt notification

向**始发方**报告**人际消息**接收失败、验收失败或接收中的延迟的一种**人际通知**。

32.09　目录系统

32.09.01(26.05.10)

目录系统　directory system

为协作提供**目录服务**的**开放系统**的汇集。

32.09.02

目录用户　directory user

访问**目录系统**的个人或**功能单元**。

32.09.03

目录用户代理　directory user agent

DUA(缩略语)

目录用户和**目录系统**相互作用的一种**功能单元**。

注:见图3。

32.09.04

目录系统代理　directory system agent

DSA(缩略语)

目录系统中的一种**功能单元**,对包含在**目录信息库**中的**信息**提供访问。

注:见图3。

32.09.05

目录信息库　directory information base

由**目录系统**管理的**信息**集合。

32.09.06

目录名(称)　directory name

按照**目录系统**中的规则组织的特殊客体的**标识符**。

注:目录名[称]必须是无歧义的(即仅指称一个客体),然而它不一定是惟一的(即是无歧义地表示客体的仅有名称)。

32.09.07

目录信息树　directory information tree

在**目录系统**中,借助于**目录名称**无歧义地标识客体的**树结构**。

注:此树结构,通过引导至特定入口的各结点构成的名称,映射到目录名称上。

32.09.08

目录管理域　directory management domain

DMD(缩略语)

由单一机构管理的,由一个或多个**目录系统代理**并可能有若干**目录用户代理**组成的汇集。

32.09.09

转派(职能)　referral

对**目录系统**的请求一旦不能解决时,由目录系统代理向**目录用户代理**或另一**目录系统代理**提出的使用替代访问点或目录系统代理的建议。

注:转派(职能)的理由可以是受请求影响的**信息**在逻辑上太远。

32.10 杂项 miscellaneous

32.10.01

物理投递 physical delivery

PD(缩略语)

采用物理形式的**消息** * **投递**。

注:物理形式可以是信件。

32.10.02

物理投递系统 physical delivery system

PDS(缩略语)

进行**物理投递**的系统。

例:邮政系统。

32.10.03

物理投递接入单元 physical delivery access unit

PDAU(缩略语)

物理投递用的**接入单元**。

注:见图 2。

例:打印机。

32.10.04

(消息)线列(在电子邮件中) thread(in electronic mail)

包含紧密有关的**信息**并能容易地与其他**消息**隔离开来的一种**消息**序列。

32.10.05

情绪符 emoticon;smiley

用多个**符号**表示**消息** * **始发方**的心境的合成符号。

例:通常的情绪符包括:

:)意思是快乐,

:(意思是哀伤。

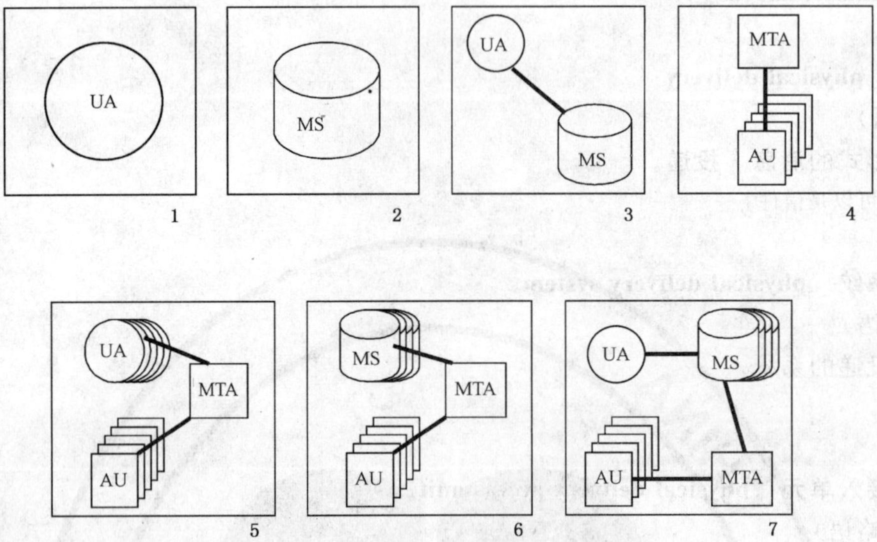

AU—接入单元；

MS—消息存储器；

MTA—消息传送代理；

UA—用户代理。

注：不同的消息处置系统可以包含服务于单一用户(框1至3)或多个用户(框4至7)的不同功能单元。

图1 消息处置系统类型

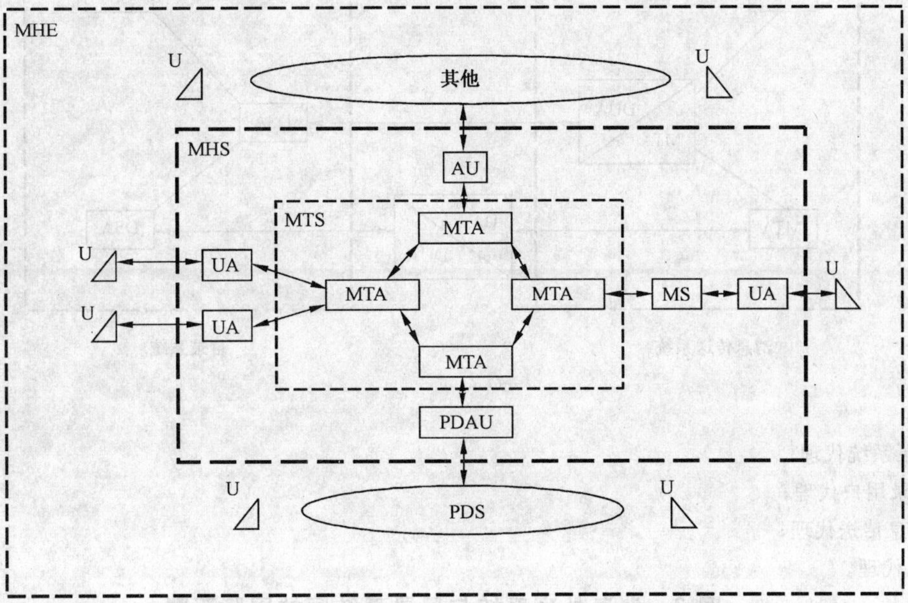

U—用户

环境或系统：

MHE—消息处理环境；

MHS—消息处理系统；

MTS—消息传送系统；

PDS—物理投递系统；

其他—其他通信系统。

功能单元：

AU—接入单元；

MS—消息存储器；

MTA—消息传送代理；

PDAU—物理投递接入单元；

UA—用户代理。

图 2　消息处理环境的静态视图

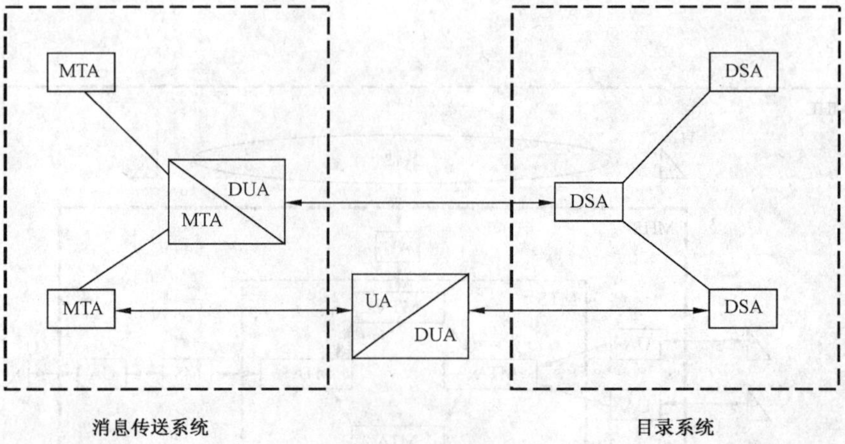

功能单元：

DSA—目录系统代理；

DUA—目录用户代理；

MTA—消息传送代理；

UA—用户代理。

图 3　消息处理系统与目录系统间的网际互联

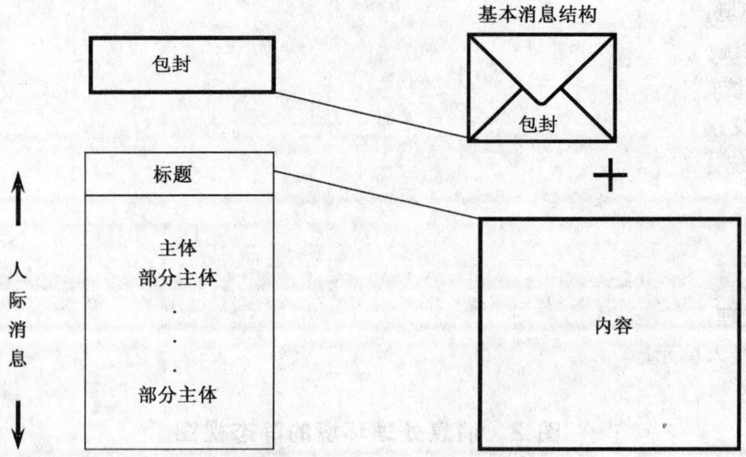

注：这是消息结构的一个例子。

图 4　人际消息结构

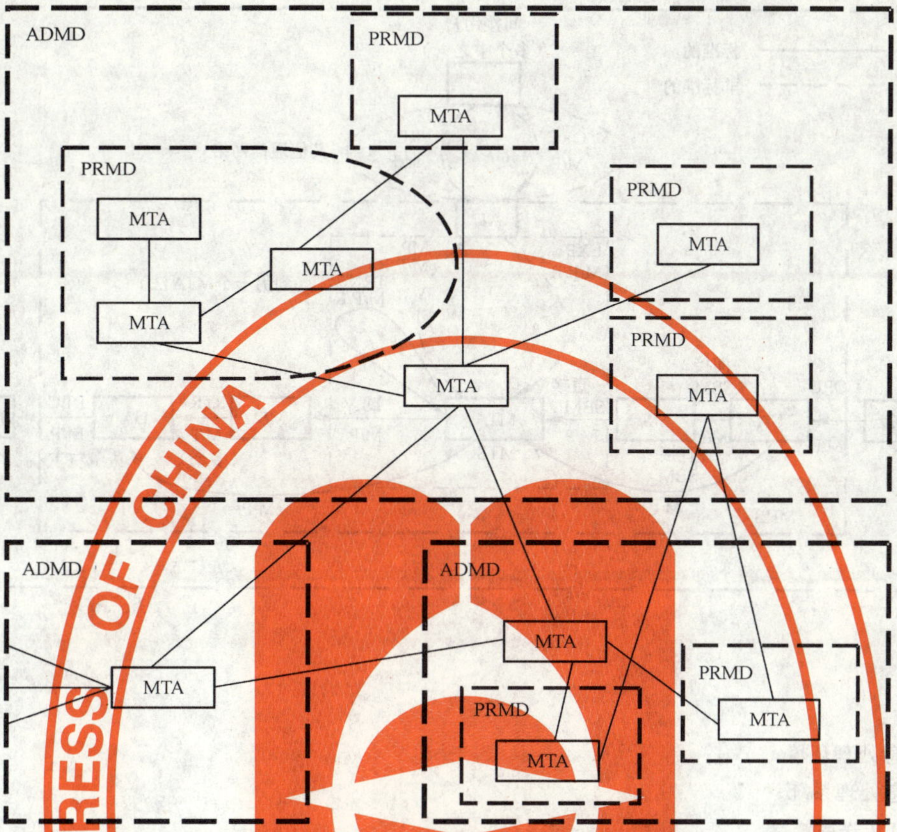

MTA—消息传送代理；
ADMD—行政管理域；
PRMD—私用(专用)管理域。

图 5　管理域间的联系

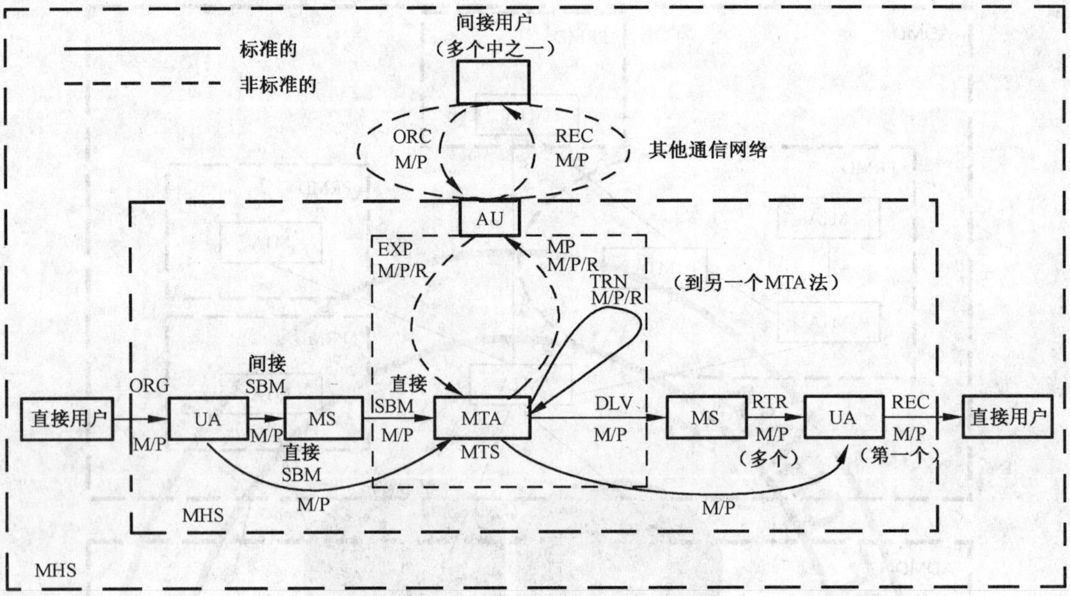

环境或系统：

MHE—消息处理环境；

MHS—消息处理系统；

MTS—消息传送系统。

功能单元：

AU—接入单元；

MS—消息存储器；

MTA—消息传送代理；

UA—用户代理。

泛传步：

DLV—投递；

EXP—进网；

IMP—出网；

ORG—始发方；

SBM—提交；

REC—接收；

RTR—检索；

TRN—传送至另一 MTA(消息传送代理)。

泛传的信息客体：

M/P—消息和探查消息；

M/P/R—消息、探查消息和报告；

M/R—消息和报告。

图 6　消息处理环境中信息流的动态图示

表 1　选择的始发方接收方地址属性

最常见的始发方接收方地址属性	例
国家名称	CA,FR
行政管理域名	d400,ATLAS
私用(专用)域名	univ-paris1
组织名称	inst-pasteur
组织内单位名称	Cs
姓	smith
名	john
姓名的首字母	P. X.
公共名[称]	邮政局长
域定义的属性	自动回复

表 2　始发方接收方地址的例子

符　号	名　称	例
C	国家名称	C＝FR
A	行政管理域名	A＝ATLAS
P	私用(专用)域名	P＝univ-paris1
O	组织名称	O＝inst-pasteur
OUn(n＝1,…,4)	组织内单位名称	OU1＝cs
S	姓	S＝smith
例:C＝FR;A＝ATLAS;O＝inst-pasteur;OU1＝cs;P＝univ-paris1;S＝smith		

因特网

用户@管理域名.顶级域名

管理域＝<管理域名|管理域名.(较高级)管理域名>

用户＝<用户名称|用户名称.标识符>

标识符＝<姓|名|…|公共名[称]>

例:postmaster@inst-pasteur.univ-paris1.fr;
　john.smith@cs.univ-paris1.edu

附 录 A
（资料性附录）
中 文 索 引

附 录 B
（资料性附录）
英 文 索 引

A

B

C

D

J

M

N

ICS 35.240.20
L 60

GB

中华人民共和国国家标准

GB/T 5271.34—2006/ISO/IEC 2382-34:1999

信息技术　词汇
第34部分:人工智能　神经网络

**Information technology—Vocabulary—
Part 34: Artificial intelligence—Neural networks**

(ISO/IEC 2382-34:1999,IDT)

2006-03-14 发布　　2006-07-01 实施

中华人民共和国国家质量监督检验检疫总局
中国国家标准化管理委员会　发布

前　言

GB/T 5271《信息技术　词汇》共分 30 部分：

——第 1 部分：基本术语(GB/T 5271.1)

——第 2 部分：算术和逻辑运算(GB/T 5271.2)

——第 3 部分：设备技术(GB/T 5271.3)

——第 4 部分：数据的组织(GB/T 5271.4)

——第 5 部分：数据的表示法(GB/T 5271.5)

——第 6 部分：数据的准备与处理(GB/T 5271.6)

——第 7 部分：计算机程序设计(GB/T 5271.7)

——第 8 部分：安全(GB/T 5271.8)

——第 9 部分：数据通信(GB/T 5271.9)

——第 10 部分：操作技术和设施(GB/T 5271.10)

……

——第 29 部分：人工智能 语音识别与合成(GB/T 5271.29)

——第 31 部分：人工智能 机器学习(GB/T 5271.31)

——第 32 部分：电子邮件(GB/T 5271.32)

——第 34 部分：人工智能 神经网络(GB/T 5271.34)

本部分等同采用了 ISO/IEC 2382-34:1999《信息技术　词汇　第 34 部分：人工智能　神经网络》(英文版)。

本部分是 GB/T 5271 术语系列国家标准的第 34 部分。

本部分标准的附录 A 和附录 B 是资料性附录。

本部分标准由中华人民共和国信息产业部提出。

本部分标准由中国电子技术标准化研究所归口。

本部分标准起草单位：中国电子技术标准化研究所。

本部分标准主要起草人：吴庆宝、王静。

信息技术　词汇
第34部分:人工智能　神经网络

1　概述

1.1　范围

GB/T 5271的本部分给出了与信息处理领域相关的概念的术语和定义,并明确了这些条目之间的关系。

为方便将此标准翻译成其他语言,给出的定义尽可能避免语言上的特殊性。

本部分定义了有关神经网络及其组成部分、连接机制和功能的概念。

1.2　规范性引用文件

下列文件中的条款通过GB/T 5271的本部分的引用而成为本部分的条款。凡是注日期的引用文件,其随后所有的修改单(不包括勘误的内容)或修订版均不适用于本部分,然而,鼓励根据本部分达成协议的各方研究是否可使用这些文件的最新版本。凡是不注日期的引用文件,其最新版本适用于本部分。

GB/T 5271.1—2000　信息技术　词汇　第1部分:基本术语(idt ISO/IEC 2382-1:1993)

GB/T 5271.12—2000　信息技术　词汇　第12部分:外围设备(eqv ISO/IEC 2382-12:1988)

GB/T 5271.28—2001　信息技术　词汇　第28部分:人工智能　基本概念与专家系统(idt ISO/IEC 2382-28:1995)

GB/T 5271.31—2006　信息技术　词汇　第31部分:人工智能　机器学习(idt ISO/IEC 2382-31:1997)

GB/T 15237.1—2000　术语工作　词汇　第1部分:理论与应用(eqv ISO 1087-1:2000)

1.3　遵循的原则和规则

1.3.1　词条的定义

第2章包括许多词条。每个词条由几项必需的要素组成,包括索引号,一个术语或几个同义术语和定义一个概念的短语。另外,一个词条可包括举例、注解或便于理解概念的解释。有时同一个术语可由不同的词条来定义,或一个词条可包括两个或两个以上的概念,说明分别见1.3.5和1.3.8。

本部分使用其他的术语,例如词汇、概念、术语和定义,其意义在GB/T 15237.1中有定义。

1.3.2　词条的组成

每个词条包括1.3.1中规定的必需的要素,如果需要,可增加一些要素。词条按以下的顺序包括如下要素:

a)　索引号(对发布的本标准所有语言是公共的);

b)　术语或某语言中首选的术语,对某语言中的概念若没有首选术语表示,用五个点的符号表示(.....);在一个术语中,一行点用来表示每个特定事例中被选的一个词;

c)　某个国家的首选术语(根据GB/T 4880规则标明);

d)　术语的缩写;

e)　许可的同义术语;

f)　定义的正文(见1.3.4);

g） 以“例”开头的一个或几个例子；

h） 以“注”开头的概念应用领域标明特殊事例的一个或几个注解；

i） 词条共用的图片、图示或表格。

1.3.3 词条的分类

本标准的每部分被分配两个数字组成的序列号，并以表示“基本术语”的01开始。

词条按组分类，每组被分配一个四个数字组成的序列号；前两个数字表示该组在本标准中所处的部分。

每个词条被分配一个六个数字组成的索引号；前四个数字表示该词条所在的标准部分和组。

为使本标准不同语言的版本都是相关联的，分配给标准部分、组和词条的序号都应是相同的。

1.3.4 术语的选择和定义的用语

选择术语和定义用语尽可能按照已规定的用法。当出现矛盾时，采用大多数同意的方法。

1.3.5 多义术语

在一种工作语言中，如果一个给定的术语有几个意义，每个意义则给定一个单独的词条以便于翻译成其他的语言。

1.3.6 缩略语

如1.3.2中所指，当前使用的缩略语被指定给一些术语。这些缩略语不用于定义、例子或注解的文字中。

1.3.7 圆括弧的用法

在一些术语中，按黑体字印刷的一个词或几个词置于括弧中。这些词是完整术语的一部分。

当在技术文章中使用缩略语不影响上下文的意思时，这些词可被省略，在GB/T 5271的定义、例子或注解的正文中，这些术语按完整形式使用。

在一些词条中，术语后面跟着普通字体的放在括弧中的文字。这些词不是术语的某部分，而是指明使用该术语的有关信息，如它的特殊的应用范围，或它的语法形式。

1.3.8 方括弧的用法

如果几个紧密相关的术语的定义只是几个文字的区别，这些术语及其定义归为一个词条。为表示不同的意思的替换文字按在术语和在定义中的相同的次序放在方括弧中。为避免被替换词的不明确性，按上述规则放在括弧前面的最后一个词可放在方括弧里面，并且每变化一次则重复一次。

1.3.9 定义中黑体术语的用法和星号的用法

术语在定义、例子或注解中用黑体字印刷时，则表示该术语已在本词汇的其他词条中定义过。但是，只有当这些术语首次出现在每一个词条中时，该术语才印成黑体字的形式。

黑体也用于一个术语的其他语法形式，如名词复数和动词的分词形式。

定义在GB/T 5271中所有以黑体出现的术语的基本形式列在本部分后面的索引中（见1.3.11）。

当在不同的词条中引用的两个术语一个紧接着另一个，用星号将二者分隔开（或仅用标点分隔）。

以一般字体出现的词或术语，按一般词典中或权威性技术词汇的释义理解。

1.3.10 拼法

本标准的英文版本中，术语、定义、例子和注解的拼写一般按美语的拼写形式。其他正确的拼写可在不与本标准发生冲突的情况下使用。

1.3.11 索引表的编制

对于使用的每一种语言，在每部分的结尾提供字母索引。索引包括该部分定义的所有术语。

多词术语按字母顺序出现在每个关键字后。

2 术语和定义

34 人工智能——神经网络

34.01 一般术语

34.01.01

连接机制 connectionism

连接科学 connection science

研究**人工智能**的交叉学科，其中用简单处理单元的**网络**实现复杂的计算，把每个单元连接到大量的其他单元上去，它们交换简单消息，在许多这样的单元间出现**并行**处理。

注：连接机制是由诸如人类大脑的生物的神经系统的运转所激起的。

34.01.02

连接(机制式)模型 connectionist model

智能活动的计算模型，其中的**信息**片由大量简单处理单元的**网络**来共同表示，由交换简单消息实现这些处理单元间的通信，通过在大量这样的单元间分布的**并行**处理实现复杂计算。

注：举例来说，把连接(机制式)模型应用于**知识表示**、**模式识别**、**计算机视觉**、**自然语言理解**、**学习**(如GB/T 5271.31—2006中定义的)以及运动控制。

34.01.03

亚符号表示 subsymbolic representation

一种**知识表示**的技术，它把表示分布到相对大的**网络**上而不是直接**存储**符号。

注：在**连接(机制式)模型**中，存储在网络内的**知识**由已用亚符号表示来分段，因而不易于表示为简单规则或符号形式。

34.01.04

混合分层结构 heterarchy

一种系统的结构，其各部分相互之间能直接通信。

34.01.05

层次结构 hierarchy

一种系统的结构，为了通信的目的，依照特定规则，将其部件按级安排在下属各层中。

34.01.06

神经网络 neural network

神经网 neural net

NN(缩略语)

人工神经网络 artificial neural network

ANN(缩略语)

由加权链路且权值可调整连接的基本处理元素的**网络**，通过把非线性函数作用到其**输入值**上使每个单元产生一个值，并把它传送给其他单元或把它表示成**输出值**。

注1：虽然某些神经网络旨在模拟神经系统中神经元的功能，但大多数神经网络用于**人工智能**以实现**连接模型**。

注2：非线性函数的例子是**阈值函数**、sigmoid函数以及多项式函数。

注3：本条目是GB/T 5271.28—2002中条目28.01.22的修订版。

34.01.07

人工神经元 artificial neuron

神经元(不推荐使用) neurode(deprecated)

具有几个输入和一个输出的**神经网络**中的本原处理单元，其**输出**值是具有可调加权系数的**输入值**的加权线性组合的非线性函数。

注1:人工神经元的模型化按照神经系统中神经元的功能进行,并为交换消息而加以互连。

注2:每个人工神经元都是神经网络的一个结点,它和其他神经元合作及通信。神经网络也可以有不是人工神经元的输入结点。

34.01.08

神经计算机 **neurocomputer; neural computer**

按**神经网络**方式构建的专用**计算机**。

注:通常以**连接更新每秒**来度量其性能。

34.01.09

神经芯片 **neurochip**

实现**神经网络模型**的全部或部分的可重构的芯片。

34.01.10

神经网络模型 **neural-network model**

神经网络的抽象模型,它能用**软件**来模拟或作为**神经计算机**加以实现。

34.02 **神经网络及其部件**

34.02.01

源结点 **source node**

神经网络的结点,它对**人工神经元**供给**输入信号**。

34.02.02

输入神经元 **input neuron**

一种**人工神经元**,它从外部源接收**信号**。

34.02.03

输出神经元 **output neuron**

一种**人工神经元**,它送**信号**给外部系统。

34.02.04

可见神经元 **visible neuron**

一种**人工神经元**,它直接和外部系统通信。

注:可见神经元可以是**输入神经元**、**输出神经元**或兼作二者。

34.02.05

隐神经元 **hidden neuron**

一种**人工神经元**,它不直接和外部系统通信。

34.02.06

层(在神经网络中) **layer(in neural networks)**

在层次组织的**神经网络**中的一组**人工神经元**,其输出可以连接到网络向前输出组的神经元上,但不能连接到网络向后输入组的神经元上。

注:同一层的人工神经元在它们之间可以有连接。

34.02.07

输入层 **input layer**

一种从外部源接收**信号**的**人工神经元层**。

注:延伸来讲,术语"输入层"也对一组**源结点**使用。

34.02.08

输出层 **output layer**

决策层 **decision layer**

把**信号**送给外部系统的**人工神经元层**。

34.02.09

可视层　visible layer

和外部系统直接通信的**结点层**。

34.02.10

隐层　hidden layer

不直接和外部系统通信的**人工神经元层**。

34.02.11

瓶颈层　bottleneck layer

强制**神经网络**对**输入数据**压缩表示的**隐层**。

34.02.12

板条　slab

一组**人工神经元**,它们共享相同**激活函数**和**学习**规则,并有相同的拓扑互连。

注:板条可以按分层方式互连,但也可以出现其他的体系结构。

34.02.13

分层网络　layered network

一种**神经网络**,其**人工神经元**分层组织在各层中。

注:分层网络除了人工神经元的各层外可以有不同组的**源结点**。

34.02.14

非分层网络　nonlayered network

一种**神经网络**,其**人工神经元**不按层组织。

34.02.15

单层网络　single-layered network

仅有**源结点**及一个**输出层**,而没有**隐层**的**分层网络**。

注:在单层网络中,只有输出层实现计算。

34.02.16

多层网络　multilayered network

至少有两层的**分层网络**。

注:多层网络除了**人工神经元**的各层外,可以有不同组的**源结点**。在这种情况下至少有一个**隐层**。

34.02.17

部分连接网络　partially connected network

稀疏(连接的)网络　diluted network

一种**非分层网络**,其中各**人工神经元**不必连接到全部其他人工神经元上,或是**分层网络**,其中在层中的人工神经元不必连接到相邻向前层中全部神经元上。

34.02.18

(完)全连接网络　totally connected network

全连接网络　fully connected network

一种**非分层网络**,其中每个**人工神经元**都连接到全部其他人工神经元上,或为**分层网络**,其中在层中的每个人工神经元连接到相邻向前层中全部神经元上。

34.02.19

随机连接网络　randomly connected network

随机网络　random network

一种**神经网络**,其人工神经元都随机地进行连接。

34.02.20

共享权网络　weight-sharing network

一种**神经网络**,其中同层的**人工神经元**共享同一**连接权**的向量。

34.02.21

稳态(在神经网络中)　stable state(in neural networks)

全部**人工神经元**的**连接权**都保持不改变的状态。

注:稳态通常出现在进一步**训练**时权保持不改变的情况,但也可以出现在诸如**霍普菲尔德网络**中的正常作用时。

34.02.22

稳定结盟　stable coalition

在**稳态**期间彼此保持激活的**人工神经元**的互相激发组。

34.02.23

同步神经网络　synchronous neural network

一种**神经网络**,其中全部**人工神经元**都同时被更新。

34.02.24

异步神经网络　asynchronous neural network

一种**神经网络**,其中**人工神经元**不被同时更新,例如随机更新或按某种有组织的顺序更新。

34.02.25

前馈网络　feedforward network

前向传播网络　forward-propagation network

非循环网络　acyclic network

在给定**层**内的各**人工神经元**之间既没有反馈路径也没有任何路径的**多层网络**。

例:**多层感知器**。

注:本术语有时用于指明任一**分层网络**。

34.02.26

回复网络　recurrent network

一种**神经网络**,其中在**人工神经元**间的连接形成至少一个反馈环路。

例:**霍普菲尔德网络**,**玻耳兹曼机**。

注:**非分层网络**是回复网络。如果在给定**层**中的神经元之间有连接或从给定神经元反向连接到输入神经元上时,**分层网络**就是回复的。

34.02.27

单层感知器　single-layer perceptron

简单感知器　simple perceptron

感知器　perceptron

由一个有**二进制输出值**的**人工神经元**组成的**神经网络**,该二进制输出值由单调函数作用到**输入值**的线性组合并通过**纠错学习**来确定。

注1:单层感知器形成由超平面隔开的两个决策区域。

注2:对于二进制输入值,单层感知器不能实现**异或运算**(EXCL USIVE OR,XOR)。

34.02.28

多层感知器　multilayered perceptron

由一组**源结点**、一个或多个**隐层**及一个**输出层**组成并使用单调**激活函数**的**前馈网络**。

注1:多层感知器中每个**人工神经元**都是一个单层感知器。

注2:多层感知器能实现任何**布尔函数**。

34.02.29

径向基函数网络 **radial basis function network**

RBF network(缩略语)

一种**前馈网络**,其中每个**隐神经元**都使用一个**径向基函数**作为**激活函数**,且**输出神经元**实现这些径向基函数的线性组合。

34.02.30

反向传播网络 **back-propagation network**

BPN(缩略语)

反馈传播网络 **feedback-propagation network**

一种**多层网络**,它使用**反向传播**,以便**学习**期间的**连接权**调整。

34.02.31

自组织网络 **self-organizing network**

具有**自组织**能力的**神经网络**。

注:常常把自组织网络设计成有模仿脑细胞的能力,按行为或模式组织它们自己。

34.02.32

自组织映像 **self-organizing map**

SOM(缩略语)

自组织特征映像 **self-organizing feature map**

SOFM(缩略语)

科霍南映射 **Kohonen map**

一种**自组织网络**,它由一个**输出层**组成,一般是二维的,完全连接到**源结点**,并使用**竞争学习**。

34.02.33

联想存储(器) **associative storage**

(可)按内容寻址存储器 **content-addressable storage**

联想存储器 **associative memory**

一种存储器,它能再调用**存储**的**模式**,该模式和近似的或部分的输入模式相匹配。

注1:输入模式可以是地址或如在GB/T 5271.28—2002中定义的模式的一部分或全部。

注2:再调用模式可以是期望的数据本身或构成对它的引用,诸如对其地址的引用。

注3:本条目是GB/T 5271.12—2000中条目12.02.27的修订版。

34.02.34

霍普菲尔德网络 **Hopfield network**

交叉联想网络 **crossbar associative network**

CAN(缩略语)

仅有**可视神经元**的一种**全连网**,它们被周期性更新,直至达到**稳态**时为止。

注1:霍普菲尔德网络有有限个**稳态**,相应于能量函数的局部极小。在**学习**期间,调整**连接权**以便稳态相应于所**存储**的**模式**。在应用**输入**模式之后,网络朝着最接近的存储模式进化。

注2:霍普菲尔德网络可以是**同步神经网络**或**异步神经网络**。

注3:霍普菲尔德网络主要作为联想存储器使用,但也在优化中应用。

34.02.35

玻尔兹曼机 **Boltzmann machine**

兼有**可视神经元**和**隐神经元**的一种**完全连接网络**,两种神经元按照概率分布进行周期性更新。

注1:在**学习**期间,某些可视神经元被固定在特殊的状态上。

注2:在统计热力学和玻尔兹曼机的动态性能之间有某种形式的等效性。

34.02.36

自适应谐振理论网络　adaptive resonance theory network; ART network

一种神经网络，其中如果输入模式十分类似于具有特征的类别中的一个时，学习算法就更新存储的原型，或按另一种方式以像原型那样的输入创建一个新类别。

注：自适应谐振理论网络体现塑性（学习的能力）和稳定性（不擦除或恶化现有的知识）之间的折衷。

34.02.37

胜者全取网络　winner-takes-all network

一种神经网络，其中在某层中最强的人工神经元可以抑制同一层中其余的人工神经元。

注：胜者为全取络使用竞争学习的类型。

34.02.38

胜者多取网络　winner-takes-more network

一种神经网络，其中和超过平均值的输入值相竞争的全部人工神经元可以保持活动。

注：胜者多取网络使用某一类型竞争学习。

34.02.39

自适应神经网络　adaptive neural network

一种神经网络，它能按照在其环境中的改变来调整其性能特征。

34.02.40

甄别网络　discrimination network

一种神经网络，其中用于对客体、情景或事件的汇集进行分类的测试集按照预先确定的特征来实现。

34.02.41

层次神经网络　hierarchical neural network

层次人工神经网络　hierarchical artificial neural network

一种神经网络，它由若干级子网络组成，其中的处理一级接一级地出现。

34.03　连接和函数

34.03.01

神经连接　neural connection

神经链路　neural link

突触互连（不推荐使用）　synaptic interconnection (deprecated)

突触连接（不推荐使用）　synaptic connection (deprecated)

两个人工神经元之间的链路，它由源神经元、目标神经元和连接权所定义。

34.03.02

连接权（重）（在神经网络中）　connection weight (in neural networks)

连接强度　connection strength

突触权（重）（不推荐使用）　synaptic weight (deprecated)

一个系数，在它与其他输入值结合前，乘以人工神经元的输入值。

34.03.03

动态可编程连接　dynamically programmable connection

一种神经连接，其连接权可动态地加以修改。

34.03.04

(神经)束 bundle

板条之间的各神经连接的汇集。

34.03.05

学习(在神经网络中) learning(in neural networks)

由响应一个接一个的输入模式,调整其参数而使神经网络改进性能的过程。

注:一般的,学习由连接权的调整组成。

34.03.06

学习算法(在神经网络中) learning algorithm(in neural networks)

一种调整神经网络在学习期间的参数的算法。

注:通常,学习算法调整连接权。

34.03.07

连接(机制式)学习 connectionist learning

通过在神经网络中改变人工神经元的连接权的学习。

34.03.08

学习率 learning rate

在学习期间调控对连接权改变的数量的参数。

注:连接权改变的总量等于由学习算法给出的值和学习率的系数的乘积。

34.03.09

自组织 self-organization

无监督学习神经网络,按照在输入模式中找到的特征调整其连接权的能力。

34.03.10

纠错学习 error-correction learning

使用出错信号的监督学习,其中信号是期望的输出值和实际输出值间的差,用以修改连接权。

34.03.11

赫布学习 Hebbian learning

一种学习,如果两个人工神经元同步激活则增加神经连接的连接权,如果神经元异步激活则减少连接权。

注:在最简单的情况中,连接权改变的总量与两个输出值的乘积成正比。

34.03.12

竞争学习 competitive learning

一种学习,其中人工神经元通过竞争以获得对输入模式的给定子集的响应权利。

注:神经元对输入模式的响应倾向于抑制其他神经元。

34.03.13

激活函数 activation function

基于人工神经元输入值和当前连接权来计算人工神经元输出值的函数。

注:输出值可以是连续的。

34.03.14

径向基函数 radial basis function

RBF(缩略语)

一种激活函数,由连接权向量确定的一点为中心,其位置和宽度由学习来调整。

注1:在径向基函数网络中,径向基函数是隐神经元的激活函数,并构成表示模式的基集。

注2:径向基函数有极大值或极小值,和通常激活函数不同,通常激活函数是单调的。大多数使用的径向基函数是高斯函数。

34.03.15

连接更新每秒　connection updates per second

CUPS(缩略语)

在学习方式中,每秒神经元连接更新的个数。

34.03.16

前馈传播　feedforward propagation

前向传播　forward propagation

在多层网络中,从输入层朝向网络的输出逐层进行连接权调整的传播。

注:不要和前馈网络混淆。

34.03.17

反向传播　back propagation

反馈传播　feedback propagation

在多层网络中,从连接权调整输出层朝向网络的输入的逐层传播。

注:有代表性的反向传播用于与纠错学习的连接。

34.03.18

训练(在神经网络中)　training(in neural networks)

教会神经网络在输入值的样本和正确输出值之间作出结合的步骤。

34.03.19

(训)期(在神经网络中)　epoch(in neural networks)

引入到神经网络中的训练模式序列。

34.03.20

批(量)训练　batch training

一种训练,其中仅在提供了一个(训)期之后,才对连接权进行调整。

34.03.21

交互式训练　interactive training

模式训练　pattern training

在提供了每个输入模式之后才对连接权进行调整的训练。

附 录 A
（资料性附录）
中 文 索 引

附 录 B
（资料性附录）
英 文 索 引

ICS 25.080.20
J 54

中华人民共和国国家标准

GB/T 5289.3—2006

卧式铣镗床检验条件　精度检验
第3部分：带分离式工件夹持固定工作台的落地式机床

Test conditions for boring and milling machines with horizontal spindle—Testing of the accuracy—Part 3: Floor type machines with detached, stationary work-holding table

(ISO 3070-3:1997, MOD)

2006-01-24 发布　　2006-08-01 实施

中华人民共和国国家质量监督检验检疫总局
中国国家标准化管理委员会　发布

前　言

GB/T 5289《卧式铣镗床检验条件　精度检验》分为：

——第 1 部分：通则；

——第 2 部分：台式机床；

——第 3 部分：带分离式工件夹持固定工作台的落地式机床；

——第 4 部分：带移动立柱的刨台式机床。

本部分为 GB/T 5289 的第 3 部分。

本部分修改采用 ISO 3070-3:1997《卧式铣镗床检验条件　精度检验　第 3 部分：带分离式工件夹持固定工作台的落地式机床》(英文版)。

考虑到我国国情，在采用国际标准时进行了修改。这些技术性差异用垂直单线标识在它们所涉及的条款的页边空白处。在附录 A 中给出了技术性差异及其原因的一览表以供参考。

为便于使用，本部分还做了下列编辑性修改：

——"本标准"一词改为"本部分"；

——第 2 章标题"引用标准"改为"规范性引用文件"；

——第 4 章标题"简要说明"改为"一般要求"；

——删除了 ISO 3070-3:1997 的前言；

——在精度表格中删除了"实测偏差一栏"；

——用小数点"."代替作为小数点的逗号","。

本部分的附录 A 为资料性附录。

本部分由中国机械工业联合会提出。

本部分由全国金属切削机床标准化技术委员会(SAC/TC 22)归口。

本部分起草单位：武汉武重机床有限公司。

本部分主要起草人：伍竞平、左鸿斌、陈谷、詹必芳。

本部分代替历次的行业标准版本发布情况为：

——JB 4367—1986、JB/T 4367—1996；

——JB/T 8490.1—1996。

卧式铣镗床检验条件　精度检验
第3部分:带分离式工件夹持固定工作台的落地式机床

1　范围

GB/T 5289的本部分规定了带分离式工件夹持固定工作台的落地式机床(以下简称落地式卧式铣镗床)的几何精度、工作精度、数控定位精度和重复定位精度的检验及相应的公差。

本部分适用于一般用途的普通和数控落地式卧式铣镗床。

2　规范性引用文件

下列文件中的条款通过GB/T 5289的本部分的引用而成为本部分的条款。凡是注日期的引用文件,其随后所有的修改单(不包括勘误的内容)或修订版均不适用于本部分,然而,鼓励根据本部分达成协议的各方研究是否可使用这些文件的最新版本。凡是不注日期的引用文件,其最新版本适用于本部分。

GB/T 1182—1996　形状和位置公差　通则、定义、符号和图样表示法

GB/T 17421.1—1998　机床检验通则　第1部分:在无负荷或精加工条件下机床的几何精度(eqv ISO 230-1:1996)

GB/T 17421.2—2000　机床检验通则　第2部分:数控轴线的定位精度和重复定位精度的确定(eqv ISO 230-2:1997)

3　轴线运动坐标命名

3.1　本部分中的轴线运动坐标的命名见图1。

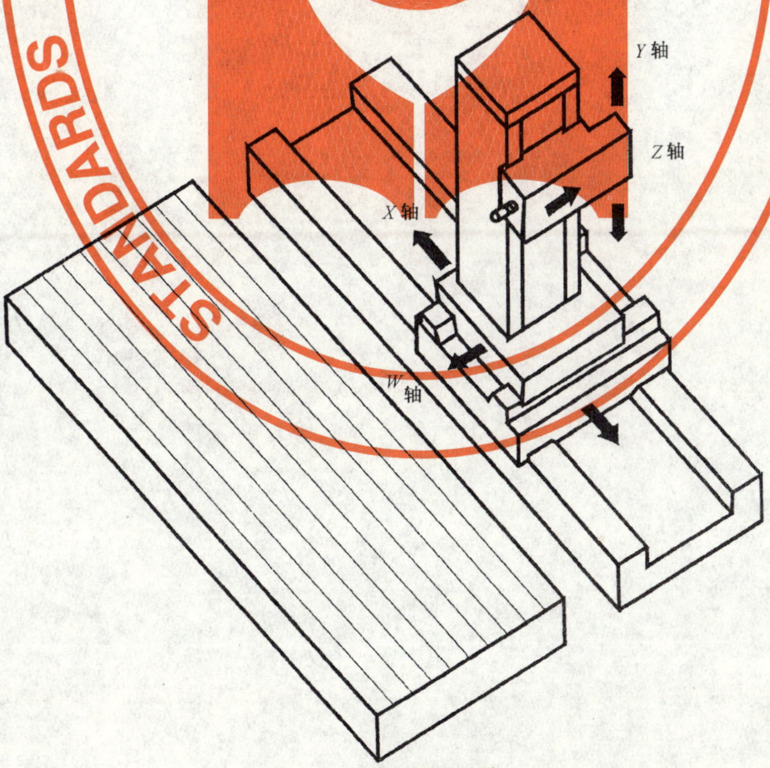

图1　轴线运动坐标

3.2 平旋盘径向滑块运动方向，用字母“U”表示。

4 一般要求

4.1 计量单位

本部分中所有线性尺寸均用毫米为单位表示；角度尺寸的单位为度，角度偏差主要用比值表示。在有些情况下为了清晰，可用微弧度或弧秒表示。其换算关系见下式：

0.010/1000＝10 μ rad≈2″

4.2 参照标准

使用本部分时应参照 GB/T 17421.1，尤其是机床检验前的安装，主轴和其他运动部件的空运转升温、检验方法和检验工具的推荐精度。

4.3 检验顺序

本部分所给出的检验项目的顺序并不表示实际检验顺序。为了使装拆检验工具和检验方便起见，可按任意次序进行检验。

4.4 检验项目

检验机床时，根据结构特点并不是必须检验本部分中的所有项目。为了验收目的而要求检验时，可由用户取得制造厂同意选择一些感兴趣的检验项目，但这些检验项目必须在机床订货时明确提出。

4.5 检验工具

本部分所规定的检验工具仅为例子，可以使用相同指示量和具有至少相同精度的其他检验工具。指示器应具有 0.001 mm 或更高的分辨率。

4.6 工作精度检验

工作精度检验应在精加工时进行，而不在粗加工时进行，因为粗加工易产生较大的切削力。

4.7 最小公差

当实测长度与本标准规定的长度不同时，公差应根据 GB/T 17421.1—1998 中 2.3.1.1 的规定进行折算，公差最小折算值为 0.005 mm。

5 几何精度检验

5.1 坐标轴线的直线度和角度偏差

G1

检验项目：

立柱移动(*W* 轴线)的直线度：

a) 在 *YZ* 垂直平面内；

b) 在 *ZX* 水平面内。

简图

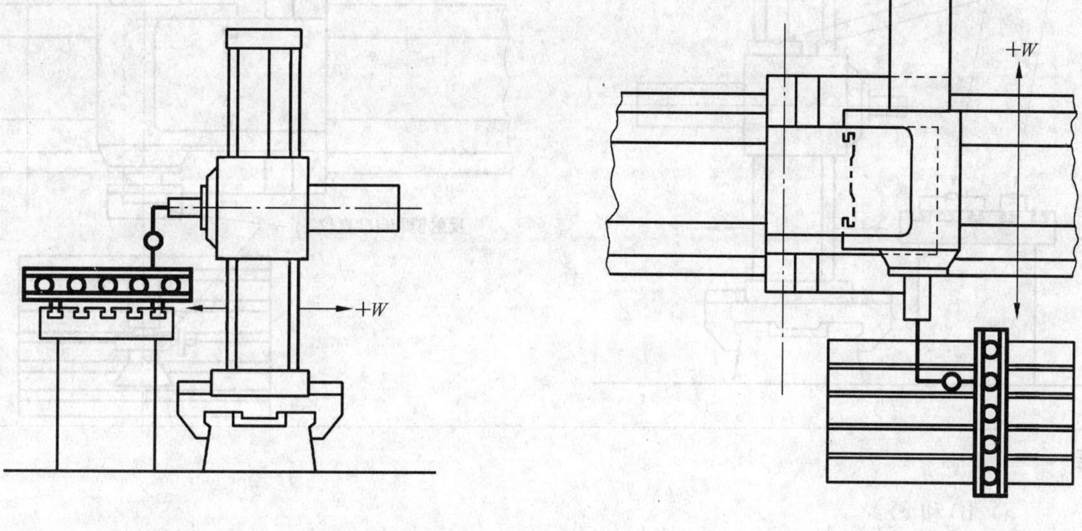

a)　　　　b)

公差

a)和 b)

1 000 测量长度内为 0.02

测量长度超过 1 000 时为 0.03

局部公差：任意 300 测量长度上为 0.006

检验工具

平尺、指示器、调整块或光学方法

检验方法(参照 GB/T 17421.1—1998 中的 5.2.3.2.1.1 和 5.2.3.2.1.3)

在工作台台面上平行[a] 于立柱的移动方向(*W* 轴线)，按 a)和 b)所定位置放置平尺。

如果主轴能锁紧，指示器可固定在主轴上，否则将指示器固定在主轴箱上，指示器的测头应与平尺检测面垂直。

沿 *W* 轴线方向移动立柱，并记录读数。

[a] 平行指指示器在平尺的两端读数相等，在此情况下检测，指示器读数的最大差值即为直线度偏差。

G2

检验项目：

立柱移动(*W* 轴线)的角度偏差：

a) 在 *YZ* 平面内(俯仰)；

b) 在 *XY* 平面内(倾斜)；

c) 在 *ZX* 平面内(偏摆)。

简图

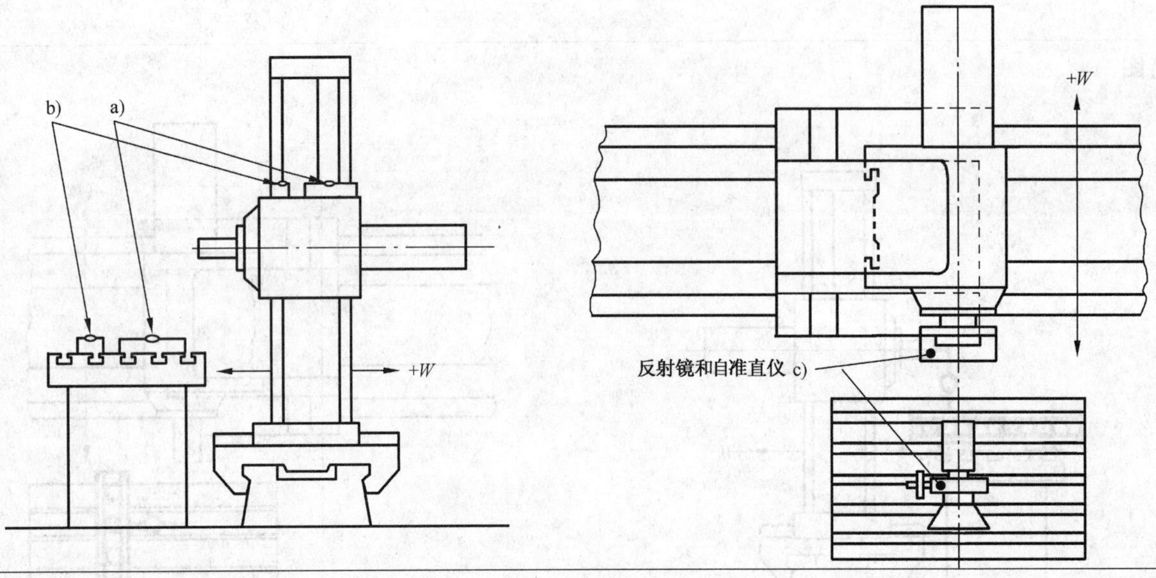

公差

a)、b)和 c)

0.04/1 000

局部公差：任意 300 测量长度上为 0.02/1000

检验工具

a) 精密水平仪或光学角度偏差测量工具

b) 精密水平仪

c) 光学角度偏差测量工具

检验方法(参照 GB/T 17421.1—1998 中的 5.2.3.1.3 和 5.2.3.2.2)

水平仪或测量装置应置于主轴箱上。

a) (俯仰)沿 *Z* 轴线方向(垂直放置)；

b) (倾斜)沿 *X* 轴线方向(垂直放置)；

c) (偏摆)沿 *Y* 轴线方向(水平放置)。

基准水平仪固定在工件夹持工作台上，主轴箱位于行程的中间位置。

当 *W* 轴线移动引起主轴箱和工件夹持工作台同时产生角度偏差时，这两种角度偏差应分别测量并给予标明。

沿行程至少在五个等距离的位置进行测量，在每个位置的两个运动方向测取读数。

最大和最小读数的差值应不超过公差。

G3

检验项目：

立柱滑座移动(*X* 轴线)的直线度：

a) 在 *XY* 垂直平面内；

b) 在 *ZX* 水平平面内。

简图

只用于 b)

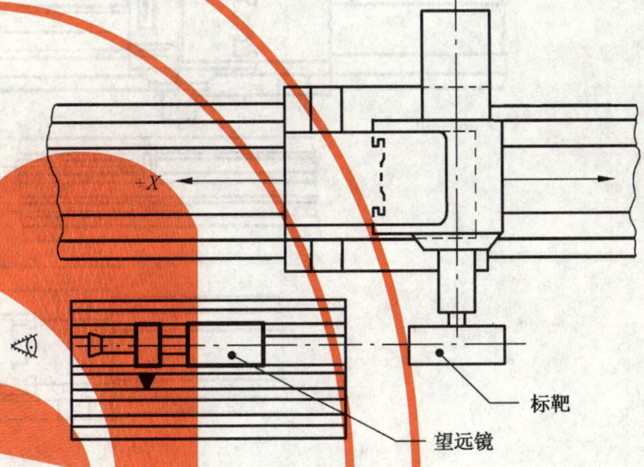

a)和 b)

公差

a)和 b)

1 000 测量长度内为 0.02

测量长度超过 1 000 时，每增加 1 000，公差增加 0.01

最大公差：0.12

局部公差：任意 300 测量长度上为 0.006

检验工具

光学方法或显微镜和钢丝

检验方法(参照 GB/T 17421.1—1998 中的 5.2.3.2.1.2 和 5.2.3.2.1.3)

a) 由于钢丝下垂，所以不推荐使用钢丝。准直望远镜可垂直固定在工件夹持工作台上，使光束平行[a] 于立柱滑座的 *X* 轴线。

如果主轴能锁紧，则标靶镜可装在主轴上，否则应装在主轴箱上。

沿 *X* 轴线方向移动立柱滑座，并记录下读数。

b) 当使用钢丝时，显微镜应安装在主轴或主轴箱上。当使用光学方法时，望远镜应水平放置。

[a] 平行指指示器在平尺的两端读数相等，在此情况下检测，指示器读数的最大差值为直线度偏差。

G4

检验项目：

立柱滑座移动（*X* 轴线）的角度偏差：

a) 在 *XY* 平面内（俯仰）；

b) 在 *YZ* 平面内（倾斜）；

c) 在 *ZX* 平面内（偏摆）。

简图

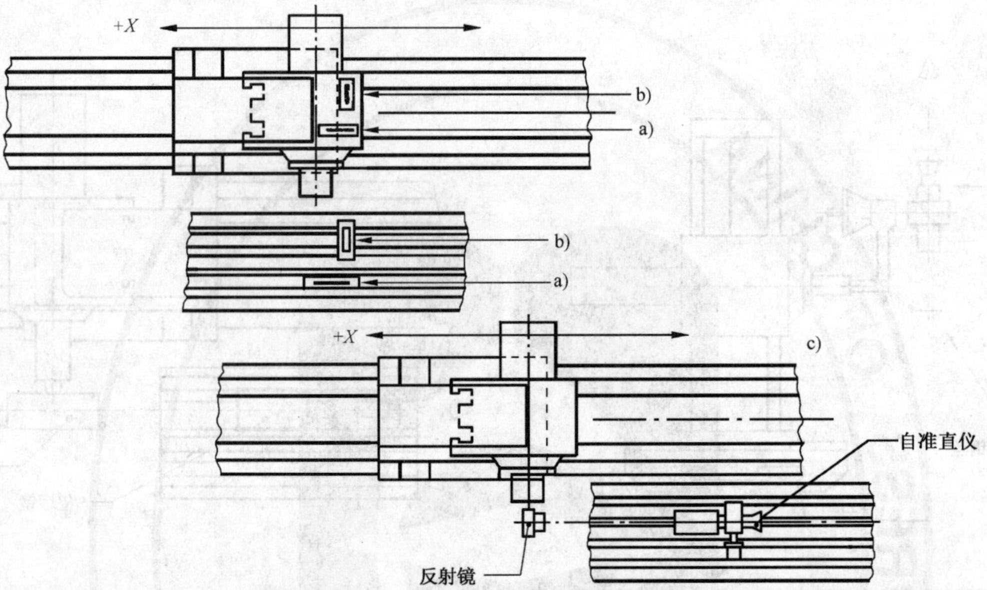

公差

a)、b)和 c)

$X \leqslant 4\ 000$：0.04/1 000

$X > 4\ 000$：0.06/1 000

局部公差：任意 300 测量长度上为 0.02/1 000

检验工具

a) 精密水平仪或光学角度偏差测量工具

b) 精密水平仪

c) 光学角度偏差测量工具

检验方法（参照 GB/T 17421.1—1998 中的 5.2.3.1.3 和 5.2.3.2.2）

水平仪或光学测量装置应置于主轴箱上。

a) （俯仰）沿 *X* 轴线方向（垂直放置）；

b) （倾斜）沿 *Z* 轴线方向（垂直放置）；

c) （偏摆）沿 *X* 轴线方向（水平放置）。

基准水平仪固定在工件夹持工作台上，主轴箱位于行程的中间位置。

当 *X* 轴线移动引起主轴箱和工件夹持工作台同时产生角度偏差时，这两种角度偏差应分别测量并给予标明。

沿行程至少在五个等距离的位置进行测量，在每个位置的两个运动方向测取读数。

最大和最小读数的差值不应超过公差。

G5

检验项目：

立轴箱移动(*Y* 轴线)的直线度：

a) 在 *YZ* 垂直平面内(包含主轴轴线的垂直平面)；

b) 在 *XY* 垂直平面内(与主轴轴线垂直的垂直平面)。

简图

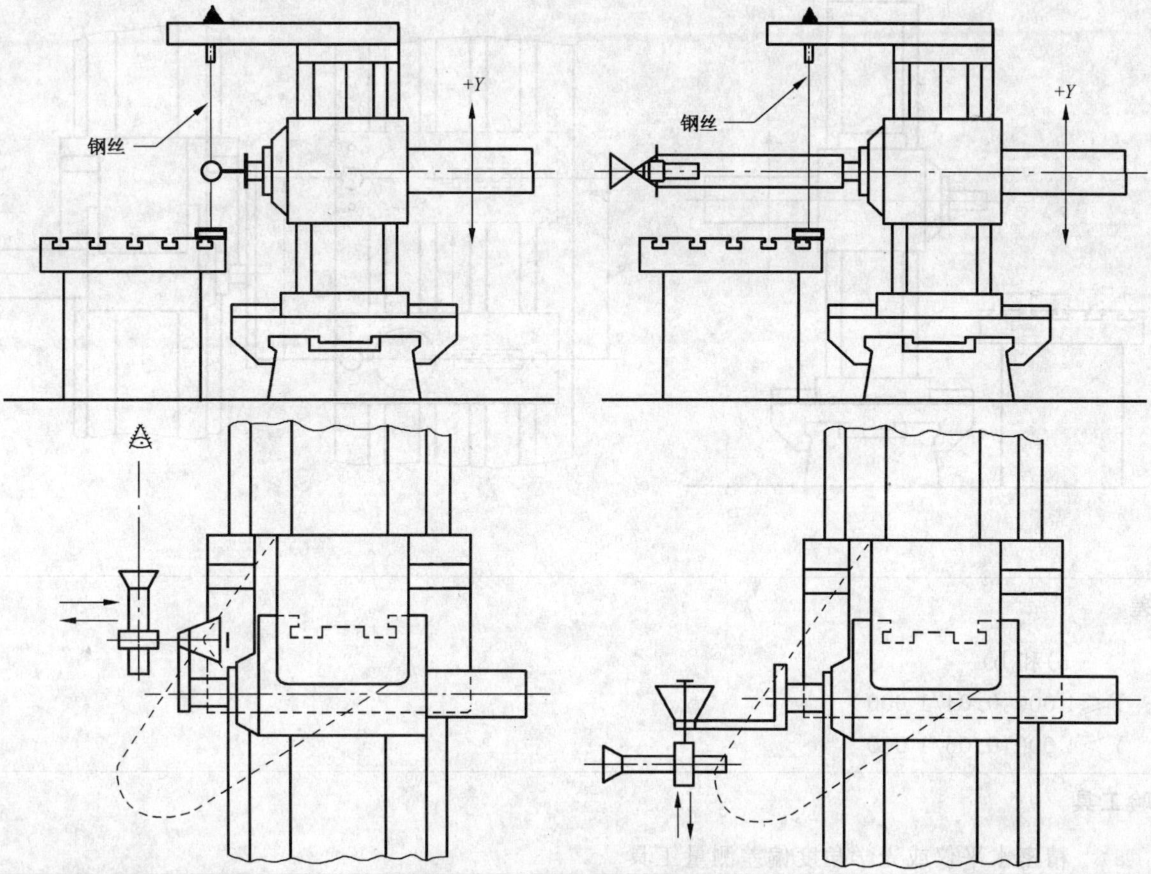

公差

a)和 b)

1 000 测量长度内为 0.02

4 000 测量长度内，每增加 1 000，公差增加 0.01

测量长度超过 4 000 时，每增加 1 000，公差增加 0.02

检验工具

显微镜和钢丝或光学方法

检验方法(参照 GB/T 17421.1—1998 中的 5.2.3.2.1.2 和 5.2.3.2.1.3)

立柱滑座应锁紧，且立柱在其行程的中间位置锁紧。

钢丝应在工件夹持工作台和机床的另一个固定部件之间张紧，并尽可能靠近立柱的垂直滑动导轨。

如果主轴能锁紧，显微镜或准直望远镜可固定在主轴上，否则应装在机床的主轴箱上。

测量时，主轴箱应锁紧。

G6

检验项目：

检查主轴箱移动(*Y* 轴线)的角度偏差：

a) 在 *YZ* 垂直平面内；

b) 在 *ZX* 水平平面内。

简图

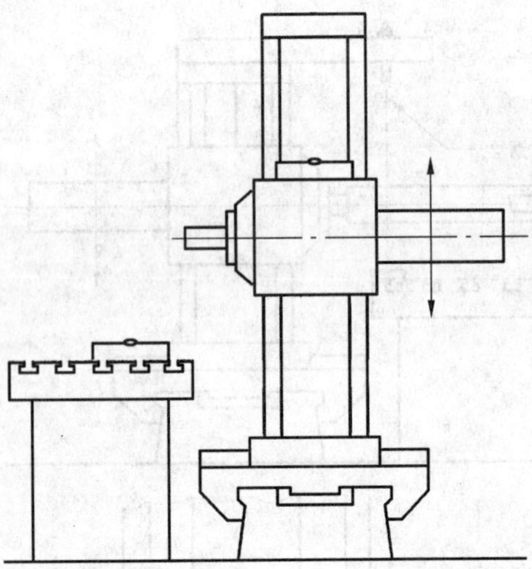

a)

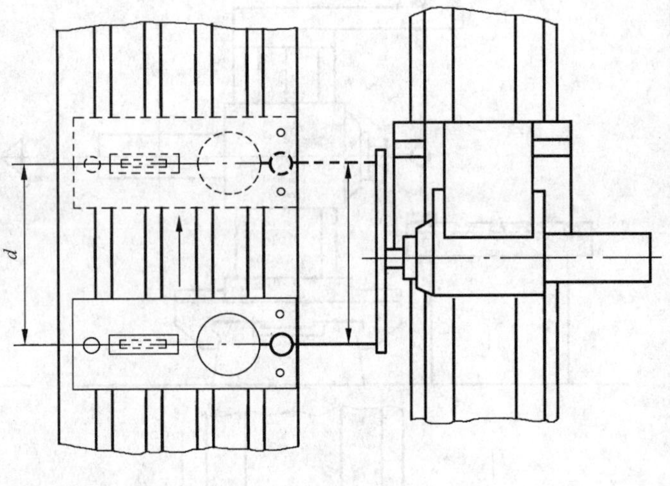

b)

公差

a)和 b)

$Y \leqslant 4\ 000$：0.04/1 000

$Y > 4\ 000$：0.06/1 000

检验工具

a) 精密水平仪或光学角度偏差测量工具

b) 平板、圆柱形角尺、水平仪和指示器

检验方法(参照 GB/T 17421.1—1998 中的 5.2.3.1.3 和 5.2.3.2.2)

主轴箱沿上、下两个方向往复移动，沿行程至少在 5 个等距离的位置进行测量。

a) 在主轴箱上沿 *Z* 轴线方向放置一水平仪。基准水平仪沿相同方向放置在工件夹持工作台上。

当 *Y* 轴线运动引起主轴箱和工件夹持工作台同时产生角度偏差时，这两种角度偏差应分别测量并给予说明。

最大和最小读数的差值应不超过公差。

b) 在工件夹持工作台上放置一平板，并进行调整使之水平。将一圆柱形角尺置于平板上，指示器固定在主轴上，使其测头触及圆柱形角尺。在平板上沿 *Z* 轴线方向放置一水平仪。

主轴箱沿 *Y* 轴移动，在各测量位置记录读数。

平板及圆柱形角尺移动距离 *d*，调整平板使水平仪读数与第一个位置相同，并重新调整指示器使其测头触及圆柱形角尺。然后，记录下主轴箱行程的各相同测量位置的读数。

对每一个测量位置计算两个读数间的差值。角度偏差为最大与最小读数间的差值除以 *d*。

5.2　坐标轴线间的垂直度

G7

检验项目：

立柱滑座移动（*X* 轴线）对立柱移动（*W* 轴线）的垂直度。

简图

公差

任意 1 000 测量长度上为 0.03

检验工具

平尺、角尺和指示器

检验方法（参照 GB/T 17421.1—1998 中的 5.5.2.2.4）

主轴箱位于行程的中间位置并锁紧。

调整平尺使之与 *X* 轴线方向平行[a]，角尺紧靠平尺放置。立柱滑座位于行程的中间位置并锁紧。

如果主轴能锁紧，指示器可固定在主轴上，否则应固定在主轴箱上。指示器的测头垂直触及角尺的检验面。

沿 *W* 轴线方向移动立柱并记录读数。

[a] 平行指指示器在平尺的两端读数相等。

G8

检验项目：

主轴箱移动（Y 轴线）对：

a) 立柱滑座移动（X 轴线）的垂直度；

b) 立柱移动（W 轴线）的垂直度（仅适用于具有 W 轴线运动的机床）。

简图

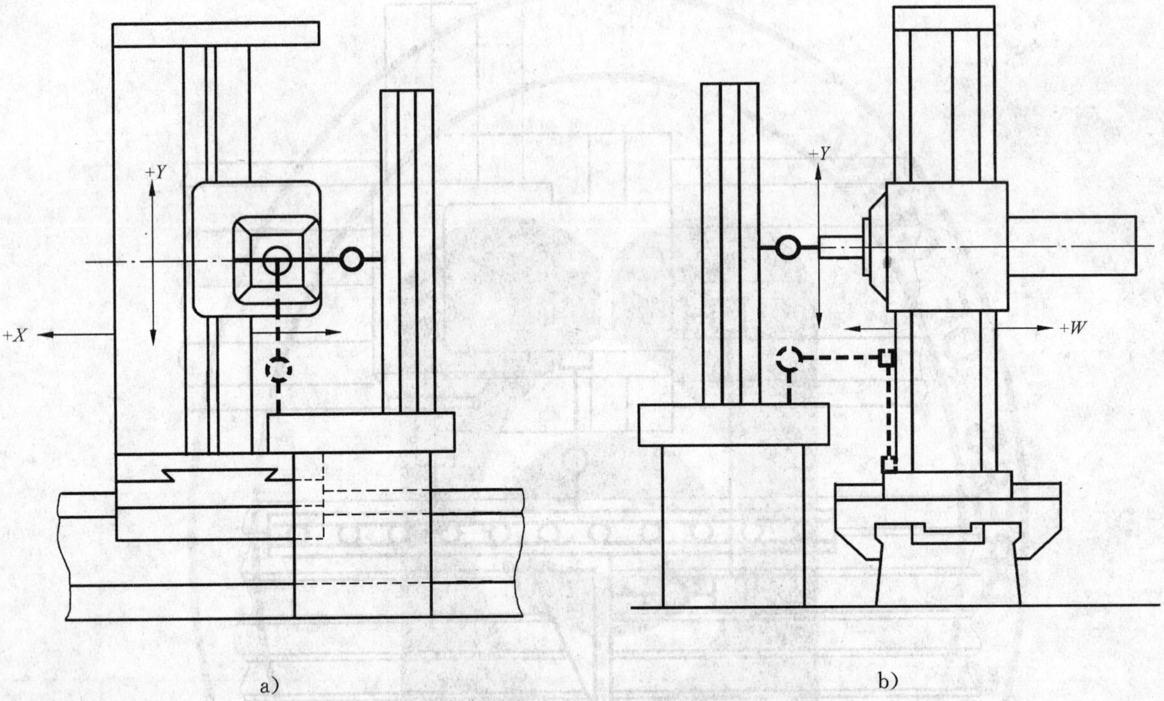

公差

a）和 b）

任意 1 000 测量长度上为 0.03

检验工具

圆柱形角尺、平板、调整块和指示器

检验方法（参照 GB/T 17421.1—1998 中的 5.5.2.2.4）

在工件夹持工作台上尽可能靠近机床放置一平板，调整平板使其表面与立柱滑座（X 轴线）和立柱（W 轴线）平行。圆柱形角尺放置在平板上。

立柱滑座和立柱在其行程的中间位置锁紧。

如果主轴能锁紧，指示器可固定在主轴上，否则应固定在主轴箱上。

a) 指示器测头沿 X 轴线方向触及圆柱形角尺，主轴箱沿 Y 轴线方向在测量长度上移动，并记录下读数的最大差值。

b) 指示器测头沿 W 轴线方向触及圆柱形角尺，并完成与 a）相同的检验步骤。

5.3 机床分离式工件夹持固定工作台

注1：在用户厂检验。

注2：制造厂一般按B级生产，用户需要A级必须在订货时明确提出。

G9

检验项目：

工作台台面的平面度

简图

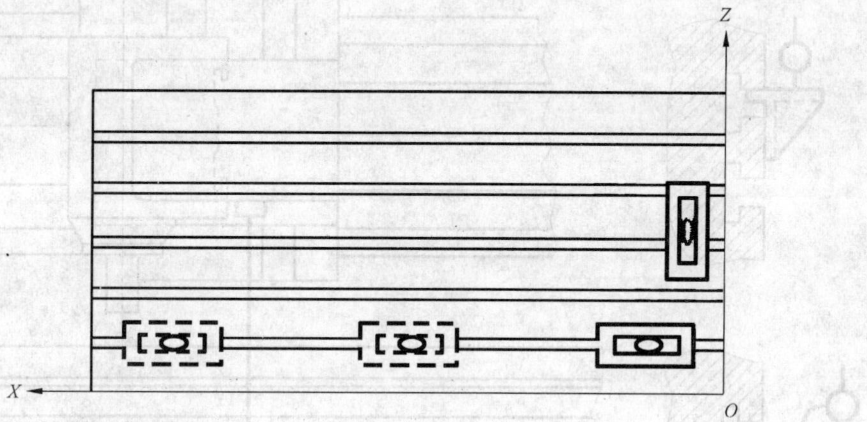

公差

	A级	B级
1 000 测量长度内为：	0.05	0.08
测量长度超过1 000时，		
每增加1 000，公差增加：	0.02	0.03
最大公差：	0.15	0.40

检验工具

精密水平仪或平尺、量块和指示器或光学仪器或其他仪器

检验方法（参照GB/T 17421.1—1998中的5.3.2.2；5.3.2.3和5.3.2.4）

G10

检验项目：

工件夹持固定工作台的中间或基准 *T* 形槽或任意其他基准面对立柱滑座移动（*X* 轴线）的平行度。

简图

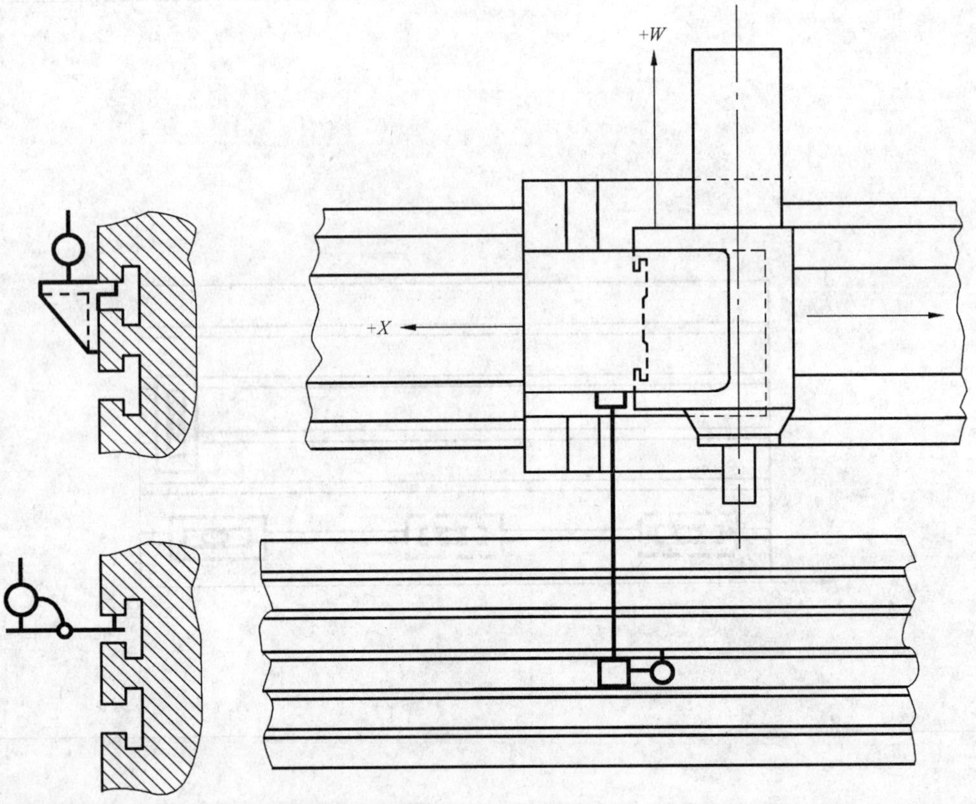

公差

	A 级	B 级
1 000 测量长度内为：	0.090	0.10
测量长度超过 1 000 时，		
每增加 1 000，公差增加：	0.025	0.04
最大公差：	0.250	0.45

检验工具

指示器和专用角尺

检验方法（参照 GB/T 17421.1—1998 中的 5.4.2.2.2.2）

如果主轴能锁定，指示器可固定在主轴上，否则应固定在主轴箱上。

指示器的测头可直接接触及 *T* 形槽的基准面或触及与基准面接触的专用角尺。读数的最大差值为平行度偏差。

G11

检验项目：

工件夹持固定工作台台面对立柱滑座移动（*X* 轴线）的平行度。

简图

公差

	A 级	B 级
1 000 测量长度内为：	0.100	0.15
测量长度超过 1 000 时，		
每增加 1 000，公差增加：	0.025	0.04
最大公差：	0.300	0.60

检验工具

指示器、平尺和量块或光学方法

检验方法（参照 GB/T 17421.1—1998 中的 5.4.2.2.2.2）

立柱在其行程的中间位置并锁紧。主轴箱处于立柱的下端位置。

平尺沿 *X* 轴线方向平行于工作台面放置在工作台上，移动立柱滑座并记录读数。

如果不用平尺，可使用指示器和量块直接测量。

G12

检验项目:

a) 工件夹持固定工作台台面对立柱移动(W 轴线)的平行度;

b) 当立柱无 W 轴线运动时,检查工件夹持固定工作台台面对主轴箱移动(Y 轴线)的垂直度。

简图

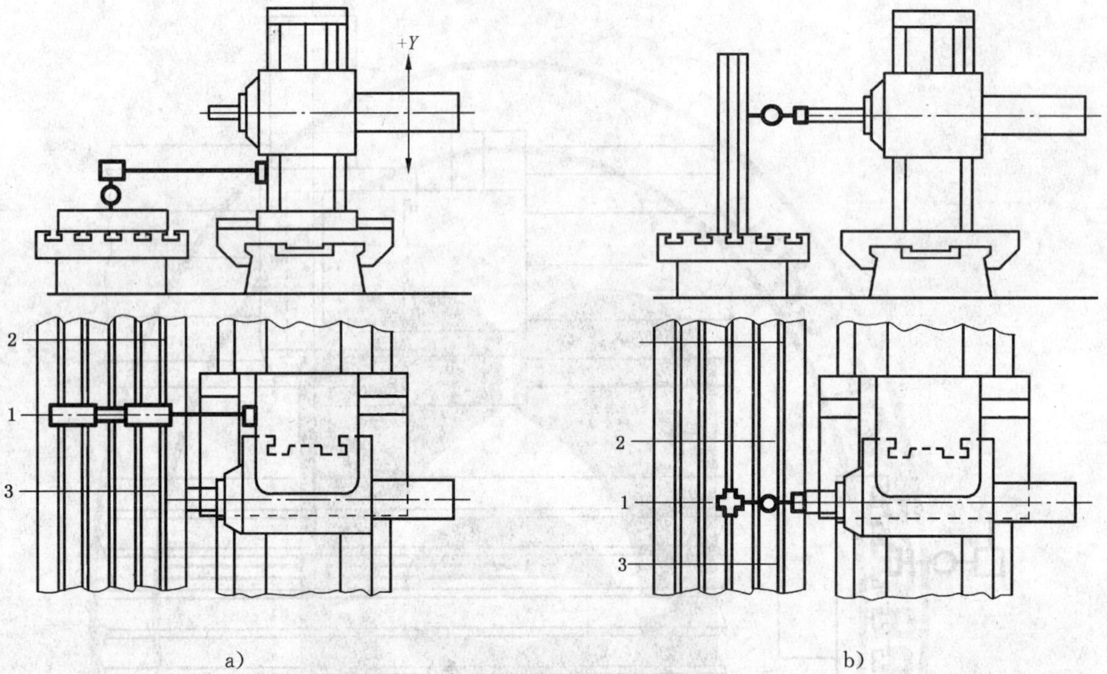

a) b)

公差

		A 级	B 级
a)	任意 1 000 测量长度上为:	0.065	0.13
b)	任意 1 000 测量长度上为:	0.100	0.20

检验工具

a) 指示器、量块和平尺或光学方法

b) 圆柱形角尺或精密角尺和指示器或光学方法

检验方法(参照 GB/T 17421.1—1998 的有关条文)

检验应在立柱滑座沿床身的三个位置(中间和靠近两端的位置)进行。

a) 5.4.2.2.2.2

平尺沿 W 轴线方向平行于工作台面放置在工件夹持固定工作台上,在测量长度上移动立柱,并记录读数。

如果不用平尺,可使用指示器和量块直接测量。

b) 5.5.2.2.2

在工件夹持固定工作台上放置一圆柱形角尺,将一指示器固定在主轴上,使其测头沿主轴轴线的方向触及圆柱形角尺。

测量时立柱锁紧。在测量长度上移动主轴箱,并记录读数。

5.4 镗轴

	G13

检验项目：

镗轴的检查：

a) 镗轴锥孔的径向跳动(镗轴缩回)：

1) 在靠近镗轴的端部；

2) 距镗轴端部 300 mm 处。

b) 镗轴的径向跳动：

1) 镗轴缩回时；

2) 镗轴伸出 300 mm 处。

c) 镗轴缩回时,周期性轴向窜动。

简图

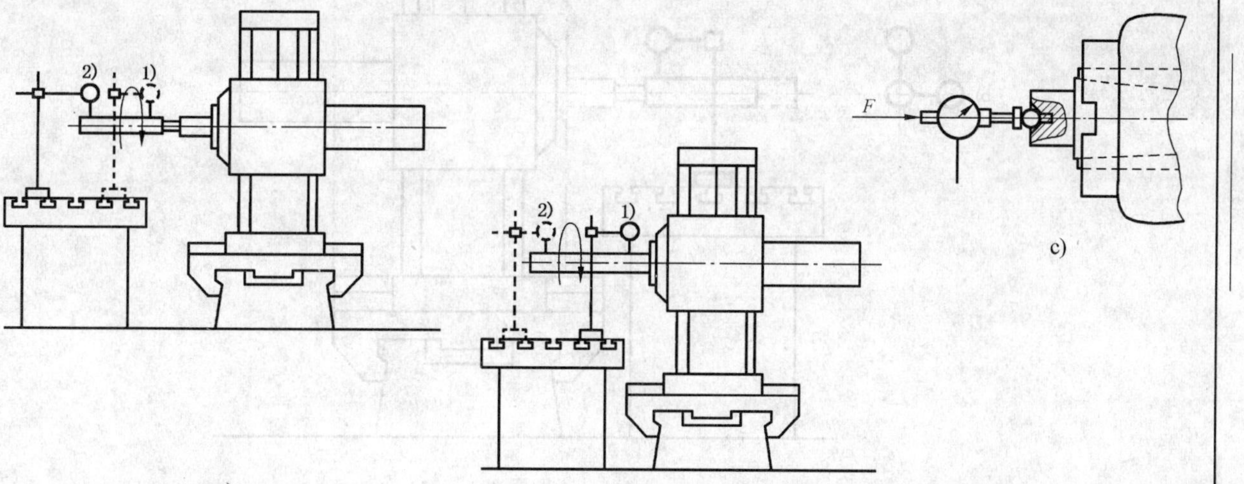

a) b) c)

公差

		$D \leqslant 125$	$D > 125$
a)和 b)			
	1)	0.01	0.015
	2)	0.02	0.030
c)		0.01	0.015

其中 D 为镗轴直径

检验工具

检验棒和指示器

检验方法(参照 GB/T 17421.1—1998 的有关条文)

a) 5.6.1.2.3

b) 5.6.1.2.2

c) 5.6.2.2.1 和 5.6.2.2.2

施加力 F 的数值和方向由生产厂家给予规定。

当使用预紧的轴承时,不需施加作用力。

G14

检验项目：

镗轴轴线对立柱移动（*W* 轴线）的平行度：

a） 在 *YZ* 垂直平面内；

b） 在 *ZX* 水平平面内。

（当立柱具有 *W* 轴线运动时）

简图

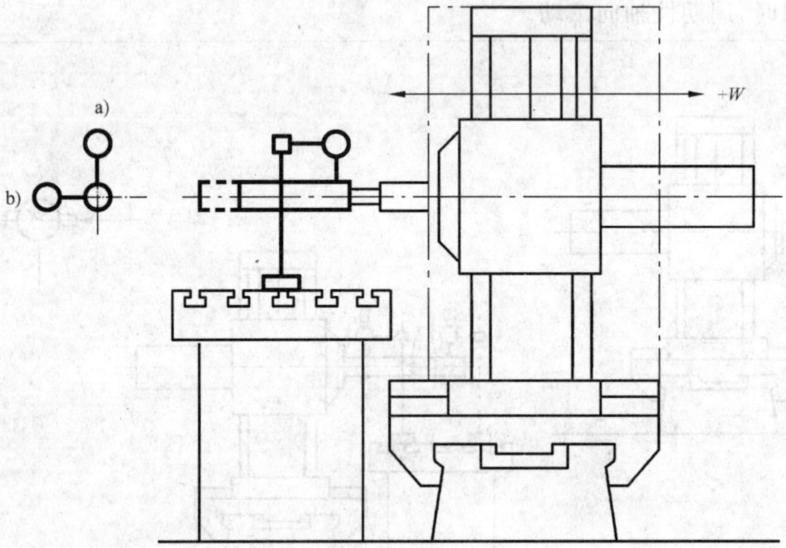

公差

a）和 b）

任意 300 测量长度上为 0.02

检验工具

指示器和检验棒

检验方法（参照 GB/T 17421.1—1998 中的 5.4.1.2.1 和 5.4.2.2.3）

主轴箱位于行程的中间位置并锁紧。镗轴缩回。

立柱滑座位于行程的中间位置并锁紧。

将检验棒安装在镗轴锥孔中进行检验。

在镗轴回转径向跳动的算术平均位置进行检验或在镗轴相隔 180°的两个位置取其测量的算术平均值。

G15

检验项目：

镗轴轴线对立柱滑座移动（X 轴线）的垂直度。

简图

公差

0.03/1 000

其中 1 000 为触及的两个测量点间的距离

检验工具

指示器和平尺

检验方法（参照 GB/T 17421.1—1998 中的 5.5.1.2.1 和 5.5.1.2.3.2）

将平尺水平放置在工件夹持固定工作台上，并与立柱滑座的运动方向平行[a]。

立柱和立柱滑座应在其行程的中间位置并锁紧。主轴箱位于立柱靠近下端的位置并锁紧。镗轴和滑枕应缩回。

将指示器固定在镗轴上，使其测头垂直触及平尺检验面并记录读数。

镗轴转动 180°使指示器测头重新触及平尺检验面并记录读数。

两读数间的差值除以两个测量点间的距离为垂直度偏差。

a 平行指指示器在平尺的两端读数相等。

G16

检验项目：

镗轴轴线对主轴箱移动(*Y* 轴线)的垂直度。

简图

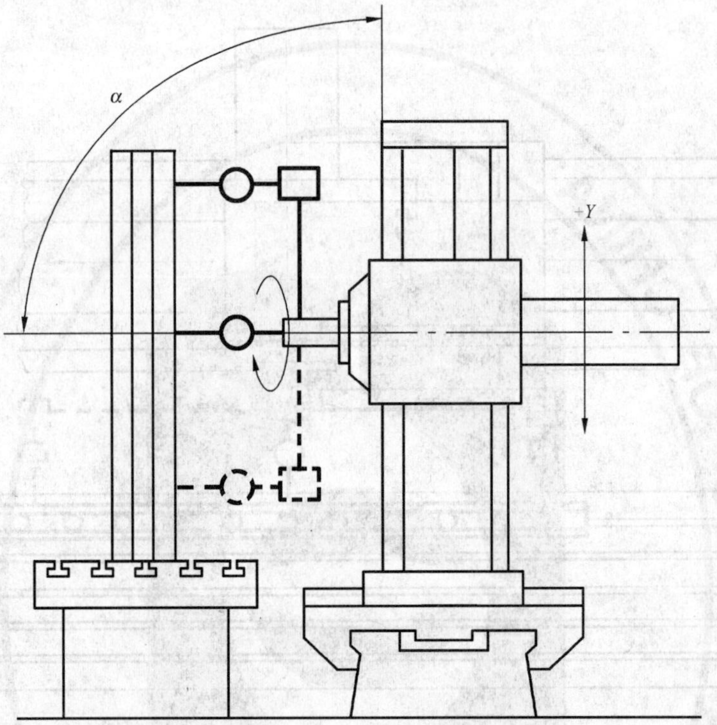

公差

0.03/1 000　　　$\alpha \leqslant 90°$

其中 1 000 为触及的两个测量点间的距离

检验工具

圆柱形角尺、调整块和指示器

检验方法(参照 GB/T 17421.1—1998 中的 5.5.1.2.1 和 5.5.1.2.3.2)

圆柱形角尺应平行[a] 于主轴箱的 *Y* 轴线运动方向放置在工件夹持固定工作台上。

主轴箱位于行程的中间位置并锁紧。镗轴和滑枕应缩回。

指示器固定在镗轴上，使其测头垂直触及圆柱形角尺并记录读数。

旋转镗轴 180°，重复上述检验。

两读数间的差值除以两个测量点间的距离为垂直度偏差。

[a] 平行指指示器在平尺的两端读数相等。

G17

检验项目：

镗轴移动（Z 轴线）的直线度：

a） 在 YZ 垂直平面内；

b） 在 ZX 水平平面内。

简图

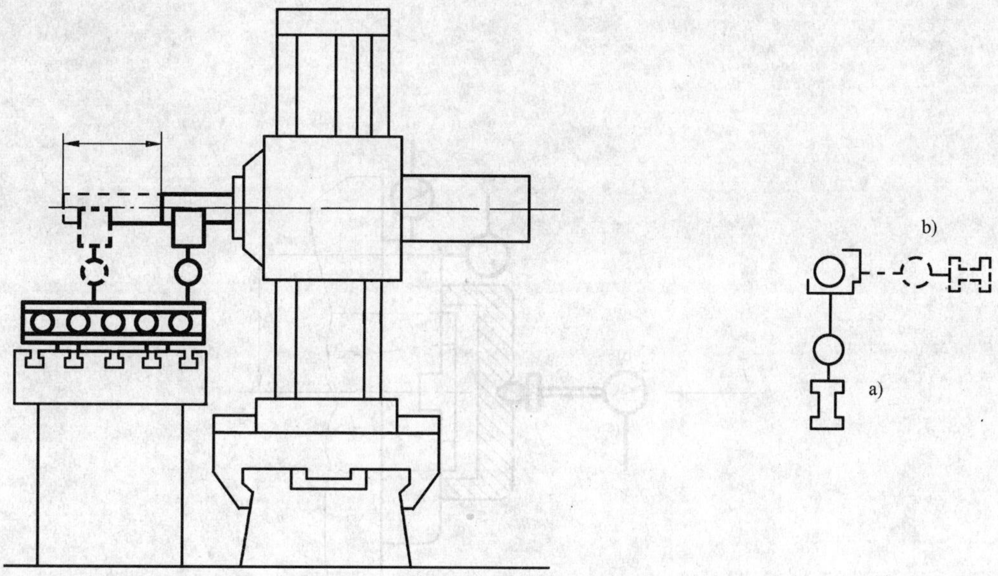

公差

a）和 b）

在 300 测量长度上为 0.02。

检验工具

指示器、调整块和平尺

检验方法（参照 GB/T 17421.1—1998 中的 5.2.1.1 和 5.2.3.2.1）

主轴箱、滑枕和滑座应锁紧。

在工件夹持固定工作台上平行于镗轴移动（Z 轴线）方向按 a）和 b）放置平尺。

调整平尺使指示器读数在平尺两端相等。移动镗轴检验。

a）、b）偏差分别计算，指示器读数的最大差值为直线度偏差。

5.5 铣轴

	G18

检验项目：

铣轴端部的：

a) 径向跳动；

b) 周期性轴向窜动；

c) 端面跳动(包括周期性轴向窜动)。

简图

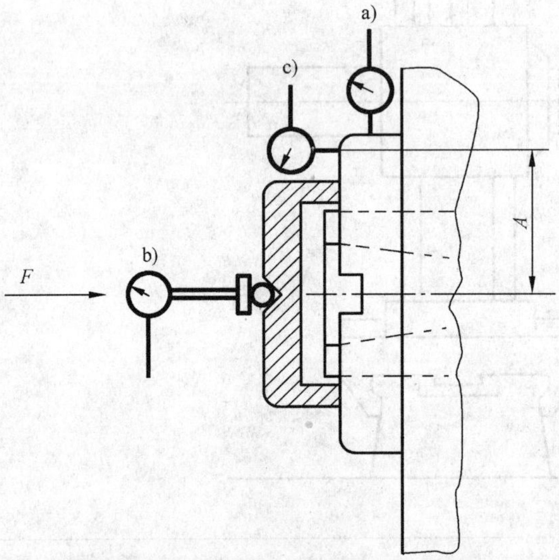

公差

	$D \leqslant 125$	$D > 125$
a)	0.01	0.015
b)	0.01	0.015
c)	0.02	0.03

其中 D 为镗轴直径。

检验工具

指示器

检验方法(参照 GB/T 17421.1—1998 的有关条文)

a) 5.6.1.2.2

b) 5.6.2.2.1 和 5.6.2.2.2

施加力 F 的方向和数值由生产厂家给予规定。

主轴轴承有预加载荷时，不需施加力 F。

c) 5.6.3.2

指示器测点至主轴轴线的距离 A 值应尽可能大。

5.6 滑枕

G19

检验项目：

滑枕移动(*Z* 轴线)对立柱移动(*W* 轴线)的平行度：

a) 在 *YZ* 垂直平面内；

b) 在 *ZX* 水平平面内。

(当立柱具有 *W* 轴线运动时)

简图

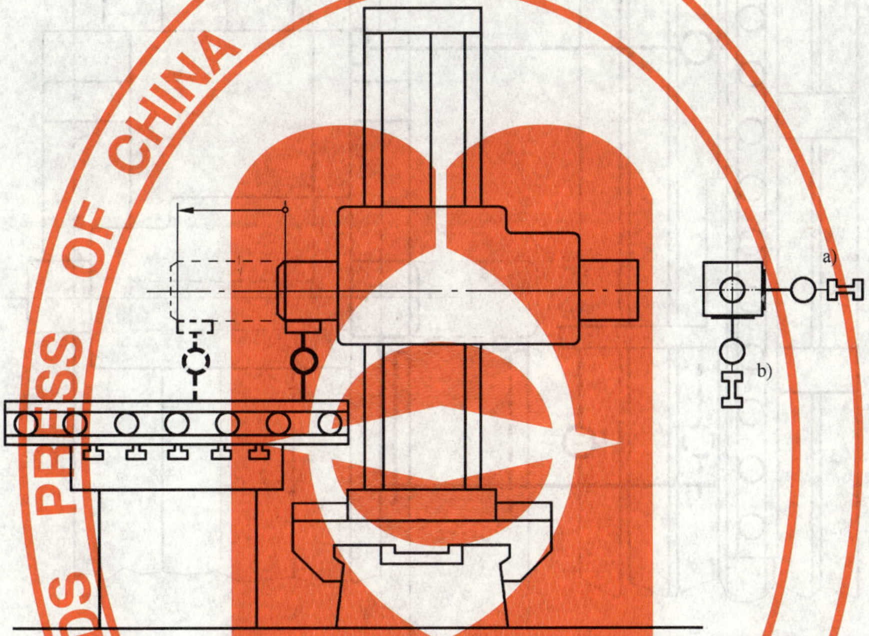

公差

a)和 b)

500 测量长度上为 0.03

检验工具

平尺、调整块和指示器

检验方法(参照 GB/T 17421.1—1998 中的 5.4.2.2.2.2)

在工件夹持固定工作台上平行[a] 于立柱移动方向(*W* 轴线)，分别按 a)和 b)所示位置放置平尺。

立柱在其行程的中间位置并锁紧。主轴箱锁紧。

用固定在滑枕上的指示器检验滑枕相对平尺的移动。

[a] 平行指指示器在平尺的两端读数相等。在此情况下，读数的最大差值为平行度偏差。

	G20

检验项目：

滑枕移动（Z 轴线）对立柱滑座移动（X 轴线）的垂直度。

简图

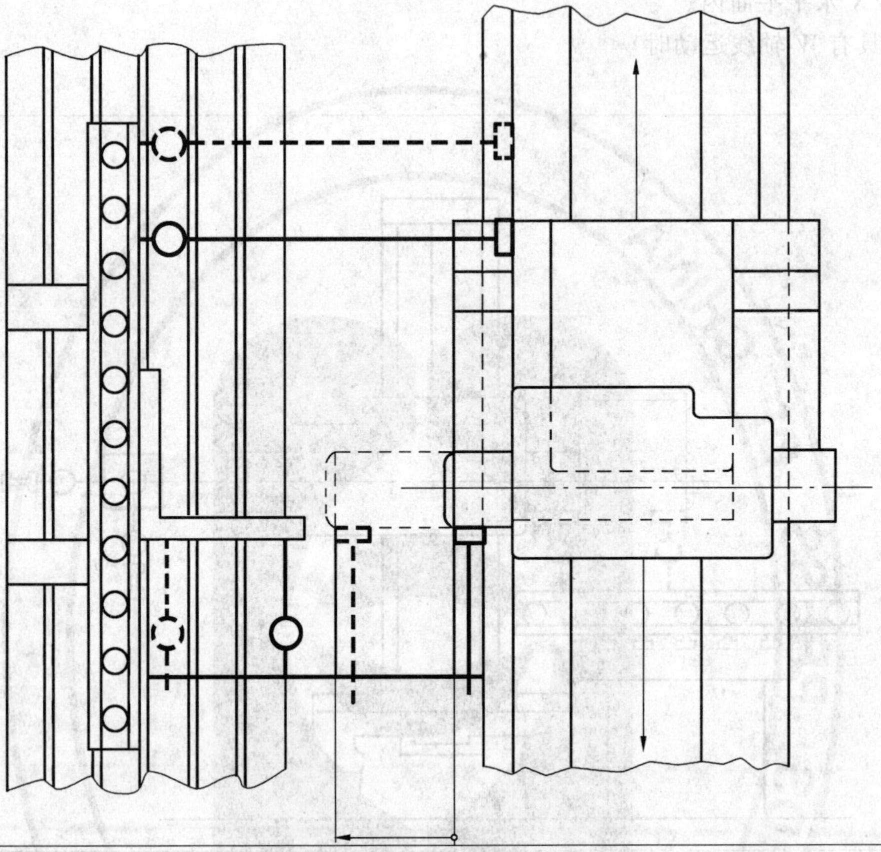

公差

500 测量长度上为 0.03

检验工具

平尺、角尺和指示器

检验方法（参照 GB/T 17421.1—1998 中的 5.5.2.2.4）

立柱在行程的中间位置并锁紧。

在工件夹持固定工作台上平行于立柱滑座移动方向放置平尺，然后将一角尺紧靠平尺放置。

用固定在滑枕上的指示器检验滑枕相对角尺的移动。

G21

检验项目：

滑枕移动（Z 轴线）对主轴箱移动（Y 轴线）的垂直度。

简图

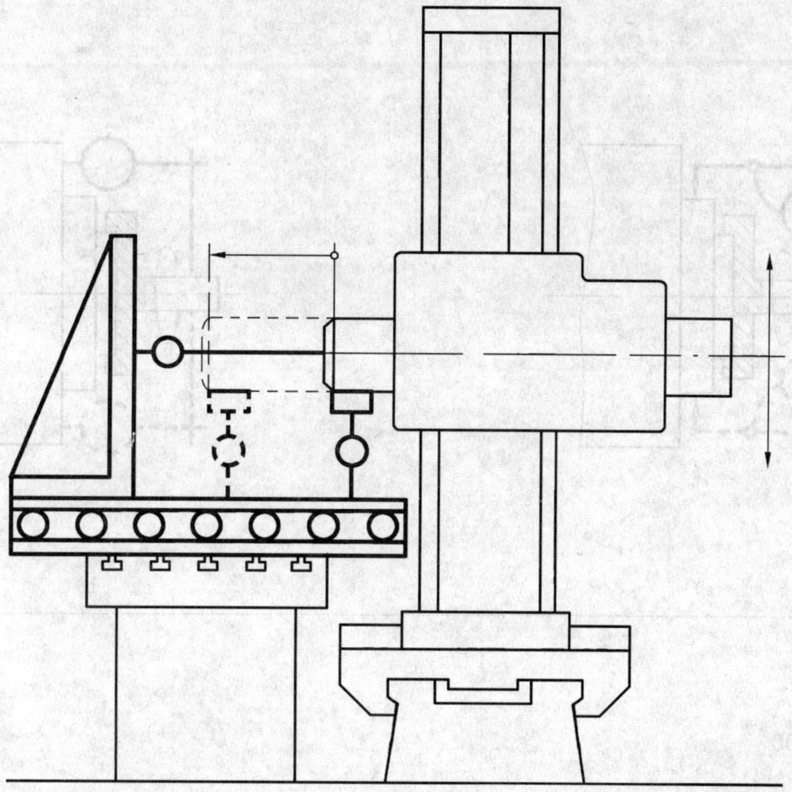

公差

500 测量长度上为 0.03

检验工具

平尺、角尺、调整块和指示器

检验方法（参照 GB/T 17421.1—1998 中的 5.5.2.2.4）

立柱在行程的中间位置并锁紧。

在工件夹持固定工作台上平行于滑枕移动方向（包含滑枕轴线的垂直平面）放置一平尺，然后将一角尺置于其上。

用固定在滑枕上的指示器检验主轴箱相对角尺的移动。

G22

检验项目：

a） 铣轴对滑枕上刀具或附件定心轴线的同轴度；

b） 滑枕上刀具或附件支承面对铣轴回转轴线的垂直度。

（本项检验只适用于滑枕上有一个圆形定位表面时）。

简图

a）　　　　　　　　　　b）

公差

a） 0.02

b） 0.02/500

检验工具

指示器

检验方法（参照 GB/T 17421.1—1998 的有关条文）

a） 5.4.4.2

同轴度偏差以指示器读数的最大差值之半计。

b） 5.5.1.2.4.2

5.7 固定式平旋盘

G23

检验项目：

镗轴回转轴线和平旋盘轴线的同轴度：

a) 靠近平旋盘端面处；

b) 距平旋盘端面 300 mm 处。

（本项检验只适用于平旋盘安装在独立于镗轴轴承之外的轴承上）。

简图

公差

	$D\leqslant125$	$D>125$
a)	0.02	0.03
b)	0.03	0.04

其中 D 为镗轴直径。

检验工具

指示器

检验方法（参照 GB/T 17421.1—1998 中的 5.4.4.2）

指示器固定在平旋盘上，其测头分别触及靠近平旋盘端面处和距平旋盘端面 300 mm 处触及镗轴。

a)、b)偏差分别计算，指示器读数的最大差值之半为同轴度偏差。

G24

检验项目：

平旋盘回转轴线对立柱滑座移动（X 轴线）的垂直度。

（本项检验只适用于平旋盘安装在独立于镗轴轴承之外的轴承上）。

简图

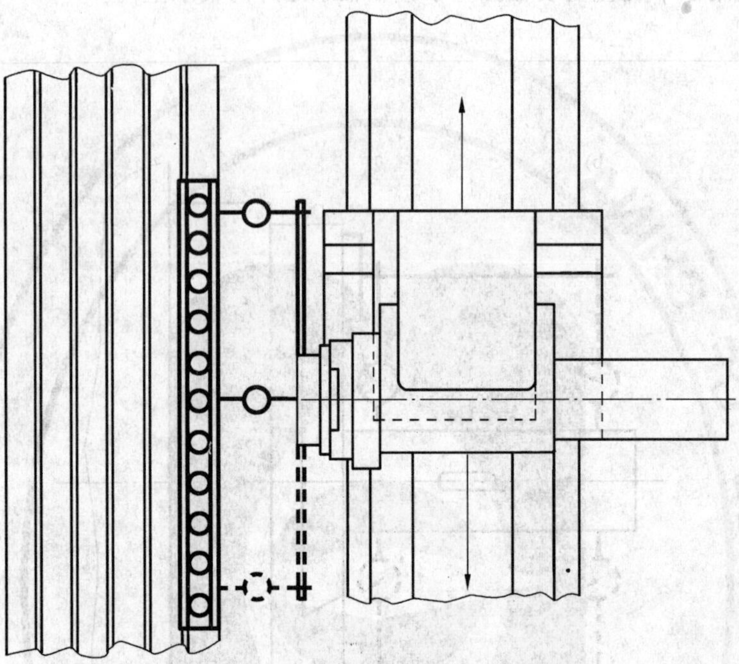

公差

0.03/1 000

其中 1 000 为触及的两个测量点间的距离

检验工具

指示器、调整块和平尺

检验方法（参照 GB/T 17421.1—1998 中的 5.5.1.2.1 和 5.5.1.2.3.2）

立柱在行程的中间位置并锁紧。主轴箱位于立柱下端位置并锁紧。

平尺置于工件夹持固定工作台上，并使其在水平面内平行[a] 于立柱滑座移动方向。

指示器固定在平旋盘上，使其测头触及平尺检验面，记录读数。

转动平旋盘 180°，直至指示器测头重新触及平尺，记录读数。

两读数间的差值除以两个测量点间的距离为垂直度偏差。

[a] 平行指指示器在平尺的两端读数相等。

G25

检验项目：

平旋盘回转轴线对主轴箱移动（Y 轴线）的垂直度。

（本项检验只适用于平旋盘安装在独立于镗轴轴承之外的轴承上）。

简图

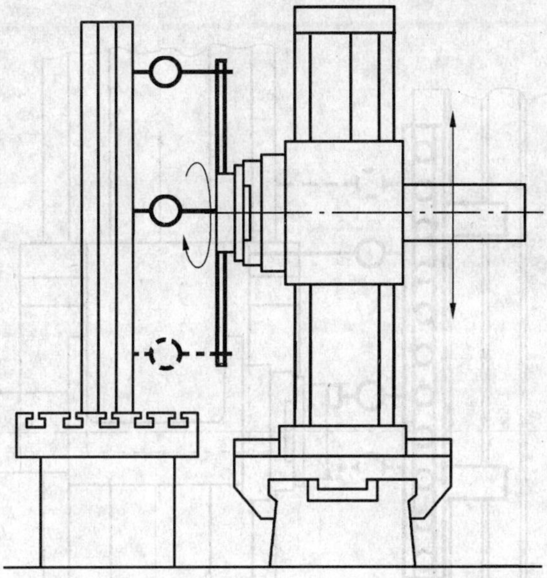

公差

0.03/1 000

其中 1 000 为触及的两个测量点间的距离

检验工具

指示器、平板、调整块和圆柱形角尺

检验方法（参照 GB/T 17421.1—1998 中的 5.5.1.2.1 和 5.5.1.2.3.2）

立柱在行程的中间位置并锁紧。

圆柱形角尺平行[a] 于 Y 轴线移动方向置于工件夹持固定工作台上。主轴箱在立柱上的行程中间位置并锁紧。

指示器固定在平旋盘上，测头触及圆柱形角尺，记录读数。

旋转平旋盘 180°，使指示器测头重新触及圆柱形角尺，记录读数。

两读数间的差值除以两个测量点间的距离为垂直度偏差。

a　平行指指示器在平尺的两端读数相等。

5.8 径向滑块运动(U 轴线)

G26

检验项目:

平旋盘滑块在水平面内移动(*U* 轴线)对立柱滑座移动(*X* 轴线)的平行度。

简图

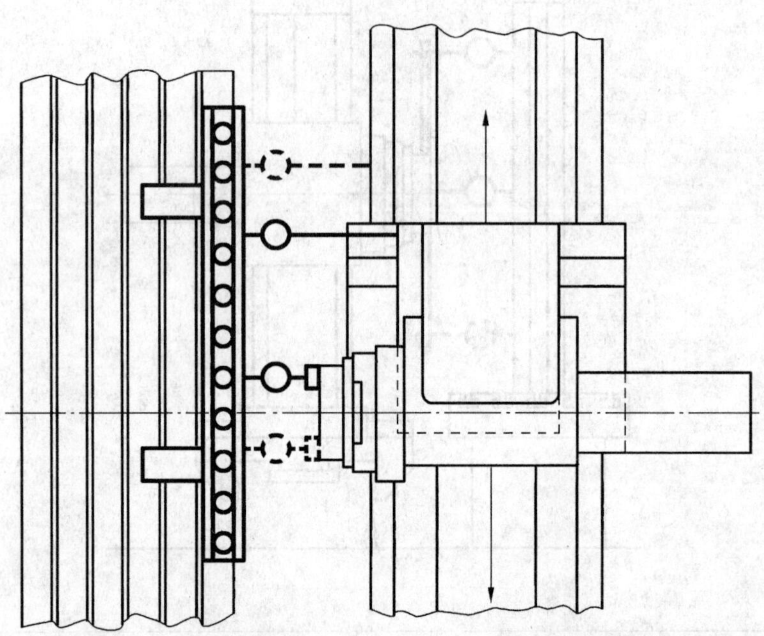

公差

300 测量长度上为 0.025。

检验工具

平尺、调整块和指示器

检验方法(参照 GB/T 17421.1—1998 中的 5.4.2.2.5 和 5.4.2.2.2)

将平尺平行[a] 于立柱滑座移动方向(*X* 轴线)水平放置在工件夹持固定工作台上,指示器固定在平旋盘径向滑块上。

移动径向滑块检验,并记录读数差值。

将平旋盘旋转 180°后,重复上述检验。

指示器读数的最大差值为平行度偏差。

a 平行指指示器在平尺的两端读数相等。

G27

检验项目：

a) 平旋盘滑块在垂直平面内移动对主轴箱移动（*Y* 轴线）的平行度；

b) 平旋盘滑块在垂直平面内移动对立柱移动（*W* 轴线）的垂直度。

（本项检验只适用于具有立柱运动（*W* 轴线）的机床）。

简图

a)　　　　　　　　　　b)

公差

a)和 b)

300 测量长度上为 0.025。

检验工具

平尺、角尺、调整块和指示器

检验方法（参照 GB/T 17421.1—1998 的有关条文）

a) 5.4.2.2.2

将角尺平行[a]于主轴箱移动方向（*Y* 轴线）垂直放置在工件夹持固定工作台上，指示器固定在平旋盘径向滑块上。

移动径向滑块检验，并记录读数差值。

将平旋盘旋转 180°，重复上述检验。

b) 5.5.2.2.4

将平尺平行[a]于立柱移动方向（*W* 轴线）水平放置在工件夹持固定工作台上。并在其上放置一角尺。

指示器固定在径向滑块上。其测头触及角尺检验面，垂直移动径向滑块检验，并记录读数差值。

平旋盘旋转 180°，重复上述检验。

[a] 平行指指示器在平尺的两端读数相等。

6　工作精度检验

	M1

检验性质：

加工单个试件，包括：

a）　镗内孔 a_1 和 a_2；

b）　车外圆 b_1 和 b_2；

c）　车端面 C。

注：车端面仅适用于具有滑动镗轴和固定式或可拆式平旋盘，或具有独立铣轴的机床。

试件简图

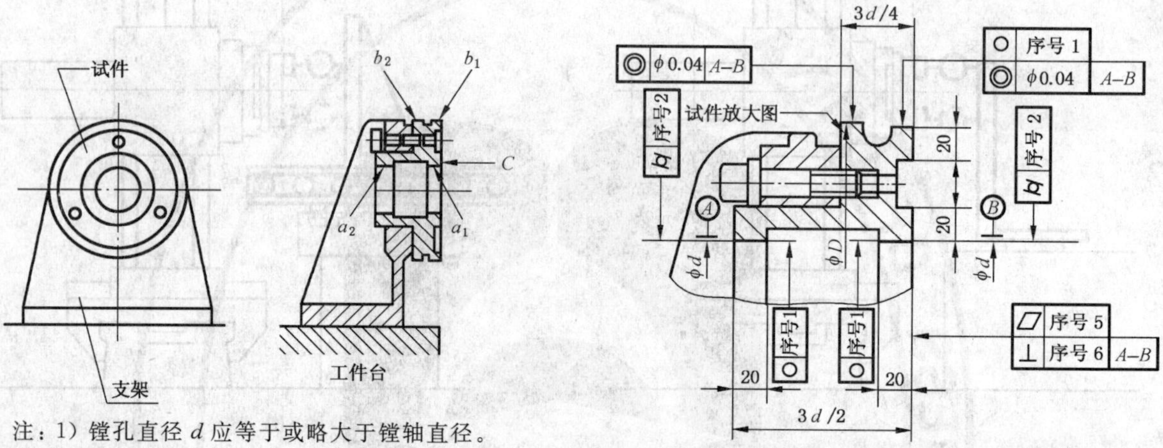

注：1）镗孔直径 d 应等于或略大于镗轴直径。

2）车削直径 D 的确定应使 $(D-d)/2$ 的值等于或略小于平旋盘径向滑块的最大行程。

3）试件材料：铸铁。

序号	检验项目	公　　差	检验工具	说　　明 参照 GB/T 17421.1—1998 的有关条文
1 ○	内孔 a_1 和 a_2 及外圆 b_1 的圆度(GB/T 1182—1996 中 18.3) ——移动主轴加工； ——移动立柱加工。	a_1 和 a_2： $d \leqslant 125$：0.0075 $d > 125$：0.01 b_1： $D \leqslant 300$：0.01 $300 < D \leqslant 600$：0.015 直径每增加 300 mm，公差增加 0.005 mm。	孔径量规和千分尺或其他检验工具	3.1、3.2.2、4.1、4.2、5.4、4.2、5.5.1.2.4.2和 5.6.1.1.3 支架底面应平直，支架端面与支架轴线应垂直。 ※工作精度检验项目 1 和 2 的公差与半径有关，如果要论及到直径，其公差应乘以 2。 加工说明： 1）镗和精镗两内孔 a_1 和 a_2，工作台锁紧，镗轴作轴向移动。 2）车外圆表面 b_1，用装在平旋盘上的一把短刀杆加工，立柱纵向移动（W 轴线）。 3）立柱（W 轴线）或滑枕（Z 轴线）移动 300 mm 并车削外圆表面 b_2。利用安装在平旋盘上刀座或适当长度的刀杆上的刀具加工。 4）用平旋盘滑块自动进给或用铣削方式加工端面 C。 圆度和圆柱度公差的定义在 GB/T 1182中给出。
2 ⌭	内孔 a_1 和 a_2 的圆柱度(GB/T 1182—1996 中 18.11.2)	$d \leqslant 125$：0.01 $d > 125$：0.015		
3 ◎	内孔 a_1 和外圆 b_1 的同轴度(GB/T 1182—1996 中 18.11.1)	0.025	检验棒和指示器	
4 ◎	外圆 b_1 和 b_2 与内孔 a_1 和 a_2 基准轴线的同轴度(GB/T 1182—1996 中 18.11.2)	立柱纵向移动 300 长度上为 0.04		
5 ▱	被加工表面的平面度(GB/T 1182—1996 中 18.2)	直径 D 为 300 时 0.015	平尺和量块	
6 ⊥	端面 C 对内孔 a_1 和 a_2 基准轴线的垂直度(GB/T 1182—1996 中 18.3)	0.025/300	检验棒和指示器或水平仪和专用支架	

M2

检验性质：

a) 利用立柱滑座 X 轴线自动移动，主轴箱垂直自动移动和立柱 W 轴线手动移动，铣削 A、C 和 D 面。

b) 利用立柱滑座 X 轴线自动移动，主轴箱垂直手动移动铣削 B 面，至少两次进刀，接刀处重叠约 5 mm 至 10 mm。

试件简图

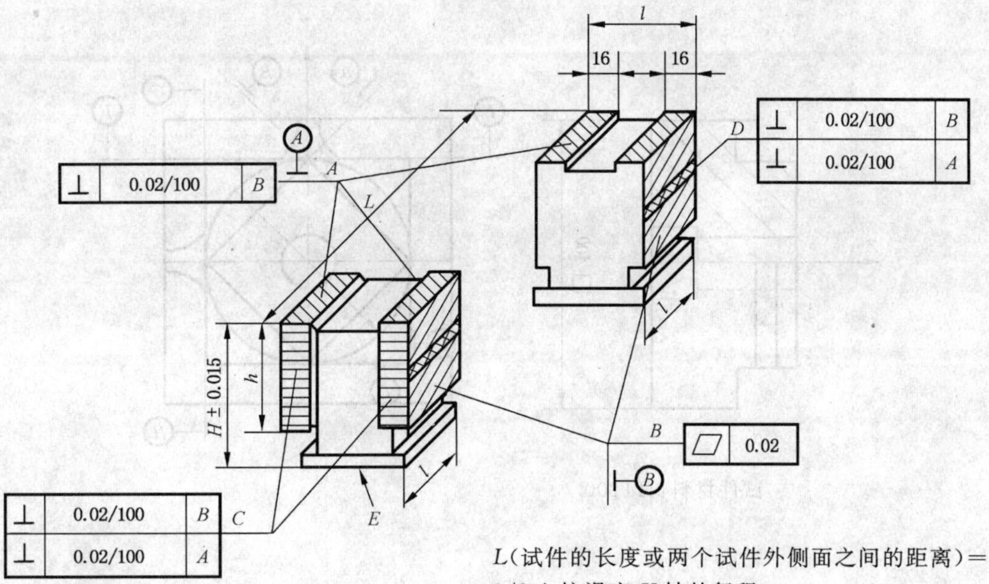

L(试件的长度或两个试件外侧面之间的距离)＝1/2 立柱滑座 X 轴的行程；

$L \leqslant 1\ 000$ 时，$l=h=150$；$L>1\ 000$ 时，$l=h=200$；

材料：铸铁。

序号	检验项目	公差	检验工具	说明 参照 GB/T 17421.1—1998 的有关条文
1	每个试件 B 面的平面度	0.02	平板、指示器、坐标测量机	3.1、3.2.2、4.1、4.2、5.3.2.1 和 5.3.2.5
2	C、A 和 D 面的相互垂直度及对 B 面的垂直度	0.02/100	角尺、量块	
3	两试件 H 的等高度	0.03	千分尺	

切削条件：

对于 a)，用装在主轴端部带有把适当长度的刀柄上的套式端铣刀。

对于 b)，用同一把铣刀进行铣削。

刀具应装在刀杆上刃磨，安装时应符合下列公差：

1) 圆度(见 GB/T 1182—1996)≤0.01；

2) 径向跳动≤0.02；

3) 端面跳动≤0.03。

步骤：

在检验前应确保 E 面平直。

试件应调整成与立柱滑座 X 轴线方向平行，使其长度 L 等分在工件夹持固定工作台中心线的两边。

切削时所有非工作的移动件均应锁紧。

注：经用户与制造厂达成协议，图中所示的试件可以用具有完整侧面的形状较简单的试件代替，但此时检验应至少和图中所示的检验一样严格。

M3

检验性质：

数控切削。

试件简图

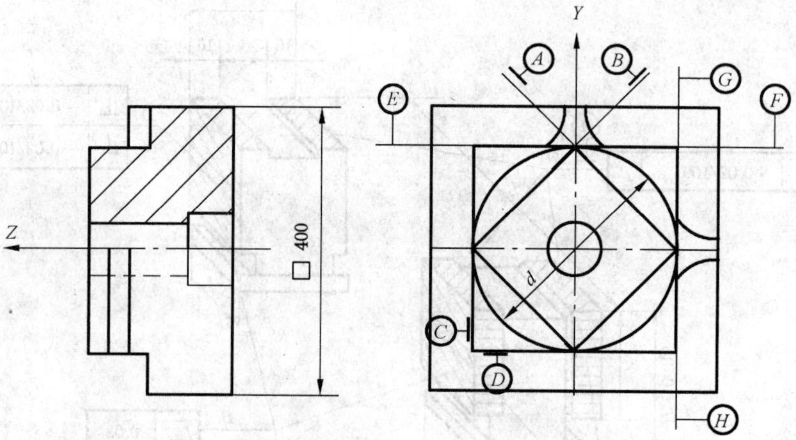

试件材料：HT200

序号	检验项目	公　　差	检验工具	说明参照 参照 GB/T 17421.1—1998 的有关条文
1	外圆 *d* 的圆度（GB/T 1182—1996 中 18.3）	0.04	千分尺、指示器	3.1、3.2.2、4.1、4.2、5.4.1.2.2
2	*A*、*B*、*C*、*D* 面与其对边的平行度	0.02	角尺、平尺、指示器、精密水平仪	
3	*A* 对 *B*、*C* 对 *D* 的垂直度	0.04/300		
4	*E* 面对 *F* 面 *G* 面对 *H* 面的位置度	0.02		

切削条件：

试件安装基准面应平直，试件安装在工件夹持固定工作台的中间位置。

根据数控切削的精度要求编制程序，进行数控切削，检验圆度、平行度、垂直度和位置度。

7 数控定位精度和重复定位精度的检验

P1

检验项目：

立柱滑座 X 轴线移动的定位精度和重复定位精度。

简图

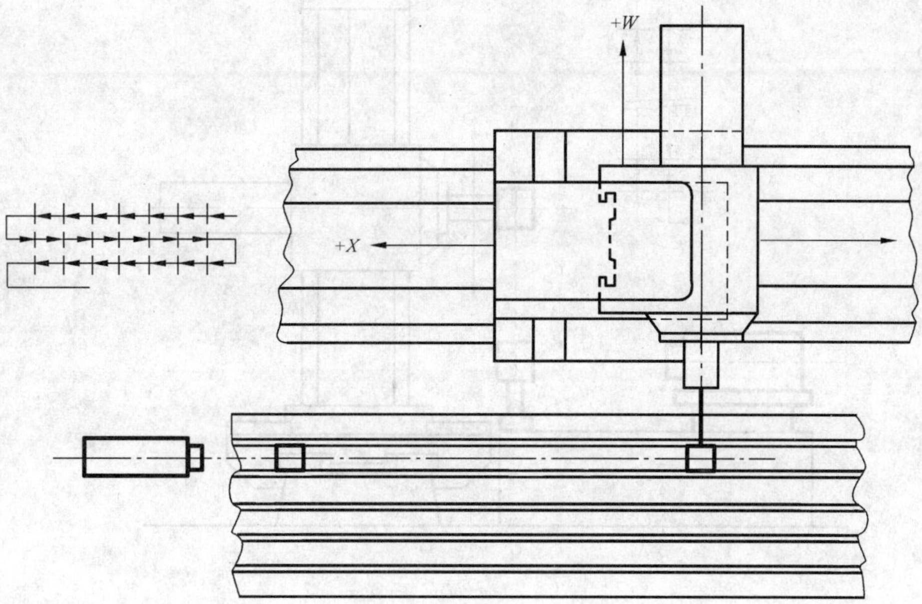

公差		测量长度		
		≤500	≤1 000	≤2 000
双向定位精度[a]	A	0.022	0.032	0.040
单向重复定位精度[a]	$R\uparrow$ 或 $R\downarrow$	0.006	0.010	0.013
双向重复定位精度	R	0.012	0.018	0.020
轴线的反向差值[a]	B	0.010	0.013	0.016
轴线的平均反向差值	$\bar{B}$	0.005	0.008	0.008
双向定位系统偏差[a]	E	0.015	0.018	0.023
轴线的双向平均位置偏差范围[a]	M	0.010	0.012	0.015

a 作为机床验收时的依据。

检验工具

标准长度尺和显微镜或激光测量装置

说明(应参照 GB/T 17421.2—2000 中的 2、4.3.2、4.3.3)

标准长度尺或激光测量装置的光束轴线应调整得与移动轴线平行。原则上,快速进给速度是用来定位的,但如果用户和供货厂商达成协议,那么任意的进给速度均可用来定位。

检验时,应记录起始点。

P2

检验项目：

主轴箱 Y 轴线移动的定位精度和重复定位精度。

简图

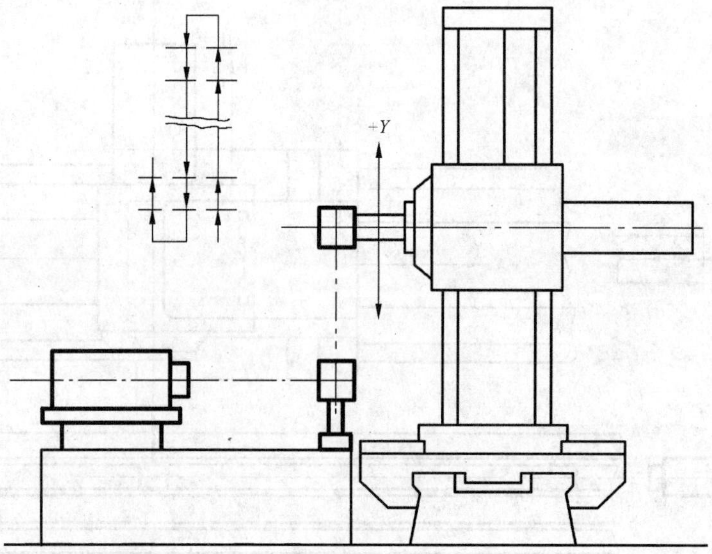

公差		测量长度		
		≤500	≤1 000	≤2 000
双向定位精度[a]	A	0.022	0.032	0.040
单向重复定位精度[a]	$R\uparrow$ 或 $R\downarrow$	0.006	0.010	0.013
双向重复定位精度	R	0.012	0.018	0.020
轴线的反向差值[a]	B	0.010	0.013	0.016
轴线的平均反向差值	$\bar{B}$	0.005	0.008	0.008
双向定位系统偏差[a]	E	0.015	0.018	0.023
轴线的双向平均位置偏差范围[a]	M	0.010	0.012	0.015

[a] 作为机床验收时的依据。

检验工具

标准长度尺和显微镜或激光测量装置

说明(应参照 GB/T 17421.2—2000 中的 2、4.3.2、4.3.3)

标准长度尺或激光测量装置的光束轴线应调整得与移动轴线平行。原则上,快速进给速度是用来定位的,但如果用户和供货厂商达成协议,那么任意的进给速度均可用来定位。

检验时,应记录起始点。

P3

检验项目：

立柱 W 轴线移动的定位精度和重复定位精度。

简图

公差		测量长度		
		≤500	≤1 000	≤2 000
双向定位精度[a]	A	0.022	0.032	0.040
单向重复定位精度[a]	$R\uparrow$ 或 $R\downarrow$	0.006	0.010	0.013
双向重复定位精度	R	0.012	0.018	0.020
轴线的反向差值[a]	B	0.010	0.013	0.016
轴线的平均反向差值	$\bar{B}$	0.005	0.008	0.008
双向定位系统偏差[a]	E	0.015	0.018	0.023
轴线的双向平均位置偏差范围[a]	M	0.010	0.012	0.015

a 作为机床验收时的依据。

检验工具

标准长度尺和显微镜或激光测量装置

说明(应参照 GB/T 17421.2—2000 中的 2、4.3.2、4.3.3)

标准长度尺或激光测量装置的光束轴线应调整得与移动轴线平行。原则上，快速进给速度是用来定位的，但如果用户和供货厂商达成协议，那么任意的进给速度均可用来定位。

检验时，应记录起始点。

P4

检验项目：

镗轴或滑枕移动（Z 轴线）的定位精度和重复定位精度。

简图

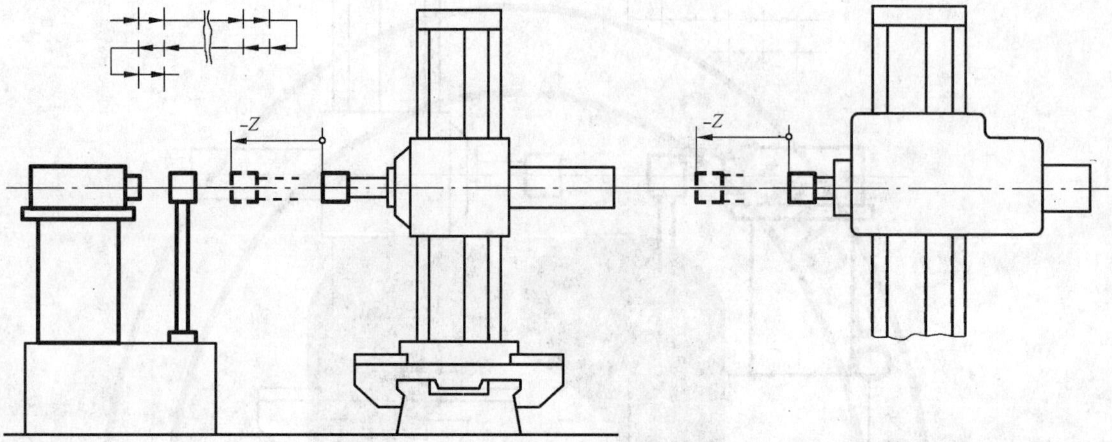

公差		测量长度	
		≤500	≤1 000
双向定位精度[a]	A	0.022	0.032
单向重复定位精度[a]	$R\uparrow$ 或 $R\downarrow$	0.006	0.010
双向重复定位精度	R	0.012	0.018
轴线的反向差值[a]	B	0.010	0.013
轴线的平均反向差值	$\bar{B}$	0.005	0.008
双向定位系统偏差[a]	E	0.015	0.018
轴线的双向平均位置偏差范围[a]	M	0.010	0.012

a 作为机床验收时的依据。

检验工具

标准长度尺和显微镜或激光测量装置

说明（应参照 GB/T 17421.2—2000 中的 2、4.3.2、4.3.3）

标准长度尺或激光测量装置的光束轴线应调整得与移动轴线平行。原则上，快速进给速度是用来定位的，但如果用户和供货厂商达成协议，那么任意的进给速度均可用来定位。

检验时，应记录起始点。

P5

检验项目：

平旋盘径向滑块移动(U 轴线)的定位精度和重复定位精度。

简图

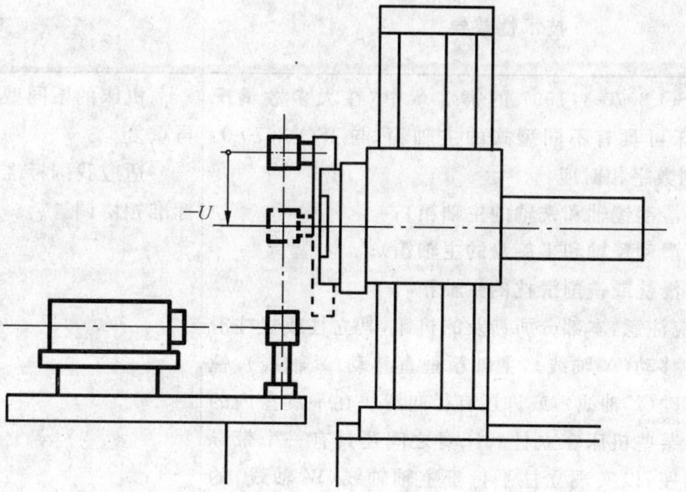

公差		测量长度
		≤500
双向定位精度[a]	A	0.032
单向重复定位精度[a]	$R\uparrow$ 或 $R\downarrow$	0.010
双向重复定位精度	R	0.018
轴线的反向差值[a]	B	0.013
轴线的平均反向差值	$\bar{B}$	0.008
双向定位系统偏差[a]	E	0.018
轴线的双向平均位置偏差范围[a]	M	0.012

[a] 作为机床验收时的依据。

检验工具

标准长度尺和显微镜或激光测量装置

说明(应参照 GB/T 17421.2—2000 中的 2、4.3.2、4.3.3)

标准长度尺或激光测量装置的光束轴线应调整得与移动轴线平行。原则上,快速进给速度是用来定位的,但如果用户和供货厂商达成协议,那么任意的进给速度均可用来定位。

检验时,应记录起始点。

附　录　A
（资料性附录）
本部分与 ISO 3070-3:1997 技术性差异及其原因

表 A.1 给出了本部分与 ISO 3070-3:1997 的技术性差异及其原因的一览表。

表 A.1　本部分与 ISO 3070-3:1997 的技术性差异及其原因

本部分的章条编号	技术性差异	原　因
1	删除 ISO 3070-3:1997 的第 1 章中"在大多数情况下，这些机床可具有不同型式的主轴箱，与 ISO 3070-0:1982 的下列数字相对应： 4(具有滑动镗轴和铣轴的主轴箱)； 5(具有滑动镗轴和平旋盘的主轴箱)； 6(具有滑枕或铣削滑枕的主轴箱)。 此外，应注意：本部分所涉及的机床，其立柱或立柱滑座在床身上移动(X 轴线)，主轴箱垂直移动(Y 轴线)，镗轴或滑枕移动(Z 轴线)，或许还有径向滑块在平旋盘内的进给运动。某些机床在立柱和床身之间还具有一个带导轨的中间滑座，以实现立柱平行于主轴轴线(W 轴线)的附加运动。 本部分还包括在 ISO 7572 中定义的工件夹持固定工作台，它是独立于机床之外，但是机床的必需部件。 本部分仅用于机床的精度检验，不适用于机床的运转检验(振动、不正常的噪声、运动部件的爬行等)，也不适用于机床参数检查(如速度、进给量等)，因为这些检查通常在精度检验前进行。"	机床的不同型式在通则中给出，本部分不再重复。 适应我国标准的编写规定，并与其他同类标准相协调。
5.1	G2 项简图中检验工具置于主轴箱上。	与检验方法中要求相同。
5.3	增加 "注 1:在用户厂检验。 注 2:制造厂一般按 B 级生产，用户需要 A 级必须在订货时明确提出。"	目前，用户对固定工作台的选择有三种：自己制造、采购、主机制造厂提供。再者固定工作台由多块拼合而成，宜在用户厂检验。 对公差 A、B 级进行说明，利于贯彻实施。
5.4	G13 项简图 b)图形中检棒用镗轴代替。	与检验项目相符。
5.4	G17 检验项目用"镗轴移动(Z 轴线)的直线度：a)在 YZ 垂直平面内；b)在 ZX 水平平面内。"代替"镗轴的滑动运动(Z 轴线)"a)对立柱运动(W 轴线)的平行度(当具备 W 轴时)；b)对主轴箱运动(Y 轴线)的垂直度"。	适合我国国情。 与其他部分标准相协调。
5.8	G27 项简图 a)中用角尺代替平尺	与检验方法中要求相同。
6	增加 M3 项检验项目	以适合我国国情。 用于数控型机床的工作精度检验。
7	"数控定位精度和重复定位精度的检验"的公差值作了技术性修改。	适合我国国情。 与其他部分标准相协调。

参 考 文 献

[1] GB/T 5289.2—2000 卧式铣镗床检验条件 精度检验 第2部分:台式机床(neq ISO 3070-2:1997)

[2] JB/T 4373—1999 卧式铣镗床检验条件 精度检验 带移动立柱的刨台式机床(neq ISO 3070-4:1997)

ICS 03.080.30;97.200.50
A 12

中华人民共和国国家标准

GB 5296.5—2006
代替 GB 5296.5—1996

消费品使用说明　第5部分:玩具

Instructions for use of products of consumer interest—Part 5:Toys

2006-07-11 发布　　　　2007-06-01 实施

中华人民共和国国家质量监督检验检疫总局
中国国家标准化管理委员会　发布

前言

本部分4.1、4.4、第5章、6.2、6.3、8.2为强制性条款，其他为推荐性条款。

GB 5296《消费品使用说明》分为六个部分：

——第1部分：总则；

——第2部分：家用和类似用途电器；

——第3部分：纺织品和服装；

——第4部分：化妆品；

——第5部分：玩具；

——第6部分：家具。

本部分为GB 5296的第5部分。

本部分代替GB 5296.5—1996《消费品使用说明　玩具使用说明》。

本部分与GB 5296.5—1996相比主要变化如下：

——对1996年版的章、条结构由6章调整为8章；

——增加了“术语和定义”一章(见第3章)；

——修改了1996年版第4章“使用说明的内容”，由条文12条调整为10条(见本版的第5章)；

——修改了“年龄范围”的标注要求(1996年版的4.4；本版的5.4)；

——修改了“安全警示”的标注要求(1996年版的5.4；本版的5.5)；

——修改了“主要成分或材质”的标注要求(1996年版的4.3；本版的5.6)；

——修改了“使用方法”的标注要求(1996年版的4.7；本版的5.7)；

——修改了“维护和保养”的标注要求(1996年版的4.9；本版的5.8)；

——增加了“耐久性标签”的规定(见6.2)；

——增加了第7章“安放位置”的规定(见第7章)；

——修改了“基本要求”的规定(1996年版的第6章；本版的第8章)；

——删除了1996年版的附录A“玩具使用说明有关内容的表述”。

本部分由中国标准化研究院提出并归口。

本部分起草单位：中国标准化研究院、中国轻工业联合会、中国玩具协会、上海方圆玩具检验所、国家质量技术监督局广州电气安全检验所、国家轻工业玩具质量监督检测北京站。

本部分主要起草人：左佩兰、张艳芬、俞庆云、刘唐书、杨颖梅、谢凤华。

本部分所代替标准的历次版本发布情况为：

——GB 5296.5—1996。

消费品使用说明　第5部分:玩具

1　范围

GB 5296 的本部分规定了玩具使用说明的基本原则、标注内容、形式、安放位置及字体、字号的要求等。

本部分适用于玩具产品的使用说明。

2　规范性引用文件

下列文件中的条款通过 GB 5296 的本部分的引用而成为本部分的条款。凡是注日期的引用文件,其随后所有的修改单(不包括勘误的内容)或修订版均不适用于本部分,然而,鼓励根据本部分达成协议的各方研究是否可使用这些文件的最新版本。凡是不注日期的引用文件,其最新版本适用于本部分。

GB 5296.1　消费品使用说明　总则

GB 6675　国家玩具安全技术规范

3　术语和定义

GB 5296.1 中确立的以及下列术语和定义适用于本部分。

3.1

玩具　toys

设计或明显地预定给 14 岁以下儿童玩耍的产品或材料。

3.2

使用说明　instruction for use

是向使用者传达如何正确、安全使用产品的信息工具。它通常以使用说明书、标签、标志等形式表达。它可以用文件、词语、标牌、符号、图表、图示以及听觉或视觉信息,采取单独或组合的方法使用。它们可以用于产品上、包装上,也可作为随同资料。如,活页资料、手册、录音带、录像带以及计算机用资料交付。

[GB 5296.1—1997,定义 3.2]

3.3

耐久性标签　permanent label

永久附在产品本身上,并能承受该使用说明中规定的使用过程,保持字迹清楚易读的标签。

4　基本原则

4.1　玩具产品的交付应包括使用说明。

4.2　使用说明应能使消费者正确安全地使用玩具,将使用不当造成的伤害降到最低。

4.3　使用说明应真实说明产品的使用效果,不应借用使用说明掩盖设计上的缺陷。

4.4　对使用中可能造成伤害的玩具,应有安全警示说明或警示标志。

4.5　使用说明的编制、安全警示、使用说明耐久性的要求应符合 GB 5296.1 的规定。

5 标注内容

5.1 产品名称

产品名称应符合国家、行业、企业标准的名称，且能表明产品真实属性的名称。

5.2 产品型号

使用说明上需标注的型号、规格应与产品上型号相一致。

5.3 产品标准编号

在包装、使用说明或标签上应标明产品所执行标准的编号。

5.4 年龄范围

在产品包装、使用说明书及标签上应标明玩具所适用的年龄范围。

适用年龄范围及说明性的年龄标志标注要求应符合 GB 6675 的规定。

5.5 安全警示

对需要有警示标志或警示说明的玩具应予以标明。

安全警示的标注要求及表述方法应符合 GB 6675 的规定。

5.6 毛绒布制玩具材质主要成分的名称和含量

毛绒布制玩具应标明产品所用面料以及填充材料的主要成分的通用名称和含量。

5.7 安全使用方法及组装图

结构及使用方法较复杂、不易安装的产品，拼插、组装玩具应在使用说明或标签上按正确使用程序，分步骤标明详细的使用方法或组装图。

5.8 维护和保养

对影响安全使用或健康卫生的玩具应标明维护和保养的方法。

5.9 安全使用期限

需要限期使用的产品，应标明生产日期和安全使用期(按年、月、日顺序标注)。

5.10 生产者、经销者的名称地址

应标明产品生产者依法登记注册的名称和地址。

应标明该产品的原产地(国家/地区)以及代理商或进口商或销售商在中国依法登记注册的名称和地址。

6 形式

6.1 根据玩具产品的特点，使用说明可采用以下之一或它们的组合：

——直接压印、粘贴在产品上的使用说明；

——缝制或悬挂在产品上的标签、标牌；

——随产品提供的使用说明书；

——置于产品包装上的使用说明。

6.2 安全警示的标注应采用耐久性标签，并且应永久地附在产品和/或包装上。由于产品结构或尺寸影响，不便附在产品上的安全警示，应附在包装和使用说明书上。

6.3 使用说明应按单件产品或最小销售单位提供。

7 安放位置

7.1 产品上或包装上的使用说明宜置于便于识别的部位。

7.2 毛绒布制玩具的安全警示标签宜缝制在产品上。

7.3 当同时采用几种形式的使用说明时,应保证其内容的一致性。

8 字体、字号

8.1 在国内销售的产品,使用说明应使用规范的汉字。汉字、数字和字母的尺寸应不小于五号字体。

8.2 “危险”、“警告”、“注意”等安全警示的字体应不小于四号黑体字,警示内容的字体应不小于五号黑体字。

ICS 25.100.20
J 41

GB

中华人民共和国国家标准

GB/T 5340.1—2006
代替 GB/T 5340—1985

可转位立铣刀
第1部分：削平直柄立铣刀

End mill with indexable inserts—
Part 1：End mill with flatted parallel shank

（ISO 6262-1：1982，MOD）

2006-12-30 发布　　2007-06-01 实施

中华人民共和国国家质量监督检验检疫总局
中国国家标准化管理委员会　发布

前言

GB/T 5340在《可转位立铣刀》总标题下，分为三个部分：

——第1部分：削平直柄立铣刀；

——第2部分：莫氏锥柄立铣刀；

——第3部分：技术条件。

本部分为GB/T 5340的第1部分。

本部分修改采用ISO 6262-1:1982《可转位立铣刀　第1部分：削平直柄立铣刀》(英文版)。

本部分根据ISO 6262-1:1982重新起草。

本部分与ISO 6262-1:1982相比有下列技术差异和编辑性修改：

——删除了国际标准前言；

——用“.”代替用作小数点的逗号“,”；

——“本国际标准”改为“本部分”；

——规范性引用文件列项中，ISO 3338-2用GB/T 6131.2代替，ISO 3365-2用GB/T 2081代替，删除了ISO 6262-2和ISO 523；

——增加了D=12 mm、14 mm、18 mm的立铣刀；

——条文的脚注改为图的脚注。

本部分代替GB/T 5340—1985中的削平直柄立铣刀部分。

本部分与GB/T 5340—1985相比有如下变化：

——莫氏锥柄立铣刀列入GB/T 5340.2，技术要求列入GB/T 5340.3；

——l由参考值改为最大值，删除了总长L的极限偏差；

——删除了参考齿数；

——删除了附录A、附录B。

本部分由中国机械工业联合会提出。

本部分由全国刀具标准化技术委员会(SAC/TC 91)归口。

本部分起草单位：成都工具研究所。

本部分主要起草人：沈士昌。

本部分所代替标准的历次版本发布情况为：

——GB/T 5340—1985。

可转位立铣刀
第1部分:削平直柄立铣刀

1 范围

GB/T 5340的本部分规定了装可转位刀片的削平直柄立铣刀的尺寸,削平直柄的尺寸按GB/T 6131.2的规定。

刀片的形式和尺寸由制造商确定(优先按GB/T 2081)。

2 规范性引用文件

下列文件中的条款通过GB/T 5340的本部分的引用而成为本部分的条款。凡是注日期的引用文件,其随后所有的修改单(不包括勘误的内容)或修订版均不适用于本部分,然而,鼓励根据本部分达成协议的各方研究是否可使用这些文件的最新版本。凡是不注日期的引用文件,其最新版本适用于本部分。

GB/T 2081 硬质合金可转位铣刀片(GB/T 2081—1987,eqv ISO 3365:1985)

GB/T 6131.2 铣刀直柄 第2部分:削平直柄的型式和尺寸(GB/T 6131.2—2006,ISO 3338-2:2000,MOD)

3 尺寸

可转位刀片的削平直柄立铣刀的尺寸按图1和表1所示。

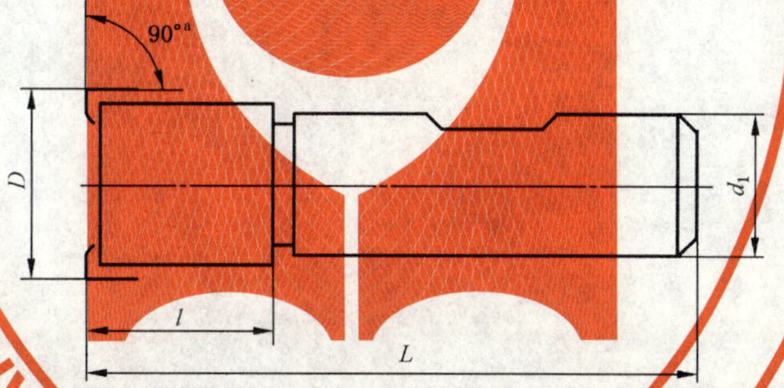

a 90°是刀片切削刃主偏角的公称值,对于工件而言,有效角度取决于铣刀的几何形状、直径以及切削深度。

图1

表1

单位为毫米

D js14	d_1 h6	l 最大	L
12	12	20	70
14			
16	16	25	75
18			
20	20	30	82
25	25	38	96
32	32		100
40		48	110
50			

ICS 25.100.20
J 41

中华人民共和国国家标准

GB/T 5340.2—2006
代替 GB/T 5340—1985

可转位立铣刀 第2部分:莫氏锥柄立铣刀

End mill with indexable inserts—Part 2:End mill with Morse taper shank

(ISO 6262-2:1982,MOD)

2006-12-30 发布　　2007-06-01 实施

中华人民共和国国家质量监督检验检疫总局
中国国家标准化管理委员会　发布

前　言

GB/T 5340 在《可转位立铣刀》总标题下，分为三个部分：

——第1部分：削平直柄立铣刀；

——第2部分：莫氏锥柄立铣刀；

——第3部分：技术条件。

本部分为 GB/T 5340 的第2部分。

本部分修改采用 ISO 6262-2：1982《可转位立铣刀　第2部分：莫氏锥柄立铣刀》（英文版）。

本部分根据 ISO 6262-2：1982 重新起草。

本部分与 ISO 6262-2：1982 相比有下列技术差异和编辑性修改：

——删除了国际标准前言；

——用“.”代替用作小数点的逗号“,”；

——“本国际标准”改为“本部分”；

——规范性引用文件列项中，ISO 296 用 GB/T 1443 代替，ISO 3365-2 用 GB/T 2081 代替，删除了 ISO 6262-1 和 ISO 523；

——增加了 D=12 mm、14 mm、18 mm 的立铣刀；

——条文的脚注改为图的脚注。

本部分代替 GB/T 5340—1985 中的莫氏锥柄立铣刀部分。

本部分与 GB/T 5340—1985 相比有如下变化：

——削平直柄立铣刀列入 GB/T 5340.1，技术要求列入 GB/T 5340.3；

——l 由参考值改为最大值，删除了总长 L 的极限偏差；

——删除了参考齿数；

——删除了附录 A、附录 B。

本部分由中国机械工业联合会提出。

本部分由全国刀具标准化技术委员会（SAC/TC 91）归口。

本部分起草单位：成都工具研究所。

本部分主要起草人：沈士昌。

本部分所代替标准的历次版本发布情况为：

——GB/T 5340—1985。

可转位立铣刀
第2部分:莫氏锥柄立铣刀

1 范围

GB/T 5340的本部分规定了装可转位刀片的莫氏锥柄立铣刀的尺寸,莫氏锥柄的尺寸按GB/T 1443的规定。

刀片的形式和尺寸由制造商确定(优先按GB/T 2081)。

2 规范性引用文件

下列文件中的条款通过GB/T 5340的本部分的引用而成为本部分的条款。凡是注日期的引用文件,其随后所有的修改单(不包括勘误的内容)或修订版均不适用于本部分,然而,鼓励根据本部分达成协议的各方研究是否可使用这些文件的最新版本。凡是不注日期的引用文件,其最新版本适用于本部分。

GB/T 1443　机床和工具柄用自夹圆锥(GB/T 1443—1996,eqv ISO 296:1991)

GB/T 2081　硬质合金可转位铣刀片(GB/T 2081—1987,eqv ISO 3365:1985)

3 尺寸

可转位刀片的莫氏锥柄立铣刀的尺寸按图1和表1所示。

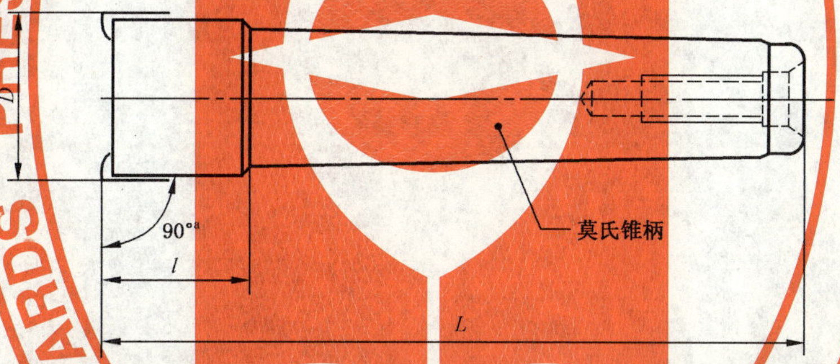

a　90°是刀片切削刃主偏角的公称值,对于工件而言,有效角度取决于铣刀的几何形状、直径以及切削深度。

图1

表1

单位为毫米

D js14	莫氏锥柄号	l 最大	L
12	2	20	90
14	2	20	90
16	2	25	94
18	2	25	94
20	3	30	116
25	3	38	124
32	3	38	124
40	4	48	157
50	4	48	157

ICS 25.100.20
J 41

中华人民共和国国家标准

GB/T 5340.3—2006
代替 GB/T 5340—1985

可转位立铣刀　第3部分:技术条件

End mill with indexable inserts—Part 3: Technical requirements

2006-12-30 发布　　2007-06-01 实施

中华人民共和国国家质量监督检验检疫总局
中国国家标准化管理委员会　发布

前　言

GB/T 5340在《可转位立铣刀》总标题下，分为三个部分：

——第1部分：削平直柄立铣刀；

——第2部分：莫氏锥柄立铣刀；

——第3部分：技术条件。

本部分为GB/T 5340的第3部分。

本部分代替GB/T 5340—1985中的技术条件部分。

本部分与GB/T 5340—1985中的技术条件部分相比有如下变化：

——理顺了编写顺序，技术内容依次为：位置公差、材料和硬度、刀片和零部件、外观和表面粗糙度、标志和包装；

——取消了试验方法一章；

——标志内容作了补充。

本部分由中国机械工业联合会提出。

本部分由全国刀具标准化技术委员会(SAC/TC 91)归口。

本部分起草单位：成都工具研究所。

本部分主要起草人：沈士昌。

本部分所代替标准的历次版本发布情况为：

——GB/T 5340—1985。

可转位立铣刀　第3部分:技术条件

1　范围

GB/T 5340的本部分规定了装可转位刀片的立铣刀的位置公差、材料和硬度、刀片和零部件、外观和表面粗糙度、标志和包装的基本要求。

本部分适用于按GB/T 5340.1和GB/T 5340.2生产的削平直柄立铣刀和莫氏锥柄立铣刀。

2　规范性引用文件

下列文件中的条款通过GB/T 5340的本部分的引用而成为本部分的条款。凡是注日期的引用文件,其随后所有的修改单(不包括勘误的内容)或修订版均不适用于本部分,然而,鼓励根据本部分达成协议的各方研究是否可使用这些文件的最新版本。凡是不注日期的引用文件,其最新版本适用于本部分。

GB/T 2075　切削加工用硬切削材料的用途　切屑形式大组和用途小组的分类代号(GB/T 2075—1998,idt ISO 513:1991)

GB/T 2081　硬质合金可转位铣刀片(GB/T 2081—1987,eqv ISO 3365:1985)

GB/T 5340.1　可转位立铣刀　第1部分:削平直柄立铣刀(GB/T 5340.1—2006,ISO 6262-1:1982,MOD)

GB/T 5340.2　可转位立铣刀　第2部分:莫氏锥柄立铣刀(GB/T 5340.2—2006,ISO 6262-2:1982,MOD)

3　位置公差

立铣刀的位置公差按表1所示。

表1

单位为毫米

项　　目	公　　差
圆周刃的径向圆跳动	0.03
端刃的端面圆跳动	
柄部的径向圆跳动	0.01

检查圆跳动以公共轴线为基准。刀刃圆跳动应采用同一刀片在同一切削刃上进行。

4　材料和硬度

4.1　铣刀刀体用合金钢制造,其硬度为:

——头部:不低于45 HRC;

——柄部:35 HRC～50 HRC。

4.2　铣刀零部件的硬度为:

——定位元件不低于50 HRC;

——夹紧元件不低于40 HRC。

5　刀片和零部件

刀片的选用按GB/T 2075和GB/T 2081(优先)。刀片的夹紧应可靠,保证切削过程中刀片不松动和不移位。

铣刀各相同零部件应能互换。

6 外观和表面粗糙度

6.1 铣刀刀片不得有裂纹、崩刃。铣刀零部件不得有裂纹、刻痕和锈迹等影响使用性能的缺陷。

6.2 铣刀柄部外圆表面粗糙度的上限值为 $Ra0.4\ \mu m$。

7 标志和包装

7.1 标志

7.1.1 产品上应标志：

——制造厂或销售商的商标；

——铣刀直径；

——刀片刃口长度。

7.1.2 刀片上应标志：

——硬质合金牌号；

——用途代号(按 GB/T 2075)。

7.1.3 包装盒上应标志：

——制造厂或销售商的名称、地址和商标；

——产品名称；

——铣刀直径；

——刀片刃口长度；

——标准编号；

——制造年月。

7.2 包装

铣刀包装前应经防锈处理，包装应牢固，防止运输过程中的损伤。

ICS 25.100.20
J 41

中华人民共和国国家标准

GB/T 5341.1—2006
代替 GB/T 5341—1985

可转位三面刃铣刀 第1部分:型式和尺寸

Side and face milling cutters with indexable inserts—Part 1:Types and dimensions

(ISO 6986:1983,Side and face milling (slotting)cutters with indexable inserts—Dimensions,MOD)

2006-12-30 发布

2007-06-01 实施

中华人民共和国国家质量监督检验检疫总局
中国国家标准化管理委员会 发布

前言

GB/T 5341 在《可转位三面刃铣刀》总标题下分为两个部分：

——第 1 部分：型式和尺寸；

——第 2 部分：技术条件。

本部分为 GB/T 5341 的第 1 部分。

本部分修改采用 ISO 6986:1983《装可转位刀片的三面刃(槽)铣刀　尺寸》(英文版)。

本部分根据 ISO 6986:1983 重新起草。

本部分与 ISO 6986:1983 相比有下列技术差异和编辑性的修改：

——规范性引用文件一章中，取消了 ISO 523《外径的推荐系列》、ISO 883《倒圆刀尖、无紧固孔的可转位硬质合金刀片　尺寸》、ISO 3364《倒圆刀尖、有圆柱紧固孔的可转位硬质合金刀片　尺寸》、ISO 6987-1《倒圆刀尖、有部分圆柱紧固孔的可转位硬质合金刀片　带 7°法向后角的刀片尺寸》。

——ISO 3365 用 GB/T 2081《硬质合金可转位铣刀片》代替。

——“本国际标准”一词改为“本部分”；

——用小数点“.”代替作为小数点的逗号“,”；

——删除了国际标准的前言；

——删除了国际标准的条文脚注 1)～4)；

——条文脚注 5)、6)列入正式条文；

——增加了刀片选用的规定。

本部分代替 GB/T 5341—1985《可转位三面刃铣刀》中的型式和尺寸部分。

本部分与 GB/T 5431—1985 相比主要变化如下：

——技术要求列入 GB/T 5431.2 中；

——图用国际标准的简图表示；

——将表 1 中尺寸 l 改为 l_1；

——取消了表 1 中的参考值：齿数及尺寸 L 对应的公差；

——取消了直径为 250 mm 的铣刀；

——取消了除 ISO 以外的铣刀宽度尺寸系列，如：L＝14 mm、18 mm、22 mm；

——取消了附录 A 和附录 B。

本部分由中国机械工业联合会提出。

本部分由全国刀具标准化技术委员会(SAC/TC 91)归口。

本部分起草单位：成都工具研究所。

本部分主要起草人：刘玉玲、查国兵。

本部分所代替标准的历次版本发布情况为：

——GB/T 5341—1985。

可转位三面刃铣刀
第1部分:型式和尺寸

1 范围

GB/T 5341的本部分规定了可转位三面刃铣刀的型式和尺寸。

本部分适用于装可转位刀片的三面刃铣刀。

2 规范性引用文件

下列文件中的条款通过GB/T 5341的本部分的引用而成为本部分的条款。凡是注日期的引用文件,其随后所有的修改单(不包括勘误的内容)或修订版均不适用于本部分,然而,鼓励根据本部分达成协议的各方研究是否可使用这些文件的最新版本。凡是不注日期的引用文件,其最新版本适用于本部分。

GB/T 2081 硬质合金可转位铣刀片(GB/T 2081—1987,eqv ISO 3365:1985)

GB/T 6132 铣刀和铣刀刀杆的互换尺寸(GB/T 6132—2006,ISO 240:1994,IDT)

3 型式和尺寸

3.1 可转位三面刃铣刀的型式和尺寸按图1和表1所示。90°是刀片的公称切削刃主偏角。

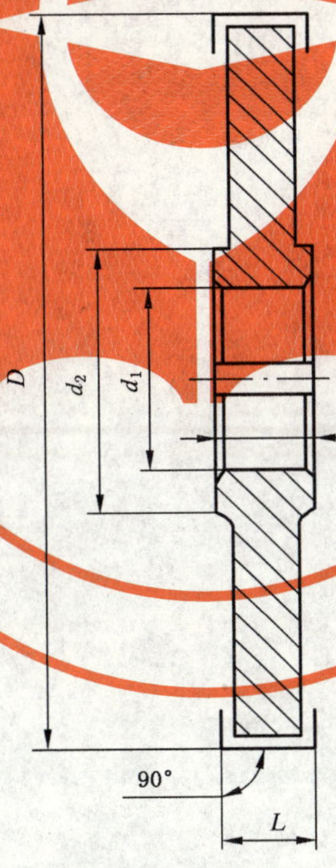

图1 可转位三面刃铣刀

表 1

单位为毫米

D js16	d_1 H7	d_2 min	L	l_1 $^{+2}_{0}$
80	27	41	10	10
100	32	47	10	10
			12	12
125	40	55	12	12
			16	16
160	40	55	16	16
			20	20
200	50	69	20	20
			25	25

3.2　内孔键槽的尺寸按 GB/T 6132。

3.3　铣刀刀片型式和尺寸可按 GB/T 2081 选用。

ICS 25.100.20
J 41

中华人民共和国国家标准

GB/T 5341.2—2006
代替 GB/T 5341—1985

可转位三面刃铣刀 第2部分:技术条件

Side and face milling cutters with indexable inserts—Part 2:Technical requirements

2006-12-30 发布 2007-06-01 实施

中华人民共和国国家质量监督检验检疫总局
中国国家标准化管理委员会 发布

前　言

GB/T 5341 在《可转位三面刃铣刀》总标题下分为两个部分：

——第 1 部分：型式和尺寸；

——第 2 部分：技术条件。

本部分为 GB/T 5341 的第 2 部分。

本部分代替 GB/T 5341—1985《可转位三面刃铣刀》的技术要求部分。

本部分与 GB/T 5341—1985 相比主要变化如下：

——型式和尺寸部分列入 GB/T 5341.1 中；

——取消了试验方法部分；

——将技术内容按位置公差、材料和硬度、刀片和零部件、外观和表面粗糙度、标志和包装顺序列出；

——将表 2 的注作为条款单独列出；

——取消了刀片精度的选用；

——修改了表面粗糙度的上限值；

——修改了标志和包装部分。

本部分由中国机械工业联合会提出。

本部分由全国刀具标准化技术委员会(SAC/TC 91)归口。

本部分起草单位：成都工具研究所。

本部分主要起草人：刘玉玲、查国兵。

本部分所代替标准的历次版本发布情况为：

——GB/T 5341—1985。